A Era do IMPERIALISMO

Ana Paula Salviatti - Angelo Segrillo - Burak Saygan - Carla Filosa - Daniel Gaido - Edgardo Loguercio -
Emiliano Giorgis - Fábio Antonio de Campos - Flo Menezes - Francesco Schettino - Gianfranco Pala -
José Menezes Gomes - Lincoln Secco - Luiz Bernardo Pericás - Manuel Quiroga - Mauricio Sabadini -
Rosa Rosa Gomes - Savas Michael-Matsas - Sebastián Sarapura

OSVALDO COGGIOLA (ORG.)

Editores: José Roberto Marinho e Victor Pereira Marinho
Projeto gráfico e Diagramação: Horizon Soluções Editoriais
Capa: Horizon Soluções Editoriais
Imagem de capa: Cecil Rhodes e o projeto ferroviário do Cabo-Cairo.

Texto em conformidade com as novas regras ortográficas do Acordo da Língua Portuguesa.

Dados Internacionais de Catalogação na Publicação (CIP)
(Câmara Brasileira do Livro, SP, Brasil)

A Era do imperialismo. / Osvaldo Coggiola, (org.). -
São Paulo: LF Editorial, 2024.

Vários autores.
Bibliografia.
ISBN: 978-65-5563-495-2

1. Capitalismo 2. Ciências políticas
3. Imperialismos - História I. Coggiola, Osvaldo.

24-228286 CDD: 320

Índices para catálogo sistemático:

1. Ciências políticas 320

Eliete Marques da Silva – Bibliotecária – CRB-8/9380

ISBN: 978-65-5563-495-2

Impresso no Brasil | *Printed in Brazil*

LF Editorial
Fone: (11) 2648-6666 / Loja (IFUSP)
Fone: (11) 3936-3413 / Editora
www.livrariadafisica.com.br | www.lfeditorial.com.br

AFRIQUE

Sumário

AFRIQUE

Capítulo I

A FORMAÇÃO DO IMPERIALISMO CAPITALISTA

Osvaldo Coggiola[1] *e Lincoln Secco*[2]

A depressão econômica iniciada por volta de 1873 teve consequências para o mundo todo, com o surgimento dos monopólios e oligopólios industriais e financeiros, e de um novo imperialismo, diverso do Antigo Sistema Colonial.[3] O colapso da Bolsa de Valores de Viena, em maio de 1873, contagiou outros grandes países europeus e até os EUA; uma onda de protecionismo tomou conta do mundo. A Alemanha de Bismarck abandonou a política livre-cambista em 1879; a Franca, que tinha aberto seu mercado durante o Segundo Império (1852-1870) voltou a fechá-lo; nos EUA a força dos grupos protecionistas começou a crescer até ganhar a presidência com Benjamin Harrison em 1888. A produção industrial inglesa não voltou ao ritmo de crescimento precedente, depois de cinquenta anos de auge quase ininterrupto. O produto nacional inglês foi se recuperando pelo crescimento do setor de serviços, com crescentes dificuldades para a indústria manufatureira. Os preços e os benefícios diminuíram durante vinte anos consecutivos. A concorrência da Alemanha e dos Estados Unidos

1 Professor Titular de História Contemporânea da Universidade de São Paulo (USP).

2 Professor Associado de História Contemporânea da Universidade de São Paulo (USP).

3 Cf. Osvaldo Coggiola. La crisis de 1873 y la "Gran Depresión". *En Defensa del Marxismo* nº 38, Buenos Aires, abril de 2010.

tinha reduzido a posição da Inglaterra como oficina do mundo; os produtos das potências concorrentes, mais baratos, estavam penetrando até no mercado inglês. Com o excesso de capitais nas metrópoles, a exportação dos capitais excedentes se colocou como um imperativo que passou a dominar os fluxos econômicos mundiais.

Assim impulsionado, o período entre 1871 e 1914 caracterizou-se pelo apogeu da hegemonia global europeia. O novo imperialismo, baseado em investimentos externos, forçou a entrada no circuito econômico mundial daquelas partes do mundo que ainda se encontravam parcial ou totalmente fora dele. Completou-se a construção de uma rede global de relações econômicas, estratégicas e políticas que foram inicialmente dominadas pelos principais Estados da Europa. Isso ocorreu de forma violenta, principalmente na partilha da África, na ocupação territorial de grande parte da Ásia e na "abertura" da China. Após essa nova onda de expansão colonial, não havia mais no mundo qualquer "vácuo de poder". Com a exceção da Áustria-Hungria, todas as potências europeias, os Estados Unidos e o Japão, entraram no círculo das potências coloniais. Entre 1870 e 1914, elas se expandiram "pacificamente" e com relativa facilidade. O novo imperialismo de investimentos era continuidade ampliada e diferenciada do colonialismo precedente. Na onda colonizadora à época da revolução comercial mercantilista, os colonizadores europeus concentraram-se sobre o continente americano. Já o imperialismo do século XIX concentrou-se na Ásia e na África, não mais buscava enriquecer principalmente o Estado e seus exércitos; beneficiava diretamente a alta burguesia metropolitana a partir do monopólio dos novos mercados, para os quais era destinado o excedente de capital. Fontes de matérias primas eram também priorizadas na exploração colonial: ferro, cobre, petróleo e manganês, produtos requisitados pela nova indústria metropolitana.

Nunca a brecha militar, tecnológica e econômica entre os Estados industrializados e o resto do mundo foi maior. Os limites do poder europeu, porém, já eram perceptíveis: o sistema europeu de Estados manteve, após 1871 (guerra franco-prussiana), sua estratificação entre, de um lado, as cinco grandes potências (Alemanha, França, Grã-Bretanha, Rússia e Áustria-Hungria) e, de outro, as potências de segunda e terceira categoria. Embora as grandes potências fossem as mesmas da primeira metade do século XIX, a balança de poder entre elas alterou-se. A Prússia, inicialmente a mais fraca das potências, catapultou-se com o Império Alemão para uma posição hegemônica. A França, ao contrário, perdeu em 1870-1871 sua hegemonia europeia, depois de sua derrota na guerra franco-prussiana. A monarquia austro-húngara correu também o perigo de deixar o círculo das grandes potências, devido a problemas internos, originados na heterogeneidade nacional-étnica do Estado e no atraso econômico. A Rússia combinava sua força de país mais populoso da Europa com sua fraqueza industrial. O teste decisivo para o status de grande potência continuava sendo a capacidade de fazer a guerra. Tal capacidade, porém, não mais correspondia à força populacional de um Estado, ao número de soldados de infantaria, pois dependia crescentemente da sua força industrial.

O termo "imperialismo" não tinha, inicialmente, qualquer sentido pejorativo. Políticos europeus de todas as cores políticas e ideológicas se proclamavam aberta e orgulhosamente "imperialistas". A nova expansão europeia **não era** uma colonização semelhante à do Antigo Sistema Colonial. Seu ritmo de expansão (560 mil km^2 por ano) não tinha precedentes. Como observaram tanto o imperialista Cecil Rhodes como o liberal John A. Hobson, a expansão do mercado mundial, na segunda metade do século XIX, deu vazão ao capital supérfluo inglês, em investimentos e circulação em diversos ramos de inversão. A base disso era a maturidade atingida pelo capitalismo metropolitano: o capitalismo já se afirmara como modo de produção, destruindo formas pré-capitalistas sobreviventes em diversos países europeus. Penetrou países com escasso desenvolvimento industrial, mas que conservaram sua soberania nacional (Rússia, ou a maior parte da América Latina), mas também territórios - na Ásia e na África, principalmente - que se transformaram em colônias. Finalmente, penetrou territórios vazios, ou esvaziados (através de genocídios) nas Américas e na Oceania. O "neocolonialismo" não era, como o colonialismo mercantilista, uma alavanca da acumulação originária de capital, mas o instrumento anticíclico de um capitalismo maduro.

"A teoria do imperialismo trata da forma fenomênica especial que adota o processo em uma etapa particular do desenvolvimento do modo de produção capitalista":[4] a mudança histórica propiciada por essa "etapa

4 Tom Kemp. *Teorie dell'Imperialismo.* De Marx a oggi. Turim, Einaudi, 1969.

particular" se contrapunha à perspectiva inicialmente traçada por Marx ("O país mais desenvolvido industrialmente - escrevera Marx no prefácio da primeira edição de *O Capital* - não faz mais do que representar a imagem futura do menos desenvolvido"): "Somente uma minoria de países realizou completamente a evolução sistemática e lógica desde a mão de obra, através da manufatura doméstica até a fábrica, que Marx submeteu à uma análise detalhada. O capital comercial, industrial e financeiro invadiu, desde o exterior, os países atrasados, destruindo em parte as formas primitivas da economia nativa e, em parte, sujeitando-os ao sistema industrial e banqueiro do Oeste. Sob a imensa pressão do imperialismo, as colônias e semicolônias se viram obrigadas a abrir mão das etapas intermediárias, apoiando-se ao mesmo tempo artificialmente em um nível ou em outro. O desenvolvimento da Índia não duplicou o desenvolvimento da Inglaterra; *não foi para ela mais que um complemento*".[5]

Os processos diferenciados de industrialização e desenvolvimento haviam influenciado a divisão de poder no sistema mundial. As dinâmicas da industrialização dos diversos Estados se refletiam na sua posição de poder. A industrialização da Europa (e, depois, dos Estados Unidos) embasava seu domínio mundial. As relações internacionais entre 1871 e 1918 foram divididas em dois períodos: de 1871 a 1890, quando a diplomacia da Europa e as relações internacionais foram dominadas pelas alianças do "sistema de Bismarck". O segundo período foi da renúncia de Bismarck (em 1890) até 1918; iniciou-se com ofensivas alemãs na política externa e caracterizou-se por tensões crescentes, pela polarização em blocos de poder permanentes e pela Primeira Guerra Mundial. O antigo "concerto europeu" pressupunha a existência de um equilíbrio de poder entre as potências, que agora se defrontava com a busca de hegemonia alemã. Esse equilíbrio tornou-se instável e tenso, ameaçado pela Alemanha e seus aliados. Uma nova ordem mundial não poderia consistir só de acordos entre os Estados nacionais, mas não existia uma ordem internacional normatizada. As soluções das crises diplomáticas localizadas não evitaram o aprofundamento das linhas fundamentais de conflito.

5 Leon Trotsky. *Naturaleza y Dinámica del Capitalismo y la Economía de Transición*. Buenos Aires, Ceip, 1999.

O "concerto" ainda funcionou na partilha da África em 1885, na intervenção conjunta na China contra as revoltas internas, que incluiu os EUA, e, finalmente, em 1912, na conferência internacional de Londres que brecou a escalada das tensões entre a Áustria-Hungria e a Rússia no contexto das guerras balcânicas. No início do século XX, a guerra anglo-bôer na África do Sul e a guerra russo-japonesa (que originou a revolução russa de 1905), foram o sinal de que a era do desenvolvimento "pacífico" (sem grandes confrontos entre as potências) do capitalismo metropolitano e do colonialismo europeu estava chegando ao seu fim. Os debates historiográficos a respeito se concentraram em: a) O caráter do sistema internacional e das relações internacionais; a existência de um equilíbrio de poder ou de uma hegemonia da Alemanha após 1871; b) O problema da nova expansão imperial europeia, depois de 1870; c) A explicação das causas da Primeira Guerra Mundial. Eram problemas novos. A primeira metade do século XIX fora caracterizada pelo capitalismo liberal e a liberdade de comércio internacional. A Inglaterra defendia a liberdade de vender seus produtos em qualquer país, sem barreiras alfandegárias, bem como o (seu) livre acesso às fontes de matérias primas. Em diversos países, a partir de meados do século XIX, o desenvolvimento científico e tecnológico levou ao surgimento de novos métodos de obtenção de aço, além de novas fontes de energia, como o gás e a eletricidade - que substituíram gradativamente o vapor - e do aperfeiçoamento dos meios de transporte. Desenvolveram-se as indústrias siderúrgicas, a metalurgia, a indústria petrolífera, o setor ferroviário e de comunicação.

O aumento da mecanização e da divisão do trabalho nas fábricas permitiu a produção em massa, que reduzia os custos por unidade e incentivava o consumo. Pela concentração de capital, o capital experimentou um notável aumento de sua capacidade de produção, resultante das novas tecnologias desenvolvidas a partir de novas fontes de energia, como o petróleo e a eletricidade. Os países industrializados alargavam o mercado interno e conquistavam novos mercados externos. A riqueza acumulava-se nas mãos da burguesia industrial, comercial e financeira desses países. Os trabalhadores continuavam submetidos a baixos salários. Os avanços técnico-científicos exigiam aplicação de capitais em larga escala, produzindo modificações na organização e na administração das empresas. As pequenas e médias firmas de tipo individual e familiar cederam lugar aos grandes complexos industriais. Multiplicaram-se as empresas de capital aberto, as "sociedades anônimas" de capital dividido entre milhares de acionistas, o que facilitava associações e fusões entre empresas. Nos bancos, o processo era semelhante: um pequeno número deles foi substituindo um grande número de pequenas casas bancárias.

Houve também uma aproximação estreita das indústrias com os bancos, pela necessidade de créditos para investimentos e pela transformação das empresas em sociedades anônimas, cujas ações eram negociadas pelos bancos. O capital industrial, associado ao capital bancário, transformou-se em *capital financeiro*, controlado por poucas grandes organizações, que aos poucos passou a controlar a vida econômica da maioria dos países. A nova era testemunhou a unificação econômica e logística do mundo através de um sistema interconectado de transportes. Ela foi acompanhada por um movimento de colonização, que se viu acentuado no último quartel do século: sua motivação ideológica, levar a "civilização" aos povos "atrasados" tinha, como pano de fundo, ambições econômicas. Entre 1840 e 1914, 35 milhões de europeus deixaram o Velho Continente e se espalharam pelo mundo todo, na maior onda migratória já conhecida. Por volta de 1875, os continentes não europeus eram bem mais conhecidos do que três décadas antes, devido à interligação proporcionada pelas novas vias de comunicação, permitindo maior velocidade e regularidade ao deslocamento de pessoas e mercadorias. As estradas de ferro, a navegação a vapor e o telégrafo possibilitaram-no. O comboio ferroviário tornou-se o complemento da marinha mercante. Estabeleceu a ligação entre as áreas produtoras de produtos primários (café do Brasil, carne do Uruguai e da Argentina, lã da Austrália, etc.) com os portos marítimos da Europa e do mundo industrializado; as poderosas marinhas europeias embarcavam esses produtos para as metrópoles, em troca de manufaturas industriais.

O aumento da extensão das ferrovias e o desenvolvimento da navegação constituíram os instrumentos do cada vez maior comércio marítimo internacional. O telégrafo revolucionou as comunicações, permitindo um fluxo de informações contínuo e eficiente entre as metrópoles e as colônias, auxiliando na vigia e na administração dos postos comerciais. Essa apertada rede de comunicações introduziu relações diretas entre o mundo europeu e zonas remotas, criando um novo mundo econômico, constituído por um complexo de interligações que teve como consequência a rivalidade crescente entre os Estados europeus. As movimentações de cada nação afetavam, direta ou indiretamente, outros países, nasciam conflitos de interesses entre as grandes potências. A concorrência econômica acentuada foi o antecedente do novo imperialismo. As vantagens do imperialismo capitalista derivavam das próprias contradições do capitalismo metropolitano. Fazendo uso da rede de transportes e de comunicações, os países europeus transformaram zonas atrasadas e marginalizadas em extensões suas. A divisão do globo tinha sua motivação, em primeiro lugar, na procura de novos mercados. Com a depressão econômica gerou-se a crença de que a superprodução de mercadorias poderia ser resolvida com um aumento das exportações. A necessidade de mercados era comum aos vários Estados, verificou-se, assim, uma "corrida" aos territórios ultramarinos. Com a obtenção de possessões coloniais, as potências metropolitanas garantiam seu monopólio comercial, impedindo a intromissão estrangeira no marco de uma economia internacional baseada na concorrência de várias potências (Inglaterra, Alemanha, França, EUA, Japão, Rússia, na primeira linha).

No último quartel do século XIX, tornou-se comum a ideia de que cada país europeu devia transformar-se em uma potência mundial, vinculada com o prestígio da nação, o equilíbrio político europeu, e a influência que a nação podia e devia exercer no mundo. Desde inícios da década de 1870, quando Itália e Alemanha concluíram sua unificação nacional, a concorrência internacional e as relações entre os países se tornaram mais complexas. Surgiram grandes blocos de poder. A supremacia europeia, em termos militares, sobre os países não industrializados, não significou que o planeta se tivesse tornado mero objeto dos desenhos colonialistas europeus, sem nenhuma capacidade de defesa ou iniciativa própria daqueles. A África e a Ásia resistiram, às vezes veementemente, à conquista europeia. Embora as resistências raramente conseguissem a expulsão dos europeus, elas tiveram repercussões importantes no exercício da dominação colonial que, muitas vezes, aceitou compromissos com setores dirigentes dos países colonizados. As resistências, por sua vez, fundaram uma tradição de oposição contra o colonialismo que se desdobrou nas lutas pela descolonização do século XX.

Nas metrópoles, o crescimento do consumo originou a explosão do mercado de produtos alimentares ultramarinos. Para satisfazer a procura, os Estados especializaram regiões remotas (controladas por colonos brancos) para a produção de produtos alimentares a baixo custo. O setor dos tradicionais produtos tropicais (café, chá, açúcar, cacau, frutos tropicais), de que o Ocidente se tornara dependente, teve forte impulsão. Criaram-se também áreas especializadas na produção de matérias-primas destinadas à máquina industrial europeia (por exemplo, a Nova Zelândia - produtora quase exclusiva de lã). Em consequência desses fatores (especialização e novos mercados), a civilização industrial tornou-se dependente de produtos exóticos. O novo desenvolvimento tecnológico baseava-se também, em grande parte, em matérias primas provenientes de regiões remotas. Face à grande procura, os empresários europeus, em paralelo às plantações agrícolas, abriram uma rede imensa de minas nas colônias, em busca desses insumos. As explorações agrícolas e minerais coloniais eram os símbolos do novo imperialismo: o "poder branco" explorava a riqueza e a mão de obra locais, atingindo lucros sensacionais para os negociantes da metrópole, que tinham nas colônias os peões da lógica imperial: os colonos brancos. Surgiram também rivalidades entre as economias nacionais, transpostas para as terras ocupadas.

A "era liberal" ou "era do capital" (1848-1875, segundo Hobsbawm) tinha sido a do monopólio industrial inglês, dentro do qual os lucros eram garantidos na competição entre pequenas e médias empresas. A crise iniciada na década de 1870 eliminou as empresas mais fracas. As mais fortes dominaram o mercado e "racionalizaram" a produção: a era "pós-liberal" caracterizou-se por uma competição internacional entre economias industriais nacionais rivais - a inglesa, a alemã, a norte-americana, a francesa, principalmente; uma competição acirrada pelas dificuldades que as firmas dentro de cada país enfrentavam para fazer lucros. A competição levou à concentração econômica e ao controle do mercado por poucas empresas, e à sua expansão internacional. A totalidade atingida pelo mercado mundial concretizou as leis de movimento do capital na sua máxima escala e em sua forma mais desenvolvida. O mercado mundial de capitais foi uma realidade desde finais do século XIX. A inovação consistia na modalidade de seu funcionamento: a maior incidência dos investimentos diretos externos, por parte de um capital mais móvel, com uma estruturação caracterizada pela centralização articulada em uma concatenação de unidades descentralizadas. *O modo de existência do capital se tornou finalmente adequado ao seu conceito.*

Condição e produto desse processo foi a concentração do capital industrial (em cartéis ou *konzern*), com papel dominante da banca de negócios, as *big five banks* da Inglaterra (Barclays, Lloyds, Midland, National, Provincial), o *Deutsche Bank* e o *Dresdner Bank* na Alemanha, a BFCI na França, a *Société Générale* na Bélgica, a *Kreditanstalt* na Áustria; e as exportações de capital: 3,7 bilhões de libras pela Inglaterra (47% no seu Império, 41% nas Américas, 6% na Europa); 23 bilhões de marcos pela Alemanha (53% na Europa); 120 bilhões de francos-ouro pela França (12% na Rússia; 3,3% na Turquia; 4,7% na Europa central; 8% nas colônias). Como consequência da exportação de capital, os países "independentes" da periferia tornaram-se semicolônias do "centro", com limitações nas determinações de suas taxas de alfândega e propriedade estrangeira da indústria, das obras públicas e das comunicações. O crescimento econômico era agora também luta econômica entre empresas monopólicas e nações. O otimismo acerca de um futuro de progresso de duração indefinida dava lugar à incerteza. Tudo isso fortalecia e era fortalecido pelas crescentes rivalidades políticas, as duas formas de competição fundindo-se na luta por territórios e na caça de "esferas de influência" que foi chamada de *imperialismo*.

O uso desse termo tornou-se corrente no ultimo quartel do século XIX, para descrever tanto o processo quanto a conclusão da partilha do mundo colonial pelas potências. Baseava-se numa analogia formal com os impérios precedentes da história da Europa. O imperialismo capitalista, porém, possuía outra significação histórica: "O que caracterizava o velho capitalismo, no qual dominava plenamente a livre concorrência, era a exportação de mercadorias. O que caracteriza o capitalismo moderno, no qual impera o monopólio, é a exportação de capital".[6] O processo abriu as primeiras contradições financeiras e bancárias internacionais, marcando também o declínio do domínio inglês sobre a economia mundial. Economicamente, entre 1870 e 1914 vigorou no mundo capitalista o padrão-ouro, que

6 V. I. Lênin. *Imperialismo, Etapa Superior do Capitalismo*. Campinas, Navegando Publicações, 2011.

indexava o preço da moeda ao metal, podendo-se converter a moeda em ouro ou vice-versa: "Em termos teóricos, o padrão-ouro criava um mecanismo automático de eliminação dos eventuais desequilíbrios no comércio internacional e, não menos importante, promovia os investimentos externos, uma vez que a estabilidade das taxas de câmbio dava aos investidores a segurança de que os valores dos seus investimentos externos seriam preservados".[7] Isto foi decisivo em uma era dominada pela exportação de capitais. A nova estrutura da organização econômica foi denominada de "capitalismo monopolista" devido à presença dominante de grandes empresas que dominavam ramos e setores inteiros da produção industrial e de serviços. A depressão econômica abriu espaço para a crescente monopolização das economias nacionais, e permitiu a intensificação da sua expansão mundial, acirrando a tensão entre as grandes potências capitalistas.

A expansão mundial do capital tinha um efeito destrutivo sobre a troca comercial entre os países capitalistas e as regiões periféricas como fator de estabilidade das metrópoles. No ambiente deflacionário provocado pela depressão, a concorrência capitalista tendeu a se acirrar. Além de uma tendência para o protecionismo econômico (com a exceção, importante, da Grã-Bretanha) desenvolveu-se um surto de conquista colonial, em direção da Ásia e da África, e de colonização financeira, em direção da América Latina. A rivalidade levou às potências a dividir o globo entre reservas formais ou informais para seus próprios negócios, mercados e exportações de capital, devido à não disponibilidade de matérias primas estratégicas ou excesso de capitais na maioria dos países desenvolvidos. As novas indústrias demandavam petróleo, borracha, metais não ferrosos. A nova "economia de consumo", por sua vez, demandava quantidades crescentes não apenas de matérias primas produzidas nos países desenvolvidos, mas também daquelas que não podia produzir. O período compreendido entre o **último** quartel do século XIX e 1914, conhecido como a *belle époque*, assinalou outras mudanças: no plano tecnológico, houve a chamada "segunda Revolução Industrial", baseada no motor a explosão, na telefonia, no rádio e na química. Na esfera econômica, houve o aparecimento das grandes empresas múltiplas, em substituição daquelas que operavam num só ramo da economia.

---

7 Barry Eichengreen. *A Globalização do Capital.* Uma história do sistema monetário internacional. São Paulo, Editora 34, 2000.

No cenário internacional, houve a emergência da Alemanha como uma grande potência (anteriormente, a Inglaterra reinava praticamente sozinha no mercado mundial) e, em seguida, os Estados Unidos surgiram como a maior potência industrial. Também o Japão começava a despontar com um poderio econômico e militar ponderável. Por fim, foi o período de uma mudança drástica na forma de organização do trabalho, com a introdução dos "métodos científicos de gerência". Junto ao surgimento da empresa múltipla de negócios, houve enorme crescimento da população, aumento contínuo da renda per capita média (nos EUA e na Europa) e integração dos mercados nacionais e internacionais. Entrou-se de modo acelerado em uma nova era tecnológica, determinada por novos ramos industriais. Surgiram novas fontes de energia (eletricidade e petróleo, turbinas, motor a explosão), um novo maquinário baseado em novos materiais, indústrias baseadas em novas ciências, como a química orgânica. Também se entrou na era do mercado de consumo doméstico, iniciada nos EUA, e desenvolvida pela crescente renda acumulada das massas trabalhadoras, potenciada pelo substancial aumento demográfico.

De 1870 a 1910, a população de Europa cresceu de 290 para 435 milhões, a dos EUA de 38,5 para 92 milhões. Surgiu o período da produção de massa, incluindo alguns bens de consumo duráveis. A empresa clássica, de propriedade individual ou familiar, cedeu lugar à empresa multidivisional, que internalizou uma série de atividades antes regidas pelo mercado, substituindo a "mão invisível" deste pela mão visível do *staff* que comandava as grandes empresas múltiplas: "Essa mudança é devida ao desenvolvimento, ampliação e extensão das tendências mais profundas e essenciais do capitalismo e da produção mercantil em geral. As trocas comerciais crescem, a produção aumenta. Estas tendências marcantes foram observadas ao longo dos séculos no mundo todo. Ora, em certo nível do desenvolvimento das trocas, em certo grau de desenvolvimento da grande produção, atingido mais ou menos na virada para o século XX, o movimento comercial determinou uma internacionalização das relações econômicas e do capital; a grande produção adquiriu proporções tais que os monopólios substituíram a livre concorrência".[8]

8 V. I. Lênin. *Imperialismo, Etapa Superior do Capitalismo*, cit.

A concorrência empresarial era feroz e levava à centralização e concentração de capitais. A competição clássica foi substituída pela concorrência oligopolista, baseada na constante diferenciação de produtos. Os oligopólios conquistaram amplas fatias do mercado e a gestão passou a ser planejada estrategicamente: "Na velha estrada do capital, o cartaz da livre-concorrência, que queria evidenciar as forças autorreguladoras do sistema, indicava uma via morta, enquanto outro cartaz indicava que os tempos corriam em direção ao 'monopólio' e para um novo sistema de privilégios. O termo 'neocapitalismo' assinalou, num primeiro momento, um complexo de fenômenos que os conservadores chamavam e ainda chamam 'pontos obscuros do industrialismo ou capitalismo': o surgimento das crises de sobre produção, sobretudo a fundamental, desse período, que se estende depois de 1870, e a de 1907, ou melhor, a evidência da existência de um ciclo econômico; a concentração da produção industrial e o surgimento de coalizões monopólicas domésticas e internacionais; a nova onda de protecionismo; o acirramento do colonialismo; a ampliação do mercado financeiro internacional e da exportação de capitais; a perigosa expansão do crédito mobiliário e a posição dominante assumida pelos bancos mistos em diversos setores industriais, berço de graves crises financeiras para alguns países; a ampliação e endurecimento das associações operárias, o reforço dos partidos socialistas".[9]

Países antes "afastados" foram obrigados a vincular suas economias a interesses externos. Na América, os EUA passaram aos poucos a dominar economicamente todo o continente. Se fosse preciso e possível, estabeleciam protetorados de fato, como na América Central (Haiti, Nicarágua). A Europa retalhou o continente africano. Controlou direta ou indiretamente vastas porções da Ásia. O Japão conquistou territórios à Rússia e à China. Entre 1848 e 1875, as exportações de mercadorias europeias tinham mais que quadruplicado, ao passo que entre 1875 e 1914, elas "só" duplicaram:10 a "partilha colonial" do século XIX vinculou-se à exportação de capitais. O novo imperialismo não mais buscava enriquecer principalmente o Estado pela acumulação de metais preciosos; beneficiava diretamente a alta

9 Giulio Pietranera. *Il Capitalismo Monopolistico Finanziario*. Napoles, La Città del Sole, 1998.

10 Diversamente da crise iniciada em 1929, a "grande depressão" de 1873-1895 foi mais uma desaceleração dos ritmos de crescimento do que uma queda absoluta da produção e do comércio mundiais.

burguesia metropolitana, a partir do monopólio dos novos mercados, para onde era destinado o excedente de capital metropolitano. Outros tipos de matérias primas eram priorizados na exploração colonial: ferro, cobre, petróleo e manganês, que eram os produtos requisitados pela nova indústria. A Ásia, em pouco tempo, transformou-se em zona abastecedora de produtos primários para a Europa, e teve a maior parte de sua indústria artesanal destruída. A Índia, depois de séculos de dominação, já havia se transformado num protetorado inglês. A China foi pouco a pouco "domesticada" ao comércio com os europeus. Conseguiu, diferentemente da Índia, sempre manter-se independente. No século XIX, no entanto, o poder imperial chinês praticamente já não detinha autoridade sobre seu território; o comércio entre Europa e China foi tornando-se cada vez mais desigual. A Inglaterra obteve grandes concessões territoriais, enclaves com direito de "extraterritorialidade": as concessões (Hong Kong, Kowloon, Birmânia, Nepal) estavam, como os ingleses residentes na China, fora do alcance das leis locais.

A conquista colonial foi também encarada como um antídoto à revolução social nas metrópoles capitalistas: o motivo essencial do imperialismo capitalista encontrava-se no aguçamento das contradições sociais do capitalismo, ou seja, da luta de classes. Cecil Rhodes afirmou: "*A ideia que mais me acode ao espírito é a solução do problema social, a saber: nós, os colonizadores, devemos, para salvar os 40 milhões de habitantes do Reino Unido de uma mortífera guerra civil, conquistar novas terras a fim de instalarmos o excedente da nossa população, e aí encontrarmos novos mercados para os produtos das nossas fábricas e das nossas minas. O Império, como sempre tenho dito, é uma questão de estômago. Se quereis evitar a guerra civil, é necessário que vos torneis imperialistas*". A enorme migração europeia em direção da periferia colonial desmontou os exércitos de potenciais revoltados das metrópoles. No período 1881-1910 o fluxo migratório a partir de Europa para o restante do mundo chegou até 8,49 milhões de pessoas por década, como consequência do desemprego industrial, declínio dos preços agrários e ruína dos camponeses, em grande parte, pela "concorrência dos produtos de subsistência ultramarinos", como foi apontado em 1898 em um texto pioneiro que analisou as consequências da crise de sobreprodução do setor agrário, em consequência da penetração das relações capitalistas no campo e da expansão mundial do capital.[11]

11 Karl Kautsky. *A Questão Agrária*. São Paulo, Nova Cultural, 1986.

Com a formação de uniões monopolistas de capitalistas e o crescente monopólio mundial dos países ricos, nos quais a acumulação do capital alcançara proporções gigantescas, constituiu-se um enorme excedente de capital nos países avançados. O capitalismo gerava assim uma "poupança excedente", em consequência as oportunidades de investimento ficaram mais raras nos países metropolitanos, surgindo três alternativas para superar a depressão dos negócios: 1) Aumentar os salários reais para ampliar o mercado interno, fazendo cair ainda mais a taxa de lucro; 2) Manter os salários iguais e canalizar toda a acumulação para o progresso técnico, aumentando a parte constante do capital; 3) Investir no exterior, onde a taxa de lucro era maior. A terceira alternativa era a "melhor" para os capitais excedentes: investir em espaços econômicos vazios, mão de obra e matérias primas baratas e em abundância, apresentava muitas vantagens. A tendência do movimento do capital foi definida pela diferença da taxa de lucro de região para região, de pais para pais. Até que, finalmente, a partilha econômica e política do mundo se completou, incluindo as últimas zonas não ocupadas. Começou então a luta pela sua redistribuição entre as associações monopolistas e seus Estados, na procura de novos mercados e fontes de matérias primas. Para que isso acontecesse, foi necessária uma fusão inédita entre o capital monopolista, o interesse privado, e o Estado, "representante do interesse público", subordinando o segundo ao primeiro, e transformando a função do Estado. A "estatização da vida social", com o Estado absorvendo novas funções disciplinadoras da sociedade, foi estudada pioneiramente por Nikolai Bukhárin em *O Imperialismo e a Economia Mundial*.

O fortalecimento do Estado atendia a objetivos internos e externos, era ditado pela nova fase do desenvolvimento do capital: "As etapas de repartição pacificas são sucedidas pelo impasse em que nada resta para distribuir. Os monopólios e seus Estados procedem então a uma repartição pela força. As *guerras mundiais* inter-imperialistas se transformam em um componente orgânico do imperialismo".[12] A concorrência internacional estava marcada pelo desenvolvimento precedente. A expansão econômica do século XIX, na "era liberal", viu surgirem, ao lado da Grã-Bretanha, novos concorrentes que se preparavam para a partilha do mundo. Estados Unidos

12 V. I. Lênin. *Imperialismo, Etapa Superior do Capitalismo, cit.*

e Alemanha foram os mais significativos. Mas também a França e, em menor medida, a Rússia e o Japão entraram no jogo. Nessa concorrência pelo mercado mundial se preparavam os conflitos bélicos do século XX.

O recurso às guerras, regionais ou internacionais, era ditado pela magnitude dos interesses econômicos em jogo. Em 1915, calculava-se em 40 bilhões de dólares (200 bilhões de francos), os capitais exportados pela Inglaterra, Alemanha, França, Bélgica e Holanda. Num relatório do cônsul austro-húngaro em São Paulo lia-se: "A construção das estradas de ferro brasileiras realiza-se, na sua maior parte, com capitais franceses, belgas, britânicos e alemães; os referidos países, ao efetuarem-se as operações financeiras relacionadas com a construção, reservam-se as encomendas de materiais de construção ferroviária". O novo capital financeiro estendia suas redes em todos os países, desempenhando um papel importante os bancos, bem como suas filiais coloniais. A Inglaterra tinha, em 1904, 50 bancos coloniais com 2279 filiais (em 1910 já eram 72 bancos com 5449 filiais); a França tinha 20 com 136 filiais; a Holanda possuía 16 com 68; enquanto a Alemanha tinha 13, com 70 filiais.

A exportação de capitais substituiu relativamente a exportação de mercadorias como saída para a sobreacumulação de capital nos principais ramos industriais. Ao investir nos países periféricos, o capital obtinha taxas de lucro superiores, elevando a taxa de lucro geral devido à menor composição orgânica do capital nesses países, devida, por sua vez, ao menor custo das matérias primas e da mão de obra, e a outras vantagens. Os países centrais passam a descarregar seu excesso de capitais nos países atrasados, transformando-os crescentemente em colônias econômicas, inclusive quando a independência política destes foi preservada. A partilha econômica e política do mundo se completou, incluindo as **últimas** zonas não ocupadas. Começou então a luta pela sua redistribuição entre as associações monopolistas e seus Estados, na procura de novos mercados e fontes de matérias primas. A síntese dessas características (exploração das ações atrasadas, tendência para as guerras mundiais e para a militarização do Estado, aliança dos monopólios com o Estado, tendência geral à dominação e à subordinação da liberdade) levou Lênin a definir a nova etapa histórica como a era da "reação em toda a linha, e da exacerbação da opressão nacional". O enorme desenvolvimento das forças produtivas, a concentração da produção, a acumulação sem precedentes de capital, passaram a tornar a produção cada vez mais social nos ramos econômicos decisivos. Isto entrava cada vez mais em contradição com o modo de apropriação, a propriedade privada nas mãos de um número cada vez menor de capitalistas.

O "novo capitalismo" se baseava em sociedades por ações, forma mais plástica do capital; ela permitiu que a circulação de capitais atingisse níveis desconhecidos, com a exportação de capitais para financiar obras e o débito público da periferia do "mundo desenvolvido". Segundo apontava Engels "a Bolsa modifica a distribuição no sentido da centralização, acelera enormemente a concentração de capitais e, nesse sentido, é tão revolucionária quanto a máquina a vapor"; e sublinhou a necessidade de "identificar na conquista colonial o interesse da especulação na Bolsa"; a nova expansão tinha relação com a ampliação dos interesses financeiros: em 1843, quando era o único país exportador de capital, a Inglaterra possuía títulos da dívida pública dos países da América Latina por valor de 120 milhões de libras esterlinas (vinte vezes mais do que o montante dos investimentos britânicos nas maiores 24 companhias mineiras além-mar). Em 1880, o montante desses mesmos títulos, da América Latina, dos EUA e do Oriente, de posse da Inglaterra, já ascendia a 820 milhões da mesma moeda. Engels, no prólogo aos volumes II e III de *O Capital,* situou esse fenômeno no contexto do desenvolvimento capitalista: "A colonização é hoje uma efetiva filial da Bolsa, no interesse da qual as potencias europeias partilharam a África, entregue diretamente como botim às suas companhias". Segundo Lênin, essa era a base de uma nova era: "O imperialismo capitalista foi o resultado do processo de concentração e centralização dos capitais nos países de capitalismo mais avançado, onde o monopólio tendeu a substituir à livre concorrência, assim como a exportação de capitais a exportação de mercadorias, inclusive em direção ao mundo atrasado, mudança que deu lugar ao imperialismo como fase superior do desenvolvimento do capitalismo. Nos países avançados o capital ultrapassou o marco dos Estados Nacionais, substituiu a concorrência pelo monopólio, criando todas as premissas objetivas para a realização do socialismo".[13]

---

13 V. I. Lênin. *Imperialismo, Etapa Superior do Capitalismo, cit.*

Em 1800, os países europeus ocupavam ou controlavam 35% da superfície do mundo; em 1878, esse percentual tinha aumentado para 67%, e em 1914, para 84%: "Entre 1876 e 1915, cerca de um quarto da superfície continental do globo foi distribuído ou redistribuído, como colônia, entre meia dúzia de Estados. A Grã-Bretanha aumentou seus territórios em cerca de dez milhões de quilômetros quadrados, a França em cerca de nove, a Alemanha conquistou mais de dois milhões e meio, a Bélgica e a Itália pouco menos que essa extensão cada uma. Os EUA conquistaram cerca de 250 mil, principalmente da Espanha, o Japão algo em torno da mesma quantidade à custa da China, da Rússia e da Coreia. As antigas colônias africanas de Portugal se ampliaram em cerca de 750 mil quilômetros quadrados; a Espanha, mesmo sendo uma perdedora líquida (para os EUA), ainda conseguiu tomar alguns territórios pedregosos no Marrocos e no Saara ocidental. O crescimento da Rússia imperial é mais difícil de avaliar, pois todo ele se deu em territórios adjacentes e constituiu o prosseguimento de alguns séculos de expansão territorial do Estado czarista; ademais, a Rússia perdeu algum território para o Japão. Dentre os principais impérios coloniais, apenas o holandês não conseguiu, ou não quis, adquirir novos territórios, salvo por meio da extensão de seu controle efetivo às ilhas indonésias, que há muito 'possuía' formalmente. Dentre os menores, a Suécia liquidou a única colônia que lhe restava, uma ilha das Índias Ocidentais, vendendo-a à França, e a Dinamarca estava prestes a fazer o mesmo, conservando apenas a Islândia e a Groenlândia como territórios dependentes".[14]

Percentual de território pertencente às potências europeias e aos EUA

	1876	1900	Diferença
África	10,8%	90,4%	79,6%
Polinésia	56,8%	98,9%	42,1%
Ásia	51,5%	56,6%	5,1%
Austrália	100%	100%	--
América	27,5%	27,2%	0,3%

Fonte: V. I. Lênin. Imperialismo, Etapa Superior do Capitalismo

14 Eric J. Hobsbawm. *A Era dos Impérios 1875-1914.* Rio de Janeiro, Paz e Terra, 1987.

Na virada para o século XX, mais da metade da superfície terrestre, e mais de um terço da população do planeta, se encontrava nas colônias. Ao cabo do processo, 56% da superfície do planeta (75 milhões de km^2, para um total de 134 milhões) estava colonizado por potências cuja superfície (16,5 milhões de km^2) mal ultrapassava 12% do total das terras emergidas, isto em que pese às potências colonizadoras incluírem dois países de dimensões continentais (os EUA e a Rússia). Nos territórios diretamente colonizados habitava mais de 34% da população da Terra, não incluindo a população das semicolônias. Sobre a base do enorme desenvolvimento do comércio mundial, o movimento foi desigual e contraditório: nos países avançados a indústria avançou, sobretudo a pesada; os países se urbanizaram, a renda nacional progrediu, assim como a percentagem dos trabalhadores industriais na população total.

Nos países periféricos houve também "modernização", mas em ritmo lento e aumentando sua distância econômica em relação aos países mais desenvolvidos. Em 1884, o ministro francês Charles Faure comentou: "O movimento tomou o caráter de uma verdadeira *course au clocher*. Parece que o vencedor será aquele que primeiro chegue e hasteie a bandeira de seu país em qualquer lugar da costa da África que ainda não esteja sob a dominação de uma nação europeia". Outro ministro, Jules Ferry, em *Le Tonkin et Ia Mère Patrie*, de 1890, usou a mesma expressão: "Um movimento irresistível se apoderou das grandes potências europeias por conquistar novos territórios. Foi como uma imensa carreira de obstáculos na rota para o desconhecido. Esta *course au clocher* [corrida até o campanário] tem apenas cinco anos e se movimenta por inércia de um ano para outro". A corrida das potências europeias por colônias era apresentada como uma busca pela sobrevivência da nação, mas era uma busca pela sobrevivência do capital.

Graças à concentração, centralização e exportação de capitais, o capitalismo industrial se expandiu em extensão e profundidade. A produção mundial de carvão já era de 1215 milhões de toneladas em 1913 (contra 240 milhões em 1870), 82% dos quais extraídos pelos EUA, Inglaterra e Alemanha. A produção de petróleo, central a partir da invenção do motor a explosão, passou de 700 mil toneladas em 1871 para 20 milhões em 1900, e para 52 milhões em 1913. A indústria metropolitana modificou a sua fisionomia, deslocando para a periferia os setores menos intensivos em capital:

Europa só produzia 42% dos têxteis que consumia, importando o restante das colônias e semicolônias. A indústria química progrediu com a invenção do plástico, da nitroglicerina e das indústrias sintéticas: seus centros eram os EUA e a Alemanha. A metalúrgica era a indústria principal: 500 mil toneladas de aço foram produzidas em 1875, 74 milhões em 1913; 13 toneladas foi a produção de alumínio em 1885, 65 mil em 1913.

Distribuição dos capitais investidos no estrangeiro (1910: em bilhões de marcos)

	Inglaterra	França	Alemanha	Total
Europa	4	23	18	55
América	37	4	10	51
Ásia, África e Austrália	29	8	7	44
Total	70	35	35	140

Fonte: V. I. Lênin. Imperialismo, Etapa Superior do Capitalismo

Capital investido no estrangeiro (em bilhões de francos)

Anos	Inglaterra	França	Alemanha
1862	3,6	--	--
1872	15	10	--
1882	22	15	?
1893	42	20	?
1902	62	27-37	12,5
1914	75-100	60	44

Fonte: V. I. Lênin. Imperialismo, Etapa Superior do Capitalismo

A agricultura também se transformou, de modo desigual, pois o rendimento era muito maior nos países em que ela se industrializou e se praticou a especialização das terras. As comunicações terrestres experimentaram também uma explosão, com 209 mil quilômetros de estradas de ferro em 1870, e mais de um milhão em 1913. As estradas experimentaram crescimento semelhante, especialmente nos EUA, com a produção industrial do automóvel. A estrada ressuscitou: 2 milhões de quilômetros em 1913 (63% nos EUA). A navegação marítima explodiu com o barco de metal e o encurtamento das distâncias através dos canais (Suez, Corinto, Panamá, Kiel). Começou a navegação aérea: Blériot atravessou o Canal da Mancha em 1909; Roland Garros, o Mediterrâneo em 1913. Surgiu também a aviação militar.

Investimentos externos das grandes potências (em milhões de libras)

País/Ano	1870	1900	1914
Grã-Bretanha	4.900	12.000	20.000
França	2.500	5.800	9.050
Alemanha	s/d	4.800	5.800
EUA	100	500	3.500
Outros	500	1.100	7.100
Total	8.000	24.200	45.450

Fonte: V. I. Lênin. Imperialismo, Etapa Superior do Capitalismo

Entre 1870 e 1914 os investimentos externos das grandes potências se multiplicaram por seis. Inglaterra manteve a dianteira, mas seu volume total, assim como o da França, quadruplicou no período, enquanto os investimentos da Alemanha multiplicaram-se por 50, os dos EUA por 35 (os dos "outros países", principalmente europeus, por 14). O declínio econômico inglês foi compensado pela manutenção de sua posição política mundial. Devido à sua primazia internacional, o capitalismo britânico pôde, durante longo tempo, ter uma balança comercial deficitária; suas exportações de produtos industriais manufaturados eram cronicamente inferiores às suas importações de matérias-primas. Esse déficit comercial era compensado pelos ingressos "invisíveis" provenientes dos lucros dos capitais britânicos investidos no estrangeiro. Alemanha considerava impróprio que o seu poder industrial não encontrasse reflexo nas possessões territoriais, muito inferiores em relação às inglesas. O velho monopólio industrial da Inglaterra se enfraqueceu no último quartel do século XIX, pois outros países metropolitanos, por meio de políticas alfandegárias protecionistas, tinham-se transformado em Estados que concorriam vantajosamente com Inglaterra nos ramos de produção mais importantes: o carvão, principal fonte de energia, tinha um rendimento anual de 900 kg/trabalhador na França, 1100 na Inglaterra, 1200 na Alemanha e... 3800 nos EUA.

As exportações da periferia acompanharam a tendência: em 1860, metade do total das exportações da Ásia, África e América Latina se dirigiu a um só país, a Grã-Bretanha. Por volta de 1900, a participação britânica nas exportações desses continentes caíra para um quarto do total, e as exportações periféricas para outros países da Europa ocidental já superavam as destinadas à Grã-Bretanha (totalizando 31%, contra 25% britânicos). Os países industriais importavam crescentemente matérias primas dos países atrasados: só conseguiam fazer face ao seu próprio consumo através da importação da Europa oriental, Ásia, África, América e Oceania. O imperialismo, no entanto, tinha maior importância na Inglaterra: sua hegemonia tinha como base à capacidade de dominar os mercados internacionais e as fontes de matérias primas através da sua marinha mercante. Preservar o acesso privilegiado ao espaço não europeu foi a bandeira da política econômica britânica. A Inglaterra vitoriana empreendeu, devido a isso, uma campanha de conquistas, conseguindo governar 25% da superfície do globo terrestre (incluídas Canadá, Austrália, Nova Zelândia, Índia, Birmânia, África do Sul, etc.). A chave para o sucesso britânico estava, em primeiro lugar, na exploração das possessões anteriores, sobretudo da Índia, sua colônia mais importante e o pilar de sua estratégia global. A política imperial inglesa tinha em grande consideração a proteção das rotas para o subcontinente indiano. Para além do controle absoluto do Oceano Índico (verdadeiro "lago" inglês), os britânicos controlavam a antiga "Rota do Cabo" (África do Sul; e parcelas da costa oriental africana), bem como as rotas interoceânicas mais diretas (Egito - canal do Suez; Mar Vermelho; Omã - Golfo Pérsico).

A especificidade da Grã-Bretanha também se mede pela sua capacidade de continuar a manter sua posição privilegiada de parceiro econômico único de certas regiões e países. Inglaterra tornou-se o principal importador de produtos primários, constituindo o mercado de grande parte dos produtos alimentares produzidos em outros lugares. Em troca, os ingleses exportavam seus produtos industrializados. O abandono da agricultura por parte dos ingleses alimentou a produção agrícola dos "atrasados", dependentes da Inglaterra para suas exportações primárias. Outro alicerce inglês foi sua capacidade de investimento. Os britânicos investiram fortemente no seu império suscitando um relativo desenvolvimento industrial das colônias (expansão das ferrovias) com grandes lucros para os capitalistas ingleses. A

Inglaterra mantinha-se fiel ao liberalismo e continuava no centro da economia mundial. Apesar da perda da hegemonia industrial, conseguia manter a liderança econômica e política, pois era a única nação capaz de retirar o máximo partido das suas possessões coloniais: o capitalismo da Alemanha e dos EUA não podia superar, nesse plano, o britânico. Para os países europeus menos desenvolvidos, as colônias se transformaram progressivamente em pesos mortos, pois com a falta de investimento de capitais (escassos nas metrópoles) a produção e o comércio colonial desses países não cresceram em comparação com o crescimento do comércio total; era o fracasso do colonialismo protecionista diante do colonialismo "liberal" inglês. O mundo não europeu (com exceção do Japão) encontrava-se indefeso face ao ímpeto europeu, era conquistado pela força, mas, sobretudo, pela expansão econômica baseada na exportação de capitais.

Os investimentos intra-europeus perderam terreno diante dos investimentos nas regiões periféricas ou no mundo colonial: por volta de 1850, Europa e os EUA ainda recebiam cerca de metade das exportações de capital inglês, mas, entre 1860 e 1890, os investimentos externos britânicos para Europa caíram sensivelmente (de 25% para 8% do total); os investimentos diretos para os EUA declinaram até sofrerem uma brusca queda (passaram de 19% para 5,5% dos investimentos externos britânicos). Em 1885, os quatro maiores investidores mundiais - Grã-Bretanha, França, Alemanha e Estados Unidos - haviam colocado no exterior £ 2.681 milhões. Em 1914, essa cifra já era de £ 7.659 milhões. No total, o estoque de investimentos externos da Europa passou de US$ 0,7 bilhões (1825), para US$ 4,3 bilhões (1855), US$ 13 bilhões (1885) e US$ 46,2 bilhões (1915). O maior crescimento (de 33 bilhões para um total de 46 bilhões, ou pouco mais de 70% do total) se produziu durante as décadas compreendidas entre 1885 e 1915. A América se manteve "intacta"; além do nacionalismo proveniente das guerras de independência estar ainda vivo, os EUA surgiram como potência industrial e iniciaram um processo de expansão da sua esfera de influência no continente americano.

A expansão europeia baseada na exportação de capitais, por outro lado, consagrou o declínio da economia chinesa face aos seus novos concorrentes. Em 1820, a China ocupava ainda o primeiro lugar na economia mundial, com o Reino Unido (Inglaterra) já situado no terceiro posto (a população chinesa mais do que duplicava a de toda a Europa, de 167 milhões de habitantes). Angus Maddison datou para a década de 1820 o declínio da economia chinesa, no mesmo período em que o aumento da população atingia seu ritmo mais elevado (passando de 138 a 381 milhões de habitantes entre 1700 e 1820) e o território imperial sua máxima extensão (12 milhões de quilômetros quadrados). A agricultura chinesa foi a primeira a sentir o declínio. A erosão varria as colheitas e inundava os sistemas de irrigação, nas aldeias começava a fazer-se notar um excesso de população. As indústrias de consumo não deram lugar a um surto tecnológico, e a utilização de trabalho assalariado não se difundiu significativamente. Em 1870, o PIB chinês (189,74 bilhões de dólares Geary Khamis) já não duplicava o da Inglaterra (100,18 bilhões de dólares Geary Khamis), com uma população oito vezes maior, ou seja, com um PIB per capita entre quatro e cinco vezes menor.

No alvorecer do século XX, o PIB chinês, medido em paridade de poder de compra, perdeu o primeiro posto mundial para os EUA. Medidas como percentuais da economia mundial, as cifras são ainda mais ilustrativas: no século XVII, a Ásia perfazia quase 66% da economia mundial, contra pouco menos de 20% da Europa Ocidental (e apenas 0,3% dos futuros EUA). Em 1870, esses percentuais eram de 38,3% (Ásia), 33,6% (Europa Ocidental, um percentual que atingia 38% se considerada também a Europa Oriental), quase 9% (EUA). No início do século XX, o percentual asiático (incluindo China, Índia e Japão) tinha caído para 24,5%, contra 38% de toda a Europa, e pouco mais de 19% dos EUA.[15] Importa também assinalar a decadência dos impérios pré-industriais de Portugal e Espanha, incapazes de resistir à máquina industrial moderna dos seus vizinhos europeus. Na Ásia, apesar da sobrevivência de seus velhos impérios (China, Japão, Turquia, Sião), os europeus consolidaram grandes áreas de influência (Índia, Birmânia, Tibete, Pérsia - Inglaterra; Indochina - França; Indonésia - Holanda). Mesmo os países tradicionalmente mais fechados, como China e Japão, abriram a suas economias à influência e aos capitais estrangeiros.

As relações entre capital e trabalho mudaram nas metrópoles. Foi durante a "grande depressão" que desenvolveu sua atividade Frederick Wins-

15 Angus Maddison. *The World Economy*. Paris, OCDE, 2006.

lor Taylor (1856-1915); a "gerência científica do trabalho" resultou de suas observações nas minas de carvão nos EUA. O capital se defrontava com os limites derivados de sua dependência do trabalho vivo. Taylor buscou a dissociação dos processos de trabalho das habilidades do trabalhador, separando a concepção do trabalho de sua execução. Através da descrição, análise e controle dos movimentos dos trabalhadores buscou objetivar os fatores ainda subjetivos do trabalho; estudou lógicas de especialização e de segmentação da produção para alcançar maior produtividade e, com isso, aumentar os lucros; na Bethlehem Steel, onde trabalhava, a produtividade aumentou quatro vezes, mas os salários só aumentaram de €1.15 para €1.85 por dia. A segmentação retirava poder aos trabalhadores qualificados, aumentava o número dos não qualificados e criava a figura do supervisor da produção. O "método Taylor" permitia pagar melhor aos trabalhadores, menores jornadas de trabalho, maiores tempos de descanso e condições de trabalho que evitassem greves e perturbação da máquina produtora de capital. Pretendia harmonizar os interesses dos capitalistas com os dos trabalhadores, através de maior racionalização do processo produtivo, com a limitação das tarefas a atos repetitivos que tornassem os trabalhadores meras ferramentas, sem compreensão do processo produtivo, estendendo e reforçando o papel das hierarquias dentro da empresa.

Taylor afirmou que seu método "tornava qualquer tipo de problema trabalhista ou greve, impossíveis". Henry Ford, em 1913, nas suas fábricas de automóveis, inaugurou a produção em massa de um mesmo produto que o tornaria com um baixo preço relativo, sobretudo se associada à "racionalização" do trabalho defendida por Taylor; este propunha alterações na produção e Ford avançava com condições para o alargamento do mercado, do aumento do consumo: dezenas de milhares dos trabalhadores das suas fábricas, beneficiários de melhores salários, se tornariam consumidores dos seus próprios produtos. O fordismo, o uso pioneiro das linhas de montagem na indústria automobilística dos EUA, nasceu no esteio do taylorismo, que buscava administrar e simplificar a execução de cada trabalho individual. Henry Ford realizou esse objetivo de forma coletiva, ao submeter todas as etapas do trabalho ao ritmo da esteira:16

16 Benedito Rodrigues de Moraes Neto. *Marx, Taylor e Ford*. As forças produtivas em discussão. São Paulo, Brasiliense, 1991; Harry Braverman. *Trabalho e Capital Monopolista*. A degradação do trabalho no século XX. Rio de Janeiro, Guanabara, 1987.

"Que enorme ganho de produtividade! Mas o salário do trabalhador não se multiplicou por quatro, no máximo duplicou e somente por um curto período de tempo. Assim que os trabalhadores se acostumarem com o novo sistema, seu salário é reduzido ao nível anterior. O capitalista obtém um enorme lucro, mas os trabalhadores trabalham quatro vezes mais do que antes e desgastam seus nervos e músculos quatro vezes mais rápido que antes".17 Para Antonio Gramsci, o taylorismo apontava para mudanças psicofísicas do trabalhador para além dos muros da fábrica, "um fenômeno mórbido a ser combatido", perguntando-se se seria possível "fazer com que os operários como massa sofressem todo o processo de transformação psicofísica capaz de transformar o tipo médio do operário Ford no tipo médio do operário moderno, ou se isto seria impossível, já que levaria à degeneração física e à deterioração da espécie".[18]

Em resumo, o imperialismo contemporâneo completou a unificação do mundo sob a égide do capital: as novas tecnologias, o domínio dos monopólios e do capital financeiro, as novas formas de domínio mundial mediante a exportação de capitais, impeliram mudanças na estrutura do Estado e na dominação da classe operária e dos povos oprimidos da periferia. Iniciado na segunda metade do século XIX, com a partilha africana, a definição de domínios coloniais na Ásia e a penetração financeira na América Latina, foi possível graças aos novos meios de transporte e comunicação (ferrovias e telégrafo), que modificaram a estrutura das "redes" em todos os níveis, propiciando uma estrutura descentralizada de poder em diversas escalas, que passou a ser comum na articulação de organizações estatais e privadas. Nos países coloniais e semicoloniais, e no novo mundo do trabalho, o imperialismo mostrou a verdadeira face do capital.

17 V. I. Lênin. The Taylor system - man's enslavement by the machine. *Collected Works*. Vol. 20, Moscou, Progress, 1972.

18 Antonio Gramsci. *Quaderni del Carcere*. Turim, Einaudi, 1975.

AFRIQUE

Capítulo 2

O capital financeiro na origem do imperialismo

Mauricio Sabadini[19] *e Fábio Antonio de Campos*[20]

A compreensão do capital financeiro se reconfigura e ganha novos contornos, mas a relação entre o capital financeiro e o imperialismo continua no centro do capitalismo, associado a um crescimento desmesurado da especulação financeira, representativa do capital fictício. A discussão envolvendo o imperialismo, como resultado da concentração e centralização de capitais que gestaram o capital financeiro, em meio à expansão dos mercados para dar vazão não só ao excedente de mercadorias, mas também ao acúmulo de capitais, foi um caminho adotado por diversos autores para entender os movimentos do capital em busca de valorização. Se tratarmos o modo de produção capitalista a partir de um conjunto homogêneo de elementos, que tem sua base na criação de valor e mais-valia, não podemos esquecer que esse sistema não necessariamente se encontrará em forma pura nos diversos espaços de acumulação e em seus distintos momentos históricos.

---

19 Doutor em Economia pela Universidade Paris 1 Panthéon-Sorbonne, pesquisador do CNPq, professor do Departamento de Economia e do Programa de Pós-Graduação em Política Social (PPGPS) da Universidade Federal do Espírito Santo (UFES).

20 Doutor em Desenvolvimento Econômico pelo Instituto de Economia da Unicamp, professor e pesquisador do Núcleo Institucional de História Econômica (NIHE), do Centro de Estudos do Desenvolvimento Econômico (CEDE) da mesma instituição. Membro do Instinto Brasileiro Estudos Contemporâneo (IBEC).

A categoria de capital financeiro teve origem em *O Capital Financeiro*. Seu autor, Rudolf Hilferding, era médico de formação e viveu entre 1877 e 1941. Intelectual orgânico do Partido Socialdemocrata Alemão, foi ministro das finanças na Alemanha durante dois períodos, 1923 e 1929 e, com a ascensão de Hitler ao poder, ficou exilado em alguns países europeus, sendo o último deles a França, onde foi entregue pelo governo francês aos nazistas, que o executaram em 1941. Sua importância está atrelada ao desenvolvimento de certas temáticas em sua obra *O Capital Financeiro*, terminada em 1908 e publicada em 1910, poucos anos depois da publicação dos Livros II e III de *O Capital*. Se sua obra não recebeu a devida e necessária atenção no meio acadêmico, sua influência sobre autores clássicos não foi pequena. Lênin, Böehm-Bawerk, Schumpeter, Sweezy, Marshall, Bukhárin e Kautsky são autores que se pautaram em Hilferding para discutir o capitalismo do século XX, no contexto da expansão imperialista mundial. Hilferding apresenta temáticas variadas como o tratamento do dinheiro e do crédito, sociedades anônimas, bolsa de valores e dividendos, lucros de fundador e diferenciais, crises e imperialismo, capital financeiro.

O conceito de capital financeiro não existia em Marx? Klagsbrunn explica que na edição de *O Capital* da Civilização Brasileira, "essa função específica foi traduzida como "capital financeiro", expressão que pouco tem a ver com a original *Geldhandlungskapital*, tanto em termos literais quanto em conteúdo, e que apresenta o agravante de avançar desenvolvimentos teóricos de outro autor - Hilferding -, que se referem a aspectos mais específicos. A edição brasileira posterior de O Capital, da editora Abril Cultural, foi, nesse particular, bem mais precisa e correta. Ao que tudo indica, a origem do erro está na tradução francesa da Éditions Sociales, na qual o título do capítulo 19 aparece como *Le Capital Financier* (*Capital Marchant*)".[21] De fato, a diferença se encontra na tradução do título do capítulo XIX do Livro III de *O Capital*, que sabemos não ter sido finalizado pelo próprio autor, mas organizado e publicado por Engels em 1894, 27 anos depois do Livro I. A melhor tradução do título seria "o capital de comércio de dinheiro"; Marx apresenta um novo conjunto de capitalistas, os comerciantes de dinheiro, com funções específicas no ciclo global do capital, funções estas que

21 Vitor H. Klagsbrunn. Considerações sobre a categoria dinheiro de crédito. *Ensaios FEE*, vol. 13, n. 2, Porto Alegre, 1992.

se reportam a realização de pagamentos bancários, organização de atividades envolvendo os balanços contábeis dos bancos, a guarda do dinheiro, as operações de câmbio, o controle das operações em contas bancárias, que se desenvolvem com a própria expansão do comércio internacional.

Se no Livro I de *O Capital*, em que se busca descobrir a essência da produção de riqueza no modo de produção capitalista, a relação capital-trabalho se dava de forma direta entre capitalista e trabalhador, em um hipotético indivíduo representativo de cada lado, no Livro III os diferentes tipos de capitalistas (industriais, comerciantes de mercadorias, comerciantes de dinheiro, proprietários de terra), executando distintas funções no ciclo geral do capital (D – M – D'), sinalizam o surgimento de funções autonomizadas; adicionalmente, a concorrência entre eles se estabelece com o intuito de se apropriar da maior fração possível da mais-valia, via lucros, juros ou renda da terra. Este é o caso do referido capítulo XIX, com os capitalistas intermediários de dinheiro, os chamados negociantes de dinheiro, e o surgimento dos bancos. Desta forma, se no Livro I Marx buscou descobrir, em um determinado nível de abstração, categorias centrais para desvendar a natureza da lei geral da acumulação capitalista, analisando, portanto, o processo de produção, no Livro III, após a indicação, no Livro II, das formas funcionais do capital, estas aparecem autonomizadas, num contexto onde, segundo o próprio autor, "trata-se muito mais de encontrar e expor as formas concretas que surgem *do processo de movimento do capital considerado como um todo*".[22] Produção e circulação se encontram em uma só unidade, e categorias anteriores se concretizam sob formas visíveis, se revelando na aparência: o valor se manifesta sob a forma preço; a mais-valia sob o lucro; a taxa de mais-valia sob a taxa de lucro; a concorrência é exteriorizada; aparecem os juros, cuja origem vem da mais-valia; o crédito é apresentado de forma mais sistemática, apesar de, o dinheiro de crédito já ter sido indicado no capítulo III do Livro I; surge também a renda da terra.

Neste contexto de autonomização das formas funcionais do capital, onde cada fração do capital assume funções particulares nas etapas de produção e circulação do capital, aparecerão então capitalistas atuando na produção de mercadorias, no ciclo do capital produtivo, bem como

22 Karl Marx. *O Capital*. Crítica da economia política. Livro II. São Paulo, Abril Cultural, 1984.

na circulação via comércio de mercadorias (comerciantes) e comércio de dinheiro (comerciantes de dinheiro), além dos proprietários de terra. É de se destacar também que em nenhum momento encontramos neste capítulo XIX alguma definição geral, ou mesmo indicação que sinalize para supostas características conceituais e particulares tal como aparece posteriormente na obra de Hilferding. Ou seja, o capítulo XIX do Livro III, além de apresentar as funções dos comerciantes de dinheiro, termina com as sinalizações de que as intermediações bancárias são formadas pelo capital dinheiro depositado pelos capitalistas comerciantes de mercadorias e pelos industriais, sendo que, principalmente, as operações técnicas realizadas pelos bancos são remuneradas sob a forma de lucros advindos da mais-valia, sendo, portanto, um capital que não gera valor e mais-valia. Marx é muito transparente: *É igualmente claro que seu lucro é apenas uma dedução da mais-valia, uma vez que só tem a ver com valores já realizados (mesmo que realizados apenas em forma de títulos de crédito)*. Mesmo que na atualidade uma fração do lucro também venha da cobrança de taxas bancárias, fica claro que esta é uma forma autonomizada de capital que desempenha funções primordiais para o ciclo geral, mas que não gera riqueza do ponto de vista da totalidade; ademais, as categorias mais-valia e lucro, apesar de interdependentes, são distintas. Ou seja, como sugerido anteriormente, em que pese o vínculo entre elas, o nível de abstração encontra-se em estágios distintos, onde a mais-valia aparece sob a forma dissimulada do lucro, ela *recebe a forma transmutada de lucro*.

Reside aí, na tradução do título do capítulo XIX, o início do imbróglio categorial que se desdobrou em interpretações diferenciadas. Para além da semântica e das traduções, o mais importante é que existem implicações teóricas distintas na utilização do termo capital financeiro. Um aspecto muito importante é que existe uma ambiguidade conceitual na obra de Hilferding, quiçá uma contradição. Identificamos três leituras diferenciadas que dão interpretações díspares para o mesmo termo. Uma delas, que chamamos de "visão tradicional", adotada pela maioria dos autores clássicos e contemporâneos, resgata o sentido do termo exatamente como está descrito no livro do autor: *A dependência da indústria com relação aos bancos é, portanto, consequência das relações de propriedade. Uma porção cada vez maior do capital da indústria não pertence aos industriais que o aplicam. Dispõem do capital somente mediante o banco, que perante eles representa o proprietário. Por outro lado, o banco deve imobilizar uma parte cada vez maior de seus capitais. Torna-se, assim, em proporções cada vez maiores, um capitalista industrial. Chamo de capital financeiro o capital bancário, portanto o capital em forma de dinheiro que, desse modo, é na realidade transformado em capital industrial. Mantém sempre a forma de dinheiro ante os proprietários, é aplicado por eles em forma de capital monetário – de capital rendoso [portador de juros] – e sempre pode ser retirado por eles em forma de dinheiro. Mas, na verdade, a maior parte do capital investido dessa forma nos bancos é transformado em capital industrial, produtivo (meios de produção e força de trabalho) e imobilizado no processo de produção. Uma parte cada vez maior do capital empregado na indústria é capital financeiro, capital à disposição dos bancos e, [empregado] pelos industriais.*[23]

Nos chamam a atenção dois aspectos: um, o caráter de dependência do capital produtivo para com o bancário, ou seja, a indústria torna-se subordinada aos bancos; segundo, a transformação do capital bancário em produtivo, que se associa ao financiamento da produção pelo capital dinheiro depositado nos bancos, seguida do controle monetário pelas instituições bancárias. O contexto deste processo está relacionado a uma mudança na forma de propriedade, já que as sociedades anônimas (SA's), caracterizadas pela venda de seus títulos de propriedade, as ações, começam a aparecer mais claramente como forma de organização capitalista, ao lado das tradicionais empresas familiares. Desta forma, este termo, o mais conhecido de Hilferding, indica que "os setores do capital industrial[24], comercial e bancário, antes separados, encontram-se agora sob a direção comum das altas finanças, na qual estão reunidos, em estreita união pessoal, os senhores da indústria e dos bancos". Alguns autores, como Sweezy, adotaram uma "visão intermediaria" ao considerar a perspectiva inicial de Hilferding, a fusão dos bancos com a indústria, recusando a tese de dominação do capital bancário, admitindo que esta pode se manifestar apenas de forma transitória. Na

23 Rudolf Hilferding. *O Capital Financeiro*. São Paulo, Nova Cultural, 1985.

24 O termo capital industrial, em Marx, não é sinônimo de capital produtivo, como parece ser a tradução feita acima, e como costumeiramente e de forma equivocada, encontramos na literatura especializada. Para Marx, o capital industrial é usado "no sentido de que abarca todo ramo da produção conduzido de modo capitalista", ou seja, inclui as duas fases da circulação e a da produção.

mesma linha, Lênin, ao tratar do imperialismo, adota os princípios gerais de Hilferding, sugerindo que na fase monopolista do capitalismo, uma das características do imperialismo é a *fusão do capital bancário e do capital industrial, e criação, com base nesse 'capital financeiro', de uma oligarquia financeira*, que Marx apontou no Livro III como uma nova aristocracia financeira. Lênin faz acréscimo dizendo que *esta definição é incompleta, na medida em que silencia um fato da mais alta importância, a saber, a concentração da produção e do capital, a tal ponto desenvolvida que ela dá e já deu origem ao monopólio.*

Encontramos também uma visão alternativa de leitura da obra de Hilferding: alguns autores acreditam que o capital financeiro foi utilizado nela de maneira superficial, e procuraram associar a concepção de capital financeiro com a transição vivida pelo capitalismo no final do século XIX para um momento posterior onde o predomínio financeiro passou a se verificar. A lógica financeira rompe as barreiras da acumulação, racionalizando a prática gerencial e impondo novos parâmetros na dinâmica da acumulação privada, associado a transformação da forma da riqueza do controle direto da propriedade para os títulos de propriedade via ações, permitindo acesso aos direitos de gestão sobre a produção. Mais importante, e talvez aqui esteja a diferença central, é *a análise do seu movimento principal: a liquefação dos haveres capitalistas – da riqueza privada. Não se trata (...) de uma fusão entre banco e indústria, mas antes de uma combinação dos atributos dos capitais bancário (liquidez) e industrial (valorização).*[25] O enfoque principal do capital financeiro recai sobre a mudança da riqueza da forma produtiva para os títulos negociáveis, incidindo no chamado mercado financeiro o poder de decisão sobre a acumulação capitalista.

Essa leitura é compartilhada por Guillén, que acrescenta uma categoria importante, o capital fictício, já presente em Marx: *O capital financeiro é um novo segmento do capital, não o velho capital bancário a serviço da indústria; por isso, insere um significado mais profundo na análise que reflete o fato de que o capital financeiro é o resultado da concentração e centralização de capitais e do surgimento das SA's e, mais importante, o controle por parte do capital financeiro da emissão e propriedade do capital fictício, quer dizer aque-*

25 Nelson Prado Pinto A. *O Capital Financeiro na Economia Contemporânea.* Uma revisão teórica e histórica de seu papel no desenvolvimento recente dos Estados Unidos. Tese de Doutorado em Economia. Universidade Estadual de Campinas, 1994.

le capital em forma de ações, debêntures e qualquer tipo de títulos financeiros que como brilhantemente havia intuído Marx duplica o capital real investido na produção.[26] Apesar da definição tradicional ser a mais usada, outras leituras retiraram do trabalho de Hilferding compreensões não tão canônicas, sugerindo leituras mais totalizantes. A compreensão do capital financeiro, sem um critério rigoroso, pode provocar interpretações diferenciadas e por vezes insuficientes. Ora podemos associá-lo a uma forma de relacionamento estreito entre indústria e bancos, importante em alguns períodos históricos da formação capitalista, que caracteriza boa parte da industrialização dos países periféricos, ora podemos entendê-lo numa concepção mais atrelada aos movimentos financeiros, notadamente via compra e venda de papéis. Seu uso, sem a devida qualificação, pode levar a interpretações superficiais, inclusive quanto ao papel das estruturas de poder capitalista.

Foi a categoria tradicional, em que se associa a indústria aos bancos, que acabou se consolidando na literatura, tanto nos autores clássicos quanto nos contemporâneos. Só que existe um lapso histórico importante em Hilferding, entre o fim do século XIX e o início do século XX, num contexto de expansão da industrialização na economia mundial, para o tempo atual, cuja dinâmica fictícia do capital adquire proporções diferenciadas, em que pese as formas de capital ligadas ao circuito financeiro continuarem a movimentar e influenciar diretamente o capital produtivo. Talvez uma das aplicações mais conhecidas de Hilferding seja a de Lênin, que a julga fundamental para a explicação histórica do imperialismo na fase madura do capitalismo. Mesmo admitindo, para a compreensão do processo de produção e de apropriação do valor no capitalismo, que o nível de abstração seja menor em relação a categorias como o capital a juros e o capital fictício de Marx (Livro III *d'O Capital*), o uso em 1916 por Lenin do termo, bem como sua ampliação na análise do monopólio e do caráter "parasitário" das finanças imperialistas, constitui uma de suas principais bases de sustentação analítica.

A categoria se mostrou também para o autor russo como um elemento essencial de persuasão política na revolução de 1917, em meio a uma guerra mundial. A apropriação de Lênin diz respeito à definição clássica de

26 Arturo Guillén. Claves para el análisis del capitalismo contemporáneo. *Revista Ola Financiera*, vol. 4, n. 8, México, janeiro-abril 2011.

Hilferding, a combinação entre capital bancário e capital produtivo, cuja dinâmica monopolizadora da concentração da produção impunha o imperialismo como a superestrutura de dominação capitalista. Lênin não apresenta uma teoria nova do capital financeiro, nem mesmo do imperialismo em si. Sua contribuição está em fazer uma síntese de formulações anteriores do imperialismo e utilizá-las como um diagnóstico preciso que influenciaria na organização revolucionária contra o capitalismo.

Antes do *Capital Financeiro* de Hilferding, o livro do inglês Hobson –*Estudo do Imperialismo* – de 1902, subsidiou a obra de Lenin. Embora fosse um autor liberal, defensor do livre-comércio e da "missão democrática" do capitalismo, Hobson trazia estudos pioneiros sobre a combinação entre finanças e indústria, que gestaram a categoria de capital monopolista. Em Hobson ficava evidente sua concepção das finanças no contexto do capitalismo vitoriano inglês, em que identificava a *City* de Londres como o espaço no qual a especulação "parasitária" instrumentalizava o Estado e os negócios industriais para promover investimentos estéreis do ponto de vista do consumo. Essa especulação financeira inviabilizaria o "crescimento saudável" do mercado interno, se projetando ao exterior na forma de recolonização de áreas periféricas, enquadradas militarmente por meio de políticas imperialistas. Hobson entendia o imperialismo como algo que se conectava com o passado aristocrático inglês, sobretudo o da classe de rentistas agrários, comprometidos com formas autoritárias de poder. A natureza "parasitária" das finanças que engendravam politicamente o imperialismo anulava tanto as potencialidades de livre-comércio, quanto o caráter democrático, progressista, do capitalismo. O imperialismo seria exógeno à lógica de reprodução capitalista, em uma chave argumentativa oposta aos autores marxistas, como se fosse originado de maneira independente do próprio modo de produção em consolidação.

Mesmo estando numa posição contrária, Lênin reconhecia na obra de Hobson elementos imprescindíveis para a compreensão do capital financeiro e de seu caráter monopolista, "silenciados", segundo ele, por Hilferding. No que tange a questão monopolista, Hobson advogava que a Revolução Industrial, movida pela expansão tecnológica e creditícia, criava uma estrutura produtiva de grande escala, trustificada, maior que as necessidades internas de consumo, cuja saída econômica para defesa da rentabilidade seria a exportação de capitais. Isso forçava a reinvenção de formas imperiais de dominação, oriundas do Império Romano, de modo a garantir uma rentabilidade que comprometia os "avanços civilizatórios". Ao passo que o "parasitismo" das finanças se definia para o autor pela união de capitalistas industriais e banqueiros em torno de uma política imperialista para mobilizar gastos do Estado, e com isso manter uma fonte direta de lucratividade.[27] Na união entre Estado, industriais e banqueiros no âmbito britânico, Hobson mostrou o poder das finanças para articular interesses dispersos em torno de um objetivo único de valorização financeira. Questão que Hilferding, em sua categoria de capital financeiro, iria explorar sobre a cartelização das economias nacionais, que *unifica o poder econômico e eleva assim diretamente sua eficácia política. Ela uniformiza simultaneamente os interesses políticos do capital e faz com que todo o peso da força econômica atue diretamente sobre o poder estatal. Ela une os interesses de todo o capital e se apresenta assim, perante o poder do Estado, de forma muito mais coesa do que o capital industrial disperso da época da livre-concorrência. Ao mesmo tempo, o capital encontra ainda em outras classes da população uma disposição de apoio muito maior.*

Hilferding entendeu essa noção de unidade do poder financeiro, identificada por Hobson, como *uma nova configuração da riqueza acumulada pela separação entre a função da propriedade e a direção da produção, como a supõe o sistema de ações, surge a possibilidade e – com a intensificação da renda, por um lado, e o aumento do lucro industrial extra, por outro – a concretização de uma solidariedade dos interesses de propriedade. A "riqueza" não é mais diferenciada segundo suas fontes de rendimento e segundo sua origem do lucro ou do rendimento, mas aflui agora da participação em todas as porções em que se divide a mais-valia produzida pela classe operária.* Segundo Hobson, era essa unidade de interesses das finanças que se aproveitava do protecionismo para criar uma rede de prestamistas, fazendo com que seus

27 "O foco no papel conspiratório e nefasto da elite financeira é um inteligente aprimoramento da antiga crítica dos liberais radicais contra a aristocracia fundiária que, como se sabe, afirmavam que o mercado não pode funcionar adequadamente enquanto poucos concentrarem a propriedade da terra. Hobson percebeu que o desenvolvimento da finança recria esta aristocracia em novas bases: lhe dá mais poder – pois aglutina diversos interesses monopolistas até então desconexos – e, simultaneamente, torna menos visível o seu papel à percepção do público" (Eduardo B. Mariutti. *Violência e Imperialismo*. As interpretações de Rosa Luxemburgo e John Hobson e suas implicações para o debate contemporâneo sobre o imperialismo. 2016. Tese de Livre Docência, Instituto de Economia da Universidade Estadual de Campinas).

investimentos se sobrepusessem aos ganhos com o livre-comércio. A dívida pública se tornava um excelente meio de direcionar poupanças ociosas para áreas lucrativas, tendo o Estado como fiador e instrumento privilegiado para financiar o imperialismo.

Hobson sintetizou a essência do imperialismo como a que *está no desejo de poderosos e círculos industriais e financeiros bem organizados de assegurar e potencializar, a expensas dos fundos públicos e usando das forças armadas do país, mercados privados para seus excedentes de bens e de capitais. A guerra, o militarismo e uma "política exterior enérgica" são os meios que se precisam para conseguir este resultado.*[28] A organização de um governo democrático e imbuído de verdadeiros "interesses públicos", capazes de controlar as finanças, distribuir renda e alavancar o consumo produtivo, seria então, a única saída, segundo o inglês, para extirpar o imperialismo e fortalecer a essência liberal do capitalismo. De forte crítica moral ao imperialismo, e até mesmo com fundo cristão, observamos o reformismo de Hobson como precursor da socialdemocracia e o do keynesianismo, amplamente defendidos em oposição ao socialismo.

Na sua obra *A Evolução do Capitalismo Moderno*, de 1894, Hobson trazia uma importante contribuição para entender como que nas grandes corporações estadunidenses se utilizavam do domínio monopolista para internalizar uma gestão estratégica entre lucros industriais de bens tangíveis e lucros especulativos de intangíveis, antecipando algumas noções que seriam associadas à categoria de capital financeiro de Hilferding: *Nas empresas honestas de capital acionário, embora a forma de capitalização seja atribuir um valor separado aos ativos tangíveis — terra, edifícios, maquinaria, estoques etc. — e aos ativos intangíveis, como direitos de patentes e reputação, a avaliação real dos ativos fundamenta-se na capacidade de lucro. Se, como acontece frequentemente, os ativos tangíveis são avaliados pelo custo de produção ou de substituição, os ativos intangíveis só podem ser avaliados por sua produtividade líquida, que, por sua vez, só pode ser estimada atribuindo-se a eles todo o valor do capital dos ganhos estimados futuros, além daquele que é designado como custo ou substituição dos ativos tangíveis. A reputação no mercado é, de fato, o ativo elástico comumente usado para estender a capitalização até o limite da capacidade de lucro capitalizada ou além deste.*[29]

28 John A. Hobson. *Estudio del Imperialismo*. Madri, Alianza Editorial, 1981.

29 John A. Hobson. *A Evolução do Capitalismo Moderno*. Um estudo da produção mecanizada. São Paulo, Abril Cultural, 1983.

Autores partidários da "visão alternativa" de Hilferding, como Pinto e Guillén, reconheceram nesse tipo de gestão financeira uma característica para explicar a "financeirização".[30] Hobson, diferentemente de Hilferding, identificou nas finanças um caráter mais independente e autônomo internacionalmente:[31] *Os trustes e outras empresas manufatureiras que destinam sua produção exclusivamente ao mercado interno não só exigem com mais premência mercados estrangeiros, como também se mostram mais ansiosos de assegurar mercados protegidos, objetivo que só podem alcançar com a expansão de sua área de dominação política [...] Essa cosmopolitização das finanças é um resultado, natural e normal, da comunicação material e moral aperfeiçoada entre os vários países do globo. Mas, em larga medida, ela provém de uma restrição de mercados internos, que deve ser qualificada de artificial, no sentido de que os trustes, os pools e outras combinações industriais e financeiras, ao retirar do produto agregado uma quantidade maior de "lucro" do que podem empregar, para a obtenção de lucros posteriores nesses ou em outros investimentos internos, são levados a olhar sempre para mais longe e a utilizar toda sua influência financeira e política para desenvolver mercados estrangeiros por meios, pacíficos ou violentos, que melhor sirvam a seus objetivos. Em cada caso, o financista é o instrumento ou veículo dessa pressão: uma torrente cada vez mais volumosa de poupanças de investidores transfere-se continuamente para o sistema bancário e financeiro que ele controla; para manter seu fluxo, com o máximo de ganho, o financista deve achar ou engendrar novos investimentos.*[32]

Lênin encontrava em Hobson seu ponto de apoio para analisar o capitalismo monopolista, e em vários momentos enfatizou sua vantagem em relação a Hilferding. Nos *Cadernos do Imperialismo* de 1915, por exemplo, Lênin apontou vários problemas de Hilferding: i) o erro teórico sobre o dinheiro; ii) a negligência com a divisão do mundo pelo imperialismo; iii) além de ignorar o caráter "parasitário" e o "oportunismo" do capital financeiro. Embora de fato Hilferding não tenha dado a semelhante ênfase

30 Autores como Tavares, Belluzzo e Chesnais, também a utilizaram para entender a "financeirização" e/ou "mundialização" das grandes corporações.

31 Essa noção internacionalizante das finanças se encontra também na obra de 1902 de Hobson, o que levou alguns intérpretes de Lênin a defender que sua teoria do imperialismo estaria mais alinhada com o inglês do que com Hilferding, que analisou o capital financeiro a partir de uma base nacional, alemã.

32 John A. Hobson. *A Evolução do Capitalismo Moderno*, cit.

a estes pontos, especialmente à temática do monopólio, a verdade é que ele teorizava sobre o mesmo repertório de questões que o do Lenin. No capítulo 11 de *O Capital Financeiro*, "Os monopólios capitalistas e os bancos", Hilferding dedicou-se a analisar o cartel ou truste como sendo "uma empresa de grande poder de capital. Nas relações mútuas de dependência entre empresas capitalistas, é sobretudo a força do capital que decide qual empresa cai na dependência de outra". Com isso, o autor austríaco deixou explícita a relação dos bancos com os monopólios, e o poder que emanava de sua associação com a indústria, forjando o capital financeiro.

Entre Hilferding em 1910 e Lênin em 1916, existem duas obras fundamentais para o debate sobre o imperialismo. Em *A Economia Mundial e o Imperialismo*, escrita em 1915 por Bukhárin, o capital financeiro é central; ao passo que em Rosa Luxemburgo, *A Acumulação do Capital* de 1913, o termo não aparece. Ao identificar diversas limitações teóricas no modo como Rosa Luxemburgo se apropriou e criticou Marx, Bukhárin, defendendo a contribuição de Hilferding, escreveu em 1924 *Imperialismo e Acumulação de Capital*, para criticar a teoria de imperialismo da autora polonesa. Uma das hipóteses de Bukhárin, sobre as limitações teóricas que ele identificou em Rosa, estava justamente a de não apresentar o termo de capital financeiro e sua relação com os monopólios, prescindindo das contribuições de Hilferding e Hobson. Ao construir sua teoria com base na necessidade de realização externa da mais-valia em regiões não capitalistas, Rosa simplesmente ignorara a dinâmica expansiva dos cartéis e trustes, inclusive, a internacional, pela exportação de capital, que se verificaria no acirramento da concorrência intercapitalista pela busca do "lucro extra". Com isso, ela definiria "equivocadamente" imperialismo como "expressão política da acumulação de capital na sua luta concorrencial por aquilo que resta ainda do meio não capitalista"". Em sua crítica, Bukhárin argumentou: *Primeiro, o capital lutou sempre por "aquilo que ainda resta" (aliás uma expressão mais do que imprecisa). Segundo, infere-se desta definição que uma luta por territórios que já se tornaram capitalistas não é imperialismo, conclusão totalmente incorreta. Terceiro, infere-se desta mesma definição que uma luta por territórios já "ocupados" também não é imperialismo. Mais uma vez, este fator da definição está totalmente incorreto. Toda a definição enferma do erro fundamental de, ao analisar o problema, não ter minimamente em conta a necessidade de uma caracterização específica do capital como o capital financeiro.*[33]

33 Nikolai I. Bukhárin. Imperialismo e acumulação de capital. In: Rosa Luxemburgo e Nikolai Bukhárin.

Outra crítica foi que por não utilizar a categoria de capital financeiro, que teria na relação dos bancos com as condições de produção monopolista uma dimensão imprescindível, Rosa não conseguira delimitar a especificidade histórica do imperialismo, ficando presa à fase colonialista de acumulação primitiva de capital, principalmente à experiência ibérica do século XVI, ou abstratamente, ao "capitalismo enquanto tal". Bukhárin concluiu que "a moderna expansão capitalista difere da anterior pelo fato de *reproduzir o novo tipo histórico das condições de produção a um nível alargado* [ampliado], *i.e., o tipo das condições do capitalismo financeiro.* É nisto que reside a característica que Rosa Luxemburgo não percebeu minimamente".[34] A ausência de capital financeiro e de monopólio na obra de Rosa Luxemburgo não significa, porém, que sua teoria de imperialismo fosse descartável. Pelo contrário, distante do espaço economicista de disputa em torno da II Internacional, em que a obsessão pelos "esquemas de reprodução" para explicar a realidade consumiu muita energia, é possível constatar a relevância do seu legado. O entendimento do modo de produção capitalista como uma totalidade, cujo caráter expansivo tem como objetivo abarcar, dominar e expropriar, de forma imperialista, qualquer órbita de existência e, ao mesmo tempo, converter violentamente seres humanos e natureza em um eixo mercantil de exploração e destruição, é um atributo atual que tem na explicação de Rosa Luxemburgo uma enorme relevância.

Outra ponderação a se fazer acerca do debate são as suas condições sociopolíticas extremamente assimétricas. Quando as questões do imperialismo se tornaram inquietantes em 1912, Rosa estava nas trincheiras de luta contra o revisionismo e a necessidade de alertar para o perigo crescente do capitalismo. A publicação em 1913 de *Acumulação do Capital* gerou um grande alvoroço no Partido Socialdemocrata da Alemanha (SPD), que em

Imperialismo e Acumulação de Capital. Lisboa, Edições 70, 1972.

34 Uma contribuição importante de Rosa Luxemburgo foi o papel que o militarismo, por meio de uma economia de guerra inédita, assumira no capitalismo plenamente constituído. Ao mostrar como essencial para reprodução no centro do sistema o controle de reservas de força de trabalho, natureza e matéria-prima, Rosa revelou como o militarismo e sua articulação estatal, poderia ser ao mesmo tempo um meio para a valorização capitalista, e um fim em si mesmo, ao mover negócios extremamente lucrativos em momento de guerra e de paz via corrida armamentista. Tal característica, que revela a natureza anti-civilizatória do capitalismo em sua violência intrínseca, não constituiu, como mostrou Mariutti, um atavismo da acumulação primitiva de capital, mas um elemento endogenamente desenvolvido na "fase superior" do imperialismo.

1914 votou os créditos de guerra. A *Anticrítica* de 1915, que já era uma resposta aos ataques do livro de 1913, mas que Bukhárin também vai criticar em 1924, foi escrito na prisão por Rosa e só publicado em 1921, depois de seu assassinato em 1919. Muitos dos críticos do livro de 1913, eram os mesmos apoiadores dos créditos de guerra, o que permitia a Rosa reafirmar suas convicções teóricas e práticas sobre o imperialismo. Bukhárin, por sua vez, estava no seu apogeu de porta-voz teórico do bolchevismo, suas palavras tinham um enorme peso no movimento comunista internacional. Havia naquele contexto um clima de oposição ao "luxemburguismo" no KPD (Partido Comunista Alemão), que era considerado pelos dirigentes como um "desvio à direita". Mas é bom frisar também que Bukhárin, mesmo chancelando a posição dominante do KPD, não atacava a integridade de Rosa, tampouco relativizava sua importância no debate sobre o imperialismo.

Outro importante autor criticado por Bukhárin e Lênin foi Kautsky, que já em 1911 escrevera um artigo – *Capital Financeiro e Crises* – em que teceu inúmeros elogios à obra de Hilferding, na linha de continuação de *O Capital*. Destacava a descoberta inovadora do autor austríaco do conceito de "lucro do fundador" e as formas de socialização da produção e da apropriação da mais-valia que levavam ao capital financeiro. No entanto, deixava de sublinhar outra importante contribuição de Hilferding, as implicações do capital financeiro para o desenvolvimento do imperialismo, preferindo destacar mais a teoria das crises baseada sobre as desproporcionalidades departamentais da reprodução capitalista. Em 1914, no artigo *Imperialismo e a Guerra*, Kautsky derivou sua teoria não do capital financeiro, mas da relação entre indústria e agricultura: a indústria crescia, acumulava e se desenvolvia mais que a agricultura, poupando trabalho em termos relativos (aumento de progresso técnico): *A produtividade do trabalhador da indústria cresce muito mais rapidamente que a do trabalhador agrícola, o que provoca fortes oscilações nos preços relativos dos dois setores. Torna-se essencial à continuidade do processo de acumulação capitalista que a indústria continue garantindo empregos a uma população crescente, o que só seria possível a partir do momento em que prossiga encontrando novos mercados agrícolas para além das fronteiras distritais, expandindo extensivamente tanto o consumo dos produtos industriais quanto a oferta de produtos primários, ambos garantidos pelas zonas rurais. Nesse raciocínio se enquadra a onda imperialista e, por extensão, a divisão do mundo entre áreas industriais e agrárias, ou, produtoras de bens de produção e de bens de consumo. Se a desproporção setorial é marca registrada da produção em bases capitalistas, as nações industrializadas precisariam expandir constantemente as áreas agrícolas com o intuito de garantirem certa compensação contra a perda da proporcionalidade produtiva e populacional setoriais. A sobrevivência do capitalismo estaria condicionada à expansão extensiva e crescente do capital por sobre novas zonas agrárias.*[35]

O imperialismo seria uma resposta à diferença de níveis de acumulação entre a indústria e a agricultura. A ruptura do monopólio industrial inglês diante da industrialização pesada de economias anteriormente agrárias – impulsionadas pela exportação de capital britânico via ferrovias e utilidades públicas –, fomentou a consolidação de concorrentes com economias industriais semelhantes, a Alemanha e os EUA. Esses capitalismos tardios, por outro lado, teriam de colonizar novas periferias agrícolas para o suprimento de alimentos e matérias-primas na reprodução industrial, ampliando a dominação imperialista em curso. A Primeira Guerra Mundial seria resultado dessa relação levada ao paroxismo. Kautsky identificava o imperialismo como algo ruim para os negócios capitalistas, tal como Hobson: *Se o aumento da produção armamentícia continuar a fazer suas demandas no mercado financeiro, essa tendência deve piorar – e não melhorar – depois da guerra. O imperialismo está cavando sua própria cova, pois ao invés de desenvolver o capitalismo, vem se tornando um meio de obstaculizá-lo.* A tese do *ultraimperialismo* decorria deste diagnóstico, visto que a cooperação entre nações imperialistas poderia levar a um fim da corrida armamentista: *A violenta competição entre as grandes empresas leva à formação de trustes e à destruição das pequenas empresas. Analogamente, pode-se desenvolver na presente guerra uma combinação entre as nações mais poderosas que porá um fim à produção competitiva de armamentos.*[36]

A transição da economia trustificada, belicosa, poderia ocasionar uma política internacional pacifista que garantiria a acumulação capitalista por meio do superimperialismo. Bukhárin situou Kautsky no mesmo

35 (Vinícius V. Pereira. As primeiras preocupações com a periferia do sistema capitalista nas teses do imperialismo de Kautsky e Bukhárin. *Nova Economia* vol.27 n.2, 2017.

36 Karl Kautsky. O Imperialismo e a guerra. *História & Luta de Classes* n.6, Marechal Cândido Rondon, 2008.

"equívoco" de Rosa Luxemburgo, o de não assumir as consequências imperialistas do capital financeiro em sua radicalidade: *Segundo Kautsky, o imperialismo é a luta por territórios agrícolas adicionais (apesar de Kautsky encarar os territórios agrícolas quase exclusivamente como fornecedores de matérias-primas). Kautsky, tal como Rosa, é incapaz de se aperceber de que a luta das grandes organizações capitalistas monopolistas não se pode limitar apenas a este objetivo. O efeito destrutivo das operações imperialistas não se estende apenas às "terceiras pessoas" servis, estende-se também aos territórios capitalistas e até aos territórios estrangeiros sob o domínio do capital financeiro. A luta transformou-se, de uma mera luta pela distribuição de países agrícolas, numa luta pela divisão do mundo.*[37]

Uma contribuição de Bukhárin contra a ideia de "superimperialismo" foi a de "nacionalização do imperialismo". Para ele, historicamente os bancos começaram uma internacionalização primitiva pela troca mercantil, mas, só na fase imperialista, assumiram uma forma avançada, que se deu pelo truste, permitindo a um só tempo a internacionalização bancária e sua interpenetração industrial por meio do financiamento. Dessa relação, nasceram consórcios bancários internacionais que constituíram uma plataforma para o surgimento do capital financeiro, promovendo o financiamento de vasta rede de negócios internacionais, além de exportar capitais para outros continentes, construir estradas de ferro, ofertar empréstimos governamentais, desenvolver transportes urbanos e fábrica de armas, minas de ouro e plantações de borracha: *Essa concentração e centralização verticais da produção, contrariamente à concentração e centralização horizontais realizadas em certos ramos da produção, significavam, de um lado, redução da divisão social do trabalho (pois fundiam, em uma única empresa, o trabalho antes repartido entre várias), e de outro, estimulavam a divisão social do trabalho no contexto da nova unidade de produção. Considerado na escala nacional em uma única empresa combinada, por meio de um vínculo de organização que entrelaça a totalidade dos ramos da produção. O mesmo processo opera-se ainda em larga medida, pela penetração do capital bancário na indústria e pela transformação do capital em capital financeiro.*[38]

37 Nikolai I. Bukhárin. *Imperialismo e Acumulação de Capital*, cit.

38 Nikolai I. Bukhárin. *A Economia Mundial e o Imperialismo*. São Paulo, Abril Cultural, 1984.

Bukhárin mostrou como as empresas estatais eram manipuladas e dependentes dos "magnatas das finanças", tornando-se parte de uma "gigantesca empresa combinada", cuja escala nacional, o Estado capitalista, seria subsumido pelo capital monopolista. Em suma, a "internacionalização" do capital financeiro dependia da "nacionalização" dos blocos de interesses monopolistas, que refletiam a guerra imperialista na forma de rivalidades nacionais incontroláveis politicamente, que Kautsky não entendera. No prefácio de Lenin à obra de Bukhárin, escrito em dezembro de 1915 (publicado em 1927, depois de sua morte), a centralidade do capital financeiro também foi destacada: *Em certo grau de desenvolvimento das trocas e a certo nível de crescimento da grande produção – alcançados, aproximadamente, no limiar do século XX –, o movimento comercial determina a internacionalização das relações econômicas e certa internacionalização do capital; a grande produção assume proporções tais que a conduzem a substituir a livre concorrência pelos monopólios. O típico dessa época já não são empresas que se entregam a uma "livre" concorrência, no interior de cada país e também entre diferentes países: são sindicatos de empresários, trustes detentores de monopólios. O "soberano" de hoje já é o capital financeiro, particularmente móvel e flexível, cujos fios se emaranham tanto no interior de cada país como no plano internacional, que é anônimo e não tem vínculo direto com a produção, que se concentra com uma facilidade extraordinária – e que já é extremamente concentrado, visto que algumas centenas de multimilionários e de milionários detêm positivamente, em suas mãos, a sorte atual do mundo inteiro.*

Tanto Bukhárin quanto Lênin se inseriram no debate sobre o imperialismo criticando qualquer crença pacifista de domesticar o ímpeto imperialista que levava à barbárie. Também, seria usada por Lênin a noção de "putrefação" das bases civilizacionais do capitalismo, que só poderia ser superada pela revolução. O curioso é que o Hilferding, que chegou a essa conclusão antes de Bukhárin e Lênin,[39] se converteria em 1914 à ala centrista

39 Hilferding era enfático sobre esta questão: "O capital financeiro na sua perfeição significa o mais alto grau de poder econômico nas mãos da oligarquia capitalista. Ele leva à perfeição a ditadura dos magnatas capitalistas. Simultaneamente, a ditadura dos donos nacionais do capital de um país torna-se cada vez mais incompatível com os interesses capitalistas de outro, e a dominação do capital dentro do país é cada vez mais inconciliável com os interesses dos explorados pelo capital financeiro – mas também com as massas populares chamadas para a luta. No choque violento dos interesses opostos, a ditadura dos magnatas do capital transforma-se finalmente na ditadura do proletariado".

do SPD ao lado de Kautsky, defendendo o primado do desenvolvimento das forças produtivas, as conquistas democráticas e a utopia de uma transição pacífica para o socialismo a partir do "capitalismo organizado". Chegando ao ponto de tornar-se ministro das finanças na "República de Weimar" nos anos 1920. Lênin estava no campo oposto de Hilferding, mas parte da construção de sua teoria revolucionária se deve também à apropriação da categoria de capital financeiro.

Os monopólios, segundo ele nasceram da concentração da produção em função do livre-comércio inglês, mas, igualmente do protecionismo alemão e estadunidense. Desenvolveram-se por meio do crédito, gestando a oligarquia financeira, responsável pela junção de bancos e indústrias na forma de capital financeiro que resultou em crescente cartelização das economias nacionais. Também criaram uma política colonial com o objetivo de controle de matéria-prima e de delimitação de áreas de influência para a exportação de mercadorias e de capitais. A consequência foi, por um lado, a criação de uma "burguesia parasitária" que utilizava do Estado como máquina rentista de "corte de cupões" via reciclagem da dívida pública. Por outro lado, o capital financeiro e a monopolização da economia também foram responsáveis por "aburguesar a classe trabalhadora", confinando-a a um nacionalismo que colocou proletários matando uns contra os outros numa guerra imperialista. A conclusão seria que o capitalismo se encontrava num "estágio agonizante", propício a ser eliminado.

Hilferding e os autores clássicos construíram a noção de capital financeiro observando uma lógica da acumulação capitalista que se projetava nas transformações da grande indústria em fins do século XIX e início do século XX, em pleno processo de industrialização pesada de economias como a dos Estados Unidos, da França e da Alemanha. Daí, a participação direta de bancos de investimento na concessão de crédito de capital para o financiamento industrial em alguns países e a relação umbilical entre estas formas de capital num contexto de expansão industrial. Eram os fornos, os trilhos, as chaminés, a dor e o suor se exalando no mundo. Se, nesse período, o capitalismo já expressava amadurecimento de suas forças produtivas e de suas relações de produção nos países desenvolvidos da Europa Ocidental, nos países subdesenvolvidos, particularmente na América Latina, o capitalismo iria se manifestar em sua forma mais amadurecida, grande indústria e reprodução ampliada do capital, somente no século XX. Em nosso país tínhamos, até fins do século XIX, escravos na produção nacional. Estas particularidades já nos sugerem especificidades, estruturas capitalistas ou pré-capitalistas em estágios de maturação diferentes. Face às interpretações existentes sobre o capital financeiro, seu uso deve ser definido *a priori* levando em consideração suas diversas definições, suas inúmeras características, lembrando que ele surge em meio a formação do modo de produção capitalista e que pode ou não ser reproduzido totalmente. A categoria adquire centralidade na interpretação das transformações do modo de produção capitalista, sendo importante apreendê-la em suas possíveis leituras.

AFRIQUE

Capítulo 3

Monopólios, Nacionalismo e Imperialismo

Osvaldo Coggiola

O debate sobre o imperialismo teve como eixos principais o papel do monopólio industrial ou comercial, o surgimento do capital financeiro como produto da fusão dos capitais bancários e industriais, sua hegemonia sobre as outras formas de capital,[40] o predomínio da exportação do capital sobre a exportação de mercadorias nos fluxos econômicos mundiais, a divisão do mercado mundial entre monopólios competidores e a conclusão da partilha territorial do mundo.[41] A discussão afunilou na busca de uma interpretação global, que articulasse economia, expansão colonial, exportação de capital, disputas geopolíticas, nacionalismo xenófobo e racismo. A questão do monopólio já fora objeto da análise marxiana, nas observações acerca da empresa comercial e as sociedades anônimas, e sobre o novo papel das bolsas de valores e dos bancos; as sociedades anônimas foram caracterizadas como o ponto mais alto da organização capitalista da produção, antessala de um novo modo de produção. Em *O Capital*, a concentração e centralização do capital como resultado inevitável da luta competitiva foram relacionados com mudanças estruturais que marcavam um ponto de

40 Antevista por Marx na forma D-D', em vez de D-M-D', "inversão e materialização das relações de produção elevadas à potência máxima", "mistificação capitalista em sua forma mais brutal".

41 Tom Kemp. *Teorie dell'Imperialismo*, De Marx a oggi. Turim, Einaudi, 1969.

inflexão no qual a livre-concorrência se transformava em seu contrário. O desenvolvimento deste e da exportação de capitais foram antevistos por Marx e Engels como fatores que conduziam a um aprofundamento e expansão das contradições capitalistas.

As novas categorias de análise já se encontravam *in nuce*, portanto, em Marx, que expôs os benefícios extraordinários obtidos pelo capital no seu deslocamento para regi**ões** periféricas: *Conforme a produção capitalista se desenvolve em um país, a intensidade e a produtividade do trabalho dentro dele vai remontando-se sobre o nível internacional. Por conseguinte, as diversas mercadorias da mesma classe produzidas em países distintos durante o mesmo tempo de trabalho têm valores internacionais distintos expressos em preços distintos, quer dizer, em somas de dinheiro que variam segundo os valores internacionais... De acordo com isto, o valor relativo do dinheiro será menor nos países em que impere um regime progressivo de produção capitalista do que naqueles em que impere um regime capitalista de produção mais atrasado. Se segue igualmente que o salário nominal, o equivalente de força de trabalho expresso em dinheiro, tem que ser também maior nos primeiros países que nos segundos: o que não quer dizer, de modo algum, que este critério seja também aplicável ao salário real. Mas, ainda prescindindo destas diferenças relativas que em relação ao valor relativo do dinheiro nos diferentes países, encontramos com frequência que o salário diário ou semanal é maior nos primeiros países do que nos segundos, enquanto que o preço relativo do trabalho, isto é, o preço do trabalho em relação tanto com a mais-valia como com o valor do produto, é maior nos segundos países do que nos primeiros.*[42] Se produzia um movimento de capitais desde os países mais adiantados para os mais atrasados, em busca de taxas de lucro superiores. Criava-se uma *taxa de lucro média internacional*, em relação à qual as taxas de lucro dos países ricos estavam abaixo da média e a dos pobres, acima, o que constituía a base do benefício extra derivado da exportação de capital, elevando sua taxa de lucro média.

Esse deslocamento provocava também mudanças nos países periféricos, reduzidos à condição de colônias ou semicolônias. O imperialismo capitalista, assim, foi também um fenômeno político vinculado: 1) ao entrelaçamento inédito entre o capital e o Estado; 2) à desigual força dos Estados

42 Karl Marx. *O Capital*. Livro III, Vol.1. São Paulo, Abril Cultural, 1986.

a escala mundial, que chegava ao seu extremo nas relações entre as metrópoles e as colônias, o que se traduzia em resultados econômicos. A monopolização do ramo bancário possibilitou e acelerou esse processo, mediante uma política de depósitos e créditos que permitia eliminar os competidores do grande capital. Surgia assim uma forma predominante do capital: o *capital financeiro,* fusão do capital bancário com o capital industrial. Nas palavras de Lênin "a união pessoal dos bancos e as indústrias completa-se com a união pessoal destes com o governo", trazendo mudanças à estrutura do Estado e à vida política e social. John A. Hobson, economista liberal heterodoxo, escrevia em livro seminal publicado em 1902: *Nação atrás de nação entra na máquina econômica e adota métodos avançados industriais e, com isso, se torna mais e mais difícil para seus produtores e mercadores venderem com lucro seus produtos. Aumenta a tentação de que pressionem seus governos para lhes conseguir a dominação de algum Estado subdesenvolvido distante. Em toda parte, há excesso de produção, excesso de capital à procura de investimento lucrativo. Todos os homens de negócios reconhecem que a produtividade em seus países excede a capacidade de absorção do consumidor nacional, assim como há capital sobrando que precisa encontrar investimento remunerativo além-fronteiras. São essas condições econômicas as que geram o imperialismo.*[43] As bases econômicas do imperialismo residiam, para ele, no "excesso de capital em busca de investimento" e nos "recorrentes estrangulamentos do mercado".

O imperialismo europeu transformara a Europa em uma área dominada por "um pequeno grupo de aristocratas ricos, que tiram suas rendas e dividendos do Extremo Oriente, junto com um grupo um pouco mais numeroso de funcionários e comerciantes, e um grupo maior ainda de criados, trabalhadores de transportes e operários das indústrias manufatureiras. Desaparecem então os mais importantes ramos industriais, e os alimentos e semielaborados chegam como tributo da Ásia e África". Hobson considerava que a perspectiva de uma federação europeia "não apenas não faria avançar a obra da civilização mundial, como apresentaria o gravíssimo risco de um parasitismo ocidental, sob o controle de uma nova aristocracia financeira". O monopólio, produto da fusão de empresas, ou da ruina

43 John A. Hobson. *L'Imperialismo.* Roma, Newton & Compton, 1996: "Temos o objetivo de precisar o significado de uma palavra que está na boca de todos, usada para designar o mais importante movimento existente na política do mundo ocidental contemporáneo" – tal era o objetivo do livro.

e aquisição das pequenas pelas maiores, contribuíra para colocar na mão de poucos empresários uma enorme quantidade de riquezas, criando uma *poupança automática*. O investimento dessa poupança em outras indústrias contribuiu para sua concentração sob o controle das primeiras empresas fusionadas. O desenvolvimento da sociedade industrial elevava a demanda da população, com novas necessidades. O problema surgia quando o aumento do consumo era proporcionalmente menor que o aumento do índice de poupança, resultando numa capacidade de produção superior ao consumo.

A solução seria a redução contínua dos preços até que as empresas menores quebrassem, privilegiando as empresas de melhor instalação, provocando mais acumulação de capital, aumento do nível de riqueza e, consequentemente, maior poupança. Isso induziria os capitalistas a buscarem outros investimentos, para dar destino à poupança gerada, já que o mercado não podia absorver tal excesso, restando ao capitalista exportar mercadorias para onde não houvesse concorrência, ou investir capital em áreas mais lucrativas: *Pode parecer que o amplo predomínio da concentração do capital nos pools, trustes e várias associações, cuja existência se comprovou nas diversas áreas da indústria, seja contraditório com o grande volume de provas quanto à sobrevivência de pequenas empresas. A incoerência é, contudo, apenas aparente. Em toda a área da indústria, nem o número agregado de pequenas empresas, nem o percentual de operários nelas empregados estão em declínio; mas a independência econômica de muitos tipos de pequena empresa é violada pelo capitalismo organizado, que se implanta nos pontos estratégicos de quase todo fluxo produtivo, a fim de impor tributos sobre o tráfego em direção ao consumidor*. O "capitalismo organizado" era dominado por uma fração específica, pequena e concentrada a classe capitalista: "A estrutura do capitalismo moderno tende a lançar um poder cada vez maior nas mãos dos homens que manejam o mecanismo monetário das comunidades industriais, *a classe dos financistas*".[44]

Segundo Hobson, a partir de David Ricardo e John Stuart Mill a economia centrara suas atenções na produção e acumulação de riquezas, negligenciando o consumo e a utilização das riquezas já acumuladas. Hobson rechaçava a essência econômica do imperialismo; via como sua força moto-

44 John A. Hobson. *A Evolução do Capitalismo Moderno*. São Paulo, Abril Cultural, 1983.

ra o patriotismo, a aventura, o espírito militar, a ambição política; mas não o concebia como um negócio rentável a não ser para os grupos financeiros, especuladores de bolsas de valores e investidores, que chamou de "parasitas econômicos do imperialismo", por colocarem no exterior o excedente ocioso de capital que não podiam investir mais lucrativamente em seu país, obtendo com isso inúmeras vantagens. Hobson propunha uma reforma social, com elevação dos salários e aumento dos impostos e gastos públicos. Ele considerava o "fenômeno imperialista" como um desajuste temporal e uma doença curável do capitalismo, associando a expansão colonial e o desenvolvimento capitalista das metrópoles ao excesso de poupança e ao subconsumo, em conjunto com os aspectos políticos, ideológicos e morais derivados. As anexações territoriais novas da Grã-Bretanha tinham sido de alto custo e só capazes de proporcionar mercados "pobres e inseguros", mediante a submissão das colônias ao poder absoluto das metrópoles. Funcionários, mercadores e industriais exerciam seu poder econômico sobre "as raças inferiores", consideradas como incapazes de autogoverno. A única vantagem real do imperialismo era o escoamento da sobrepopulação industrial da Inglaterra; o movimento migratório para as colônias poupara a grande potência de "uma revolução social". Nesse ponto, não havia diferenças entre o liberal Hobson e o imperialista Cecil Rhodes.

Hobson explicou as "contradições do imperialismo" a partir das "recorrentes crises do capitalismo, quando a superprodução se manifesta nas principais indústrias"; não escondeu que o novo imperialismo capitalista, apesar de ser um "mau negócio para a nação", era um bom negócio para certas classes, cujos "bem organizados interesses de negócios são capazes de sufocar o débil e difuso interesse da comunidade" e de "usar os recursos nacionais para seus lucros privados". Por outro lado, assinalava que "os termos *credor* e *devedor*, aplicados aos países, mascaram a principal característica deste imperialismo. Já que, se as dívidas são 'públicas', o crédito é quase sempre privado". Dentro da classe capitalista tendia a predominar a figura do *rentier* desvinculado da produção;[45] o capital financeiro passava a comportar-se como um agiota internacional, criando um sistema internacional

45 Nikolai Bukhárin. *Economia Política del Rentista*. Barcelona, Laia, 1974. Nesse texto, Bukhárin se ocupou pioneiramente da "revolução marginalista" como expressão teórica do parasitismo do capital financeiro.

de dividas cada vez maior. Por trás dessas classes estava o grande "capital cosmopolita", em primeiro lugar a indústria pesada, direta e indiretamente interessada nos gastos de armamento: "O imperialismo agressivo, que custa caro ao contribuinte, é fonte de grandes lucros para o investidor que não encontra no interior um emprego lucrativo para o seu capital". O desenvolvimento armamentista tinha razões econômicas e consequências políticas. Levava a que "malvados demagogos políticos controlem a imprensa, as escolas e se necessário as igrejas, para impor o capitalismo às massas". Para Hobson, "a essência do imperialismo consiste no desenvolvimento dos mercados para o investimento e não para o comércio", não em "missões de civilização" (o estilo ideológico europeu) ou "manifestações de destino" (o estilo norte-americano).

Autores marxistas privilegiaram as relações econômicas internacionais e suas consequências políticas na sua análise do novo fenômeno. Num panfleto pioneiro, o socialista francês Lucien Sanial, residente nos EUA, caracterizou que a nova "era dos monopólios" tinha definido o lugar hegemônico do capital financeiro, que precedia à bancarrota geral do capitalismo, anunciando a era da revolução socialista.[46] Rosa Luxemburgo defendeu que o novo imperialismo fosse uma necessidade inelutável do capital, não necessariamente do capital monopolista ou financeiro; era a forma concreta que adotava o capital para poder continuar sua expansão, iniciada nos seus países de origem, e levada, por sua própria dinâmica, ao plano internacional, no qual se criavam as bases de seu próprio desmoronamento: *O capital prepara duplamente sua derrubada: por um lado, ao estender-se à custa das formas de produção não capitalistas, aproxima-se o momento em que toda a humanidade se comporá efetivamente de operários e capitalistas, situação em que a expansão ulterior e, portanto, a acumulação, se farão impossíveis. Por outro lado, na medida em que avança, exaspera os antagonismos de classe e a anarquia econômica e política internacional a tal ponto que provocará uma rebelião do proletariado mundial contra seu domínio muito antes que a evolução econômica tenha chegado até suas últimas consequências: a dominação absoluta e exclusiva do capitalismo no mundo.*[47]

46 Lucien Sanial. *General Bonkruptcy or Socialism.* Nova York, Socialist Party, 1913.

47 Rosa Luxemburgo. *A Acumulação de Capital.* São Paulo, Nova Cultural, 1985.

A acumulação de capital, na medida em que saturava seus mercados, exigia a conquista periódica e constante de espaços não capitalistas: na medida em que estes se esgotassem, a acumulação capitalista tornar-se-ia impossível, uma análise que foi objeto de muitas críticas: *Se os partidários da teoria de Rosa Luxemburgo querem reforçar essa teoria mediante a alusão à crescente importância dos mercados coloniais; se eles se remetem ao fato de que a participação colonial no valor global das exportações da Inglaterra representava em 1904 pouco mais de um terço, enquanto que em 1913 esta participação se aproximava de 40%, então a argumentação que sustentam a favor daquela concepção carece de valor, e, mais do que isto, com ela conseguem o contrário do que pretendem obter. Pois estes territórios coloniais têm realmente cada vez mais importância como áreas de colocação, mas só na medida em que se industrializam; ou seja, na medida em que abandonam o seu caráter não capitalista.*[48]

A teoria do "super (ou ultra) imperialismo" de Karl Kautsky,[49] afirmava que o imperialismo não era necessariamente a "fase final do capitalismo": formulava a hipótese de que depois da fase imperialista poderia existir uma nova fase capitalista baseada no entendimento entre grupos e Estados capitalistas, à qual dava o nome de "ultraimperialismo". Kautsky chegou a essas conclusões examinando as consequências do armamentismo e das guerras sobre a indústria: as indústrias militares eram favorecidas, as outras, desfavorecidas, eram contrárias às guerras. O capital financeiro ganhava hegemonia sobre o industrial; Kautsky o definia como a "forma mais brutal e violenta do capital". Os cartéis mundiais dos capitalistas buscavam impor seu próprio monopólio derrotando seus concorrentes. Quando estes, finalmente, eram poucos e fortes, preferiam não se combater e encontravam um acordo na forma do cartel ou do truste. Se essa tendência se verificava entre empresas capitalistas, cabia supor que também fosse possível entre Estados. Kautsky esperava que o ultraimperialismo evitasse a explosão de uma guerra mundial que, no entanto, via como iminente (ela explodiu no mesmo ano em que expôs essas ideias). A teoria kautskiana supunha a possibilidade de um grau máximo de monopolização econômica que levaria à eliminação das contradições internas do capitalismo, da concorrência entre

48 Henryk Grossman. *Las Leyes de la Acumulación y el Derrumbe del Sistema Capitalista.* México, Siglo XXI, 1977.

49 Karl Kautsky. Der Imperialismus. In: *Die Neue Zeit*, Berlim, 32 (1914), vol. 2.

capitais e nações; isso supunha um processo de concentração e centralização do capital *sem contradições*, isolando uma tendência *real* daquelas que a contrabalançavam.

As concepções do imperialismo dos autores bolcheviques foram construídas, em boa medida, em polêmica contra as ideias acima expostas. A definição mais breve do imperialismo era, para Lênin, "a fase monopolista do capitalismo", uma fase situada inteiramente dentro da lógica de acumulação de capital exposta por Marx.[50] A concepção antitética à de Lênin foi posta por Joseph Schumpeter, para quem o imperialismo não era componente orgânica do capitalismo, mas fruto de sobrevivências pré-capitalistas situadas em diversas esferas (política, cultural, econômica) que se contrapunham à lógica do capital, sendo capazes de se impor politicamente, gerando assim a política imperialista.[51] A relação entre a Bolsa (as companhias capitalistas), a partilha colonial, e o desenvolvimento do capital bancário, foi o eixo da interpretação de Lênin, que associou as noções de capital monopolista, capital financeiro e imperialismo: *Os bancos se transformam e, de modestos intermediários, viram poderosos monopólios, que dispõem da quase totalidade do capital-dinheiro do conjunto dos capitalistas e dos pequenos proprietários, assim como da maior parte dos meios de produção, e das fontes de matérias primas de um dado país, ou de vários países.* Lênin se opôs a ideia de Kautsky, para quem o imperialismo consistia na colonização dos países agrários pelos países industriais, produto inexorável do "progresso": o imperialismo era o produto da monopolização e contradições do capitalismo nas metrópoles.

Um ano antes de Lênin publicar seu "ensaio popular" sobre o imperialismo, Nikolai Bukhárin tentou resumir as características do fenômeno: *O desenvolvimento das forças produtivas do capitalismo mundial deu um salto gigantesco nas últimas décadas. No processo de luta pela concorrência, a grande*

50 "Se fosse necessário dar uma definição o mais breve possível do imperialismo, dever-se-ia dizer que o imperialismo é a fase monopolista do capitalismo. Essa definição compreenderia o principal, pois, por um lado, o capital financeiro é o capital bancário de alguns grandes bancos monopolistas fundido com o capital das associações monopolistas de industriais, e, por outro lado, a partilha do mundo é a transição da política colonial que se estende sem obstáculos às regiões não apropriadas por nenhuma potência capitalista para a política colonial de posse monopolista dos territórios do globo já inteiramente repartido" (V. I. Lênin *Imperialismo, Etapa Superior do Capitalismo*. Campinas, Navegando, 2011).

51 Joseph A. Schumpeter. *Imperialismo e Classes Sociais*. Rio de Janeiro, Zahar, 1961.

produção saiu vitoriosa em todas as partes, agrupando os magnatas do capital em uma férrea organização que estendeu sua ação à totalidade da vida econômica. Uma oligarquia financeira instalou-se no poder e dirige a produção, que se encontra reunida em um só feixe por meio dos bancos. Este processo de organização partiu de baixo para se consolidar no marco dos Estados modernos, que se converteram nos intérpretes fiéis dos interesses do capital financeiro. Cada uma das economias nacionais desenvolvidas, no sentido capitalista da palavra, transformou-se em uma espécie de truste nacional de Estado. As contradições da fase precedente da era capitalista não se anulavam, ao contrário, atingiam seu paroxismo: *O processo de organização das partes economicamente avançadas da economia mundial é acompanhado de um agravamento extremo da concorrência mútua. A superprodução de mercadorias, inerente ao desenvolvimento das grandes empresas, a política de exportação dos cartéis e a redução dos mercados por causa da política colonial e aduaneira das potências capitalistas; a desproporção crescente entre a indústria, de desenvolvimento formidável, e a agricultura, atrasada; enfim, a imensa proporção da exportação de capital e a submissão econômica de países inteiros por consórcios de bancos nacionais, levam o antagonismo entre os interesses dos grupos nacionais do capital até o paroxismo. Estes grupos confiam, como último recurso, na força e potência da organização do Estado e em primeiro lutar da sua frota e de seus exércitos... Uma unidade econômica e nacional, autossuficiente, aumentando sem fim sua força até governar o mundo em um império universal, tal é o ideal sonhado pelo capital financeiro.*[52] O texto de Bukhárin foi prefaciado por Lênin.

Lênin caracterizou o imperialismo pela hegemonia do *capital financeiro* (fruto da fusão do capital bancário e do capital industrial, analisada pioneiramente Rudolf Hilferding);[53] pela nova função dos bancos e pela exportação de capitais. Isso gerava a necessidade de uma nova partilha do mundo entre os grupos capitalistas, tendo à testa seus respectivos Estados Nacionais: "O imperialismo, como fase superior do capitalismo na América do Norte e na Europa, e depois na Ásia, formou-se plenamente no período 1898-1914. As guerras hispano-americana (1898), anglo-bôer (1899-1902) e russo-japonesa (1904-1905), e a crise econômica de Europa em

52 Nikolai Bukhárin. *A Economia Mundial e o Imperialismo.* São Paulo, Nova Cultural, 1986.

53 Rudolf Hilferding. *O Capital Financeiro.* São Paulo, Abril Cultural, 1983.

1900, são os principais marcos históricos dessa nova época de história mundial".[54] Se fechava, para Lênin, o ciclo histórico do capitalismo de livre concorrência e se verificava sua passagem para uma época marcada por cinco características: 1) a concentração da produção e do capital levada a um grau tão elevado de desenvolvimento que cria os monopólios, os quais desempenham um papel decisivo na vida econômica; 2) a fusão do capital bancário com o capital industrial e a criação, baseada nesse "capital financeiro" da oligarquia financeira; 3) a exportação de capitais, diferentemente da exportação de mercadorias, adquiria uma importância particularmente grande; 4) a formação de associações internacionais monopolistas de capitalistas, que partilhavam o mundo entre si, e 5) o termo da partilha territorial do mundo entre as potências capitalistas mais importantes. Uma nova partilha levava necessariamente ao confronto bélico entre as potências e destas com as nações atrasadas, agravando as condições de existência do operariado e das massas pobres do mundo colonial: o imperialismo era uma *era de guerras e revoluções*.

Na medida em que amadureciam as contradições da acumulação capitalista nos países avançados, os aparelhos bélicos do Estado passavam a ser usados para garantir a exportação de capital, para garantir a receptividade do capital internacional nas regiões menos desenvolvidas e se contrapor aos adversários metropolitanos. O planejamento militar ganhou uma dinâmica própria e demarcou os limites das decisões políticas. A receptividade das regiões subdesenvolvidas ao capital externo estava relacionada ao tamanho do interesse do capital internacional, que provinham das necessidades de exportação de capital acrescidas da necessidade de insumos e matérias-primas: *A exportação de capital influi sobre o desenvolvimento do capitalismo nos países onde o capital é aplicado, acelerando-o extraordinariamente. Se por esta razão, tal exportação pode ocasionar, até certo ponto, uma determinada estagnação do desenvolvimento dos países exportadores, isto só pode ser produzido à custa da ampliação e do aprofundamento do desenvolvimento do capitalismo no mundo todo.*[55] Bukhárin caracterizou o imperialismo como "a reprodução ampliada da concorrência capitalista" e concluiu que *não é*

54 V. I. Lênin. El imperialismo y la escisión del socialismo. *Obras Completas*, vol. 30, Moscou, Progreso, 1963.

55 V. I. Lênin. *Imperialismo, Etapa Superior do Capitalismo*, cit.

pelo fato de constituir a época do capitalismo financeiro um fenômeno historicamente limitado que se pode, entretanto, concluir que ela tenha surgido como um deus ex machina. *Na realidade, ela é a sequência histórica da época do capital industrial, da mesma forma que esta última representa a continuidade da fase comercial capitalista. Esta é a razão pela qual as contradições fundamentais do capitalismo - que, com seu desenvolvimento, se reproduzem em ritmo crescente - encontram, em nossa época, expressão particularmente violenta.*[56] Bukhárin se contrapôs à interpretação de Kautsky: "O processo de internacionalização dos interesses capitalistas obriga imperiosamente à formação de um truste capitalista estatal mundial. Qualquer que seja seu vigor, este processo se vê contrariado por uma tendência *mais forte* à nacionalização de capital e ao fechamento de fronteiras".

Os anos que precederam a Primeira Guerra Mundial ilustraram essa tendência: eles se destacaram pela concorrência desenfreada por mercados espalhados pelo mundo inteiro. O neocolonialismo surgiu nesse momento com o intuito de submeter regiões menos desenvolvidas aos interesses econômicos dos países mais desenvolvidos da Europa, mas também de "fechar" essas regiões à penetração econômica das potências concorrentes. Em Rosa Luxemburgo, ficavam em segundo plano as diferenças e desigualdades no interior do sistema mundial, pelas quais alguns países foram forçados a se integrar ao capitalismo de maneira dependente e associada, outros se impuseram como dominantes e expropriadores de nações, em soma, do *desenvolvimento desigual* e suas consequências: *O capitalismo surgiu com muito mais força na Europa e nos Estados Unidos do que na Ásia e na África. Estes foram fenômenos interdependentes, lados opostos de um mesmo processo. O baixo desenvolvimento capitalista nas colônias foi um produto e uma condição do superdesenvolvimento das áreas metropolitanas, que se realizou a expensas das primeiras. A participação de várias nações no desenvolvimento capitalista não foi menos irregular. Holanda e Inglaterra tomaram a dianteira no estabelecimento de formas e forças capitalistas no século XVI e XVII, enquanto a América do Norte estava ainda em grande medida em posse dos indígenas. Entretanto, na fase final do capitalismo, no século XX, os Estados Unidos superaram amplamente a Inglaterra e a Holanda. Na medida em que o capitalismo ia envolvendo*

56 Nikolai Bukhárin. *A Economia Mundial e o Imperialismo, cit.*

em sua órbita um país atrás do outro, aumentavam as diferenças mútuas. Esta crescente interdependência não significa que sigam idênticas pautas ou possuam as mesmas características. Quanto mais se estreitam suas relações econômicas surgem profundas diferenças que os separam. Seu desenvolvimento nacional não se realiza, sob muitos aspectos, através de linhas paralelas, mas através de ângulos algumas vezes divergentes como ângulos retos. Adquirem traços desiguais, mas complementares.[57]

O autor citado acima se inspirava, naturalmente, em Trotsky, quem ressaltou o caráter diferenciado e desigual do desenvolvimento dos países e regiões, fazendo disso a base para a formulação do conceito de *desenvolvimento combinado*. A fundamentação da revolução proletária apresentada por Marx e Engels, segundo Trotsky, "situava-se no plano exclusivo das forças produtivas e fazia do esgotamento das possibilidades de desenvolvimento do capitalismo uma condição indispensável para colocar na ordem do dia sua abolição" ("Nenhuma formação social desaparece antes que se desenvolvam todas as forças produtivas que ela contém"). Trotsky interpretava essa afirmação como relacionada aos grandes sistemas produtivos em escala histórico-mundial (feudalismo, capitalismo) e não a nações isoladas. Trotsky afirmou que uma nação atrasada, como a Rússia, estava obrigada a incorporar as conquistas técnicas das nações avançadas para poder se manter como força autônoma e não ser incorporada sob a forma de colônia de uma potência. Mesmo que sobre bases distintas, as colônias também passariam por um processo de incorporação da técnica avançada de seus dominadores. A técnica incorporada pelos países atrasados, por sua vez, exigiria a criação de relações de produção que lhe correspondessem, o que significava a instauração brusca, acelerada, de formas de organização social condizentes. O processo ocorreria por meio de "saltos históricos", eliminando-se as etapas que haviam caracterizado a evolução econômica e social dos países pioneiros do capitalismo: a nova estrutura socioeconômica apresentada pela nação atrasada não reproduziria simplesmente uma etapa histórica precedente do país avançado.[58]

---

57 George Novack. *A Lei do Desenvolvimento Desigual e Combinado da Sociedade*. Slp. Rabisco, 1988.

58 Cf. Leon Trotsky. *Histoire de la Révolution Russe*. Paris, Seuil, 1950.

Unificando todos os países sob o domínio do capital, na "era do imperialismo" não houve, no entanto, convergência entre a resistência dos povos coloniais e a luta do proletariado metropolitano. A maioria da classe operária das metrópoles achava que poderia tirar vantagens da conquista colonial (e, de fato, tirava-as, pelo menos suas camadas mais bem posicionadas, a chamada "aristocracia operária"). A maior parte da população dos países imperialistas acreditava que a dominação colonial era justa e até benéfica para a humanidade, em nome de uma "ideologia do progresso" baseada na ideia de que existiam povos – os europeus - superiores a outros; o racismo rasteiro e o darwinismo social pseudocientífico interpretaram a teoria da evolução das espécies a sua maneira, afirmando a hegemonia de alguns pela seleção natural biológica aplicada à sociedade. Esse era o aspecto ideológico central do imperialismo. A visão *mecanicista* do mundo típica dos séculos XVII e XVIII foi sendo substituída pelo "biologismo", que deu base à teoria organicista do Estado (Herbert Spencer) e as teorias raciais "científicas", assim como o darwinismo social, que justificava a subjugação de determinados povos por outros, tal como na natureza se passava com os seres vivos. Os Estados alimentavam um sentimento nacionalista que afetava não só a mentalidade dos povos subjugados a uma dominação estrangeira, mas também os Estados com uma população mais ou menos "homogênea". Nestes últimos, essa ideologia traduzia-se pela vontade de afirmar o poder do Estado e de aumentar seu prestígio e influência no mundo. As lutas das grandes potências já não focavam apenas questões europeias, mas também mercados e territórios que se estendiam por todo o mundo. A derrota chinesa na guerra de 1894-95 contra o Japão, a humilhação da Espanha pelos Estados Unidos no conflito hispano-americano de 1898, e o recuo francês frente à Grã-Bretanha no incidente de Fashoda no Alto Nilo (1898) foram interpretados como provas de que a sobrevivência do mais capaz ditava a sorte das nações tal como nas espécies animais.

Os "darwinistas sociais" eram a variante mais resoluta daqueles que, com Herbert Spencer, transpunham para a sociedade as leis da evolução biológica. Presumiam que a sociedade estava condenada à luta eterna, e não lhe uma expressão filosófica: *O darwinismo social justificou mais do que provocou o realinhamento europeu quanto a perspectivas e políticas. Proporcionou um apoio pseudocientífico para as antigas classes dominantes e governantes que vinham se reafirmando. Se adequava à sua mentalidade elitista, onde a ideia de desigualdade estava profundamente enraizada. Em sua concepção, homens eram desiguais por natureza, e o mesmo ocorria quanto à estrutura da sociedade, para sempre destinada a ser dirigida pela minoria dos mais aptos a governá-la. O darwinismo social e o elitismo brotaram de um único e mesmo solo. Ambos desafiavam e criticavam o Iluminismo do século XIX, e mais particularmente as pressões pela democratização social e política. O termo* elite, *carregado de valores, só se definiu de forma plena no final do século XIX, e recebeu sua mais ampla e corrente aceitação em sociedades ainda dominadas pelo elemento feudal. Mas, por toda a Europa, as teorias da elite espelhavam e racionalizavam práticas predominantes correntes, ao mesmo tempo em que serviam como arma na batalha contra o nivelamento político, social e cultural. Nietzsche foi o menestrel-mor dessa batalha... seu pensamento era coerente e consistentemente antiliberal, antidemocrático e antissocialista; era um social darwinista inveterado, do tipo pessimista e brutal. Para ele, o mundo era um lugar de luta permanente, não só pela mera existência ou sobrevivência, mas também pela dominação, exploração e subjugação.*[59] Ainda bem jovem, Leon Trotsky criticou as teorias nietzscheanas, em especial a do "super-homem", como expressão da decomposição arrogante da pequena burguesia metropolitana.[60]

Surgia também a noção de *realidade natural*, fundamentada na afirmação "cientifica" da superioridade racial. Seu grande teórico do século XIX foi o francês Conde de Gobineau; a noção moderna de raça apareceu também no historiador conservador francês Hyppolite Taine, que definiu a tríade "raça-momento-meio" para analisar a história intelectual dos diversos povos, distinguindo entre estes e a raça: "A raça, com suas qualidades fundamentais e indeléveis, que persistem através de todas as circunstâncias e em todos os climas; o povo mesmo, com suas qualidades originais, formadas por obra de seu meio ambiente e de sua história".[61] Por vias travessas, a "nação" imperialista pavimentava o caminho do *Estado racista*: "No terreno da economia contemporânea, internacional pelas

59 Arno Mayer. *La Persistance de l'Ancien Regime*. L'Europe de 1848 à la Grande Guerre. Paris, Flammarion, 1983.

60 Leon Trotsky. À propos de la philosophie du surhomme. *Cahiers Léon Trotsky* nº 1, Paris, setembro 1980.

61 *Apud* René Welleck. *Historia de la Crítica Moderna (1750-1950)*. Madri, Gredos, 1988, vol. 4.

suas relações e impessoal pelos seus métodos, o princípio da raça parece surgido de um cemitério medieval (...) Para elevar à nação por cima da história, deu-se lhe o apoio da raça. A história passou a ser considerada como uma emanação da raça. E as qualidades da raça são construídas de modo independente das condições sociais".[62]

A expansão mundial do capital foi justificada por um novo conceito de nação, onde uma poderia sobrepujar outras por considerar-se "eleita" entre as demais, fundamentada na afirmação da sua superioridade: *Para manter e ampliar sua superioridade, [o capital monopolista] precisa do Estado que lhe assegure o mercado interno mediante a política aduaneira e de tarifa, que deve facilitar a conquista de mercados estrangeiros. Precisa de um Estado politicamente poderoso que, na sua política comercial, não tenha necessidade de respeitar os interesses opostos de outros Estados. Necessita, em definitivo, de um Estado forte que faça valer seus interesses financeiros no exterior, que entregue seu poder político para extorquir dos Estados menores vantajosos contratos de fornecimento e tratados comerciais. Um Estado que possa intervir em toda parte do mundo para converter o mundo inteiro em área de investimento para seu capital financeiro.*[63] O conceito de Estado acrescentou o papel de agregador de sociedades atrasadas, para "ajudá-las em seu desenvolvimento": um país, para alcançar a modernidade, deveria passar pelos mesmos estágios evolutivos pelos quais teriam passado previamente os países desenvolvidos, através do livre comércio.[64] O papel do Estado continuou sendo o de assegurar a hegemonia de classe, mas agora no mundo inteiro. A "questão nacional" não foi eliminada pelo imperialismo; foi, ao contrário, aguçada e levada a um plano mundial: o imperialismo redefiniu as relações internacionais em um mundo que a característica central passou a ser, nas palavras de Lênin, *a divisão entre nações opressoras e nações oprimidas.*

A ideologia nacional-imperialista e seu desdobramento racista tinha dois gumes, dirigidos contra os povos coloniais e contra os concorrentes

62 Leon Trotsky. ¿Que es el nacional-socialismo? *El Fascismo.* Buenos Aires, Ediciones Cepe, 1973.

63 Rudolf Hilferding. *O Capital Financeiro,* cit.

64 Walt W. Rostow. *Les Étapes de la Croissance Économique.* Paris, Seuil, 1962. No seu *Sistema Nacional de Economia Política,* de 1845, Friedrich List já afirmava que os países que se industrializavam em seguida agiam para que outros não conseguissem chegar ao mesmo lugar, combatendo a teoria ricardiana das vantagens comparativas e do entendimento natural entre economias nacionais.

imperialistas. Existia um vínculo entre essas "filosofias" e o fim da era da ilusão liberal, da livre concorrência econômica entre indivíduos independentes, que era substituída pela era das relações entre monopólios, que dominavam diretamente o Estado, inclusive, e sobretudo, o democrático. A mistificação da livre concorrência cedia lugar à produção multinacional em larga escala baseada na concentração e centralização de capitais. A absorção dos indivíduos ao modo de produção capitalista poderia (e deveria) agora exprimir-se diretamente como subordinação de uma classe a outra, não mais aparecendo como relação entre indivíduos singulares. A alteração sofrida pelo conceito de Estado acompanhou o fim do capitalismo da livre concorrência. No capitalismo monopolista a ideologia prevalecente passou a ser a que assegurava à própria nação o domínio internacional, "ambição tão ilimitada quanto a própria ambição do capital por conquistar o lucro", nas palavras de Hilferding. A *belle époque* foi uma *fuite en avant* diante das perspectivas sombrias que se desenhavam no horizonte. O apelo à identidade nacional, ao nacionalismo, foi um elemento central para transformar a participação política em "psicose de massa".

Na primeira metade do século XIX, o nacionalismo associava-se à autodeterminação democrática dos povos e dos indivíduos, assim como à luta contra o domínio aristocrático. Nacionalismo não significava apenas a manipulação da consciência das massas, com o propósito de desviar as contradições sociais internas e a "ameaça" dos trabalhadores para imagens de supostos inimigos externos. O nacionalismo do final do século XIX, num sentido amplo, refletia a tentativa de encontrar novas identidades e novos pontos de referência para os mais diversos grupos sociais e classes. As principais correntes do nacionalismo na Europa alteraram o seu caráter: na Itália, o nacionalismo liberal do *risorgimento* cedeu lugar a um nacionalismo integrista, militante, expansionista e chauvinista. A principal consequência do imperialismo foi acirrar as disputas internacionais entre as potências europeias. Até 1870, a única potência realmente *mundial* fora a Inglaterra, que possuía um império que começara a ser erguido no século XVII, com uma marinha cada vez mais eficiente, e uma política econômica liberal a partir de meados do século XVIII.

O "pacifismo" inglês era a defesa do *statu quo ante* internacional, e era puramente verbal (pois a Inglaterra, tanto quanto as outras potências europeias, armava-se até os dentes). No último quartel do século XIX, tornou-se comum na Europa a ideia de que cada país deveria transformar-se em uma potência mundial, vinculada com o prestígio da nação, o equilíbrio político europeu, e a influência que a nação podia e devia exercer no mundo. A formação de um império colonial por parte de um país foi vista como instrumento de força e prestígio que podia romper o equilíbrio entre as potências. Um exemplo disto foi a disputa pelo Egito entre Grã-Bretanha e França. Os Estados, levados a uma concorrência política crescente com os vizinhos, estabeleceram alianças para evitar o isolamento. A primeira aliança internacional foi a austro-alemã de 1879, que se transformou em *Tríplice Aliança* em 1882, com o ingresso da Itália. A França, isolada, buscou seus próprios aliados: primeiro a Rússia, com a qual firmou uma aliança em 1894, e em seguida, em 1904, com a Grã-Bretanha. Finalmente o acordo anglo-russo de 1907 fez surgir a *Entente Cordiale*. Os blocos beligerantes da Primeira Guerra Mundial estavam formados.

As potências econômicas chegadas tardiamente na corrida colonial enfatizaram sua ideia de superioridade nacional. Em 1894 criou-se a Liga Pangermânica (*AII-Deutscher Verband*), que reivindicou os territórios em que se falava alemão, ou um dialeto germânico (teoria da *Muttersprache* - língua materna) e, depois, os territórios que no passado tinham sido "alemães" ("Grande Alemanha"). Mas havia também outra teoria: *Somos o povo mais capaz em todos os domínios do saber e das belas artes. Somos os melhores colonos, os melhores marinheiros, e mesmo os melhores comerciantes; e, todavia, não conseguimos alcançar a nossa parcela na herança do mundo, porque não queremos aprender a ir buscar à história as lições salutares. Que o Império Alemão seja, não o fim, mas o início do nosso desenvolvimento nacional!*", escrevia Fritz Sely, em *Die Weltstellung des Deutschtums* ("A Situação Mundial do Poder Alemão"), panfleto popular de 1897. O "povo superior" não era ainda a "raça superior", mas a distância entre ambos os conceitos era pequena. O primeiro plano da cena mundial tendia a ser ocupado pelas contradições Inter imperialistas, em especial entre as velhas potências e as novas em processo de expansão (Alemanha e EUA): *O coração da Europa estava ocupado por um país que, em poucas décadas, tornou-se o mais industrializado, cuja velocidade de desenvolvimento industrial e comercial ultrapassava à dos países industriais mais antigos, que apareceu nos mercados mundiais no mo-*

mento em que os territórios antes livres da dominação europeia já estavam todos ocupados, como colônias ou semicolônias dos Estados industriais mais antigos.[65]

Para a Alemanha restavam duas possibilidades: a constituição de um bloco colonial fora da Europa, ou uma expansão em direção da Turquia, ao longo da linha Berlim-Belgrado. Ambas as possibilidades se chocavam diretamente com as posições britânicas. O conjunto das contradições acumuladas provocou crises internacionais a partir dos últimos anos do século XIX e dos primeiros do século XX (guerra hispano-americana, guerra dos bôeres, guerra russo-japonesa). Os conflitos interimperialistas não aconteceram só entre potências capitalistas antigas e novas, pois também os houve entre antigas potências coloniais. A principal rivalidade anglo-francesa ocorreu na Indochina. Os ingleses, procurando garantir seu império indiano, avançaram para o Leste (Birmânia), e na Malásia para o norte. Os franceses, tentando chegar à China, ocuparam sucessivamente Camboja, Cochinchina, Anã, Tonquim e o Laos; à medida que se instalavam, seus interesses se fixavam na exploração dos recursos naturais: minerais, carvão, seda, arroz. Os velhos rivais se defrontaram no Sião (Tailândia), sendo a disputa resolvida pelos acordos de 1896 e 1907, que estabeleceram áreas de influência na região. O Império Britânico, no seu auge final, dominava 458 milhões de pessoas, mais de um quarto da população do mundo; abrangia mais de 33,7 milhões de km^2, quase um quarto da área total da Terra, e era invejado pelos imperialismos rivais.

A rivalidade anglo-russa tinha sido uma constante na questão relativa ao Império Otomano. Ela se refletiu na Ásia devido à decisão russa de expandir-se na Ásia Central (Turquestão) na década de 1880, aproximando-se assim das fronteiras da Índia, principal colônia inglesa. Em reação, Inglaterra impôs um quase protetorado ao Afeganistão, que se constituiu num Estado-tampão entre as duas potências. A tensão levou à iminência de uma guerra anglo-russa, provisoriamente sufocada.[66] A rivalidade russo-japonesa pela supremacia na bacia do Pacífico, por sua vez, eclodiu na guerra russo-japonesa de 1905. Na Europa, contra Alemanha, França agitava a questão da Alsácia-Lorena, cedida à Alemanha pelo acordo que deu

65 Fritz Sternberg. *El Imperialismo.* México, Siglo XXI, 1979.

66 Cf. Peter Hopkirk. *The Great Game.* The struggle for empire in Central Asia. Tóquio, Kodansha, 1994.

fim à guerra franco-prussiana, para preparar sua opinião pública para uma nova guerra (que era, no fundo, uma disputa franco-germânica pelo Norte da África). A Inglaterra, principal potência colonial, pretendia manter o *statu quo*, aparecendo como defensor da paz (britânica). A Rússia advogava a questão nacional nos Bálcãs, de olho no iminente desmembramento do obsoleto Império Otomano. Itália, potência menor, reivindicava territórios do decadente império austríaco dos Habsburgo, e alguns despojos do Império Otomano (a *Entente* lhe ofereceu o Trentino, Trieste e a Valônia, para garantir sua participação na coalizão).

A perspectiva de uma guerra europeia era já visível em finais do século XIX, sendo denunciada em março de 1897 no parlamento francês pelo deputado socialista Jean Jaurès: "Por toda parte os orçamentos da guerra expandem-se e crescem de ano para ano; e a guerra, por todos amaldiçoada, por todos temida, por todos condenada, pode rebentar sobre todos de um momento para o outro". Embora potente, a voz de Jaurès era quase isolada (e foi silenciada pela bala assassina de um nacionalista francês em 1914). Na década de 1880, a direita reivindicou o monopólio do patriotismo, expurgado de ideais democráticos: o nacionalismo direitista caracterizou especialmente países como a Alemanha, com a oferta da futura grandeza nacional. A emergência de um nacionalismo antidemocrático foi um fenômeno geral na Europa e chegou aos Estados Unidos. Na Franca, assumiu a forma do chauvinismo francês, na Grã-Bretanha do jingoísmo e nos Estados Unidos a do "novo imperialismo". Tais ideologias, que colocavam suas próprias nações acima de todas, se tornaram forças políticas efetivas na virada para o século XX. O nacionalismo integrista francês se popularizou após a segunda crise marroquina, em 1911, unindo duas correntes - a do revanchismo antialemão derivado da derrota na guerra franco-prussiana e a do imperialismo colonial. Com o avanço do nacionalismo, o pensamento social-darwinista influenciou as relações internacionais de modo cada vez mais forte: os Estados estariam em posições opostas e o crescimento do poder de um Estado ocorreria apenas à custa da perda de poder de outro, numa lógica de soma-zero. Contemporaneamente à emergência dos nacionalismos integristas europeus continuaram os nacionalismos separatistas na parte europeia do Império Otomano e no Estado multiétnico da Áustria-Hungria. Nos Bálcãs, esses nacionalismos produziram fortes tensões, com os nacionalismos sérvio e bósnio, e no contexto internacional um conflito agudo entre Rússia e Áustria-Hungria.

A expansão mundial do capital mudou a estrutura econômica das áreas periféricas. Nos países de baixa produtividade agrícola, como os países da Europa central e meridional, os da América Latina ou mesmo a China, que tinham setores industriais bastante pequenos, a indústria capitalista progrediu lentamente. A ausência de mercado desenvolvido foi, nesses países e continentes, um empecilho para a industrialização, devido à baixa produtividade agrícola. A falta de condições para investimento foi outro. A Europa ocidental vinha gerando um meio capitalista havia um século. Nesse meio foram estabelecidos um conjunto novo de ideias e instituições, que não existiam na Ásia, na África ou na América Latina (que tinha a herança cultural mais próxima à europeia). O poder, nesses países e continentes, como também em países da Europa central e meridional, ainda estava concentrado nas mãos da aristocracia rural, que se beneficiava com importações baratas, e não via razão alguma para apoiar o surgimento de indústrias, ou de se transformar ela própria em burguesia industrial: era mais fácil aproveitar a oportunidade que a indústria metropolitana lhes oferecia, a exportação de produtos agrícolas para as metrópoles, facilitada pelo barateamento dos transportes.

Gerou-se um abismo crescente entre o desenvolvimento econômico das áreas industrializadas e aquelas chegadas tardiamente (ou não chegadas) ao desenvolvimento industrial. Isto se desdobrou na exploração econômica (e sujeição política) das segundas pelas primeiras. O entrelaçamento Estado-capital financeiro cobriu o mundo todo. Não havia país onde garantias substanciais não foram oferecidas ao capital investido. Nos EUA, o Estado comprava as ações das empresas ferroviárias mesmo sabendo da sua baixa rentabilidade. Na periferia capitalista, por trás da exportação de capital não estava a aventura de capitalista "empreendedores", mas a certeza do risco zero. O capital fora justificado historicamente pelo risco assumido ao imobilizar bens para conseguir rentabilidade, e assim gerar empregos. Na exportação de capital metropolitano, no entanto, tratava-se de um capital totalmente avesso a risco e dependente da intervenção do Estado. Apesar de se tratar de "capital produtivo", sua remuneração com garantia de rentabilidade não era diferente daquela do capital dinheiro aplicado nos títulos da dívida pública nas metrópoles. Nas economias atrasadas, a penetração do capital industrial determinou seu caráter combinado, por combinarem a última palavra da ciência e da técnica com formas pré-capitalistas de exploração do trabalho. A coexistência do atraso e do avanço permitia aos monopólios embolsarem benefícios extraordinários, pois os preços do mercado (a diferença dos preços de produção) são determinados pelos setores que produzem com maiores custos; os custos de produção dos monopólios são mais baixos.

A penetração imperialista explorou a diferença no nível de desenvolvimento das forças produtivas entre países centrais e atrasados, que permitiu aos monopólios garantir uma quota maior da mais-valia monopolizada. Ao mesmo tempo, a penetração do capital externo dissolvia as velhas relações produtivas e acelerava o desenvolvimento capitalista nos países atrasados, sob a forma do monopólio econômico, ou seja, sem conhecer as "vantagens" da livre-concorrência: os países atrasados conheciam do capitalismo só as desvantagens da sua maturidade, sem chegar a conhecer as virtudes da sua juventude. Com o frequente uso da tecnologia de produção na composição de novos produtos com novos materiais, as possibilidades do uso de componentes ainda não desenvolvidos evidenciaram a necessidade de reservas territoriais. Em função disso, o capital financeiro não restringiu seus interesses apenas às fontes de matérias primas já conhecidas, passando a interessar-se igualmente por fontes possivelmente existentes em regiões aleatoriamente diversas. A expansão de seus domínios obedeceu a excedentes crescentes e a necessidade de fontes de mercadorias de baixo valor agregado (matérias primas), mas, principalmente, pela garantia estratégica da possibilidade de exploração de novos recursos. Hilferding se referiu à "a inevitável tendência do capital financeiro para alargar o seu território econômico". A "receptividade" das regiões subdesenvolvidas relacionou-se com a formação do território ou país "hospedeiro"; a maneira como se processava a expansão de capital variava de acordo com o nível de desenvolvimento capitalista dessas regiões. Os Estados "independentes" da periferia estavam fadados à subordinação ao capital financeiro, assim como os países coloniais.

As consequências do imperialismo foram objeto de inúmeras controvérsias. No conjunto, porém, elas se resumem basicamente em duas. Uma variante da "teoria do intercâmbio desigual" postulou que o proletariado metropolitano estaria objetivamente interessado na exploração das nações atrasadas, porque compartilharia com "sua" burguesia os frutos da exploração dos operários e camponeses da periferia. A "troca desigual" de produtos com preços de produção diferentes configuraria uma nova "acumulação primitiva", baseada na *expropriação* compulsória e violenta, características da acumulação originária: "O imperialismo, no sentido leninista do termo, aparece quando as possibilidades do desenvolvimento capitalista se esgotam, depois de terminada a primeira revolução industrial na Europa e América do Norte. Então se impõe uma nova extensão geográfica. Surge a periferia, em sua forma contemporânea, amparada pela conquista colonial. Esta volta a pôr em contato - ainda que sob formas novas - formações sociais diferentes: as do capitalismo central e as do capitalismo periférico em vias de constituição. O mecanismo de acumulação primitiva em benefício do centro reaparece. *O próprio da acumulação primitiva, por oposição à reprodução ampliada normal, é precisamente o intercâmbio desigual,* quer dizer, o intercâmbio de produtos cujos preços de produção, no sentido marxista, são desiguais. A partir deste momento, a remuneração do trabalho começará também a ser desigual. Esta nova especialização internacional constituirá a base de intercâmbio das mercadorias (produtos de base por produtos manufaturados) e o movimento de capitais, posto que as possibilidades da primeira revolução industrial se esgotaram precisamente quando se constituíram os monopólios, que tornaram possível esta exportação de capital".[67]

A desigualdade da troca, no entanto, baseia-se na desigualdade de desenvolvimento, que provoca o *desenvolvimento combinado* dos países atrasados, nos quais o capitalismo nasce sem que tivesse podido se desenvolver plenamente a acumulação originária (mas) sob a influência da penetração do capital financeiro internacional: "A frustração da acumulação originária (nos países atrasados) explica essa obrigada combinação do capitalismo com modos de produção pré-capitalistas".[68] Diversos autores de-

67 Samir Amin. *El Desarrollo Desigual.* Barcelona, Planeta-De Agostini, 1986.

68 Juan Pablo Bacherer. Sobre la acumulación originaria de capital. *En Defensa del Marxismo* nº 16, Buenos Aires, março 1997.

monstraram que, devido à diferença da produtividade do trabalho, a taxa de mais-valia nos países metropolitanos poderia ser maior do que nos países atrasados (ou seja, que a produção de mais-valia relativa é maior naqueles). A exploração econômica (taxa de exploração) do trabalho é diretamente proporcional à taxa de mais-valia. A troca de quantidades desiguais de trabalho permanece como fundamento da troca desigual entre nações: "Os capitais investidos no comércio exterior podem levantar uma quota mais elevada de lucro, em primeiro lugar porque competem com mercadorias produzidas com facilidades de produção menos desenvolvidas, por isso o país mais adiantado vende suas mercadorias acima de seu valor, ainda que mais baratas do que os países competidores. (...) O país mais favorecido obtém uma quantidade maior de trabalho em troca de uma menor, ainda que a diferença, o excedente, seja embolsado por uma determinada classe, como ocorre em geral com o intercâmbio ente capital e trabalho".[69]

A teoria do "capital transnacional" (carente de base nacional) sustenta que a exploração das nações atrasadas pelas potências capitalistas seria ilusória, em função da emancipação das empresas multinacionais de toda base nacional, esquecendo que a internacionalização crescente do capital nos países metropolitanos teve por base uma acumulação sem precedentes de benefícios monopólicos originados na exploração das nações atrasadas. Trata-se da contraposição de uma análise conjuntural a uma caracterização estrutural: assim como os benefícios extraordinários monopólicos não anulam - podem acentuar - a exploração dos trabalhadores metropolitanos, o crescimento do fluxo de capitais entre países imperialistas não elimina - até acentua - a exploração das regiões atrasadas. A industrialização artificial ou incompleta das regiões atrasadas não diminuiu a dependência delas em relação às metrópoles, aumentando também sua exploração, devido à crescente dependência tecnológica e financeira, o que é comprovável através do aumento das remessas de lucros e da dívida externa. Das diversas caracterizações do imperialismo capitalista se derivaram diversas conclusões políticas: as bases das controvérsias a respeito foram postas no debate acontecido nas primeiras décadas do século XX.

---

69 Karl Marx. *O Capital*. Livro I, cit.

AFRIQUE

Capítulo 4

As teorias sobre o Imperialismo

***Daniel Gaido*[70] *e Manuel Quiroga*[71]**

O termo "imperialismo" foi introduzido nos debates políticos em referência ao Segundo Império francês de Luís Napoleão. Em francês, a palavra *impérialisme* foi cunhada como um neologismo, junto com *bonapartisme.* Foi usada duas vezes como sinônimo de bonapartismo no 18 Brumário de Luís Bonaparte (1852), onde Marx argumentou que "a paródia do imperialismo (*des Imperialismus*) era necessária para libertar a massa da nação francesa do fardo da tradição e para fazer com que o contraste entre Estado e sociedade se destacasse nitidamente". O termo começou a ser usado mais amplamente na Grã-Bretanha com a aprovação da Lei de Títulos Nobres de abril de 1876, que reconheceu a Rainha Vitória como "Imperatriz da Índia": *O termo imperialismo estava associado na mente britânica ao detestado regime de Napoleão II.*[72] Os autores marxistas associaram as mudanças nas atitudes da Grã-Bretanha ao fato de que os rivais dos britânicos estavam adotando cada vez mais o protecionismo.

---

70 Pesquisador do *Consejo Nacional de Investigaciones Científicas y Técnicas* (CONICET) da Argentina; professor de História da Universidade Nacional de Córdoba (UNC).

71 Doutor em História pela Universidade Nacional de Córdoba (UNC).

72 Richard Koebner e Helmut Dan Schmidt. *Imperialism.* The story and significance of a political word, 1840-1960. Cambridge - Nova York, Cambridge University Press, 1964.

Abraham Lincoln havia introduzido uma tarifa de 44% nos Estados Unidos durante a Guerra Civil para financiar os exércitos da União, subsidiar as ferrovias e proteger a manufatura doméstica. A França impôs tarifas proibitivas em 1860 sobre ferro, maquinário e produtos de lã da Inglaterra. Em 1878-1879, Bismarck impôs tarifas sobre ferro e grãos para pacificar tanto a burguesia industrial emergente quanto a aristocracia *Junker* [aristocratas prussianos proprietários de terras]. O interesse britânico em um império econômico mais coerente cresceu à medida que outros países buscavam proteger seus mercados dos produtos britânicos. As principais manifestações do novo imperialismo britânico foram a ocupação do Egito sob o comando de Gladstone em 1882, que anunciou a divisão da África na década de 1880, e o estabelecimento da Liga da Federação Imperial em Londres, em 1884. A Liga esperava dividir os custos da defesa do império estabelecendo um estado federal que representasse todas as colônias do Império Britânico. A comemoração do Jubileu da Rainha Vitória em 1897 levou a uma explosão de sentimentos imperialistas, mas a verdadeira apoteose do imperialismo britânico veio com a eclosão da Guerra dos Bôeres em 1899.

O termo foi dotado do mais amplo significado econômico quando foi usado para descrever a nova virada expansionista da política internacional americana, iniciada em 1898 com a Guerra Hispano-Americana. Um jornalista financeiro e especialista em bancos dos EUA, Charles Arthur Conant (1861-1915), saudou a nova direção da política americana em um artigo intitulado *The Economic Basis of Imperialism*. Conant atribuiu a guerra ao imperativo de expandir os mercados e as exportações de capital: *A parcimônia excessiva, com o consequente acúmulo de mercadorias não consumidas, nos grandes países industrializados é um dos grandes problemas da situação econômica atual. É a raiz de grande parte do descontentamento industrial e explica as condições que se estabeleceram por volta de 1870, quando os grandes países industrializados parecem ter se tornado, pela primeira vez, totalmente capitalizados para atender a todas as demandas que os consumidores estavam dispostos a fazer com suas rendas (...).) A grande acumulação de capital e dinheiro, as convulsões pelas quais passaram os grandes países capitalistas, além de suas respectivas políticas tarifárias e padrões monetários, e a queda contínua na taxa de lucro do capital - todas essas tendências apontam para um excesso de capital poupado acima da demanda efetiva da comunidade como a causa subjacente (...).(...) Sob a atual ordem social, está se tornando impossível encontrar em casa, nos grandes países capitalistas, um uso para o capital acumulado que seja ao mesmo tempo seguro e remunerador.*[73]

Um papel importante no uso do termo imperialismo foi desempenhado pela Liga Anti-Imperialista, criada nos Estados Unidos em junho de 1898 para lutar contra a anexação das Filipinas. A Liga tinha entre seus membros o candidato democrata à presidência William Jennings Bryan, que em seu discurso de aceitação da indicação para a presidência desaprovou veementemente "a doutrina arrogante, abusiva e brutal do imperialismo".74 Na Alemanha, os primeiros comentários sobre o imperialismo também foram influenciados por preocupações domésticas. Carl Schorske observou como o Partido Social Democrata, fundado em 1875, permaneceu comprometido com as tradições da revolução democrática burguesa em favor da unidade nacional da Alemanha, ao mesmo tempo em que se opunha ao militarismo prussiano e ao czarismo, visto como o gendarme da reação na Europa. A "russofobia" foi combinada com um compromisso com a defesa nacional, enquanto a socialdemocracia pedia a abolição do exército permanente imperial e sua substituição por um exército democrático de cidadãos (milícia).75 Gradualmente as novas realidades econômicas e diplomáticas introduziram mudanças nas convicções de política externa da ala esquerda da socialdemocracia, incluindo o abandono do slogan da defesa nacional, que Friedrich Engels havia apoiado para a Alemanha até o final de 1892.

A pré-história das teorias marxistas sobre o imperialismo na Alemanha abrange o período de 1884 a 1898, começando com um debate acalorado sobre os subsídios à frota em 1884-1855. Em 23 de maio de 1884, um projeto de lei foi apresentado ao Reichstag propondo subsídios às empresas de navegação para expandir o comércio alemão, estabelecendo linhas de navegação de Hamburgo ou Bremen para vários pontos da Ásia, Austrália e

73 Charles Arthur Conant. 1898. The economic basis of imperialism. *The North-American Review* n. 167 (502), Washington, 1898.

74 William Jennings Bryan. Imperialism: an address delivered in Indianapolis on 8 August 1900 in accepting the democratic nomination for the Presidency. *Speeches of William Jennings Bryan*. Nova York, Funk & Wagnalls, 1909.

75 Carl E. Schorske, *German Social Democracy, 1905-1917*. The development of the great schism. Nova York, Harvard University Press, 1955.

África. Houve um violento confronto entre os socialdemocratas sobre se os subsídios propostos deveriam ser tratados puramente como uma questão de transporte, digna de apoio em termos de criação de empregos, ou como uma iniciativa de política externa a ser rejeitada por princípio. A primeira posição foi defendida pela maioria da facção do Reichstag (18 de 24), enquanto a segunda foi apoiada por uma minoria liderada por August Bebel e Willhelm Liebknecht, que apelou aos membros do partido nas páginas do jornal Der Sozialdemokrat.

A maioria do grupo do *Reichstag* negou o direito do jornal oficial de criticar sua atitude e exigiu o controle do jornal, mas foi derrotada nesse ponto. Por fim, o Reichstag aprovou os subsídios às empresas de navegação. No decorrer da disputa dentro do partido, Wilhelm Liebknecht fez um discurso em 1885, no qual enquadrou a questão do colonialismo em termos político-econômicos e argumentou que era apenas uma tentativa vã de exportar a "questão social": *Qual é o objetivo real da chamada política colonial? Se formos direto ao ponto, é proclamado que seu objetivo é controlar a superprodução e a superpopulação. Mas o que é superprodução e o que é superpopulação? Esses são termos muito relativos... A superpopulação existe porque temos instituições sociais e econômicas ruins, assim como a superprodução. Os fabricantes reclamam que não conseguem vender seus produtos. Sim, senhores, por que eles não conseguem vendê-los? Porque as pessoas não podem comprá-los (...) A política colonial conseguirá algo nesse sentido? Não, senhores, vocês apenas exportam a questão social e criam diante dos olhos das pessoas uma espécie de miragem nos desertos e pântanos da África.*[76]

Kautsky foi a principal figura teórica da Segunda Internacional; a ampla temática de seus escritos incluía vários artigos dedicados ao colonialismo e ao imperialismo. Suas contribuições se estenderam por mais de quarenta anos e incluíram várias mudanças de ênfase e até mesmo de direção. De acordo com sua descrição, no panfleto *Socialismo e Política Colonial* (1907), "no primeiro volume do *Die Neue Zeit*, publicado em 1883, apareceu um longo ensaio meu sobre 'Emigração e Colonização', no qual eu já havia formulado o ponto de vista que determinou a posição do nosso partido sobre a política colonial desde então até o presente". Embora o arti-

76 Reichstag 1871-1918, VI. *Sessionsabschnitt*, 58. Sitzung. Mittwoch den 4, março 1885.

go de Kautsky tivesse a intenção de incentivar a oposição à política colonial alemã, contrastando favoravelmente as instituições políticas democráticas das colônias inglesas com o sistema político alemão aristocrático e militarista, sua indiferença ao genocídio dos povos nativos praticado em todas as colônias é surpreendente para um leitor moderno. Kautsky contrastou as conquistas das "colônias de trabalho" (Estados Unidos, Canadá e Austrália) com o triste registro das "colônias de exploração" (como a Índia e as colônias alemãs na África), onde as massas nativas eram exploradas por um pequeno grupo de comerciantes, oficiais e militares europeus.[77]

A questão da expansão colonial desempenhou um papel de destaque na controvérsia revisionista. O longo período de reação que se seguiu ao esmagamento da Comuna de Paris em 1871 levou a um renascimento das ilusões democrático-burguesas nos partidos socialistas da Segunda Internacional e a uma tentativa de revisar as doutrinas de Marx a partir de uma perspectiva reformista-parlamentarista. Eduard Bernstein resumiu essa tendência, que ele defendeu em uma série de artigos publicados no *Die Neue Zeit* no final de 1896 e, posteriormente, em seu livro *As Premissas do Socialismo e as Tarefas da Socialdemocracia.* Bernstein havia sido amigo íntimo de Engels; após a morte deste, permaneceu em Londres e foi influenciado pela *Fabian Society* (uma organização socialista reformista). No contexto desse debate, Bernstein apresentou a ideia de que os socialistas não deveriam se opor à colonização em si, mas às formas como ela era realizada no regime capitalista. Seu principal oponente nessa questão foi o inglês Belfort Bax. O artigo de Kautsky "Velha e Nova Política Colonial" fez parte do debate revisionista. Nele, Kautsky rejeitou a posição pró-colonialista de Bernstein, afirmando que, em vez de promover o progresso histórico, a política colonial moderna era perseguida por um estrato pré-capitalista reacionário, principalmente *junkers,* oficiais militares, burocratas, especuladores e comerciantes, ignorando o papel dos bancos e da indústria pesada alemã. Kautsky usou o conceito de capital financeiro, mas não no sentido dado posteriormente por Rudolf Hilferding. Para Kautsky, o capital financeiro significava o capital monetário e suas políticas protecionistas, militaristas e imperialistas, que ele contrastava com o livre comércio pacifista e as inclinações supostamente democráticas do capital industrial.

77 Karl Kautsky. Auswanderung und Kolonisation. *Die Neue Zeit* 1 (9), 1883.

A política mundial foi discutida no Segundo Congresso da Internacional em Paris, em setembro de 1900, que produziu um projeto de resolução, elaborado por Rosa Luxemburgo, definindo a situação internacional como "o mesmo militarismo, a mesma política naval, a mesma caça às colônias, a mesma reação em todos os lugares e, acima de tudo, um perigo permanente de guerra internacional". Conclamou o proletariado a se opor "à aliança da reação imperialista com um movimento internacional de protesto". Luxemburgo emergiu como a crítica mais perspicaz do imperialismo e de seu potencial catastrófico, retratando a luta das potências europeias para adquirir colônias em termos históricos mundiais. A resolução que foi adotada recomendava o estudo da questão colonial pelos partidos socialistas, a criação de partidos socialistas nas colônias e o estabelecimento de relações entre eles. Isso representou uma derrota para as posições revisionistas, algo que o próprio Bernstein teve de admitir. O próximo fórum importante para a discussão do problema do colonialismo foi o Congresso de Dresden do SPD, realizado em setembro de 1903, onde o partido condenou oficialmente o revisionismo de Bernstein e se comprometeu a "continuar com mais vigor do que nunca a luta contra o militarismo, contra a política colonial e imperialista, contra todos os tipos de injustiça, opressão e exploração"[78]. Um novo debate sobre a questão colonial ocorreu no Congresso Socialista Internacional realizado em Amsterdã em 1904, semelhante ao de Paris. O Congresso de Amsterdã também condenou a participação de membros de partidos socialistas como ministros em governos burgueses, referindo-se ao exemplo de Millerand na França.[79]

O ano de 1905 levou a uma radicalização do movimento operário internacional sob o impacto da revolução russa. Na Alemanha, foi um ano de grandes disputas sindicais. Nesse cenário, abriu-se um importante debate no partido, no qual a esquerda pressionou para que o SPD adotasse a greve política de massa como uma arma na luta pelo poder. Isso levou a uma disputa entre os líderes dos sindicatos (reunidos na *Generalkommission der Gewerkschaften Deutschlands*) e outras seções do SPD, que culminou no congresso do partido realizado em Mannheim, em setembro de 1905,

78 Daniel De Leon. *Flashlights of the Amsterdam International Socialist Congress*. Nova York, New York Labor News, 1904.

79 James Joll. *The Second International, 1889-1914*. Londres, Routledge & Kegan Paul, 1974.

onde foi adotada uma resolução declarando que a decisão final sobre o lançamento de uma greve geral pertenceria à liderança sindical, dando a esta última um poder de veto efetivo. O impulso radical provocado pela Revolução Russa gerou uma reação conservadora liderada pela "aliança tripla de sindicalistas, revisionistas e o executivo do partido". Outro elemento que deu fôlego ao conservadorismo dentro do partido foi o resultado das "eleições hotentotes" realizadas na Alemanha em 25 de janeiro de 1907, tendo como pano de fundo o genocídio dos povos *nama* e *herero* pelo exército alemão na atual Namíbia. Uma explosão chauvinista levou a uma votação maciça de cidadãos até então indiferentes, o que reduziu a fração do SPD no Reichstag de 81 para 43 deputados (embora o comparecimento dos eleitores tenha aumentado). Embora as posições públicas do partido sobre o colonialismo no parlamento e sua atividade cotidiana em geral não tenham mudado sua atitude de denunciar o colonialismo[80] (com exceção da minoria pró-imperialista agrupada em torno do jornal *Sozialistiche Monatshefte*), houve uma mudança nos fóruns internacionais do socialismo em relação a esses eventos anteriores. Além disso, a grande maioria dos delegados do Congresso Internacional em Stuttgart tinha origem sindical, um dos pilares das posições revisionistas.

Em Stuttgart, a maioria dos delegados do SPD apoiou um projeto de resolução apresentado pelo delegado holandês Henri Van Kol, que não "rejeitava, em princípio, toda política colonial" e argumentava que "sob um regime socialista, a colonização poderia ser uma força civilizatória". A Segunda Internacional deveria defender "uma política colonial socialista positiva"; a "consequência final" da "ideia utópica de simplesmente abandonar as colônias" seria "devolver a América aos índios". Muitos delegados de esquerda atacaram a ideia de uma política colonial socialista como um oximoro, entre eles Kautsky, que se opôs à maioria de seu próprio partido, espantado ao ouvir falar dessa divisão da humanidade em "dois povos, um destinado a dominar e o outro a ser dominado"; ele caracterizou isso como um argumento de "escravagistas" e peculiar às "classes dominantes". Por

80 O fato de haver correntes pró-imperialistas menores, juntamente com o comportamento de muitos de seus delegados em congressos internacionais, deu origem à ideia de que o socialismo alemão estava se afastando de seu compromisso anticolonial. No entanto, na esfera pública, o socialismo alemão só abandonou sua posição tradicional depois de 1914.

fim, o Congresso adotou uma emenda declarando que, por sua "natureza inerente, a política colonial capitalista deve levar à escravização, ao trabalho forçado ou ao extermínio da população nativa"; ela foi aprovada por uma estreita maioria de 128 votos contra 108.[81]

Refletindo sobre "o debate extremamente acalorado" em Stuttgart em outubro de 1907, Lênin resumiu os eventos da seguinte forma para os leitores do jornal russo *Proletarian* em seu artigo "O Congresso Socialista Internacional em Stuttgart": *Os oportunistas se reuniram em torno de Van Kol. Em nome da maioria da delegação alemã, Bernstein e David propuseram o reconhecimento da "política colonial socialista" e atacaram os radicais, acusando-os de negação estéril, falta de compreensão do significado das reformas, falta de um programa colonial prático. Kautsky certamente se opôs a eles e foi forçado a pedir ao congresso que se manifestasse contra a maioria da delegação alemã. Ele ressaltou, com razão, que não se tratava, de forma alguma, de negar a luta por reformas, pois outras partes da resolução, que não haviam dado origem a nenhuma discussão, falavam disso muito claramente. A questão era se deveríamos fazer concessões ao atual regime burguês de pilhagem e violência. A atual política colonial deve ser discutida pelo congresso, e essa política se baseia na subjugação desenfreada dos selvagens. A burguesia estabelece nas colônias um regime de escravidão real, submete os nativos a desprezo e violência sem precedentes, e os "civiliza" espalhando álcool e sífilis, e é proposto que, sob tais condições, os socialistas se envolvam em frases evasivas sobre a possibilidade de reconhecer em princípio a política colonial! Isso seria equivalente a adotar abertamente o ponto de vista burguês. Significaria dar um passo decisivo em direção à subordinação do proletariado à ideologia burguesa, ao imperialismo burguês, que agora levanta sua cabeça com particular altivez.*[82]

Embora o congresso tenha derrotado a moção original da comissão por 128 votos a 108 (com dez abstenções), presumivelmente pondo fim à noção da missão civilizadora do capitalismo, Lênin observou que o resultado só foi possível graças aos votos combinados dos delegados de pequenas nações. Em outros estados, a "ânsia de conquista" havia chegado "a conta-

81 Detalhes da votação em *Internationaler Sozialisten-Kongress*. (1907). Posteriormente, o voto a favor da resolução emendada foi unânime.

82 V. I. Lenin. El Congreso Socialista Internacional de Stuttgart (1907). *Proletari* n. 17; *Obras Completas*. Tomo XIII. Madri, Akal, 1977.

minar um pouco até mesmo o proletariado". Em um comentário que antecipou sua descrição posterior da "aristocracia trabalhista", Lenin expressou preocupação com o fato de Stuttgart "ter revelado uma característica negativa do movimento trabalhista europeu", devido ao "oportunismo socialista" e à posição privilegiada dos trabalhadores europeus em relação ao "trabalho dos nativos quase totalmente subjugados das colônias". O Congresso de Stuttgart debateu várias outras questões, incluindo o sufrágio feminino, a emigração e as relações dos partidos socialistas com os sindicatos. Além da questão do colonialismo, entretanto, a resolução mais importante para os propósitos do presente estudo dizia respeito ao antimilitarismo. Se o imperialismo estava agora inseparavelmente ligado à agressão e à conquista no interesse da exploração capitalista, parecia óbvio que o uso do poder militar deveria ser condenado com a mesma força. A questão é que a tradição socialista anterior também não poderia ser assimilada a um pacifismo sem maiores problemas: por exemplo, Marx e Engels apoiaram entusiasticamente a luta defensiva dos comunistas de Paris contra o governo de Thiers após a derrota da França em 1871 sob a Alemanha de Bismarck. Com base em tradições revolucionárias que remontam ao século XVIII, eles pediram a substituição dos exércitos permanentes pelo "povo armado" na forma de uma milícia permanente de cidadãos.

No Congresso de Stuttgart, essas qualificações escaparam à atenção de Gustave Hervé, um francês que apresentou uma das quatro resoluções sobre o tema do militarismo. Lênin relatou aos seus leitores russos que: "O célebre Hervé, que deu tanto o que falar na França e na Europa, defendeu, nesse aspecto, um ponto de vista semi-anarquista, propondo ingenuamente que toda guerra deveria ser 'respondida' por greve e insurreição". Hervé era uma figura curiosa e até mesmo bizarra. De seu semi-anarquismo em Stuttgart, ele deu uma guinada violenta para a defesa da "pátria ameaçada" em 1914 e, finalmente, para a admiração por Hitler e Mussolini na década de 1930. Esse foi o primeiro encontro de Hervé com a liderança socialista internacional, e sua resolução parece ter sido deliberadamente destinada a irritar os alemães. Ele considerava o reformismo um vício peculiarmente alemão e associava o SPD ao "autoritarismo, mentalidade burocrática, conformismo e falta de fervor revolucionário".

O SPD, abalado por seu recente revés eleitoral, não tinha a intenção de se comprometer com uma greve geral no caso de uma guerra. Como disse August Bebel, "não devemos nos permitir ser pressionados a usar métodos de luta que poderiam ameaçar seriamente a atividade e, em certas circunstâncias, a própria existência do partido". Em seu confronto com Hervé, Bebel invocou a noção de autodefesa patriótica: "Hervé diz: 'A pátria é a pátria das classes dominantes. Não é uma preocupação do proletariado'. Uma ideia semelhante é expressa no *Manifesto Comunista*: "O proletariado não tem pátria". Mas os alunos de Marx e Engels declararam que não compartilham mais as opiniões do *Manifesto*". Enquanto Hervé se referia à questão da guerra em termos de classe, Bebel insistia que a socialdemocracia deveria determinar sua atitude em relação a qualquer guerra futura com base no fato de ela ser ofensiva ou defensiva: "Afirmo que agora é fácil determinar, em qualquer caso, se uma guerra é defensiva ou ofensiva. Enquanto antes as causas que levavam à catástrofe da guerra permaneciam obscuras, mesmo para o político atento e treinado, hoje isso não acontece mais. A guerra não é mais um segredo dos políticos de gabinete". Além disso, em termos puramente práticos, a agitação e as táticas antimilitaristas de Hervé eram "não apenas impossíveis, mas totalmente fora de questão" para o SPD.

Hervé argumentou que o apoio de Bebel à defesa nacional no caso de uma guerra contra a Alemanha permitiria que o governo alemão manipulasse o SPD em uma posição patriótica no caso de um conflito em toda a Europa: *Bebel faz uma distinção precisa entre guerras ofensivas e defensivas. Quando o pequeno Marrocos é destruído, isso é facilmente reconhecido como uma guerra ofensiva de inegável brutalidade. Mas se a guerra fosse deflagrada entre duas grandes potências, a poderosa imprensa capitalista desencadearia uma tempestade de nacionalismo tão grande que não teríamos forças para combatê-la. Então seria tarde demais para suas finas distinções.* Com desprezo pela liderança do SPD, Hervé atribuiu explicitamente sua fraqueza - dramatizada pela "eleição dos hotentotes" - ao seu crescente compromisso com o parlamentarismo: *Vocês agora se tornaram uma máquina eleitoral e contábil, um partido de caixas registradoras e assentos parlamentares. Vocês querem conquistar o mundo por meio do voto. Mas eu lhes pergunto: quando os soldados alemães forem enviados para restabelecer o trono do czar na Rússia, quando a Prússia e a França atacarem os proletários, o que vocês farão? Por favor, não responda com metafísica e dialética, mas de forma aberta e clara, prática e tática, o que você fará?* E continuou: "Hoje, Bebel passou para o lado dos revisionistas quando nos disse: 'Trabalhadores de todos os países, matem uns aos outros!' *[Grande comoção]*". No final, Hervé gritou para um August Bebel enfurecido: "Siga a bandeira do seu imperador, sim, siga-a. Mas se você entrar na França, verá flutuando sobre nossas comunas insurrecionais a bandeira vermelha da Internacional que você traiu".

Os termos da disputa permitiram que os delegados geralmente identificados com posições bem à esquerda da Internacional, como Luxemburgo e Lênin, produzissem uma resolução "intermediária" entre a posição sindicalista de Hervé e a de Bebel. Começou endossando "as resoluções adotadas pelos congressos internacionais anteriores contra o militarismo e o imperialismo". Ela reiterou o apelo para "substituir o exército permanente por uma milícia popular", um tema que a ala esquerda defenderia mais tarde ao se opor às propostas de Kautsky sobre desarmamento e tribunais de arbitragem internacionais. A resolução final unânime também ignorou sutilmente a distinção feita por Bebel entre guerras "ofensivas" e "defensivas", declarando que "se a guerra estourasse", os socialistas eram obrigados a "intervir para que ela culminasse rapidamente e lutar com todas as suas forças para usar a crise econômica e política criada pela guerra para incitar a revolta das massas e, assim, acelerar a queda da classe capitalista dominante". Em seu relatório para os leitores russos, Lênin enfatizou a última disposição, comentando que Hervé havia esquecido a obrigação do proletariado de pegar em armas no caso de uma guerra revolucionária: "Não se trata apenas de evitar a eclosão da guerra, mas de aproveitar a crise provocada por ela para acelerar a derrubada da burguesia" (Lênin 1907, 80). Essa foi a primeira formulação do que mais tarde, durante a Primeira Guerra Mundial, se tornaria a ideia central da esquerda de Zimmerwald: transformar a guerra imperialista em um levante revolucionário.[83]

Apesar das decisões tomadas em Stuttgart, a disputa sobre o militarismo e a defesa nacional ressurgiu pouco tempo depois no congresso do SPD realizado em Essen, de 15 a 21 de setembro de 1907. O *Parteitag ocorreu* no contexto do julgamento iminente de Liebknecht pelas declarações contidas em seu panfleto *Militarismo e Antimilitarismo*.[84] O foco da nova disputa foi

83 Robert Craig Nation. *War on War.* Lenin, the Zimmerwald Left, and the origins of communist internationalism. Durham, Duke University Press, 1989.

84 O julgamento contra Liebknecht começou em 9 de outubro de 1907 e durou três dias: a Suprema Corte

o discurso de Gustav Noske no Reichstag em 25 de abril de 1907, quando o orçamento militar da Alemanha estava sendo debatido. Noske, que em 1919, como funcionário do governo, seria responsável pelos assassinatos de seus ex-colegas de partido Karl Liebknecht e Rosa Luxemburgo, argumentou que os representantes do SPD não eram "vagabundos sem pátria", acrescentando: "Desejamos que a Alemanha seja o mais capaz possível de se defender [de estar armada, *wehrhaft*], desejamos que o povo alemão tenha interesse na instituição militar, que é necessária para a defesa de nossa pátria". No Congresso de Essen, Noske repetiu essa postura patriótica e citou um discurso anterior, mas ainda famoso, de Bebel. Em 7 de março de 1904, Bebel declarou no Reichstag que em uma "guerra ofensiva", na qual a existência da Alemanha poderia ser ameaçada, "nós, todos nós, até o último homem (...) estaremos prontos para defender nosso solo alemão, não por vocês, mas por nós mesmos e, se necessário, apesar de vocês. Vivemos e lutamos neste solo, por esta pátria, que é tão nossa, até mais, do que a sua".[85]

A ala esquerda do partido rejeitou enfaticamente a atitude patriótica de Noske e Bebel. Paul Lensch, editor do *Leipziger Volkszeitung*, argumentou que o apelo de Bebel pela defesa nacional era "correto há cinquenta anos, mas hoje é absolutamente falso", porque a situação política internacional havia mudado completamente: *Nesse meio tempo, ocorreu um evento (...) a Revolução Russa [de 1905]. Como resultado dela, o czarismo russo foi eliminado como um arqui-inimigo, como um inimigo real; ele está despedaçado no chão (...) Dada essa situação diferente, o protesto mais agudo deve ser dirigido contra essas opiniões, que hoje são tão reacionárias quanto foram revolucionárias.* Karl Liebknecht também atribuiu os pontos de vista de Noske e Bebel ao "efeito deprimente dos resultados das eleições", argumentando que "Noske foi fortemente levado pelo entusiasmo nacionalista da campanha eleitoral". Liebknecht ficou maravilhado com o fato de que o discurso de Noske não continha "uma única sílaba sobre solidariedade internacional, como se as tarefas da socialdemocracia terminassem nas fronteiras ale-

Imperial o considerou culpado de defender a abolição do exército permanente e o condenou a 18 meses de prisão por alta traição.

85 Discurso de August Bebel no Reichstag em 7 de março de 1904. Reichstag, 1904, *Stenographische Berichte über die Verhandlungen des Reichstags. XI. Legislaturperiode. I. Session, erster Sessionsabschnitt*, 1903/1904, Zweiter Band.

mãs!". Em seu discurso em Essen, Bebel apoiou Noske: "Seria muito triste se hoje, quando cada vez mais grandes círculos de pessoas estão interessados na política cotidiana, não pudéssemos julgar em cada caso individual se estamos enfrentando uma guerra de agressão ou não". Bebel repetiu que estava pronto para "colocar o fuzil no ombro" se a guerra estourasse com a Rússia, "o inimigo de toda a cultura e de todos os oprimidos, não apenas em seu próprio país, mas também o inimigo mais perigoso da Europa e, especialmente, de nós, alemães".

O principal crítico de Bebel em Essen foi Kautsky, cujo discurso foi citado favoravelmente por Trotsky, após a eclosão da Segunda Guerra Mundial, em seu texto *A Guerra e a Internacional*. Kautsky descartou a questão da guerra ofensiva e defensiva: *Veja o Marrocos, por exemplo. Ontem, o governo alemão era ofensivo, amanhã o governo francês será e não podemos saber se depois de amanhã o governo britânico será. Isso está mudando constantemente. O Marrocos, entretanto, não vale o sangue de um único proletário. Se houvesse uma guerra no Marrocos, deveríamos rejeitá-la de imediato, mesmo que fôssemos atacados. De fato, uma guerra não seria uma questão nacional para nós, mas uma questão internacional, porque uma guerra entre grandes potências se tornaria uma guerra mundial, envolveria toda a Europa e não apenas dois países. Um dia, o governo alemão poderia fazer com que os proletários alemães acreditassem que estavam sendo atacados; o governo francês poderia fazer o mesmo com os proletários franceses, e então teríamos uma guerra na qual os trabalhadores franceses e alemães seguiriam seus respectivos governos com o mesmo entusiasmo (...) Isso deve ser evitado, e será evitado se não adotarmos o critério da guerra ofensiva, mas o dos interesses do proletariado, que ao mesmo tempo são interesses internacionais.... Os trabalhadores alemães estão unidos aos trabalhadores franceses, e não aos belicistas alemães e aos* Junkers.[86]

86 Em uma carta escrita em 25 de setembro de 1909 para o escritor socialista americano Upton Sinclair, em um inglês um tanto desajeitado, Kautsky disse mais: "Você pode ter certeza de que nunca chegará o dia em que os socialistas alemães pedirão a seus seguidores que peguem em armas pela pátria.... Se houvesse uma guerra hoje, não seria uma guerra para a defesa da pátria, seria para fins imperialistas, e tal guerra encontraria todo o Partido Socialista da Alemanha em vigorosa oposição. Isso nós podemos prometer. Mas não podemos ir longe demais e prometer que essa oposição assumirá a forma de uma insurreição ou de uma greve geral, se necessário, nem podemos prometer que nossa oposição será tão forte a ponto de impedir a guerra".

O Congresso de Essen do Partido Socialdemocrata Alemão mostrou que a resolução adotada por unanimidade em Stuttgart sobre o militarismo havia deixado muitas questões sem solução. Isso também se aplica a outra das grandes questões debatidas em Stuttgart, a questão do colonialismo e sua relação com o socialismo e o imperialismo. Em Essen, Paul Singer relatou o Congresso Internacional de Stuttgart e tentou minimizar as diferenças expressas sobre a política colonial socialista como sendo apenas "uma disputa verbal". August Bebel também tentou encobrir os rastros da maioria da delegação alemã em Stuttgart, declarando que "nessa questão não pode haver diferenças sérias" e descartando todo o debate como "bizantino": "Considero a luta sobre a possibilidade de uma política colonial socialista como uma luta totalmente improdutiva que não vale o tempo e o papel gastos nela". Bebel achava que a perspectiva de uma política colonial socialista não merecia discussão porque era apenas "música do futuro". A ala esquerda não tinha a intenção de desistir da questão tão facilmente. Heinrich Laufenberg apontou que "a posição da maioria em Stuttgart" em apoio a uma política colonial socialista era "incompatível com a resolução de Mainz" adotada pelo partido alemão em 1900, e que havia "uma clara contradição entre a resolução da maioria em Stuttgart e a resolução finalmente adotada". Quando Georg Ledebour se opôs em Stuttgart ao colonialismo socialista, ele foi criticado por ter "um ponto de vista negativo que levava à ideia de abandonar as colônias".

Emanuel Wurm, membro do Reichstag desde 1890, declarou ironicamente que as acusações contra Ledebour estavam absolutamente corretas. Ele esclareceu isso acrescentando: "Queremos abandonar nossas próprias colônias também". Karl Liebknecht também exigiu uma explicação sobre por que os socialistas deveriam "combinar a expressão suja e sangrenta 'política colonial' com a palavra sagrada 'socialdemocracia'". Liebknecht continuou: *Queremos seguir uma política de civilização, de cultura! O slogan "política colonial socialista" é uma contradição em termos, porque a palavra "colônia" já inclui o conceito de "tutela", "dominação" e "dependência". Que a questão em discussão não é um debate filológico, que a expressão "política colonial" foi expressa nesse sentido pelo maior defensor da resolução, van Kol, é demonstrado pela ênfase na necessidade de tratar os povos em um estágio inferior de desenvolvimento como crianças, se necessário, e, de fato, enfrentá-los com a força das armas. Portanto, não se tratava apenas de uma disputa de palavras, mas de um debate sério e sincero.*

Quando Karl Kautsky entrou no debate, ele reiterou sua oposição a uma política colonial socialista: a ideia de que era "necessário que os povos com uma cultura mais avançada exercessem controle sobre os menos avançados" contradizia a resolução do SPD de 1900 em Mainz, que "exigia a independência dos povos". É notável que Kautsky também tenha negado a afirmação do revisionista Eduard David de que "as colônias devem passar pelo capitalismo". Leon Trotsky e Parvus já haviam adquirido fama e notoriedade na Rússia pela teoria da revolução permanente. Tendo ajudado a iniciar o debate russo sobre essa questão, Kautsky estava convencido de que as sociedades atrasadas poderiam pular etapas históricas e chegar ao socialismo sem antes ter de passar pelas tribulações do capitalismo. Os capítulos finais da disputa foram escritos em um novo confronto entre Kautsky e Bernstein. Kautsky desencadeou a discussão com um publicado em setembro de 1907 em uma grande edição de 11.000 exemplares. O panfleto foi escrito imediatamente após Stuttgart, com a intenção de ser publicado antes de o SPD retornar às discussões em Essen. Kautsky usou esse ensaio para explicar com mais detalhes a possibilidade de os povos coloniais pularem etapas históricas. Ele fez a pergunta da seguinte forma: "Será que van Kol e David querem nos assegurar que todos os povos chegaram ao seu atual estágio de desenvolvimento pelo mesmo caminho e que tiveram de passar por todos os mesmos estágios iniciais de desenvolvimento que outras nações igualmente desenvolvidas ou mais desenvolvidas?". Ele respondeu que uma olhada na política colonial era suficiente para refutar tal argumento: *A atual política colonial, que depende da exportação de capital, distingue-se pelo fato de levar a exploração capitalista e a produção capitalista a todas as colônias, independentemente de seu nível de desenvolvimento. Portanto, pode-se dizer que não há colônia que não pule um ou mais estágios de desenvolvimento.*[87]

Kautsky acrescentou que as nações mais atrasadas sempre aprenderam com as mais avançadas e que, em geral, "foram capazes de pular de uma só vez vários estágios de desenvolvimento que haviam sido cansativamente escalados por seus antecessores". Assim, com variações infinitas, o desen-

87 Karl Kautsky. *Sozialismus und Kolonialpolitik. Eine Auseinandersetzung*. Berlim, Vorwärts, 1907.

volvimento das diferentes nações se manteve, "e essas variações aumentam ainda mais à medida que o isolamento entre as nações individuais diminui, à medida que o comércio mundial se desenvolve e à medida que nos aproximamos da era moderna". Disso decorre que "a ampliação do capitalismo nos países atrasados definitivamente não é um requisito para a expansão e a vitória do socialismo". Argumentar de outra forma era simplesmente aderir ao tipo de "orgulho e megalomania" dos europeus, que dividiam "a humanidade em raças inferiores e superiores". Depois de repetir sua distinção problemática entre o colonialismo de assentamento progressivo ("colônias de trabalho") em áreas temperadas e a mera ocupação ("colônias de exploração") em áreas tropicais e subtropicais, Kautsky atacou explicitamente a "ideia imperialista" de "criar um Império, economicamente autossuficiente, grande o suficiente para ser capaz de produzir todas as suas matérias-primas e vender todos os seus produtos industriais em seus próprios mercados, de modo a ser absolutamente independente".

Essa ambição "havia surgido simultaneamente com o surgimento dos *cartéis*, as novas tarifas protecionistas, a combinação de militarismo e a corrida armamentista naval, e a nova era colonial desde 1880". Foi também *o fruto da mesma situação econômica que tem transformado cada vez mais o capitalismo de um meio de desenvolver a mais alta produtividade do trabalho em um meio de limitar esse desenvolvimento. Quanto mais crescem as barreiras tarifárias entre os estados capitalistas individuais, mais cada um deles sente a necessidade de garantir um mercado do qual ninguém possa excluí-lo e de obter suprimentos de matérias-primas que ninguém possa reter*. Daí o incessante "desejo de expansão colonial dos grandes Estados", a aceleração da corrida armamentista e "o perigo de uma guerra mundial". Kautsky atribuiu a cruzada pelas colônias ao subconsumo da classe trabalhadora, a partir da década de 1880, quando o modo de produção capitalista "parecia ter atingido seu limite de capacidade de expansão e, portanto, ter chegado ao seu fim". Mas os capitalistas haviam encontrado novos meios para prolongar seu domínio. O primeiro era limitar a concorrência estrangeira por meio de tarifas protecionistas e da eliminação da concorrência interna por meio do estabelecimento de *cartéis* e *trustes* (conglomerados). O segundo era livrar-se da produção excedente por meio do consumo improdutivo do Estado - a corrida armamentista e o militarismo. A terceira era exportar capital para países agrícolas atrasados, especialmente as colônias. "Em outras palavras, os capitalistas não exportam seus produtos como mercadorias *para venda* em países estrangeiros, mas como *capital* para a *exploração* de países estrangeiros".

O principal veículo de exportação de capital, explicou Kautsky, foi a construção de ferrovias, transformando os modernos meios de comunicação em "meios de extrair mais produtos do que antes dos países mais pobres". Mas esses gastos eram tão grandes, incluindo os custos improdutivos de defesa contra revoltas nas colônias e concorrentes capitalistas, que o efeito total nada mais era do que "um método de desperdiçar recursos e causar empobrecimento". A expansão colonialista começou "como um meio de prolongar a existência do capitalismo", mas suas consequências negativas significaram que, em última análise, ela não beneficiou ninguém além da indústria pesada e dos banqueiros. Com base nisso, os socialistas "devem apoiar com igual entusiasmo todos os movimentos de independência dos nativos das colônias. Nosso objetivo deve ser: a emancipação das colônias; a independência das nações que as habitam". Kautsky observou que esse objetivo poderia não ser imediatamente prático, já que em muitos casos as revoltas nas colônias seriam inúteis. Isso criava uma "principal implicação prática": rejeitar qualquer extensão das possessões coloniais e *trabalhar com zelo para aumentar o autogoverno dos nativos. As revoltas dos nativos para expulsar a dominação estrangeira sempre contarão com a simpatia dos combatentes proletários. Mas o poder armamentista das nações capitalistas é tão imenso que não se pode esperar que nenhuma dessas revoltas chegue nem perto de seu objetivo (...) por mais que simpatizemos com os rebeldes, a social-democracia não pode encorajá-los mais do que pode apoiar golpes de Estado proletários sem sentido na própria Europa.*

A conclusão a que Kautsky chegou foi que as colônias tinham de ser consideradas um fato: elas não seriam abandonadas tão cedo pelos capitalistas, não poderiam ser sustentadas pelos proletários e era improvável que alcançassem a independência por seus próprios meios. A mudança gradual era a coisa mais razoável a se esperar. Quando Kautsky reiterou esses pontos de vista em outro artigo na *Vorwärts*, Eduard Bernstein assumiu o desafio com seu artigo *A Questão Colonial e a Luta de Classes*. Ele repetiu seu apoio ao colonialismo, referindo-se mais uma vez ao "direito dos povos a uma cultura superior em detrimento daqueles de cultura inferior". O corolário era que "uma certa tutela dos povos instruídos sobre os povos não instruídos" continuava sendo um dever da humanidade que os socialistas deveriam abraçar positivamente: *A questão colonial é uma questão humana e cultural de primeira ordem. É a questão da extensão da cultura e, enquanto houver grandes diferenças culturais, é uma questão de propagação, ou melhor, de afirmação da cultura superior. Pois, mais cedo ou mais tarde, inevitavelmente acontecerá um choque entre as culturas alta e baixa e, com relação a esse choque, essa luta pela existência entre as culturas, a política colonial dos povos civilizados deve ser considerada como um processo histórico. O fato de que ela é geralmente perseguida por outros motivos, por meios e de maneiras que nós, socialdemocratas, condenamos, pode nos levar a rejeitá-la e a lutar contra ela em casos específicos, mas isso não pode ser uma razão para mudar nossa opinião sobre a necessidade histórica do colonialismo.*[88]

O imperialismo tem outra dimensão: a opressão de algumas nações sobre outras. O debate sobre as nacionalidades surgiu, como um debate separado, em dois grandes partidos: as socialdemocracias austríaca e russa. A existência de grandes impérios com nacionalidades dominantes e oprimidas tornou imperativa a tomada de uma posição sobre essas realidades. O Partido Socialdemocrata dos Trabalhadores da Áustria (*Sozialdemokratische Arbeiterpartei*, SDAP), fundado em 1889 , em seu congresso em Viena (1897), foi transformado em uma federação - uma "pequena internacional", como Adler a chamava - que incluía partidos separados por nacionalidade: austro-alemão, tcheco, polonês, italiano e sul-eslavo (mais tarde unido a um partido ruteno). Em seu programa de Brno de setembro de 1899, o SDAP adotou um programa nacional baseado na ideia de uma reorganização federal da Áustria com base em unidades territoriais por idioma, enquanto uma minoria do partido (incluindo intelectuais austro-marxistas como Renner e, mais tarde, Bauer) defendia uma reorganização da Áustria com base na autonomia cultural extraterritorial: a criação de corporações baseadas na nacionalidade, não baseadas em nenhum território específico, encarregadas de administrar as instituições culturais e educacionais de cada

88 Eduard Bernstein. Die Kolonialfrage und der Klassenkampf. *Sozialistische Monatshefte*, n. 11, 12, 1907

povo em um nível pan-austríaco. Depois que o sufrágio geral masculino foi obtido na Áustria em 1907, como resultado de uma greve geral inspirada na Revolução Russa de 1905, os socialdemocratas obtiveram um sucesso eleitoral significativo: nas eleições do *Reichsrat*, o SDAP conquistou 87 das 516 cadeiras, tornando-se a segunda facção mais forte no parlamento. Posteriormente, o partido seria abalado por várias revoltas internas entre seus vários componentes nacionais, e sua posição a favor da reforma do Estado austríaco (em vez da autodeterminação das nações que viviam nele) seria desafiada após a anexação das províncias da Bósnia e Herzegovina pela Áustria em 1908.

O império multinacional da Rússia czarista enfrentava os mesmos problemas nacionais da Áustria-Hungria, só que multiplicados. A socialdemocracia russa havia se posicionado desde o início sobre a questão nacional, com base em dois princípios: a defesa do direito à autodeterminação das nações oprimidas (incluindo o direito de se separar e formar seu próprio estado) e a necessidade de organizar partidos únicos por estado, sem distinção de nacionalidade entre seus membros. No entanto, a realidade no terreno era mais complicada, pois o partido havia surgido da união de diferentes organizações socialdemocratas, algumas delas organizadas em nível nacional. Entre elas estava o *Bund*, que aspirava ao direito de organizar exclusivamente os judeus da Rússia em uma organização que conduzia sua atividade política principalmente no idioma iídiche. O *Bund* foi influenciado por teorias a favor da autonomia nacional e da organização federal de partidos, e entrou em conflito prolongado com Lênin e os bolcheviques. Esses últimos, por sua vez, seriam atacados pela esquerda por outro setor: a socialdemocracia polonesa, liderada no exílio por Rosa Luxemburgo, opunha-se ao slogan da autodeterminação nacional, considerando que ele contradizia o internacionalismo socialdemocrata e que não fazia mais sentido defendê-lo em uma época em que as revoluções burguesas haviam terminado e o imperialismo estava se desenvolvendo; em tal época, não havia mais demandas nacionais que pudessem ser consideradas progressistas. Essas três posições foram as principais sobre a questão nacional na Segunda Internacional.

Entre os austro-marxistas, Otto Bauer foi um dos primeiros a oferecer uma descrição lúcida do imperialismo, abordando o problema do ponto de vista da economia política e da opressão nacional. Em 1905, cinco anos antes da publicação de *Capital Financeiro*, de Hilferding, Bauer escreveu o artigo *Política Colonial e os Trabalhadores*. Algumas pessoas haviam argumentado "que a sociedade capitalista seria inviável sem a expansão colonial contínua. Eles argumentavam que o problema do capitalismo era o subconsumo - a incapacidade das massas de consumir os bens que produziam - e que a sociedade capitalista superaria suas contradições internas somente com a abertura de novos mercados". Bauer respondeu que esse argumento estava "basicamente errado". A superprodução se originava "no fato de que todo aumento na produtividade do trabalho sob o capitalismo leva ao deslocamento do trabalho, à eliminação do trabalho humano da produção". O consumo caiu com o desemprego, mas Bauer acrescentou que nenhum investimento de capital permanecera ocioso indefinidamente: a redução dos salários durante uma crise trouxe os trabalhadores desempregados de volta à produção, enquanto a queda dos preços forçou os capitalistas a renovar os meios de produção por meio de novos investimentos, o que, por sua vez, foi facilitado pela queda das taxas de juros. A expansão colonialista, portanto, não era "de forma alguma uma necessidade absoluta da produção capitalista; o subconsumo periódico seria superado mesmo sem ela". A necessidade real de novos mercados surgiu da possibilidade oferecida pelas colônias de "evitar *a queda da taxa de lucro* e superar crises parciais e gerais com menos sacrifícios".[89]

Em *A Questão das Nacionalidades e a Socialdemocracia*, de 1907, Bauer aprofundou a questão do "expansionismo capitalista", introduzindo o conceito de "capital financeiro". Em *O Capital*, Marx tratou principalmente do capitalismo competitivo e, ao mesmo tempo, previu que crises sucessivas levariam à concentração e à centralização do capital à medida que as pequenas empresas fossem eliminadas. Quando o crescimento econômico desacelerou na Europa durante o último quarto do século XIX, a concentração se acelerou com a formação de *trustes* e cartéis para regular a produção e suprimir a concorrência com a ajuda de tarifas protecionistas. Bernstein acreditava que essas novas formas de capitalismo diminuiriam o perigo de crise ao ajustar deliberadamente a atividade produtiva às necessidades do

89 Otto Bauer. Die Kolonialpolitik und die Arbeiter. *Die Neue Zeit* n. 23 (1), 1905

mercado. Bauer contrapôs que, junto com a concentração industrial, havia também "a centralização do capital monetário nos principais bancos modernos". Como a relação entre os bancos e a indústria estava se tornando "cada vez mais íntima", eles tinham um interesse comum em expandir a produção o máximo possível, protegidos por tarifas protecionistas, e depois usar os altos preços locais para subsidiar o "dumping" (venda com prejuízo) de produtos industriais para conquistar novos mercados para vendas e investimentos nas colônias.[90]

Considerando o contexto plurinacional da Áustria-Hungria, Bauer também associou essas mudanças econômicas a uma transformação no discurso político sobre o papel das instituições estatais. Os "liberais cosmopolitas", que antes defendiam o livre mercado, agora estavam se tornando "imperialistas nacionais", empenhados em substituir "o velho princípio burguês da nacionalidade" por um novo princípio nacional-imperialista de formação do Estado. Nessas circunstâncias, a vontade do executivo havia sido ampliada às custas do legislativo; "a forma ideal de exército imperialista" havia se tornado "um exército de mercenários" e a ideologia do imperialismo, uma glorificação crescente "do poder, do orgulho do mestre, a ideia do direito de uma cultura superior" - tudo isso apontava para uma "futura guerra mundial imperialista". Bauer fez uma conexão interessante entre a opressão dos povos coloniais no exterior e a opressão nacional nos antigos impérios da Europa: *O ideal do capitalismo atual não é mais a liberdade, a unidade e a independência de cada estado-nação, mas a subjugação de milhões de membros de povos estrangeiros sob o domínio de sua própria nação. O tempo da troca pacífica de mercadorias entre as nações acabou; em vez disso, cada nação deve se armar até os dentes para poder manter a opressão dos povos constantemente e manter os rivais longe de sua esfera de exploração. Essa transformação completa da forma do Estado na sociedade capitalista decorre, em última análise, do fato de que, com a concentração de capital, os métodos da economia capitalista mudaram.* Em uma seção de seu livro dedicada ao "imperialismo e o princípio da nacionalidade", Bauer relacionou essas conclusões diretamente ao Império Habsburgo, comentando que foi o imperialismo que explicou a opressão das minorias nacionais: "A ideia da unidade da própria nação e

90 Otto Bauer. *The Question of Nationalities and Social Democracy*. Minneapolis, University of Minnesota Press, 2000.

sua dominação de povos estrangeiros a serviço da ânsia dos industriais por lucros de cartel [ou seja, monopolistas], a serviço do capital financeiro, ávido por lucros extraordinários a serem obtidos nas jovens terras estrangeiras, a serviço de corretores de ações famintos por especulação - esse é "o princípio de nacionalidade do imperialismo". A resposta correta era reconciliar as minorias por meio do princípio da autonomia cultural. "O objetivo principal dos trabalhadores de todas as nações na Áustria" não poderia ser "a realização do Estado-nação, mas apenas (...) a autonomia nacional dentro da estrutura do Estado".

Embora as consequências do debate de Stuttgart tenham continuado a ser debatidas depois de 1907, e uma nova crise tenha chamado a atenção dos socialistas para a região dos Bálcãs após a anexação da Bósnia e Herzegovina pela Áustria-Hungria em 1908, em geral, uma relativa calma se estabeleceu sobre os conflitos entre as potências europeias e as guerras coloniais até 1910-1911. Depois disso, a produção teórica sobre o imperialismo coincidiu com um período de crescentes convulsões de guerra na Europa: a Guerra Ítalo-Turca (1911-1912), a Segunda Crise Marroquina (1911) e as Guerras dos Bálcãs (1912-1913). Em 1910, foi publicada a monumental obra de Rudolf Hilferding, *Capital Financeiro: um estudo do último estágio do desenvolvimento capitalista.* Heinrich Cunow foi um dos muitos que elogiaram a obra como "um valioso suplemento aos três volumes de *O Capital* de Marx"; muitos outros, inclusive Kautsky, foram ainda mais efusivos, chamando o livro de o quarto volume que faltava e que o próprio Marx poderia ter escrito se tivesse vivido para fazê-lo. Hilferding, nascido na Áustria, começou a colaborar com Kautsky no *Die Neue Zeit* em 1902. Nos três anos seguintes, ele exerceu a profissão de médico e continuou seus estudos teóricos em Viena. Em 1906, Bebel o chamou a Berlim para lecionar economia política e história econômica na escola do SPD alemão. Enquanto estava em Berlim, Hilferding inicialmente estava com a ala esquerda do partido e, em 1914, opôs-se aos créditos de guerra, embora ainda fosse um estrangeiro residente na Alemanha e não um deputado no Reichstag.

Em *Capital Financeiro,* Hilferding rejeitou qualquer explicação do imperialismo em termos de subconsumo crônico. Assim como Marx, Hilferding acreditava que o nível de consumo era sempre determinado por mudanças na produção: "como a recorrência periódica de crises é um produto da sociedade capitalista, as causas devem estar na natureza do capital". Hilferding iniciou seu estudo sobre as novas formas de capitalismo concentrando-se no tópico de Marx sobre a concentração e centralização do capital, terminando com o surgimento de grandes empresas nas quais a substituição da mão de obra por maquinário imobilizava o capital por um período de rotatividade cada vez mais longo. Como o capital fixo não podia ser rapidamente realocado para outro ramo de produção em caso de queda de preço, as grandes empresas se tornaram mais dependentes dos bancos para se ajustarem às mudanças de curto prazo no mercado, enquanto os bancos, por sua vez, protegiam seus investimentos crescentes na indústria colaborando na formação de *trusts* e cartéis. Quanto maiores os *trusts* e cartéis*, maiores as* exigências de crédito, fazendo com que a combinação industrial estimulasse uma centralização paralela do capital bancário e a eventual fusão dos bancos com o setor: *Eu chamo (...) o capital monetário que é de fato transformado dessa forma em capital industrial, de* capital financeiro *(...) Uma proporção cada vez maior do capital usado na indústria é capital financeiro, capital à disposição dos bancos usado pelos industriais.*

Hilferding integrou essa análise à teoria de Marx sobre o ciclo econômico, enfatizando como as variações cíclicas na taxa de lucro reforçavam a tendência à concentração. Nos esquemas de reprodução, Marx dividiu a economia total em dois setores, o primeiro dos quais produz os meios de produção e o segundo produz bens de consumo. Seguindo Marx, Hilferding apontou que, durante uma expansão cíclica, os preços e os lucros aumentavam mais rapidamente no setor I, pois ele respondia à nova demanda por investimento. O aumento dos preços de maquinário e materiais tenderia, então, a reduzir a taxa de lucro no setor II. Por outro lado, com uma desaceleração cíclica, os lucros cairiam mais rapidamente no setor I, pois os produtores da indústria pesada eram forçados a acumular estoques de mercadorias ou a reduzir os preços. O mix industrial oferecia uma maneira de estabilizar os lucros de ambos os grupos. Durante uma contração, as empresas do setor I tinham interesse em se combinar com as empresas do setor II que usavam seus produtos; durante uma expansão, as indústrias leves do setor II poderiam adquirir meios de produção relativamente baratos se fossem fundidas com empresas fornecedoras: "São, portanto, as diferenças nas taxas de lucro que levam às combinações. Uma empresa integrada pode eliminar as flutuações na taxa de lucro". O capital financeiro buscou superar a lei do valor, principalmente por meio do controle centralizado dos preços e da oferta. Ao restringir a oferta em relação à demanda, o capital organizado poderia aumentar artificialmente os lucros dos membros do cartel às custas das empresas não organizadas; a mais-valia total seria então redistribuída em benefício das empresas maiores, fazendo com que o "lucro *do cartel*" representasse "nada mais do que uma participação ou apropriação do lucro de outros ramos da indústria". Sabendo que reduziriam sua própria taxa de lucro se expandissem sua capacidade muito cedo, os cartéis enfrentaram fortes restrições em sua atividade de investimento doméstico. Hilferding concluiu que a expansão imperialista não estava relacionada a um mercado local cronicamente inadequado, mas era o resultado da busca por uma taxa de lucro mais alta: "A premissa para a exportação de capital é a variação nas taxas de lucro".

Embora tenha associado o imperialismo a mudanças estruturais destinadas a sustentar a taxa de lucro do capital financeiro, Hilferding também permaneceu convencido de que Bernstein e os revisionistas estavam errados ao acreditar que novas instituições poderiam evitar crises cíclicas. "Essa visão", declarou ele, "ignora completamente a natureza inerente das crises. Somente se a causa das crises for vista simplesmente como uma superprodução de mercadorias, resultante de uma falta de visão geral do mercado, é que se pode argumentar que os cartéis são capazes de eliminar as crises por meio de restrições à produção". Na realidade, as crises surgiram das desproporções entre os setores descritas por Marx e, apesar de seu compromisso com a regulamentação da produção, as novas formas organizacionais do capitalismo devem inevitavelmente entrar em colapso na competição pela mais-valia. Os membros individuais do cartel sempre se sentiam tentados a investir em excesso durante uma expansão cíclica. A matriz de um cartel normalmente alocava cotas de produção com base na capacidade de produção, fazendo com que um aumento na capacidade fosse a maneira óbvia de um membro do cartel expandir sua participação no mercado relevante. O resultado era que a concorrência dentro da organização sempre recriava uma tendência à superprodução. Quanto maior o capital produtivo redundante, maior a determinação do *cartel* em manter os preços após o início de uma crise e mais graves as consequências para os capitalistas desorganizados. Entretanto, ao contribuírem para falências em outros lugares, os cartéis acabaram por reduzir seus próprios preços e foram forçados a restringir a produção novamente.

Dada a alta composição orgânica do capital nas grandes empresas, ou sua crescente dependência de maquinário e tecnologia em oposição à mão de obra, qualquer queda na produção também aumentava significativamente os custos de produção de cada commodity nas grandes empresas com custos fixos; "outsiders" menores e menos avançados tecnologicamente entrariam em cena para competir com o cartel e até mesmo acabar com ele. O resultado foi que os cartéis nunca conseguiram superar a anarquia cíclica do capitalismo. Eles não evitavam crises nem atenuavam sua gravidade; só podiam "modificá-las" transferindo temporariamente o ônus do ajuste para empresas não organizadas. Bernstein e aqueles que, como ele, pensavam que os ciclos econômicos desapareceriam, cometeram o erro lógico de confundir quantidade com qualidade. Para realmente acabar com os ciclos e as crises capitalistas, era necessário nada menos que um cartel único e universal que gerenciasse todo o setor capitalista em associação com os grandes bancos: *A regulamentação parcial, que envolve a unificação de um ramo da indústria em uma única empresa, não tem influência sobre as relações proporcionais no total da indústria (...) A produção planejada e a produção anárquica não são opostos quantitativos, de modo que adicionar mais e mais "planejamento" não fará com que uma organização consciente surja da anarquia. (...) Quem exerce esse controle (...) é uma questão de poder. Em si mesmo, um cartel geral que realize o total da produção e, assim, elimine as crises, é economicamente concebível, mas em termos sociais e políticos tal arranjo é impossível, porque inevitavelmente fracassaria diante do conflito de interesses, que se intensificaria ao extremo. Mas esperar a abolição das crises de cartéis individuais simplesmente demonstra uma falta de compreensão das causas das crises e da estrutura do sistema capitalista.*

O ponto central em que Hilferding se afastou de Marx foi com relação ao fenômeno monetário. Enquanto Marx via as crises financeiras como a fase final de toda crise industrial, Hilferding acreditava que a concentração do capital bancário e sua ligação com a indústria em grande escala tornavam altamente improvável uma grande turbulência financeira. As crises monetárias e de crédito anteriores haviam sido causadas por especulação excessiva seguida de um colapso do crédito. Controlando praticamente todo o capital monetário da sociedade e com suas afiliações amplamente distribuídas local e internacionalmente, os grandes bancos estavam agora - de acordo com Hilferding - em posição de regular a especulação à vontade. O papel dos especuladores foi ainda mais limitado pela tendência dos *trusts* e cartéis de contornar o capital comercial e fazer negócios diretamente entre si. Essas mudanças organizacionais foram acompanhadas por uma mudança correspondente na psicologia capitalista: "A psicose de massa gerada pela especulação no início da era capitalista, aqueles tempos abençoados em que cada especulador se sentia um deus criando um mundo a partir do nada, parece ter desaparecido para sempre".

Mas se a expansão do cartel era um processo contínuo, ganhando novo ímpeto a cada crise cíclica, a questão de até onde o processo poderia avançar deve ser levantada. Sobre essa questão, Hilferding deu asas à sua imaginação: *Se agora levantarmos a questão dos limites reais da cartelização, a resposta deve ser que não há limites absolutos. Pelo contrário, há uma tendência constante para a ampliação da cartelização (...) O resultado final desse processo seria a formação de um cartel geral. Toda a produção capitalista seria então regulada por um único órgão que determinaria o volume de produção em todos os ramos da indústria. A determinação de preços se tornaria uma questão puramente nominal, envolvendo apenas a distribuição da produção total entre os magnatas do cartel, de um lado, e todos os membros da sociedade, de outro (...) O dinheiro não desempenharia nenhum papel. De fato, ele poderia desaparecer completamente, já que a tarefa em questão seria a distribuição de coisas, não a distribuição de valores. A ilusão do valor objetivo da mercadoria desapareceria junto com a anarquia da produção, e o próprio dinheiro deixaria de existir (...) Essa seria uma sociedade conscientemente regulada, mas de forma antagônica.*

A "divisão social do trabalho", anteriormente mediada pelo dinheiro e pelo mercado, seria substituída por "uma divisão técnica do trabalho", mediada por um escritório central que governaria toda a produção e distribuição. Pela primeira vez na história, o capital apareceria como uma "força unificada". Em contraste com Kautsky, Hilferding sempre estabeleceu limites para suas próprias projeções lógicas, enfatizando que o obstáculo ao capitalismo organizado estava, em última instância, na luta de classes. A socialização objetiva da produção poderia começar na sociedade capitalista, mas o estágio final da economia socialista planejada só viria quando os expropriadores fossem expropriados. No capítulo final escreveu: *A função social do capital financeiro facilita muito a tarefa de superar o capitalismo. Uma vez que o capital financeiro tenha colocado os principais ramos da indústria sob seu controle, basta que a sociedade, por meio de seu órgão executivo consciente - o Estado conquistado pela classe trabalhadora -, assuma o controle do capital financeiro para obter o controle imediato desses ramos da produção. Como todos os outros ramos de produção dependem deles, o controle da indústria de larga escala é a forma mais eficaz de controle social, mesmo sem socialização adicional. Uma sociedade que tem controle sobre as indústrias de mineração, aço e ferro, maquinário, eletricidade e química, e que dirige o sistema de transporte, é capaz, em virtude desse controle sobre as esferas mais importantes da produção, de determinar a distribuição de matérias-primas para outras indústrias e o transporte de seus produtos. Mesmo hoje, tomar posse dos seis grandes bancos de Berlim significaria tomar posse das esferas mais importantes da indústria de grande escala e facilitaria muito as fases iniciais da política socialista durante o período de transição, quando a contabilidade capitalista ainda poderia ser útil.*[91]

Hilferding nunca duvidou que a economia planejada do socialismo fosse uma consequência lógica das próprias tendências organizacionais do capitalismo. A questão é que Hilferding esperava uma progressão paralela da democratização e da racionalização econômica, de modo que a socialização dos meios de produção acabaria por coincidir com a tomada do poder do Estado pelo proletariado por meios parlamentares. Nesse meio tempo, entretanto, ele reconheceu que o capital financeiro havia transformado o Estado burguês e provocado uma intensificação radical das rivalidades entre os Estados. Na época de Marx, a burguesia queria um Estado liberal; agora, o capital financeiro exigia um Estado forte. Era impossível prever exatamente como essas contradições se desenrolariam. Os custos da guerra eram enormes, mas quanto mais desiguais fossem as forças em disputa, maior seria a probabilidade de um conflito armado. Até que ocorresse a vitória final do socialismo, parecia que a melhor chance de evitar hostilidades estava na possibilidade de "cartelização internacional". As tarifas protecio-

91 Rudolf Hilferding. *Finance Capital: a Study of the Latest Phase of Capitalist Development.* Londres, Routledge & K. Paul, 1981,assim como as citações precedentes.

nistas serviam como uma arma ofensiva, mas também proporcionavam grande estabilidade aos cartéis nacionais e, portanto, facilitavam os acordos entre cartéis. "O resultado total dessas duas tendências é que esses acordos internacionais representam uma espécie de trégua, em vez de uma comunidade duradoura de interesses, uma vez que cada mudança nas tarifas, cada mudança nas relações de mercado entre os Estados, altera a base do acordo e torna necessário estabelecer novos acordos". A cartelização internacional era totalmente coerente com a visão de Hilferding de um mundo gradualmente mais racional e organizado. As implicações problemáticas tornaram-se óbvias quando Karl Kautsky, mais tarde, esqueceu a caracterização de Hilferding sobre a instabilidade dos cartéis internacionais, decidindo, em vez disso, que o "ultraimperialismo" poderia evitar o uso da força por meio de acordos internacionais que permitiriam aos países avançados "explorar conjuntamente, de maneira muito mais vigorosa e ilimitada do que antes, toda a área do hemisfério oriental, pelo menos".[92]

Embora a lógica política de Hilferding fosse semelhante à de Kautsky e do austro-marxismo, sua refutação econômica do revisionismo foi decisiva e deu à sua obra uma recepção quase unanimemente elogiosa. A crítica que expressou menos entusiasmo veio de Eduard Bernstein. No *Sozialistische Monatshefte,* Bernstein comentou que *o Capital Financeiro* o lembrava de um artigo publicado quinze anos antes no *Die Neue Zeit* por um estudante russo sob o pseudônimo de Kapelusz (1897). Tanto Kapelusz quanto Hilferding tentaram "identificar o capital financeiro moderno - essa categoria de capital que dita a política mundial contemporânea - com uma certa tendência na política comercial", mas chegaram a conclusões exatamente opostas: "de acordo com Kapelusz, a política comercial do capital financeiro era liberal e de livre mercado, enquanto para Hilferding ela era protecionista e imperialista". Bernstein argumentou que Hilferding precisava fornecer "material empírico muito mais abundante" se quisesse provar sua tese "segundo a qual o capital financeiro, representado pelos bancos, desempenha o papel decisivo na determinação da política econômica".[93]

92 Karl Kautsky. Der Imperialismus. *Die Neue Zeit* 32 (2), 1914.

93 Eduard Bernstein. Das Finanzkapital und die Handelspolitik. *Sozialistische Monatshefte,* n. 17, 1911.

Bernstein desqualificou *O Capital Financeiro* em nome da crítica ao "determinismo econômico" e acreditava que Marx havia descoberto apenas "tendências" do desenvolvimento histórico, afirmando que a sociedade moderna "está, em teoria, mais livre da causalidade econômica do que nunca". Hilferding, por outro lado, afirmou em seu prefácio que seu livro era dedicado "à descoberta de relações causais. Conhecer as leis da sociedade produtora de mercadorias é, ao mesmo tempo, ser capaz de revelar os fatores causais que determinam as decisões conscientes das várias classes dessa sociedade". Tanto Marx quanto Hilferding trataram a causalidade e o determinismo em termos de resultados necessários implícitos nas contradições existentes. Mas, em *O Capital,* Marx falava de "leis" e "tendências" de forma intercambiável, levando em conta o fato de que, no curto prazo, toda tendência econômica acarretava sua própria tendência contrária. No terceiro volume de *O Capital,* o título de Marx para a seção que trata da queda da taxa de lucro foi "A Lei do Declínio Tendencial da Taxa de Lucro". No longo prazo, a taxa de lucro deve cair; mas em qualquer ciclo econômico específico, a taxa aumentaria e cairia, dependendo das circunstâncias específicas. Nem Marx nem Hilferding conceberam as leis econômicas em termos de movimento unidirecional. Mas, no sentido do determinismo de Marx, Hilferding acreditava que o imperialismo era uma necessidade econômica do capitalismo em sua fase mais recente. Eventualmente, o imperialismo intensificaria as contradições da sociedade burguesa a tal ponto que elementos de outras classes se juntariam aos trabalhadores para resistir ao fardo imposto pela corrida armamentista: "No violento choque desses interesses hostis, a ditadura dos magnatas do capital será finalmente transformada na ditadura do proletariado".

Karl Kautsky não era tão rigoroso quanto Hilferding no uso de palavras e conceitos. Em geral, Kautsky falava de imperialismo como sinônimo de "política colonial" e "*Weltpolitik*" (política mundial). Em 1909, Kautsky escreveu seu livro *O Caminho para o Poder,* no qual declarou que o imperialismo "implica uma *política de* conquista (...) Não pode ser levado a cabo sem uma forte corrida armamentista, sem grandes exércitos permanentes, sem poder travar batalhas em oceanos distantes". Kaustky também duvidava da possibilidade de um programa de paz bem-sucedido: *A corrida armamentista contemporânea é, acima de tudo, uma consequência da política colonial e do imperialismo, e enquanto essa política for mantida, a pregação da paz fará muito pouco bem (...) Isso deve sugerir algo a alguns de nossos amigos que são entusiastas da paz mundial e do desarmamento, participam de todos os congressos pacifistas da burguesia e, ao mesmo tempo, consideram a política colonial necessária - é claro, uma política colonial ética e socialista.* Kautsky acreditava que o imperialismo era "o único ideal" que os capitalistas podiam oferecer em oposição ao socialismo, e essa loucura continuaria e cresceria "até que o proletariado ganhasse o poder de determinar a *política* do Estado, derrubar *a política* imperialista e substituí-la pela *política* do socialismo".[94]

O imperialismo era apenas uma política ou foi um elemento integral da última fase do capitalismo? O argumento geral de Kautsky via o imperialismo como uma consequência dos recentes desenvolvimentos econômicos e políticos. Em poucas páginas, no entanto, Kautsky começou a argumentar que o imperialismo era, na verdade, uma questão de *política*, modificável para evitar uma guerra mundial. Embora Kautsky não fosse deputado no Reichstag, ele era considerado uma autoridade eminente dentro do partido, e foi esse tipo de pensamento de Kautsky que levou a facção parlamentar do SPD, em 29 de março de 1909, a apresentar uma moção pedindo "um entendimento internacional das grandes potências para a limitação mútua dos armamentos navais".[95] Kautsky apoiou essa iniciativa, apesar do fato de que apenas algumas semanas antes ele havia ridicularizado "todos os congressos pacifistas burgueses". Fazendo referência às decisões das Conferências de Haia de 1899 e 1907, que haviam sido aprovadas pelo governo alemão, a moção propunha que a Alemanha tomasse as medidas necessárias "para a realização de um acordo internacional das grandes potências para a limitação mútua dos armamentos navais". Dois anos depois, em 30 de março de 1911, os deputados do SPD ampliaram sua moção, solicitando um acordo sobre uma limitação geral de armamentos. Embora ambas as moções tenham sido rejeitadas pela maioria burguesa no Reichstag, elas marcaram um episódio de intensificação das divisões internas, que dividiram a social-democracia em facções de direita, esquerda e centro, com Kaustky e Hilfer-

94 Karl Kautsky. *Der Weg zur Macht: Politische Betrachtungen über das Hineinwachsen in die Revolution.* Berlin, Buchhandlung Vorwärts, 1909.

95 Reichstag. *Stenographische Berichte über die Verhandlungen des Reichstags,* XII. Legislatursperiode, I. Session, Bd. 236, 29 de março de 1909. A resolução foi rejeitada pelo Reichstag.

ding encontrando pontos em comum no centro. Hilferding certamente não considerava o imperialismo como uma política isolada, embora apreciasse os acordos internacionais temporários como uma contratendência às rivalidades imperialistas.

Pouco mais de um ano após a primeira resolução do SPD sobre desarmamento, o centro obteve uma grande vitória no 8º Congresso da Internacional Socialista, que se reuniu em Copenhague em setembro de 1910. Diferentemente dos congressos anteriores, as resoluções do Congresso enfatizaram menos a análise geral do imperialismo e mais a necessidade de combater o militarismo por meio de deputados socialistas no parlamento, exigindo: a) arbitragem internacional; b) políticas de desarmamento acordadas pelas potências, especialmente armamentos navais; c) abolição da diplomacia secreta. A resolução foi concluída com a citação do último parágrafo da resolução de Stuttgart de 1907, conclamando os socialistas de todo o mundo, no caso de uma guerra mundial, a "agitar politicamente as massas e apressar a queda do domínio da classe capitalista". Apesar desse gesto, os protestos da esquerda foram imediatos. Karl Radek levantou a questão da futilidade de se buscar acordos de limitação de armas, dada a inexistência de um poder executivo internacional capaz de aplicá-los (ele desenvolveu esses argumentos em Radek 1910a e 1910b). Paul Lensch (editor do *Leipziger Volkszeitung*) ridicularizou o desarmamento como uma utopia irrealizável sob o capitalismo. Em seguida, artigos de apoio ao desarmamento foram escritos por membros do Centro.

Os confrontos sobre o desarmamento foram ligados a outro debate polarizador sobre a ação parlamentar e extraparlamentar. Em março de 1910, Rosa Luxemburgo enviou um artigo ao *Die Neue Zeit* pedindo uma greve geral como meio de alcançar o sufrágio universal na Prússia (onde havia um regime de sufrágio qualificado), ao mesmo tempo em que argumentava que o partido deveria lutar sob o slogan de substituir o *Reich* por uma república, a fim de promover a ação revolucionária. Sob pressão da diretoria do partido, Kautsky se recusou a publicar o artigo. Kautsky havia se referido a "um novo período de revoluções", possivelmente incluindo "a greve geral", mas estava fundamentalmente comprometido com a política parlamentar, pois acreditava que a democracia "não pode abolir a revolução, mas pode evitar muitas tentativas revolucionárias prematuras (...) e tornar supérfluos muitos levantes revolucionários (...) A liderança do desenvolvimento pelas forças revolucionárias (...) A liderança do desenvolvimento pelas forças revolucionárias (...) é uma questão de luta revolucionária (...).(...) A direção do desenvolvimento não é, portanto, alterada, mas seu curso se torna mais estável e mais pacífico". Em repúdio aos apelos de Luxemburgo por uma greve geral, Kautsky agora desenvolvia sua chamada estratégia de "desgaste" - ou "esgotar o inimigo" [*Ermattungsstrategie*] - em oposição à estratégia de Luxemburgo de "derrotar o inimigo" [*Niederwerfungsstrategie*]. Em 28 de abril de 1911, com a aproximação do 1º de Maio, Kautsky publicou um artigo em apoio à segunda moção da facção socialdemocrata no Reichstag sobre desarmamento e arbitragem, afirmando que "a aversão à guerra está crescendo rapidamente não apenas entre as massas populares, mas também entre as classes dominantes".

Em seguida, afirmou que "a tarefa imediata é apoiar e fortalecer o movimento da pequena burguesia contra a guerra e a corrida armamentista". Prevenindo contra qualquer subestimação do movimento pacifista burguês, Kautsky reconheceu que os acordos internacionais não eram garantia de uma paz duradoura, que, em última instância, exigiria "a união dos estados da civilização europeia em uma federação com uma política comercial comum e um exército federal - a formação dos *Estados Unidos da Europa*". Mas, no futuro imediato, todo socialista comprometido com a causa de evitar a guerra era obrigado, de acordo com Kautsky, a buscar um terreno comum com os elementos progressistas da burguesia. Rosa Luxemburgo respondeu com um artigo intitulado "Utopias da Paz". Suas opiniões eram exatamente o oposto das de Kautsky; a tarefa dos socialdemocratas era "mostrar a impraticabilidade da ideia de uma *limitação* parcial dos armamentos" e "deixar claro para o povo que o militarismo está intimamente ligado à política colonial, à política tarifária e à política mundial". O imperialismo era "o último e mais elevado estágio do desenvolvimento capitalista" e o militarismo era "o resultado lógico do capitalismo". Os socialdemocratas deveriam, portanto, descartar todas as "palhaçadas sobre desarmamento" e impiedosamente "dissipar todas as ilusões sobre as tentativas da burguesia de alcançar a paz". Com relação ao projeto dos "Estados Unidos da Europa", ele não representava nada mais do que a esperança de "uma união alfandegária para *guerras comerciais contra os Estados Unidos da América*". A pedra angular do socialismo não era a "solidariedade europeia", mas a "solidariedade internacional, abrangendo todas as partes do mundo, todas as raças e todos os povos".[96]

A disputa entre Kautsky e Luxemburgo continuou por ocasião do segundo conflito marroquino, ou crise de Agadir (1º de julho a 4 de novembro de 1911). Em agosto de 1911, Kautsky escreveu, a pedido da executiva do SPD, o panfleto *Política Mundial, Guerra Mundial e Socialdemocracia*, no qual argumentava que a política mundial não era do interesse nem mesmo dos estratos majoritários da burguesia: "Na Alemanha, nem mesmo os interesses das classes proprietárias exigem esse tipo de política mundial", porque "a política colonial e a construção naval não apenas não trazem lucro, mas, na verdade, prejudicam as massas das classes proprietárias". A indústria pesada lucrou com a corrida armamentista, vendendo armas de guerra a preços inflacionados por cartéis a governos dispostos a realizar contratos de longo prazo, mas Kautsky afirmou que, fora os bancos e os especuladores de guerra, era "do interesse não apenas do proletariado, mas de todo o povo alemão, até mesmo da massa das classes proprietárias, impedir que o governo seguisse sua política mundial". Se o partido dos trabalhadores conseguisse isolar politicamente os magnatas da indústria pesada, ele poderia minar o apoio popular ao imperialismo e continuar a busca pela mudança social democrática. Luxemburgo respondeu com desdém que o autor do panfleto tentava retratar a política mundial como simplesmente "um absurdo, uma *idiotice*" e até mesmo "um fardo" para a maioria das classes proprietárias, "o produto da mera ignorância" e "um *mau negócio* para o mundo inteiro", que poderia ser revertido "porque não é lucrativo", dando a entender que se esperava que os socialistas adiassem a revolução para "esclarecer" a burguesia sobre seus próprios interesses.

Em 1912, Kautsky publicou outro artigo, dessa vez dirigido contra a ala esquerda, que defendia o sistema de milícia como substituto do exército permanente. Os críticos de Kautsky achavam que os socialistas também deveriam adotar o apelo de Marx para substituir os instrumentos de guerra ofensiva por uma força estritamente defensiva de cidadãos armados (uma ideia que tinha antecedentes na história da revolução francesa de 1789).

96 Rosa Luxemburgo. Friedensutopien. *Leipziger Volkszeitung*, n. 103-104, 6-8 maio 1911.

Kautsky respondeu que o desarmamento e a proposta da milícia não eram incompatíveis entre si e, de fato, se complementavam. Como uma demanda política, a convocação de milícias poderia democratizar as forças armadas, mas não seria necessariamente menos dispendiosa do que um exército permanente, enquanto os acordos internacionais de redução de armas, principalmente entre a Alemanha e a Grã-Bretanha, representavam uma demanda econômica com o objetivo de aliviar o fardo do militarismo sobre as massas populares. Referindo-se às implicações revolucionárias que a esquerda associava à questão da milícia, Kautsky denunciou seus críticos como "adoradores do puro instinto das massas", que erroneamente pensavam que o socialismo era a única resposta ao imperialismo. Na realidade, havia uma "comunidade de interesses entre o mundo da burguesia e o proletariado nesse ponto", e os trabalhadores podiam "encontrar aliados entre a seção mais clarividente da burguesia". A corrida armamentista resultou de "causas" econômicas, mas não foi uma "necessidade" econômica, nem sua interrupção era "uma *impossibilidade econômica*". Retomando a noção de Hilferding de um *cartel* universal, Kautsky imaginou um estágio completamente novo do imperialismo no qual "a batalha competitiva entre os Estados seria neutralizada por sua relação *de cartel* (...) a transição para um método menos caro e menos perigoso".[97] Kautsky então deu o nome de "ultraimperialismo" à política de acordos entre as grandes potências para a divisão pacífica do mundo.

O marxista holandês Anton Pannekoek debateu com Kautsky, argumentando que "o debate gira em torno da questão de saber se, considerando a força inerente e a necessidade da política imperialista para a burguesia, a prevenção da corrida armamentista é fútil e impossível, como acreditamos, ou se, apesar disso, ainda é possível, como Kautsky e Eckstein supõem".[98] Pannekoek relatou suas diferenças com Kautsky sobre a questão da milícia. Kautsky tratou a questão da milícia e do desarmamento em termos de

97 Karl Kautsky. Der erste Mai und der Kampf gegen den Militarismus. *Die Neue Zeit* 30 (2), 1912.

98 O artigo foi respondido por Eckstein em 1912. Deve-se ressaltar que nem toda a ala esquerda estava do lado dos críticos de Kautsky na questão do desarmamento. Julian Marchlewski, um dos colaboradores mais próximos de Rosa Luxemburgo e, mais tarde, cofundador da Liga Spartacus, inicialmente apoiou a posição de Kautsky, enquanto repudiava a acusação de Radek de que ele era, *ipso fato*, um apoiador da facção do Reichstag. Da mesma forma, Lênin inicialmente apoiou Kautsky em detrimento de Rosa Luxemburgo na questão das propostas de desarmamento.

suas implicações para a carga tributária. Pannekoek fez uma distinção mais precisa: enquanto "a demanda por desarmamento (no sentido de uma limitação constante dos armamentos pelos governos)" exigia apenas "um alívio da pressão do capitalismo sobre as massas", a demanda para substituir o exército permanente por uma milícia popular era "uma força para a derrubada do capitalismo" porque "colocaria uma parte importante do poder nas mãos do proletariado" e aceleraria a transição para o socialismo.[99] O resultado dessas trocas, entretanto, foi praticamente inconsequente. Quando o SPD realizou seu congresso anual em Chemnitz, em setembro de 1912, logo ficou claro que as opiniões centristas de Kautsky eram apoiadas por uma grande maioria dos delegados - incluindo, nessa ocasião, até mesmo Karl Liebknecht, que em 1907 havia sido acusado de traição por suas denúncias sobre o militarismo.

Em novembro de 1912, logo após a eclosão da primeira Guerra dos Bálcãs, um Congresso Socialista Internacional Extraordinário foi realizado na Basileia, com a participação de 545 delegados de 22 países. À primeira vista, esse encontro internacional não refletiu os conflitos internos que descrevemos. Gankin e Fisher observam que "O Congresso da Basiléia foi a última sessão geral da Segunda Internacional antes da guerra mundial, e é significativo que, em contraste com as resoluções anteriores adotadas pela Internacional com relação ao militarismo e aos conflitos internacionais, esse congresso declarou pela primeira vez (...) que um período de guerras imperialistas havia começado".[100] O Manifesto da Basiléia (que Lênin incluiu como apêndice em *Imperialismo, o Estágio mais Elevado do Capitalismo*) conclamou os trabalhadores de todos os países a "mobilizar a opinião pública" contra todas as ambições beligerantes e até mesmo a "revoltar-se simultaneamente contra o imperialismo". Ele também repetiu o apelo do congresso de Stuttgart de 1907 para que fossem feitos todos os esforços para evitar a eclosão da guerra e, se isso não fosse bem-sucedido, "usar a crise econômica e política criada pela guerra para agitar o povo e, assim, acelerar a queda do domínio da classe capitalista". As declarações inflamadas foram desmentidas pelo fato de que o centro socialdemocrata estava

99 Anton Pannekoek. Das Wesen unserer Gegenwartsforderungen. *Die Neue Zeit* 30 (2), 1912.

100 Olga Gankin e Henry Harold Fisher. *The Bolsheviks and the World War.* The origins of the Third International. Stanford, Stanford University Press, 1940.

se tornando cada vez mais hostil à ala esquerda revolucionária, que repetidamente exigia que as palavras fossem acompanhadas pela organização de ações de massa contra a dominação capitalista e contra a ameaça de guerra. Quarenta anos depois, Anton Pannekoek lembrou que seu camarada Herman Gorter tinha ido à Basiléia *para provocar uma discussão sobre os meios práticos de combater a guerra. Mandatado por vários elementos de esquerda, ele propôs uma resolução segundo a qual, em todos os países, os trabalhadores deveriam discutir o risco de guerra e considerar a possibilidade de ação em massa contra ela. Mas a discussão foi abortada porque as pessoas disseram que a expressão de nossas diferenças quanto aos meios enfraqueceria a grande impressão que nosso acordo causou nos governos. É claro que foi exatamente o contrário: os governos, sem se deixar abater pelas aparências, agora sabiam que não precisavam temer uma oposição séria dos partidos socialistas.*[101]

Apesar dos crescentes conflitos internos, o Partido Socialdemocrata Alemão obteve uma grande vitória eleitoral em janeiro de 1912: 113 deputados foram eleitos em um total de 397 assentos, tornando a fração parlamentar socialdemocrata o maior grupo no Reichstag. O SPD havia se tornado um gigante organizacional, com mais de 1.100.000 membros, 86 jornais e o apoio de três quartos dos sindicatos da Alemanha. A questão mais importante era como esse aparente poder seria usado. Na primavera de 1913, o governo alemão apresentou ao Reichstag um novo orçamento militar que previa o aumento do exército permanente em 136.000 pessoas em tempos de paz. O governo alegou que a expansão era necessária devido à eclosão da primeira Guerra dos Bálcãs e à extensão do serviço militar obrigatório de dois para três anos na França. As despesas deveriam ser financiadas, como medidas semelhantes haviam sido na Grã-Bretanha, por impostos sobre a renda e a propriedade. Isso significava que dois projetos de lei estavam sendo discutidos no *Reichstag*: um projeto de lei de arma-

101 Gorter escreveu em 1914, após a eclosão da guerra, que "o congresso de Stuttgart foi o último congresso a tomar uma posição séria contra o imperialismo. Essa atitude começou a bater em retirada em Copenhague e foi derrotada em Basileia" (Herman Gorter. *Het Imperialisme, de Wereldoorlog en de Sociaal-Democratie.* Amsterdam, Brochurehandel Sociaal-Democratische Partij, 1914). Diferentes correntes da ala esquerda da Segunda Internacional se distinguiram por suas avaliações do momento em que definiram o início da degeneração da Internacional. Essa visão sobre Copenhague e Basileia prenunciava a corrente de ultraesquerda que esses elementos holandeses formariam mais tarde, o conselhismo, enquanto Lênin considerava o manifesto de Basileia adequado e só identificou uma crise terminal da Internacional após os eventos que se seguiram à eclosão da guerra em 1914.

mento (ou gastos militares) e um projeto de lei de apropriação fiscal correspondente (ou imposto militar). Quando o projeto de lei de gastos militares foi aprovado, apesar da oposição do SPD, o grupo do Reichstag apoiou o projeto de lei de impostos com base no fato de que, nesse caso, a questão não era gastar *ou não* com o exército - o que já havia sido decidido - mas apenas *como* aumentar a receita, e os socialistas sempre apoiaram a tributação direta porque ela recaía mais sobre a burguesia do que sobre os trabalhadores. O slogan de longa data do partido sempre foi: "Para esse sistema, nem um homem, nem um centavo!"; no entanto, nessa ocasião, os membros do Reichstag conseguiram apoiar o militarismo indiretamente. Luxemburgo denunciou a traição como a obtenção de uma "reforma limitada" na tributação à custa do abandono de um "princípio fundamental".

Quando o SPD se reuniu em seu congresso em Jena, em setembro de 1913, a questão dos impostos militares ficou ainda mais entrelaçada com o debate em andamento sobre táticas políticas. Uma resolução em apoio a uma greve geral política foi apresentada por Luxemburgo, Pannekoek, Liebknecht e Geyer, e foi rapidamente derrotada por 333 votos contra 142. Usando a terminologia da Convenção durante a Revolução Francesa, Luxemburgo atribuiu essa derrota desanimadora ao "atoleiro" do centro kautskista: "Se o curso de ação de Bebel [no primeiro congresso de Jena], em 1905, era empurrar o partido para a frente a fim de virar os sindicatos para a esquerda, a estratégia da executiva do partido em Jena, em 1913, era permitir-se ser empurrada para a direita pelos sindicalistas e agir como um aríete em seu nome contra a ala esquerda do partido".[102] Embora a eclosão da guerra em 1914 tenha pego muitos diplomatas europeus de surpresa, os socialdemocratas deveriam ter sido o grupo menos propenso a compartilhar essa reação. Durante uma década e meia, os líderes mais perspicazes do movimento socialista internacional haviam alertado, literalmente em milhares de ocasiões - em congressos, artigos e discursos - que o imperialismo estava inextricavelmente ligado à ameaça de guerra. No entanto, a eclosão das hostilidades em 13 de agosto de 1914 pegou vários líderes do socialismo internacional desprevenidos. Talvez o indicador mais importante desse fato tenha sido um documento redigido por Hugo Haase para o Congresso So-

102 Rosa Luxemburgo. Nach dem Jenaer Parteitag. *Die Internationale* 10 (5), 1913.

cialista Internacional, planejado para o final de agosto de 1914 e cancelado por causa da guerra. Falando em nome do executivo do SPD, o documento proclamava solenemente: *Os sentimentos de inimizade que existiam entre a Grã-Bretanha e a Alemanha (...) o maior perigo para a paz da Europa, agora deram lugar a um melhor entendimento e a um sentimento de confiança. Isso é, em grande parte, uma consequência dos esforços constantes da Internacional e também do fato de que, finalmente, as classes dominantes de ambos os países estão gradualmente percebendo que seus interesses são atendidos pela superação das diferenças.*[103]

Georges Haupt chamou isso de "ilusão da *detenção*"; uma ideia que vários socialistas desenvolveram a partir do fim das guerras dos Bálcãs em 1913, que considerava que o período das crises mais violentas na Europa havia passado e o risco de conflito havia diminuído. Diante da declaração de guerra da Grã-Bretanha contra a Alemanha, em 4 de agosto de 1914, a delegação do Reichstag votou 96-14 para aprovar o orçamento de guerra no Parlamento. Tradicionalmente, a delegação votava unanimemente a favor da posição da maioria, portanto, não havia vozes discordantes no Reichstag. Hugo Haase, embora discordasse da posição em particular, foi encarregado de apresentar a posição pública do partido. De acordo com Luxemburgo, essa era sua justificativa: *Enfrentamos o fato irrevogável da guerra. Estamos ameaçados pelos horrores da invasão. A decisão, hoje, não é a favor ou contra a guerra; para nós, só pode haver uma pergunta: por quais meios ela será levada adiante (...) tudo está em jogo para o nosso povo e para o seu futuro, se o despotismo russo, manchado com o sangue de seu próprio povo, sair vitorioso (...) portanto, continuaremos com o que sempre prometemos: na hora do perigo, não abandonaremos nossa pátria. Com isso, sentimos que estamos em harmonia com a Internacional, que sempre reconheceu o direito de cada povo à sua independência nacional, pois concordamos com a Internacional ao denunciar enfaticamente toda guerra de conquista. Motivados por esses motivos, votamos a favor dos créditos de guerra solicitados pelo governo.*[104]

A imprensa socialdemocrata romena referiu-se aos relatos do discurso de Haase no Reichstag como "uma mentira incrível" e afirmou que "os

---

103 Hugo Haase. *Imperialism and Arbitration. International Socialist Congress at Vienna* (23–29 August). Documents, 3rd commission, report, 1914.

104 Rosa Luxemburgo. *Die Krise der Sozialdemokratie* [Die "Junius" Broschüre], Zürich. 1916.

censores haviam mudado o texto de acordo com os desejos do governo". A descrença geral foi acompanhada por decisões políticas igualmente surpreendentes. Benito Mussolini, editor do jornal socialista italiano *Avanti!* abandonou o socialismo para iniciar um caminho que o levaria ao fascismo. Gustave Hervé, o *enfant terrible* do antimilitarismo e anticolonialismo francês, tornou-se um nacionalista e se desviou para a direita, chegando a posições fascistas. Na Bélgica, Emil Vandervelde, ex-presidente do Bureau Internacional, aceitou um ministério no governo, assim como Jules Guesde, "pai do marxismo francês". Georgi Plekhanov, o papa do marxismo russo, que durante a guerra russo-japonesa havia apertado publicamente a mão do socialista japonês Sen Katayama, apoiou o governo czarista. Heinrich Cunow, anteriormente um feroz antirrevisionista, declarou que o imperialismo era um estágio necessário na evolução capitalista e que nem a Europa nem o resto do mundo ainda estavam maduros para o socialismo.[105]

O primeiro escritor marxista a reagir a esse clima foi Anton Pannekoek em seu artigo *O Colapso da Internacional,* amplamente divulgado em versões em alemão, inglês, holandês e russo. Pannekoek proclamou categoricamente que "A Segunda Internacional está morta". Lênin afirmou que Pannekoek era "o único que disse a verdade aos trabalhadores": sua dura condenação de Kautsky e de outros líderes do socialismo internacional eram "as únicas palavras socialistas. Elas são a verdade. São amargas, mas são a verdade".[106] Pannekoek também fez parte do conselho editorial do jornal socialista holandês *De Tribune,* cujos membros aprovaram coletivamente o trabalho de Herman Gorter, *O Imperialismo, a Guerra Mundial e a Socialdemocracia.* Gorter via o imperialismo como o domínio mundial dos monopólios e considerava "*todos os* Estados que seguem uma política imperialista e buscam expandir seus territórios" responsáveis pela guerra. Assim como Lênin e Pannekoek, Gorter criticou duramente Kautsky por seu pacifismo utópico e até mesmo por sua negação de que a guerra fosse consequência de motivos imperialistas; Kautsky ainda imaginava que o mundo só poderia se endireitar se o capitalismo voltasse às alianças políticas, aos acordos comerciais e aos "meios pacíficos, como tribunais de arbitragem

105 Heinrich Cunow. *Parteizusammenbruch? Ein offenes Wort zum inneren Parteistreit.* Berlin, Vorwärts Singer, 1915.

106 V. I. Lênin. Carta a A. G. Shlyapnikov. *Obras Completas.* Tomo XXXIX. Madri, Akal, 1977.

e desarmamento" - uma demonstração de absurdo em comparação com o Kautsky de 1909, que havia dado uma explicação muito mais respeitável do imperialismo em *O Caminho ao Poder*. Creditando ao *Capital Financeiro* de Hilferding a base para suas próprias opiniões, Gorter via o imperialismo como o pivô em torno do qual "giram a ascensão e a luta do proletariado e, por fim, a própria revolução. O imperialismo é a grande questão [de nossos dias], e é de sua interpretação, bem como da luta contra ele, que depende inquestionavelmente o destino do proletariado nos próximos anos".

Como os partidos da socialdemocracia haviam se rendido quase que totalmente ao nacionalismo, Gorter afirmou que a tarefa fundamental dos socialistas era revelar às massas o verdadeiro caráter do massacre. Eram necessárias táticas totalmente novas: o parlamentarismo deveria ser substituído pela ação direta das massas; a luta anti-imperialista deveria ocupar o lugar central na política nacional e internacional; e uma nova Internacional deveria ser fundada. As ideias de Gorter pareciam muito semelhantes às de Lênin, que leu o original holandês e parabenizou Gorter por sua visão. Mas a posterior divisão entre Lênin e os "comunistas conselhistas" durante a década de 1920 já estava implícita na aversão de Gorter ao tipo de organização partidária que se tornaria característica da Terceira Internacional (Comunista). Gorter achava que a experiência desastrosa da Segunda Internacional havia deixado uma lição: "Da luta passiva, o proletariado deve avançar para a luta ativa; das pequenas batalhas por meio de representantes, o proletariado - por si mesmo, sozinho - deve dar o grande passo de liderar uma luta sem líderes ou uma luta cujos líderes estão em segundo plano".

Em outubro de 1914, no mesmo mês em que foi publicado *O Colapso da Internacional*, Leon Trotsky escreveu *A Guerra e a Internacional* e declarou que o fim da Segunda Internacional era um "fato trágico": "Todos os esforços para salvar a Segunda Internacional na base antiga, por meio de métodos diplomáticos pessoais e concessões mútuas, são totalmente inúteis". Organizados em linhas nacionais, os velhos partidos socialdemocratas eram, eles próprios, "o principal obstáculo" ao internacionalismo proletário. O SPD alemão foi o pior de todos: "ele subordinou todo o futuro da Internacional à questão - alheia aos interesses da Internacional - da defesa das fronteiras do estado de classe porque, antes de tudo, sentiu que ele próprio era um Estado conservador dentro do Estado".[107] Trotsky entendia o imperialismo em termos de contradição entre os meios de produção modernos e os limites do Estado nacional. A classe trabalhadora não tinha interesse *em defender a 'pátria' nacional sem vida e ultrapassada, que se tornou o principal obstáculo ao desenvolvimento econômico. A tarefa do proletariado é criar uma pátria muito mais poderosa... os Estados Unidos republicanos da Europa como a base dos Estados Unidos do mundo. A nação continua a existir como um fato cultural, ideológico e psicológico, mas sua base econômica foi minada. Toda a conversa sobre a atual guerra sangrenta como um ato de defesa nacional é uma demonstração de hipocrisia ou cegueira. Pelo contrário, o significado real e objetivo da guerra é o colapso dos atuais centros econômicos nacionais e sua substituição por uma economia mundial (...) A guerra anuncia o colapso do estado nacional (...) A guerra de 1914 é o colapso mais colossal conhecido pela história de um sistema econômico destruído por suas próprias contradições internas*. Quase simultaneamente, foi publicado um trabalho de Laufenberg e Wolffheim que, pedindo uma nova Internacional, caracterizava a guerra como um "produto natural do desenvolvimento imperialista" que destruía os alicerces do reformismo, impossibilitando a extensão da democracia e abrindo um período de crises e guerras internacionais.

Rosa Luxemburgo também atribuiu a culpa primária ao SPD e à sua evolução centrista e reformista. Denunciando o partido por apoiar os créditos de guerra, Luxemburgo escreveu em *A Crise da Socialdemocracia* (o *Panfleto Junius*) que "no atual ambiente imperialista não pode haver mais guerras de defesa nacional". O capitalismo havia enterrado os antigos partidos socialistas quando a guerra, "devastadora para a cultura e a humanidade", estourou: "E em meio a essa orgia, ocorreu uma tragédia mundial: a capitulação da socialdemocracia. Fechar os olhos para esse fato, tentar

---

107 Leon Trotsky. *The Bolsheviki and World Peace (The War and the International)*. Nova York, Boni and Liveright, 1918. As análises de Trotsky incluíram a questão dos Bálcãs (ele repetiu a exigência do Manifesto da Basiléia, que pedia a criação de uma Federação dos Bálcãs nos territórios da antiga Turquia europeia), a Áustria-Hungria (ele apoiou a dissolução do Império Austro-Húngaro) e um estudo dos objetivos de guerra alemães. Trotsky apontou que as principais forças da Alemanha não estavam posicionadas contra o czarismo, mas contra a França republicana; que o principal objetivo da Alemanha era superar a supremacia naval da Inglaterra, assegurando uma passagem para o Atlântico através da Bélgica; e que o Kaiser, em última análise, queria fazer um acordo com o czar Nicolau II para estabelecer uma aliança com os Estados feudais monárquicos no continente europeu. Trotsky rejeitou a distinção entre guerras defensivas e ofensivas, citando a "esplêndida" resposta de Kautsky a Bebel em Essen.

escondê-lo, seria a coisa mais tola e mais perigosa que o proletariado internacional poderia fazer". "O mundo estava se preparando há décadas, em plena luz do dia, com a mais ampla publicidade, passo a passo e hora a hora, para a guerra mundial". Era incompreensível que os líderes do SPD tivessem sido pegos de surpresa. E agora que a carnificina estava em andamento, os socialdemocratas alemães tiveram o desplante de objetar que seus inimigos estavam recrutando os povos coloniais: *A imprensa do nosso partido está cheia de indignação moral pelo fato de os inimigos da Alemanha estarem levando para a guerra homens selvagens e bárbaros, negros, sikhs e maoris. No entanto, esses povos desempenham nessa guerra um papel quase idêntico ao desempenhado pelo proletariado socialista nos estados europeus. Se os maoris da Nova Zelândia estão dispostos a arriscar suas cabeças pelo rei da Inglaterra, eles demonstram tão pouca compreensão de seus próprios interesses quanto a facção do SPD no Reichstag, que trocou a existência, a liberdade e a civilização do povo alemão pela sobrevivência da monarquia de Habsburgo, da Turquia e dos cofres do Deutsche Bank. Há apenas uma diferença entre os dois: uma geração atrás, os Maoris ainda eram canibais e não estudantes de filosofia marxista.*

As implicações da análise de Rosa Luxemburgo sobre a guerra, incluindo suas racionalizações fictícias e suas causas reais, foram resumidas nas doze *Teses sobre as Tarefas da Socialdemocracia Internacional*, adotadas em uma conferência do grupo *Die Internationale* em Berlim (o predecessor da Liga Spartacus) em 1º de janeiro de 1916 e anexadas à edição alemã do *Panfleto Junius*. A tese 5 declarava que "nesta era de imperialismo descontrolado, não pode haver mais guerras nacionais. Os interesses nacionais servem apenas como um meio de enganar as massas da classe trabalhadora e torná-las subservientes ao seu arqui-inimigo, o imperialismo". A Tese 8 rejeitava os apelos de Kautsky e Trotsky para a criação dos Estados Unidos da Europa como um projeto "utópico" ou "reacionário". A Tese 9 declarou o imperialismo como a "última fase" do capitalismo e "o arqui-inimigo comum do proletariado de todos os países". Embora Lênin não soubesse quem havia escrito o *panfleto de Junius*, ele o recebeu como "um esplêndido trabalho marxista". Entretanto, também achava que ele continha "dois erros": primeiro, quem o escreveu estava errado ao afirmar que não poderia haver mais guerras nacionais e, segundo, não criticava suficientemente o centro kautskista por seu chauvinismo e oportunismo disfarçados de socialismo. De fato, Luxemburgo havia escrito uma crítica verdadeiramente devastadora a Kautsky chamada Perspectivas e Projetos.[108] Na questão das guerras nacionais, entretanto, havia uma diferença genuína. O *Panfleto de Junius* estava preocupado principalmente com o conflito europeu, enquanto Lênin já estava lidando com a luta revolucionária em termos mais amplos. Enquanto alguns socialdemocratas (especialmente da ala revisionista) há anos consideravam os povos coloniais como subordinados, atrasados e até mesmo cultural e racialmente inferiores, Lênin acreditava que as guerras nacionais eram inevitáveis nas colônias e que elas seriam "*progressivas e revolucionárias*", levando à libertação das colônias do domínio dos países capitalistas. Lênin acreditava que o *Panfleto de Junius* sofria dos mesmos defeitos que o trabalho de "certos socialdemocratas holandeses [os "Tribunistas"] e poloneses, que repudiam a autodeterminação das nações mesmo sob o socialismo".[109]

Em suas próprias teses sobre *A Revolução Socialista e o Direito das Nações à Autodeterminação*, escritas no início de 1916, Lênin enfatizou uma análise mundial, já que o capitalismo havia expandido suas contradições para incluir todos os povos e nações. Os partidos socialdemocratas nacionais sempre conceberam a revolução principalmente como uma luta contra seus próprios governos. Lênin respondeu que todo movimento que ajudasse a romper as divisões impostas pelo imperialismo seria um passo à frente na reunificação definitiva da humanidade no socialismo. A revolução socialista não era um ato único nem "uma única batalha em uma única frente", mas uma série de batalhas em escala global. O objetivo do socialismo era acabar com todo "isolamento nacional", e a maneira de alcançar "a inevitável fusão das nações" era, em primeiro lugar, por meio da "completa libertação de todas as nações oprimidas, ou seja, sua liberdade de se tornarem independentes". Lênin via o mundo dividido em três tipos de países: os países capitalistas avançados da Europa Ocidental e dos Estados Unidos, onde a tarefa dos trabalhadores era emancipar as nações oprimidas dentro de seu próprio país e nas colônias; em segundo lugar, a Europa Oriental, incluindo a Áustria, os Bálcãs e a Rússia, onde a

108 Rosa Luxemburgo. Perspektiven und Projekte. *Die Internationale* n. 1, Berlim, 1915.

109 V. I. Lênin. El folleto de Junius. *Sbórnik Sotsial-Demokrata*, n. 1 (outubro 1916). *Obras Completas*. Tomo XXIII. Madri, Akal, 1977.

luta de classes nas nações opressoras deveria se fundir com a luta dos trabalhadores das nações oprimidas; e em terceiro lugar, os países coloniais e semicoloniais, como a China, a Pérsia ou a Turquia, onde os movimentos democrático-burgueses estavam apenas começando. Nesse caso, os socialistas deveriam "apoiar resolutamente os elementos mais revolucionários dos movimentos democrático-burgueses de libertação nacional... [e] ajudar suas revoltas - [e] as revoltas nos movimentos democrático-burgueses...". [e ajudar suas revoltas - ou sua guerra revolucionária, se houver alguma - *contra* as potências imperialistas que os oprimem".[110]

Em *Imperialismo...*, escrito após as suas teses sobre a autodeterminação, Lênin escreveu: *A característica do período é a distribuição definitiva do planeta, definitiva não no sentido de que uma redistribuição seja impossível - as redistribuições, ao contrário, são possíveis e inevitáveis - mas no sentido de que a política colonial dos países capitalistas concluiu a tomada de todas as terras desocupadas de nosso planeta. Pela primeira vez, o mundo está completamente dividido, de modo que, no futuro, apenas uma redistribuição é possível, ou seja, os territórios só podem passar de um "proprietário" para outro, em vez da passagem de um território sem dono para um "proprietário"*. O imperialismo era a fase "superior" e final do capitalismo, um sistema global de contradições em movimento que deve ser derrubado por uma revolução mundial. *O Imperialismo...* foi chamado pelo próprio Lênin de "um resumo popular". A obra sintetiza as ideias e os dados de outros autores (especialmente Hobson e Hilferding); uma de suas realizações mais importantes é relacionar a fase "superior" do capitalismo à descrição de Marx do capitalismo no final do século XIX e ao desenvolvimento *cíclico* do capitalismo. Lênin viu o fim do imperialismo não como o colapso terminal projetado por Rosa Luxemburgo, mas como um processo desigual, como resultado do qual os povos de todos os lugares seriam mobilizados, resistindo simultaneamente à exploração, embora suas histórias e estágios de desenvolvimento fossem radicalmente diferentes. O capitalismo havia finalmente alcançado sua forma universal, o que também implicava contradições universais.

Em seus primeiros ensaios criticando os *narodniki* russos, Lênin já havia concluído, com base nos esquemas de reprodução de Marx em

---

110 V. I. Lênin. La revolución socialista y el derecho de las naciones a la autodeterminación (Tesis). *Vorbote* n. 2 (abril 1916). *Obras Completas*. Tomo XXII. Madri, Akal, 1977.

O Capital, que as crises periódicas eram causadas por uma "desproporção no desenvolvimento de diferentes indústrias".[111] Em *Imperialismo...* da mesma forma, Lênin atribuiu a política mundial capitalista à necessidade de obter recursos como matérias-primas e alimentos, à necessidade de neutralizar periodicamente as crises cíclicas por meio de exportações e, mais importante, à necessidade de exportar capital em busca de taxas de lucro mais altas. Mas a contribuição decisiva veio da tradução feita por Lênin da descrição de Marx do crescimento cíclico do capitalismo, com sua contínua irregularidade entre os diferentes ramos da indústria, em *uma fórmula geral para o desenvolvimento desigual do imperialismo como um todo.* No início de seu capítulo sobre a exportação de capital, Lênin escreveu que "o desenvolvimento desigual e gradual de diferentes empresas e ramos da indústria e de diferentes países é inevitável sob o capitalismo". Lênin aplicou a análise de Marx sobre o crescimento desproporcional em uma economia capitalista individual às relações entre nações e impérios inteiros. O fato de o desenvolvimento desigual ocorrer em escala global significava que a mudança no equilíbrio do poder militar e econômico levaria inevitavelmente a guerras imperialistas para redividir as possessões coloniais. Lênin comentou: *Alguns escritores burgueses (aos quais agora se juntou Kautsky, que abandonou completamente a posição marxista que defendia, por exemplo, em 1909) expressaram a opinião de que os cartéis internacionais, sendo uma das expressões mais marcantes da internacionalização do capital, trazem uma esperança de paz entre os povos sob o capitalismo. Do ponto de vista teórico, essa opinião é completamente absurda e, na prática, um sofisma e uma defesa desonesta do pior oportunismo.*[112]

A "pequena fábula estúpida de Kautsky sobre o ultraimperialismo 'pacífico'" nada mais era do que "a tentativa reacionária de um pequeno burguês assustado de se esconder da terrível realidade" - das guerras imperialistas e de suas implicações revolucionárias. Kautsky não conseguiu ver que todo monopólio ou cartel é inerentemente instável e deve se desintegrar periodicamente na disputa pela apropriação da mais-valia. Em relação a isso, Lênin poderia ter citado Marx em *Miséria da Filosofia*: *Na vida prática,*

111 V. I. Lênin. El desarrollo del capitalismo en Rusia [1899]. *Obras Completas.* Tomo III. Madri, Akal, 1977.

112 V. I. Lênin. El imperialismo, etapa superior del capitalismo (ensayo popular). *Obras Completas.* Tomo XXII. Madri, Akal, 1977.

encontramos não apenas a concorrência, o monopólio e o antagonismo entre um e outro, mas também sua síntese, que não é uma fórmula, mas um movimento. O monopólio gera a concorrência, a concorrência gera o monopólio. Os monopolistas competem entre si, os concorrentes se tornam monopolistas. Se os monopolistas restringem a concorrência entre si por meio de associações parciais, a concorrência entre os trabalhadores é acentuada, e quanto mais a massa de proletários cresce contra os monopolistas de uma nação, mais desenfreada se torna a concorrência entre os monopolistas das diferentes nações. A síntese consiste no fato de que o monopólio só pode ser mantido pela luta contínua da concorrência.

Lênin argumentou o mesmo ponto: "Os monopólios, que surgiram da livre concorrência, não a eliminam, mas existem acima dela e ao lado dela, engendrando assim contradições, atritos e conflitos muito agudos e intensos". Preocupado com o avanço da organização capitalista, Kautsky havia esquecido *as contradições profundas e radicais do imperialismo: as contradições entre o monopólio e a livre concorrência, que existe lado a lado com ele, entre as gigantescas "operações" (e lucros gigantescos) do capital financeiro e o comércio "honesto" no mercado livre, a contradição entre cartéis e trustes, por um lado, e a indústria não cartelizada, por outro, etc.* A alegação de que os cartéis poderiam abolir o ciclo econômico ou os conflitos imperialistas era simplesmente "uma fábula espalhada pelos economistas burgueses". Lênin concordou com Hilferding que o capital em larga escala havia se tornado temporariamente mais organizado, mas as posições "privilegiadas" das grandes empresas na indústria pesada apenas criaram "uma ausência ainda maior de coordenação" em outros lugares. Os setores "privilegiados" poderiam tentar aliviar as contradições do capitalismo criando uma "aristocracia trabalhista" de trabalhadores com salários mais altos, apoiados por uma parte dos "lucros fabulosos" obtidos tanto localmente quanto nas colônias, mas esse fato apenas explicava a base política do oportunismo socialdemocrata - os poderosos sindicatos sem interesse na revolução. *O Imperialismo...* de Lênin referia-se extensivamente ao *Capital Financeiro*, mas Lênin também achava que as análises de Hilferding haviam sido confundidas pelos excessos de sua própria imaginação, terminando com a ideia de que o "capitalismo organizado" poderia evoluir para um único cartel como uma "força unificada".

Lênin admitiu que os preços de monopólio poderiam reduzir a concorrência no curto prazo e, assim, frustrar o progresso tecnológico, mas essas eram as conquistas do "capitalismo parasitário e em decomposição", e o imperialismo nada mais era do que o capitalismo parasitário em escala mundial: *O extraordinário crescimento de uma classe, ou melhor, de um setor de rentistas, ou seja, de pessoas que vivem de "recortar cupons", que não estão envolvidas em nenhum tipo de negócio e cuja profissão é a ociosidade. A exportação de capital, uma das bases econômicas essenciais do imperialismo, acentua ainda mais o divórcio entre os rentistas e a produção e imprime o carimbo do parasitismo em todo o país, que vive da exploração do trabalho de alguns países e colônias no exterior.* Em *O Capital,* Marx havia se abstraído do mercado externo e das exportações de capital para analisar a reprodução em sua forma "pura". Mas Lênin considerava o cartel universal de Hilferding e o ultraimperialismo de Kautsky muito mais do que abstrações metodológicas, pois sugeriam (especialmente Kautsky) que esse tipo de "capitalismo puro" poderia se materializar na vida real: Fenômenos "puros" não existem e não podem existir na natureza ou na sociedade, como nos ensina a dialética de Marx, mostrando que o próprio conceito de pureza indica uma certa estreiteza e unilateralidade do conhecimento humano, que não pode abarcar completamente um objeto em toda a sua complexidade e totalidade. No mundo, não há e não pode haver capitalismo "puro"; ele está sempre misturado com elementos feudais, pequeno-burgueses ou outros semelhantes.[113]

Alguns meses antes de escrever *O Imperialismo...,* Lênin escreveu uma introdução à obra de Nikolai Bukhárin, *A Economia Mundial e o Imperialismo.* Bukhárin era um camarada próximo no partido bolchevique, mas havia profundas diferenças metodológicas entre os dois autores. Bukhárin levou ao extremo todas as ideias especulativas que Lênin considerava questionáveis nos escritos de Hilferding e Kautsky, embora tenha tirado delas uma conclusão política diferente. Em 1915, Bukhárin escreveu o artigo *Para uma Teoria do Estado Imperialista,* no qual afirmava que a guerra havia finalmente superado as divisões na burguesia quando todos os partidos se tornaram apoiadores da defesa nacional patriótica. O resultado foi o surgimento de uma "camarilha capitalista financeira única" e a transformação do

113 V. I. Lênin. La bancarrota de la II Internacional [1915]. *Obras Completas.* Tomo XXII. Madri, Akal, 1977.

Estado imperialista em "um capitalista coletivo e conjunto". A necessidade de concentrar a autoridade econômica transformou cada "sistema nacional" do capitalismo desenvolvido em um "capitalismo de Estado" coletivo.[114] Em *Economia Mundial...* Bukhárin escreveu que a concentração e a centralização do capital haviam chegado a um ponto em que as "economias nacionais" organizadas - cada uma delas "uma empresa de empresas" - eram os principais adversários, reduzindo a concorrência doméstica "a um mínimo" para maximizar a capacidade de combate na batalha mundial das nações. Ignorando as contradições dentro da classe capitalista, Bukhárin acreditava que cada *truste* capitalista estatal expressava a "vontade coletiva" de sua própria burguesia nacional, no interesse da qual embarcou em uma "orgia descontrolada de armamentos", como resultado da qual as guerras imperialistas passariam a desempenhar um papel semelhante ao desempenhado no passado pelas crises cíclicas. O capitalismo mundial deveria se mover "na direção de uma *confiança* capitalista estatal universal pela absorção de formações mais fracas".[115]

Kautsky estava errado ao pensar que esse processo poderia chegar ao seu "fim lógico", o ultraimperialismo, e, por suas observações críticas sobre Kautsky, Bukhárin foi parabenizado por Lênin. Mas, quando escreveu seu livro *Teoria Econômica do Período de Transição*, Bukhárin foi longe demais: *(...) a reorganização das relações produtivas do capitalismo financeiro seguiu um caminho que levou à organização de um estado capitalista universal, à eliminação do mercado de mercadorias, à conversão do dinheiro em uma unidade de conta, à organização da produção em escala nacional e à subordinação de todo o mecanismo "econômico nacional" aos objetivos da concorrência internacional, ou seja, principalmente à guerra.*[116] As diferenças entre os dois autores tinham muito a ver com um aspecto filosófico: como entender a dialética e aplicá-la ao estudo dos processos históricos e econômicos. Quando Bukhárin propôs incluir no novo programa do partido bolchevique uma descrição abrangente do imperialis-

114 Nikolai I. Bukhárin. Towards a theory of the imperialist State [1915]. In: *Selected Writings on the State and the Transition to Socialism*. Ed. Richard B. Day. Nova York, M.E. Sharpe, 1982.

115 Nikolai I. Bukhárin. *Imperialism and World Economy*. Londres, Martin Lawrence, 1929.

116 Nikolai I. Bukhárin. The economics of the transition period. In: *Selected Writings on the State and the Transition to Socialism*, cit.

mo nos moldes de seu próprio trabalho, Lênin contestou que as ideias propostas estavam erradas porque o imperialismo nunca poderia ser um fenômeno "puro": *O imperialismo não reestrutura e não pode reestruturar o capitalismo de cima para baixo. O imperialismo complica e aguça as contradições do capitalismo, "entrelaça" a livre concorrência com o monopólio, mas não pode abolir a troca, o mercado, a concorrência, as crises etc.*[117] Portanto, era incorreto substituir uma análise dessa complexidade por uma análise do imperialismo como um todo: *Não existe esse todo. Há uma transição da concorrência para o monopólio (...) essa conjunção dos dois 'princípios' contraditórios, a saber, concorrência e monopólio, é a essência do imperialismo.* Tanto o trabalho de Lênin quanto o de Bukhárin se basearam amplamente em Hilferding, mas, na opinião de Lênin, Bukhárin havia retirado de Hilferding as partes mais perspicazes de sua análise: *O imperialismo puro, sem a base fundamental do capitalismo [competitivo], nunca existiu, não existe em lugar algum e nunca existirá. Essa é uma generalização incorreta de tudo o que foi dito sobre consórcios capitalistas, cartéis, trustes e capitalismo financeiro, quando o capitalismo financeiro foi descrito como não tendo nenhum dos fundamentos do antigo capitalismo em sua base.*[118]

Os debates socialistas sobre o imperialismo, até 1900, mostram a importação do conceito da literatura geral para o uso dos socialistas e as primeiras tentativas hesitantes de conceituá-lo; os debates de 1900 a 1907 enquadraram o debate no conflito interno de tendências dentro do socialismo. A posição pró-colonialista da ala revisionista foi consolidada, assim como seus principais temas: a superioridade cultural europeia e uma visão rigidamente etapista da história das sociedades humanas em geral (e das não europeias em particular). Deve-se observar que essa visão foi contestada tanto pelos Congressos da Internacional quanto por alguns dos principais intelectuais da socialdemocracia de língua alemã (Kautsky e os austro-marxistas). Em termos teóricos, o trabalho desse último, escrito em 1907, baseava-se na rejeição das teorias infraconsumistas para explicar o imperialismo e sua crescente insistência no caráter fundamen-

117 V. I. Lênin. Materiales para la revisión del programa del partido. Petrogrado, Priboi. *Obras Completas*. Tomo XXV. Madri, Akal, 1977.

118 V. I. Lênin. VIII Congreso del PC(b)R. *Obras Completas*. Tomo XXXI. Madri, Akal, 1977.

tal da exportação de capital. Em relação às colônias, sua posição era de simpatia pelos povos colonizados, suas perspectivas de emancipação e a possibilidade de um caminho de desenvolvimento histórico que não reproduzisse mecanicamente o curso europeu.

Em relação à defesa nacional, Kautsky (em convergência com a maior parte da esquerda socialista internacional) lutou contra a interpretação da defesa nacional de Bebel e da liderança do SPD. A visão desse último tendia a estender, com um forte elemento de inércia ideológica, as antigas formulações russofóbicas e defensivas da socialdemocracia alemã inicial. Na época em que o debate sobre a defesa teve novas rodadas relacionadas a desarmamento, tribunais de arbitragem, milícia e orçamentos militares (1911-1913), Kautsky e os austro-marxistas haviam se voltado para o centro, tornando-se aliados da liderança do SPD contra seus oponentes, confinados a uma pequena minoria à esquerda da socialdemocracia internacional. Depois de 1910, o debate girou, em termos teóricos, em torno do trabalho de Hilferding. Ele pode ser visto como um ponto culminante, muito mais sofisticado em termos de sua justificativa na crítica da economia política, do trabalho de Kautsky e Bauer de 1907. Além disso, suas análises das tendências expansionistas do imperialismo, as transformações no caráter do Estado e a ideologia racista deram à obra um caráter total que é difícil de superar. Suas especulações sobre a cartelização internacional e os limites da cartelização nacional foram um elemento importante para algumas derivações de sua teoria.

Com exceção de uma parte da esquerda que se aproximou da análise de Rosa Luxemburgo, teoricamente baseada em uma ideia completamente diferente (a insuficiência crônica dos mercados capitalistas), a maior parte da esquerda e do centro da socialdemocracia internacional aceitou o núcleo da análise de Hilferding, enquanto os intelectuais revisionistas se refugiaram em um debate estéril contra o "economicismo" dessas análises. A ênfase em diferentes aspectos dessa teoria levou a diferentes conclusões políticas nos anos posteriores. Kautsky enfatizou as previsões de Hilferding sobre a universalização dos cartéis para produzir sua teoria do ultraimperialismo; Lênin reteve o essencial das conclusões de Hilferding, rejeitando as partes de sua teoria que poderiam dar origem a esse deslize; os futuros comunistas conselhistas chegaram à conclusão de que o imperialismo inaugurou um momento radicalmente novo de luta política, no qual os velhos métodos de organização e luta política não teriam lugar (em particular, a organização "hierárquica" do partido). Bukhárin tendia a levar ao extremo as concepções do avanço dos monopólios em nível nacional, para conceber uma teoria que via um futuro de extrema estatização do capitalismo, com a concorrência cada vez mais confinada ao setor internacional, na forma de conflitos bélicos. No entanto, ela não se mostrou uma tendência permanente; a análise de Lênin pode ser vista como mais presciente, na medida em que destacou o caráter contraditório das tendências monopolistas e as tendências tradicionais do capitalismo competitivo. A teoria de Lênin não foi uma derivação mecânica das análises de autores anteriores, mas uma luta teórica em várias frentes com cruzamentos políticos e teóricos complexos.

AFRIQUE

Capítulo 5

Império Britânico, o maior da história

Osvaldo Coggiola

Segundo Talleyrand, ministro de Napoleão Bonaparte, o Império era "a primeira das ciências do governo". *Et pour cause.* A criação de impérios comandados por potências ocidentais, a partir dos séculos XVI-XVII, virou sinônimo de ingresso do mundo na era da modernidade; no entanto, "os impérios europeus têm duas histórias, distintas e interdependentes. A primeira é a história da descoberta e colonização europeia da América. Inicia-se com a primeira viagem de Colombo em 1492 e concluiu na terceira década do século XIX com a derrota final dos exércitos realistas na América do Sul. A segunda é a história da ocupação europeia da Ásia, da África e do Pacífico. Começa na quarta década do século XVIII, mas se consolida só cinquenta anos depois, quando a hegemonia europeia do Atlântico se avizinha ao seu final".[119] O Império Britânico construído no século XIX correspondeu a essa segunda fase. O deslanche industrial inglês no século XVIII tivera como ponto de apoio seu império colonial, que lhe forneceu matérias primas e mercados. Inglaterra assentou o seu poder colonial no domínio dos mares, iniciado com a derrota da Armada Invencível espanhola, em finais do século XVI. Seu verdadeiro impulso imperial, no entanto, foi dado

119 Anthony Pagden. *Signori del Mondo.* Ideologie dell'Impero in Spagna, Gran Bretagna e Francia 1500-1800. Bolonha, Il Mulino, 2005.

no século XVII, em competição com franceses, espanhóis e holandeses, devido às ambições comerciais da poderosa burguesia industrial e comercial inglesa.[120] A economia mundial foi edificada em torno da potência inglesa, ao mesmo tempo em que, na metrópole, a burguesia industrial impunha suas reivindicações econômicas e políticas contra a velha aristocracia, na forma do liberalismo econômico, vitorioso desde 1846, quando o Parlamento inglês aprovou as leis que eliminavam o protecionismo comercial e instituíam o livre-câmbio.

O Império Britânico originou-se das colônias ultramarinas e entrepostos estabelecidos pela Inglaterra no final do século XVI e início do XVII: ele sofreu mudanças ao sabor das transformações internas da metrópole e das relações de força internacionais. No século XVIII a Inglaterra ainda se dedicava a uma atividade mercantil muito rentável: o tráfico negreiro no "comércio triangular" (Metrópole - África- América). O comércio marítimo deu fundamental contribuição ao desenvolvimento industrial da Inglaterra. Os lucros fertilizaram todo o sistema de produção. Com os benefícios econômicos decorrentes da exploração colonial, os ingleses puderam injetar recursos em setores estratégicos como a siderurgia, a extração de carvão mineral, a formação dos bancos e das primeiras companhias de seguro, setores que movimentaram sua economia. Todavia, o comércio triangular não foi responsável exclusivo pelo desenvolvimento econômico. Com o crescimento do mercado interno houve o investimento na indústria, gerando capital que era novamente reinvestido. Esse processo inovador, que fora bancado pelo capital comercial, veio superar o mercantilismo e paulatinamente passou a destruí-lo. O mercantilismo britânico pautou-se na lógica do tráfico de escravos e no monopólio das companhias do tráfico. No capitalismo baseado na indústria essas práticas evitavam o crescimento: os limites do monopólio das Índias Ocidentais para o avanço das forças capitalistas na metrópole impediam que o sistema continuasse crescendo.

Ao abrir-se o século XIX, as colônias europeias foram afetadas pela comoção política do período napoleônico, quando Holanda foi "anexada" pela França, rival da Inglaterra, que tentou se apoderar das possessões neerlandesas. Tomada pelos holandeses dos enfraquecidos colonos portugue-

120 O estudo mais alentado sobre o Império Britânico é: P. J. Cain e A. G. Hopkins. *British Imperialism 1688-2000*. Edimburgo, Longman-Pearson Education, 2001.

ses e espanhóis no século XVII, a Insulíndia era a base do estabelecimento holandês no Oceano Índico. Até ao final do século XVII, essas colônias eram governadas pela Companhia Geral das Índias Orientais holandesa, cuja administração tirânica suscitou revoltas dos indígenas, particularmente em Java, e recriminações por parte dos próprios colonos. Entretanto, após uma bancarrota, a Companhia foi obrigada a entregar seus direitos coloniais ao governo holandês. Os tratados de 1814 e 1815 (e, mais tarde, de 1842), depois da derrota francesa na Europa, confirmaram a posse holandesa. O governador geral Daendels, "o Marechal de Ferro", restabeleceu a "ordem" em Java, encorajando e regulamentando as culturas; seu governo foi interrompido temporariamente pelo domínio inglês (1811-1816). Seu sucessor na administração colonial, o governador-geral Van Den Bosch, ampliou a política de imposição de "culturas forçadas", aproveitada pelos comerciantes ingleses para levantar a população nativa contra a administração holandesa; os príncipes indígenas se revoltaram em 1825. A rebelião foi violentamente dominada e Van Den Bosch permaneceu no cargo. Mais de um quinto do solo passou a ser exclusivamente cultivado por culturas reclamadas pelo mercado europeu: café, tabaco, açúcar, canela, chá, pimenta e índigo. Java cobriu-se de plantações magníficas que enriqueceram a Holanda, mas reduziram à servidão e à fome os indígenas. E Inglaterra ficou preterida na Insulíndia. Isso não voltaria a acontecer. Poucos anos depois, em 1833, Inglaterra tentava "fechar" o espaço atlântico com a ocupação, no seu extremo Sul, das Ilhas Malvinas (Falklands), pertencentes à Argentina, recentemente tornada nação independente.

Quando a burguesia industrial inglesa conseguiu eliminar as *Corn Laws* em 1846 e iniciar a época do livre comercio, Marx pensou que o *free trade* seria o mecanismo característico de expansão do capitalismo a escala mundial: "O sistema protecionista nos nossos dias é conservador, enquanto o livre comércio é destruidor. Ele rompe com as antigas nacionalidades e empurra o antagonismo do proletariado e da burguesia a seus extremos. Em uma palavra, o sistema de livre-comércio acelera a revolução social. É apenas neste sentido revolucionário, cavalheiros, que eu voto a favor do livre-comércio".[121] De fato, a "era do livre comércio" foi um estágio decisivo

121 Karl Marx. Discurso sobre o livre-câmbio. *Textos*. São Paulo, Alfa-Ômega, 1980.

na expansão ultramarina britânica, em dois sentidos: 1) Foi marcada pela expansão do império formal, sobretudo na Ásia e África; 2) Determinou a criação de um vasto império informal, isto é, zonas que não eram controladas diretamente pela Inglaterra, mas que estavam sob a influência do império britânico (o *Commonwealth*), uma forma de dominação extremamente barata, pois os custos eram mínimos e, em grande parte, ficavam a cargo das autoridades locais. As expectativas criadas na América Latina, região central da expansão econômica inglesa, contudo, foram frustradas, a região não alcançou até o último quarto do século XIX um peso importante no comercio britânico.[122]

Na Inglaterra, depois da paz com a França, a taxa de lucro experimentou um retrocesso, provocando prejuízos nos investimentos agrários e industriais. Havia também uma grande quantidade de mão de obra disponível, um "exército industrial de reserva". A *Colonization Society*, com Edward Wakefield (1796-1862) propôs a colonização sistemática no exterior visando substituir a migração dos excedentes populacionais pela exportação de capitais. O fácil acesso à terra nas colônias representava um obstáculo para a consolidação do trabalho assalariado e para a expansão do mercado. A questão colonial projetou a transição para o capitalismo para o espaço colonial. O acesso à terra deveria ser destinado à criação da propriedade privada e do trabalho assalariado. Se os colonos encontrassem no local de destino terras livres, não estariam dispostos a vender sua força de trabalho: a base da transição para o capitalismo na colônia era a mercantilização da terra. A "colonização sistemática" seria capaz de criar uma demanda efetiva, aumentando a exportação de mercadorias e a vazão do capital para países onde fosse possível ter uma taxa de lucro significativa, estimulando o desenvolvimento da economia metropolitana; para isso, era necessário que neles existisse o trabalho assalariado.

A transição para o capitalismo nas colônias, fator de combate contra a estagnação econômica metropolitana, exigia a propriedade privada da terra como pressuposto para o trabalho assalariado; o Estado deveria dirigir a formação da moderna propriedade fundiária, impedindo o livre acesso à terra e ditando os termos de sua aquisição, o seu preço, evitando a constitui-

122 John Gallagher e Ronald Robinson. The imperialism of free trade. *Economic History Review*, vol. VI, nº 1, Londres, 1953.

ção de um campesinato livre nas colônias. O Estado agiria como agente do capitalismo e da propriedade mercantil da terra, tornando o salário dependente do preço da terra. O primeiro passo seria cessar as doações de terras e estabelecer um "preço suficiente" que gerasse um "fundo de imigração" responsável por custear a transferência de colonos e os impedisse tornarem-se proprietários. O "preço suficiente" era para Marx, "um eufemismo para designar o dinheiro do resgate que o trabalhador paga ao capitalista pela permissão para sair do mercado de trabalho e ir cultivar a terra". As ideias de Wakefield ganharam popularidade na década de 1840, inclusive entre os economistas liberais, apesar de sua apologia da intervenção estatal. A política de terras começou a fazer parte das agendas políticas dos países periféricos que tinham conquistado sua independência política e se ancoravam nas "leis de terra" para consolidar o Estado Nacional em via de transição para o capitalismo. Leis de terra foram aprovadas em vários países da América Latina, América do Norte e Oceania, quase ao mesmo tempo.

Na Grã-Bretanha evidenciou-se a contraposição entre os capitalistas dedicados à produção manufatureira (situados principalmente em Manchester e Birmingham), diferenciados da antiga aristocracia e afastados de Londres, e outro setor da classe dirigente, os capitalistas fidalgos (*gentlemanly capitalists*), proprietários fundiários e financistas do sul da Inglaterra que, por frequentarem os mesmos círculos sociais da aristocracia governante, compartilhavam seus valores e tinham mais influência no governo. Mesmo quando a burguesia industrial ganhava influência maior, qualquer resíduo radical devia permanecer oculto pela necessidade de alinhar-se aos interesses da fidalguia para defender a propriedade contra as ameaças derivadas da luta de classes. Comparada às emergentes potências industriais, Alemanha e os EUA, em que produção manufatureira e finanças se desenvolviam interligadas, a indústria inglesa era de pequena escala e baixos investimentos. Essa estrutura econômica acabou vinculando a capacidade de exportação da Inglaterra ao desenvolvimento independente do setor financeiro e ao novo estímulo dado ao imperialismo econômico. O repúdio da nobreza ao trabalho braçal e ao vínculo direto entre trabalho e remuneração foi mitigado pela expansão do setor de serviços, onde os capitalistas fidalgos podiam obter seus rendimentos sem estabelecerem vínculos com o mundo da produção.

A nova aristocracia emergiu da fusão entre o legado pré-capitalista (os padrões de conduta nobiliárquicos e seus círculos de amizades) e os rendimentos provenientes do mercado, inicialmente através da agricultura comercial (levada adiante por arrendatários capitalistas) e depois pelo florescimento dos serviços financeiros na *City*. Os capitalistas fidalgos preservaram sua influência política tradicional, agora baseada em atividades progressivamente orientadas para o lucro. Outra transformação importante da política inglesa aconteceu em relação às colônias, que mudaram sua função e passaram a serem consideradas bases para a preservação da preponderância industrial britânica, sendo convertidas em produtoras de matérias primas e consumidoras de produtos manufaturados. Por essa razão, a preocupação dos políticos britânicos da era vitoriana foi com a redução da carga fiscal decorrente do Império, obtida através do abrandamento do controle sobre as colônias, às quais concederam algum grau de controle político interno e de abertura comercial. Essa política foi acompanhada pelo reforço da presença informal da Inglaterra em novas regiões, como a América Latina, o Noroeste da África e a Ásia, o "imperialismo informal".

Com sua expansão colonial, formal ou informal, no século XIX, a cultura, os hábitos e até os esportes ingleses (futebol, rúgbi, críquete) invadiram o mundo junto com suas mercadorias e capitais. A *Pax Britannica*, baseada na sua potência econômica e militar, dominou o mundo durante um século (1815-1914): seu grande (embora não único) revés foi a independência dos EUA, em 1776, compensada com o início da colonização da Austrália em 1783 e mais tarde da Nova Zelândia a partir de 1840, passando pela ocupação dos arquipélagos do Atlântico Sul, lugares para onde enviou inicialmente criminosos comuns (para alívio do Tesouro britânico). A guerra de independência americana (1775-1783) foi uma linha divisória entre os chamados primeiro e segundo impérios britânicos. No primeiro havia uma expansão claramente orientada para o Oceano Atlântico, que criou colônias que eram uma extensão da Grã-Bretanha. O segundo se caracterizou pelo movimento em direção à Ásia. A armada britânica confirmou sua hegemonia europeia na batalha naval de Trafalgar, em 1805. A conquista de novas colônias inglesas era, nesse momento, constante: Malaca, desde 1795, Ceilão, Trindade e Tobago, em 1802, Malta, Santa Lúcia e Maurício, em 1815, depois da derrota napoleónica e do fim de seu bloqueio continental. Singapura foi fundada por Thomas Raffles em 1819. No Canadá registrou-se o avanço para Oeste, abrindo novas frentes de colonização, o mesmo sucedendo na Índia, com a exploração do interior do Decão, Assam e Bengala.

Em 1833, Inglaterra aboliu a escravidão em todos seus domínios, depois de ter transportado 3,4 milhões de escravos africanos durante os 245 anos de duração do tráfico. Os membros da congregação cristã dos *quakers* tiveram papel central no movimento abolicionista: ao emigrar para a "Nova Inglaterra" mantiveram os mesmos princípios *anti-slavery*. Com a proclamação do *Slave Trade Suppression Act* ou *Aberdeen Act*, mais conhecido como *Bill Aberdeen*, uma lei que autorizava os ingleses a aprisionar qualquer navio suspeito de transportar escravos no Oceano Atlântico, Inglaterra passou assumir funções de policiamento internacional, em nome de uma causa humanitária. O movimento abolicionista era amparado, sobretudo, pelos habitantes das grandes cidades portuárias inglesas, que tinham testemunhado os horrores do tráfico. Proposta pelo Parlamento, a lei, de autoria do Ministro George Hamilton-Gordon (Lord Aberdeen), visava o combate ao tráfico de escravos no Atlântico Sul, atribuindo às embarcações da *Royal Navy* o direito de apreender quaisquer navios negreiros que porventura se dirigissem ao Brasil ou Cuba, e buscava efetivar o cumprimento de tratados internacionais assinados desde a década de 1810, que definiam o tráfico de escravos como pirataria e, nessa condição, sujeito à repressão: "Em 1845, o Brasil recusava renovar ou estender os acordos antigos. Lord Aberdeen anunciou que a Grã-Bretanha teria de agir de forma unilateral. Assegurou que o primeiro artigo da convenção de 1827, definindo o tráfico de escravos como pirataria, era perpétuo. Solicitou autorização ao Parlamento parra assegurar as visitas e buscas aos navios suspeitos e seu julgamento como piratas perante os tribunais do Almirantado (no que ficou) conhecido como *Aberdeen Act*".[123]

As campanhas de rua na Inglaterra mobilizaram trabalhadores, religiosos dissidentes, marinheiros e mulheres, que obtinham milhares de assinaturas para petições antiescravistas enviadas aos parlamentares. A marinha britânica aprisionou centenas de embarcações em alto mar, carregando

123 Richard Graham. *Escravidão, Reforma e Imperialismo*. São Paulo, Perspectiva, 1979.

centenas de escravos. Estes eram conduzidos de volta para a África, para cidades portuárias como Freetown ou Monróvia. A aplicação da Lei Aberdeen criou inúmeros incidentes diplomáticos com o recalcitrante império brasileiro: entre agosto de 1845 e maio de 1851 foram abordadas, apreendidas e destruídas, pela Marinha Real Britânica, 368 embarcações que faziam tráfico de escravos para o Brasil, muitas em águas territoriais brasileiras. Em fevereiro de 1864, um navio negreiro espanhol foi aprisionado na costa de Angola, quando ia apanhar escravos. Cuba, última das colônias espanholas na América, resistiu quanto pôde à abolição da escravatura (o que aconteceu em 1886, precedendo em dois anos a abolição brasileira de 1888). Pelo Tratado de Ashburton entre Inglaterra e os EUA, em 1842, ficou acordado que esses países manteriam esquadras na costa africana para a apreensão de navios negreiros. Em 1845, as operações conjuntas das forças navais da França e da Inglaterra foram substituídas pelo direito mútuo de busca.

A expansão colonial inglesa apontou para o Sul (África) e para Oriente, encontrando resistências em todos os locais. Sua expansão financeira foi multidirecional. No Oriente Médio, a expansão britânica tropeçou com o expansionismo egípcio, que ameaçava criar uma nova potência regional. O Império Britânico não tinha geografia claramente definida nem um regime político comum estabelecido para suas colônias. Nova Zelândia praticamente dispunha de uma democracia própria para os cidadãos brancos. No "império informal", a economia da Argentina, nação independente desde 1816, estava sob o controle britânico, em especial depois do empréstimo ao novo país por parte da Baring Brothers (que demorou um século para ser cancelado). As formas britânicas de exercer seu domínio eram variadas. A extensão do domínio britânico era variável, incluindo os postos avançados do Império na Europa, com bases navais como as de Gibraltar, Chipre e Malta, que permitiram à Marinha Real Britânica controlar o Mediterrâneo por um longo período. A geografia do Império não era, porém, empírica, mas estratégica: "Qual é a realização grandiosa do imperialismo britânico? É o domínio do Oceano Índico, das terras que este molha e do acesso a esse mar imperial. Todas as terras, do Cabo até Singapura, que delimitam o Oceano Índico, são britânicas, inclusive os planaltos e desertos continentais que as dominam na Ásia e na África. Os britânicos detêm os acessos solidamente, graças ao domínio do Mediterrâneo; graças também, no Extremo Oriente, ao domínio de Penang, Singapura e Hong-Kong".[124] Somas consideráveis de recursos foram movimentadas no processo de construção do Império; muitos ingleses iam para a Índia para depois retornar com uma fortuna "ilícita", obtida ao arrepio de qualquer legislação.

Os participantes passivos do Império – os que investiam em empresas no exterior sem sair da terra natal – também lucraram com sua expansão. Alguns setores, entre eles os segmentos ligados à indústria naval, beneficiaram-se diretamente do imperialismo britânico. Além deles, os fornecedores de matérias primas voltadas para exportação e os fabricantes de armas e de munição também tiraram grande proveito. Unindo isso às vantagens "sociais" dos colonos nos territórios sob o domínio inglês, que criou um numeroso bando de empolados parasitas coloniais, um sentimento de identidade britânica comum foi muito forte no Império Britânico até o final do século XIX, particularmente entre pessoas brancas de origem britânica (na Austrália, no Canadá e na Nova Zelândia, além dos sul-africanos de origem inglesa). O comportamento racista desses "ingleses" de além-mar contra os não europeus nas colônias era moeda corrente: "O racismo fundamental dos colonos anglo-saxões explica porque o modelo se reproduziu em todas as partes, na Austrália, na Tasmânia (o genocídio mais completo da história) e na Nova Zelândia. Pois se os católicos espanhóis atuavam em nome da religião que devia ser imposta aos povos conquistados, os protestantes anglo-saxões derivavam de sua leitura particular da Bíblia o direito de eliminar os 'infiéis'".[125]

O império colonial britânico era favorecido pela acumulação excessiva de capital, que encontrava vazão nos investimentos externos, bem como pela elevada pressão demográfica interna. Durante a era vitoriana a população da Inglaterra quase duplicou, passando de 16,8 milhões em 1851 para 30,5 milhões em 1901. A população da Irlanda, ao contrário, diminuiu rapidamente, de 8,2 milhões em 1841 para menos de 4,5 milhões em 1901, devido à crise agrária nessa colônia britânica vizinha à metrópole. O século XIX testemunhou também uma nova administração e gestão das colônias inglesas, com a sucessão de diferentes modelos, o dos missionários

124 Jacques Crokaert. *La Mediterranée Américaine*. Paris, Payot, 1927.

125 Samir Amin. *El Desarrollo Desigual*. Barcelona, Planeta-De Agostini, 1986.

protestantes, o dos investidores privados e o das grandes companhias investidoras. A onda republicana europeia afetou a Inglaterra pós-1848, onde os liberais (*whigs*) se encontravam no governo desde a *Reform Bill* de 1827, que ampliou o colégio eleitoral: "A corrente liberal, que tinha progredido constantemente desde a *Reform Bill*, atingiu seu apogeu no primeiro ministério de Gladstone; no final deste começou seu inevitável refluxo. Quando sobreveio a reação, ela foi imprevista e completa. As eleições gerais de 1874 cambiaram por completo o aspecto do mundo político: Gladstone e os liberais foram derrotados, o partido dos *tories*, pela primeira vez em mais de quarenta anos, atingiu uma maioria. Este triunfo surpreendente foi devido à habilidade e energia de Disraeli... e a Rainha Vitória saudou seu [novo] primeiro ministro como um herói vitorioso".[126]

O domínio mundial inglês implicou conflitos crescentes na Europa, onde o capital inglês era crescentemente investido: em 1840, por exemplo, capitalistas ingleses criaram a *Asturiana Mining Company*, que em meados do século XIX inaugurou os primeiros altos fornos de carvão de coque da Espanha. Diversamente de suas espantosas vitórias coloniais, Inglaterra não confirmou sua superioridade militar na Europa, colhendo sangrentas derrotas na guerra da Crimeia. Engels atribuiu o fato ao descompasso existente entre a organização industrial do país e a organização aristocrática do exército: "Como a própria Velha Inglaterra, uma grande massa de abusos gritantes, a organização do exército inglês está podre até o fundo". O desastroso ataque da Brigada Ligeira, com milhares de baixas, devia-se "à liderança horrorosa do exército britânico, resultado inevitável do governo de uma oligarquia antiquada". A vitória econômica e política da burguesia no país tinha deixado esferas estatais nas mãos da velha aristocracia, como aconteceu também no restante da Europa burguesa. Durante o cerco a Sebastopol, a doença cobrou um pesado tributo às tropas britânicas e francesas, tendo se destacado o heroico esforço da enfermeira Florence Nightingale dirigindo o atendimento hospitalar de campanha. A praça-forte, em ruínas, só caiu em setembro de 1855.

No Extremo Oriente, as primeiras tentativas de penetração econômica dos países ocidentais na China datavam dos séculos XV-XVI. Na época,

126 Lytton Strachey. *La Regina Vittoria*. Milão, Arnoldo Mondadori, 1975.

porém, tratava-se de obter apenas o intercâmbio de embaixadores com o império chinês e a permissão de exercer o comércio. Não raro os imperadores chineses negavam-se a manter relações diplomáticas com os europeus, aos quais desprezavam por suas bárbaras atividades de pirataria na Índia e no Ceilão. O comércio internacional foi finalmente autorizado, embora com muitas restrições e sob a permanente supervisão do Império. A China fez algumas concessões territoriais em pontos inabitados, como a ilha de Macau, que foi entregue aos portugueses. Até então, o país não corria o risco de colonização pelas potências marítimas da Europa: "Os portugueses, até 1849, pagaram regularmente um foro sobre a terra e os chineses mantiveram em Macau tanto o controle das finanças quanto o da justiça civil ou criminal. Os portugueses se encontravam em Macau em atitude de súplica. E a quem suplicavam? Nem mesmo à corte de Pequim, mas a um subcomissário qualquer de Cantão".[127]

Com o fim das guerras napoleônicas, as atividades comerciais europeias se voltaram para o Extremo Oriente, numa pressão constante sobre a China, que mantinha ainda fortes restrições sobre o comércio estrangeiro. Cantão era o único porto importante aberto ao comércio externo. Em meados do século XIX a Grã-Bretanha já era a potência mais desenvolvida do mundo: demandava cada vez mais matérias-primas a baixos preços e mercados consumidores maiores para os seus produtos industrializados. Os países mais populosos da Ásia despertavam atenção e cobiça na burguesia britânica. O mercado indiano se encontrava já aberto ao comércio estrangeiro; China, produtora de seda, porcelana e chá (os britânicos compraram 12.700 toneladas em 1720 e... 360 mil toneladas em 1830), itens com bons preços no mercado europeu, não mostrava interesse nos produtos europeus, o comércio com o país era deficitário para a Inglaterra. Apenas um produto parecia despertar o interesse dos chineses: o ópio, uma substância entorpecente, altamente viciante, extraída da papoula, que causa dependência química, introduzido ilegalmente na China por comerciantes ingleses e norte-americanos.

Os ingleses fomentaram o contrabando do ópio para a China. Uma vez criado o "mercado de consumo", reclamaram o direito de vendê-lo li-

127 Kavalam Madhava Panikkar. *A Dominação Ocidental da Ásia*. São Paulo, Saga, 1965.

vremente em todo o território chinês (o governo chinês tinha proibido seu consumo). Produzido na Índia, e também em partes do Império Otomano no início do século XIX, os comerciantes britânicos traficavam-no ilegalmente para a China, auferindo grandes lucros e aumentando o volume do comércio em geral. Mas o governo de Pequim resolveu proibir o tráfico de ópio. Entre 1811 e 1821, o volume anual de importação de ópio na China girava em torno de 4.500 pacotes de quinze quilos cada um. Esta quantidade quadruplicou até 1835 e, quatro anos mais tarde, chegou-se ao ponto de o país importar 450 toneladas, ou seja, um grama para cada um dos habitantes do país. Em 1830, os ingleses obtiveram exclusividade das operações comerciais no porto de Cantão. Eles, claro, queriam muito mais: o comércio livre geral. Mas o imperador chinês dava-se ao luxo de responder ao rei da Inglaterra que os seus produtos não interessavam aos chineses. A partir de 1840, as coisas mudaram: havia urgência em abrir mercados para escoar a produção inglesa. A China, com seus 450 milhões de habitantes, representava a maior tentação mercantil mundial. O ópio chegou a representar a metade das exportações britânicas para a China. O primeiro decreto chinês proibindo o consumo de ópio datava de 1800, mas nunca chegou a ser respeitado. Em 1839, a droga ameaçava seriamente não só a estabilidade social e financeira do país, como também a saúde dos soldados chineses.

A corrupção grassava na sociedade chinesa. Para chamar a atenção do imperador, um ministro chinês descreveu a situação da seguinte maneira: "Majestade, o preço da prata está caindo por causa do pagamento da droga. Em breve, vosso império estará falido. Quanto tempo ainda vamos tolerar este jogo com o diabo? Logo não teremos mais moeda para pagar armas e munição. Pior ainda, não haverá soldados capazes de manejar uma arma porque estarão todos viciados" (sic). Em contrapartida, muitos ingleses também o estavam, a exemplo do personagem literário mais popular da literatura metropolitana (Sherlock Holmes). Em 1839 o imperador chinês lançou um novo decreto, com um forte apelo à população. Através de um panfleto, advertiu acerca do consumo de ópio. Diante do assassinato brutal de um súdito chinês por marinheiros britânicos embriagados em Cantão, o comissário imperial chinês ordenou a expulsão de todos os ingleses da cidade. As firmas estrangeiras foram cercadas pelos militares chineses, que em poucos dias apreenderam e queimaram, em Cantão, mais de 20 mil caixas da droga. Esses fatos serviram de pretexto para que a Grã-Bretanha declarasse guerra à China, a "primeira guerra do ópio" (1839-1842). Em 1840, o chanceler britânico, Lorde Palmerston, ordenou o envio de uma frota de 16 navios de guerra britânicos para a região. Com superioridade tecnológica inquestionável, representada por modernos navios de aço movidos a vapor, a esquadra britânica afundou boa parte dos obsoletos juncos à vela da marinha de guerra chinesa, sitiou Guangzhou (Cantão), bombardeou Nanquim e bloqueou as comunicações terrestres com a capital, Pequim.

O conflito foi encerrado em agosto de 1842 com a assinatura do Tratado de Nanquim, o primeiro dos chamados "Tratados Desiguais", pelo qual a China aceitou suprimir o sistema de Co-Hong (companhia governamental chinesa, que supervisionava o comércio), abrir cinco portos ao comércio de ópio britânico (Cantão, Amói, Fuchou, Ningpo e Xangai), pagar uma pesada indenização de guerra e entregar a ilha de Hong Kong, que ficou sob o domínio inglês por 155 anos. O Tratado favorecia os ingleses em todas as cláusulas. Como garantia do direito de comércio de ópio, um navio de guerra britânico ficaria permanentemente ancorado em cada um desses portos. Apesar do acordo, a situação continuou a não satisfazer as ambições dos ingleses. O comércio de ópio não progredia tão rapidamente como pretendido. Ainda assim, a receita do ópio da Companhia das Índias Orientais progrediu a partir de £ 1 milhão em 1814 até atingir £ 7 milhões em 1856, lhe permitindo pagar a cada ano os juros de sua dívida, que se mantiveram estáveis em torno de £ 2 milhões anuais durante esse período: sem o lucrativo comércio opiláceo, a Companhia (peça mestra do Império Britânico na região) teria falido: "O único benefício real da aquisição de Hong Kong como resultado da guerra de 1841 foi que deu a firmas como Jardine Matheson uma base para suas operações de contrabando de ópio. É de fato uma das ironias mais finas do sistema de valores vitoriano que a mesma marinha empregada para abolir o tráfico de escravos era também ativa na expansão do tráfico de narcóticos",[128] escreveu um historiador para quem o Império Britânico foi o responsável por colocar o mundo inteiro "no caminho da modernidade".

128 Niall Ferguson. *Império.* Como os britânicos fizeram o mundo moderno. São Paulo, Planeta, 2010.

Quinze anos depois da guerra do ópio, em 1856, oficiais chineses abordaram e revistaram o navio de bandeira britânica *Arrow*. Novamente, Inglaterra declarou a guerra à China. Os franceses aliaram-se desta vez aos britânicos no ataque militar lançado em 1857. As forças aliadas operaram ao redor de Cantão, onde o vice-rei prosseguia uma política protecionista. Mais uma vez, a China saiu derrotada e, em 1858, as potências ocidentais exigiram que a China aceitasse o Tratado de Tianjin: onze novos portos chineses foram abertos ao comércio de ópio com o Ocidente, e foi garantida a liberdade de movimento aos traficantes europeus e aos missionários cristãos, que andavam sempre juntos ou em sequência imediata. Quando o imperador se recusou a ratificar o acordo, a capital chinesa, Pequim, foi ocupada pelas tropas anglo-francesas. O Palácio de Verão de Pequim, símbolo do Império Chinês, foi saqueado e incendiado; as coleções de arte roubadas pelos ingleses passaram a enfeitar o Museu Britânico. Nas guerras sucessivas, Inglaterra exerceu cruelmente sua superioridade militar, assassinando milhares de chineses, saqueando suas cidades e suas riquezas, humilhando a nação chinesa e, sobretudo, impondo tratados ultravantajosos para a Inglaterra após cada vitória. As guerras forçaram a China a permitir a importação de ópio e outros produtos europeus. Inglaterra obteve grandes concessões territoriais, com direito de "extraterritorialidade": as concessões (Hong Kong, Kowloon, Birmânia, Nepal) situavam-se, assim como os próprios ingleses residentes na China, fora do alcance das leis chinesas.

As guerras do ópio (1840-1860) permitiram à Inglaterra auferir lucros da ordem de onze milhões de dólares anuais, com o tráfico de ópio para a cidade chinesa de Lintim, ao passo que o volume de comércio de outros produtos não ultrapassava a cifra de seis milhões de dólares. Em Cantão, o comércio estrangeiro oficial não chegava a US$ 7 milhões, mas o comercio paralelo em Lintim atingia a quantia de US$ 17 milhões. Com este comércio ilegal, empresas inglesas, como a *Jardine & Matheson*, contribuíram para proporcionar uma balança comercial superavitária para a Inglaterra, mantendo o uso de navios armados a fim de manter o contrabando litorâneo. Tudo isso acontecia com a aprovação declarada do parlamento inglês, que manifestou os inconvenientes da interrupção de um negócio tão rentável. A Guerra do Ópio foi apresentada ao público dos EUA pela *American Board of Commissioners for Foreign Missions* como "não tanto um negócio de ópio ou de ingleses, mas o resultado de um grandioso desígnio da Providência para fazer com que a maldade dos homens subvertesse seus propósitos de caridade para com a China, rompendo suas muralhas de exclusão e trazendo o império para um contato mais imediato com as nações ocidentais cristãs". John Quincy Adams, presidente dos EUA, numa conferência sobre a Guerra do Ópio, explicou que a política de comércio chinesa era contrária à lei da natureza e aos princípios cristãos: "A obrigação moral de intercâmbio comercial entre as nações é fundada inteira e exclusivamente no preceito cristão de amar ao próximo como a si mesmo. Mas, não sendo a China um país cristão, seus habitantes não se consideram obrigados ao preceito cristão de amar ao próximo como a si mesmos. Esse é um sistema sórdido e antissocial. O princípio fundamental do império chinês é anticomercial. Não admite a obrigação de manter intercâmbio comercial com outros. É tempo de fazer cessar esse enorme ultraje contra os direitos da natureza humana e contra os princípios básicos do direito das nações".[129]

Depois da Inglaterra, ao perceberem a fragilidade militar da China (agravada pela crise da dinastia Manchú), vieram a França, a Alemanha, os Estados Unidos e até uma nova potência asiática, o Japão. Através de guerras e "concessões", esses países foram obtendo o controle dos pontos estratégicos da China: à medida que o litoral chinês e os portos dos seus rios iam caindo sob o domínio estrangeiro, a China passou a ser uma semicolônia, não de uma única nação, mas de todas as grandes potências industriais e navais. A imensidão do seu território impediu que fosse transformada totalmente em colônia. As revoltas contra os novos dominadores estrangeiros foram, no entanto, frequentes. As potências compreenderam que, embora fosse fácil vencer a China em uma guerra localizada, era impossível conquistá-la completamente. Após a Convenção de Pequim (1860), o Tratado de Tianjin foi aceito pelo "Império do Meio", que tomou assim consciência abrupta de sua subalternidade num mundo radicalmente mudado. A China

129 American Board of Commissioners for Foreign Missions, *329d Annual Report* (1841), conforme citado por Richard W. Van Alstyne. *The Rising American Empire*. Chicago, Quadrangle Books, 1965. Depois dos problemas de saúde provocados pelo consumo de drogas, Inglaterra promoveu, em 1909, uma conferência internacional em Xangai, com a participação de treze países (a *Opium Commission*). O resultado foi a Convenção Internacional do Ópio, assinada em Haia em 1912, visando o controle da produção de drogas narcóticas. Em 1914, os EUA adotaram o *Harrison Narcotic Act*, proibindo o uso da cocaína e da heroína fora de controle médico. Penas contra o consumo foram adotadas em convenções internacionais das décadas de 1920 e 1930.

criou um Ministério dos Negócios Estrangeiros, permitiu que se instalassem legações ocidentais na capital e renunciou ao termo "bárbaro", usado nos documentos chineses para denominar os ocidentais.

Inglaterra aproveitou também o questionamento crescente da monarquia chinesa. Em meados do século XIX eclodiu a rebelião Taiping (1850-1864). Os camponeses chineses, dirigidos por um chinês convertido ao cristianismo (Hung Xiu-chuan) que se proclamava irmão mais novo de Jesus Cristo, sublevaram-se contra o poder dinástico central. A rebelião controlou - estabelecendo temporariamente um novo poder - um vasto setor da China durante mais de dez anos, chegando até os muros de Pequim, a capital do império. Os taiping retomaram a velha tradição camponesa de reivindicação da propriedade coletiva da terra: os exércitos rebeldes participavam na produção e trabalhavam nos campos numa base comum. Mas na direção "ideológica" da revolta encontrava-se uma espécie de sincretismo místico que já denota a influência ocidental (o cristianismo, religião introduzida na China pelas potências europeias). A revolta taiping foi, segundo Perry Anderson, "o maior levantamento de massas oprimidas do mundo em todo o século XIX". Vítimas de suas próprias contradições - Hung Xiu-chuan tentou proclamar-se imperador hereditário -, os taiping foram esmagados por chefes militares a serviço da dinastia Manchu.

Mas as revoltas continuaram: no período 1864-1878, os povos muçulmanos do Sul rebelaram-se contra o domínio chinês, ocorrendo ao mesmo tempo a rebelião Nienfei (dos camponeses dessa região). Os taiping foram esmagados por chefes militares regionais a serviço da dinastia, mas provaram a fragilidade do Império Chinês, mantido às custas de uma violenta opressão exercida pelo poder imperial. As revoltas continuaram: no período 1864-1878, os povos muçulmanos do Sul se rebelaram contra o domínio chinês, ocorrendo ao mesmo tempo a rebelião dos camponeses de Nienfei. Os revoltosos foram derrotados, mas provaram a fragilidade da unidade do Império Chinês, mantida ao preço de uma violenta opressão exercida pelo poder imperial. Mas, na mesma época, a unidade da nação chinesa já estava muito mais ameaçada do exterior que do interior, pela submissão crescente da China às potências europeias. Concessões territoriais, pagamento de pesadas indenizações, saques, formação de uma classe social comerciante nativa associada à exploração estrangeira (a "burguesia compradora"): eis os principais resultados da forçada penetração europeia na China. Mas o objetivo principal não foi atingido: o "negócio da China" não funcionou, porque os chineses recusaram o consumo dos produtos europeus, a exceção do ópio. O "grande mercado" sonhado pelos ingleses foi na verdade pequeno.

Além disso, de tempos em tempos os colonizadores recebiam o troco: os chineses se revoltavam contra os privilégios, as humilhações impostas (um inglês que matasse um chinês era "julgado" - por assim dizer - pelos tribunais dos próprios ingleses) e contra a exploração a que eram submetidos nas concessões. Estas foram diversas vezes tomadas por assalto pela população chinesa, e não raro todos os estrangeiros presentes nelas, mortos. Aí, sim, a imprensa europeia, sobretudo a inglesa, gritava contra a "selvageria" dos "bárbaros chineses" e argumentava que era necessário aprofundar a submissão da China. Poucos europeus tiveram a coragem de dizer publicamente o que essas revoltas significavam, ainda que nelas fossem mortas pessoas inocentes, como fez Friedrich Engels em 1857: "Em suma, em vez de alardear a crueldade dos chineses (como costuma fazer a cavalheiresca imprensa britânica), melhor faríamos se reconhecêssemos que se trata de uma guerra popular pela sobrevivência da nação chinesa - com todos os seus arrogantes preconceitos, sua estupidez, sua ignorância douta, sua pedante barbárie, mas sempre uma guerra popular". Em 1900, o número de portos abertos ao comércio com o ocidente, chamados de "portos de tratado", chegava a mais de cinquenta, sendo que praticamente todos os países europeus, assim como os EUA, tinham concessões e privilégios comerciais.

Ao Sul da China, a conquista inglesa da Índia, que se estendeu ao longo de um século (1756-1857) foi a última e mais completa de uma série de empresas coloniais no subcontinente indiano, a região peninsular do Sul da Ásia onde se situam os estados da Índia, Paquistão, Bangladesh, Nepal, Butão, Sri Lanka e as Maldivas. Esta região do sul da Ásia foi conhecida como Hindustão, nomenclatura apenas utilizada no contexto da história da relação entre os povos europeus e o subcontinente. O Hindustão se estendia do Afeganistão até a baía de Bengala e dos Himalaias até ao rio Godavari. Com a expansão da religião islâmica, parte da população converteu-se. Composta por diversos reinos, caracterizados pelas suas alianças tribais e às vezes circunscritos apenas ao domínio de uma cidade, acabou fechando-se ao acesso de estranhos. Com a expansão do Império Russo (século XVIII) e do Império Britânico, sua estrutura e existência começaram a ser ameaçadas: "América tinha sido uma terra de imigração e conquista... A Índia Britânica, ao contrário, não deveria ser um local de instalação, mas de exploração".[130] Charles de Cornwallis (1786-1793) e depois Lorde Mornington (1796-1805) derrotaram e desmontaram a confederação indiana Maharata. Sob Lorde Warren Hastings (1814-1822) e depois sob William Pitt (1823-1828), Inglaterra arremeteu também contra Birmânia.

A conquista inglesa da Índia foi una empresa privada, financiada pela Companhia das Índias Orientais (EIC) que, nas palavras de Marx, expressava "o despotismo europeu cultivado sobre o terreno do despotismo asiático, combinação muito mais monstruosa do que qualquer um desses monstros sagrados que nos infundem pavor em um templo de Salseta". A *East Indian Company*, em 1827, proclamou em Delhi, antiga capital do Grande Mogol, seu poder independente e soberano sobre a Índia. Com Lorde William Bentick (1828-1835) o Estado inglês inaugurou sua política de posse completa da Índia, substituindo o "setor privado" (a EIC): em 1833 a EIC perdeu algumas de suas prerrogativas políticas (a Companhia, porém, só seria dissolvida em 1874). O novo caráter, estatal, da colonização da Índia foi determinado pela necessidade de preservar suas fronteiras das ameaças internas e do perigo dos imperialismos rivais (sobretudo França e Rússia). Com Lorde Auckland (1836-1842) começou um período de guerras, que culminou com James Ramsay (1848-1856). Com a Rússia presente na Pérsia e no Afeganistão, os confins da Índia inglesa foram levados até o Sind (1843) e o Punjab (1846). Com a ocupação militar de Áden (1838), Inglaterra passou a controlar o Mar Vermelho e o Oceano Índico. Em 1840 o domínio inglês se completou com a campanha no Afeganistão e a ocupação militar das costas de Birmânia. Com as fronteiras indianas "protegidas", Inglaterra controlava as bocas do rio Indo e todos os acessos centro-asiáticos. A "Índia britânica" se configurou como uma vasta colônia, que compreendia os territórios da Índia, Paquistão, Bangla Desh e Birmânia: não era "uma colônia a mais", mas *a* colônia do império britânico.

130 Anthony Pagden. *Signori del Mondo*, cit.

Foi na Índia que surgiu a primeira grande revolta colonial contra o domínio britânico: a revolta dos *sipais*, soldados indianos que serviam no exército da Companhia Britânica das Índias Orientais, entre 1857 e 1858, foi uma série de levantes armados e rebeliões na Índia setentrional e central contra a ocupação britânica. O conflito causou o fim do governo da Companhia Britânica das Índias Orientais (EIC) e o início da administração direta de grande parte do território indiano pela coroa britânica (o *Raj*) pelos noventa anos seguintes. A revolta foi considerada o primeiro movimento de independência da Índia moderna: ela não se limitou a unidades militares locais. O descontentamento na Índia tinha origem na campanha de ocidentalização imposta pela EIC. Para Marx, o domínio inglês sobre a Índia tinha cumprido uma dupla função, destruidora e regeneradora, a segunda de modo involuntário, pois "as páginas da dominação inglesa na Índia apenas oferecem algo mais que destruições". A unidade da Índia tinha sido imposta pela espada inglesa. As classes dominantes britânicas só haviam ansiado conquistar, saquear e submeter à Índia, mas uma mudança estava acontecendo: "A burguesia industrial (inglesa) descobriu que seus interesses vitais reclamam a transformação da Índia em um país produtor, e que para isso é preciso lhe proporcionar vias de irrigação e de comunicação interna (estradas de ferro)". Os novos meios de comunicação (internos e externos) tirariam as forças produtivas do país de seu estancamento. O excesso de capitais e mercadorias na metrópole poderia ser compensado pelo comércio e pelos investimentos coloniais: Marx constatou que a entrada do comércio britânico nos mercados coloniais impedira que a grande quebra londrina de 1857 se transformasse em uma comoção política revolucionária na Inglaterra (em 1858/1859 a Índia foi o destino de quase 26% das exportações da Inglaterra).[131]

Alguns incidentes de descontentamento da população e dos estratos dominantes locais foram os precursores da rebelião *sipai*. Entre suas razões estavam as intervenções inglesas na política interna dos Estados indianos sob o regime de protetorado (a doutrina de preempção [*doctrine of lapse*] impunha a convalidação, pela autoridade britânica, dos sucessores tradicionalmente adotados pelos dirigentes locais sem herdeiros do sexo masculi-

131 John A. Hobson. *L'Imperialismo*, Roma, Newton & Compton, 1996.

no). Na prática, a convalidação não era dada e os territórios eram anexados pelos britânicos após a morte do dirigente. Os britânicos também proibiram o casamento de crianças e a tradição da *sati* (a viúva que se imolava na fogueira funerária de seu marido). Os indianos também rejeitavam que os missioneiros britânicos os convertessem ao cristianismo. Os sipais eram em número de 200 mil, numerosos se comparados aos cerca de 40 mil homens do exército britânico regular na Índia. Estavam descontentes com certos aspectos das condições da vida militar. Embora recebessem um soldo baixo, eram obrigados a pagar pelo transporte de sua bagagem quando eram deslocados para teatros de operações distantes.

Em maio de 1857 o 11° regimento de cavalaria nativa do exército da Bengala se amotinou, exterminando europeus (inclusive mulheres e crianças) e cristãos indianos, marchando em seguida para Dehli. Nesta cidade, no dia seguinte, outros indianos juntaram-se à rebelião: os sipais massacram todos os europeus e cristãos na cidade. Dois meses depois, tropas britânicas derrotaram o principal exército sipai nas cercanias de Dehli e, com o auxílio de forças *sikhs, pachtuns* e *gurkhas,* sitiaram a cidade. Dehli foi tomada pelos britânicos após semanas de combates de rua. Os sipais foram massacrados, de modo generalizado, numa verdadeira orgia de sangue. A revolta provocou o fim da administração local da EIC. Em agosto de 1858, a coroa britânica assumiu o governo da Índia, um secretário de Estado foi designado para tratar de assuntos indianos e o vice-rei da Índia passou a ser o chefe da administração local. A Companhia Britânica das Índias Orientais foi abolida e os britânicos procuraram integrar os governantes nativos na administração colonial.

A sublevação indiana encheu de horror, pelos seus atos "atrozes", à opinião pública inglesa. Karl Marx respondeu, nos jornais aos quais tinha acesso, que "tem razão um povo para tentar expulsar os conquistadores externos que cometeram tantos abusos contra seus súditos": a violência da revolta colonial não deveria surpreender os colonialistas. E afirmou que a revolta *sipai* era apenas a primeira etapa de um processo revolucionário de longo alcance: "O primeiro golpe que foi dado à monarquia francesa veio da nobreza e não dos camponeses. A revolta da Índia não foi iniciada pelos *ryots,* torturados, humilhados e despojados pelos britânicos, mas pelos *sipais,* vestidos, alimentados, cuidados, engordados e mimados por eles".

Os "atos de valor marcial" referidos pelos oficiais ingleses eram crueldades gratuitas, de infinita covardia, diante das quais as "barbaridades" indianas, deliberadamente exageradas pela imprensa britânica, não podiam se equiparar em matéria de selvageria: "Por mais infame que seja a conduta dos *sipais*, isso é apenas o reflexo da própria conduta da Inglaterra na Índia".[132] As respostas das autoridades coloniais inglesas à revolta foram também políticas: a abolição do título, que ainda existia, de grande mogol, a retirada do governo colonial da *East India Company*, a fundação de três universidades nos mais antigos centros de domínio inglês: Madras, Bombaim e Calcutá.

O vice-rei da Índia terminou a política de anexações, decretou a tolerância religiosa e admitiu indianos no serviço público. A supremacia inglesa na colônia, porém, era total: pelo censo de 1881, a população de Calcutá era de 790.286 pessoas, no topo das quais se encontrava uma elite inglesa de 13.000 pessoas, com total controle do governo e de suas agências, "a mais exclusiva e consciente casta colonial do mundo imperial", imediatamente depois havia 16.000 anglo-indianos, "sicofantas com posições nas comunicações, transportes e alfândegas".[133] O objetivo dessas medidas era formar uma classe alta moderna de nativos da Índia, capaz de colaborar na administração colonial, e disposta a fazê-lo. Dentre os graduados nas novas universidades se contaram os futuros fundadores do *All India National Congress* (criado em 1885), o Partido do Congresso (ou, simplesmente, "Congresso"), "para conseguir uma una participação ativa dos indianos na administração do país"; foi o primeiro movimento resistente amplo em uma colônia europeia, que desaguaria no moderno nacionalismo colonial. Um dos fundadores do Partido do Congresso foi Motilal Nehru, pai do *Pandit* Jawaharlal Nehru, procedente de uma velha família *brahmin* com origem na Caxemira. As universidades inglesas na Índia criaram um dos futuros coveiros do colonialismo inglês. O movimento nacional indiano reproduziu, modificado, mas essencialmente mantido, o sistema de castas que caracterizava à Índia desde tempos remotos.

A Rainha Vitória recebeu em 1877 o título de Imperatriz da *Índia*, que compreendia o extenso território entre a fronteira iraniano-paquista-

132 Karl Marx e Friedrich Engels. *Acerca del Colonialismo*. Moscou, Progreso, 1981.

133 Perry Anderson. *Linhagens do Estado Absolutista*. Porto, Afrontamento, 1984.

nesa e a Birmânia, e entre o Oceano Índico e o Tibete. A Índia, segundo calculou Hobson em finais do século XIX, foi o destino de 20% dos investimentos externos britânicos em todo o mundo. O governo indiano foi posto como exemplo do "governo direto" (*direct rule*) nas colônias europeias. A Índia era governada por um número restrito de membros do *Indian Civil Service* (898 em 1893), em sua maioria ingleses, que exercitavam o poder através de uma hierarquia de funcionários menores nativos, assalariados, um poder que chegava até o *village*. A língua da administração e das escolas superiores era o inglês, a elite indiana foi "anglicizada". O direito civil local consuetudinário foi conservado e codificado. No último quartel do século XIX, a frente das guerras coloniais inglesas estendeu-se. Em 1879, Inglaterra empreendeu a segunda guerra afegã. Na China, os ingleses estabeleceram-se em Xangai. Logo depois também o fizeram na África, graças às iniciativas de Cecil Rhodes (1853-1902), colonizador e homem de negócios britânico. A figura de Rhodes simbolizou a criação do maior império geográfico da história, presente em todos os continentes.

A expansão inglesa para Oriente tinha antecedentes: Inglaterra chegara na Ásia Central no século XVIII, depois que passou a dominar "legalmente" o subcontinente indiano através do tratado de Paris de 1763. Em 1809 fez um pacto com uma das facções em que se tinha se estilhaçado a dinastia afegã. O Império Russo também começou a investir na região, para pressionar a Índia britânica. Em 1826, Rússia invadiu o Irã. O Czar queria expandir seu território, e conseguir uma saída ao Golfo Pérsico, aos "mares quentes" que até então estiveram fora do alcance do Império Czarista. Os russos infringiram uma dura derrota ao Irã em 1827, em consequência do que foi firmado o tratado de Turkomanchai, que concedia à Rússia czarista a terra ao Norte do rio Aras, demarcando o limite entre os dos países. Em 1837, Inglaterra fez uma aliança com a monarquia afegã por temer uma invasão russo-persa. Em 1839, os ingleses conquistaram o país, encontrando forte resistência nos anos sucessivos. Em 1856, o Irã tentou recuperar seu antigo território no noroeste do Afeganistão, mas Inglaterra lhe declarou guerra e, em 1857, o país teve que assinar um tratado de paz no qual renunciava a qualquer pretensão sobre o Afeganistão.

O Império Otomano viu-se envolvido nos conflitos europeus. A primeira guerra europeia da era contemporânea, a Guerra da Crimeia, se estendeu de 1853 a 1856, na península da Crimeia, no sul da Rússia e nos Bálcãs. A guerra envolveu, de um lado, o Império Russo e, de outro, uma coligação integrada pelo Reino Unido, a França, o Reino da Sardenha e o Império Otomano. Essa coalizão, que contou com o apoio do Império Austríaco, foi criada em reação às pretensões expansionistas russas. Desde o fim do século XVIII, os russos tentavam aumentar sua influência nos Bálcãs, em nome do pan-eslavismo. Em 1853, além disso, o czar Nicolau I invocou o direito de proteger os lugares santos dos cristãos em Jerusalém, lugares que eram ainda parte dos territórios do Império Otomano. Com esse pretexto, suas tropas invadiram os principados otomanos do Danúbio (Moldávia e Valáquia, na atual Romênia). O sultão da Turquia, contando com o apoio do Reino Unido e da França, rejeitou as pretensões do czar, declarando guerra à Rússia. Depois da declaração de guerra, a frota russa destruiu a frota turca: o Reino Unido, sob a rainha Vitória, passou a temer que uma possível queda de Constantinopla para as tropas russas pudesse lhe retirar o controle estratégico dos estreitos de Bósforo e de Dardanelos, lhe cortando as comunicações com a Índia.

Depois da derrota naval dos turcos, França e Inglaterra declararam guerra à Rússia no ano seguinte, seguidos pelo Reino da Sardenha (governado por Vittorio Emanuele II e o seu primeiro-ministro, o Conde de Cavour, futuro unificador da Itália). Em troca desses apoios, o Império Otomano permitiu a entrada de capitais ocidentais na sua economia até então autárquica. O conflito iniciou-se efetivamente em março de 1854. Em agosto, os turcos, com o auxílio de seus aliados, já haviam expulsado os invasores russos dos Bálcãs. De forma a encerrar rapidamente o conflito, as frotas dos aliados convergiram sobre a península da Crimeia, desembarcando tropas a 16 de setembro de 1854, e iniciando o bloqueio naval e o cerco terrestre à cidade portuária fortificada de Sebastopol, sede da frota russa no mar Negro. Embora a Rússia fosse vencida em diversas batalhas, o conflito arrastou-se com a recusa russa em aceitar os termos de paz. Entre as principais batalhas desta fase da campanha registram-se a do rio Alma; a batalha de Balaclava (cantada por Alfred Tennyson em *A Carga da Brigada Ligeira*) e a de Inkerman. Diversamente do observado em suas espantosas vitórias coloniais, Inglaterra não confirmava sua superioridade militar na Europa, colhendo fragorosas e sangrentas derrotas na Crimeia. Durante o cerco a Sebastopol, a doença cobrou também um pesado tributo às tropas britânicas e francesas. A praça-forte, em ruínas, só caiu um ano mais tarde, em setembro de 1855.

A guerra só terminou com a assinatura do tratado de Paris de 30 de março de 1856. Pelos seus termos, o novo czar, Alexandre II da Rússia, devolvia o sul da Bessarábia e a embocadura do rio Danúbio para o Império Otomano e para a Moldávia, renunciava a qualquer pretensão sobre os Bálcãs e ficava proibido de manter bases ou forças navais no mar Negro. Por outro lado, o Império Otomano era admitido na comunidade das potências europeias, tendo o sultão se comprometido a tratar seus súditos cristãos de acordo com as leis europeias. A Valáquia e a Sérvia passaram a estar sob a "proteção internacional" franco-inglesa. Isso tudo fortaleceu as ambições inglesas sobre o Oriente Próximo. A vitória otomana no conflito da Crimeia foi, portanto, de Pirro. Vinte anos depois, na Conferência de Londres (1875), Rússia obteve o direito de livre trânsito nos estreitos de Bósforo e de Dardanelos. Em 1877, iniciou nova guerra contra os otomanos, invadindo os Bálcãs em consequência da repressão turca às revoltas das populações de eslavos balcânicos. Diante da oposição das grandes potências, os russos recuaram outra vez. O Congresso de Berlim (1878) consagrou finalmente a independência dos Estados balcânicos e a perda otomana de Chipre para o Reino Unido; da Armênia e de parte do seu território asiático para a Rússia; e da Bósnia e Herzegovina para o Império Austro-Húngaro.[134] Em 1895, Inglaterra apresentou um plano de partilha da Turquia, rechaçado pela Alemanha, que preferia garantir para si concessões ferroviárias no Império Otomano.

A passagem da Inglaterra liberal para a Inglaterra conservadora e imperialista deu-se na época vitoriana, que cobriu a segunda metade do século XIX até a virada para o século XX: em 1874, os conservadores, com Disraeli, derrotaram os liberais de Gladstone, que tinham governado Inglaterra por mais de quatro décadas, impondo uma virada também na política externa, que tomou um rumo abertamente imperialista. Em 1878, Inglaterra invadiu novamente o Afeganistão: a rivalidade anglo-russa tinha sido uma constante na questão relativa aos domínios do decadente Império Otoma-

134 Orlando Figes. *Crimea: the Last Crusade*. Londres, Penguin Books, 2011.

no. Com a decisão russa de expandir-se para a Ásia Central na década de 1880, aproximando-se assim das fronteiras da Índia, principal colônia do Império Britânico, Inglaterra impôs um quase protetorado ao Afeganistão (com o Tratado de Gandumak, extremamente desfavorável aos afegãos), que se constituiu como Estado-tampão entre as duas potências. A tensão regional levou à iminência de uma guerra anglo-russa, provisoriamente sufocada. Em 1881, os ingleses saíram do país, colocando Abdur Rahman no trono; um homem aceitável para os ingleses e também para os russos, que governou o Afeganistão até 1901.

A expressão "Grande Jogo" para designar os conflitos inter-imperialistas na Ásia Central tornou-se lendária com *Kim*, romance de Rudyard Kipling, que fazia alusão a disputa das grandes potências para consolidar seus impérios e desarticular os dos rivais. Na época, o que estava em jogo eram "as Índias", a joia da coroa britânica cobiçada pela Rússia imperial. A disputa durou um século e acabou em 1907, quando Inglaterra e Rússia entenderam-se sobre a divisão de suas zonas de influência, com a criação de um Estado amortecedor entre elas: o Afeganistão. Na convenção de São Petersburgo, em 1907, Rússia concordou com que o Afeganistão ficasse fora de sua esfera de influência. Habibullah manteve a neutralidade do Afeganistão durante a Primeira Guerra Mundial, suportou o primeiro movimento pela adoção de uma constituição, e foi assassinado por nacionalistas em 1919. Seu filho Amanullah denunciou os tratados de submissão do país, provocando a terceira guerra anglo-afegã, fazendo recuar os ingleses, abolindo a servidão, alterando o estatuto de submissão da mulher, o que provocou sua queda.

A mola propulsora das investidas imperiais estava na própria metrópole. A depressão econômica determinou a necessidade para a burguesia britânica de dar saída à crise colocada simultaneamente pelo capital excedente e pelas tendências do movimento operário para desafiar o poder estatal. A expansão do mercado mundial deu vazão ao capital supérfluo acumulado na Inglaterra. O colonialismo britânico dava vazão à população desempregada ou esfomeada e, mais importante, dava vazão também ao "capital desempregado": entre 1870 e 1913, os investimentos externos de Inglaterra atingiram, em média, 4,5% do PIB do país, atingindo picos de 7% (1872, 1890 e 1913). Em 1914, o *stock* de capital inglês investido no exterior atingiu £ 3, 8 bilhões, o dobro do equivalente francês, e mais do que o triplo do investimento alemão. 6% desses investimentos eram realizados na Europa, 45% nos EUA e nas colônias de povoamento (Austrália, Nova Zelândia, Canadá) 20% na América Latina, 16% na Ásia e 13% na África. As tentativas de independência das colônias foram respondidas com a ocupação direta. Inglaterra tentou também, nesse período, ampliar seus domínios ultramarinos em áreas dominadas pelas potências concorrentes, como Java (na Indonésia).

Na segunda metade do século XIX, graças ao peso conquistado pelo setor financeiro na atividade econômica, o setor de serviços, incluindo as instituições financeiras centradas em Londres, foi conquistando influência na presença ultramarina britânica. O investimento externo não ficou restrito aos entrepostos e as zonas costeiras, e as companhias ferroviárias (muitas com escritórios centrais na *City* londrina) começaram a se desenvolver em continentes que até então eram vistos como impenetráveis. Enquanto os industriais locais se preocupavam com a competição externa, a *City* estendia seu quadro institucional para agir como banqueiro do comércio mundial. Foi depois de 1870 que a expansão do poder financeiro britânico criou um "império invisível" de dimensões mundiais, que compensou a crescente divisão da influência inglesa no mundo com os Estados Unidos e o restante da Europa colonialista. Os rendimentos "invisíveis" assim gerados e o suporte dado ao próprio comércio de exportação ajudaram a reduzir a queda de competitividade britânica: "A importância das partidas invisíveis na afirmação da Grã-Bretanha como potência hegemônica da economia mundial no século XIX já era evidente na literatura desse período [demonstrando] não só o papel de potência industrial do país, mas também sua potência financeira e comercial, além de marítima. Sem esquecer que, ao lado de sua marinha mercantil, operava uma temível frota militar, que permite compreender a dimensão *política* do poder exercido pela Grã-Bretanha até a Primeira Guerra Mundial".[135]

A figura política central dessa mudança foi o primeiro-ministro conservador Benjamin Disraeli (1804-1881), que soube conciliar uma política de reforma social interna (legislação trabalhista, reconhecimento dos sindi-

135 Mario Tiberi. *Investimenti Internazionali e Sviluppo del Sistema Capitalistico*. Roma, Kappa, 1992.

catos), depois de ter denunciado no Parlamento britânico as condições de pobreza extrema da classe operária, com uma política externa imperialista, o que lhe permitiu se confrontar vantajosamente com seu rival *tory* Robert Peel e com o chefe liberal William Gladstone. Como primeiro ministro, Disraeli comprou em 1875 metade das ações da companhia que administrava o Canal de Suez. Em 1876, proclamou à Rainha Vitória imperatriz da Índia. Impediu que a Rússia pudesse impor à Turquia um tratado humilhante, brecando a expansão russa nos Bálcãs "eslavos", e foi recebido de modo triunfal no Congresso de Berlim de 1878. Foi sua ação que transformou o imperialismo em uma "ideologia popular". À sua morte, a Rainha Vitória fez questão de depositar pessoalmente uma coroa de flores no seu túmulo.[136] O livre comércio, mantido unicamente pela Grã-Bretanha entre as grandes nações capitalistas durante a "Grande Depressão" do último quartel do século XIX, oferecia à *City* a oportunidade de ser o grande centro comercial e, sobretudo, financeiro do mundo com a difusão internacional da libra esterlina, o que exigia a manutenção do padrão ouro interno e das baixas despesas governamentais e contas nacionais equilibradas. Seguindo os passos da Grã-Bretanha, Alemanha e Franca procuraram também estreitar laços com as classes dominantes coloniais ou semicoloniais, enquanto no México os EUA começaram a ter um peso cada vez maior tanto na economia como nos assuntos políticos internos.

A entrada de outras nações na corrida por mercados questionou as pretensões econômicas da Grã Bretanha: "O Reino Unido exerceu funções de governo mundial até o fim do século XIX. De 1870 em diante, porém, começou a perder o controle do equilíbrio de poder europeu e, logo depois, do equilíbrio global. Em ambos os casos, a ascensão da Alemanha à condição de potência mundial foi um acontecimento decisivo".[137] Na metrópole inglesa, além de sua atuação na *City* e no sistema de crédito, a influência dos capitalistas "fidalgos" era forte nas zonas de influência britânica, particularmente nos novos territórios: "A dependência das instituições financeiras, do capital e do comercio britânico na Austrália, Nova Zelândia e na

136 Robert Blake. *Disraeli*. Nova York, St. Martin's Press, 1966; Royden Harrison. *Disraeli*. Buenos Aires, CEAL, 1976.

137 Giovanni Arrighi. *O Longo Século XX*. Dinheiro, poder e as origens de nosso tempo. Rio de Janeiro-São Paulo, Contraponto-Unesp, 1996.

colônia do Cabo, era tão grande que, a despeito das concessões ao governo responsável, essas regiões podiam ser descritas como 'extensões de uma velha sociedade', lugares que, nas palavras de John Stuart Mill, Grã-Bretanha achou conveniente conduzir de acordo com suas atividades financeiras e comerciais. Parte da América Latina, notadamente a Argentina e o Uruguai, assim como, em menor grau, o Brasil, eram dispostas de forma similar, o ritmo de sua vida econômica era dependente do fluxo e refluxo dos fundos de Londres. A natureza e extensão dessa dependência foi dolorosamente experimentada em 1890, quando o fluxo de capital foi cortado e Austrália e Argentina, seguida pelo Brasil, tiveram que restabelecer a confiança de crédito reformulando suas políticas econômicas para conformar o ponto de vista de Londres de princípios bancários sadios".[138]

No Oriente Médio e na Ásia Central, a expansão inglesa aproveitou a fraqueza dos governos e as cumplicidades das classes dominantes locais. O Oriente Médio estava submetido ao Império Otomano desde o século XVI. Quando o governador do Egito ameaçou os exércitos turcos, as tropas russas acudiram em ajuda do Império Otomano. Grã-Bretanha e França obrigaram Egito a abandonar os territórios sírios. Depois da infrutífera tentativa do governador de transformar industrialmente o Egito, o país caiu sob uma crescente dependência da Grã-Bretanha. Em 1849, o Egito (ainda formalmente parte do Império Otomano) dependia da Grã-Bretanha para 41% de suas importações e 49% de suas exportações. Desde a abertura do Canal de Suez, o Egito ocupava um lugar central para a Grã-Bretanha e a França. Várias revoltas árabes contra a Sublime Porta foram sustentadas, animadas e armadas pelas potências europeias. O endividamento e a crise financeira egípcia impuseram ao Egito a venda da sua parte do canal ao governo britânico, que se converteu assim no seu principal acionista, porém o déficit fiscal egípcio subsistiu. A base social que dava sustentação ao domínio britânico vinha dos latifundiários plantadores de algodão, os principais interessados no comércio direto com a Grã-Bretanha. Lorde Cromer, comissário geral inglês, tornou-se milionário explorando os algodoais. A população pobre reagia na menor oportunidade para demonstrar seu descontentamento com o destino do país, administrado por uma potência cris-

138 P. J. Cain e A. G. Hopkins. Gentlemanly capitalism and British expansion overseas: new imperialism 1850-1945. *Economic History Review*, Londres, Vol. 40, nº 1, 1987.

tã. Mas o boom algodoeiro mundial deu certa estabilidade à dominação franco-britânica aliada aos grandes proprietários de terra egípcios. Isso se manteve até a bolha do algodão estourar com a "Grande Depressão", que atingiu as redes do comércio mundial, centradas na Inglaterra.

Com a virada política conservadora de 1874, a política britânica para o Oriente Médio se tornou abertamente intervencionista, buscando recursos financeiros externos para paliar sua crise econômica interna. O Tesouro egípcio foi colocado pelos britânicos quase que inteiramente sob o controle de um *Financial Advisor*, que exerceu o poder de veto sobre todas as questões de política financeira; o caixa da dívida franco-britânica tomou ao seu cargo as finanças do Egito. Da crise algodoeira só sobrou as dívidas egípcias, que tiveram de ser pagas alienando o patrimônio nacional, incluída a participação egípcia no Canal de Suez: "A razão pela qual Saïd e Ismaïl [sucessores do *khediva* Mehmet Ali] torraram todos esses milhões era que queriam renovar a glória do Egito e deixar como herança grandes monumentos. Suez devia ser a Grande Pirâmide da era moderna; a Medjideh o núcleo de uma marinha mercantil egípcia. Os egípcios só teriam como lembrança, no entanto, o desprezo dos europeus residentes no país, a debilidade governamental diante das pretensões ocidentais, a venda as ações do Canal de Suez à Inglaterra, a bancarrota do país em 1876... Não sobrou mais nada, só amargas lembranças".[139]

Em 1876, Egito se declarou em bancarrota: o Reino Unido se comprometeu a "ajudá-lo" mediante a imposição de severas medidas econômicas estabelecidas por uma comissão conjunta dos países europeus credores. Estabelecido o montante da dívida pública, os credores europeus se atribuíram determinadas receitas estatais, ou bens produzidos em determinados setores ou zonas, como meio para o pagamento da dívida. Na prática, criou-se um governo misto de egípcios e europeus, em sua maioria britânicos. A Assembleia Nacional (consultiva) criada em 1866 assistiu à configuração de correntes internas e pressões nacionalistas que obrigaram a dissolver o governo misto. Em 1879, Egito repudiou a dívida externa: esse desplante nacionalista não foi tolerado pelas potências europeias, com Inglaterra à cabeça, as que pressionaram o Império Otomano, o que levou o *khediva*

139 David S. Landes. *Banchieri e Pascià.* Finanza internazionale e imperialismo economico. Turim, Bollati Boringhieri, 1990.

egípcio a abdicar em favor de seu filho, Tewfik Pachá. Novas pressões britânicas e francesas sobre o Império Otomano levaram Tewfik a restituir o governo misto com presença europeia. Este estabeleceu que 50% das receitas do país seriam destinadas ao pagamento da dívida externa, aceitando o controle bipartite das finanças egípcias por parte da França e Inglaterra.

A reação nacionalista contra a degradação do país teve seu epicentro no exército. Em setembro de 1880, o coronel Ahmed Urabi, com um grupo de oficiais egípcios e com apoio da população urbana, dirigiu-se ao palácio real. Urabi foi promovido para o cargo de secretário para a guerra e, finalmente, para membro do gabinete real. Em abril de 1882 o *khediva* Tawfiq fugiu para Alexandria; o Egito estava nas mãos dos oficiais nacionalistas amotinados contra a dominação europeia. A "Revolta Urabi" aconteceu no contexto de ascensão do imperialismo europeu na África no século XIX, e era anticolonialista no seu sentido mais amplo. As potências imperialistas opuseram-se em nome, claro, da democracia. Um levante popular na cidade de Alexandria em junho de 1882 elevou a tensão. Europeus ameaçados pelos egípcios dirigiram-se aos navios britânicos ancorados no porto da cidade. Os britânicos, sustentados pela sua Câmara dos Comuns, iniciaram os ataques à Alexandria com o objetivo (ou melhor, com o pretexto) de levar novamente Tawfiq, "legítimo monarca", ao poder. A democracia imperial europeia barrava o caminho da democracia egípcia.

Em 11 de julho de 1882, finalmente, a frota britânica bombardeou Alexandria. Uma conferência de embaixadores foi realizada em Constantinopla; o sultão otomano foi convidado para sufocar a revolta egípcia, mas vacilou, e finalmente recusou, em empregar suas tropas. O governo britânico, que já empregara a força armada, convidou à França para cooperar no ataque ao Egito. O governo francês se recusou, e um convite semelhante para a Itália deparou-se também com uma recusa. O perigo de uma retomada da agitação nacionalista levou França e Grã-Bretanha a enviar navios de guerra para Alexandria para reforçar o *khediva*, reposto no poder em meio a um clima político turbulento, espalhando o medo da invasão europeia por todo o país. O pretexto intervencionista eram as preocupações com a segurança do Canal de Suez, e também a dos maciços investimentos britânicos no Egito. Para quebrar o impasse, uma força expedicionária britânica desembarcou em ambas as extremidades do Canal de Suez, em agosto de

1882. Os ingleses, em setembro, tomaram o controle do país, derrotando os nacionalistas egípcios em Tel-el-Kebir. Ahmed Urabi foi deportado para o Ceilão, colônia inglesa no subcontinente índico. A ocupação militar do Egito foi também devida ao temor do governo inglês de que a França ocupasse o país, pressionada pelos seus investidores.

A conquista do Egito foi a base para a orientação do imperialismo britânico para a África oriental, que era a porta de entrada para o Vale do Nilo. A conquista do Egito foi a base para a orientação do imperialismo britânico para a África oriental, que era a porta de entrada para o Nilo. O Império Britânico decidiu-se por ocupar permanentemente o Egito, em 1882, quando o país ainda estava subordinado ao Império Otomano, devido a razões, em primeiro lugar, estratégicas: o domínio do Canal de Suez, a passagem que ligava os oceanos orientais ao mar Mediterrâneo. De 1882 em diante a região do Nilo viu-se incorporada ao Império Britânico. Num primeiro momento, a estratégia de ocupação baseou-se na velha prática do *Indirect Rule*. Ao invés do país ser administrado escancaradamente por um governador britânico, decidiram manter no posto o antigo *khediva*. Quem mandava no país eram os Altos Comissários Gerais britânicos, que acumulavam a função protocolar de cônsules gerais do Império Britânico no Egito, no período de 1882 até 1914, quando o estatuto da relação imperial mudou.

Na Ásia Central, a influência do imperialismo britânico e da Rússia czarista na Pérsia aumentou durante a segunda metade do século XIX. Em 1872 o Chá Nasir-Al-Din praticamente vendeu o país às potências europeias; nos anos seguintes, vendeu aos empresários ingleses o direito de prospecção de minérios, de abrir bancos, e aos russos a exclusividade na exploração do caviar. Todas as riquezas do país estavam em mãos estrangeiras. Em 1901, um novo Chá vendeu ao londrino William Knox o direito exclusivo de procurar e explorar o petróleo que encontrasse em solo iraniano. Knox descobriu o produto, que logo chamou a atenção do governo britânico. Uma empresa britânica, a *Anglo–Persian Oil Company* (APOC) passou a controlar os campos petrolíferos do Irã. Em1907, Grã-Bretanha e Rússia dividiram o país entre si. Os britânicos ficaram com o Sul e os russos com o Norte. Uma faixa entre as duas áreas foi declarada de autonomia iraniana. O governo iraniano não foi sequer consultado, mas apenas informado desse acordo. Entre 1912 e 1933, a APOC conseguiu benefícios de 200 milhões de libras, das quais o governo do Irã (ainda Pérsia) só recebeu 16 milhões, menos de 10%. Finalmente, o Sudão foi conquistado em 1898 pelos britânicos através de invasão militar seguida de feroz repressão da população local.

O Império Britânico em finais do século XIX

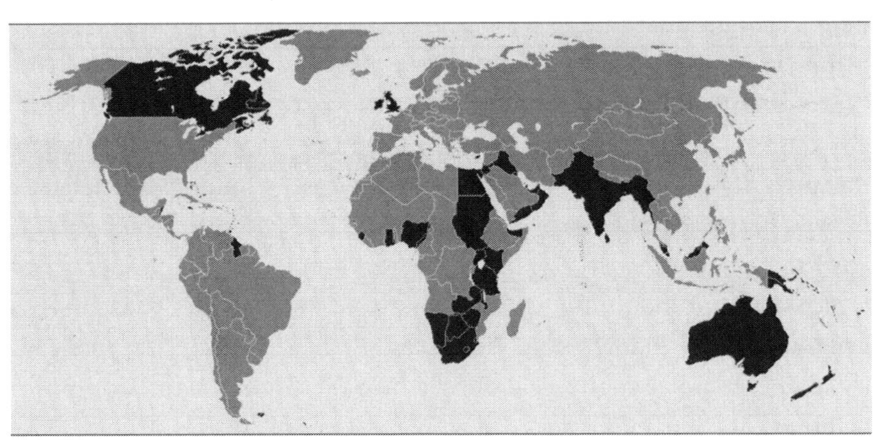

As riquezas petrolíferas do Oriente Médio desempenharam um papel determinante na atitude das potências. As negociações franco-britânicas sobre a divisão do Oriente Próximo giraram em torno a sorte da antiga *Turkish Petroleum Company*. A Grã Bretanha exercia um protetorado de fato no Egito e no Golfo Arábico-Pérsico. Lorde Kitchener, amo do Egito, planejava dividir a região meridional da Síria até Haifa e Acre para criar uma unidade territorial separada, sob o controle britânico; como parte desse desenho, na ocasião de sua visita à Palestina em 1911, escrevia que seria melhor "que os judeus colonizassem o país o quanto antes possível". Seis anos depois, seu desejo receberia sanção oficial.

A caracterização histórica do Império Britânico foi objeto de controvérsias. Robinson e Gallagher enfatizaram a continuidade da política imperial britânica durante todo o século XIX, ressaltando que a estratégia dos estadistas britânicos não se alterou em nenhum momento. Crises na periferia levaram o governo britânico a intervir em defesa dos interesses econômicos e estratégicos da Grã-Bretanha, e essa seria a base do imperialismo britânico. O *scramble for Africa*, eles argumentaram, foi um resultado da defesa pela Grã-Bretanha de rotas estratégicas no continente frente à crescente rivalidade de outras potências europeias: o "novo imperialismo" britânico teria surgido como resultado da necessidade da Grã-Bretanha de manter os territórios que eram importantes para os seus interesses estratégicos e não, como defendido por Hobson e Lênin, para dar vazão ao excesso de capitais acumulados na metrópole. O imperialismo inglês teria tido, para Robinson e Gallagher, razões geopolíticas mais do que econômicas.

Exportações britânicas de capital 1820-1915, em milhões de libras esterlinas

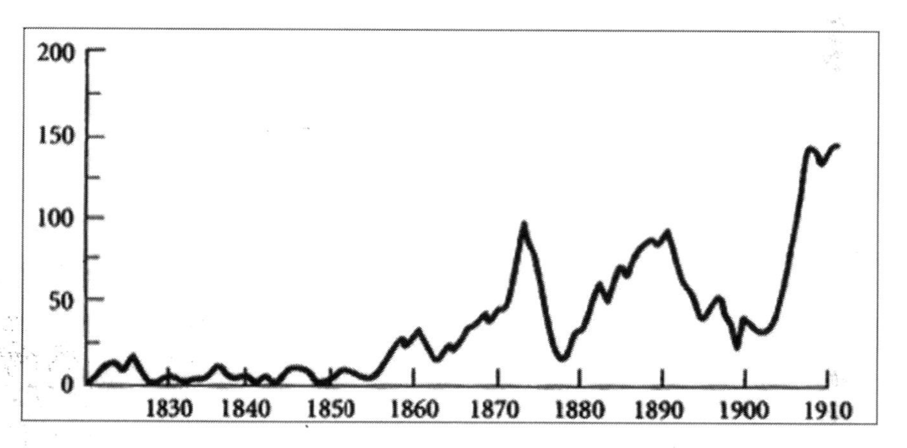

O Império Britânico foi um fator de atraso político para sua metrópole, obrigando-a a se equilibrar incomodamente entre uma pujante indústria capitalista e a sobrevivência de aspectos centrais da velha ordem social e política. Isto se deveu a que "para um grande número de ingleses, escoceses e irlandeses, o Império foi um negócio vantajoso. Entre os beneficiados não se encontravam só os estratos social e politicamente dirigentes, mas pessoas de todos os grupos sociais, do grande comerciante ao migrante sem recursos, do detido deportado ao financista calculador, do jovem rebento de família nobre ao empregado que não possuía nenhuma oportunidade de carreira na sua pátria, e ainda ao eclesiástico que não encontrava paróquia na sua Inglaterra natal e se mudava para Austrália ou Rodésia. Era certamente exagerada a polêmica do radical defensor do livre câmbio, John Bright, quando definia como inútil o império colonial - um 'sistema de subsídios externos para as classes altas' – pois, para muitos membros da classe média inglesa, no além-mar se abriam oportunidades de crescimento que lhes eram vedadas na sua pátria. Joseph Chamberlain, Alfred Milner e, sobretudo, Cecil Rhodes, representantes do imperialismo britânico, encarnavam o tipo do alpinista social. O Império lhes oferecia a oportunidade e o espaço de se desenvolver seguindo as próprias ambições".[140]

O que não significa que essas "oportunidades" não os levassem a situações humanas limítrofes (como as descritas por Joseph Conrad nos romances *O Coração das Trevas* e *Lord Jim*), nem que a sustentação colonial do parasitismo e da futilidade cerimoniosa e empolada das "classes altas" inglesas (retratadas por G. K. Chesterton nas "aventuras do Padre Brown" e, sobretudo, na sua desopilante *Breve História de Inglaterra*),[141] não se transformasse em um peso morto sobre a nação britânica e na rota de sua decadência. Conrad, polonês de nascimento, e Chesterton, católico, porém, eram *outsiders* na Inglaterra vitoriana. O império colonial permeou (e angustiou) a ciência e a cultura inglesa. A conquista e exploração de territórios ultramarinos recebeu um verniz "científico", justificada como "ação civilizatória" destinada a melhorar os povos "não civilizados". A pseudociência da *eugenia* (destinada ao melhoramento e purificação das raças) nasceu no seu bojo e antecipou o racismo industrial do século XX. No seu apogeu, o Império Britânico concedeu autonomia às colônias inglesas de maioria de população branca, como o Canadá, a Austrália, a Nova Zelândia e as regiões sob a soberania inglesa da África do Sul (Cabo, Orange, Natal e Transvaal), respectivamente, em 1867, 1901, 1907 e 1910. Esses países ganharam um estatuto de *domínios*, com soberania quase total, mas com garantias de lealdade à Coroa britânica, que continuou como titular do poder político. Em contrapartida, em 1914 o Egito passou a ser diretamente um protetorado britânico. Os diversos estatutos dentro do império britânico não foram alheios a considerações de ordem racial.

O "século britânico" se baseou na expansão da principal potência capitalista do seu tempo. O império que resultou dessa expansão foi maior que todos os impérios precedentes. Foi, em primeiro lugar, o maior império

140 Peter Wende. *L'Impero Britannico.* Storia di una potenza mondiale. Turim, Einaudi, 2009.

141 G. K. Chesterton. *Breve Historia de Inglaterra.* Buenos Aires, Austral, 1944.

em extensão de terras descontínuas do mundo. Era composto por domínios, colônias, protetorados, mandatos e territórios governados ou administrados pelo Reino Unido, e foi o principal responsável pela incorporação de boa parte do mundo à economia mundial, chegando a compreender um quarto da população e da superfície terrestre do planeta, sobre a base do domínio dos oceanos e de suas rotas principais: "O Império Britânico foi o maior império de todos os tempos, sem exceção... A dificuldade com as realizações do Império é que elas têm uma probabilidade muito maior de serem consideradas menos importantes do que seus pecados. É instrutivo, no entanto, tentar imaginar um mundo sem o Império. Ao passo que seria mais ou menos possível imaginar o mundo sem a Revolução Francesa ou sem a Primeira Guerra Mundial".[142]

A expansão imperialista, motivada por razões econômicas (excedente de capitais, população supérflua e desempregada) transformou-se em movimento autônomo, com o uso da força pela força, da violência pela violência, da formação de castas parasitas, violentas e insolentes, nas colônias tanto quanto na metrópole, da expansão dos instrumentos de dominação e violência do Estado; "tudo perde o significado, a não ser a própria força como motor indestrutível e autoalimentada de toda ação política correspondente à lendária acumulação incessante de dinheiro que gera dinheiro. O conceito de expansão ilimitada como único meio de realizar a esperança de acúmulo ilimitado de capital, que traz um despropositado acúmulo de força, torna quase impossível a fundação de novos corpos políticos – que até a era do imperialismo sempre resultavam da conquista".[143] O Império Britânico, apresentado como fautor da modernização mundial, foi na verdade o principal instrumento da expansão do capital na sua forma financeira.

142 Niall Ferguson. *Império*. Como os britânicos fizeram o mundo moderno. São Paulo, Planeta, 2010.

143 Hannah Arendt. *As Origens do Totalitarismo*. São Paulo, Companhia das Letras, 1989.

AFRIQUE

Capítulo 6

SOCIALDEMOCRACIA BRITÂNICA E IMPERIALISMO

Manuel Quiroga e Emiliano Giorgis[144]

A importância da Grã-Bretanha como principal potência imperialista do século XIX, afetada pela crescente concorrência de potências como a Alemanha e a França, fez com que a interpretação dos novos fenômenos associados ao imperialismo se desenvolvesse cedo na Grã-Bretanha. Embora a produção da socialdemocracia britânica não seja bem conhecida, sua importância não pode ser subestimada. O material empírico oferecido pela experiência britânica foi fundamental para o desenvolvimento de interpretações socialistas do imperialismo. Como vimos, um dos principais eventos que lançou o problema do imperialismo a um lugar de destaque na agenda do socialismo europeu foi a guerra anglo-bôer (1899-1902). Por sua vez, o desenvolvimento progressivo de uma interpretação do imperialismo como uma fase histórica deve grande parte de sua elaboração à realidade da Grã-Bretanha, que, ao contrário de outras potências que chegaram mais tarde ao concerto colonial, tinha uma longa experiência de expansão ultramarina (desenvolvida extensivamente entre os séculos XVI e XIX). Essa situação gerou, no final do século XIX, uma crise do imperialismo britânico que estimulou interpretações históricas de longo prazo que buscavam explicar

144 Pesquisador do *Consejo Nacional de Investigaciones Científicas y Técnicas* (CONICET) da Argentina; Licenciado em História pela Universidade Nacional de Córdoba (UNC).

as diferenças entre o colonialismo dos séculos anteriores e a nova fase que estava se abrindo.

Por outro lado, algumas das teorias produzidas na Grã-Bretanha tiveram um impacto não desprezível. Se apenas as obras do político radical John Hobson, conhecido por sua influência sobre Lênin, são geralmente conhecidas, a produção de vários autores propriamente socialistas teve uma influência importante sobre a Segunda Internacional. Os debates relacionados à situação histórica do imperialismo britânico à luz da guerra anglo-bôer foram uma força motriz fundamental para que o socialismo internacional passasse de uma série de estudos de caso para os primeiros esboços de uma teorização geral do imperialismo, não concentrada exclusivamente na teoria, mas também no ativismo político em relação aos conflitos gerados por ele. A antiguidade das colônias britânicas e sua situação histórica particular levaram à existência de movimentos nacionalistas extremamente precoces em algumas colônias (como a Índia e o Egito), com os quais os socialistas britânicos tinham uma relação de colaboração e apoio. Se, no resto da Europa, os debates sobre esses movimentos de libertação eram em grande parte teóricos, na Grã-Bretanha havia grandes oportunidades de engajamento prático entre os socialistas da metrópole e os nacionalistas das colônias.

O debate sobre o imperialismo foi um motor de diferenciação entre as diferentes correntes do socialismo britânico. O cartismo, o movimento sindical sufragista inglês, foi provavelmente o primeiro movimento trabalhista moderno a se organizar para objetivos políticos. Os sindicatos ingleses se desenvolveram muito cedo em relação ao resto da Europa, conseguindo operar em um clima de relativa liberdade política. Uma tradição de escritores socialistas morais também exerceu forte influência. Em meados do século XIX, as vertentes mais radicais desses movimentos haviam se diluído e o movimento sindical, que continuou a se desenvolver, concentrou sua atividade no lado estritamente sindical. Hyndman comentou sobre o movimento trabalhista inglês no final da década de 1880: *[Os líderes sindicais] haviam dado provas abundantes de que podiam defender a aristocracia trabalhista (...) tão bem quanto qualquer um dos representantes dos trabalhadores que, desde então, ascenderam a posições de liderança. Mas eles não tinham nenhum ideal (...) O socialismo era, para todos eles, uma utopia irrealizável, para não dizer indesejá-*

vel.[145] Os ensinamentos dos antigos líderes cartistas haviam desaparecido completamente de suas mentes, e eles resistiram firmemente, como uma ilusão desprezível, a qualquer tentativa de usar a máquina dos sindicatos e os votos dos sindicalistas para ganhar influência política.

Os primeiros grupos socialistas surgiram na década de 1890, a partir de núcleos de intelectuais e políticos com origens democráticas radicais: a *Federação Democrática* evoluiria para posições socialistas e se renomearia *Federação Social Democrata* (SDF) em 1884, sob a liderança de Hyndman, um político rico que vinha de uma tradição popular conservadora. Em geral, essa organização tem sido descrita como uma força baseada em um marxismo dogmático e inflexível, com forte influência estrangeira. Contra essa visão, se observa como a maioria dos membros da organização (especialmente aqueles que eram membros de sindicatos) tinha raízes em uma corrente democrática radical, baseada nas ideias do cartista irlandês O'Brien. Ela enfatizava a importância de obter reformas políticas como meio de introduzir reformas sociais e analisava o monopólio da propriedade da terra como a causa principal da situação desfavorável dos trabalhadores. O grupo se radicalizaria para adotar uma análise mais baseada em classes e um programa de coletivização dos meios de produção.

Era verdade que a SDF tinha forte contato com círculos estrangeiros na Inglaterra. As condições de relativa liberdade em relação à perseguição política oferecidas pela Grã-Bretanha fizeram dela o local de residência de um grande número de refugiados socialistas alemães, russos e poloneses (entre outros) a partir da segunda metade do século XIX. As ondas migratórias de refugiados da Primavera dos Povos de 1848 (como Karl Marx) e da Comuna de 1871 já haviam gerado um ambiente de refugiados socialistas do continente. As leis antissocialistas alemãs geraram uma nova onda de exilados da Alemanha (de 1878 a 1890): esses refugiados foram particularmente ativos na organização de vários clubes socialistas para exilados, além de fornecerem recrutas para a SDF em seus primeiros anos. De 1880 a 1918, Londres foi um importante centro para os refugiados russos, muitos dos quais eram judeus. Muitos deles permaneceriam ativos na política

145 Embora o comentário de Hyndman não seja neutro, já que ele foi um crítico proeminente das tendências apolíticas e/ou de apoio liberal dos sindicatos britânicos, ele ilustra bem o fato de que os primeiros grupos socialistas surgiram fora do sindicalismo.

do exílio (principalmente grupos que apoiavam a socialdemocracia russa e o Bund), enquanto outros combinavam essas atividades com o envolvimento direto no socialismo britânico: nomes como Theodore Rothstein, Zelda e Boris Kahan tornaram-se importantes líderes da SDF. Um grupo de socialistas poloneses que vivia em Londres chegou a organizar uma seção do PPS (Partido Socialista e da Independência) polonês afiliado à SDF. A organização era para ser o grupo socialista britânico que estabeleceria os vínculos mais fortes com os grupos socialistas da Europa Continental e com a Segunda Internacional.

Em 1886, estimava-se que o SDF tinha um total de 10.000 membros, dos quais uma grande proporção era de trabalhadores qualificados, com alguns líderes sindicais e intelectuais de origem burguesa ou pequeno-burguesa. Portanto, em termos da composição social do partido, não se pode dizer que ele tenha se diferenciado dos outros partidos socialistas da Segunda Internacional. A diferença seria o fato de o partido não ter alcançado um peso numérico e eleitoral semelhante ao de suas organizações irmãs no continente. Uma das razões para isso foi o grande peso do Partido Liberal, que favoreceu a conciliação de classes e atrasou o surgimento de um partido de classe independente. A colaboração dos líderes sindicais com o Partido Liberal, e até mesmo a disputa de assentos na Câmara dos Comuns sob suas listas, era uma realidade estabelecida, conhecida como *Lib-Lab Politics*. Além disso, a SDF conseguiria manter uma atividade política constante, por meio de um notável trabalho de propaganda e organização nessas condições desfavoráveis, incluindo publicações regulares: um jornal, *Justice*, e um periódico teórico, chamado *The Social Democrat* (que em 1913 mudaria seu nome para *British Socialist*).

Posteriormente, surgiu outro grupo político socialista, que viria a se tornar um dos principais concorrentes da SDF: o *Independent Labour Party* (ILP), fundado em 1893. Ele foi criado para seguir uma política de "aliança trabalhista" entre líderes sindicais e militantes socialistas. Um de seus líderes mais importantes foi Keir Hardie, um ex-líder sindical dos mineiros que havia sido eleito para o Parlamento em 1892. Durante a maior parte da década, os acontecimentos não favoreceram a estratégia dessa organização, a ponto de ela ter sido excluída pelo conselho central dos sindicatos britânicos (TUC) em 1895. Enquanto isso, a SDF se recusou a diluir sua identidade socialdemocrata e marxista para conseguir a unidade política com os sindicatos. Ambos os grupos participaram dos primeiros Congressos da Segunda Internacional. Uma série de discussões em favor da união das duas organizações por volta de 1897 foi frustrada pela recusa da liderança do ILP, apesar do fato de que a maioria esmagadora dos membros de ambas as formações era a favor da união. Outra organização socialista foi a *Fabian Society* (FS), um grupo de discussão econômico-social, com uma maioria de membros de classe média, que se distanciou do marxismo em favor de teorias extraídas da economia política clássica, afirmando uma linha política reformista e evolucionária. Esse grupo teria uma grande influência intelectual, impactando o desenvolvimento das posições revisionistas de Eduard Bernstein.

O cenário da política socialista mudou radicalmente na Grã-Bretanha com a fundação do Partido Trabalhista Britânico. A chegada ao poder dos conservadores (que governaram entre 1885 e 1905) promoveu um clima em que os juízes começaram a encurralar judicialmente os sindicatos, que até então gozavam de ampla liberdade para fazer greves pacíficas e negociar com seus empregadores. Essa situação levou vários sindicatos a buscar uma representação política própria mais estável, o que levou à formação de uma aliança chamada Labour *Representation Committee (Comitê de Representação Trabalhista)* em 1900. A organização baseava-se em um Conselho Central para promover candidatos dos trabalhadores ao parlamento e era liderada por um Comitê de 7 líderes sindicais e 5 socialistas. Não possuía a maioria das características de um partido: não tinha programa político nem filiação individual (era proveniente de sindicatos e/ou sociedades socialistas, como o ILP, o SDF e o FS). O ILP foi rapidamente integrado à nova organização, enquanto o SDF foi marginalizado dentro dela, insistindo na importância de estruturar um partido abertamente socialdemocrata baseado no princípio da luta de classes.

Por causa de suas diferenças, a SDF acabou se retirando do LRC em 1901. Essa decisão não foi tomada sem um debate interno: a decisão foi impulsionada por um setor radicalizado do partido que, após a Guerra dos Bôeres, geraria uma crise no partido. Um setor, que viria a ser rotulado como "impossibilista", começou a agitar uma ruptura com o trabalhismo também em nível sindical, com o objetivo de criar sindicatos exclusivamente socialdemocratas. Outra ala do partido, que contava com o apoio de Max Beer, uma figura austríaca que foi proeminente nos debates em relação ao imperialismo, defendia a reintegração ao trabalhismo para agir de dentro dele. A maioria do partido se inclinava para uma posição intermediária, permanecendo como um partido independente e trabalhando dentro dos sindicatos existentes. A ala impossibilista acabou se separando e organizou outro partido, o *Socialist Labour Party,* que desenvolveria uma variante do socialismo semelhante ao sindicalismo revolucionário, influenciado pelo militante americano Daniel de Leon.

A partir de então, a SDF passou a ocupar uma posição de grande desvantagem em relação aos trabalhistas. O LRC passou a se chamar *Partido Trabalhista* em 1907, sem alterar sua estrutura organizacional. A partir daí, cresceu enormemente em termos de representação e influência parlamentar, conquistando o apoio da maioria dos sindicatos britânicos. O SDF permaneceu à margem desse movimento e se viu na incômoda posição de ter pouco sucesso eleitoral em nível nacional. Em 1895, apresentou 3 candidatos para a Câmara dos Comuns, mas nenhum foi eleito; em 1900, apresentou 3 também com o apoio do LRC, com o mesmo resultado; em 1906, apresentou nove candidatos que também não foram eleitos, embora um de seus membros, Will Thorne, tenha sido indicado como candidato trabalhista com o apoio da *Gas Workers' Union*. Em 1910, seus candidatos também não conseguiram ser eleitos. No entanto, a organização conseguiu eleger vários representantes em nível local.

A Segunda Internacional reconheceu o Partido Trabalhista como membro em 1907 e, a partir de então, tentou mediar a tentativa de unificação das organizações socialistas britânicas (como havia sido alcançado com sucesso no caso francês em 1905). Havia uma discussão em andamento nesse período: o SDF argumentava que os grupos políticos explicitamente socialistas deveriam se unir primeiro, e o ILP argumentava que a filiação ao Partido Trabalhista deveria ser uma condição necessária para essa unificação.[146] Uma oportunidade para alguma forma de unificação socialista surgiu com as atividades de Albert Victor Grayson, que foi eleito membro

146 Sua eleição nessas condições foi considerada auspiciosa pelo líder da SDF, Harry Quelch, que a viu como uma expressão da política da SDF de apresentar candidatos socialistas independentes fora do Partido Trabalhista (Quelch, H. Socialism and Sex Relations. *The Social Democrat*, Vol. XI, No 8, 1907).

do Parlamento de Colney Valley em 1907 como membro do ILP, mas que simbolicamente se recusou a assinar o estatuto do Partido Trabalhista. A partir de 1909, Grayson, juntamente com o jornal socialista independente *The Clarion* e vários clubes e instituições socialistas, começou a defender um novo partido socialista unificado, desencantado com o Partido Trabalhista e o ILP (devido ao envolvimento dessa organização com os trabalhistas). Todos esses grupos, juntamente com vários ramos do ILP, acabariam convergindo com o SDF para criar o *Partido Socialista Britânico* (BSP). Embora o processo tenha sido muito bem-sucedido no início, as diferenças ideológicas internas, especialmente entre o radicalismo dos novos grupos, que pediam uma combinação de ação eleitoral com maior ênfase na ação industrial direta, e a velha guarda do SDF, mais tradicionalmente focada em políticas gerais, propagandistas e parlamentares, fizeram com que muitos dos recém-chegados logo deixassem o partido.[147] Em 1913, parecia claro que o processo de unidade socialista havia sido um relativo fracasso.

Em julho daquele ano, a antiga discussão sobre a unificação foi retomada em uma conferência pró-unificação do BSP, do ILP e da FS, patrocinada pelo Bureau da Segunda Internacional: *O último sugeriu duas medidas: a formação de um Conselho Socialista Unido, unindo-se em uma federação em preparação para a fusão, e decretando a filiação de todas as seções ao Partido Trabalhista. Irving, pelo BSP, argumentou que a unidade socialista não deveria depender da filiação ao Partido Trabalhista, enquanto os representantes do ILP argumentaram o contrário. (...) À medida que o assunto era debatido na Justiça, rapidamente se tornou evidente que o clima dentro do BSP havia mudado. Hyndman, Hunter Watts e Irving expressaram apoio à filiação, assim como Zelda Kahan.*[148] Essa mudança de posição em favor da filiação ao Partido Trabalhista representou uma ruptura com a história anterior da SDF, possibilitada pelo fracasso das várias tentativas de unificação socialista. No entanto, o processo de filiação ao Partido Trabalhista foi interrompido pela Primeira Guerra Mundial, que levou a profundos realinhamentos no so-

---

147 O processo de formação do BSP foi complicado. Em grande parte da literatura, ele é apresentado basicamente como uma mudança de nome da SDF, o que não leva em conta o restante das organizações e personalidades envolvidas e o processo de debate e luta interna.

148 Crick, M. J. *To Make Twelve o'clock at Eleven*. The history of the Socialdemocratic Federation. Tese de Doutorado, Universidade de Huddersfield, 1988.

cialismo britânico. A atividade inicial da SDF em torno do Império foi, às vezes, obscurecida pelo passado conservador de Hyndman. Como político conservador, ele era, sem dúvida, um imperialista, algo que admitiu mais tarde em sua autobiografia. No entanto, já em meados da década de 1870, ele começou a atacar vários aspectos da administração britânica das colônias. Ele se envolveu no movimento nacionalista irlandês, juntando-se a organizações ligadas à demanda por reforma agrária e, mais tarde, como aliado do movimento pelo autogoverno irlandês sob o Império (*Home Rule*).

Ele também se envolveu com o movimento nacionalista indiano, publicando um primeiro estudo crítico sobre o domínio britânico na Índia em 1875, apoiando a demanda de alguns líderes indianos para recuperar algumas das províncias que estavam sob o domínio britânico e se associando ao líder nacionalista Dadabhai Naoroji. Em 1881, ele escreveu uma carta a Marx declarando sua intenção de apresentá-lo a esse líder, o que não aconteceu. Hyndman publicou dezenas de textos sobre a Índia, com o objetivo de apoiar a demanda pelo *Home Rule*. Essa postura pode parecer pouco radical no presente, mas é preciso lembrar que o próprio Congresso Nacional Indiano, fundado em 1885, pedia apenas reformas moderadas e não levantou a demanda por um governo autônomo. Em 1886, um jornal indiano, o *Mahratta*, postulou que era prematuro levantar a demanda pelo *Home Rule*. O partido também ajudou a organizar manifestações nesses anos em prol da demanda pelo *Home Rule* para a Irlanda, com uma mobilização de 30.000 pessoas.

Isso não impediu que o partido apoiasse alguma forma de continuidade do Império, desde que ele pudesse ser transformado em uma federação livre de nações, que era vista como um veículo para estabelecer o socialismo internacionalmente nos primeiros anos da SDF. Essa posição era amplamente defendida em todos os ramos do socialismo britânico. Paralelamente, essa abordagem era frequentemente imbuída de um certo aspecto racial, exigindo uma federação da "raça anglo-saxônica" ou justificando a demanda por autogoverno para a Índia com base no fato de que seus habitantes pertenciam à "raça ariana" e, portanto, não eram tão diferentes dos europeus. No contexto político em que a SDF operava, essas alegações eram triviais em comparação com o racismo evidente promovido pelo Estado e pelos políticos tradicionais. Outro aspecto digno de nota é que a SDF estabeleceu divisões nas colônias, incluindo três na África do Sul, uma em Gibraltar e uma na Índia. Embora não tenhamos muitas informações sobre suas atividades, pode-se presumir que eram compostas em grande parte por colonos brancos. Entretanto, como veremos, a relação com os nacionalistas indianos era estreita; *o Justice foi* até proibido de circular na Índia. Por sua vez, artigos e trechos do jornal eram publicados periodicamente em jornais nacionalistas da Índia, como *Mahratta*, *India* e *Panjabee*. Por outro lado, é importante observar que a posição da SDF sobre o Império Britânico não era imutável e mudava de acordo com a situação política.

Um dos primeiros grandes debates sobre o colonialismo na Segunda Internacional ocorreu durante a Controvérsia Revisionista (1896-1903), que opôs Eduard Bernstein (que se tornaria o principal teórico do reformismo) a Karl Kautsky, Rosa Luxemburgo e Belfort Bax, entre outros. Este último era membro da SDF, e foi um artigo seu que deu início ao debate.[149] Nele, ele analisou o colonialismo como um fenômeno central para a sobrevivência do capitalismo: *A expansão incessante da produção competitiva (...) exige a abertura contínua de novos mercados. Acrescente-se a isso as vantagens em termos de custo envolvidas no emprego de mão de obra nativa, em oposição à mão de obra europeia, em muitos ramos importantes da produção que resultam da conquista, "civilização" ou "anexação" de novos países.*[150] Ele traçou um paralelo entre a situação da classe trabalhadora nos países capitalistas e os povos pisoteados pela expansão europeia, analisando como ambos se opunham à expansão do capitalismo na época: "O bárbaro insurgente ataca a civilização capitalista invasora no interesse de uma forma pré-capitalista de sociedade humana, enquanto o proletariado insurgente a ataca em nome do interesse em uma forma pós-capitalista de sociedade". A conclusão foi significativa: *É claramente do interesse dos socialistas e do movimento da classe trabalhadora em geral fazer causa comum com esses povos primitivos - bárbaros*

---

149 Bax era um personagem muito curioso. Além de ter grande interesse no problema do imperialismo, ele se opunha violentamente à participação das mulheres na política, incluindo o direito de voto, um ponto em que ele estava em contradição com a maioria esmagadora do socialismo internacional (que defendia o direito de voto das mulheres). Em outras palavras, ele poderia ser descrito como parte de uma minoria chauvinista extrema no socialismo internacional. Ele também tinha uma perspectiva filosófica peculiar: misturava pontos de vista marxistas com uma interpretação *sui generis* das teorias da filosofia clássica alemã.

150 Bax, E.B. The true aims of 'Imperial extension' and 'colonial enterprise. *Justice*, 1º de maio, 1896.

ou selvagens, como costumamos chamá-los - que estão resistindo à invasão de suas terras tribais ancestrais e à derrubada de seus antigos costumes sociais (...) por hordas de rufiões e bucaneiros contratados enviados pelos governos europeus para abrir caminho para o capitalismo.

Ele até argumentou que aqueles com um "espírito aventureiro" poderiam prestar um grande serviço ensinando aos nativos o uso eficaz de armas de fogo. Para aqueles que optaram por permanecer na metrópole, sua principal tarefa era lutar na arena da opinião pública contra as expedições coloniais. Embora certos traços da superioridade cultural europeia não tenham desaparecido (evidente no uso de termos como "bárbaros" ou "selvagens"), houve uma abordagem de solidariedade entre os povos colonizados e os trabalhadores da metrópole que foi bastante radical para a época. Em um artigo posterior, Bernstein argumentou a favor do apoio dos socialdemocratas à causa dos armênios na Turquia. Em uma referência ao artigo de Bax, ele comentou: *Há algum tempo, foi sugerido no campo socialista que os selvagens e os bárbaros deveriam ser ajudados em suas lutas contra o avanço da civilização capitalista, mas isso foi o resultado de um romantismo que só precisou ser desenvolvido até sua conclusão lógica para mostrar que era uma ideia insustentável.*[151]

Sua opinião era que "raças hostis ou incapazes de civilização não podem contar com nossa simpatia quando se levantam contra a civilização" e, mesmo que fossem capazes de civilização, "a liberdade de um povo insignificante em uma região não europeia ou semieuropeia não tem a mesma importância que o livre desenvolvimento das grandes e altamente civilizadas nações da Europa". O apoio aos armênios era uma necessidade porque era contra a Turquia, um país despótico influenciado pela Rússia devido às suas condições atrasadas. Bax respondeu comentando ironicamente sobre a suposta incapacidade de civilização dos povos primitivos, que resistiram à atração de "bebidas alcoólicas adulteradas e outros produtos excitantes da *höhere Kultur* [cultura superior] com a ajuda da metralhadora Maxim". Ele acusou Bernstein de "filistinismo" e de ter abandonado inconscientemente uma perspectiva socialdemocrata: *Pode ser verdade que o futuro não pertence ao passado, mas também não pertence ao presente. Ber-*

151 Bernstein, E. German Social Democracy and the Turkish troubles, *Die Neue Zeit*, 1986.

nstein prefere a miséria da civilização moderna à rudeza do barbarismo primitivo. Eu prefiro a rudeza do barbarismo primitivo à miséria da civilização moderna. Isso é, obviamente, uma questão de gosto. Mas por que o "resultado do filistinismo" deveria ser tão inquestionavelmente considerado superior ao resultado da outra ideia é algo que eu realmente não consigo entender. Bax chegou a uma conclusão geral a partir disso: *À resposta óbvia (...) de que sem a atual civilização [capitalista] o futuro socialismo seria impossível, respondemos (embora, é claro, concedendo a proposição principal) que para a revolução ou evolução do capitalismo para o socialismo não é de forma alguma essencial que todos os povos bárbaros e selvagens e todos os cantos remotos da terra fiquem sob o domínio do capitalismo, com a miséria humana que isso acarreta.*[152]

As "raças europeias" sob o domínio do capitalismo poderiam levar adiante a revolução socialista, deixando que as "comunidades bárbaras" buscassem seu próprio caminho para a salvação social, que certamente culminaria, com o tempo, em sua absorção pela ordem mundial socialista. Bax também chegou à conclusão problemática de que a socialdemocracia deveria apoiar a continuidade da existência do opressivo Império Otomano, que era, no momento, um obstáculo à penetração do capitalismo em uma vasta área geográfica. A luta nacional dos armênios ("uma nação de usurários") não merecia seu apoio, já que na época histórica em que viviam "todas as aspirações nacionais são uma fraude". Isso mostra as dificuldades que os socialdemocratas de aspiração anti-imperialista tinham para elaborar uma oposição consistente às várias opressões nacionais e coloniais. Assim como alguns outros membros de esquerda da socialdemocracia internacional (em especial os *Tribunistas* holandeses e o grupo polonês nucleado em torno de Rosa Luxemburgo), Bax foi rápido em declarar que a questão nacional era coisa do passado. Bernstein respondeu que a ajuda que Bax propôs que os socialistas dessem aos selvagens era um desperdício de tempo e energia, pois apenas prolongaria a agonia da conquista em vez de evitá-la. Por sua vez, a obtenção de armas de fogo por esses povos significava necessariamente colocá-los em contato com os comerciantes europeus, o que também os lançaria nos braços da própria civilização capitalista da qual Bax procurava afastá-los. Aproveitando os aspectos mais fracos da posição

---

152 Bax, E.B. Our German Fabian convert; or, socialism according to Bernstein. *Justice*, 7 de novembro, 1896.

de Bax, Bernstein terminou declarando: *Se ser um socialdemocrata significa defender a manutenção do Império Turco, não apesar de, mas porque ele não foi reformado e é um pandemônio de paxás sugadores de sangue; se isso significa encorajar a superstição de que o industrialismo avançado é a única e pior forma de exploração e repressão, prefiro pertencer aos filisteus.*[153]

Assim terminou o primeiro debate sobre colonialismo na Segunda Internacional. As posições originadas no debate encontraram eco no socialismo britânico e provocaram outros debates nos anos seguintes. Max Beer nasceu na Áustria em 1864. Depois de servir por um tempo na socialdemocracia alemã, mudou-se para Londres em 1894 para trabalhar como correspondente, tornando-se um especialista em assuntos ingleses para os leitores socialistas alemães. Em 1897, passou um tempo na França e nos EUA antes de retornar a Londres em 1902 para assumir o cargo de correspondente em inglês do diário alemão *Vorwärts* até 1912. Beer foi responsável por algumas das primeiras interpretações históricas do imperialismo britânico. Um artigo seu publicado em 1897 teria um grande impacto: Beer postulou que, no século XVIII, o poder colonial britânico foi concebido em um estágio de declínio. As possessões coloniais que permaneceram em suas mãos eram poucas após a Revolução Americana, e algumas das recém-conquistadas, como o Canadá e Bengala, estavam em estado de rebelião. Impérios coloniais como a Espanha, Portugal e Holanda representavam uma ameaça. A ductilidade da classe dominante britânica permitiu que ela percebesse que a perda dos EUA significava a falência da antiga política colonial. Isso, correspondendo aos tempos da acumulação primitiva, encontrou sua expressão ideológica no antigo mercantilismo, que defendia um mercado colonial monopolizado pelo Estado, do qual se extraíam matérias-primas e se vendiam produtos manufaturados.

Em 1776, Adam Smith publicou sua obra *A Riqueza das Nações*, e uma nova etapa foi aberta: a Grã-Bretanha começou gradualmente a promover o livre comércio globalmente; uma certa indiferença da classe dominante britânica em relação às colônias se instalou; e, por fim, foram criados sistemas de autogoverno para as colônias colonizadas por brancos (*Home Rule*): Austrália, África do Sul e Canadá. Gradualmente, esse sistema tam-

153 Bernstein, E. Entre os filisteus: uma réplica a Belfort Bax, *Justice*, 14 de novembro, 1896.

bém começou a mudar. Na década de 1880, o Império Britânico estava ameaçado pela ascensão de novas potências, e a classe dominante voltou sua atenção para a situação em suas colônias.[154] Assim surgiu a ideia de que as colônias brancas deveriam contribuir para a manutenção do Império: a Austrália e o Canadá contribuíram militarmente para as expedições britânicas no Egito e, na África do Sul, Cecil Rhodes trabalhou para conquistar territórios e confederá-los sob a autoridade britânica, entrando em conflito com as pequenas repúblicas bôeres. Em junho de 1897, o jubileu de coroação da Rainha Vitória foi transformado em uma enorme manifestação pró-imperialista nas ruas de Londres. Beer contrastou os antigos impérios do mundo, baseados na liderança de indivíduos carismáticos que tendiam a obscurecer os motivos materiais que os sustentavam, com o imperialismo britânico moderno. Nesse caso, as raízes materiais do projeto imperial eram claramente aparentes: *A ideia bem fundamentada de que a supremacia industrial e comercial da Inglaterra está em crise; o crescimento do poder político, as inclinações socialistas e a consciência de classe dos trabalhadores; a ascensão do Império Alemão (...) o renascimento da atividade colonial da França (...) Por trás de todos esses motivos estão os esforços frenéticos da burguesia para preservar seu poder econômico e político.*

Beer identificou esse imperialismo moderno com o esforço para unir mais firmemente a metrópole e as colônias econômica, política e militarmente, com o duplo objetivo de abrir mercados para a indústria britânica em todo o mundo e enfrentar a ameaça interna do socialismo e a ameaça externa das outras potências imperialistas. Beer incluiu no texto uma citação de Rhodes, que é interessante por sua abordagem do aspecto "social" do imperialismo, no sentido de atenuar as contradições de classe na metrópole (em uma exortação dirigida a um empresário): *Ontem à noite, fui a uma reunião de desempregados no East End. Queria ver com meus próprios olhos como estavam as coisas (...) A reunião de ontem à noite, os discursos selvagens, que nada mais eram do que pedidos de pão, e o olhar faminto nos rostos dos presentes, me deram um mau pressentimento (...) Minha ideia real é que a solução do problema social (...) significa evitar que os quarenta milhões de pessoas daqui*

154 Cecil Rhodes foi um aventureiro, empresário e político colonial britânico na África do Sul, conhecido por seus grandiosos projetos imperialistas: ele almejava um império britânico na África tão vasto que pudesse ser ligado por uma ferrovia do Cairo à Cidade do Cabo.

comam umas às outras por falta de pão (...).) Minha ideia real é que a solução do problema social (...) significa que para evitar que seus quarenta milhões de pessoas aqui comam umas às outras por falta de comida, devemos manter aberta no exterior a maior parte possível da superfície deste planeta para que o excesso de sua população possa habitar, e criar mercados onde vocês possam descartar os produtos de suas fábricas e minas. O império, como sempre digo a vocês, é uma questão de pão e manteiga. Se vocês não querem ser canibais, devem ser imperialistas.[155]

O artigo de Beer foi citado por Lênin em seu trabalho sobre o imperialismo, enfatizando a importância dessa citação, que retratava Rhodes, segundo ele, como um "social-chauvinista honesto". Ela foi publicada no *Die Neue Zeit*, uma revista que os líderes do socialismo britânico conheciam e liam. Esse tipo de interpretação se consolidaria gradualmente no socialismo britânico. O conflito entre as Repúblicas Bôeres e a Grã-Bretanha tinha uma longa história. Uma primeira guerra travada em 1880-1881 terminou com a vitória dos bôeres, que mantiveram sua independência em uma época em que grande parte da África foi conquistada e dividida entre as várias potências europeias. A descoberta subsequente de ouro em Joanesburgo causou a migração de um número cada vez maior de colonos para as repúblicas do Transvaal e de Orange. Esses colonos eram conhecidos como *Uitlanders*, não tinham direitos políticos e eram, em sua maioria, a favor de que as repúblicas se tornassem território britânico; aos poucos, eles superaram em número os bôeres.

A SDF já vinha se manifestando contra a política britânica de agressão aos bôeres mesmo antes do início da guerra propriamente dita. Assim, em 1896, quando ocorreu o ataque de Jameson, uma incursão militar de tropas privadas no território bôer, a SDF o condenou, embora o documento publicado sobre o assunto (não assinado, mas provavelmente escrito por Hyndman) tivesse um tom antialemão, acusando os alemães de estarem por trás dos bôeres. Ao mesmo tempo, a SDF produziu um manifesto de política externa no mesmo ano, defendendo o aumento da força da marinha britânica, argumentando que ela não era uma força antidemocrática, pois não era usada para repressão interna e era uma necessidade defensiva para

155 Essa citação geralmente foi retraduzida do livro de Lênin.

uma nação insular como a Grã-Bretanha. Apesar desses lapsos, de modo geral, entre 1896 e 1899, *Justice* manteve seus leitores informados sobre os acontecimentos na África do Sul e alertou sobre o risco de guerra.[156] Os pontos sobre a responsabilidade alemã e a questão da frota provavelmente passaram despercebidos nessa época, embora sejam uma clara propaganda das posições de Hyndman que causariam mais conflitos depois de 1907.

Em julho de 1899, poucos meses antes da eclosão da Guerra Anglo-Boer, quando o risco de guerra era evidente, a SDF convocou uma manifestação na Trafalgar Square, em Londres, para protestar contra a política sul-africana da Grã-Bretanha, chamando-a de "jingoísmo pirata", reunindo seis mil pessoas. Por sua vez, muitas filiais da SDF foram fundamentais para a formação do *Stop-The-War* Committee (SWC), uma organização que visava acabar com a guerra na África do Sul. Durante todo o conflito, a SDF participou de comícios contra a guerra que geralmente se transformavam em batalhas corpo a corpo com atacantes mobilizados a partir de pontos de vista nacionalistas e pró-imperialistas. Em setembro de 1899, os britânicos emitiram uma última exigência de direitos políticos plenos para os *Uitlanders,* o que desencadeou o ataque dos bôeres e a eclosão da guerra em outubro de 1899. Hyndman não demorou a publicar um artigo intitulado "The Jewish War in the Transvaal" (A guerra judaica no Transvaal), no qual declarou sua oposição a esse conflito. Nesse artigo, Hyndman atacou a "imprensa tabloide judaica" por "levar os ingleses comuns à guerra contra o Transvaal". Esses jornais foram um foco especial de suas críticas, apesar do fato de que a grande maioria dos jornais londrinos apoiava a política do governo na África do Sul. Ao mesmo tempo, Hyndman atenuou sua oposição à guerra com uma série de críticas aos bôeres e seus costumes, denunciando os maus-tratos aos nativos.

Rothstein se manifestou contra Hyndman, argumentando que a guerra deveria ser enfrentada a partir de uma análise focada na classe e não na raça, argumentando que a abordagem racial era uma "mancha indelével e quente" no movimento socialista. Bax expressou seu apoio a Rothstein: *Se (...) houver qualquer perigo, de um movimento antissemita neste país, espero sinceramente que todos os verdadeiros socialdemocratas não apenas não façam*

156 Crick, M. J. *To Make Twelve o'clock at Eleven.* The history of the Socialdemocratic Federation. Tese de Doutorado, Universidade de Huddersfield, 1988.

trégua nem parem com ele, mas também dêem aos infelizes malandros distraídos que fomentam uma agitação podre de ódio racial algo para se lembrar (...). Concordo sinceramente com nosso amigo Rothstein que esse uivo pelo (...) judeu financeiro, tirando-o da categoria de capitalista (...) e levando-o a um vitupério especial, é uma vergonha para nosso movimento. Bax questionou as críticas de Hyndman aos bôeres: *O problema agora é entre duas raças brancas, não entre o "homem branco" e o "nativo". Quando essa última questão surgir, estarei do lado dos nativos contra os bôeres e os britânicos. A introdução da questão nativa neste momento é um artifício transparente para ocultar o problema.*[157] A equipe editorial do jornal inseriu uma nota, provavelmente escrita pelo próprio Hyndman: *É com prazer que publicamos o texto acima, que mostra o pouco medo que existe de que o movimento socialista esteja se voltando para o antissemitismo. Nos parece que nosso camarada não está totalmente livre daquela antipatia racial antissocialista contra a qual ele nos adverte. Só que seu preconceito é despertado não pelos semitas, mas pelos britânicos (...) nosso camarada escreve como se tivéssemos condenado apenas os judeus nesse aspecto. Será que temos evitado denunciar Rhodes, Chamberlain, Jameson e o resto da tripulação profana? Mas os capitalistas judeus têm sido especialmente proeminentes nesse negócio nefasto, e é a imprensa amarela de propriedade dos judeus que tem sido especialmente virulenta em atrair a multidão nacionalista aqui e incitar (...) à violência.*

A posição de Hyndman foi severamente condenada por muitos membros da SDF.[158] O protesto foi especialmente vigoroso na base do partido no East End, onde o partido tinha uma forte base de imigrantes judeus. Na verdade, esse antissemitismo seria repudiado no ano seguinte em uma conferência do partido. Em janeiro de 1900, a SDF publicou um manifesto assumindo uma posição clara contra a guerra e, além de uma referência ambígua de que a guerra era movida pelos interesses de "milionários cosmopolitas", evitou uma análise antissemita. Também apresentou uma oposição

157 Bax, E.B. Jews, Boers and Patriots. *Justice*, 28 de outubro, 1899.

158 A identificação do partido com o antissemitismo fez com que o crescimento da SDF diminuísse consideravelmente nessa região de Londres, onde os representantes eleitorais da SDF enfrentaram crescente hostilidade por parte da população judaica. No mês de dezembro de 1900, o voto popular para o candidato socialdemocrata na eleição do Conselho Escolar de Londres foi reduzido em mais de dois mil em Tower Hamlets porque, como observou um organizador da SDF no East End, "a grande maioria dos judeus nos deu as costas".

ao recrutamento e uma demanda para reorganizar as forças armadas em um exército de milícia controlado democraticamente. A conclusão foi: "se tiver que lutar, lute aqui (...) tome o controle de seu próprio país em suas próprias mãos". Isso, nas palavras do manifesto, era o caminho do "verdadeiro patriotismo". Rothstein polemizou abertamente com a minoria de socialistas que apoiavam a guerra, como grande parte da *Fabian Society*, incluindo membros proeminentes como Blatchford e Shaw.

A esse respeito, ele observou: *Alguns defendem a guerra absoluta e incondicionalmente, do começo ao fim. Outros a consideram injusta por si só, mas pedem nossa simpatia por motivos patrióticos mais elevados, enquanto um terceiro grupo a condena como um empreendimento criminoso iniciado e realizado no interesse de um grupo de financistas, mas ainda assim deseja que ela seja bem-sucedida em prol da democracia e da liberdade política. Essa última atitude (...) se faz ouvir, até certo ponto e com certas qualificações, mesmo em alguns discursos e artigos de socialistas conhecidos.* Ao mesmo tempo, ele associou sua condição de estrangeiro a uma postura anti-imperialista e internacionalista: *Vou mais longe e corro o risco de ser chamado de estrangeiro que não consegue sentir simpatia pelos ingleses. Direi, então, que em vez de esperar que eu seja bem-sucedido e dê mais glamour ao imperialismo, espero que a guerra termine com a perda da África do Sul e de todo o chamado Império.* Ele interpretou uma das conclusões do conflito como sendo a de que as condições eram politicamente propícias para uma divisão fundamental entre os radicais e os liberais: *Agora é o momento psicológico pelo qual muitos de nós esperamos nos últimos dez ou quinze anos; agora é a hora de nos juntarmos aos socialistas continentais cuja sorte foi nos tornarmos os únicos guardiões e campeões do Bem por [um] quarto de século. O grande obstáculo em nosso caminho foi removido em tempo hábil e à força pela guerra; não há mais ninguém para nos desencorajar: o liberalismo está morto e apodrecendo em seu túmulo.*[159]

No final da década de 1900, os britânicos haviam ocupado as principais cidades e pontos das repúblicas bôeres. Desde então, o conflito se transformou em uma sangrenta guerra de guerrilhas, com os britânicos recorrendo a táticas como o internamento da população bôer e africana de áreas hostis em campos de concentração e a queima de fazendas para

159 Rothstein, T. The War and democracy, *The Social Democrat*, 4, 3 (março), 1900.

privar os guerrilheiros de seu sustento. Nesse ponto, Hyndman pressionou o partido a abandonar a agitação antimilitarista e a se concentrar em sua atividade tradicional de propaganda, fazendo com que o Executivo da SDF aprovasse uma resolução afirmando que continuar a agitação antimilitarista nessas circunstâncias seria uma perda de tempo e uma distração. Mais uma vez, foi Rothstein quem rebateu, argumentando que não haveria sucesso com base em uma postura de agitação abstrata em favor do socialismo se não houvesse posições claras sobre as questões políticas da época. Por sua vez, Hyndman continuou a ser criticado por Bax sobre a questão do que significava adotar uma postura pró-Boer: *Mas o que significa ser um pró-Boer? Não necessariamente amar os holandeses sul-africanos como nação, embora isso também possa acontecer (...) Mas ser pró-Boer, em si, significa simplesmente desejar que os bôeres recuperem em sua integridade a liberdade e a independência que um estado poderoso, a mando de seus bolsos de dinheiro, tentou traiçoeira e covardemente roubar deles.*[160]

Alguns dias depois, Bax denunciou Hyndman novamente, dessa vez questionando seu apoio à causa bôer e acusando-o de querer que a colônia sul-africana caísse nas mãos dos britânicos: *Hyndman pode, de boa-fé, querer ver uma África do Sul zulu como motivo para rejeitar a restituição dos bôeres, mas, ainda assim, seu argumento tem uma aparência fatalmente forte daquela insinceridade que parece se apegar a todas as tentativas de menosprezar a justiça da causa bôer, e isso por causa do seguinte motivo: Todos nós sabemos que o Cabo e os territórios adjacentes estiveram por gerações nas mãos do homem branco, e também [sabemos] que o futuro imediato da África do Sul é disputado entre duas raças brancas. Como os bôeres não recuperaram sua independência, eu me pergunto: será que Hyndman acredita que todo o poder do qual os holandeses sul-africanos foram privados será devolvido aos zulus (...)? É difícil conceber que Hyndman possa duvidar que a única reversão do poder bôer seja para os britânicos e somente para os britânicos. Se é isso que ele quer, por que não o dizer claramente.*[161]

O confronto entre Hyndman, de um lado, e Rothstein e Bax, de outro, girava em torno de três pontos: a avaliação antissemita de Hyndman

160 Bax, B.E. Socialism and The Pro-Boer Movement. *Justice*, 27 de julho, 1901.

161 Bax, B.E. Boer, *Briton and Zulu*. Justice, 3 de agosto, 1901.

sobre a guerra, sua relutância, a partir de 1901, em priorizar ainda mais a agitação militarista e, finalmente, seus argumentos relativizando o apoio às Repúblicas Boer. Como resultado dessas disputas, Rothstein alcançou uma posição muito mais proeminente dentro da SDF, sendo eleito para o Executivo Nacional em 1901. A posição de Hyndman foi enfraquecida e ele se retirou da política partidária ativa até 1903. Em nossa opinião, a posição de Hyndman foi mal compreendida. Embora ele fosse, sem dúvida, antissemita, isso não significava que, como diz Burke, ele estivesse inclinado a uma política colonial humanitária. Como veremos, seus próprios trabalhos posteriores sobre a administração das colônias mostram sua simpatia pelo povo colonizado, sua avaliação negativa dos efeitos da colonização e seu apoio à independência colonial. Isso também não implica que ele tenha apoiado a guerra na África do Sul, um equívoco que aparece no trabalho de Young[162]; ele simplesmente tendeu a relativizar sua posição contra a guerra com base em sua denúncia dos bôeres, uma posição na qual ele permaneceu em uma posição extremamente minoritária no movimento contra a guerra como um todo. Um conjunto de posições que pode parecer um todo coerente do ponto de vista do presente (ser anticolonial, rejeitar o antissemitismo, ser antirracista e falar em favor da parte mais fraca em um conflito imperialista, ou seja, em favor dos bôeres nesse caso), em vez de ser um dado adquirido, envolveu um longo processo de elaboração por alguns socialistas, no contexto de uma atmosfera política intoxicada pelo racismo e pelo chauvinismo.

A Guerra dos Bôeres levaria a uma mudança na análise de Beer sobre o Império Britânico, que passaria a enfatizar uma avaliação em termos de declínio e as consequências que isso teve para o realinhamento de várias correntes políticas. Em um artigo de 1901, Beer detalhou o que ele via como o início do declínio do Império Britânico. Até 1875, seu domínio sobre o mercado mundial era absoluto. Imensos excedentes de capital foram exportados na forma de empréstimos para os EUA, Austrália, Índia e Argentina, países que se tornaram concorrentes em potencial da Grã-Bretanha em alguns setores de produção. Uma crise agrícola derrubou a taxa de lucro da agricultura britânica, forçando o país a gastar cada vez mais di-

162 Young, D. M. *People, place and party: the social democratic federation 1884-1911*. Tese de Doutorado, Universidade de Durham, 2003.

nheiro na importação de produtos primários. Como consequência: *Nessa época, a Inglaterra foi obrigada a iniciar a liquidação de seus ativos no exterior. A pressão sobre os credores crescia a cada ano (...) A Argentina entrou em colapso sob a pressão e arrastou o Barings [Bank] com ela para o abismo (1890) (...) A Austrália veio em seguida em 1891 e 1892; e, em 1893, os Estados Unidos foram abalados por uma violenta crise (...) em 1900, os papéis se inverteram: Nova York se tornou a credora e Londres a devedora!*

A maioria do povo britânico, segundo Beer, não tinha conhecimento desse aspecto da decadência em 1897. Mas a guerra na África do Sul, que tinha a intenção de atenuá-la, na verdade a aumentou. O fraco desempenho militar do exército em várias batalhas e as dificuldades financeiras do governo para sustentar a guerra (tendo sido forçado a tomar emprestadas somas gigantescas de grandes banqueiros) demonstraram esse declínio. Esse declínio abalou uma população acostumada com o sucesso, fomentando o pânico entre os intelectuais da classe dominante de cair para uma potência de segunda categoria em relação aos EUA, à Alemanha e até mesmo as colônias como a Austrália. Beer elaborou sua análise refletindo sobre o impacto que essa situação de decadência teve sobre o movimento trabalhista britânico. Sem "treinamento intelectual, objetivos políticos ou perspectivas econômicas amplas", a decadência levou o movimento trabalhista à passividade. O socialismo teve dificuldade para penetrar "nessas massas imóveis" ou caiu no fabianismo "cuja falta de ilusões, hipercrítica e autoironia só podem ser o produto de um povo em declínio".[163]

O clima britânico fez com que os exilados revolucionários modificassem suas opiniões, tornando-se prudentes e cautelosos. Assim, a Grã-Bretanha assumiu o caráter de um baluarte conservador na vida política da Europa. Por fim, Beer ofereceu uma reflexão interessante sobre o caráter do imperialismo em geral. Como já vimos, o debate sobre as causas econômicas fundamentais do imperialismo foi uma constante no socialismo desse período. Beer analisou de maneira particular a situação das diferentes potências, associando essas causas a diferentes estágios de desenvolvimento e problemas específicos: *A Inglaterra e a Alemanha (...) com seus territórios restritos, indústrias saturadas e restrições internas, buscam não apenas merca-*

163 Uma referência à transformação política de Eduard Bernstein, que passou do marxismo ortodoxo para o revisionismo depois de viver na Grã-Bretanha.

dos estrangeiros, mas também possessões estrangeiras para explorar seus recursos naturais e mão de obra barata (...) Seu imperialismo tem motivos financeiros (...) Os Estados Unidos, ao contrário, ainda têm oportunidade e espaço suficientes para empregar seu capital em casa e, por enquanto, precisam apenas de mercados de venda para sua superprodução (...) Os diferentes estágios econômicos produzem interesses diferentes que dão ao imperialismo um caráter específico. O imperialismo britânico e alemão é financeiro; o imperialismo americano é industrial; o imperialismo russo é fiscal (...) A política chinesa da Rússia é simplesmente uma política de ladrões.

Beer encerrou o artigo prevendo uma aliança entre a Alemanha e a Grã-Bretanha contra os Estados Unidos. Essa previsão foi baseada nas tentativas de Joseph Chamberlain de chegar a um acordo com a Alemanha, após as tensões causadas pela Guerra dos Bôeres. No entanto, isso não se concretizaria, e a Grã-Bretanha acabaria formando a tríplice entente com a Rússia e a França. Se sua análise geral do imperialismo é altamente original, a ideia de que a decadência britânica teve uma influência corruptora sobre a classe trabalhadora britânica tornou-se uma ideia muito comum entre os socialistas britânicos. Beer retornaria a esses temas analisando o projeto político dos Fabianos. Bax examinaria como as contradições geradas pelo desenvolvimento político do capitalismo haviam sido amortecidas pela democracia política, criando dificuldades para uma diferenciação duradoura entre socialistas e radicais. Por sua vez, a Guerra dos Bôeres provocou o desencanto entre os Fabianos, que haviam se separado dos radicais e se juntado aos liberais imperialistas. Webb, o principal intelectual dessa corrente, atribuiu as demandas por autonomia ou libertação nacional a uma "concepção atomística da sociedade": *A abertura do século XX nos encontra a todos, para a consternação do individualista antiquado, "pensando em comunidades" (...) Essa mesma concepção atomística da sociedade, transferida do estado doméstico para o Império Britânico como um todo, colore a propaganda liberal que pede o Home Rule para a Irlanda e, em sua mais recente metamorfose, a demanda pela independência do Transvaal.*

Com base nessa concepção específica, Webb identificou as posições da SDF com as do liberalismo. De acordo com Beer, esses pontos de vista eram mais uma ilustração de como a Guerra dos Bôeres havia revelado o declínio da Grã-Bretanha, sendo a mudança pró-imperialista dos Fabianos uma reação a esse fato. Assim, não se pode dizer que a socialdemocracia não avançou na Grã-Bretanha porque estava em desvantagem em relação a outras escolas de socialismo, mas porque esse clima de declínio tornou mais difícil a "tarefa de reunir as energias necessárias para criar um movimento revolucionário". Beer também analisou a proposta política de John Hobson, de certa forma inversa à dos Fabianos: criar um partido que unisse radicais e trabalhadores, um partido de "socialismo sem doutrinas", reformista, não baseado no marxismo. Poderíamos ler nessa proposta uma aliança, com base na oposição comum ao imperialismo, de parte dos radicais com parte dos socialistas, desde que esses últimos diluíssem uma posição de classe e sua adesão ao programa definitivo do socialismo. Em geral, a avaliação de Beer sobre as consequências políticas da guerra era mais sóbria do que, por exemplo, a de Rothstein. Embora ele identificasse uma tendência ao esclarecimento político, os rearranjos políticos gerados pela guerra não eram vistos como lineares, mas como um momento que gerava diferentes possibilidades e um clima que, em sua opinião, não deixaria de ser difícil para os socialdemocratas ampliarem sua influência entre a classe trabalhadora.

O ano de 1902 também foi marcado pela publicação de uma obra sobre o imperialismo de fora das fileiras socialistas: *The Study of Imperialism*, de John Hobson.[164] Distanciando-se de sua análise antissemita anterior sobre as causas da guerra na África do Sul, Hobson produziu uma análise teórica que atribuía a causa principal do imperialismo à necessidade de exportar um excesso de capital economizado. Essa ideia, por si só, não era nova, e vários escritos anteriores originários do socialismo já a apresentavam, embora nem sempre como a principal razão: em muitos casos, ela era colocada no mesmo nível de outras, como a necessidade de exportar commodities, de se apropriar de matérias-primas etc. Hobson elevou a exportação de capital a uma causa fundamental e forneceu uma grande quantidade de evidências empíricas para apoiá-la. Ao mesmo tempo, ele procurou, com sua análise, instalar a ideia de que o imperialismo não era uma consequên-

164 Hobson viajou em 1899 para a África do Sul como correspondente de guerra do *Manchester Guardian*. Com base em suas observações, ele publicou um livro chamado *The War in South Africa (A Guerra na África do Sul)*, no qual descreveu o conflito na África do Sul como um "projeto judaico-imperialista", esclarecendo: "A ênfase que minha análise dá ao judeu refere-se à classe dos capitalistas financeiros, dos quais os judeus estrangeiros devem ser considerados o tipo principal" (Hobson, J. A. *The War in South Africa: its causes and effects*. Londres: Macmillan & Co, 1900).

cia inexorável do capitalismo, mas que poderia ser evitado por meio de uma política doméstica redistributiva e reformista: "Não é o progresso industrial que exige a abertura de novos mercados e áreas de investimento, mas a má distribuição do poder aquisitivo que impede a absorção de mercadorias e capital dentro do país".

Hobson acreditava que a única maneira de eliminar o excesso de poupança era "elevar o padrão geral de consumo local e diminuir a pressão sobre os mercados estrangeiros": *Não é inerente à natureza das coisas que devamos gastar nossos recursos naturais em militarismo, guerra e diplomacia arriscada e inescrupulosa a fim de encontrar mercados para nossos produtos e capital excedente. Uma comunidade progressista inteligente, baseada na igualdade substancial de oportunidades econômicas e educacionais, elevará seus padrões de consumo para corresponder a cada aumento do poder produtivo e poderá encontrar pleno emprego para uma quantidade ilimitada de capital e mão de obra dentro dos limites do país que ocupa. Quando a distribuição de renda é tal que permite que todas as classes da nação convertam suas necessidades em uma demanda efetiva por mercadorias, não pode haver superprodução ou subemprego de capital e trabalho e não há necessidade de lutar por mercados estrangeiros.*[165]

Não é fácil estimar até que ponto a obra de Hobson foi discutida pelos socialistas britânicos. A princípio, não parece ter atraído muita atenção: não encontramos referências a ela nos jornais da SDF (que discutiam outras de suas obras). O livro era, sem dúvida, conhecido por Max Beer, que o resenhou para o *Die Neue Zeit* alguns anos depois, naquela que é a única referência a seu trabalho na imprensa socialista alemã. Posteriormente, a obra foi tida em alta estima por Lênin, que achava que os dados estatísticos de Hobson mostravam o desenvolvimento desigual dos respectivos domínios imperiais, o que deixava claro que a visão de Kautsky sobre o possível desenvolvimento de um ultraimperialismo pacífico não tinha chance de se concretizar. O trabalho de Hobson e Beer pode ser visto como o ponto alto teórico do pensamento sobre o imperialismo na Grã-Bretanha durante a Guerra Anglo-Boer. As consequências da Guerra dos Bôeres sobre a posição da SDF em relação ao imperialismo foram muito importantes. Por um lado, a SDF se posicionou no campo antiguerra junto com a maior parte

165 Hobson, J. A. *Imperialism: A Study*. Nova York: Cosimo Classics, [1902] 1905.

do socialismo britânico, uma posição que aumentou seu prestígio entre os socialistas continentais. Assim, a SDF foi identificada como a ala mais claramente internacionalista do socialismo britânico. A ideia de uma federação cooperativa a partir do Império Britânico foi abandonada, e Hyndman começou a argumentar que a política do socialismo deveria ser a de apoiar a independência de todos os países. Da mesma forma, todas as referências à distinção de quais nações ou raças eram capazes de se autogovernar desapareceram do discurso do partido.

Quando um Bureau Socialista Internacional foi criado no Congresso da Segunda Internacional, Hyndman e seu colaborador próximo, Harry Quelch, foram eleitos como membros e encarregados de redigir a primeira declaração do Bureau sobre o imperialismo. Em termos de antissemitismo, vale a pena observar que as ideias antissemitas de Hyndman faziam parte de um clima de época geral dentro do movimento pró-Boer, no qual eram frequentes as acusações de que a guerra era obra dos judeus. Em comparação com o restante do socialismo britânico, a propaganda do ILP era muito mais moderada em seu antissemitismo, e havia declarações antissemitas condenando a guerra por parte dos sindicatos britânicos. Nesse contexto, vale a pena observar que a posição de Hyndman era isolada dentro da SDF. A diferenciação interna em torno desse ponto, a avaliação dos bôeres e a ênfase ou não na agitação antimilitarista podem ser lidas como um precedente para divisões posteriores entre uma ala nacional e uma ala internacionalista do partido (como veremos a seguir), cujas diferenças começariam a se tornar mais sérias em torno da questão da defesa nacional após 1907. Ao mesmo tempo, deve-se observar que esse período não foi fácil para o partido, que teve de passar por uma cisão com os impossibilistas que duraria até 1904; apesar disso, todos os participantes dos debates que analisamos permaneceram na mesma organização.

A SDF se envolveu na vida política indiana, associando-se ao movimento nacionalista indiano e ao seu partido político, o *Congresso Nacional Indiano* (INC). Essa organização tinha uma delegação na Grã-Bretanha com o objetivo de conscientizar o eleitorado sobre suas responsabilidades naquela colônia. Por volta de 1905, em antecipação às eleições parlamentares, surgiu uma disputa nessa delegação sobre a questão de com qual partido britânico o Congresso deveria se relacionar para promover seus objetivos. Assim, ficou claro para alguns setores que o melhor aliado para eles era a SDF. Como declarou o editorial *do Panjabee:* das várias tendências de esquerda, "os melhores amigos dos indianos na Grã-Bretanha são os membros da Federação Social Democrata", pois eles estavam particularmente interessados em encontrar uma causa comum com o movimento indiano. Desse ano em diante, a SDF passaria a ter um relacionamento estreito com o Congresso, embora muitos de seus líderes mantivessem a expectativa de que os liberais promoveriam reformas favoráveis ao movimento nacional indiano. Assim, no *Justice*, apareceram artigos escritos por nacionalistas indianos e membros do partido criticando a administração britânica na Índia. Por exemplo, o líder da delegação britânica no INC, Lajpatrai, escreveu um artigo em 1905 intitulado "*The Indian Budget Debate*", no qual acusava o Parlamento de ser apático em relação à Índia, pois não havia um debate real sobre o orçamento indiano, apesar do enorme efeito que os aumentos nos gastos militares teriam sobre os contribuintes indianos. No mesmo ano, *o Justice* publicou outro artigo, "*India's Near Collapse*", no qual o partido parabenizava os nacionalistas indianos pelo boicote econômico às importações britânicas.

Ao mesmo tempo, o partido convocava uma série de mobilizações para apoiar a causa do movimento nacionalista. Em 1905, em Stockport, em uma dessas mobilizações, que reuniu quase mil militantes convocados pelo SDF e pelo ILP, o líder Lajpatrai fez um discurso sobre os vínculos entre Lancashire e a Índia. De um certo ponto de vista, a relação era de competição, porque a produção indiana barata poderia substituir o trabalho dos trabalhadores de Lancashire. De acordo com seu testemunho, ele ficou maravilhado com esse evento devido ao tamanho do público interessado na questão, o que contrastava fortemente com o pouco interesse demonstrado pelo bem-estar indiano na Câmara dos Comuns. A figura mais importante da SDF que buscou laços mais estreitos com o nacionalismo indiano foi Henry Hyndman, que se tornou muito próximo da figura de Lajpatrai. Ele vinha estudando a situação nessa colônia antes de fundar a SDF; na verdade, parece que seu interesse pela Índia foi um dos fatores mais importantes na transição entre sua posição conservadora e o socialismo. Para o líder da SDF, a importância dos assuntos indianos residia, em grande parte, no fato de que eles poderiam contribuir para o destino da classe trabalhadora na

Grã-Bretanha, na medida em que os indianos poderiam desempenhar um papel crucial na realização da revolução. Já em 1884, ele sentenciou: "Não é de modo algum improvável que a libertação de nosso próprio proletariado venha a ocorrer direta ou indiretamente, a partir da grande dependência [Índia] que nosso desprezível governo de classe média arruinou". Essa correspondência entre o destino da classe trabalhadora inglesa e o das massas indianas foi repetida na Índia.

A editora *Panjabee*, em 1905, em um artigo intitulado "*India and British Democracy*" (Índia e democracia britânica), pediu a seus leitores que lutassem com a classe trabalhadora inglesa e os democratas irlandeses para encontrar uma "libertação comum" para aqueles que foram pisoteados pelas mesmas classes que condenaram os indianos como "bestas de carga e uma raça de servos e ilotas", e exortou: "vamos nos unir aos nossos companheiros de sofrimento na Inglaterra" para criar "uma irmandade livre de nações". Hyndman também levou o problema da Índia para os congressos da Segunda Internacional. Primeiro, no congresso de Amsterdã, em 1904, ele fez severas críticas à administração britânica naquela colônia, concentrando sua análise principalmente na drenagem de sua riqueza pela classe capitalista britânica. Ele apontou que "por apenas 150 anos (...) os infelizes habitantes do Hindustão têm sido submetidos a um grau crescente de controle do ganancioso explorador europeu". Isso fez com que essa população fosse "universalmente reconhecida como a mais pobre do mundo". Para Hyndman, não foi difícil encontrar a causa dessa realidade: *Não contente em preencher todos os escritórios bem pagos (....) com [funcionários] ingleses; não contentes em manter um grande exército nativo e europeu, este último excepcionalmente bem pago, tudo às custas da Índia; não contentes em cobrar sobre as receitas indianas, guerras com as quais a Índia tem pouco ou nada a ver; não contentes em aumentar empréstimo após empréstimo para desperdiçar em obras e despesas públicas caras e muitas vezes desnecessárias; não bastasse essa injustiça descarada, drenamos ano após ano dos duzentos milhões de pessoas famintas que criamos a soma de £30.000.000 (....) sem nenhum retorno comercial. Assim, fabricamos deliberadamente a fome para alimentar a ganância de nossas classes prósperas na Inglaterra.*[166]

---

166 Hyndman, H. M. *Report to the International Socialist Congress, held at Amsterdam.* Londres: Twentieth Century Press, 1904.

Seu foco no aspecto econômico, no entanto, não diluiu a repulsa que sentia pelo domínio britânico na Índia. Assim, nesse congresso, ele enfatizou que esse era "o maior crime que enegreceu os anais da raça humana" e "o maior e mais terrível exemplo de crueldade, ganância e miopia da classe capitalista de que a história tem registro". Para Hyndman, a situação nessa colônia era tão grave que argumentou que "o socialismo em si para toda a Europa Ocidental é menos importante do que a prevenção dessa atrocidade [indiana] em larga escala". Ele concluiu com a seguinte declaração: "É dever da Internacional Socialista, o único partido internacional não capitalista, denunciar e, sempre que possível, impedir a extensão da colonização e da conquista, deixando a todas as raças, credos e cores a oportunidade de se desenvolverem". Em 1907, no Congresso de Stuttgart, ele reiterou sua crítica ao domínio britânico, apresentando um prognóstico concreto: *Não há mais nenhuma esperança de melhoria por meios pacíficos ou constitucionais (...) Estão sendo feitas tentativas (...) de manter nosso domínio, como originalmente estabelecido, pelo método de estimular animosidades internas (...) Mas essa política vergonhosa não terá sucesso, e nem o fanatismo muçulmano nem os rifles e a artilharia europeus serão capazes de manter permanentemente um despotismo estrangeiro que se mostrou um fracasso em todos os sentidos. O domínio capitalista branco, agora condenado a uma rápida derrubada, parecerá um pesadelo curto e terrível na longa e gloriosa vida da Índia.*

A SDF estabeleceu uma relação muito próxima com o nacionalismo indiano, buscando uma "libertação comum" do povo indiano e da classe trabalhadora britânica. Nas análises da Índia, a figura de Hyndman se destacaria do restante dos socialistas, tanto por seu profundo conhecimento do assunto quanto por ter levado o problema dessa colônia aos congressos da Segunda Internacional. O congresso de Stuttgart debateu a possibilidade de colonização humanitária ou não violenta. Esse debate continuaria na Grã-Bretanha e, especialmente, na SDF. Rothstein, em um artigo de 1908, por meio de uma leitura nas entrelinhas dos relatórios coloniais oficiais, expôs a crueldade da colonização britânica na colônia britânica da África Oriental, o processo da suposta "emancipação" dos nativos e os efeitos da introdução do capitalismo no local. Nesse texto, ele reforçou uma posição contrária aos socialistas que consideram possível alguma forma de colonialismo, enfatizando que todos os socialistas que levantavam a possibilidade de "moralizar a colonização" ou a introdução de uma política de colonização socialista deveriam se lembrar da seguinte verdade: *A colonização tem como base a subjugação e a exploração dos nativos (...) a quantidade de sofrimento humano que ela traz consigo é simplesmente incalculável. Ela destrói as instituições seculares e o modo de vida das raças nativas e leva milhões delas à tortura lenta e à morte.*[167]

Belfort Bax também apresentou sua posição sobre a possibilidade de colonização humanitária em um artigo. Reiterando alguns de seus argumentos apresentados em 1896, ele se opôs à possibilidade de tal colonização por considerar que as raças em estágios mais atrasados não precisavam necessariamente passar por estágios intermediários para chegar ao socialismo. Opondo-se a essas políticas expansionistas, ele ressaltou: "A obstrução do processo de colonização significa a aceleração do fim do capitalismo. Seu progresso (da colonização), de forma intensiva ou extensiva, significa a continuação da vida do capitalismo". Rothstein se envolveu na vida política do Egito a partir de 1907, escrevendo e fazendo propaganda sobre a história da exploração britânica da região e por meio de um envolvimento político concreto em favor da retirada britânica. Dessa forma, ele se associaria a figuras conhecidas da política britânica com uma postura anti-imperialista que não eram militantes da SDF, como o jornalista Henry Brailsford e o escritor conservador Wilfrid Blunt. Rothstein trabalhou com ambos no jornal *al-Liwa,* que a partir de 1907 também foi publicado em inglês e francês, com o título *The Egyptian Standard - L'Étendard Egyptienne.* Esse jornal foi um dos principais meios de divulgação da causa do movimento nacionalista egípcio na Europa. Seu fundador, Mustafa Kamil, era filho de um oficial egípcio dedicado a propagar a causa nacionalista na Europa, para a qual ele frequentemente apelava ao sentimento francófilo na esperança de obter o apoio dessa potência para combater o domínio britânico.

Rothstein participou do *Segundo Congresso Nacional Egípcio* realizado em Genebra em 1909. Em 1910, Rothstein publicou um extenso estudo sobre a colonização do Egito, analisando a pilhagem sistemática do Egito pelos financiadores e governantes britânicos. Wilfrid Blunt observou, na introdução dessa obra, que ela tornou possível *uma oportunidade de aprender,*

167 Rothstein, T. Colonial Civilisation, *The Social Democrat*, 12, 8 (agosto), 1908.

sem a necessidade de ler inúmeros documentos estatais, os fatos reais da história financeira do Egito dos últimos quarenta anos e, assim, refutar a pseudo-história com a qual a consciência nacional se tornou uma longa injustiça criminal. Rothstein procurou refutar os supostos benefícios para o Egito das políticas coloniais "civilizatórias" implementadas pelo Império Britânico. Essas políticas eram vistas pelos socialistas, como Bernstein, e pelo mundo burguês como *um modelo do que uma nação civilizada pode alcançar por meio de uma política colonial pacífica, meus argumentos servirão ao propósito de desfazer o mito das bênçãos dessa política.*[168]

Ele apontou como os britânicos não haviam eliminado completamente os resquícios pré-capitalistas, como o trabalho por trabalho, nem haviam reduzido a pesada carga de impostos sobre os habitantes egípcios. Isso também se refletiu na falta de progresso moral dos habitantes: *[Os britânicos] têm muito pouca pretensão de se apresentarem como reformadores morais e, enquanto descrevem a nova máquina administrativa, judicial e educacional que introduziram, eles se abstêm de dizer que efeito essas instituições tiveram sobre as mentes e os hábitos das massas egípcias. Na verdade, eles têm plena consciência de que esse efeito foi praticamente nulo (...) Talvez a melhor medida do "progresso" moral feito pelo Egito nos vinte e oito anos de domínio britânico se deva ao fato de que, desde o primeiro momento após a chegada de Lord Cromer, o crime aumentou constantemente.*[169] Na opinião de Rothstein, a administração britânica também estava longe de ser "uma administração ordeira, livre da arbitrariedade e da corrupção orientais".[170] Para comprovar isso, basta "relembrar o horrível drama de Denshawai" e lembrar "a corrupção da imprensa, levada a cabo pelo próprio governo, que subsidia os jornais em virtude de sua luta contra as aspirações nacionais dos egípcios, defendendo os interesses da ocupação".

168 Rothstein, T. The British in Egypt, *The Social Democrat*, 12, 1 (Janeiro), 1908.

169 Rothstein, T. *Egypt's ruin a financial and administrative record.* Londres: A.C. Fifield, 1910.

170 Em junho de 1906, cinco oficiais britânicos entraram no vilarejo egípcio de Denshawai para caçar pombos. Os tiros disparados pelos oficiais causaram um incêndio, o que levou a uma discussão entre os oficiais e os aldeões, resultando em vários ferimentos e na morte de um oficial britânico. Como resultado, um tribunal especial concluiu que havia ocorrido um assassinato. A sentença foi mais do que severa: quatro egípcios foram condenados à morte, nove a trabalhos forçados, três a um ano de prisão com trabalhos forçados e cinquenta chibatadas, e outros cinco a cinquenta chibatadas.

Outro de seus argumentos para se opor à ocupação britânica era que grande parte do trabalho de modernização do Egito já estava sendo feito antes da invasão britânica. Esse era o caso, por exemplo, das obras públicas: *Os Paxás fizeram o trabalho pioneiro, e os ingleses construíram sobre alicerces firmes. Todo o sistema de canais existente hoje, bem como as áreas plantadas com milhões de árvores, remonta à época de Mehemet Ali e Said Pasha, e o grande porto de Alexandria, os sistemas ferroviário e telegráfico, o Canal de Suez e o grande Canal de Ibrabimieh foram construídos por Said e Ismail Pasha* .[171] Esse caminho para a modernização não era apenas econômico, mas também político. De fato, antes de o *quedive* Ismail Pasha ser removido do poder sob pressão britânica, já havia surgido *entre as classes educadas do Egito, um movimento constitucional e reformista que visava à deposição de Ismail e à introdução de uma forma constitucional de governo, e que, em um curto período, tornou-se tão forte que o próprio Ismail foi obrigado a prometer convocar uma assembleia de notáveis*. Em resumo, o Estado egípcio já estava no caminho da modernização e "poderia ter se saído muito bem sem a 'tutela' dos britânicos". Era uma continuação do argumento de Bax sobre a viabilidade de os povos colonizados encontrarem seu próprio caminho para as transformações sociais e políticas de que suas sociedades precisavam. Hoje em dia, essas posições podem parecer senso comum, mas na época representavam uma profunda rejeição dos discursos racistas dominantes sobre a necessidade de tutela imperialista como condição prévia para o "progresso". Por sua vez, seu estudo sobre a persistência da corveia e de outras instituições pré-capitalistas mostrou como os colonizadores não tinham interesse em questionar essas instituições pré-capitalistas por um suposto impulso modernizador e, em muitos casos, a manutenção delas era compatível com seus interesses. Assim como as análises de Hyndman, os estudos de Rothstein não identificaram nenhum "lado positivo" da colonização, enfatizando a pilhagem e o sofrimento causados pela dissolução das instituições tradicionais desses povos sem um processo de modernização.

Outro debate que o Congresso de Stuttgart trouxe à tona no socialismo internacional foi o problema do defensismo. Esse se tornaria o principal tema de uma intensa controvérsia dentro da SDF. Ela se deu entre Hynd-

171 Rothstein, T. The British in Egypt, *The Social Democrat,* 12, 1 (Janeiro), 1908.

man-Quelch e a ala antimilitarista da SDF, que incluía Rothstein, Kahan e Petrov. A guerra interna começou quando Hyndman, em um artigo publicado no *Justice* em setembro de 1907, criticou o Kaiser como responsável pela "reação" que se espalhava pela Europa e ameaçava a paz continental. Hyndman examinou as políticas dos monarcas mais poderosos da Europa, concluindo que Eduardo VII estava certo em concluir uma aliança com o czar por causa das políticas reacionárias da Alemanha Imperial. No *Justice*, Rothstein criticou Hyndman porque essa política constituía, em sua opinião, um repúdio total aos princípios socialistas. Embora concordasse com sua análise da política externa do Kaiser, achava que ele estava fazendo o "jogo dos *jingoes* [chauvinistas]", atiçando ainda mais as brasas do preconceito e da inimizade neste país contra a Alemanha e, assim, preparando o terreno para uma "guerra popular" com a Alemanha. Essa mesma crítica ele reiteraria no artigo "*Peace or Revolution*": *Quanto mais lemos os artigos do camarada Hyndman contra a Alemanha, mais nos perguntamos se o seu objetivo é realmente evitar uma guerra entre os dois países, e não a tornar popular. (...) seus esforços são todos direcionados para despertar (...) um ódio mortal pela Alemanha, ajudando assim os* jingoes *[chauvinistas] desse país a criar uma atmosfera favorável para seus planos nefastos.*[172]

Harry Quelch, o editor do *Justice*, também se posicionou sobre a questão da defesa nacional. Analisando o quadro político europeu, ele entendeu que o Império Britânico era objeto de inveja por parte da Alemanha e que, por isso, esta última estava se preparando para atacá-lo: "acreditamos que a fonte do perigo de guerra se encontra na Alemanha e não na Inglaterra, e vemos com grande apreensão o rápido desenvolvimento do poder naval da Alemanha". Em uma série de argumentos que lembram os de Bebel em 1907, Quelch fez a seguinte reflexão: *A socialdemocracia é anti-imperialista. Ela é sinônimo de internacionalismo, não de antinacionalismo. A socialdemocracia não é a favor de um grande império mundial, assim como não é a favor do esmagamento da individualidade. Ela defende a autonomia da nação em questões nacionais, assim como defende a mais plena liberdade individual em questões individuais.*[173]

172 Rothstein, T. Peace or Revolution, *Justice*, 17 (setembro), 1908.

173 Quelch, H. Anglo-German relations and the duty of Social Democrats. *The Social Democrat*, Vol. XIII, n. 6, 1909.

O conflito entre Hyndman e o ramo antimilitarista do partido aumentou ainda mais em meados de 1910. Em 6 de julho daquele ano, Hyndman escreveu uma carta ao conservador *Morning Post* descrevendo suas opiniões sobre as relações anglo-alemãs, repetindo afirmações de que a Alemanha estava se preparando para a guerra contra a Grã-Bretanha e atacando o partido por se recusar a apoiar um aumento no orçamento do exército.[174] Esse artigo provocou uma onda de protestos dos membros da SDF que se opuseram não apenas às opiniões de Hyndman, mas também ao fato de ele ter escolhido um jornal conservador para publicá-las, criando a impressão de que a SDF era uma organização que apoiava a construção de um "Grande Exército". Assim, a filial central de Hackney da SDF, coordenada por Zelda Kahan, publicou uma resolução em 10 de julho pedindo a dissociação do jornal *Justice* da política antialemã de Hyndman e de suas recentes declarações na imprensa conservadora. Alguns meses após essa resolução, Quelch publicou sua visão dos fatos em um artigo no *The Social Democrat.*

De maneira complicada, ele procurou conciliar a necessidade de uma frota poderosa para a Grã-Bretanha com as resoluções de congressos internacionais contra a guerra e o militarismo. Ele declarou: *Toda a questão da manutenção da paz, portanto, se resolve em uma questão de meios a serem adotados em qualquer conjunto de circunstâncias. Com relação a isso, houve muita controvérsia em nossas próprias fileiras, e alguns de nós foram submetidos a uma censura considerável porque nos aventuramos a sugerir que, nas circunstâncias atuais, a manutenção de uma marinha britânica forte é necessária, não apenas para a proteção de nossa autonomia nacional e até mesmo de nossa existência nacional, mas também para a manutenção da paz na Europa. Alega-se que, ao fazer e manter tal sugestão, estamos indo contra todos os princípios socialistas e as declarações expressas em seus Congressos da Internacional Socialdemocrata. No entanto, (...) afirmo que ela não se opõe à resolução do Congresso, mas, ao contrário, está totalmente de acordo com essa resolução, que impõe o uso de qualquer meio para a prevenção da guerra que possa, dentro das circunstâncias, ser praticável.*[175]

---

174 Burke, D. *Theodore Rothstein and Russian political emigré influence on the British Labour Movement 1884-1920.* Universidade de Greenwich. Tese de Doutorado, 1997.

175 Quelch, H. The European War Cloud, *The Social Democrat.* vol. XIV, n. 9, 1910.

Belfort Bax também participou dessa polêmica e repudiou as declarações de Hyndman: *Eu me oponho à atitude de Hyndman (...) por princípio, porque interpreto meu internacionalismo como "antipatriotismo", ou seja, o repúdio ao sentimento patriótico, e devo me opor a ele quer o perigo de invasão seja iminente ou (como acredito que seja) ilusório. De qualquer forma, afirmo que a Internacional Socialista não se preocupa com a defesa nacional. Tecnicamente, é claro, admitimos o direito de todo Estado de se defender contra agressões externas, mas afirmo que essa defesa (...) não é nossa preocupação como socialistas.*[176] Ele apontou que Hyndman sofria de "vírus patriótico" e, ao mesmo tempo, estava feliz com o fato de a maioria das filiais da SDF ter aceitado a resolução de Hackney. Essa maneira de colocar o problema (nacionalismo versus antinacionalismo) aproxima Bax das posições mais extremas do socialismo internacional sobre a questão, em oposição à posição mais equilibrada dos bolcheviques.

Entretanto, Bax não considerava a posição de Hyndman e de outros socialistas, por mais errada que fosse, como uma justificativa para a divisão do partido. Ele colocou essa situação em uma estrutura internacional, na qual caracterizou a liderança da socialdemocracia austríaca e italiana como totalmente revisionista, Jaurès estava escrevendo um tratado sobre defesa nacional no que ele via como uma veia semelhante, e na Alemanha "temos nossos Bernsteins e Schippels". Nesse contexto, ele observou: "é necessário, porque achamos que nossos camaradas Hyndman e outros (...) estavam errados nessa única questão de defesa nacional (...) romper com o partido? Não é muito melhor permanecer no partido e discutir nossas diferenças lá?". Bax estava tentando neutralizar uma certa tendência de alguns membros da SDF de se retirarem da organização por esse motivo.

Uma série de artigos de Rothstein discutindo a política externa alemã e britânica foi publicada no *Justice* entre 28 de janeiro e 15 de abril de 1911. Eles foram inicialmente dirigidos contra a carta de Hyndman ao *Morning Post* e tinham como objetivo principal obter apoio para a resolução do Central Hackney na próxima conferência do partido, a ser realizada na Páscoa daquele ano. O tema subjacente desses artigos era a manipulação cínica da Grã-Bretanha do equilíbrio de poder europeu em apoio à sua

176 Bax, E.B. O Congresso Internacional e a Política Colonial. *Justice*, 14 de setembro, 1911.

posição dominante no mundo. Rothstein argumentou que a Grã-Bretanha estava usando descaradamente a questão de suas garantias sobre nacionalidades menores como pretexto para outras ações diplomáticas britânicas contra a Alemanha. Dessa forma, Rothstein transferiu a responsabilidade principal pela situação de tensão militar internacional para a potência dominante, a Grã-Bretanha, em vez de considerar a potência emergente a principal responsável: *Por 40 anos, a Alemanha (...) não perturbou a paz mundial. Durante esse período, a Inglaterra travou guerras incessantes em todo o mundo; roubou o Egito; anexou duas repúblicas independentes; expulsou a França da Sudásia; roubou de Portugal suas vastas possessões coloniais na África do Sul (refiro-me a Matabeleland e Mashonaland); permitiu e incentivou a França a se estabelecer no Marrocos; e quase conseguiu dividir a Pérsia. No entanto, é a Alemanha que supostamente abriga projetos sinistros sobre os territórios e as possessões coloniais de outros Estados e ameaça a paz do mundo! Alguém já ouviu falar de uma hipocrisia tão requintada? O que é certo é que a Alemanha está perturbando a paz da alma capitalista britânica e, por causa disso, a diplomacia britânica e a imprensa imperialista britânica estão tentando persuadir a Áustria e a Itália de que elas são meros fantoches nas mãos do todo-poderoso Kaiser, assustando os Estados mais fracos com as velhas sombras de Schleswig-Holstein e Alsácia-Lorena.*[177]

Hyndman, em suas memórias, deu sua versão dessas disputas: *Por que, então, defender uma marinha poderosa para a Grã-Bretanha quando essa arma pode parecer uma ameaça para outros países? A isso eu respondo que uma grande marinha representa um exército de cidadãos, pois, como nossa alimentação depende em seis sétimos de países estrangeiros, podemos passar fome se uma superioridade no mar for consolidada contra nós (...) e, como o recrutamento não é adotado aqui, o país pode sofrer um ataque repentino dos militares.(...) e, como o serviço militar obrigatório não é adotado aqui, o país pode sofrer um ataque repentino e parcialmente bem-sucedido (...) Tendo mantido essa opinião por quarenta anos, não vi razão para me afastar dela apenas por causa do clamor pacifista e dos ataques furiosos de uma minoria do partido ao qual eu mesmo pertenço.*[178] Hyndman estabelecia uma continuidade absoluta entre suas

177 Rothstein. The German menace. The object of British policy and its dangers, *Justice*, 15 (abril), 1911.

178 Hyndman, *Further Reminiscences*. Londres: Macmillan, 1912.

opiniões como deputado conservador e como líder marxista com relação à defesa nacional. Essa referência a uma "minoria" contra ele seria rapidamente provada como errada.

A posição de Hyndman foi oficialmente condenada em uma conferência do BSP em dezembro de 1912, na qual Zelda Kahan apresentou uma resolução conclamando a organização, seu Executivo, órgãos de imprensa e membros individuais a exigir que o governo "desistisse de sua atitude provocativa em relação à Alemanha, declarando-se a favor do abandono do direito de captura no mar em tempo de guerra, estabelecesse uma entente com a Alemanha e diminuísse seus gastos com armamentos", que foi aprovada por apenas um voto. No período seguinte, a opinião dentro do BSP finalmente prevaleceu em favor da unificação socialista e da adesão ao Partido Trabalhista. Isso foi impedido pela Primeira Guerra Mundial, que acabaria provocando a divisão do BSP. Hyndman, como era de se esperar, passou a apoiar o esforço de guerra britânico; surpreendentemente, juntou-se a ele Belfort Bax, o antigo anti-imperialista radical, em uma das surpreendentes mudanças de posição que a guerra provocou. Juntos, eles escreveram um artigo justificando seu apoio à guerra contra a Alemanha. Harry Quelch morreu em 1913, enquanto Rothstein e Kahan lideraram a ala internacionalista do BSP que, em 1916, forçou Hyndman a se retirar para fundar uma força política socialista nacionalista, o *National Socialist Party*. Uma grande ironia é que esse grupo acabou se reunindo com o Partido Trabalhista, contra o qual Hyndman lutou durante grande parte de sua vida. O grupo de Rothstein e Kahan, por outro lado, formou o núcleo mais importante do futuro Partido Comunista da Grã-Bretanha.

Em resumo, a partir de uma posição de apoio aos movimentos de autogoverno dentro do Império Britânico, os socialistas começaram a ter debates mais substantivos sobre o colonialismo a partir de 1896, em um processo que seria acentuado pela Guerra Anglo-Boer. A partir dessa guerra, ocorreu uma série de debates que mostraram as primeiras diferenças entre uma seção mais nacionalista e outra mais internacionalista do partido, enquanto, como um todo, a organização passou a adotar uma postura mais firmemente anti-imperialista e a apoiar a libertação das colônias do Império Britânico. Paralelamente, as análises teoricamente mais elevadas de Max Beer, um membro estrangeiro da SDF, e de Hobson, de fora das fileiras do socialismo organizado, desenvolveram-se em meio a esse processo. Essas análises são de grande interesse para o rastreamento das diversas origens das teorias que analisavam o imperialismo como uma fase histórica, qualitativamente diferente do antigo colonialismo. Nos anos seguintes, alguns membros proeminentes desenvolveram atividades de solidariedade com dois dos movimentos de libertação nacional do Império Britânico, Rothstein com o Egito e Hyndman com a Índia.

De 1907 em diante, o debate causou profundas rachaduras no partido, a ponto de levar a uma cisão após a eclosão da Primeira Guerra Mundial. Esse debate era qualitativamente diferente do de outras seções da Segunda Internacional: nos outros países discutidos neste livro, havia pouquíssimos socialistas que apoiavam o desenvolvimento das frotas de seus países, já que elas eram universalmente vistas como uma arma ofensiva. E, por sua vez, eles sempre pertenciam à ala direita de seus partidos. A SDF era uma organização com uma amplitude política diferente, pois representava apenas uma socialdemocracia de orientação marxista e, ainda assim, desenvolveu-se nela uma corrente que favorecia a expansão da frota e, em última instância, o apoio ao seu governo na guerra. Isso mostra o quão à direita, em relação ao continente, esse debate estava situado dentro do movimento trabalhista britânico, o que destaca ainda mais os corajosos lampejos de anti-imperialismo radical e solidariedade com os povos colonizados que se desenvolveram nessa organização.

AFRIQUE

Capítulo 7

IMPERIALISMO E MUNDO ÁRABE-MUÇULMANO

Osvaldo Coggiola

A rápida expansão em direção do Oriente do "imperialismo de investimentos" confrontou-se com a realidade político-cultural criada pelo Islã, que extravasou largamente o cenário inicial de suas conquistas. Foi, sobretudo, na Ásia Central, no Afeganistão e no Irã, onde se produziu o cruzamento do Islã com outras civilizações, e mais tarde, seu contato com as ambições imperialistas das potências europeias. Os países árabes ou arabizados, por sua vez, entraram na contemporaneidade mudando seu amo imperial. A interferência das potências europeias na Síria, seus crescentes contatos comerciais e culturais com a Europa, particularmente a França, que se apresentou como "protetora" dos maronitas libaneses, definiram uma nova realidade no Oriente Médio. Na África do Norte, a Argélia fora anexada ao Império Otomano, que estabeleceu as fronteiras argelinas ao norte e fez da costa uma importante base de corsários. Nesse contexto se definiu a *percée* francesa na África do Norte: a França invadiu a Argélia em 1830. A forte resistência local dificultou a tarefa do ocupante, que só no século XX obteve o completo controle do país. Milhares de colonizadores da França, Itália, Espanha e Malta se mudaram para a Argélia com vistas a cultivar as planícies costeiras e morar nas melhores partes das cidades argelinas, beneficiando-se do confisco de terras realizado pelo governo colonial francês. Pessoas de ascendência europeia (os *pieds-noirs*), assim como judeus argelinos, eram consideradas cidadãos franceses, enquanto a maioria da população muçulmana não tinha cidadania francesa nem direito a voto. Os índices de analfabetismo da população originária subiram; a expropriação de terras desapropriou os argelinos, cavando um fosso social entre colonizadores externos e nativos.

Em 1850, as posses dos colonos franceses na Argélia somavam 11.500 hectares. Em 1900, elas tinham ascendido para 1.600.000 hectares; em 1950, essa cifra já atingia 2.703.000. Os nativos foram sendo empurrados para as áreas mais improdutivas e desérticas do território. Os colonos franceses desestruturaram a anterior economia argelina: nas terras onde antes eram plantados cereais, os colonizadores plantaram videiras para a produção e exportação de vinhos para a Europa. Em 1865, a Argélia foi anexada oficialmente pela França, que decretou que todos os habitantes que renegassem o estatuto muçulmano receberiam a cidadania francesa. Em 1880, foi criado o "Código dos Indígenas" que previa duras penas para os que contrariassem as leis coloniais. E, em 1884, houve o estabelecimento da União Aduaneira, assegurando o monopólio do mercado argelino à indústria francesa, de preços muito elevados no mercado mundial, devido ao seu atraso em relação à indústria inglesa ou alemã. A França inaugurou desse modo um lucrativo intercâmbio comercial desigual com sua colônia norte-africana, que se estendeu por quase oitenta anos. Em 1869, a Tunísia otomana declarou-se falida e uma comissão financeira internacional assumiu o controle de sua economia. Em 1881, os franceses invadiram o país com um exército de cerca de 36 mil homens e forçaram o *bey* a concordar com os termos do Tratado de Bardo: a Tunísia tornou-se oficialmente um protetorado francês. Sob colonização francesa, assentamentos europeus no país foram incentivados; o número de colonos franceses cresceu de 34 mil em 1906 para 144 mil em 1945. Em 1910, havia também 105 mil italianos vivendo na Tunísia, que haviam deixado seu país durante a "grande emigração".

A grande rival da França no mundo árabe era a Inglaterra, senhora dos sete mares. Em 1854, Mehmet Saïd se empossou do trono egípcio, quando a Grã- Bretanha já tinha conseguido estabelecer uma comunicação por estrada de ferro entre El Cairo e Alexandria, que lhe permitiu reduzir em dois meses o transporte de suas remessas comerciais de/para suas posses coloniais na Ásia, especialmente na Índia. Mehmet retomou uma política de obras públicas e se desfez do monopólio estatal da agricultura, liberalizando a economia e favorecendo os investimentos externos. Outorgou à França a permissão para a construção do Canal de Suez, entre os mares Vermelho e Mediterrâneo, iniciada em 1859. Foi, assim, antes dos otomanos perderem o controle da região, que o Canal de Suez foi construído, ao preço de milhares de vítimas fatais entre os operários nativos que participaram de sua construção. A obra ficou a cargo da Companhia Geral do Canal de Suez, que obteve permissão para explorá-lo durante 99 anos. A obra foi inaugurada em 1869. A França era governada por Napoleão III e vivia um processo de rápida industrialização, favorecida por créditos estatais. França já ocupava colonialmente algumas regiões árabes, como a Argélia e a Tunísia: a construção do Canal era parte de um projeto imperial mais amplo. Foi estabelecida a permissão de passagem (mediante pagamento) para embarcações de qualquer nação. As disputas coloniais entre potências europeias suscitavam, no entanto, novas situações de conflito. Foi nesse contexto que Inglaterra invadiu e dominou o Egito, retirando-o da dominação turca. O Império Otomano vivia um processo de decadência, com resistências nacionalistas na península balcânica, e perdia espaço para as potências europeias, que visavam dominar as regiões do Oriente Médio. A construção do Canal foi também responsável por um grande endividamento externo do governo egípcio: os empréstimos criaram uma situação de dependência crescente do país do capital internacional.

A investida inglesa tinha se estendido para todo o Oriente Médio e a Ásia Central, aproveitando a fraqueza dos governos locais. Em 1839, a Grã Bretanha ocupou Áden para proteger a rota da Índia, lançou seus navios contra os piratas do Golfo Pérsico, chegando a exercer um domínio sobre os governadores do Golfo. Sua adversária França desembarcou na Síria em 1860 para "proteger" a comunidade cristã de "conflitos religiosos". A ocupação territorial do Próximo e Médio Oriente pelas potências europeias esteve precedida por uma penetração econômica dissolvente das estruturas econômico-sociais do Império Otomano. O endividamento externo e a crise financeira egípcia, no entanto, impuseram a venda da parte egípcia do Canal de Suez ao governo britânico, que se converteu no seu principal acionista, embora o Canal tivesse sido construído sob a direção dos franceses: o déficit fiscal egípcio, no entanto, subsistiu. O Império Otomano, por sua vez, declinava e via-se crescentemente envolvido em conflitos no cenário europeu. A Grã-Bretanha passou a controlar metade da economia egípcia, ainda que, formalmente, a monarquia egípcia mantivesse sua autoridade política. O caixa da dívida franco-britânica tomou ao seu cargo as finanças do Egito.

O Império Britânico decidiu-se por ocupar o Egito quando o país ainda estava subordinado ao Império Otomano, devido a razões estratégicas: o Canal de Suez ligava os oceanos orientais ao mar Mediterrâneo. A motivação econômica era que o Egito era o maior produtor de algodão do mundo, matéria-prima fundamental para a indústria têxtil inglesa. Graças às iniciativas de Cecil Rhodes, alimentou-se cada vez mais o sonho de construir um corredor imperial inglês ininterrupto entre El Cairo, no Egito, e a Cidade do Cabo, na África do Sul, o que foi parcialmente conseguido depois da Conferência de Berlim (1884-1885), que legitimou a anexação inglesa de todos os territórios ao longo desse corredor (Egito, Sudão, Quênia, Rodésia - que tomou seu nome emprestado do paladino do Império Britânico - e Transvaal). A expansão colonial e militar inglesa, porém, além da resistência nativa nos países colonizados, já suscitava reações de variado tipo na metrópole, incluídas as reações dos membros do *establishment* que preferiam uma forma menos humanamente custosa e mais segura de garantir os lucros advindos dos investimentos externos e do comércio internacional: o economista John A. Hobson (membro do partido liberal inglês) propôs num texto seminal a retirada inglesa da Índia.[179]

A colonização europeia apontou para o desmembramento do Império Otomano, truncando todas suas tentativas de modernização: "No decorrer do século XIX os governos otomanos imaginaram e redesenharam o Império em termos cada vez mais europeus... Se o Estado Otomano não tivesse considerado indispensável imitar seus rivais europeus, e se não fosse finalmente desmantelado, suas tentativas de modernização teriam levado para uma 'modernidade levantina' no Oriente Médio, um sistema baseado numa combinação de leis, tecnologias e tradições culturais muçulmanas,

179 John A. Hobson. *L'Imperialismo*. Roma, Newton & Compton, 1996.

locais e ocidentais, capaz de gerar um capitalismo neocolonial... O poder da modernidade europeia era tal que o Estado otomano se declarou 'membro moderno da comunidade civilizada das nações, o 'promotor das reformas no Oriente', e até uma potência colonial em busca de posses na África".[180] O "modelo" otomano foi estraçalhado pelos "modelos europeus" concorrentes, mais fortes econômica e militarmente. Um nacionalismo de base civil e laica começou a se desenvolver também no Oriente Médio, tendo como paradigma o nacionalismo egípcio, "criado por um orador muito talentoso, Mustafá Kamil, homem muito vinculado à França. Fazia um chamado a várias identidades simultaneamente: a egípcia, a otomana e a muçulmana. Tudo era válido para mobilizar as massas contra o imperialismo britânico. Mas se opunha energicamente à identidade árabe, que para ele dividia as forças em luta contra esse imperialismo. Fazia um chamado a lutar sob a bandeira do Egito muçulmano, súdito do Império Otomano, que encarnava o Islã, ao mesmo tempo em que convidava para essa unidade aos cristãos".[181] Os avatares da luta árabe esmiuçaram os componentes desse nacionalismo em correntes diferenciadas e até inimigas.

A revolta árabe contra a crescente dominação europeia iniciou-se já no século XIX. As ambições imperiais europeias avançavam e concorriam entre si, mas, ao mesmo tempo, quase todo o Oriente (a Rússia e a China em primeiro lugar) se agitava já em rebeliões contra os governos autocráticos, e também contra a presença imperial externa. No Irã, houve insurreições populares em diversas regiões, em consequência direta de revolução russa, que levaram à monarquia a implantar algumas reformas constitucionais. A "revolução constitucionalista" persa de 1906 vinculou-se ao início da revolução russa; contida a revolução, em 1908, em pleno período "constitucional", teve início a extração extensiva de petróleo iraniano, controlada pelas potências estrangeiras. Outros projetos imperiais se agitavam no Oriente Médio e no norte da África, procurando conquistar influência e se expandir. Em 1903, os EUA concluíram um tratado com a Etiópia, buscando enfraquecer a influência europeia. O tratado previa a livre instalação de comerciantes de ambas as nacionalidades em ambos os países, mas os

180 Mark LeVine. *Perché non ci Odiano.* La vera storia dello scontro di civiltà. Roma, Approdi, 2008.

181 Maxime Rodinson. Comunismo marxista y nacionalismo árabe. In: Gamal Abdel Nasser et al. *Nasserismo y Marxismo.* Buenos Aires, Jorge Álvarez, 1965.

comerciantes etíopes instalados em Nova York logo passaram a sofrer todas as políticas discriminatórias destinadas aos negros nos EUA... Os "imperialismos tardios" da Europa também se agitavam. Entre 1900 e 1908, engenheiros alemães e operários turcos construíram a estrada de ferro entre Damasco e Medina, facilitando o percurso de mais de 1.200 quilômetros dos peregrinos árabes em direção das duas cidades sagradas (Meca e Medina). Mas a via férrea servia também para trasladar as tropas do decadente Império Otomano para manter sua dominação nas províncias do Oriente Médio. O *khediva* egípcio foi destituído pelos britânicos em 1914 devido às suas inclinações pró-germânicas. Thomas E. Lawrence ("Lawrence de Arábia") e os serviços de inteligência britânicos aproveitaram o sentimento nacionalista anti-otomano na Península Arábica para organizar uma guerra de guerrilhas, atacando os postos avançados dos turcos.

Na Líbia, o Império Otomano sofreu uma derrota de envergadura para a Itália "liberal", mas a guerra de conquista custou muito mais do que os italianos esperavam pagar. O primeiro-ministro italiano, Giovanni Giolitti, mentiu ao parlamento: disse que a guerra custaria 512 milhões de liras, ocultando quase um bilhão de liras, que foi o déficit gerado pela guerra italiana contra o Império Otomano, em que oito mil italianos foram mortos ou feridos. E ninguém contou os árabes mortos. A Líbia otomana foi finalmente ocupada pela Itália em 1912. No próprio Império Otomano, os republicanos turcos queriam reestruturar a sociedade nacional sobre bases laicas e republicanas para salvar o Império. Mas os povos submetidos pela dominação otomana se transformaram no mesmo período em protagonistas de movimentos de libertação nacional, apoiados pelos Estados balcânicos e pela Rússia czarista, tutelados todos pelo imperialismo anglo-francês. A discriminação europeia contra um povo da Europa também presente no Oriente Médio teve consequências decisivas na região. O movimento sionista, que nascera na Europa Oriental, organizou as primeiras ondas de pioneiros judeus da Europa para o Oriente Médio, instalando-se no final do século XIX na Palestina com a intenção de colonizá-la. Próximo da Palestina, o Líbano foi colocado sob um duro governo militar por parte dos otomanos. Entre 1915 e 1916, 33 líderes nacionalistas árabes libaneses foram enforcados em Beirute e Damasco, fato entre outros que deflagrou a luta pela independência do Líbano e da

Síria. Muitos libaneses fugiram para o Egito, a fim de não serem obrigados a lutar na guerra mundial ao lado dos otomanos. [182]

Os britânicos, após a derrota na batalha de Gallipoli em 1915, quando tentaram ocupar Istambul, começam a pôr em prática em 1916 seus planos de ocupação das províncias árabes do Império Otomano. Duas frentes militares foram abertas: uma na Mesopotâmia e outra na Síria, a partir do protetorado do Egito. Na Mesopotâmia, se utilizando de sua força expedicionária indiana, os ingleses esperavam unir-se aos russos que desciam do Cáucaso em direção da Armênia turca para formar um anel de defesa que impedisse às potências centrais tentar chegar até a Índia. Seu avanço foi impedido pela resistência otomana em Bagdá, que se estendeu por um ano. A ação militar de Londres ocorreu simultaneamente ao estímulo inglês da revolta árabe contra os turcos, que começou finalmente sob a direção do xerife de Meca. A "Revolta Árabe" transcorreu entre 1916 e 1918, com o intuito de conseguir para os árabes a independência do agonizante Império Turco-Otomano e criar um único Estado árabe unificado. O combate à revolta foi o último suspiro do Império Otomano, que sairia derrotado do conflito mundial. Hussein, xerife da Meca, se proclamou "rei de todos os países árabes". Os franceses, por sua vez, se movimentavam para concretizar seus antigos projetos de controlar Síria, tornada independente do Império Otomano.

A "balcanização" do Médio Oriente se concretizou nos acordos secretos franco-britânico-russos de 1916, concluídos pelas potências aliadas europeias em conformidade com a Rússia. Os acordos Sykes-Picot foram tornados públicos e denunciados como acordos imperialistas pelos bolcheviques em 1917, após a queda do regime czarista e a tomada do poder pelos sovietes. Sykes induziu a redação do documento que iria ser a "Declaração Balfour", pronunciamento oficial britânico favorável à criação de um Estado judeu na Palestina. A Palestina ainda era oficialmente território turco, mas o Governo de Sua Majestade Britânica declarou à Federação Sionista ver com bons olhos o estabelecimento de "um lar nacional para o povo judaico" nesse país e se comprometeu a fazer todo o possível para facilitar a realização desse projeto. Para os britânicos os acordos Sykes-Picot deixavam a porta

182 Charles Winslow. *Lebanon: War & Politics in a Fragmented Society.* Londres, Routledge, 2005.

aberta a seu projeto de reinos árabes, a instauração de Estados árabes clientes da Grã Bretanha. O xeque Hussein aceitou as propostas anglo-francesas: os britânicos pretendiam utilizá-lo como contrapeso religioso e simbólico ao sultão otomano, e para canalizar em seu proveito a luta dos povos árabes, reunindo-os sob a bandeira de uma "nação árabe". O período imediato posterior à Primeira Guerra Mundial veio a ser o da submissão e retalhamento do Império Otomano pelas potências imperialistas.

Finda a guerra, inaugurou-se o chamado "período dos mandatos": francês na Síria e no "Grande Líbano"; e inglês na Palestina, na Transjordânia, no Iraque e nas regiões do Golfo Pérsico (Kuwait, Bahrein, Catar e Emirados Árabes) e no sul da Península Arábica (Omã e Iêmen). Com a imposição do sistema dos mandatos, o nacionalismo árabe viu seus propósitos de autodeterminação frustrados e adiados. Na crise de pós-guerra, a guerra greco-turca de 1919-1922 assistiu a fortes confrontos militares durante a partilha do Império Otomano. Os termos impostos pelas potências vencedoras da guerra provocaram uma crise nacional na Turquia, amputada da maior parte dos territórios que ainda lhe pertenciam. O sultão era partidário de aceitar os termos anglo-franceses; já Mustafá Kemal, o "herói de Gallipoli" e o jovem oficialato turco rejeitavam os termos dos aliados vitoriosos e se opunham a qualquer partilha da Anatólia. O "Pacto Nacional" dos "jovens turcos", no entanto, intentava preservar o que fosse possível do antigo Império, califado incluído, e usava ainda a expressão "otomanos", não a de "turcos", como seria conhecida a nova nacionalidade e o novo país resultante do desmembramento do Império.[183] O conflito interno na Turquia e as guerras externas prolongaram o conflito mundial.

O fim do opressor imediato (o Império Otomano) não significou o fim da opressão dos países árabes, que pagaram, nas primeiras décadas do século XX, o duro preço imposto pelo oportunismo de suas lideranças nacionalistas (compostas pelas elites tradicionais islâmicas ou pelas novas elites burguesas). Os sonhos de uma Arábia independente e unificada se estrelaram contra as políticas das novas potências da região, que não eram senão as velhas potências europeias dominantes no mundo todo. A população egípcia revoltou-se e demonstrou descontentamento crescente com

183 Eugene Rogan. *The Fall of the Ottomans*. Londres, Penguin Books, 2015.

a presença britânica no país; a religião muçulmana foi um dos elementos catalisadores dessas rebeliões, apesar da elite entreguista ser também muçulmana. No entanto, o movimento de resistência não encontrou força suficiente para a expulsão dos governantes britânicos. Hopkins e Cain afirmam, com candidez excessiva, que os britânicos continuaram a ocupação do Egito, depois de 1882, porque "a Grã-Bretanha tinha interesses importantes para defender no Egito e estava disposta a retirar-se somente se as condições que garantiam a segurança desses interesses fossem atendidas - e elas nunca o foram".[184] O investimento inglês no Egito aumentou enormemente durante a ocupação britânica, as taxas de juros internas caíram, ajudando a financiar os investimentos externos, e os preços internacionais dos títulos públicos do país (que tinham atingido cota zero depois da falência da década de 1870) novamente subiram nos mercados internacionais.

A nação curda, por sua vez, pagou o mais duro preço imposto pelas manobras imperialistas na região, realizadas em estreita relação com o surgimento da Rússia soviética. Com o fim da guerra mundial e com a Turquia ocupada pelos exércitos aliados, a partilha médio-oriental fixou as fronteiras do moderno Estado turco e garantiu uma pátria aos sobreviventes armênios mediante a criação de uma república independente; aos curdos foram feitas só promessas. Uma comissão com representantes da França, Inglaterra e Itália teve o objetivo de elaborar um projeto para um Estado autônomo do Curdistão na Turquia, com a garantia para os curdos de poder apelar para a Liga das Nações com vistas a obter sua independência nacional. As hostilidades militares turco-ocidentais e a guerra greco-turca concluíram em 1923 com o Tratado de Lausanne, onde a questão curda não foi sequer mencionada, assim como também não o foi na nova constituição turca. Os curdos, duplamente ludibriados, eram conhecidos como "os turcos das montanhas", e foram os primeiros a pagar o preço da disputa imperialista pelo petróleo do Oriente Médio. Imperialistas e nacionalistas coincidiram, finalizadas as hostilidades mútuas, em apagar a nação curda do mapa e da história. A questão, porém, voltaria a explodir nos quatro países em que a população curda se encontrou dividida: Turquia, Síria, Irã, Iraque.

184 P. J. Cain e A. G. Hopkins. *British Imperialism 1688-2000*. Edimburgo, Longman-Pearson Education, 2001.

O fim do Império Otomano obrigou a uma estratégia imperial diferenciada. Assim como o Tratado de Versalhes, de 1919, havia multiplicado na Europa, em particular na região balcânica, "diques de estados vassalos", seu equivalente para o Império Otomano, o Tratado de Sèvres, multiplicou os protetorados europeus no Oriente Médio. Se a Grã Bretanha havia sustentado a unidade do Império Otomano durante décadas, essa posição se fez insustentável desde 1913 e impossível depois da Primeira Guerra Mundial, quando o desmembramento do Império Otomano foi posto na agenda política internacional. Lorde Kitchener, na ocasião de sua visita à Palestina em 1911, escrevia a T. E. Lawrence que seria melhor "que os judeus colonizassem o país o quanto antes possível". Isso era parte de uma agenda mais ampla. A presença ocidental no Oriente Médio tinha um novo objetivo estratégico. Durante a Primeira Guerra Mundial, a Armada britânica, a maior do planeta, substituiu a combustão de carvão pelo uso de derivados do petróleo para impulsionar seus navios, inaugurando a "era mundial do petróleo". O começo da produção em massa de veículos com motores a explosão, especialmente nos EUA, ampliou o consumo mundial de derivados do petróleo. Inglaterra já possuía jazidas petroleiras no Irã e no Iraque, mas rapidamente os EUA, que ingressaram no conflito bélico mundial em 1917, também se lançaram na corrida petroleira no Oriente Médio, e no restante do mundo, com a *Standard Oil Company of California* (SOCAL) à cabeça.

O Império Russo, por sua vez, defendeu seus fornecimentos de petróleo em Baku e no Mar Cáspio, travando batalha contra os turcos no noroeste do Irã. E Inglaterra também defendia seus interesses nos campos petrolíferos: os britânicos se movimentavam com rapidez num amplo teatro de operações contra os interesses de outras potências imperialistas. A Grã Bretanha afirmava suas ambições sobre o território da Palestina, dentro de um projeto que ligava o Egito sob o mandato inglês aos territórios do Iraque e da Península Arábica, até à Índia. Os exércitos britânicos tentaram realizar isso na prática. As operações inglesas na Síria começaram em setembro de 1918. As forças britânicas permitiram ao rei Faisal entrar em Damasco. Um mês mais tarde, a Síria estava sob o controle britânico. Depois do armistício firmado com os otomanos, os britânicos continuaram avançando, estendendo sua influência regional em detrimento da França. Esta se viu obrigada a ceder Mossul e Palestina aos britânicos, e descobriu que, na Síria, os britânicos não lhe concediam mais do que a administração do litoral sírio-libanês. A Síria interior era confiada a Faisal. Este firmou um protocolo de acordo com o líder sionista Chaim Weiszmann, colocando-se de fato sob o controle da Grã Bretanha. Os britânicos fizeram um acordo com os franceses, em novembro de 1919; suas tropas evacuaram as zonas sírio-libanesas que os acordos Sykes-Picot haviam confiado à França. O Conselho Geral Sírio proclamou, em março de 1920, o "Reino Unido da Síria". Os cristãos do Líbano apoiaram o estabelecimento do mandato francês, pois o viram como uma etapa para seu Estado independente, e como uma garantia contra as pretensões dos nacionalistas árabes ou sírios.

O desembarque francês em Beirute ocorreu em novembro de 1919. Tropas francesas foram despachadas para submeter a população local; houve execuções, castigos coletivos e política de "terra arrasada" contra as aldeias sublevadas. No pós-guerra, a revolta árabe dirigida pelas elites governantes conheceu novas derrotas. A guerra franco-síria (1919-1921) testemunhou a derrota do Reino Árabe da Síria frente à França: Faisal, rei da "Grande Síria", que incluía o Líbano, foi exilado para o Reino Unido. A "Grande Revolta Síria" foi encabeçada pelas elites políticas e sociais do país, e não teve um comando central. O governo britânico, preocupado com sua posição no novo mandato no Iraque, concordou em declarar o exilado rei sírio Faisal novo rei do país. A antiga Grande Síria foi dividida em dois mandatos: Mandato Francês da Síria e do Líbano e Mandato Britânico da Palestina. A Liga das Nações legitimou os mandatos franco-britânicos: ela foi criada em 1922 sob o influxo da política wilsoniana para resolver de vez a questão nacional na Europa eliminando os velhos impérios continentais, no mesmo ano em que, como consequência da Revolução de Outubro, foi criada a URSS, União das Repúblicas Socialistas Soviéticas, alterando todos os equilíbrios políticos pré-existentes, e postulando uma alternativa revolucionária para sair do militarismo, do imperialismo colonialista e da opressão capitalista.

A repressão do exército francês deu conta dos rebeldes sírios, que agiam militarmente divididos. Com a repartição dos territórios, legitimada pela Sociedade de Nações (Síria e Líbano ficaram para a França, Palestina e Iraque para a Grã-Bretanha) foi destruído o projeto da "Grande Síria". As forças armadas francesas esmagaram os sírios resistentes remanescentes. O empreendimento imperialista na região provocou reações políticas e também político-religiosas. No final do século XIX nasceu no Egito a ideologia moderna do *pan-islamismo*. Suas propostas não tiveram um eco imediato, mas foram o antecedente dos congressos pan-islâmicos celebrados no século XX, durante o período entre guerras, depois do colapso do califado otomano. Este primeiro pan-islamismo surgiu como reação ao crescente domínio europeu, não só nos países árabes, mas também em toda a África. O quadro político mundial mudou decisivamente com o conflito mundial e suas consequências.

Em 7 de dezembro, 1917, o Conselho Soviético de Comissários do Povo publicou uma carta "A Todos os Trabalhadores Muçulmanos da Rússia e do Leste", na qual apelava aos trabalhadores persas, turcos, árabes e hindus a derrubarem os imperialistas, usurpadores e escravizadores de seus países. Poucos dias após a tomada do poder, o governo soviético começou a tornar públicos os tratados secretos da diplomacia mundial, particularmente aqueles encontrados nos arquivos do antigo governo czarista da Rússia. Em 23 de novembro 1917 publicaram integralmente os documentos secretos do Acordo de Sykes-Picot de 1916, que estabeleciam os planos dos aliados para a futura partição da Turquia asiática e a subordinação da Palestina ao controle britânico. Revelou-se assim o esquema pelo qual os governos da Grã-Bretanha, França e Rússia pretendiam usurpar aos árabes a independência que lhes fora prometida - em troca de sua ajuda para combater o Império Otomano - em acordos paralelos: "Na visão dos bolcheviques, a ocupação da Palestina era parte de uma estratégia britânica para a divisão e o desmembramento do Império Otomano, que seria seguido pela 'destruição da Rússia Revolucionária'".[185]

Em agosto de 1920 realizou-se o Segundo Congresso da Internacional Comunista, cujo *Manifesto* declarava que não apenas os trabalhadores industriais, mas também os povos oprimidos do Oriente estavam sendo atraídos para a batalha: "Os trabalhadores dos países coloniais e semicoloniais despertaram. Nas vastas regiões da Índia, Egito e Pérsia, sobre as quais o polvo gigantesco do imperialismo britânico estende os seus tentáculos, neste oceano não demarcado, vastas forças internas trabalham constante-

185 Ran Marom. The bolcheviks and the Balfour Declaration. In: Robert Wistrich (org.). *The Left against Zion*. Londres, Vallentine/Mitchell, 1979.

mente, levantando ondas enormes que causam tremores nas ações da bolsa e no coração da City. No movimento dos povos coloniais, o elemento social sob todas as suas formas se mescla ao elemento nacional, mas todos dois são dirigidos contra o imperialismo. Dos primeiros passos cambaleantes às formas maduras de luta, as colônias e países atrasados em geral estão percorrendo o caminho com uma marcha forçada, sob a pressão do imperialismo moderno e sob a liderança do proletariado revolucionário". No Oriente Médio, a imposição da nova ordem internacional pôs a região em estado de conflito explosivo. A Internacional Comunista (que chegou a preparar o envio de armas para auxiliar a revolta síria, finalmente não concretizado) tentou se integrar na "revolução síria", entrando em contato com seus dirigentes, que chegaram a propor uma "*Federação Nacional dos árabes da Síria, da Palestina e de toda Arábia*": a unidade *nacional* (não religiosa) de *todos* os árabes, sob o princípio federativo.

A agitação independentista ganhava todo o Oriente Médio. Uma delegação política egípcia participou da Conferência de Paz de Paris de 1919, que selou o fim da guerra mundial, para exigir a independência do Egito: o grupo foi preso e deportado e uma grande revolta ocorreu no Egito. A Grã-Bretanha e a França não tinham nenhuma intenção de abandonar o Oriente Médio: as duas potências colonialistas, sócias no controle do Canal de Suez, não só não estavam dispostas a ceder qualquer autonomia aos egípcios e aos árabes, como haviam acertado entre si dividir as antigas províncias otomanas, o que se confirmou no Tratado de Sèvres, de 1920. Entre março e abril de 1919 houve no Egito uma revolta geral conhecida como a "Revolução de 1919". As manifestações se realizavam quase que diariamente por todo o país. Para surpresa das autoridades britânicas, as mulheres egípcias também participaram dos protestos. A repressão britânica às revoltas provocou a morte de 800 pessoas. Em novembro de 1919, a "Comissão Milner" foi enviada ao Egito pelos britânicos para tentar resolver a situação. Lorde Milner apresentou seu relatório ao secretário de Relações Exteriores britânico, recomendando que o protetorado inglês fosse substituído por um tratado de aliança, que não foi firmado devido à intransigente posição inglesa de manter o controle britânico sobre a zona do Canal de Suez. A missão egípcia fracassou e retornou ao Egito em meio ao desgosto popular.

Em contraste, o Conselho de Comissários do Povo da Rússia soviética lançou uma mensagem *A todos os trabalhadores muçulmanos da Rússia e do Leste*, na qual chamava os trabalhadores persas, turcos, árabes e hindus para derrubarem os imperialistas, usurpadores e escravocratas de seus países. E publicou integralmente os documentos secretos do acordo Sykes-Picot de 1916, que estabelecia os planos dos aliados para a futura partição da Turquia asiática e a subordinação da Palestina ao controle britânico. A resolução sobre a questão nacional e colonial aprovada pelo Segundo Congresso da Internacional Comunista enfatizava: 1) a necessidade de "*combater o pan-islamismo*, o pan-asiatismo e outros movimentos similares que se esforçam para utilizar a luta de emancipação contra o imperialismo europeu e americano para fortalecer o poder dos imperialistas turcos e japoneses, da nobreza, dos grandes proprietários de terras, dos padres, etc."; 2) que os comunistas deviam "preservar a independência do movimento proletário mesmo em sua forma embrionária"; 3) o papel do sionismo "que, sob o pretexto de criar um Estado judeu na Palestina de fato rende os trabalhadores árabes da Palestina, onde os trabalhadores judeus constituem apenas uma pequena minoria, à exploração pela Inglaterra".[186]

Na Rússia soviética foi constituído um "Comissariado Interno para a Questão Muçulmana" (assim como outro para a questão judia), que não fazia referência a nenhum âmbito territorial específico; ambos os comissariados eram considerados instituições excepcionais *pro tempore*: "Os sucessivos representantes dos movimentos revolucionários de Oriente buscaram uma autonomia do comunismo muçulmano, *combinando Islã e comunismo*, nacionalismo turco e princípios de libertação social. Nessa linha trabalharam os responsáveis políticos com maior continuidade, que tentaram criar um partido comunista muçulmano para animar o movimento revolucionário no Oriente".[187] Em setembro de 1920, a Internacional Comunista reuniu no Cáucaso, um "Congresso dos Povos do Leste" celebrado durante uma semana com representantes de 37 nacionalidades, na sua grande maioria oriundos de populações carentes de Estado presentes no antigo Império czarista, na Ásia Central, no Oriente Médio e no Extremo Oriente. Os dele-

---

186 Internacional Comunista. *Thèses, Manifestes et Résolutions des Quatre Premiers Congrès Mondiaux de l'Internationale Communiste 1919-1923.* Paris, François Maspéro, 1978.

187 Luigi Vinci. *Il Problema di Lenin.* Milão, Punto Rosso, 2014.

gados "árabes", porém, eram só três, para um total de 1.891, com predomínio de delegados turcos, "persas e farsis" e armênios, que totalizavam quase 600 (não constou nas atas a origem de 266 delegados, muitos deles provavelmente árabes). A maioria dos delegados, porém, provinha de regiões ou territórios com predomínio histórico da religião islâmica. No mesmo ano, Winston Churchill ecoava as palavras de Theodor Herzl a Otto von Bismarck, defendendo, no *Illustrated Sunday* de fevereiro de 1920, que o sionismo era a única alternativa para que as massas oprimidas judias não se incorporassem maciçamente ao bolchevismo. Churchill contrapunha os "judeus nacionais", dignos de (seu) respeito, aos "judeus internacionais", "uma confederação sinistra para a derrubada da civilização" (encabeçada, entre outros, por Leon Trotsky, tido como chefe da "conspiração judia").

Na área islâmica, cabe notar o surgimento do PC da Indonésia, originado na cisão do *Sarekat Islam* encabeçada por Hadji Misbach, ("um líder muçulmano religioso e anarquizante", segundo Pierre Broué) que deu origem ao *Sarekat Rakjat*, que, em 1924, se transformou no *Partai Komunis Indonesia*, seção da Internacional Comunista. No IV Congresso da Internacional, o dirigente comunista indonésio Ibrahim Tan Malakka se opôs à denúncia do pan-islamismo tal como fora realizada pelo II Congresso: "Queremos apoiar a guerra nacional, mas também a guerra de libertação de 250 milhões de muçulmanos, muito ativos e agressivos: não deveríamos apoiar o pan-islamismo nesse sentido?".[188] Tan Malakka foi o primeiro a colocar um problema político estratégico para a esquerda árabe. O primeiro partido comunista do mundo árabe (exceção feita do excepcional caso palestino, devido à forte presença judia no país), foi criado em Beirute em outubro de 1924, e definiu como sua área de trabalho político o Líbano e a Síria; enfrentou problemas de representatividade com o Partido Comunista da Palestina (PCP), composto quase que exclusivamente por judeus. Em dezembro de 1926, a Internacional Comunista censurou o PCP pela sua tentativa de "monopolizar" a representação comunista no Oriente Médio.[189] A questão da relação com o islamismo também se colocava para "todos os nacionalistas liberais árabes, profundamente concernidos pela relação en-

188 Pierre Broué. *Histoire de l'Internationale Communiste*. Paris, Fayard, 1997.

189 Tareq e Jacqueline Ismael. *The Communist Movement in Syria and Lebanon*. Gainesville, University Press of Florida, 1998.

tre o Islã e o nacionalismo árabe, uma questão decisiva da era pós-otomana, quando o mundo árabe emergiu da fragmentação religiosa do sistema social otomano. O problema posto pela estreita associação entre a religião do Islã e a herança árabe era que o Islã não era nem exclusivo nem um atributo universal da identidade árabe".[190]

O movimento operário começava a se manifestar também em outras áreas islâmicas. No Irã, em 1920, a indústria iraniana empregava 20.000 trabalhadores; em 1940, 31.500, sendo uma das maiores concentrações operárias do Oriente Médio. Com a indústria, nasceu o movimento operário no Irã e na Ásia Central. Entretanto, a movimentação política árabe tinha um conteúdo predominantemente nacionalista. No norte da África, Abdelkrim El Khattabi (1882-1963), líder nacionalista marroquino, chefe dos berberes do Marrocos, se tornou caudilho das tribos marroquinas do Rife que se sublevaram contra o protetorado espanhol em 1920, na chamada "Guerra do Rife", e mais tarde também contra o colonialismo francês. Abd el-Krim foi capturado e encarcerado pelos espanhóis. Mais tarde conseguiu evadir-se e organizou a rebelião dos *kabils* (berberes) rifenhos. O exército francês mobilizou 800 mil efetivos (!), sob o comando do herói de guerra marechal Philippe Pétain, para esmagar a "revolta do Rife", um número dez vezes maior do que o das tropas irregulares árabes, "um martelo contra os mosquitos".

Após o estabelecimento do mandato do "Grande Líbano" pelos franceses, a agitação nacionalista também ganhou a região. Em 1926 duas colunas de tropas francesas arrasaram as forças dos rebeldes nos embates travados nas regiões por eles ocupadas. Nesse quadro repressivo, em 1926 foi realizada a Assembleia Nacional Constituinte para a promulgação de uma constituição, que determinou que o Líbano seria uma república parlamentar, sob o modelo da Constituição francesa de 1874. As diferentes religiões do país teriam representação no parlamento de acordo com seu percentual na população. A Constituição reafirmou as prerrogativas do mandato francês sobre o país, em matéria de política externa; o governo libanês era livre só para administrar os assuntos internos. O Alto Comissariado Francês usou seu poder de veto sobre toda legislação importante, inclusive os po-

190 Tareq Y. Ismael. *The Arab Left*. Nova York, Syracuse University Press, 1976.

deres de dissolver o parlamento e de suspender a constituição. Em 1926, na França, foi fundada, sob a impulsão do Partido Comunista Francês (PCF), a ENA (Étoile *Nord-Africaine*) dedicada a organizar a classe operária argelina imigrada na França. O programa da ENA vinculava a independência nacional da Argélia com a liberação social, propondo a nacionalização da banca, das minas e portos, das estradas de ferro e dos serviços públicos. A ENA, que tinha três mil membros em 1927, passou para 40 mil em 1931. As bases sociais de um proletariado regional cresceram com o desenvolvimento econômico, também induzido pela crise econômica mundial iniciada em 1929, que encolheu drasticamente o comércio mundial, obrigando a processos de limitada industrialização por "substituição de importações" em países periféricos.

Em todos os territórios do Oriente Médio situados sob o mandato britânico ou francês, a repressão levada adiante pelas potências colonialistas foi brutal. De 1920 a 1926, os generais franceses Gouraud, Weygand e Sarrail submeteram Síria a uma ditadura militar, que provocou uma repressão sangrenta contra as massas árabes, que se sublevaram em várias ocasiões; os governantes estrangeiros provocaram conflitos procurando separar a população cristã dos muçulmanos. No Iraque, desde finais de 1919, se desenvolveu também uma revolta contra os britânicos, que explodiu durante o verão de 1920 na *Thawra* contra a instauração do mandato. Depois da sangrenta repressão, os britânicos decidiram substituir a administração colonial direta por um regime árabe, impondo Faisal (o destituído rei da "Grande Síria") como rei do Iraque em agosto de 1921. A luta árabe contra o mandato britânico na Palestina e contra a colonização sionista foi reprimida pelas tropas britânicas com a ajuda de milícias judias, em especial na década de 1930.

O Egito testemunhou e sediou o nascimento do islamismo político, que podia ser visto tanto como um empreendimento dirigido a revigorar a religião islâmica diante dos desafios de uma nova era, como também como uma reação contra a influência crescente da revolução soviética, que promovia a emancipação nacional das regiões com populações majoritariamente islâmicas do antigo império czarista. A gênese do islamismo como movimento religioso-político esteve estreitamente relacionada com a queda do Império Otomano e a abolição do califado pelos "jovens turcos", e com o fracasso do nacionalismo laico egípcio: no final da década de 1920, o professor Hassan Al-Bana criou no Egito a *Irmandade Muçulmana*, com o objetivo explícito de aglutinar o mundo muçulmano numa comunidade muçulmana transnacional (*umma*). A Irmandade propunha uma "reforma" que deveria restaurar princípios morais islâmicos destinados a se impor em todos os aspectos da vida social. Para Al-Bana, a reforma devia consistir em uma "formação do indivíduo muçulmano em primeiro lugar, depois a família ou o lar muçulmano, depois da sociedade muçulmana, depois do governo, do Estado e da comunidade muçulmana".[191] O islamismo político seria uma presença constante na luta política das nações árabes: apesar de basear-se no passado islâmico e nos símbolos tradicionais, o idioma e as políticas dos fundamentalistas se constituíram como uma forma de ideologia contemporânea, usando os tópicos tradicionais ou clássicos com fins políticos contemporâneos e com formas emprestadas das ideologias seculares. As linhas gerais dessa ideologia foram traçadas no Egito nas décadas de 1920-1930 e buscavam, em primeiro lugar, estabelecer uma linha de contenção e combate contra a crescente influência da revolução soviética, daí que fosse visto, pelo menos inicialmente, com um olhar favorável tanto pelas potências estrangeiras dominantes no mundo árabe quanto pelas elites econômicas e políticas locais.

Em inícios da década de 1930, o rei Abdulaziz Ben Saud, da casa Al-Saud, que em 1902 partira do Kuwait com um reduzido exército a pé ou montado em poucos camelos, para reconquistar para sua família a cidade amuralhada de Riad, no planalto central da Península Arábica, teve aumentadas suas chances de vitória no vácuo criado pela crise internacional iniciada em 1929. O emirado, pobre e escassamente povoado, pertencera no passado aos Al-Saud, que haviam sido depostos e expulsos dele várias vezes pelos egípcios e pelos otomanos. Depois de 52 "batalhas" (a maior parte das quais não passou de pequenos enfrentamentos entre grupos escassos de soldados irregulares, desnutridos e mal armados) Abdulaziz conquistou a cidade e, com ela, toda a região, proclamando em 1932 o novo reino dos sauditas. O mundo, incluído o mundo empresarial, não imaginava, nessa altura, que acabava de ser criada a base política-estatal para o futuro maior

191 Pierre Guchot (ed.). *Les Frères Musulmans et le Pouvoir.* Paris, Galaade, 2014.

produtor de petróleo do planeta. Com a união do oeste da península foi estabelecido o Reino de Arábia Saudita.[192]

O abalo geral do mundo árabe-islâmico se completou com o ingresso na concorrência colonial das potências marginalizadas dela. Três anos depois da proclamação da Arábia Saudita, a guerra ítalo-etíope foi uma típica guerra pela expansão colonial da Itália, começada em outubro de 1935 e terminada em maio de 1936. A guerra travada entre o Reino da Itália e o Império Etíope (também conhecido como Abissínia) resultou na ocupação militar da Etiópia, na prisão do rei Haile Selassie (dando fim ao único governo negro do mundo, à época), e na anexação do país à recém-criada colônia da África Oriental Italiana; além disso, expôs a inadequação da Liga das Nações para a manutenção da paz. A Liga afirmava que trataria todos seus membros como iguais, no entanto, garantiu às grandes potências maioria no seu Conselho. Tanto a Itália quanto a Etiópia eram países membros da organização, mas a Liga nada fez quando a guerra claramente violou seu estatuto.

As riquezas petrolíferas do Oriente Médio desempenhavam já papel determinante na atitude política das potências na região. Em 1908, concessionários britânicos descobriram uma primeira bacia no Irã e no Iraque. As negociações franco-britânicas sobre a divisão do Oriente Próximo giraram, em boa medida, em torno à sorte da antiga *Turkish Petroleum Company*. Em 1931 a *Standard Oil* dos EUA descobriu petróleo na Península Arábica e obteve, em 1933, uma concessão que abarcava o conjunto da Arábia Saudita, logo depois da proclamação e reconhecimento internacional do novo país, um acontecimento cujo alcance não foi estimado em toda a sua amplitude até depois de 1945. Na primeira metade do século XX, o mercado internacional de petróleo foi dominado pelas "sete irmãs", das quais cinco eram norte-americanas: *Standard Oil* de New Jersey, agora conhecida como Exxon; *Standard Oil* da Califórnia, agora conhecida como Chevron; *Gulf*, agora parte da Chevron; *Mobil Oil* e *Texaco*; uma era britânica (a *British Petroleum*) e uma anglo-holandesa (a *Royal Dutch-Shell*).[193] Essas empresas ganharam controle de seus

192 Robert Lacey. *Le Royaume*. La grande aventure de l´Arabie Saoudite. Paris, Presses de la Renaissance, 1982.

193 André Nouschi. *Luttes Petrolières au Proche-Orient*. Paris, Flammarion, 1970.

mercados domésticos através da integração vertical (controle de oferta, transporte, refinamento, operações de mercado, além de tecnologias de exploração e refinamento) e se expandiram para mercados estrangeiros, nos quais obtiveram condições extremamente favoráveis.

Tal oligopólio foi capaz de dividir mercados, estabelecer preços mundiais e discriminar contra terceiros. Os Estados Unidos, que já eram os maiores produtores mundiais, exportavam petróleo para a Europa e outras regiões e foram bem sucedidos em criar patamares de preços mínimos através da regulação da produção. O estado do Texas, o maior produtor de petróleo nos EUA, e especialmente sua *Railroad Comission*, foram particularmente influentes neste processo. A partir dessa plataforma econômica e produtiva, e da consciência da importância do controle do fornecimento mundial de energia, os EUA passaram a considerar a necessidade de uma presença permanente e hegemônica no Oriente Médio e no mundo árabe em geral. Uma nova era da presença imperial no mundo árabe se abria.

AFRIQUE

Capítulo 8

O imperialismo na Ásia

Angelo Segrillo[194]

A Ásia foi um laboratório por excelência do imperialismo em suas diferentes vertentes interpretativas, desde as teorias mais antigas e tradicionais (que definiam imperialismo como "formação de impérios") até as mais contemporâneas (em especial as marxistas) que tendem a ver o imperialismo como recente e identificado com fenômenos dos tempos modernos (a fase do capitalismo monopolista, no caso de Lênin).[195] No que tange à vertente da "formação de impérios" das definições tradicionais, a Ásia foi pioneira. As suas civilizações mais antigas na Mesopotâmia, Índia e China deram início precocemente a vários impérios de grande porte para sua época. Da Mesopotâmia tivemos os impérios babilônicos (Primeiro c. 1894–1595 a.C.) e os impérios Assírio e Neoassírio (1365-1076 a.C. e 911-609 a.C.) afetados pela ascensão dos medos e persas. O Império Medo durou de 678 a 550 a.C. e o Primeiro Império Persa (Aquemênida) de 550 a 330 a.C.,

194 Professor Associado e coordenador do Laboratório de Estudos da Ásia (LEA) da USP, com doutorado pela UFF e mestrado pelo Instituto Pushkin de Moscou.

195 Sobre a reprovação de Lênin a respeito de definições gerais de imperialismo como atemporal "formação de impérios", ver Lênin (1974). Para uma visão panorâmica das teorias do imperialismo, desde as mais tradicionais até as marxistas, ver Etherington (1984). Um exame detalhado das principais teorias marxistas sobre o assunto pode ser visto em Kemp (1967), Mommsen (1977), Brewer (1980) e, de forma mais atualizada, em Noonan (2017).

sendo vencido pelo Império Macedônico. A Pérsia continuaria sua tradição imperial posteriormente com os impérios Parta (247 a.C.–224 d.C.), Sassânida (224–651 d.C.) e Safávida (1501-1736 d.C.), dentre outros.

A Índia historicamente tendeu a ter reinos competindo entre si mais do que impérios centralizados, mas algumas experiências imperiais devem ser notadas, como o pioneiro Império Mágada (684-424 a.C.), o Império Máuria (322-184 a.C.), o Império Gupta (319-550 d.C.), o Império Chola (848–1279 d.C.), o Império de Vijaianagara (1336-1646 d.C.), o Império Marata (1674–1818 d.C.), o Império Mogol (1526-1857 d.C.) e finalmente o Raj (Império) Britânico (1858-1947). Se a Índia teve uma tendência à descentralização e fragmentação em vários reinos competindo entre si, a China muito precocemente teve um império centralizado, iniciando no século III a.C. com a dinastia Quin (221-206 a.C.), inaugurada pelo autoproclamado *Primeiro Imperador* Qin Shi Huang. Este império, inclusive, teve características "modernas" (uma burocracia estatal funcional, exames competitivos para servidores públicos, censos e políticas públicas de caráter social) de forma muito adiantada no tempo.

Em outras regiões da Ásia (como o Sudeste e Sudoeste asiáticos e a Ásia Central) também surgiriam impérios marcantes como o Império Otomano (c. 1299-1922 d.C.), o Império Mongol (1220-1256 d.C.), o Império Khmer (802–1431 d.C.), os califados Rashidun, Omíada e Abássida (respectivamente, 642-666 d.C., 661-750 d.C. e 750-861 d.C.), etc. Assim, vemos que a Ásia entrou de maneira bastante precoce e sólida na era dos sistemas imperiais em seu sentido tradicional histórico. E, especialmente no caso da China, entrou de forma bastante avançada para os tempos antigos, sendo os asiáticos pioneiros em várias técnicas administrativas e avanços tecnológicos bem à frente da Europa da época, por exemplo. Mesmo as narrativas eurocêntricas (pelo menos as mais equilibradas) concedem que até no mínimo o meio da Idade Média (por volta dos séculos IX-XI) as partes tecnologicamente e administrativamente mais avançadas do mundo se encontravam na Ásia (China e Califado Abássida). Afinal, as principais invenções seminais da história de então tinham sido realizadas na China (papel, pólvora, bússola, escrita impressa, etc.), o avanço cultural dos califados árabes foi fundamental para a própria sobrevivência dos conhecimentos da

Antiguidade da própria Europa.[196] A partir dessa época, do meio para o final da Idade Média europeia, as discussões historiográficas sobre a questão do avanço/atraso relativo de Europa e Ásia se dividem. As narrativas eurocêntricas defendem que a Europa, no mínimo desde a Renascença (passando pela Revolução Científica dos séculos XVI-XVII, o Iluminismo do século XVIII e a Revolução Industrial do século XIX) liberou-se do pensamento mágico-religioso característico das épocas anteriores e passar a uma mentalidade mais antropocêntrica, científica e racional que possibilitará um desenvolvimento maior que as outras regiões do mundo (inclusive a Ásia, que ficaria estagnada por séculos após seu início promissor), o que explicaria a dominação europeia sobre o mundo (inclusive sobre a Ásia) nas épocas moderna e contemporânea.[197]

Essa narrativa foi predominante em diversas partes do mundo (inclusive a Ásia) em grande parte dos séculos XIX e XX. Entretanto, na última década do século XX e tomando força nas primeiras décadas do XXI, uma narrativa *asiocêntrica* foi se formando, inclusive no campo econômico, que problematizou e contestou esta narrativa tradicional eurocêntrica de que a Europa já há bastante tempo estava economicamente (e culturalmente) mais avançada que a Ásia advindo daí a superioridade (inclusive militar) da Europa nos séculos do colonialismo e imperialismo da época moderna. Uma série de autores como Roy Bin Wong (1997), Andre Gunder Frank (1998), Kenneth Pomeranz (2000) e John M. Hobson (2006) *criticou os próprios pressupostos econômicos do avanço europeu, relativizando-o e diminuindo sua importância na escala histórica mundial. Se os autores eurocêntricos datavam a arrancada da Europa frente às outras partes do mundo já desde a Renascença (alguns até antes), Pomeranz, por exemplo, diz que a Europa somente ultrapassou a Ásia após a Revolução Industrial no início do século XIX. [Ele] cita dados para provar que até a época da Revolução Industrial não havia sinais definitivos que a Europa ultrapassaria a China em termos de crescimento econômico moderno, já que ambas sofriam das limita-*

196 Hegel colocaria que a Ásia é "a infância da História" (Hegel, 2001).

197 Algumas narrativas eurocêntricas mais radicais vão mais longe e afirmam que, desde a época da Grécia Antiga, a Europa já era mais avançada que as outras regiões do mundo, inclusive a Ásia. Para exemplos, de narrativas eurocêntricas das mais diversas matizes, ver Montesquieu (1995), Hegel (2001), Weber (1981 e 1997), Jones (1981), Roberts (1985), Baechler, Hall & Mann (1989) e McNeill (1991).

ções de um crescimento até então basicamente smithiano [, fato sublinhado também por Wong (1997)... Outros, como Frank (1998), enfatizam que a economia da Ásia e da China [avaliada em Produto Interno Bruto] foi maior que a da Europa até quase a parte final do século XIX e que no século XXI esta primazia será retomada (Segrillo, 2014).

Como podemos ver pelas tabelas no final deste texto, as maiores economias do mundo ("países" com o maior Produto Interno Bruto) estiveram sempre na Ásia até o século XIX (Índia e China). O PIB da China sozinho era maior do que o da Europa Ocidental inteiro até a metade do século XIX. Alguém poderia retrucar que o avanço de um país não é medido pelo PIB bruto e sim pela produtividade (produção per capita ou por hora trabalhada) em que a Europa Ocidental discutivelmente (pois há controvérsias nos cálculos de diferentes autores) teria ultrapassado a China antes do século XIX.[198] De qualquer jeito, o PIB bruto tem importância em si. A Suíça e Liechtenstein têm PIB per capita maior que o dos Estados Unidos. Por acaso alguém vai defender que Suíça e Liechtenstein são economicamente mais avançados e poderosos que os EUA? O grande ponto de virada e "divergência" entre Europa e Ásia parece ter sido a Revolução Industrial. Ao contrário das narrativas eurocêntricas que descrevem a Revolução Industrial como um fenômeno gerado endogenamente pela Europa (ou melhor, especificamente pela Inglaterra), Hobson (2006) mostra como muitas das invenções e descobertas posteriormente patenteadas pelos ingleses tiveram suas origens em modelos asiáticos desenvolvidos anteriormente em países como China e Índia: a máquina de Wang Chen como precursora da máquina a vapor de Watt, as invenções pioneiras chinesas (e indianas) para a fabricação de diversos tipos de ferro e aço, o Grande Caixilho de Fiar chinês precursor do fundamental caixilho movido a água (*waterframe*) de Richard Arkwright, além das inúmeras contribuições chinesas na agricultura utilizadas pelos ingleses no deslanchar de sua própria revolução agrícola que acompanhou (e antecedeu) sua Revolução Industrial.

Ou seja, até a Revolução Industrial (e mesmo em sua primeira fase até 1840, baseada principalmente na indústria leve e têxteis), segundo es-

198 Angus Maddison calcula que a produtividade per capita da Europa Ocidental já era maior que na China antes da Revolução Industrial, mas isso é controverso. Frank (1998) calcula que em meados do século XVIII, a Ásia, como um todo, ainda tinha produtividade per capita maior que a da Europa.

ses autores asiocêntricos não havia uma vantagem radical das partes mais avançadas da Europa (na Inglaterra ou Holanda) para as partes mais avançadas da Ásia (*e.g.*, o baixo Yangzi na China, Gujarat na Índia, a planície de Kanto no Japão) nem em termos de agricultura nem em termos da indústria leve (mormente têxtil). Como vimos pelas tabelas 1 e 2, essa vantagem econômica (e tecnológica) vai se abrir de maneira sensível na *segunda* fase da Revolução Industrial (a fase da indústria pesada, pós-1840 puxada na esteira do boom de construção de ferrovias a partir dos anos 1830). Essa visão asiocêntrica dá uma perspectiva de história mundial bem diferente da narrativa eurocêntrica tradicional. Em vez de um avanço dos europeus em relação à Ásia bastante antigo (no mínimo, desde a Renascença senão desde os gregos) há uma visão histórica de um longo predomínio da Ásia até metade do século XIX, seguido de um breve século e meio ou dois séculos de domínio europeu/norte-americano, seguido de um retorno à Ásia (em especial China, mas também países como Japão, Coreia do Sul e Índia) como a maior economia do mundo no século XXI.

Independentemente da discussão entre autores eurocêntricos e asiocêntricos sobre as diferenças econômicas de produção e produtividade entre Ásia e Europa até pelo menos a primeira fase (da indústria leve e dos têxteis) da Revolução Industrial (isto é, até 1840), há certo consenso entre os dois lados em que a Europa "ultrapassou" /dominou a Ásia na segunda fase da Revolução Industrial pós-1840. Esta segunda fase da Revolução Industrial, baseada em indústria pesada, ao elevar enormemente o nível do capital inicial necessário para criar as novas indústrias gigantescas, acabaria contribuindo para uma transição estrutural dentro do capitalismo mundial a partir da grande crise de 1873: a passagem da época do capitalismo concorrencial (com muitas pequenas empresas concorrendo entre si) para a época do capitalismo monopolista (em que a potencial tendência ao monopólio leva a que em cada ramo industrial haja um pequeno número de empresas gigantescas concorrendo [e, por vezes, "colaborando" em verdadeiros trustes] entre si). É para esta mudança qualitativa no capitalismo pós-1873 que Lênin chamava a atenção quando escrevia: *Política colonial e imperialismo existiram antes do estágio mais recente do capitalismo, e até mesmo antes do capitalismo. Roma, fundada sobre o escravismo, perseguia uma política colonial e praticava imperialismo. Mas afirmações "gerais" sobre o im-*

perialismo, que ignorem, ou deixem em segundo plano, a diferença fundamental entre as formações socioeconômicas, inevitavelmente desaguam em banalidades ocas ou em jactâncias como a comparação "a Grande Roma e a Grã-Bretanha". Até mesmo a política colonial capitalista dos estágios anteriores do capitalismo difere essencialmente da política colonial do capital financeiro. A principal característica do estágio mais recente do capitalismo é o domínio das associações monopolistas dos grandes patrões (Lênin, 1974).

Lênin chamava a atenção para o fato do capitalismo pós-1873 estar em uma nova fase. Acabara-se a fase concorrencial do capitalismo de centenas de pequenas fabriquetas de "fundo de quintal" (muitas inclusive na zona rural) concorrendo entre si e entrara a fase monopolista do capitalismo (com cada ramo de produção dominado por uns poucos grandes produtores). O capitalismo financeiro (isto é, a junção do capital industrial com o capital bancário, sob a hegemonia do capital bancário) se tornou uma realidade devido ao fato de que os capitalistas industriais precisavam tomar dinheiro emprestado em banco para conseguir o grande capital inicial necessário para deslanchar seus negócios e assim frequentemente caíam na dependência desse capital bancário (principalmente quando não conseguiam pagar seus empréstimos). Coincidentemente ou não, foi nessa fase que a Ásia caiu na competição econômica com o Ocidente e quando os europeus conseguiram também impor sua política colonial com vigor em muitos países da região. Por isso a ênfase de Lenin sobre a especificidade do imperialismo da época do capitalismo monopolista e do capital financeiro.

Ao se investigar a problemática da penetração colonial ocidental na Ásia (diversamente portugueses em Macau [China], Damão, Goa e Diu [Índia] e Timor [Indonésia]; espanhóis [depois norte-americanos] nas Filipinas; holandeses em Java e Sumatra; ingleses na Índia, franceses no Vietnã, Laos e Camboja (além de pontualmente alemães), um ponto levantado por diversos autores, a partir da experiência mundial, é que, de maneira geral, os países da Idade Moderna que tiveram Estados fortes e centralizados resistiram melhor à colonização formal que os Estados descentralizados (especialmente se fossem adicionalmente desunidos).[199] Isso fica bastante demarcado no contraste entre o caso da Índia e a China. A China, com seu império centralizado, ape-

199 Ver, por exemplo, Huntington (1997).

sar de todos os ataques e concessões, nunca foi colonizada formalmente pelos europeus. Já a Índia, que na maior parte do tempo era um conglomerado bastantes descentralizado de principados que inclusive concorriam entre si, foi formalmente colonizada com a inauguração do Raj (Império) Britânico em 1858. Os (pouco numerosos) britânicos utilizaram a estratégia do *divide and rule*, jogando um principado indiano contra o outro e assim estabelecendo sua hegemonia. O caso do Japão (também centralizado não apenas com um Imperador, mas com o chefe militar *Shogun*) foi similar, não apenas não sendo colonizado, mas também fazendo menos concessões ao Ocidente e se libertando mais cedo de sua pressão que a própria China. No caso da Tailândia, este elemento de maior centralização (por exemplo, em comparação com o caso do mais desunido Vietnã) também teve seu papel importante (apesar de que no caso da Tailândia o fator adicional de ser um conveniente estado-tampão entre a esfera de colonização britânica e francesa na Ásia, além da habilidade política e flexibilidade ágil de seus governantes nas negociações com o Ocidente, foi fundamental também)

A Rússia representa um caso muito especial na Ásia. Primeiro de tudo, a controvérsia sobre o caráter europeu ou asiático da Rússia. Isso é uma questão identitária fundamental no país e sobre a qual não há consenso entre os próprios russos. Afinal, a Rússia é europeia, asiática, nenhum dos dois ou os dois ao mesmo tempo?[200] Historicamente lá surgiram três grandes escolas de pensamento sobre esta questão identitária: o ocidentalismo, o eslavofilismo e o eurasianismo.[201] Os ocidentalistas (na esteira de Pedro, o Grande) acham que a Rússia é basicamente europeia e deve seguir o caminho de desenvolvimento ocidental. Os eslavófilos defendem que a Rússia não é nem europeia nem asiática e sim uma civilização única, que deve seguir seu próprio caminho não imitando nem Europa nem Ásia. Os eurasianistas consideram que a Rússia é resultado de uma mistura do princípio eslavo europeu com o elemento turco-mongólico asiático (os mongóis dominaram a Rússia por dois séculos) e é exatamente desta mistura entre Europa e Ásia que advém sua força.

200 Basta dizer que mais de 2/3 do território do país está na Ásia, mas a maioria da sua população (também mais de 2/3) habita a parte europeia. Ou seja, em termos de território, a Rússia é basicamente asiática, mas em termos de população ela é basicamente europeia.

201 Para uma análise detalhada da formação dessas três escolas de pensamento na Rússia, ver Segrillo (2016).

Rússia: Europa ou Ásia? Naquele país não há resposta consensual para esta questão. E fora dele a confusão sobre o tema também prevalece. Por exemplo, no tema anterior da centralização estatal como facilitando a resistência à colonização, Huntington (1997, p. 58) coloca a Rússia (Império Russo) entre os Estados centralizados que conseguiram resistir ao impulso colonizador ocidental e não se tornarem colônias formais. Independentemente de ele estar certo ou errado sobre a relação centralização/colonização, esta é uma visão que coloca a Rússia, de certa maneira, como "fora da Europa" e "fora do Ocidente". Já quando os japoneses obtiveram vitórias na guerra Russo-Japonesa de 1904-1905 isso foi visto pelos asiáticos como uma primeira grande vitória dos asiáticos em tempos modernos contra uma potência "europeia".

Isso nos traz ao caso especial do colonialismo russo na Ásia. O Império Russo tinha a peculiaridade de ser um império terrestre contíguo. Como grande parte de sua expansão foi na direção da Sibéria asiática pouco povoada, um mito surgiu entre os russos da época que sua colonização era uma "ocupação de espaços vazios". Isso certamente não vale para a ocupação da Ásia Central no século XIX, onde a Rússia encontrou grande resistência dos líderes locais islâmicos, mas a ideia de que o Império Russo crescia em "vácuos do poder" era reforçada por casos como o da Geórgia, que seria incorporada ao Império Russo em 1801 "a pedido do" rei georgiano Jorge XII (que aparentemente escolhera a proteção da Rússia cristã contra as incursões agressivas dos persas e otomanos islâmicos). A relação histórica da Rússia com a China também é ambígua. Apesar de terem acertado a paz em relação aos choques dos impérios no terreno de fronteira entre os dois na Ásia Central com o Tratado de Nerchinsk (1689) que evitou por longo tempo fricções maiores entre os dois na Ásia Central, a coisa mudou de figura na segunda metade do século XIX. Aproveitando os tratados desiguais assinados pela China com as potências ocidentais (Inglaterra, França, EUA), a Rússia entrou também nesse jogo e assinou seus próprios "tratados desiguais" com a China: tratados de Aigun (1858) e Pequim (1860), pelos quais a dinastia Qing foi obrigada a ceder-lhe territórios ao longo do rio Amur e na Ásia Central, além de concessões em outras esferas. Rússia: um caso de imperialismo "asiático" dentro da Ásia? Ou um caso de imperialismo europeu dentro da Ásia? A discussão continua em aberto.

O caso russo chama a atenção para outro caso peculiar dentro da Ásia: o japonês. O Japão (em especial se nos ativermos às narrativas eurocêntricas citadas acima) foi o único país puramente asiático a se industrializar (passar pela primeira fase da Revolução Industrial) ainda no século XIX. Esse fato facilitou ao Japão chegar à fase do capital financeiro e do capitalismo monopolista antes de outros países da Ásia e o fez ter características parecidas com as dos países europeus que tinham atingido aquela mesma fase. Em especial, o Japão assumiu, na Ásia, muitas das características imperialistas descritas por Lenin em "Imperialismo: último estágio do capitalismo". Seus trustes e cartéis (*zaibatsu*) impulsionavam sua busca no exterior por colônias para obter suprimento de matérias-primas e mercado escoador para suas mercadorias e capitais. Isso levou a conflitos bélicos com a China e Rússia. A Coreia foi arrancada da esfera de influência da China e transformada em colônia japonesa em 1910. Isso para não falarmos dos desenvolvimentos durante a Segunda Guerra Mundial. Um caso típico do imperialismo como descrito no livro "Imperialismo: estágio superior do capitalismo".

Igualmente, o caráter ambíguo do imperialismo japonês na Ásia ecoa discussões como as dos supostos benefícios da colonização britânica na Índia: construção de ferrovias, novos métodos educacionais e culturais, etc. Sua discussão relembra também o caso de outro "imperador" mais antigo: Napoleão Bonaparte. Assim, como Napoleão foi inicialmente recebido como "libertador" pelos povos de muitos países que conquistava (por trazer os progressos de seu "código napoleônico", acabando com os resquícios feudais, servidão, etc.), os japoneses na Segunda Guerra Mundial foram recebidos como libertadores (pelo menos inicialmente) em diversos países. Isso não apenas por seu discurso de "esfera de co-prosperidade" asiática, mas também pelo fato de que eles estavam lutando contra os colonizadores que oprimiam aqueles países, ou seja, contra os ingleses e franceses. Caso exemplar foi o do "Exército Livre Indiano", de Subhash Chandra Bose na Índia durante a Segunda Guerra Mundial. Bose afirmava que já que os japoneses estavam lutando contra seus inimigos (os colonizadores ingleses), eles colaborariam com os japoneses contra os ingleses. A ação dos japoneses, mesmo sendo promovida por interesses próprios, levou a impulsos descolonizadores na prática. Não apenas enfraqueceu a colonização europeia durante a Segunda Guerra Mundial como ao final dela os japoneses, ao se retirarem de suas "colônias" recém-conquistadas, em diversos casos deixaram o terreno para os movimentos nativos em vez de devolvê-los aos conquistadores europeus. Foi o caso do Vietnã, por exemplo.

O conceito de imperialismo (especialmente se visto sobre o prisma de Lenin, que o ligava umbilicalmente à fase monopolista do capitalismo) ainda é válido para descrever a realidade dos dias de hoje? Ou seja, ainda vivemos na época do imperialismo? Esta é uma questão espinhosa, que divide especialistas e que não trataremos aqui.[202] Mas não podemos deixar de notar o caso da China hoje, seu papel cada vez mais influente na Ásia e no mundo e como isso se reflete nesta temática. Vivemos um momento paradoxal no mundo atual. Devido à queda do Muro de Berlim e do fim da URSS muito se diz que "o socialismo acabou". Por outro lado, o centro mais dinâmico da economia atual é um país socialista... (a China). Em termos de PPP (Paridade de Poder de Compra), o Produto Interno Bruto (PIB) da China já é maior que o dos Estados Unidos, fazendo dela a maior economia do mundo (em alguns anos seu PIB deverá ultrapassar o norte-americano em dólares de mercado também). Quando a China se tornar inequivocamente a maior economia do mundo, passará a ditar os rumos gerais da economia mundial como tradicionalmente tem ocorrido na história moderna (por exemplo, no caso dos EUA)? Nesse caso, a discussão se a China atualmente é um país socialista ou capitalista adquirirá nova premência. Se seu polo socialista predominar (agora que ela estará livre de pressões da potência maior capitalista e puder dar vazão à sua hegemonia), a China puxará o mundo em direções socialistas? Ou já terá deixado a China de ser um país socialista e, como país "capitalista", no futuro exercerá políticas nacionalistas e imperialistas como os outros países no passado? Ou veremos um país *sui generis* adotar políticas mundiais pioneiras a partir de sua base asiática? Só o futuro dirimirá essa dúvida.

202 Para diferentes pontos de vista (incluindo marxistas) sobre a questão se o conceito de imperialismo ainda se aplica à realidade de hoje, ver: The New School (2017), Narayan & Sealey-Huggins (2017), Chowdhury (2017), Andreani (2024) e Chilcote (2002).

Tabela 1: China versus Europa ocidental, 1-2001 d.C.

Ano	PIB da China (bilhões de dólares de 1990)	PIB da Europa ocidental (bilhões de dólares de 1990)	PIB per capita da China (dólares de 1990)	PIB per capita da Europa ocidental (dólares de 1990)	População da China (milhões de pessoas)	População da Europa ocidental (milhões de pessoas)
1	26,8	11,1	450	450	59,6	24,7
1000	26,6	10,2	450	400	59,0	25,4
1300	60,0	34,6	600	593	100,0	58,4
1400	43,2	28,1	600	676	72,0	41,5
1500	61,8	44,2	600	771	103,0	57,3
1820	228,6	160,1	600	1.204	381,0	133,0
1913	241,3	902,3	552	3.458	437,1	261,0
1950	239,9	1396,2	439	4.579	546,8	304,9
2001	4.569,8	7.550,3	3.583	19.256	1.275,4	392,1

Fonte: Maddison, 2003.

Tabela 2: Ranking das maiores economias do mundo em Produto Interno Bruto, anos 1-2001. (Paridade de Poder de Compra, milhões de dólares Geary-Khamis internacionais)

Ano	Primeiro lugar	Segundo lugar	Terceiro lugar
1	Índia 33 750	China 26 820	
1000	Índia 33 750	China 26 550	
1500	China 61 800	Índia 60 500	Itália 11 550
1600	China 96 000	Índia 74 250	França 15 559
1700	Índia 90 750	China 82 800	França 19 539

1820	China 228 600	Índia 111 417	Reino Unido 36 232
1870	China 189 740	Índia 134 882	Reino Unido 100 180
1913	Estados Unidos 517 383	China 241 344	Alemanha 237 332
1950	Estados Unidos 1 455 916	URSS 510 243	Reino Unido 347 850
1973	Estados Unidos 3 536 622	URSS 1 513 070	Japão 1 242 932
2001	Estados Unidos 7 965 795	China 4 569 790	Japão 2 624 523

Fonte: Maddison, 2006

Referências

Andreani, Tony. What is imperialism, from yesterday to today? *International Critical Thought*, v. 14, n. 1, 2024.

Baecheler, Jean; Hall, John A.; Mann, Michael (eds.). *Europa e Ascensão do Capitalismo*. Rio de Janeiro, Imago, 1989.

Brewer, Anthony. *Marxist Theories of Imperialism: a Critical Survey*. Londres, Routledge and Kegan Paul, 1980.

Chesneaux, Jean. *A Ásia oriental nos* Séculos XIX e XX. São Paulo, Pioneira, 1976.

Chilcote, Ronald H. Globalization or Imperialism? *Latin American Perspectives*, v. 29, n. 6, 2002.

Chowdhury, Subhanil. Is imperialism a relevant concept in today's world? In: Sen, Sunanda & Marcuzzo, Maria Cristina. *The Changing Face of Imperialism*. Londres, Routledge India, 2017.

Etherington, Norman. *Theories of Imperialism: War, Conquest and Capital*. Londres, Croom Helm, 1984.

Frank, Andre Gunder. *ReOrient: Global Economy in the Asian Age*. Berkeley, University of California Press, 1998.

Hegel, Georg Wilhelm Friedrich. *The Philosophy of History*. Kitchener, Batoche Books, 2001.

Hobson, John M. *The Eastern Origins of Western Civilization*. Cambridge, Cambridge University Press, 2006.

Huntington, Samuel. *O Choque de Civilizações e a Recomposição da Ordem Mundial*. Rio de Janeiro, Objetiva, 1997.

Jones, Eric L. *The European Miracle: environments, economics and geopolitics in the history of Europe and Asia*. Cambridge, Cambridge University Press, 1981.

Kemp, Tom. *Theories of Imperialism*. Londres, Dennis Dobson, 1967.

Lenin, V.I. Imperialism, The Highest Stage of Capitalism. In: *V.I. Lenin Collected Works*. Moscou, Progress Publishers, 1974. Vol. 22.

Maddison, Angus. *The World Economy: Historical Statistics*. Paris: OECD, 2003.

Maddison, Angus. *The World Economy*. Paris: Development Center of the Organisation for Economic Co-operation and Development, 2006.

McNeill, William H. *The Rise of the West: a History of the Human Community*. Chicago: University of Chicago Press, 1991.

Mommsen, Wolfgang J. *Imperialismustheorien. Ein* Überblick über *die neueren Imperialismusinterpretationen*. Göttingen: Vandenhoeck und Ruprecht, 1977.

Montesquieu, Charles-Louis de Secondat. *De L´Esprit des Lois*. Paris: Larousse, 1995.

Narayan, John, & Sealey-Huggins, Leon. Whatever happened to the idea of imperialism? *Third World Quarterly*, v. 38, n. 11, 2017.

Noonan, Murray. *Marxist Theories of Imperialism: A History*. Londres: I.B. Tauris, 2017.

Panikkar, Kavalam Madhava. *A Dominação Ocidental na Ásia*. Rio de Janeiro: Paz e Terra, 1977.

Pomeranz, Kenneth. *The Great Divergence: Europe, China, and the Making of the Modern World Economy*. Princeton: Princeton University Press, 2000.

Roberts, John M. *The Triumph of the West*. Londres: BBC Books, 1985.

Segrillo, Angelo. Ásia e Europa em Comparação Histórica: o debate entre eurocentrismo e *asiacentrismo na história econômica comparada de Ásia e Europa*. Curitiba, Prismas, 2014.

Segrillo, Angelo. *Rússia: Europa ou Ásia? A questão da identidade russa nos debates entre ocidentalistas, eslavófilos e eurasianistas e suas consequências hoje na política da Rússia entre Ocidente e Oriente*. Curitiba, Prismas, 2016.

The New School. *Is 'Imperialism' a Relevant Concept Today? A Debate Among Marxists*. Disponível online em: https://developingeconomics.org/2017/05/21/is-imperialism-a-relevant-concept-today-a-debate-among-marxists/

Weber, Max. *A Ética Protestante e o Espírito do Capitalismo*. Brasília: EdUnB, 1981.

Weber, Max. *Economia y Sociedad: esbozo de sociologia comprensiva*. México, Fondo de Cultura Econômica, 1997.

Wong, Roy Bin. *China Transformed: historical change and the limits of European experience*. Ithaca: Cornell University Press, 1997.

AFRIQUE

Capítulo 9

ÁFRICA: PARTILHA, SUBMISSÃO E RESISTÊNCIA

Osvaldo Coggiola

Na era do imperialismo capitalista, a África perdeu qualquer independência política e foi quase totalmente colonizada. No alvorecer do século XX, só três Estados africanos eram independentes: Libéria, Etiópia e Marrocos. Os Estados europeus colonizadores criaram, como o haviam feito as potências no século XVI, companhias dotadas de monopólio como responsáveis pela colonização. No século XIX, o desenvolvimento autônomo africano não foi deformado, mas simplesmente afundado ou destruído. O novo imperialismo europeu concentrou-se na África, onde a expansão neocolonial se apoiou na plataforma construída pelo Antigo Sistema Colonial. Oficialmente abolido pela Inglaterra o tráfico internacional de escravos (a escravidão continuou a existir legalmente até 1889 no Brasil, 1901 no Sul da Nigéria, até 1910 em Angola e no Congo, até 1922 em Tanganica, 1928 na Serra Leoa e 1935 na Etiópia), a África foi o grande teatro da nova expansão colonial, diferenciada em função de suas áreas: "O imperialismo tendeu particularmente a transformar-se em colonialismo nas áreas onde a organização política nativa não podia, por razões locais, exercer sua autoridade com eficácia".[203]

---

203 Neil Smith. *O Desenvolvimento Desigual.* Rio de Janeiro, Bertrand Brasil, 1988.

Essas "razões locais" eram derivadas da destruição prévia das sociedades e populações africanas. A catástrofe demográfica do continente começou no sistema colonial erguido a partir do século XV, com a conquista portuguesa de Ceuta, no Norte da África, em 1415, estendendo-se em seguida pela costa africana e transformando sua população negra na principal *commodity* da economia mundial dos inícios da Era Moderna. A população nativa da África subsaariana era, no final do século XIX, três vezes menor do que no século XVI: "O século XVI africano foi marcado pelo fato de que nenhuma grande região da África fugiu aos acontecimentos que determinaram um declínio cultural e econômico extremamente rápido".[204] O tráfico negreiro foi sancionado por um decreto assinado em 1515 em Bruxelas por Carlos V, o rei do império "onde o sol nunca se punha". Na sua primeira fase ele se dividiu entre franceses (que poderiam operar entre Senegal e Gâmbia), ingleses (Costa de Ouro e Costa de Marfim) e portugueses (regiões de Angola e Benguela). A conquista europeia no Antigo Sistema Colonial (com uso de artilharia contra, no máximo, armas brancas e de arremesso, e bem depois alguns fuzis, dos povos coloniais), o trabalho forçado multiforme e generalizado, a repressão das numerosas revoltas por meio do ferro e do fogo, a subalimentação, as diversas doenças locais e importadas e o tráfico negreiro, reduziram uma população que baixou para quase um terço da anteriormente existente nas regiões afetadas pelo tráfico de escravos.

Entre meados do século XV e a segunda metade do século XIX a escravidão africana contabilizou a venda e traslado de aproximadamente treze milhões de indivíduos, deslocamento realizado nos porões de barcos superlotados (onde os africanos viajavam acorrentados), que provocaram uma mortandade imensa. Depois de Portugal, Inglaterra fundou desde 1660 entrepostos africanos de captação de escravos para suas plantações americanas, apossando-se, em 1787, de inúmeros territórios entre o Rio Gâmbia (no Senegal francês) e a Nigéria, abarcando a Costa do Ouro e o Gana. Em três séculos e meio, mais de um milhão e meio de escravos africanos foram exportados para a América Central, quase 3,8 milhões para o Caribe; 4.860.000 foram destinados ao Brasil, que recebeu quase 40% dos seres humanos embarcados como escravos. Qual foi o impacto demográfi-

204 Robert e Marianne Cornevin. *Histoire de l'Afrique*. Paris, Payot, 1964.

co desse comércio na África? Devido à raridade dos censos populacionais no continente existem só estimativas amplas. Em 1700, a região da África Ocidental submetida à caça de escravos devia contar com 25 milhões de habitantes. Um quarto deles foi caçado e escravizado. Um século e meio depois, em 1850, a população da região tinha caído para vinte milhões, exatamente no período em que a população mundial experimentou um salto espetacular. As regiões mais afetadas foram Angola e o Golfo de Benin.

Mais impressionantes são as cifras relativas à participação percentual africana na população mundial. Considerando-se a população da Europa, África, Oriente Médio e as Américas, a população africana caiu, entre 1600 e 1900, de 30% para 10% da população total. O percentual seria menor (a queda percentual seria maior) se fosse considerada a China (excluída da estimativa), devido à sua grande população em constante crescimento durante o período contemplado. Considerado um crescimento demográfico médio ou "normal", a África subsaariana deveria ter tido, em meados do século XIX (quando aconteceu o fim "legal" do tráfico de escravos), uma população de 100 milhões de habitantes: tinha, nessa época, metade dessa cifra.[205] A "África Negra" foi amputada de metade de sua população potencial, com consequências irreversíveis para seu desenvolvimento. De todas as etnias africanas, os iorubas do Oeste africano foram os mais afetados pelo tráfico negreiro, mas houve também contribuições significativas de grupos da Senegâmbia (os *mandenka*), que aportaram mais de 30% dos escravos chegados à América espanhola depois de 1630, da África do Sul (falantes da língua bantu) e do Leste africano.

No início do século XIX, na África, "as contribuições materiais e o serviço militar que o Estado exigia do povo em troca de sua proteção se reduziam ao estrito necessário. A vida cotidiana dos indivíduos se inscrevia em larga escala em um tecido de relações nas quais intervinham os laços de parentesco e as instituições religiosas, jurídicas e econômicas que, muito amiúde, não se circunscreviam às fronteiras dos Estados. O Magreb e o Egito eram as únicas regiões onde se haviam de longa data estabelecido estruturas políticas relativamente duráveis, derivadas de vários séculos de aplicação da lei islâmica".[206] Os Estados eram, portanto, "frágeis", mas a co-

205 John Iliffe. *Les Africains.* Histoire d'un continent. Paris, Flammarion, 2009.

206 J. F. Ade Ajayi. *África do Século XIX à Década de 1880.* São Paulo, Cortez/UNESCO, sdp.

lonização europeia do século XIX não foi de povoamento de áreas virgens ou sem organização social: "À exceção da África do Sul, e um pouco em Rodésia e Quênia, a europeia não foi uma colonização de população branca; ao contrário, deu em última instância uma impulsão demográfica considerável à população negra. O contato das antigas civilizações africanas com a civilização europeia lhes foi fatal, rompeu suas formas tradicionais. Não se poderia reprochar aos europeus ter atentado deliberada e conscientemente contra o patrimônio tradicional africano, salvo em certos aspectos... Numa primeira fase, os europeus ignoraram as civilizações africanas. Para eles, não existia mais do que uma civilização, a deles".[207]

Na verdade, não existia mais que uma sociedade, a europeia, para a qual as outras só poderiam ter um papel complementar. A nova colonização europeia não expandiu a "civilização industrial" das metrópoles, mas destruiu a indústria local. Até o neocolonialismo do século XIX, essa colonização não penetrara profundamente na África: "Durante os três primeiros quartéis do século XIX, o principal fator externo no Leste e Nordeste africano não foi o europeu, mas o árabe e egípcio. Na África oriental, a primeira metade do século foi testemunha da consolidação de uma população costeira arabizada em língua *shawali*, como da população urbana arabizada procedente do Sul de Gomales, nas costas ocidentais do Golfo Pérsico".[208] A dinâmica local de culturas e miscigenações foi violentamente interrompida no último quartel do século XIX.

A *Pax Britannica* posterior a 1815 constituiu o marco histórico da expansão mundial do capital, da qual resultou, por um lado, "a abolição da escravidão, pela necessidade de mão de obra livre e, de outro lado, a criação de instâncias políticas capazes de garantir a segurança das redes comerciais. Todavia, a capacidade de produção era ainda limitada, a Grã-Bretanha praticava um 'imperialismo informal'. A partir de 1873, em consequência de transformações econômicas e políticas, a Grã-Bretanha perdeu sua posição privilegiada no continente africano. França, Alemanha e os EUA viraram seus principais adversários, sobretudo nos ramos industriais mais importantes. A consequência dessa rivalidade foi a colonização direta de quase toda a África... A 'corrida para a África' começou

207 Pierre Bertaux. *África*. Desde la prehistoria hasta los Estados actuales. México, Siglo XXI, 1972.

208 Roland Olivier e J. D. Fage. *Breve Historia de África*. Madri, Alianza, 1972.

criando territórios bem delimitados para cada uma das potências colonizadoras".[209] Uma virada de alcance histórico se produziu: "Em 1870, eram imensos os espaços vazios no conhecimento que a Europa tinha da África. A maior parte das comunidades africanas ignorava existir o homem branco, ainda que utilizasse produtos por ele manufaturados. A presença europeia no continente, até a véspera de 1900, só se fazia sentir a uma escassa minoria e, mesmo mais tarde, numerosíssimos eram os que jamais haviam visto um português, um inglês, um francês ou um alemão, ou faziam ideia de que suas terras estivessem sob domínio de um povo de além-mar. [Seus] estabelecimentos eram vistos pelos africanos como áreas cedidas em aluguel ou empréstimo, tal como haviam procedido no passado com outras gentes - os *diulas* ou *uangaras*, os *hauçás*, os *aros* - que tinham se instalado com fins comerciais. Ingleses e franceses pensavam de modo diferente: tinham esses territórios, por menores que fossem, como protetorados ou sob sua direta soberania. O choque entre as duas concepções era inevitável".[210] Esse choque, de concepções, de populações, e também de exércitos, levou à colonização quase completa da África.

Antes de 1880, as possessões europeias na África eram relativamente pequenas e limitadas as áreas costeiras, permanecendo independentes a maior parte das costas e quase todo o interior continental. Apenas vinte anos depois, em 1900, a África estava quase totalmente dividida em territórios separados, controlados por nações europeias. Só a penetração no Norte da África, islâmico, foi dificultada, de um lado, pela disputa entre as potências europeias pelo controle do Mediterrâneo, e por outro pela suserania exercida em maior ou menor grau pelo Império Otomano sobre países importantes da região. O novo imperialismo na África diferia do antigo por outro aspecto que seria decisivo no século XX: "Foi na África que a Alemanha fez sua primeira grande tentativa de filiar-se ao clube das potências coloniais; entre maio de 1884 e fevereiro de 1885, Alemanha anunciou reivindicações ao território da África do Sudoeste, Togo, Camarões (Kamerun) e parte da costa oriental africana frente a Zanzibar. Duas nações

209 Étinne-Richard Mbaya. Cent dix ans depuis la Conférence de Berlin, les guerres qui partagent l'Afrique. *África* nº 20-21, Revista do Centro de Estudos Africanos, São Paulo, Humanitas/USP, 2000.

210 Alberto da Costa e Silva. O Brasil, a África e o Atlântico no século XIX. *Estudos Avançados* vol. 8, nº 21, São Paulo, Universidade de São Paulo, maio-agosto de 1994.

menores, Bélgica e Itália, engrossaram também as fileiras dos sócios, e mesmo Portugal e Espanha se tornaram mais uma vez ativos em suas pretensões ao território africano".[211]

Mudava também a natureza econômico-social das potências externas interessadas na África. Com o desenvolvimento do capitalismo industrial metropolitano, a colonização europeia se expandiu mundialmente, mudando de caráter: "No início dos anos 1800, depois de três séculos de um tráfico de escravos cada vez maior ao longo da costa da África Ocidental, um grande número de cidades-estado surgiu e foi liderado por africanos, europeus e mercadores afro-europeus que representavam interesses comerciais conflitantes... Em torno do Reino Kasanga de Angola e do Império Oiô de Iorubalândia em desintegração, o tráfico atlântico de escravos continuou ativo nos anos 1850... Como a Europa industrializada gerava novas demandas para as mercadorias produzidas na África, os líderes das cidades costeiras da África Ocidental se afastaram da busca de escravos para a produção de mercadorias 'legítimas' de exportação. A primeira 'Costa do Escravo' da Nigéria ficou conhecida pelos mercadores europeus como 'Rio do Óleo' por causa da transição rápida para a produção de grande extensão de dendê (1810-1850). Estas novas tendências do mercado internacional, longe do tráfico de escravos e no sentido de produção de mercadorias e do comércio legítimo, foram reforçadas por atividades crescentes das esquadras navais britânicas".[212] Os dois fatores, a mola propulsora e o "reforço", se alimentaram mutuamente.

Pois a conquista da África pelas potências europeias foi tudo menos um passeio tranquilo e triunfal: ela requereu esquadras navais e verdadeiros exércitos, melhor armados e abastecidos do que seus pares africanos. Em algumas regiões, os europeus só confrontaram uma população civil desarmada, em outros (como no caso do reino Ashanti) esse não foi o caso: "Ao longo da costa da Guiné, o reino de Dahomey era um Estado conquistador, ampliado durante um século por dirigentes agressivos ao comando de uma população etnicamente mista, fusionada em uma espécie de nação. Suas forças armadas eram parte de um aparato de Estado posto sob um firme

211 Harry Magdoff. *Imperialismo.* Da era colonial até o presente. Rio de Janeiro, Zahar, 1979.

212 Vincent B. Khapoya. *A Experiência Africana.* Petrópolis, Vozes, 2015.

controle centralizado, onde se notabilizavam os corpos de escravos reais. Os batalhões de mulheres solteiras deram a Dahomey uma grande reputação no exterior". Dahomey se opôs firmemente ao avanço francês, como assim também fizeram os zulus aos ingleses ao Sul do continente: "Zululândia era realmente uma nação em armas. Embora pequena, com uma população de não mais de 300 mil pessoas, ela possuía um grau extremo de militarização que, na guerra de 1879, mobilizou 50 mil soldados. 40 mil estavam sempre prontos para a ação, metade dos quais abaixo dos trinta anos. Jovens eram treinados em campos de exercício, sendo-lhes proibido o matrimônio até o seu 'batismo de fogo'. Estavam organizados em 36 regimentos com disponibilidade permanente, algo excepcional à época em sociedades não europeias".[213] Os confrontos com os colonizadores eram guerras entre Estados.

O escopo geopolítico e social das guerras africanas era internacional. Quando a escravidão foi abolida na maioria dos países independentes da América, ela foi mantida nos EUA e no Brasil, principais consumidores de escravos africanos. A estrutura política e geopolítica da África também mudava. Na África do Norte, a Argélia fora anexada ao Império Otomano por Khair-ad-Don, que estabeleceu as fronteiras argelinas e fez da costa uma importante base de corsários. As atividades destes atingiram seu pico no século XVII. No século seguinte, os ataques constantes contra navios norte-americanos no Mediterrâneo resultaram nas "guerras berberes". A segunda onda colonial francesa repousou sobre bases econômicas de tipo predominantemente capitalista, que definiram a *blitz* francesa na África do Norte: sob o pretexto de falta de respeito para com seu cônsul, a França invadiu a Argélia em 1830, tornando-a parte integrante de seu território, o que só acabaria com o colapso da Quarta República, na segunda metade do século XX. Na vizinha Tunísia, submetida à regência francesa, "foram passados decretos constitucionais em 1857 e 1861, por sugestão dos consulados francês e inglês, para satisfazer as ambições da rica e bem-educada classe média tunisiana e das influentes comunidades comerciais francesa e italiana. A constituição garantia igualdade de todos os homens perante a lei e liberdade de comércio, e nomeava conselheiros ao *bey*. Na prática, o povo não foi ajudado pela constituição, que apenas deu poder político

213 V. G. Kiernan. *Colonial Empires and Armies 1815-1960*. Gloucestershire, Sutton, 1998.

a alguns poucos ricos. O governo ignorou largamente a constituição, que rapidamente caiu em desuso".[214] O estabelecimento do protetorado francês na Tunísia aconteceu em 1881.

A nova investida europeia na África do Norte se aprofundou com os últimos sobressaltos coloniais de uma potência decadente, mal reposta da perda de quase todas suas colônias na América; ela esconjurou para sua nova investida colonial motivos pré-modernos. Espanha declarou guerra contra o Marrocos em 1859, usando o pretexto do insulto à sua bandeira nacional por soldados marroquinos. Na metrópole espanhola, a guerra foi alentada pela Igreja Católica, que chamou os soldados espanhóis a "*no volver sin dejar destruido el islamismo, arrasadas las mezquitas y clavada la cruz en todos los alcázares*". O exército colonial espanhol partiu de Algeciras, com "*45.000 hombres, 3.000 mulos y caballos y 78 piezas de artillería, apoyado por una escuadra de guerra formada por un navío de línea, dos fragatas de hélice y una de vela, dos corbetas, cuatro goletas, once vapores de ruedas y tres faluchos, además de nueve vapores y tres urcas que actuaron como transportes de tropas*".[215] Espanha tomou Tetuán e,[216] em 1860, o porto de Tanger, rendendo o comandante marroquino Muley Abbás. Pelo Tratado de Wad-Ras, Espanha obteve a concessão perpétua de Ceuta e Melilla (mantidas como territórios espanhóis até o presente), algumas ilhas mediterrâneas e uma forte indenização econômica; a "opinião pública" espanhola, no entanto, desejava a conquista de todo o Marrocos, conquista tornada impossível pelas numerosas baixas do exército espanhol nos combates. Os tratados espanhóis com o Marrocos em 1860 e 1861 consolidaram os interesses crescentes da Espanha na África do Norte, mas nas décadas sucessivas surgiram tensões entre patrulhas do exército espanhol e tribos berberes locais, hostis à Espanha e ao Marrocos, e sobre as quais o sultão marroquino não tinha controle.

A luta contra o tráfico de escravos nas metrópoles, que atingiu seu zênite na década de 1860, conseguiu a derrubada parlamentar (inglesa) da escravidão, mas não impediu a eclosão do novo imperialismo europeu,

214 Roland Olivier e Anthony Atmore. *Africa since 1800*. Nova York, Cambridge University Press, 1981.

215 Josep Fontana. La época del liberalismo. *Historia de España*. Barcelona, Crítica, 2007.

216 Em Tetuán, o general espanhol O'Donnel, ao entrar na cidade, encontrou habitantes que falavam um espanhol arcaico: eram os judeus sefarditas da cidade, cujos ancestrais haviam sido expulsos de Espanha pela Inquisição, que haviam sido vítimas de um pogrom nos dias precedentes. Foi esse o primeiro contato "moderno" entre espanhóis ibéricos e sefarditas mediterrâneos (Danielle Rozenberg. *L'Espagne Contemporaine et la Question Juive*. Toulouse, Presses Universitaires du Mirail, 2006).

preludiado pela conquista da África: "O esforço das potências europeias em dividir a África se produziu às vésperas da era imperialista, quando os poderosos grupos monopolistas baseados no poder industrial e financeiro tentavam expandir seu domínio para se apropriar de matérias primas, em especial minerais (na África do Sul, em 1866, foram descobertos diamantes e ouro; também na Rodésia foi descoberto ouro na década de 1860), para adquirir terras para a colonização e para fins estratégicos, e estabelecer novos pontos de domínio para o comércio".[217] A partir de 1880, a competição entre as metrópoles pelo domínio dos territórios africanos intensificou-se: "Foi a descoberta do Congo a que enfrentou subitamente um grande número de interessados concorrentes".[218] Até o último quartel do século XIX, a presença europeia na África reduzia-se a poucos pontos litorâneos; a maior parte da África era governada por africanos. O continente dividia-se em impérios, reinos e cidades-estado. A partilha africana foi precipitada pelo avanço francês no Senegal, em 1876, que provocou a reação da Alemanha e também da velha potência dominante na região, a Inglaterra.

A partilha africana desenvolveu-se na sequência da crise de Suez de 1882, quando o primeiro-ministro liberal britânico William Gladstone e seu gabinete ordenaram a invasão do Egito, na tentativa de preservar o acesso britânico para o Canal de Suez. A ocupação britânica do Egito serviu como catalisador para a partição da África: o *scramble for Africa* foi resolvido diplomaticamente, na Conferência de Berlim (1885). Em termos territoriais, Inglaterra não foi a principal potência colonizadora africana, lugar reservado à França. Nesse país, a política colonial condicionou a repressão interna, inclusive a dos menores infratores: Jean Genet, em *Le Langage de la Muraille*, texto autobiográfico, mostrou como aqueles eram enviados para colônias "reformatórios", onde eram treinados para serem transformados em colonos no Norte da África, ou mesmo em soldados do exército colonial. O exército francês era o segundo maior empregador de jovens infratores quando estes eram liberados após atingir a maioridade. As casas de correção preparavam os matadores para o exército de colonização. O governo francês concebeu um plano para colonizar Argélia e Tunísia com os órfãos,

217 Jack Woddis. África. El león despierta. Buenos Aires, Platina, 1962.

218 Henri Brunschwig. *Le Partage de l'Afrique Noire*. Paris, Flammarion, 1971.

os pobres e os prisioneiros libertos; os que não fossem para as colônias seriam explorados como trabalhadores agrícolas baratos na metrópole.

Colonização de fatias mais extensas de território não era sinônimo de controle do processo colonizador. Estrategicamente, entre o final do século XVIII e meados do século XIX, o Reino Unido, com seu enorme poder naval e econômico, assumiu a liderança da colonização africana: a Inglaterra dominou o Egito, o Sudão Anglo-Egípcio, a África Oriental Inglesa, a Rodésia (Zimbábue), a União Sul Africana (o Cabo), a Nigéria, a Costa do Ouro e a Serra Leoa. A Alemanha tomou Camarões, o Sudoeste africano e África Oriental Alemã. A Itália conquistou Eritreia, a Somália e o litoral da Líbia. Porções reduzidas couberam aos antigos colonizadores: a Espanha ficou com o Marrocos Espanhol, Rio de Ouro e a Guiné Espanhola (ou Guiné Equatorial); Portugal, com Moçambique, Angola e a Guiné Portuguesa (Guiné Bissau). A França era a maior colonizadora, mas bem longe de uma maioria absoluta. A ocupação da África pelas potências europeias destruiu por completo as estruturas de poder precedentes, algumas das quais serviram de intermediárias entre o colonizador e os africanos, enquanto outras persistiram na clandestinidade. Em 1880 teve início a reclamação "legal" dos governos europeus de partes do território do litoral da África. Em 1867, o rei Leopoldo II da Bélgica (1835-1909) deu novo impulso ao colonialismo europeu ao reunir em Bruxelas um congresso de presidentes de sociedades geográficas, para "difundir a civilização ocidental".

Dali resultaram a Associação Internacional Africana e o Grupo de Estudos do Alto Congo, que iniciaram a exploração e a conquista do Congo. Leopoldo era um dos principais contribuintes das entidades, financiadas por capitais particulares. A corrida para a África foi "regulamentada" na Conferência de Berlim, em 1885, proposta por Bismarck e o ministro francês Jules Ferry, que partilhou a África, único espaço que faltava ocupar totalmente, pelas potências imperialistas, no planeta. Os elementos dominantes foram as três grandes potências europeias. A Conferência legalizou a posse do Congo por Leopoldo II: o país foi entregue a uma sociedade cujo principal acionista era o rei da Bélgica, preparando as condições para o genocídio dos povos da região. A Conferência instituiu normas para a ocupação; as potências coloniais negociaram a divisão da África, e acordaram não invadirem áreas ocupadas por outras potências. Os únicos países africanos que não foram transformados em colônias foram a Etiópia e a Libéria, que tinha sido criada por escravos libertos dos EUA. A partilha e a divisão política do continente foram arbitrárias, não respeitando as características étnicas e culturais de cada povo ou região. Nas três décadas transcorridas entre a Conferência de Berlim e o início da Primeira Guerra Mundial a investida europeia na África colonizou a maior parte do continente.

Os países europeus se lançaram decididos para a "aventura africana". A França, como vimos, primeiramente invadiu e colonizou a Argélia e estabeleceu um protetorado na Tunísia. Depois, os franceses se expandiram para o interior e para Sul africano, criando, em 1880, a colónia do Sudão Francês (atual Mali) e, nos anos que se seguiram, ocuparam grande parte do Norte de África e da África ocidental e central. A França, buscando um aliado para seus próprios projetos para a região, incentivou a expansão territorial espanhola, em detrimento do Marrocos: "No Magrebe do 'proprietário funesto' de 1830 até a África setentrional francesa em 1914, a colonização francesa foi tardia, vacilante e acelerada pelos acontecimentos políticos internos de 1848, 1852 ou 1871, limitada ao Sahel, à Mitidja, aos planaltos de Orã e de Constantino, e muito centrada nas cidades da costa. Em 1911 foram censados na Argélia 750 mil europeus. Na Tunísia, o povoamento foi mais tardio, mas também deliberado: em 1911, se contavam ali 45 mil franceses, e cem mil italianos. No Marrocos, o povoamento europeu, francês e espanhol, só levantou voo em 1911".[219] Em 1912, o Tratado de Fez dividiu o Marrocos em dois protetorados, um espanhol (que ficava na região do atual Saara Ocidental) e um francês (o Marrocos atual). A França obrigou o sultão de Marrocos a assinar o Tratado, tornando o país um protetorado. O 30 de março virou o "dia da desgraça" (*jour du malheur*) para os marroquinos, uma anti-data nacional que nunca seria esquecida. As colônias e posses francesas já compreendiam a Argélia, a Tunísia, a África Ocidental Francesa, a África Equatorial Francesa, a Costa dos Somalis e Madagascar. A potência imperialista europeia principal, porém, era outra. No "Chifre da África", os anos 1880 foram marcados pela Conferência de Berlim e pelo início da modernização da Etiópia, quando os italianos começaram a rivalizar com os britânicos por influência na região.

219 Pierre Léon (ed.). *Storia Economica e Sociale del Mondo*. Bari, Laterza, 1980.

Asseb, um porto próximo à entrada do sul do Mar Vermelho, foi comprado em março de 1870 por uma companhia italiana ao sultão local, vassalo do imperador etíope, o que levou em 1890 à formação da colônia italiana da Eritreia. Itália se orientou para um colonialismo clássico. No final do século XIX - inícios do século XX, emergiu sua tendência à exploração de matérias-primas do território ocupado, com o espírito de pura especulação das primeiras iniciativas de tipo privado. Tanto na Eritreia, onde o Estado interveio diretamente, como na Somália, onde se tentou aplicar um tipo de administração no modelo inglês, confiando a administração do protetorado a uma companhia privada apoiada pelo Banco de Roma, as primeiras experiências de gestão colonial, resultaram em fracasso e refletiam uma atitude voltada mais à especulação do que à valorização econômica da colônia. A tentativa colonial italiana, além de tardia, não correspondia a uma expansão econômica interna e registrava a ausência das condições fundamentais para a manifestação do moderno imperialismo capitalista: mercados internos homogêneos, saturação do mercado financeiro, ausência no mercado nacional de possibilidade de investimentos rentáveis. A frustrada expansão bélica colonial da Itália acentuou a desigualdade de seu desenvolvimento econômico capitalista, agravando a "questão meridional" na metrópole. Itália vivia também o período da "grande emigração" de sua população para além-mar. A tentativa colonial italiana culminou numa derrota contra os etíopes na batalha de Adwa, em 1896: os etíopes derrotaram os italianos e permaneceram independentes, sob o governo de Menelik II. A Itália e a Etiópia assinaram um tratado provisório de paz em outubro de 1896. Etiópia permaneceu como o único reino negro africano independente.

Durante a era imperial, além disso, o crescimento demográfico dos países muçulmanos atingiu taxas espetaculares, superiores a 50%: "Em toda a África Branca muçulmana, do Atlântico até o Nilo, no contexto de motivações religiosas e familiares estreitamente vinculantes, da inexistência do celibato feminino, da precocidade e da multiplicidade das uniões matrimoniais, da ausência de prevenção anticoncepcional, ainda a mais elementar, coincidiam a fertilidade legítima das jovens esposas com sua fertilidade fisiológica. Além disso, a terrível mortandade infantil reduzia ou suprimia o período de amamentação".[220] As investidas europeias se sobrepuseram ao antigo imperialismo otomano, provocando novas resistências locais, com bandeiras religiosas. Na África do Norte e na África Oriental, sob a bandeira do islamismo, começaram revoltas contra a nova dominação colonial. Ao sul do Egito, o Sudão dominava boa parte das costas do Mar Vermelho, ponto de passagem obrigatório dos usuários do Canal de Suez. Na sequência da invasão de Mehmet Ali, em 1819, o Sudão passara a ser governado por uma administração egípcia. Esse sistema colonial lhe impunha pesados impostos, sem falar nas tentativas egípcias de acabar com o lucrativo tráfico de escravos comandado por comerciantes árabes locais.

Em 1870, um líder muçulmano sudanês, Muhammad Ahmad (1844-1885), pregou a renovação da fé e a "libertação da terra", e começou a atrair numerosos seguidores. Logo em seguida houve uma revolta contra os egípcios, na qual Muhammad se autoproclamou *Mahdi*, o redentor prometido do mundo islâmico. O governador egípcio do Sudão, Raouf Pachá, enviou duas companhias de infantaria armadas com metralhadoras para prendê-lo. O Mahdi comandou um contra-ataque que massacrou o exército egípcio. Como o governo egípcio estivesse sob o controle britânico, as potências europeias, em especial Inglaterra, se tornaram cada vez mais interessadas no Sudão. Os conselheiros britânicos do governo egípcio deram consentimento para outra expedição país. No verão de 1883, tropas egípcias concentradas em Khartum foram colocadas sob o comando de um aposentado oficial britânico (nas palavras de Winston Churchill, "talvez o pior dos exércitos que já marchou para uma guerra") – um exército não remunerado, inexperiente, indisciplinado e cujos soldados tinham mais em comum com seus inimigos do que com seus oficiais europeus. O Mahdi montou um exército de 40.000 homens equipando-o com as armas e munições capturadas em batalhas anteriores, sua formação derrotou os expedicionários egípcios.

O governo egípcio pediu um oficial britânico para ser enviado ao Sudão, que resultou ser o veterano Charles Gordon, atuante na China durante a segunda "Guerra do Ópio". Gordon foi sitiado pelo Mahdi, que tinha reunido cerca de 50 mil soldados. Uma expedição britânica foi despachada sob o comando de Garnet Wolseley, mas ficou bloqueada

220 Pierre Léon. *Storia Economica e Sociale del Mondo*, cit.

no Nilo. A coluna, finalmente, chegou a Khartum apenas para descobrir que era tarde demais: a cidade tinha caído dois dias antes, Gordon e sua guarnição tinham sido massacrados. Esses eventos encerraram temporariamente o envolvimento britânico no Sudão e no Egito. Muhammad Ahmad, o Mahdi, morreu logo após sua vitória em Khartum.[221] O Egito não renunciou a seus direitos sobre o Sudão, que as autoridades britânicas consideravam uma reivindicação legítima. Sob o controle rigoroso de administradores britânicos, o exército egípcio tinha sido reformado, liderado por oficiais britânicos, para permitir, entre outras coisas, que o Egito pudesse reconquistar o Sudão. A aquisição de novos territórios africanos, diretamente ou por agentes interpostos, foi uma medida defensiva dos interesses ingleses, que sofriam o ataque de outras potências.

Nas últimas décadas do século XIX o empresário inglês Cecil Rhodes impulsionou o projeto britânico de construção da ferrovia que ligaria o Cairo, no Egito, ao Cabo, na África do Sul, projeto nunca realizado. Rhodes foi um dos fundadores da companhia De Beers, que detém no século XXI 40% do mercado mundial de diamantes (já teve 90%). A divisa pessoal de Rhodes era "*so much to do, so little time...*" (Tanto para fazer, tão pouco tempo...). A Companhia Britânica da África do Sul foi criada por Rhodes através da fusão da *Central Gold Search Association* e da *Exploring Company, Ltd.* Em um período de menos de dez anos, Rhodes e sua companhia tinham invadido ou levado a autoridade imperial britânica a se impor sobre uma região que corresponde à moderna Botswana, Zimbábue, Zâmbia, e Malaui, uma área equivalente a três vezes o tamanho da França. Rhodes, em um de seus testamentos, escreveu: *Considerei a existência de Deus e decidi que há uma boa chance de que ele exista. Se ele realmente existir, deve estar trabalhando em um plano. Portanto, se devo servir a Deus, preciso descobrir o plano e fazer o melhor possível para ajudá-lo em sua execução. Como descobrir o plano? Primeiramente, procurar a raça que Deus escolheu para ser o instrumento divino da futura evolução. Inquestionavelmente, é a raça branca... Devotarei o restante de minha vida ao propósito de Deus e a ajudá-lo a tornar o mundo inglês.* Rhodes morreu e foi enterrado em 1902 nas colinas de Matobo, na África do Sul, onde ele dominara uma rebelião dos matabeles, que assim mesmo vieram

221 Peter M. Holt. *The Mahdist State in Sudan 1881-1898*. Oxford, Clarendon Press, 1970.

ao seu enterro. A cerimônia foi cristã, mas os chefes matabeles pagaram tributos a Rhodes de acordo com as suas crenças.[222] Seu sonho de construir um império inglês ininterrupto entre Cairo e a Cidade do Cabo foi parcialmente conseguido depois da Conferência de Berlim, que legitimou a anexação inglesa de todos os territórios ao longo desse corredor (Egito, Sudão, Quênia, Rodésia e Transvaal).

Enquanto os franceses se expandiam, Leopoldo II "usava um de seus Estados, o Congo, para fortalecer seu outro Estado, a Bélgica. Sonhava com prosperidade econômica, estabilidade social, grandeza política e orgulho nacional. Reduzir seu empreendimento a um enriquecimento pessoal não faz justiça aos motivos nacionais e sociais de seu imperialismo. A Bélgica era ainda jovem e instável; com o Limburgo holandês e o Luxemburgo tinha perdido importantes porções de seu território; católicos e liberais estavam dispostos a se devorar crus; o proletariado começava a se movimentar: um coquetel explosivo. O país parecia 'uma caldeira sem válvula de escapamento', segundo Leopoldo. *O Congo se transformou nessa válvula*".[223] Na Europa, Leopoldo apresentava sua "obra" colonial com uma aureola de altruísmo humanitário, de defesa do livre comércio e de luta contra o comércio de escravos, mas, na África, expropriava os povos locais de todas suas terras e recursos, com seu exército privado, que submetia à população a trabalhos forçados. A crueldade repressiva belga incluía assassinatos, violações, mutilações e decapitações. Dez milhões de congoleses, estimadamente, perderam a vida entre 1885 (ano do reconhecimento internacional do "Livre Estado do Congo") até 1908 (alguns autores elevam essa cifra até vinte milhões). Leopoldo II morreu em 1909; durante seu reinado a população do Congo se reduziu em mais de dois terços (de trinta para nove milhões de habitantes nativos). A história colonial do Congo expõe um dos genocídios mais sangrentos da era contemporânea.

Na penúltima década do século XIX acelerou-se a divisão da África. Ameaçados, os chefes africanos cediam o poder a comandantes de tropas europeias. Outros assinavam tratados de proteção, na ignorância de que transferiam aos estrangeiros a soberania sobre suas terras e habitantes: jul-

---

222 Martin Meredith. *Diamonds, Gold and War*. Nova York, Public Affairs, 2007. A *Rhodes Scholarship* é uma prestigiosa bolsa internacional para estudantes externos na Universidade de Oxford da Inglaterra.

223 David Van Reybrouck. *Congo*. Une histoire. Paris, Actes Sud/Fond Flammand des Lettres, 2012.

gavam estar arrendando ou cedendo para uso provisório um certo território, como de praxe quando um estrangeiro pedia o privilégio e a honra de viver e comerciar entre eles. Se espantavam quando dois grupos de homens brancos de língua diferente disputavam entre si com violência essa honra e esse privilégio, em vez de compartilhá-lo. Em 1885, Portugal conseguiu firmar com o rei Glelê, do Danxomé, o tratado de Aguanzum, que estabelecia o protetorado português sobre o litoral, dando-lhe direitos sobre o interior. Os franceses, que haviam renovado com o mesmo rei o acordo de 1878, de cessão de Cotonu, reagiram prontamente, obrigando Portugal, em 1887, a renunciar a suas pretensões.

Pela Conferência de Berlim, "os territórios que hoje correspondem a Ruanda e Burundi foram atribuídos à Alemanha. Assim, em 1894, o Conde Von Götzen se tornaria o primeiro homem branco a visitar Ruanda e sua corte, e, em 1897, instalou os primeiros postos administrativos e impôs o governo indireto. Porém, em 1895 havia falecido o *mwami* Rwabugiri, desencadeando-se violenta luta pela sucessão entre os tutsis. Em consequência, os líderes dos clãs mais fracos passaram a colaborar com os chefes alemães, que concederam a membros da elite tutsi proteção e liberdade, o que lhes permitiu consolidar a posse sobre terras e submeter os hutus";[224] e "completou a Conferência de Berlim uma outra, ainda mais sinistra e ameaçadora, do ponto de vista africano: a de Bruxelas, em 1890. Chamaram-lhe sintomaticamente Conferência Antiescravagista, e o texto que nela se produziu foi um violento programa colonizador. Os impérios, reinos e cidades-estado da África eram entidades políticas inexistentes para os diplomatas europeus que participaram das Conferências de Berlim e de Bruxelas.... Quando seus países tiveram de ocupar os terrenos que dividiram no mapa, e seus militares de tornar efetivos tratados de protetorado que para os soberanos da África eram contratos de arrendamento ou empréstimo de terras, toparam a resistência de estados com firmes estruturas de governo e povos com forte sentimento nacional... Venceram-nos porque souberam jogar os povos vassalos contra os senhores e os inimigos tradicionais uns contra os outros, mas algumas vezes com grande dificuldade e após demorada luta".[225]

224 Marina Gusmão de Mendonça. *Guerra de Extermínio: o Genocídio em Ruanda*. Texto apresentado no Simpósio "Guerra e História", realizado no Departamento de História da USP, em setembro de 2010.

225 Alberto da Costa e Silva. O Brasil, a África e o Atlântico no século XIX, cit.

O Norte da África, sob suserania otomana, não foi poupado. Uma guerra entre a Espanha e 39 das tribos do Rife começou em outubro de 1893. O sultão Hassan I declarou guerra à Espanha em novembro. Artilharia espanhola foi utilizada para bombardear as forças rifenhas em aldeias; quando um bombardeio atingiu uma mesquita a guerra dos rifenhos assumiu o caráter de uma *Jihad*. O novo enfrentamento contra Marrocos trouxe a febre da guerra à Espanha. O governo espanhol despachou ao teatro bélico um encouraçado e duas canhoneiras, colocou a frota em alerta e mobilizou o exército da Andaluzia para o serviço no exterior. O governador de Melilla e comandante das forças espanholas emitiu um ultimato ao Marrocos; contra ele, o sultão enviou um contingente de tropas regulares, sem sucesso. O governo espanhol enviou mais quatro batalhões de infantaria e três regimentos de cavalaria, que varreram os rifenhos de suas trincheiras em ruínas. Tropas rifenhas, no entanto, ocuparam as praias, frustrando os esforços da marinha espanhola para realizar o desembarque de novas tropas, cavalos e suprimentos. Os rifenhos expandiram suas trincheiras. Com a chegada de cruzadores blindados, Espanha passou a usar todo seu poder naval, promovendo incansáveis bombardeios na costa, com sete mil homens em reforço. Em abril de 1894, finalmente, Espanha conseguiu negociar as condições de paz diretamente com o sultão. As potências europeias assistiram às campanhas espanholas contra o Rife em função de suas próprias expectativas para o restante do continente.

Na metrópole inglesa, os movimentos socialistas se opuseram (foram os únicos a fazê-lo) à nova onda de investidas militares colonialistas da Grã-Bretanha na África. Em março de 1885, a *Socialist League* inglesa distribuiu em todo o país milhares de cópias de uma declaração em que se lia: "Uma guerra injusta e malvada foi desencadeada pelas classes dominantes e proprietárias deste país, com todos os recursos de civilização, contra um povo mal armado e semibárbaro, cujo único crime é o de ter se rebelado contra a opressão estrangeira, que as próprias classes mencionadas admitem ser infame. Dezenas de milhares de trabalhadores, tirados da atividade neste país, foram desperdiçados para realizar uma carnificina de árabes, pelas razões que seguem: 1) Para que África Oriental possa ser 'aberta' ao envio de mercadorias com data vencida, péssimas bebidas alcoólicas, doenças venéreas, bibelôs baratos e missionários, tudo para que comerciantes e empresários britânicos possam fincar seu domínio sobre as ruínas da vida tradicional, simples e feliz, dos filhos do deserto; 2) Para criar novos e vantajosos postos de governo para os filhos das classes dominantes; 3) Para inaugurar um novo e favorável terreno de caça aos esportistas do exército que acham tediosa a vida na pátria, e estão sempre prontos para um pequeno genocídio de árabes, quando exista a ocasião.. Mas, quem é que vai ao combate nesta e em análogas ocasiões? As classes que estão à procura de mercados? São elas as que constituem a tropa de nosso exército? Não! São os filhos e os irmãos da classe trabalhadora de nosso país. Que por um soldo miserável são obrigados a servir nestas guerras comerciais. São eles que conquistam, para as ricas classes médias e superiores, novos países a serem explorados e novas populações para serem despojadas....".[226]

Assinavam a declaração 25 responsáveis socialistas e operários ingleses, encabeçados por Eleanor Marx-Aveling, filha caçula de Karl Marx e certamente autora do documento, pois era responsável pela rubrica internacional do jornal socialista inglês. Seu pai não foi original devido a pôr em evidência as iniquidades da escravidão africana, mas por situá-la no contexto do modo de produção capitalista: "No Brasil, no Suriname, nas regiões meridionais da América do Norte, a escravidão direta é o pivô em cima do qual nosso industrialismo de hoje faz girar a maquinaria, o crédito, etc. Sem escravidão não haveria nenhum algodão, sem algodão não haveria nenhuma indústria moderna. É a escravidão que tem dado valor às colônias, foram as colônias que criaram o comércio mundial, e o comércio mundial é a condição necessária para a indústria mecânica em grande escala. Consequentemente, *antes do comércio de escravos, as colônias davam muito poucos produtos ao mundo velho, e não mudaram visivelmente a face do mundo*. A escravidão é consequentemente uma categoria econômica de suprema importância. Sem escravidão, a América do Norte, a nação a mais progressista, ter-se-ia transformado em um país patriarcal. Risque-se apenas a América do Norte do mapa dos povos e ter-se-á a anarquia, a decadência completa do comércio e da civilização modernos. Mas fazer desaparecer a escravatura seria riscar a América do mapa dos povos. Por isso a escravatura, sendo uma categoria econômica, se encontra desde o começo do mundo em todos os

226 Apud Yvonne Kapp. *Eleanor Marx*. Turim, Einaudi, 1980, vol. II.

povos. Os povos modernos só souberam disfarçar a escravatura no seu próprio seio e importá-la abertamente no Novo Mundo".[227]

Não eram as colônias as que precisavam de escravos (havia colônias sem escravos), mas a escravidão a serviço da acumulação capitalista a que precisava de colônias. Em carta a Engels (de 1860), Marx afirmou que a luta contra a escravidão era "a coisa mais importante que estava acontecendo no mundo". Na Internacional Socialista, no entanto, ganharam força os posicionamentos que justificavam a colonização africana (e outras) em nome da "missão civilizadora" da Europa. No Congresso de Stuttgart da Internacional, o debate sobre a questão colonial foi mais do que revelador. Um setor da socialdemocracia alemã (encabeçado por Vollmar e David) não vacilou em autodesignar-se como "social-imperialista". O pensamento dessa corrente se refletiu na intervenção do dirigente holandês Van Kol, quem afirmou que o anticolonialismo dos congressos socialistas precedentes não havia servido para nada, que os socialdemocratas deveriam reconhecer a existência indiscutível dos impérios coloniais e apresentar propostas concretas para melhorar o tratamento aos indígenas, o desenvolvimento dos seus recursos naturais, e o aproveitamento desses recursos em benefício de toda a raça humana. Perguntou aos opositores ao colonialismo se seus países estavam realmente preparados para prescindir dos recursos das colônias. Recordou que Bebel (fundador da socialdemocracia alemã) havia dito que nada era "mau" no desenvolvimento colonial como tal, e se referiu aos sucessos dos socialistas holandeses ao conseguirem melhoras nas condições dos indígenas das colônias de sua metrópole.

A comissão do Congresso encarregada da questão colonial apresentou a seguinte posição: "O Congresso não rechaça por princípio em toda ocasião uma política colonial, que sob um regime socialista possa oferecer uma influência civilizadora". Lênin qualificou de "monstruosa" a posição e, junto com Rosa Luxemburgo, apresentou uma moção anticolonialista. A hora da verdade também se apresentou para o único partido socialista latino-americano presente no Congresso de Stuttgart, o Partido Socialista Argentino. O delegado do PSA, Manuel Ugarte, votou a favor da moção anticolonialista e anti-imperialista de Lênin; poucos anos depois foi expulso

227 Karl Marx. Carta a Pável V. Annekov (1846).

do Partido, sob a acusação de nacionalismo. O resultado da votação foi uma amostra da divisão existente: a posição colonialista foi rejeitada por 128 votos contra 108: "Neste caso marcou-se a presença de traço negativo do movimento operário europeu, traço que pode ocasionar não poucos danos à causa do proletariado. A vasta política colonial levou, em parte, ao proletariado europeu a uma situação pela qual não é seu trabalho o que mantém toda a sociedade, mas o trabalho dos indígenas quase totalmente subjugados das colônias. A burguesia inglesa obtém mais ingressos da exploração de centenas de milhões de habitantes da Índia e de outras colônias, do que dos operários ingleses. Tais condições criam em certos países uma base material, econômica, para contaminar o chauvinismo colonial ao proletariado desses países".[228]

Para a ala esquerda da Internacional, a guerra colonial era a maneira de manter os privilégios das grandes burguesias metropolitanas e a condição para que se mantivesse o nível de vida de parcelas privilegiadas do proletariado europeu. Além disso, criava uma situação de impasse histórica nas metrópoles colonizadoras, através do "colonizador de esquerda (que) não detém o poder, suas afirmações e promessas não têm nenhuma influência sobre a vida do colonizado. Ele não pode, além disso, dialogar com o colonizado, fazer-lhe perguntas ou pedir garantias... O colonizador que recusa o fato colonial não encontra em sua revolta o fim de seu mal-estar. Se não suprime a si mesmo como colonizador, ele se instala na ambiguidade. Se rejeita essa medida extrema, concorre para confirmar e instituir a relação colonial, a relação concreta de sua existência com a do colonizado. Pode-se compreender que seja mais confortável aceitar a colonização, percorrer até o fim o caminho que leva do colonial ao colonialista. O colonialista, em suma é apenas o colonizador que se aceita como colonizador".[229]

Na América, a luta contra o colonialismo e a escravidão se manifestou a luta por igrejas africanas independentes, tradição presente nas congregações negras dos escravos da América do Norte influenciados pela igreja batista: as revoltas dos escravos na Jamaica, em 1831, foram chamadas de "guerra batista": "A tradição dos predicadores negros norte-ameri-

228 V. I. Lenin. *Los Socialistas y la Guerra*. México, Editorial América, 1939.

229 Albert Memmi. *Retrato do Colonizado*. Precedido do retrato do colonizador. Rio de Janeiro, Civilização Brasileira, 2007.

canos e sua concepção de uma igreja política, mobilizadora dos negros na sua luta contra a opressão e os opressores, teve considerável influência na África".[230] Em finais do século, surgiu o pensamento pan-africanista, com dois líderes negros que vincularam a África com sua diáspora no Caribe: Silvestre Williams e George Padmore. O primeiro era advogado, nascido em Trinidad Tobago. Em 1900, organizou em Londres uma conferência para protestar contra o açambarcamento das terras da África pelos europeus, que foi o ponto de partida do pan-africanismo político, retomado pelo dirigente socialista afro-americano W.E. Du Bois, de família haitiana, nos EUA, quem escreveu que "o grande teste para os socialistas americanos seria a questão negra".

Marcus Garvey, nascido na Jamaica, fundou nos EUA a UNIA (Associação Universal para a Superação do Negro), que abriu mais de mil filiais em quarenta países; contra a NAACP (*National Association for the Advance of Colored People*) Garvey buscava aprofundar as distâncias entre trabalhadores brancos e negros, e unificar trabalhadores e capitalistas negros no mesmo movimento econômico e político. Marcus Garvey chegou a se apresentar como o verdadeiro criador do fascismo. O movimento negro se expandiu simultaneamente na África, na Europa e nas Américas. Um hibridismo cultural se desenvolveu a partir da diáspora mundial africana: "(Além da) importância dos *Jubilee Singers* e de sua odisseia, é importante lembrar da carreira de Orpheus Myron McAdoo, derivada do grupo original: seus *Jubilee Singers* da Virgínia fizeram longas turnês pela África do Sul durante cinco anos entre 1890 e 1898 (e também) pelo impacto, no que se considera como cultura africana autêntica, da música executada pelos escravos que retornaram do Brasil para a Nigéria nos anos 1840".[231]

O racismo foi uma componente central da corrida colonial das potências: "Era uma doutrina com múltiplos aspectos, sedutores pela sua modernidade prospectiva civil, que a distinguia da longa e brutal conquista da Argélia ou das impopulares expedições longínquas do Segundo Império. Ela repousava sobre a total ignorância das estruturas sócias e mentais dos indígenas, imaginados prontos a colaborar, e sobre a convicção ingênua de

230 Jack Woddis. *África*. El león despierta, cit.

231 Paul Gilroy. *O Atlântico Negro*. Modernidade e dupla consciência. Rio de Janeiro, Editora 34, 2012.

que a única civilização era a ocidental; as 'raças inferiores' só poderiam aspirar a elevar-se até ela para usufruir de seus benefícios".[232] No Reino Unido, Rudyard Kipling celebrizou na ideia do "fardo do homem branco" sua suposta "obrigação moral" de levar a civilização para os povos atrasados e "incivilizados". A expedição de Robert Livingston em busca das nascentes do Nilo ganhou ares de epopeia civilizadora. A chamada "ciência das raças" encontrava-se em voga na Europa; nos estudos sobre os povos da África Central, prevalecia a hipótese hamítica, proposta pelo explorador inglês John Hanning Speke, em 1863. Segundo essa "ciência", a civilização teria sido introduzida na África por um povo caucasóide branco de origem etíope, descendente do Rei Davi e, portanto, superior aos negros nativos. Para Speke, essa "raça" seria de cristãos perdidos... Assim, "as potências coloniais dividiram à África, rapidamente e sem dor, no decorrer dos últimos vinte anos do século XIX, pelo menos no papel.

As coisas, porém, foram totalmente diferentes no terreno africano. A larga difusão das armas na população local, os códigos de honra militares e uma longa tradição de hostilidade a todo controle externo, transformaram a resistência popular africana à conquista europeia muito mais temível que a da Índia. As autoridades coloniais se esforçaram em criar Estados em um continente pouco povoado, mas turbulento, dispondo de vantagens técnicas: poder de fogo, transportes mecânicos, competências médicas, escrita. Os Estados assim criados não passavam de esqueletos aos quais as forças políticas africanas davam carne e vida. Cada colônia teve que desenvolver uma produção especializada em direção do mercado mundial, o que determinou uma estrutura econômica que sobreviveu a todo o século XX".[233] No Jardim de Aclimatação, em Paris, e depois em outras capitais europeias, foi organizada a exposição de "selvagens" de diversos pontos do planeta, em especial da África. A mania europeia de ver humanos "primitivos" se espalhou. Caçadores especializados em trazer animais selvagens para a Europa e os Estados Unidos foram instruídos para buscar vida humana "exótica". Assim, houve exposições de esquimós, cingaleses, kalmuks, somalis, etíopes, beduínos, núbios do Alto Nilo, aborígenes australianos, guerreiros Zulu,

232 Henri Brunschwig. *Le Partage de l'Afrique Noire*, cit.

233 John Iliffe. *Les Africains*, cit.

índios Mapuche, ilhéus Andaman do Pacífico Sul, caçadores de cabeças de Bornéu: os "zoológicos humanos" se espalhavam na Alemanha, na França, Inglaterra, Bélgica, Espanha, Itália e os EUA. Representantes de grupos étnicos exóticos se tornaram destaque das "feiras mundiais", em exibições propostas como experiências educacionais pelos governos e as empresas que lucravam com elas.

A concorrência entre as potências pela África originou conflitos inter-imperialistas: desde o início da década de 1880 até ao início do século XX, as relações anglo-francesas nunca foram serenas, tanto em relação à corrida colonial como à situação geopolítica na Europa; suas rotas chegaram quase a colidir ao ponto de deflagrar uma guerra entre os dois países. Tudo se complicou depois da ocupação britânica do Egito em 1882. A partir de 1884, França e Inglaterra empenharam-se numa crescente corrida naval, que do lado britânico estava associada à possível perda da sua linha mediterrânea de comunicações e aos receios de uma invasão francesa pelo Canal da Mancha. Ainda mais persistentes e ameaçadores eram os frequentes choques coloniais, em relação ao Congo em 1884-1885 e em relação à África Ocidental durante as décadas de 1880 e 1890. A crise mais grave ocorreu em 1898, quando a sua rivalidade de dezesseis anos sobre o controle do vale do Nilo chegou ao auge no confronto entre o exército de inglês de Kitchener e a pequena expedição de Marchand, em Fashoda.

Mas África não se agitava só pelos conflitos entre as potências. No final do século XIX. a resistência africana no Golfo da Guiné chegava ao seu fim com a derrota do *almamy* Samori, que levantara "um formidável *tata*, a que deu o nome de *Boribana* (acabou a fuga). Os franceses aplicaram um novo método para exterminar esse inimigo irredutível; daí por diante, na estação das chuvas, nada de pausas que permitissem ao *almamy* refazer suas forças. Além disso, para o reduzir à fome aplicou-se à sua volta o método da terra queimada... Certos *sofas* [partidários de Samori] começaram a desertar. Mas a maior parte deles rodearam-no com fidelidade, mais do que nunca".[234] Samori foi capturado em setembro de 1898: condenado e encerrado, morreu dois anos depois. A resistência africana, no entanto, infringiu derrotas aos europeus: as piores foram as italianas. Em 1896, quando a Itá-

234 Joseph Ki-Zerbo. *História da África Negra*. Lisboa, Europa-América, 1991.

lia sofreu uma pesada derrota às mãos dos etíopes na batalha de Adwa, a posição italiana na África Oriental foi seriamente enfraquecida. O governo britânico ofereceu apoio político para ajudar os italianos, fazendo sua demonstração militar no norte do Sudão. Isso coincidiu com o aumento da ameaça de invasão francesa nas regiões do Alto Nilo.

Em 1898, os britânicos decidiram reafirmar o pedido do Egito em relação ao Sudão. Horatio Herbert Kitchener, o novo comandante do exército anglo-egípcio, recebeu ordens de marchar, suas forças entraram no Sudão armadas com o mais moderno equipamento militar da época. Seu avanço foi lento e metódico, campos fortificados foram construídos ao longo do caminho, a estrada de ferro foi prorrogada de Wadi Halfa até o Sudão, a fim de abastecer o exército colonial. Outro "incidente" quase levou a uma guerra internacional: o conflito França-Alemanha sobre Marrocos. O acordo inaugural da *Entente Cordiale* entre França e Inglaterra, assinado em abril de 1904, outorgava à França o direito de "cuidar da tranquilidade do Marrocos" (sic). O chanceler alemão von Bülow suspeitou da existência de cláusulas militares secretas no acordo. A Alemanha imperial decidiu usar o Marrocos como aríete contra a aliança franco-inglesa: em março 1905 o Imperador alemão, Guilherme II, visitou o sultão marroquino em Tanger, emitindo depois um comunicado que definia o sultanato como "absolutamente livre e independente"; Alemanha se declarava "protetora" dessa qualidade. A imprensa europeia começou a evocar a possibilidade de uma "prova de força" entre França e Alemanha, primeiro na África, depois quem sabe... A situação levou a uma crise no gabinete francês, resolvida depois de algumas semanas com a demissão da ala partidária de um confronto militar. A crise foi momentaneamente adiada, mas reapareceria com toda força uma década depois, em 1914, levando ao primeiro conflito bélico mundial.[235]

No extremo Sul da África, na região do Cabo, o interesse inglês era pela posição estratégica que permitia as comunicações oceânicas com a Índia. O imperialismo britânico estimulou os ingleses de Transvaal a exigir direitos políticos especiais. O avanço inglês no Sul da África concluiu com dois confrontos armados na África do Sul, que opuseram os colonos de origem holandesa e francesa, os bôeres, ao exército britânico, que pretendia se

235 Jean-Louis Dufour. Crise entre la France et l'Allemagne à propos du Maroc. *Les Crises Internationales*. Bruxelas, Complexe, 2000.

apoderar das minas de diamante e ouro recentemente encontradas naquele território. Seus rivais, os bôeres, eram descendentes dos colonos calvinistas dos Países Baixos e também da Alemanha e da Dinamarca, bem como de huguenotes franceses, que haviam se estabelecido nos séculos XVII e XVIII na África do Sul, cuja colonização disputaram com os britânicos. No século XIX, eles ficaram sob domínio britânico, com a promessa de futuro autogoverno. A primeira "Guerra dos Bôeres" foi travada entre 1880 e 1881: a vitória dos colonos garantiu a independência da república bôer do Transvaal. A Convenção de Pretória reconheceu a autonomia ao Transvaal, conservando os ingleses direitos em matéria de política externa. A trégua não durou muito. A descoberta de minas de diamantes e de ouro levou o Reino Unido a contraatacar devido aos novos interesses econômicos. Os ingleses renunciaram à política de celebrar tratados com os indígenas e procederam à anexação de novos territórios. Essa atitude veio ao encontro das ideias de Cecil Rhodes, que mais tarde desempenharia o cargo de primeiro-ministro do Cabo. A belicosidade dos bôeres aumentava, assim como a dos ingleses.

Para os ingleses, "a solução (legal), que tinha antecedentes em outras regiões de África, foi conceder um instrumento gratuito garantindo uma carta real de exclusividade à *British South Africa Company* de Cecil Rhodes, em 1889. Para garantir o privilégio, Rhodes tinha o apoio e assistência de Sir Hercules Robinson, governador do Cabo, que tinha importantes investimentos nas companhias de Rhodes".[236] Em 1895, da costa atlântica até a costa oriental, toda a África austral encontrava-se controlada pelos colonialistas ingleses, à exceção das duas repúblicas bôeres: a República da África do Sul (Transvaal), surgida em 1853, e a República do Estado Livre de Orange, reconhecida pelo Reino Unido em 1852. Depois do reconhecimento da independência bôer, a situação no território tinha ficado bastante comprometida. A crise econômica agravou-se pela divisão do país em duas unidades políticas opostas (repúblicas bôeres e colônias inglesas). Os problemas multiplicaram-se com a chegada de trabalhadores indianos e chineses, imigrantes recrutados para as minas do Transvaal. Nos anos que se seguiram, teve lugar um longo duelo político entre o líder bôer Paulus Kruger e o britânico Cecil Rhodes, pautado por negociações difíceis, hesitações e ameaças recíprocas.

236 P. J. Cain e A. G. Hopkins. *British Imperialism 1688-2000*. Edimburgo, Longman-Pearson, 2001.

O que esteve na origem da "segunda guerra dos bôeres" foi o ultimato dado aos ingleses por Kruger, exigindo a dispersão das tropas britânicas que se encontravam ao longo das fronteiras das repúblicas bôeres. A era das guerras do século XX teve início na África. Em outubro de 1899, o aumento da pressão militar e política britânica incitou o presidente do Transvaal, Paulus Kruger, a dar um ultimato exigindo garantia da independência da república e cessação da crescente presença militar britânica nas colônias do Cabo e de Natal. O ultimato não foi tido em conta pelos ingleses, e o Transvaal declarou guerra ao Reino Unido, tendo por aliado a República de Orange. O conflito teve início em outubro de 1899 e finalizou em finais de maio de 1902, com a deposição do presidente do Transvaal. Os britânicos tinham mobilizado quase 500 mil soldados brancos de todo o império, auxiliados por cerca de 100 mil trabalhadores não brancos. 45 mil pessoas perderam a vida na África do Sul em consequência da guerra, e mais de 100 mil mulheres e crianças foram internadas em "campos de concentração" britânicos em condições deploráveis. 20% dos internados morreram, de modo por vezes horroroso.

Na Inglaterra, "poupada de guerras por meio século, perder mais de cem soldados em batalha era um desastre de que já não se tinha lembrança. Em 1899, se enviava a maior expedição de ultramar na história britânica para submeter uma das menores nações do planeta".[237] A guerra sul-africana não era popular na Inglaterra, alimentava a desconfiança no governo. Kitchener, comandante militar inglês, além disso, incendiava indiscriminadamente fazendas de africanos e bôeres. A política de terra arrasada das autoridades coloniais chegou a provocar protestos de rua na própria metrópole britânica. Quando a guerra concluiu, nos termos do Tratado de Paz, as duas repúblicas bôeres regressaram à sua condição de colônias britânicas. O rei Eduardo VII foi reconhecido como seu soberano legítimo. A vitória militar inglesa levou à criação da União Sul-Africana através da anexação das repúblicas bôeres do Transvaal e do Estado Livre de Orange às colônias britânicas do Cabo e de Natal. Na África do Sul se estabeleceu uma política racial que diferenciou os europeus dos africanos (todos os nativos não-brancos). Grupos sociais compostos por imigrantes asiáticos, em particular indianos,

237 Thomas Pakenham. *The Boer War*. Johannesburg/Londres, Jonathan Ball/Weidenfeld & Nicolson, 1982.

sofreram também com a política de discriminação racial, que foi imposta através de guerras com populações que ofereceram resistência aos brancos, como as tribos xhosa, zulu e shoto. Já avançado o século XX, a discriminação racial tomou a forma do regime do *apartheid*, segregando oficialmente toda a população não branca sul-africana.

Na África do Norte, a Itália, em 1911, conquistou dos turcos na guerra ítalo-turca suas províncias africanas de Cirenaica, Tripolitânia e Fezzan, e em 1934 unificou-as sob o nome de Líbia. Cinco anos depois, em 1939, a Líbia ocupada pelos italianos foi incorporada ao Reino (fascista) da Itália, quando já vigia o "Pacto de Aço" entre Alemanha, Itália e Japão. As posições geopolíticas do Eixo nazifascista, ou seja, dos imperialismos europeus preteridos ou derrotados na Grande Guerra, no mundo árabe-islâmico, se fortaleciam, configurando um dos cenários estratégicos da disputa política mundial das grandes potências. Os EUA, por sua vez, se movimentavam política e diplomaticamente, se definindo como defensores da independência africana contra as potências europeias. Na crise de sucessão do imperador Ménélik II na Etiópia, a intervenção externa, não só europeia, aliada à divisão da classe senhorial governante, foi decisiva para que a linha de sucessão fosse parcialmente interrompida com a nomeação do "modernizante" Tafari Makonen como príncipe regente, para depois proclamar-se Imperador, a partir de 1930, com o nome de Haile Selassié, distanciando-se dos setores muçulmanos da elite do país. Em 1935, a Itália fascista, na "Segunda Guerra Ítalo-Etíope" ocupou o país e prendeu Selassié (que só recuperou a liberdade com a derrota italiana na Segunda Guerra Mundial), tentando realizar na prática o velho sonho de um império colonial italiano capaz de rivalizar com o Império Britânico. Etiópia seria a "Índia" da Itália fascista, um sonho que se traduziu na cultura fascista, através de músicas de sucesso como *La Faccetta Nera.*[238] O "Chifre da África" se incorporava à disputa pela hegemonia mundial entre velhos e novos impérios.[239]

238 *Faccetta nera, bell'abissina / Aspetta e spera che già l'ora si avvicina / Quando staremo vicino a te / Noi te daremo un'altra legge e un altro Re... La legge nostra è schiavitù d'amore / Ma è libertà di vita e de pensiere / Vendicheremo noi Camicie Nere / Gli eroi caduti e liberando te... Noi marceremo insieme a te / E sfileremo avanti al Duce e avanti al Re.* A canção foi inspirada numa bela escrava etíope, libertada pelas tropas fascistas no início da invasão italiana da Etiópia; fala sobre como a escrava será levada à Roma onde lhe será oferecida uma nova vida. Sua pele escura será "beijada" pelo sol italiano, e oferecida... ao *Duce* (Mussolini) e ao Rei da Itália.

239 Matteo Dominioni. *Lo Sfascio dell'Impero.* Gli italiani in Etiopia 1936-1941. Bari, Laterza, 1992.

A conquista colonial africana teve em considerações de "superioridade civilizacional" seu principal alicerce ideológico, e produziu vítimas em dimensões só comparáveis com a dizimação das populações ameríndias nos séculos XVI e XVII: "Cada seca global foi o sinal verde para uma corrida imperialista pela terra. Se a seca sul-africana de 1877, por exemplo, foi a oportunidade de Carnarvon para atacar a independência zulu, a fome etíope de 1889-91 foi o aval de Crispi [primeiro-ministro italiano] para construir um novo Império Romano no Chifre da África".[240] Na véspera da Primeira Guerra Mundial, a recolonização do continente africano era quase completa, 90% das terras africanas estavam sob domínio da Europa: a Bélgica, a França, a Alemanha, a Grã-Bretanha, a Itália, a Espanha e a Turquia tinham dividido entre si a quase totalidade do território africano. Os números da colonização não expressam cabalmente sua realidade humana. A partilha da África teve características inéditas na era do capital monopolista, quando serviu aos objetivos da expansão econômica dos monopólios industriais e financeiros antes que à expansão política dos Estados colonialistas, embora a incluísse como seu instrumento.

Em menos de um quarto de século, sete países europeus (Grã-Bretanha, França, Alemanha, Itália, Bélgica, Espanha, Portugal) colonizaram todo um continente. O domínio da África foi uma das principais questões em jogo nos conflitos bélicos mundiais do século XX, que levaram ao paroxismo as contradições inter-imperialistas. A descolonização africana posterior à Segunda Guerra Mundial esteve bem longe de ser um processo pacífico ou consensual, ela exigiu guerras nacionais do Congo até Moçambique, Angola e Guiné Bissau, nas décadas compreendidas entre os anos 1950 até os 1980. A ONU definiu uma política descolonizadora encampando um processo que já se desenvolvia pela via das armas e da mobilização popular no próprio continente africano.

Com a descolonização de pós-guerra, o imperialismo na África se prolongou através das múltiplas formas de dependência; áreas monetárias, financiamentos privados e estatais, dependência comercial e tecnológica, ajudas militares, intervenções políticas, enfim, intervencionismo militar direto. A "diáspora africana", originada na escravidão em massa iniciada

---

240 Mike Davis. *Holocaustos Coloniais.* Clima, fome e imperialismo na formação do Terceiro Mundo. Rio de Janeiro, Record, 2002.

nos séculos XV-XVI, abrangeu todos os continentes do planeta. Os movimentos em defesa dos direitos das populações afrodescendentes nos países "hospedeiros" prolongaram a luta contra o colonialismo e o imperialismo na África em escala mundial. A luta contra o apartheid e pela libertação de Nelson Mandela teve alcance internacional e comoveu os cimentos das próprias metrópoles capitalistas. Os "movimentos negros" têm hoje incidência nos cinco continentes, assim como as "revoluções árabes", que tiveram um pico extraordinário no ano 2011, iniciadas precisamente nos países árabes africanos, sacodiram o mundo todo. A dominação imperialista na África, completada no século XIX, e a luta contra ela, se transformaram em nossos dias num ponto fulcral da agenda política dos oprimidos do mundo inteiro.

AFRIQUE

Capítulo 10

A ASCENSÃO DO IMPERIALISMO NORTE-AMERICANO

Edgardo Loguercio[241]

Os EUA se industrializaram valorizando um território continental com costas nos dois oceanos e enormes recursos materiais e econômicos. Durante a guerra civil americana (1861-1865) a classe capitalista do Norte aumentou sua fortuna financiando o governo federal, fornecendo provisões aos exércitos e desenvolvendo a indústria ligada às necessidades do conflito: disso resultou a consolidação do capitalismo industrial, representado politicamente pelos republicanos. O número de manufaturas nos EUA passou de 123 mil para 354 mil em pouco mais de vinte anos (1848-1870). Enquanto a abolição da escravatura destruía a economia sulista, o protecionismo alfandegário, a legislação bancária e a construção de estradas de ferro garantiram a supremacia do Norte e sua economia industrial: o país tinha território unificado, rede de transportes em expansão, população crescente, e relativamente poucas diferenças sociais. Isso permitiu uma produção para o consumo de massa, facilitando a modernização industrial. A economia do país dependia de seu próprio mercado; exportava apenas 10% do que produzia (Inglaterra exportava 52% de sua produção). O dinamismo econômico atraiu capitais europeus para setores estratégicos, como as ferrovias. A descoberta do ouro californiano acelerou ainda mais a economia

241 Jornalista e escritor. Licenciado em Letras (Universidade de Buenos Aires) e Mestre pelo Prolam (USP).

capitalista. Ainda assim, em 1890, algodão, trigo, carne e petróleo contribuíam com 75 % das exportações. O beneficiamento de produtos agrícolas foi a primeira grande indústria norte-americana; as fábricas siderúrgicas e as indústrias mecânicas superaram o setor agrícola só no início do século XX. A característica foi a formação de enormes empresas, que produziam ferro, carvão, produtos siderúrgicos e ferroviários. Na segunda metade do século XIX, a economia norte-americana teve o ritmo de desenvolvimento mais rápido do mundo.

A vitória da burguesia industrial nortista na Guerra de Secessão criou as condições para o pleno desenvolvimento das potencialidades dos Estados Unidos no sentido capitalista. Quando a Reconstrução posterior à Guerra Civil foi concluída, a dupla pressão dos conflitos sociais internos e do surgimento das novas potências imperialistas europeias foi criando as condições que promoveram a ideia de procurar no exterior uma saída para os problemas que criava o enérgico desenvolvimento capitalista do país. A crise financeira mundial de 1890 precipitou a ascensão de uma facção no interior da burguesia norte-americana favorável ao fim do isolacionismo e a uma agressiva política externa, a começar para com o "pátio traseiro", os países latino-americanos.

O colapso dos investimentos especulativos britânicos na Austrália, África do Sul e em especial na Argentina levou à falência da casa financeira Baring Brothers em novembro de 1890, que gerou pânico nos mercados financeiros globais, resultando em uma estagnação comercial na Europa, quedas nos preços e na produção industrial. A Grã-Bretanha e a Alemanha, as maiores potências capitalistas europeias, entraram numa depressão que se estenderia até 1895. A crise europeia teve repercussões imediatas nos Estados Unidos, onde o centro financeiro de Nova Iorque entrou em pânico ao perceber que os investidores britânicos se desprendiam de seus ativos norte-americanos para obter fundos. As repercussões foram profundas, incluindo uma depressão prolongada até 1895 e a maior crise econômica que os Estados Unidos haviam enfrentado até então. Os investimentos externos, dos quais os Estados Unidos eram fortemente dependentes, deixaram de fluir. Os recursos eram indispensáveis para compensar o contínuo déficit do balanço de pagamentos, o que forçou à exportação contínua de ouro entre 1892 e 1896.

No meio da crise, o democrata Grover Cleveland (1893-1987) venceu as eleições de 1892 defendendo a redução das tarifas e o fim da cunhagem de prata. Os problemas internos norte-americanos definidos nos compromissos de 1890 - o protecionismo consagrado na Tarifa McKinley e a liberação parcial do padrão prata exigido pelos *silverites* - haviam criado as piores condições para enfrentar uma crise internacional dessas dimensões. A burguesia não tinha nenhuma confiança no remédio monetário consagrado no *Silver Purchase Act*, que não deteve a queda do preço do metal nem dos produtos agrícolas. Seu principal efeito foi colocar em circulação um grande volume de prata e, com sua depreciação, o ouro começou a escassear. As reservas de ouro do Tesouro caíram em 1892 abaixo do mínimo legal. Rapidamente estendeu-se o temor de que o Estado não pudesse reembolsar os títulos em mãos dos investidores, salvo em prata. A cunhagem de prata foi suspensa, mas turbulências não foram resolvidas, o que, combinado com os tremores provocados pela depressão europeia, levaram a crise para um ponto que pareceu incontrolável.

Em maio de 1893, um grande truste financeiro dedicado à comercialização de títulos e ações, a *National Cordage Company*, faliu, provocando uma reação em cadeia. Sacudida pela crise financeira internacional, a situação agravou-se e 600 bancos, mais de 11.000 companhias e numerosas empresas ferroviárias foram à falência nesse ano.[242] Era a maior crise econômica que os Estados Unidos haviam sofrido em toda sua história, e ninguém era capaz de prever as consequências políticas que poderia acarretar. A luta de classes entrava na ordem do dia. As repercussões da crise se sentiram sobretudo na indústria do carvão, do ferro e dos transportes ferroviários. Em toda parte, os salários eram reduzidos e os operários demitidos. Uma massa de desocupados, calculada em um milhão de pessoas, enfrentou o inverno de 1894. O desemprego passou de 3% em 1892 para mais de 18% dois anos depois.[243] Explodiram conflitos sociais, seguidos por uma grande greve no polo industrial de Chicago. A revolta dos *farmers* ganhou novo fôlego, dando início ao movimento populista, que, depois de mobilizar os agricultores contra as empresas ferroviárias e os bancos, procurou o apoio dos operários.

242 Marianne Debouzy. *El Capitalismo Salvaje en Estados Unidos*. Buenos Aires: Ediciones de la Flor, 1974.

243 Stanley Lebergott. *Manpower in Economic Growth: The American Record since 1800*. Nova York: McGraw-Hill, 1964.

A grande crise de 1893 mostraria a classe operária ainda mais combativa. A greve da metalúrgica Homestead em 1892, levada à derrota pelo poderoso lobby do aço com o objetivo explícito de destruir os sindicatos do ramo, tinha feito tomar consciência aos trabalhadores do poder dos trustes e da necessidade de construir amplas organizações de massas. Nessas condições, Eugene Debs criou a American Railway Union, que despontara nas lutas da linha *Great Northern* e, sobretudo, da fábrica de vagões Pullman, em 1894. Esse conflito, causado por uma tentativa de redução salarial, assumiu características de greve política, despertando a solidariedade dos trabalhadores de todo o país, que se negaram a manipular os produtos da empresa, um massivo apoio popular e o pânico dos capitalistas.[244] As turbulências sociais e econômicas afetaram o sistema político, ameaçando o bipartidarismo tradicional com o surgimento do *People's Party* (Partido do Povo, os "populistas"). O Partido Republicano era o partido da burguesia industrial vencedora da Guerra Civil, apoiado pelos negros sulistas que haviam sido libertos, e o Partido Democrata, por sua vez, representava o homem comum do Norte, os brancos do Sul, e recebia o voto em geral dos trabalhadores urbanos em reação aos seus patrões republicanos. O novo Partido do Povo também representava basicamente interesses burgueses, sobretudo de uma parte dos *silverites*, mas fazendo concessões às necessidades e ideologia do estrato plebeu da população branca, que integrava em grande número a massa dos pequenos produtores rurais.[245]

No início de 1895, durante a segunda metade do mandato de Grover Cleveland, parte da imprensa e dos parlamentares norte-americanos lançaram uma ofensiva contra a política externa do governo. Em cada um dos pontos centrais do debate – a questão do canal ístmico, Havaí, as crises políticas em Nicarágua, Brasil e Chile -, o foco estava colocado no papel da Grã-Bretanha. A responsabilidade atribuída à fuga dos capitais britânicos na grande crise iniciada em 1893 e os movimentos de Grã-Bretanha para reafirmar suas posições na América Latina foram o pano de fundo que in-

244 Eugene Debs, que foi preso durante o conflito, fundaria em 1901 o Partido Socialista dos Estados Unidos, pelo qual seria várias vezes candidato à Presidência.

245 A caracterização das forças políticas pertence a Friedrich Sorge, correspondente da Internacional Socialista e amigo de Friedrich Engels. A luta dos populistas, representando aos agricultores e pequenos empresários, acabou numa derrota tanto política quanto econômica. Ver: Daniel Gaido. The populist interpretation of American History: a materialist revision, in: *Science and Society*, Vol. 65, Outono 2001.

centivou as tendências crescentes dentro do establishment norte-americano a medir forças com o imperialismo europeu. Em fevereiro daquele ano, o Congresso norte-americano declarava oficialmente sua oposição às demandas territoriais britânicas na Venezuela.

Em virtude de um tratado celebrado com os Países Baixos em 1814, a Grã-Bretanha havia adquirido o território da Guiana Inglesa, e durante meio século mantinha uma disputa com a Venezuela com relação a sua fronteira ocidental, aspirando uma porção cada vez mais extensa de território. A Venezuela havia apelado várias vezes aos Estados Unidos, que em 1887 ofereceram seus bons ofícios à Grã-Bretanha propondo submeter o diferendo a uma arbitragem. Os britânicos rejeitaram a proposta, a manos que a Venezuela renunciasse a grande parte das suas pretensões. Entre as aspirações britânicas, a que mais preocupava os interesses comerciais norte-americanos era o controle da foz do rio Orinoco. Os próprios venezuelanos alimentaram os temores dos Estados Unidos, alertando, em uma nota do ministro de Relações Exteriores Ezequiel Rojas ao Departamento de Estado, que não apenas a Doutrina Monroe estava em jogo, mas que "o controle inglês da foz de nossa grande artéria fluvial e de alguns de seus tributários causará permanente perigo à indústria e ao comércio através de uma grande porção do Novo Mundo". Um panfleto elaborado pelo ex-embaixador na Venezuela William S. Scruggs foi distribuído entre as lideranças políticas e a imprensa norte-americanas, afirmando que as demandas britânicas eram ilegais e que, caso prosperassem, poderiam alterar radicalmente as relações comerciais e políticas de pelo menos três países sul-americanos. O senador ultra expansionista Henry Cabot Lodge disse no Senado que o controle sobre o Orinoco poderia converter o Caribe num "lago britânico". O panfleto de Scruggs chegou às mãos de Richard Olney, um advogado das empresas ferroviárias, em rápida ascensão dentro do governo pelos serviços prestados na crise da Pullman.

A morte do Secretário de Estado de Cleveland, Walter Gresham, em maio, levou Olney ao comando da política externa. Para Olney, a saída ao exterior e a utilização de meios extremos para solucionar os problemas do capitalismo norte-americano respondiam a uma necessidade histórica. Durante a greve da Pullman, em 1894, ele não duvidou em reclamar o uso da força para deter a luta dos operários, e trasladou esse procedimento para a política externa norte-americana.[246] O seu primeiro pronunciamento público foi uma reinterpretação do discurso de despedida de George Washington, que pregava o isolamento eterno dos Estados Unidos, alegando que, na verdade, o pai fundador tinha dito apenas que o país deveria se manter longe dos assuntos mundiais até alcançar o poder suficiente para comandar seu próprio destino. O momento, segundo ele, de aceitar a posição de liderança dos Estados Unidos entre as potências mundiais tinha chegado. O ponto em que se encontrava a disputa de limites entre Venezuela e Grã-Bretanha era que, enquanto a primeira pretendia submeter todas as questões em conflito a um tribunal de arbitragem, a segunda queria deixar de fora as áreas que estavam ocupadas por colonos britânicos. Uma semana antes de Olney assumir o cargo, o Departamento de Estado havia emitido uma nota em que reclamava o restabelecimento das relações diplomáticas entre os dos países em discórdia, e afirmando que os únicos termos em que os Estados Unidos poderiam intervir seria exercendo pressão sob os europeus para submeter o problema à arbitragem, com negociações diretas entre a Venezuela e a Grã-Bretanha. A entrada de Olney em cena significou uma reviravolta da política norte-americana, a través de uma mensagem que se tornaria famosa enviada ao chanceler britânico Lord Salisbury.

Na nota, enviada em 20 de julho, Olney explicou que a Doutrina Monroe era uma parte válida do direito público norte-americano, no sentido de que obrigava os Estados Unidos a considerarem uma ofensa a si mesmo qualquer interferência de um Estado europeu nos assuntos políticos de um país americano. Como as negociações diretas entre as partes não resolveram o problema, afirmava, e devido a que a disparidade de poder entre os disputantes impedia uma definição por meios militares, o único caminho aceitável para as três partes era submeter a disputa a uma ampla forma de arbitragem. "No que dificilmente pode ser descrito como outra coisa que um ultimatum",[247] Olney forçou a Grã-Bretanha a decidir se concordava ou não com esse reclamo. Em outras palavras, os Estados Unidos resgatavam a Doutrina Monroe, uma política absolutamente unilateral, para reivindi-

246 Walter Lafeber. *The New Empire. An Interpretation of American Expansion 1860-1898*. Ithaca e Londres: Cornell University Press, 1963.

247 George B. Young. Intervention under the Monroe Doctrine: the Olney Corollary, in *Political Science Quarterly*, Vol. 57, n° 2, junho 1942.

car uma suposta intervenção imparcial: *Os Estados Unidos são praticamente soberanos nesse continente e sua decisão é lei* (its fiat is law) *no que diz respeito aos assuntos aos que circunscreve sua interposição. Não meramente pelo seu elevado caráter de Estado civilizado, nem porque a sabedoria, a justiça e a equidade são características invariáveis da conduta dos Estados Unidos. É porque, ademais das outras razões, seus infinitos recursos, unidos à sua posição isolada, o fazem árbitro da situação e praticamente invulnerável por uma ou todas as outras potências juntas. (...) O governo dos Estados Unidos tem explicado claramente à Grã-Bretanha e ao mundo que dita controvérsia é daquelas que afetam ao mesmo tempo sua honra e seus interesses e cuja prolongação não pode ver com indiferença... Nenhuma potência europeia nem aliança de potências poderá privar pela força um Estado americano do direito e a faculdade de se governar livremente e de lavrar sua própria fortuna e destino político.*[248]

A resposta de Salisbury, quatro meses depois, rejeitou a arbitragem incondicional e expôs as implicações da posição norte-americana. O governo britânico não podia aceitar a nova interpretação da Doutrina Monroe porque era virtualmente a afirmação de um "Protetorado" estadunidense sob os países americanos. Ao insistir que todas as disputas entre a Europa e os Estados da América do Sul deviam ser submetidas à arbitragem, os Estados Unidos deveriam assumir a obrigação de responder pela conduta desses Estados, disse o britânico, e conseqüentemente de controlá-los, duas responsabilidades das quais Olney expressamente se excusava. Finalmente, Salisbury rejeitava a Doutrina Monroe como parte do direito internacional, e a pretensão de uma suposta jurisdição norte-americana na disputa.[249] Em 17 de dezembro, o próprio Cleveland enviou uma mensagem ao Congresso sustentando a posição de Olney, o que levou todo o episódio a um ponto crítico. O presidente reafirmou a extensão da Doutrina Monroe e solicitou fundos para a criação de uma comissão encarregada de investigar e decidir a disputa de limites. Unilateralmente, Washington assumia a posição de que o direito estava do seu lado e não haveria lugar para compromissos. A Doutrina passava a ser interpretada em termos do interesse nacional

248 Mensagem de Olney, citado em Enrique Gil. *Evolución del Panamericanismo.* Buenos Aires: Librería y Casa Editora de Jesús Menéndez, 1933.

249 Joseph Smith. *Illusions of Conflict. Anglo-American Diplomacy Toward Latin America, 1865-1896.* Pittsburgh: University of Pittsburgh Press, 1979.

norte-americano e sua ratificação "importante para nossa paz e segurança como nação e essencial para a integridade de nossas instituições livres e a tranquila manutenção de nossa distintiva forma de governo". Os Estados Unidos tinham o dever de resistir por todos os meios a "uma agressão intencional contra seus direitos e interesses". Cleveland concluiu sua mensagem afirmando que era plenamente consciente de "todas as consequências que poderiam se seguir".[250]

Na Venezuela, a mensagem foi recebida com entusiasmo e a expectativa de que o curso dos acontecimentos favoreceria seus interesses. O posicionamento do chefe do Estado norte-americano, como tinha acontecido com as decisões de Olney, evitou toda consulta aos venezuelanos, que viram o desenrolar dos acontecimentos como espectadores. O governo só soube do conteúdo da nota de julho do Secretário de Estado em dezembro de 1895, quando foi publicada pelos jornais. A tensão entre Washington e Londres chegou a um grau tal que Wall Street entrou em pânico em 20 de dezembro, sofrendo perdas de 170 milhões de dólares. Mas a recuperação foi quase imediata, o que mostrou que, se os investidores britânicos abandonavam suas posições, os americanos conseguiam manter a situação sob controle. Em condições extraordinárias, foi a prova, de significação histórica, de que o capital financeiro norte-americano podia jogar um papel independente nas finanças internacionais. O movimento de concentração se acentuou a partir dali, modificando as estruturas financeiras do país. Os Estados Unidos, pela primeira vez, conseguiriam ter um grande mercado nacional de capitais, deixando atrás a necessidade de se voltar para a Europa a fim de obter empréstimos de longo prazo. Os capitais das grandes companhias de seguros e dos grandes bancos comerciais, sob a direção dos bancos de investimento, estavam agora disponíveis para a reorganização das antigas companhias e a promoção das novas.

Foi a partir dessa época, com a liquidação dos grupos menos competitivos, que se constituíram e multiplicaram os trustes em todos os setores industriais. A última fase da crise venezuelana começou em janeiro de 1896, quando o governo britânico, apreensivo diante dos violentos sentimentos despertados no governo e o público norte-americanos, reabriu a possibili-

---

250 Ibid.

dade da arbitragem. Olney e o embaixador britânico em Washington, Julian Pauncefote, iniciaram negociações bilaterais. Por sugestão do Secretário de Estado foi criado um grupo de trabalho que culminou no estabelecimento de um tribunal de arbitragem formado por dois norte-americanos, dois britânicos e um especialista russo em direito internacional. Olney pediu, em carta reservada a Pauncefote, não citar o pacto de 1850, no qual a Venezuela e a Grã-Bretanha se comprometeram a não ocupar ou usurpar o território já em disputa por nenhum dos dois países, desrespeitado pelos ingleses. Olney ressaltou que, se era interpretado, "nos envolveria num prolongado debate que posporia indefinidamente a obtenção do fim que agora temos em mente".[251] A aproximação cimentava a "especial relação" que desenvolveriam os imperialismos britânico e norte-americano durante todo o século seguinte. Um tratado foi assinado em novembro cedendo aos britânicos grande parte do território reclamado, exceto as terras na foz do Orinoco. Em troca, a Grã-Bretanha reconheceu pela primeira vez em sua história a Doutrina Monroe e a hegemonia dos Estados Unidos no hemisfério. A Venezuela conheceu o conteúdo apenas em dezembro, quando foi publicado. O governo de Caracas ratificou o acordo só depois de impedir com uso da força policial manifestações de rua na cidade.[252] O chanceler venezuelano admitiu que "só as perigosas consequências do desamparo em que a negativa colocaria a Venezuela" a forçaram a reconhecer o tratado.

A Argentina e o Chile manifestaram com linguagem hostil sua negativa a aceitar a nova vigência e a interpretação manifestamente intervencionista dada por Cleveland à Doutrina Monroe. O México convocou uma reunião da qual participaram representantes de República Dominicana, Santo Domingo e América Central, que redigiram um relatório afirmando que os princípios de 1823 estavam se tornando perigosamente amplos e vagos. "É tal novidade jurídica, tão extraordinária a importância política, de tão imenso significado para o futuro o desenvolvimento dessas afirmações, não incluídas no texto primitivo da Doutrina Monroe, nem sequer em seu espírito", que devia ser convocada "imperativamente" uma grande conferência americana para definir e inclusive fixar em um tratado os verdadeiros

251 Public Record Office (London), F.O. 80/375. Cit. em Ministério de relações exteriores da Venezuela. Los derechos venezolanos de soberanía en el Esequibo. (S/d).

252 Walter Lafeber. *The New Empire. An Interpretation of American Expansion 1860-1898*, cit.

alcances da Doutrina.[253] No Brasil da Primeira República, ainda com a memória fresca do episódio do levante naval de 1894, o Parlamento aprovou resoluções de apoio à atitude norte-americana.[254] A animosidade despertada entre os venezuelanos como consequência do tratamento humilhante que receberam, levaria Caracas a se posicionar contra os Estados Unidos na Guerra Hispano-Americana dois anos depois.

O episódio demonstrou o potencial explosivo da nova visão que começava a afirmar-se entre as lideranças políticas e econômicas da burguesia norte-americana: a expansão comercial no exterior poderia resolver os problemas da estagnação econômica e debilitar as revoltas sociais. O Corolário Olney, como alguns o denominaram, interpretou a Doutrina Monroe no sentido de que o Hemisfério Ocidental estava sob controle econômico e político norte-americano, o que ficou evidente no fato de que a crise foi administrada para favorecer os interesses norte-americanos com independência das demandas venezuelanas. Por outra parte, deve-se lembrar que a disputa de limites havia se alastrado por cinquenta anos, sem que os Estados Unidos tomassem uma atitude, e que foi no contexto da crise interna e a intensificação das lutas das grandes potências por áreas de influência no mercado mundial que decidiram intervir agressivamente no caso. Simultaneamente, um novo espírito expansionista tinha sido gradualmente cultivado por alguns setores burgueses e pequeno-burgueses nos Estados Unidos desde pelo menos 1890, ganhando formulações intelectuais antecipatórias do convulsivo avanço que se precipitaria em finais do século.

O problema criado pelo fim do ciclo de expansão da fronteira agrária, apontado por diversos escritores e políticos desde vários anos atrás, estava no centro dos debates no cenário político. Em 1893, a exposição sistemática desse fato como chave da compreensão da história estadunidense realizada pelo historiador Frederick Jackson Turner teve um impacto tão profundo que seria incorporada à consciência coletiva norte-americana como um

253 Dexter Perkins. *Historia de la Doctrina Monroe*. Buenos Aires, Eudeba, 1964.

254 O mais respeitado historiador norte-americano da Doutrina Monroe, Dexter Perkins, chegou a sustentar que "nunca, quiçá, foram os Estados Unidos menos movidos pelo benefício econômico ou a ambição territorial, nem sequer por uma sensação de perigo para sua segurança, que na controvérsia da Venezuela". Para Perkins, a razão pela qual houve latino-americanos que não "agradeceram" o "braço protetor" dos Estados Unidos era seu "delicado orgulho", e porque "nesse cínico mundo nosso é sempre fácil acreditar o pior dos outros".

símbolo dos novos tempos. Para apresentar a fronteira como o catalisador fundamental da história do país, Turner chamou a atenção sobre um dado aparecido publicado no boletim do Bureau de Censos de abril de 1891. Até 1880, o mapa político e social dos Estados Unidos chegava à linha de fronteira da colonização, além da qual os padrões da civilização não contavam. Uma década depois, o Bureau noticiava que esse mundo tinha se dissolvido em "corpos isolados de colonização que dificilmente poderia se dizer que exista uma linha de fronteira. Isso não pode ter mais espaço nos relatórios". A fronteira tinha sumido tanto de fato quanto de direito.

A tese de Turner em *The Significance of Frontier in American History* se baseava em que o poder econômico norte-americano havia sido gerado pela terra disponível (*free land*). Os valores norte-americanos: individualismo, nacionalismo, instituições políticas, democracia, dependiam disso. Enquanto há terra disponível para ser ocupada, as oportunidades e a concorrência existem, e o poder econômico garante o poder político. Sem a energia econômica criada pela expansão da fronteira, as instituições econômicas e políticas norte-americanas entrariam num impasse. A conclusão lógica era que para não sucumbir, os Estados Unidos deviam se expandir. Numa análise das possibilidades que se apresentavam ao país no cenário mundial, Turner destacava que o caminho natural para a apertura comercial não se encontrava muito longe. Uma das opções mais importantes estava em "nossas presentes e futuras relações com a América do Sul, acompanhadas da Doutrina Monroe. É uma máxima estabelecida do direito internacional que o governo de um Estado estrangeiro cujos indivíduos emprestam dinheiro a outro Estado pode interferir para proteger o dinheiro dos investidores, se eles são ameaçados pelo Estado credor".[255] O outro curso natural para a energia expansiva rumo ao leste que teria caracterizado a história norte-americana estava no além-mar, pelo Pacífico, e por isso as demandas de fortalecer a presença do país nos mares e de apertura do canal ístmico deviam ser a consequência inevitável desse desenvolvimento. Que o sentido principal do livro era definir os fundamentos ideológicos do abandono do isolacionismo dos Estados Unidos era ressaltado por Turner nas últimas

255 Mais tarde, Mahan entendeu que essa doutrina era falsa. Uma nação não precisava carregar seus produtos sob sua própria bandeira para ser comercialmente próspera, mas de uma Marinha poderosa capaz de proteger os bens e os navios que os transportavam.

palavras do prefácio: "Devemos estudar a transformação do ermo norte-americano, longe da Europa, e como seus recursos e sua liberdade de oportunidades produziram as condições sob as quais um novo povo, com tipos e ideais sociais e políticos novos, pôde surgir para jogar seu próprio papel no mundo, e influenciar a Europa".

Correspondeu a outro historiador e estrategista traçar um programa com objetivos e métodos específicos para a ação que deveria ser empreendida. Alfred T. Mahan, um oficial da Marinha mais afeiçoado aos livros que à vida no mar, fora convidado em 1886 pela Escola de Guerra a codificar os princípios da moderna guerra naval de ferro. Durante a Guerra Civil, barcos de ferro movidos a vapor tinham lutado nos dois lados, mas não existia um cânon de referência sobre a tática e os métodos do tipo de luta marítima que dominaria a história naval durante os próximos 80 anos. Mahan concentrou-se no estudo da história, chegando à conclusão de que o controle do mar era um fator histórico que nunca tinha sido apreciado e exposto sistematicamente em toda sua importância. As conclusões foram desenvolvidas em um livro de más de 400 páginas, *A Influência do Poder Marítimo na História.*

O que capturou a atenção do mundo foi a introdução, intitulada *Elementos do Poder Marítimo*, escrita como um ensaio de popularização. Apontando às condições econômicas contemporâneas nos Estados Unidos, um complexo industrial capaz de produzir grandes excedentes, Mahan se voltou para o espelho da Inglaterra do século XVII, nos começos de seu império naval. Seis características principais encontrou o capitão em sua análise do passado inglês, todas elas vitais para o desenvolvimento de uma potência naval e mundial moderna. Em primeiro lugar, Mahan citava o problema da geografia estratégica. Diferentemente de outros Estados marítimos, como a França ou os Países Baixos, os Estados Unidos não precisavam se preocupar em proteger a fronteira terrestre que drenava recursos humanos e materiais que podiam ser melhor utilizados na expansão de ultramar. Em segundo lugar, a geografia física: uma nação em caminho de se tornar um poder marítimo precisa de extensos litorais, portos profundos e protegidos, e um interior fértil para a agricultura. Os Estados Unidos possuíam isso em abundância.

Outro requisito era uma bem distribuída população navegante com um "inato amor ao mar". Até a crise marítima posterior à Guerra Civil, os Estados Unidos haviam sido uma grande nação navegante, e era o momento de revitalizar esse espírito, com o estabelecimento de uma importante Marinha mercante. O transporte de mercadorias norte-americano tinha rivalizado alguma vez com Grã-Bretanha em tonelagem e prestígio, mas isso tinha acabado também na Guerra Civil.[256] A importância do caráter nacional era colocada em quinto lugar pelo marinho norte-americano. O povo de um estado marítimo devia ser materialmente expansivo, com um gosto pelos lucros do comércio exterior e pelo dinheiro. Os Estados Unidos contavam também com esses atributos, e em grande proporção. Finalmente, e de máxima importância, estava o problema do caráter do governo. Os governos de alguns vastos poderes marítimos, como Cartago e Espanha, tinham sido particularmente despóticos, e era muito mais desejável ter uma estrutura política participativa, em que os líderes estivessem imbuídos do espírito do povo. No século XVII, a Inglaterra conteve o germe desse ideal, e os Estados Unidos o levaram ainda mais longe.

O que diferenciava as necessidades norte-americanas dos poderes marítimos da época mercantilista, para Mahan, era que o real valor das colônias, a fins do século XIX, era sua função como bases navais estratégicas. Mahan definiria uma série de objetivos que deviam ser atingidos para garantir a presença norte-americana nos mares. Os Estados Unidos precisavam construir o canal interoceânico para permitir à costa leste competir em igualdade de condições com a Europa nos mercados asiáticos e na costa ocidental da América Latina. O Havaí cumpriria o papel de evitar o predomínio britânico no Pacífico seu controle seria um passo fundamental na irrepreensível marcha norte-americana para aquela região. Nas Filipinas, a ideia era que os Estados Unidos ocupariam as ilhas Ladrones e Luzon, sem necessidade de expulsar os espanhóis, o que acabaria de fato acontecendo. Mahan destacava a importância estratégica do Caribe, não menor que a do Mediterrâneo, o centro do poder naval, segundo suas pesquisas. Sem o domínio do Caribe, o controle absoluto do canal e do istmo e a posse de estações navais no Pacífico para amparar o comércio e

256 Ramiro Guerra y Sánchez. *La Expansión Territorial de los Estados Unidos*. La Habana, Editora Cultural, 1935.

os interesses norte-americanos na Ásia, os Estados Unidos não poderiam garantir a segurança da sua posição naqueles momentos nem continuar o futuro desenvolvimento da nação.[257]

Ainda que o Departamento de Marinha dos Estados Unidos não levou muito a sério as propostas em um primeiro momento, o livro de Mahan foi traduzido a doze línguas, e despertou um grande interesse na Grã-Bretanha, Alemanha e Japão e em certos círculos que se tornariam muito influentes em Washington pouco tempo depois. Passados alguns anos, os legisladores dos dois grandes partidos norte-americanos citavam passagens inteiras do livro. Ao finalizar a Guerra Civil, a Marinha norte-americana estava entre as primeiras do mundo. Porém, com a paz, o país dirigiu seus esforços ao processo de expansão da fronteira e à Reconstrução. Durante dezesseis anos não houve praticamente investimentos na Marinha, que caiu para a décima segunda posição no ranking mundial, ficando atrás da China e Chile. No mesmo ano da publicação do livro de Mahan, o Congresso autorizou a construção de vinte e cinco navios como produto da agitação naval. Igualmente, o poderio da Marinha continuava sendo inferior em relação ao das potências europeias. A situação teve eco na famosa declaração de Cleveland de dezembro de 1895 com ocasião da tensão com a Grã-Bretanha. O presidente democrata lamentou que a política externa tivesse que correr com desvantagem pela falta de condições para "reforçar os termos ditados pelo seu senso do dever e justiça", fazendo alusão à possibilidade de um conflito militar.[258] Como tinha acontecido com Blaine em sua pertinaz procura de novas rotas comerciais com a América do Sul, a reivindicação de uma poderosa frota naval por Mahan, ia ao encontro dos interesses do poderoso lobby do aço, que havia sido centralizado desde 1890 e era capaz de produzir muito além do que demandava o mercado interno.

Um homem que se tornaria sinônimo da ascensão dos Estados Unidos como potência mundial na primeira metade do século XX assimilou as sugestões de Turner e Mahan para lhes dar uma expressão prática e política concreta: Theodore Roosevelt. Encarnação das mudanças políticas que se

---

257 Robert Seager II. Ten years before Mahan: the unofficial case for the New Navy, 1880-1890, *The Missisipy Valley Historical Review*, Vol 40, n° 3, dezembro 1953.

258 Richard Hofdstader. *La Tradición Política Norteamericana*. Barcelona, Seix Barral, 1972.

desenvolviam no seio do Partido Republicano a partir do fim da fase da Reconstrução, Roosevelt compartilhava as conclusões de ambos os historiadores. Em sua juventude, ele havia escrito um detalhado estudo da batalha marítima de 1812, um tópico também tratado por Mahan, em que demonstrava que o elemento decisivo tinha sido a preparação prévia das frotas beligerantes, assim como um volumoso livro sobre a "Conquista do Oeste", exaltando os valores da prevalência dos mais fortes no processo de colonização. Roosevelt mantinha uma relação permanente com personagens-chave do mundo político como o senador de Boston Henry Cabot Lodge e outros ultranacionalistas desde sua entrada na famosa loja Delta Kappa Épsilon, em seus anos em Harvard, que reunia a mais seleta elite tradicional. O futuro idealizador da política do Grande Porrete (Big Stick) tinha surgido, na verdade, de um meio que desprezava a nova burguesia monopolista ascendente e sua conduta orientada exclusivamente pela sede de lucros. Essa intelectualidade aristocrática que fugia do prosaico mundo dos negócios percebia que a liderança espiritual da linhagem que provinha dos *founding fathers* estava sendo ameaçada, o que para eles era a causa principal das incertezas políticas que percorriam os Estados Unidos de costa a costa. A crise que atravessava o país avivou seu inconformismo, e os induziu a pensar que estava na hora de tomar as rédeas.

Uma figura típica dessa capa social era Brooke Adams, bisneto de John Adams, o segundo presidente dos Estados Unidos (1797-1801), e neto do John Quincy Adams, sexto presidente do país (1825-1829) e ninguém menos que o formulador intelectual da Doutrina Monroe. A crise de 1893 levou a dinastia familiar à falência, e Brooke sentiu desmoronar todas suas convicções sobre a sociedade e a política norte-americanas. Ele se tornou um defensor do bimetalismo, perto das posições populistas, mas a irresistível ascensão dos trustes e a luta de classes o fizeram admitir que a mudança era profunda e definitiva e, sobretudo, que precisava de um rumo. Assumindo o papel de estrategista político que lhe impunha o passado familiar, Adams delineou um programa baseado em três pontos. A centralização econômica, dizia, devia ser encorajada para dar aos Estados Unidos o poder necessário para competir com os capitalismos rivais; em segundo lugar, era necessário disputar o cenário asiático com as outras potências; e por último, encontrar o homem providencial cujas qualidades marciais o tornaram capaz de liderar a nação nessa cruzada. Para ele, esse homem era Theodore Roosevelt, e juntos realizaram uma ardente campanha para intervir em Cuba, a grande oportunidade que se oferecia para sufocar o drama da divisão nacional e afogar na embriaguez guerreira as forças fora de controle na sociedade.

Um dos temas preferidos de Roosevelt era a superioridade dos valores militares sob os econômicos. O estado de ânimo mais perigoso para a nação não era o belicismo, mais o pacifismo, ao qual tendiam todas as nações ricas, segundo ele, se distanciando "das mais valiosas de todas as qualidades, as virtudes militares". Como diz Richard Hofstader "este Heraldo do militarismo e do imperialismo atuais dos Estados Unidos imprimiu à sua atuação política muitos dos caracteres típicos de recentes autoritarismos: nacionalismo romântico; desprezo pelos móveis materialistas; culto da força e do líder; apelo aos setores médios da sociedade; postura ideal de manter sua visão acima das classes e dos interesses de classe; sentimento de ser um 'eleito do destino', e até um certo matiz de racismo.[259] As turbulências dos anos 90 criaram um caldo de cultivo para que as fantasias dos expansionistas pudessem penetrar em setores sociais na procura cada vez mais desesperada por uma saída. A depressão surpreendeu à pequena e alta burguesia tradicionais em uma situação desconfortável, pois tinham, de um lado, a proliferação dos trustes e, do outro, o crescimento dos movimentos operário e populista. Para elas, a guerra representava a reafirmação da personalidade e unidade nacionais frente ao mundo, e lhes oferecia a sensação de que o país não tinha perdido sua capacidade de crescimento e mudança. Os brancos nativos foram exaltados com a criação do mito do cowboy anglo-saxão armado e desafiador da morte, em oposição aos novos ricos pusilânimes e ao perigoso proletariado das cidades, com sua praga de imigrantes e "socialistas lunáticos", explorando a popularidade das armas entre a população espalhada pelo interior do país.[260] A propagação do darwinismo social, a visão do mundo característica da burguesia industrial de finais de século, ecoada pela imprensa reacionária e traduzida em obscuras doutrinas religiosas por predicadores fanáticos, foi o caldo de cultivo para a ofensiva ideológica dos expansionistas.

---

259 Eric J. Hobsbawm. *The Age of Empire*. London: Abacus, 1991.

260 Cit. em Richard Hofdstader. *Op. Cit.*

Em sua obra *The Winning of the West* (A Conquista do Oeste), Roosevelt tinha afirmado que "a expansão dos povos de língua inglesa sob a superfície do globo" era a gesta "mais assombrosa e importante da história universal".[261] A denominação popular que recebeu a nova ideologia racista retomou o termo utilizado para definir a propaganda russófoba espalhada pelo imperialismo inglês a partir de 1870: *jingoismo*. Alarmado pelo retrocesso na vida civil que provocava o patrioteirismo imperialista, o economista John Hobson o descreveu no seu clássico tratado sobre o imperialismo: "O jingoismo é meramente o anseio do espectador, despojado de todo esforço, risco, ou sacrifício pessoal, regozijando-se nos perigos, nas dores, e na matança de homens que não conhece, mas cuja destruição ele deseja numa cega e artificial paixão de ódio e vingança. No Jingo tudo é concentrado no perigo e na fúria cega da batalha."[262] Roosevelt assumiu sem problemas o qualificativo. "Se fala muito de 'jingoismo'. Se 'jingoismo' significa uma política em virtude da qual os norte-americanos insistem com resolução e sentido comum em seus direitos com relação a poderes estrangeiros, então nós somos 'jingos'", declarou Roosevelt ao The New York Times em outubro de 1895. Por pressão de um grupo de parlamentares sob o presidente eleito McKinley, ele seria nomeado em 1897 Secretário de Estado da Marinha. Partidário confesso da guerra contra a Espanha em Cuba, ele encabeçará a tendência pró-bélica dentro do governo, vencendo as resistências do próprio presidente, e será o principal porta-voz da histeria expansionista.

A administração Cleveland conseguiu estabelecer a base naval de Pearl Harbour no Pacífico, com a finalidade de equilibrar o controle alemão sob Samoa. Nesse período começa a ser promovida a política de portas abertas na Ásia (*Open Door Policy*), com o envio do embaixador Charles Denby à China, buscando obter concessões especiais para o comércio e os investimentos norte-americanos. Durante a administração Harrison (1889- 1893), houve intervenções no Haiti e no Chile. Washington começou a negociar em 1891 com uma das facções beligerantes na guerra civil haitiana a instalação de uma base naval, o monopólio comercial de certos

261 J. A. Hobson. *Imperialism. A Study.* Nova York: James Pott and Co, 1902.

262 Sylva Hiltn & Steve Ickringill. Americana en letra y espíritu: la doctrina Monroe y el presidente McKinley en 1898, em *Cuadernos de Historia Contemporánea*, n° 20, Buenos Aires, 1998, cit.

produtos, e o estabelecimento do que teria sido virtualmente o primeiro protetorado no Caribe. Ainda que a facção de Hyppolite vencera com o apoio norte-americano, o novo regime negou-se a ceder às pretensões dos seus aliados. O episódio chileno teve consequências mais duradouras, porque feriu o orgulho nacional norte-americano e deu argumentos aos que reclamavam acelerar a ampliação e os recursos para construir uma poderosa Marinha. Quando explodiu a revolução contra Balmaceda em 1891, navios de guerra norte-americanos saquearam o barco rebelde Itata, e a US Navy informou ao governo chileno a localização da frota rebelde. Balmaceda era explicitamente favorável aos interesses norte-americanos, enquanto os rebeldes, que finalmente conseguiram ficar com o poder, tinham o apoio da Grã-Bretanha. Em outubro, dois marinheiros norte-americanos foram assassinados quando se encontravam em terra na cidade de Valparaíso, e outros trinta e seis detidos foram pela polícia. A notícia foi recebida como um insulto nacional nos Estados Unidos, onde a imprensa reivindicou uma declaração de guerra, o que esteve a ponto de obter o apoio do presidente Harrison. O conflito foi evitado depois de uma desculpa dos chilenos, que indenizaram as famílias dos mortos.

Vale lembrar que, em 1894, a revolução monarquista no Brasil, apoiada principalmente pela Marinha (com o aval britânico), esteve próxima de triunfar contra o presidente Floriano Peixoto, simpatizante dos Estados Unidos. Rompendo o bloqueio de Rio de Janeiro imposto pelas forças monarquistas, a frota norte-americana escoltou navios comerciais, entrou na Baía de Guanabara e abriu fogo contra os barcos rebeldes, o que evitou a queda da Primeira República. Ainda que sinais reveladores do que estaria por vir, esses episódios eram relativamente marginais com relação ao eixo principal da política norte-americana mundo afora. Em compensação, as vozes favoráveis à expansão se tornaram dominantes no Partido Republicano durante a campanha que levou McKinley à Presidência (1897-1899). A plataforma eleitoral republicana em 1896 apostava em um "monroísmo" agressivo, explorando o orgulho nacionalista agitado na crise venezuelana, propondo o controle norte-americano das ilhas Havaí e do projetado canal interoceânico no Panamá, e se manifestava em defesa dos independentistas cubanos. O programa republicano afirmava: *Ratificamos a Doutrina Monroe em toda sua extensão, e reafirma-*

mos o direito dos Estados Unidos a lhe dar efeito em resposta à solicitude de qualquer Estado americano de uma intervenção amistosa no caso de intervenção europeia. Observamos com profundo e permanente interesse as heroicas lutas dos patriotas cubanos contra a crueldade e a opressão. Esperamos com ilusão a futura retirada das potências europeias deste hemisfério.

A aliança que assumiu o poder em março de 1897 das mãos de McKinley incluía o lobby naval, o capital comercial, aventureiros financeiros e produtores de bens de consumo. Com a experiência militar na Guerra Civil e como especialista em política tarifaria e acordos de reciprocidade, o presidente procedeu à modernização da estrutura diplomática, criando o primeiro sistema de comunicações eficiente, subordinando o Congresso às determinações do executivo na área. Quando McKinley assumiu a direção da política exterior, seu compromisso com a Doutrina Monroe estava condicionado pela tradição monroísta republicana, a defesa feita na plataforma eleitoral e as declarações de 1895 em apoio a Cleveland-Olney. McKinley atuou, porém, como um expansionista pragmático, e as condições políticas do seu tempo sugeriam que a Doutrina poderia ser um obstáculo para os objetivos de seu governo. Nem nos posicionamentos a favor da intervenção na guerra de Cuba nem nos debates no Congresso, a Doutrina foi citada como argumento. A referência era evitada acima de tudo pela aproximação com a Grã-Bretanha, devido às suas colônias na América (Canadá). Em troca, os britânicos se declarariam neutrais em relação às ações decididas pela Casa Branca, dando aos norte-americanos uma grande liberdade de ação para considerar suas opções, tanto no Caribe como no Pacífico.

A rejeição de McKinley do recurso à Doutrina Monroe em 1898 se explica, acreditamos, fundamentalmente porque havia outros três motivos que desaconselhavam sua utilização: o reconhecimento como norma de conduta era muito discutida na opinião pública doméstica e internacional; carecia de utilidade tática na previsível luta com o Congresso pela direção da política exterior; e poderia comprometer a nova cordialidade anglo-americana e o importantíssimo apoio britânico durante a guerra.[263] O sentimento da "comunidade de negócios", em particular na costa leste, era contra a intervenção em Cuba até finais de 1897. Os presságios de guerra provocavam

263 Julius Pratt. American Business and the Spanish-American War, *The Hispanic American Historical Review*, Vol 14, n° 2, maio 1934.

quedas em Wall Street, enquanto as informações favoráveis à paz impulsionavam a valorização do mercado de ações. A imprensa financeira desenvolvia uma intensa campanha contra o jingoísmo e publicava com frequência editoriais pacifistas. A razão principal dessa atitude era o temor de que um conflito bélico abortasse a recuperação industrial e econômica, que tinha sido ameaçada em 1895 pela crise venezuelana e em 1896 pela ameaça da liberalização da prata numa eventual vitória democrata.

Em 1897, a economia dava sinais de uma real recuperação, sustentada em grande parte pelo aumento das exportações. O volume de vendas ao exterior ascendia a níveis nunca alcançados anteriormente, com notáveis desempenhos nas manufaturas de ferro, aço e cobre, o que estava convencendo os especialistas de que os Estados Unidos iniciavam uma fase de expansão comercial no mercado mundial sem precedentes. Muitos temiam que a entrada na guerra provocaria uma desvalorização do dólar e a agitação política um retorno dos defensores da prata livre, uma ideia que parecia sepultada. Só determinados setores da burguesia, ligados à indústria do açúcar em Cuba, se manifestavam claramente em favor da intervenção. Inclusive quando, em março de 1898, a participação no conflito parecia inevitável, muitos dos jornais mais influentes entre os empresários continuavam se mantendo contrários.

Os capitalistas não eram a favor da aquisição de colônias. O que começava a ganhar adesões era uma ideologia de livre comercio, almejando a apertura de novos destinos para a produção excedente. No entanto, em 1897, surgiram sinais de que o mundo podia não ser muito hospitaleiro com os produtos *Made in USA*. Num pronunciamento do ministro de Relações Exteriores de Áustria-Hungria, o conde Goluchowsky, advogou em favor de um acordo entre os países europeus para fechar filas contra a "concorrência destrutiva de países transoceânicos", augurando que o século XX seria "um período marcado por uma luta pela existência na esfera político-comercial". O influente *Journal of Commerce* de Nova York alertou que o discurso estaria apontando a fechar não só os mercados europeus, mas também o comércio norte-americano com a Ásia. A suspeita pareceu confirmar-se em novembro, quando a Alemanha ocupou o porto de Tsingtao, na China, demandando a seguir a instalação de uma base naval na Baía de Kiaochow e concessões para instalar ferrovias. Os alemães conseguiram também do governo chinês a cessão do Porto Arthur, e outros territórios na península de Liaotung. Em compensação, a França e a Grã-Bretanha reclamaram e receberam vantagens comerciais. O temor nos Estados Unidos era de que esses movimentos dos imperialismos europeus estavam iniciando a partição de China, um imenso mercado potencial de 400 milhões de habitantes.

Assim como outros ao longo do país, o mesmo *Journal of Commerce*, tradicionalmente pacifista, anti-imperialista e promotor do livre comércio, declarou que Washington não só devia exigir aos chineses igualdade de direitos, como defendeu sem restrições a construção do canal no istmo centro-americano, a aquisição de Havaí e o aumento da frota de guerra, três medidas às quais tinha se oposto vigorosamente. Os empresários diretamente vinculados ao comércio no Pacífico criaram, em junho de 1898, a Associação Asiática Americana, para salvaguardar os negócios e cidadãos norte-americanos na China e Japão e centralizar a informação sobre os problemas naquela região, estabelecendo laços com o Departamento de Estado. Nesse contexto, a rápida vitória do almirante George Dewey na Baía de Manila, Filipinas, despertou o entusiasmo dos capitalistas estadunidenses. A ação respondia a ordem de Roosevelt, sem consentimento do presidente e violando os procedimentos legais.[264] Em 1º. de maio, a frota norte-americana destruiu a frota espanhola no Pacífico, o que fortaleceu as demandas para a anexação de Havaí. No Caribe, isso significava dominar Porto Rico, pela sua posição estratégica, ateando o debate nacional sobre os benefícios de uma intervenção na guerra de Cuba e inclusive, para os mais extremistas, inclusive da sua anexação. A imprensa sensacionalista de William Randolph Hearst completaria o trabalho com sua propaganda imperial-chauvinista, exaltando a suposta missão libertadora que esperava à Nação, numa grosseira mistura de altruísmo e sede de sangue, que faria escola. Aqueles que defendiam a liberdade e a democracia foram conformados com o verniz de "internacionalismo filantrópico" com que se cobriria a empreitada em Cuba.

Os profundos efeitos nas relações internacionais que implicava o ingresso dos Estados Unidos no clube de nações lançadas à disputa pelo

264 Com seu habitual pragmatismo, McKinley deu seu aval à ordem de Roosevelt, que ganhou ainda mais autoridade dentro do governo.

espaço mundial foram logo percebidos pelos melhores observadores liberais na mesma hora de sua concretização. O primeiro autor a elaborar uma caracterização do imperialismo capitalista, o liberal de esquerda inglês John A. Hobson, advertiu que a espetacular virada da política externa norte-americana no final do século era parte de uma mudança qualitativa na história mundial: *A recente incursão da poderosa e progressiva nação dos Estados Unidos de América no imperialismo pela anexação da Havaí e a ocupação das relíquias do antigo império espanhol não só acrescenta um novo e formidável competidor por comércio e território, como muda e complica a situação. Como o foco das atenções e ações políticas volta-se para as ilhas do Pacífico e a costa asiática, as mesmas forças que estão conduzindo aos Estados europeus no caminho da expansão territorial atuam sobre os Estados Unidos, levando-os ao virtual abandono do princípio de isolamento que até agora dominou sua política.*

AFRIQUE

Capítulo 11

AMÉRICA LATINA ENTRE TRÊS IMPÉRIOS

Osvaldo Coggiola

O império ultramarino hispano-americano, inserido no Antigo Sistema Colonial, manifestou seu anacronismo já em finais do século XVIII. Espanha mantinha suas posses americanas unificadas burocraticamente, sem real entrelaçamento econômico. A unificação política de regiões servia para encobrir a ausência de unidade real, baseada no intercâmbio comercial, com uma fictícia unidade burocrática. O monopólio colonial da metrópole agravava essa característica. Sua peculiaridade radicava em que "a unificação da Espanha e a conquista da América ocorreram quase simultaneamente. O império da América herdou as normas, os procedimentos e as instituições do reino de Castela (baseadas numa) teoria política cristã e tomista que acreditava no pecado de todos. A lei era manifestação da vontade de Deus, mas existia uma brecha, por vezes um abismo, entre a lei como ideal e a lei como realidade... O império espanhol tinha uma cultura política elitista neopatrimonial. Existia na América espanhola uma distinção limitada entre o papel político do súdito e outros papéis sociais (e) diferia de outros sistemas políticos pré-modernos... O sistema político admitia mudanças sempre que houvesse harmonia entre as tendências modernas e as tradicionais. O rápido crescimento tirou essa capacidade ao sistema, conduzindo ao seu desabamento".[265] A queda do Império Espanhol nas Américas foi parte de uma crise internacional: a independência política foi precipitada pela invasão da península ibérica por Napoleão em 1808, que deu ímpeto à demanda de autonomia política das colônias hispano-portuguesas. No quadro da emergência da primeira grande potência mundial capitalista, a Inglaterra, e da crise do Antigo Regime europeu, o sistema colonial ibero-americano ruiu e desabou quase por completo, uma queda que não levou nem vinte anos para acontecer.

O primeiro golpe contra o regime escravista-colonial americano foi a insurreição de São Domingos em 1791, consequência da Revolução Francesa, que culminou na abolição da escravidão e na independência do Haiti em 1804.[266] Na Nova Granada espanhola, a rebelião negra de Coro, em 1796, projetou perigosamente, para as classes dominantes e a administração colonial, a sombra da revolução dos escravos da vizinha Haiti. Os processos de independência latino-americanos foram tributários dos acontecimentos mundiais: "Em 1808 se explicita aquilo que os sintomas advertiam já desde 1795, quando se iniciaram as lutas franco-inglesas, transformando a Europa e o Atlântico em um interminável campo de batalha, o que isolou quase completamente a América dos mercados europeus: as vantagens econômicas acumuladas durante a segunda metade do século XVIII começaram a esgotar-se de fronte ao predomínio marítimo inglês, que vai encontrar sua coroação na batalha de Trafalgar, em 1805".[267] Três anos depois, o monarca português, instalado no Brasil por causa da invasão napoleônica, decretou a abertura dos portos brasileiros, pondo fim de fato ao monopólio colonial, ao mesmo tempo em que explodiam os movimentos de independência na América espanhola. A revolução independentista foi caracterizada "pelo desenvolvimento de ideias cujo vigor manifestar-se-á ao resistir a ação de erosão do tempo",[268] e teve impacto mundial. Um novo mundo estava nascendo, o mundo das nações e dos Estados Modernos, da igualdade jurídica entre os cidadãos. As lutas pela independência da América ibérica, porém, não foram um movimento homogêneo nem coordenado.

---

265 Jorge L. Domínguez. *Insurrección o Lealtad.* La desintegración del imperio español en América. México, Fondo de Cultura Económica, 1985.

266 C. L. R. James. *Os Jacobinos Negros.* São Paulo, Boitempo, 2000.

267 Ruggiero Romano. *Le Rivoluzioni Borghesi.* Milão, Fratelli Fabbri, 1973.

268 Nelson Martinez Diaz. *La Independencia Hispanoamericana.* Madri, Historia 16, 1999.

A independência dos países latino-americanos não deu lugar à constituição de novos poderes políticos abrangentes e centralizados, mas ao período conhecido em diversos países como a "anarquia", no qual setores sociais em conflito disputaram a hegemonia de novas unidades políticas, cuja unidade nacional faltava realizar, e cujo território não estava ainda definido. Esse período chegou a durar quase meio século na maioria dos países (com a exceção do Chile, onde o período de lutas internas culminou na década de 1820): o Brasil, que tinha herdado junto com a Coroa portuguesa a unidade política que ela garantia, conheceu também diversas revoltas separatistas: "Ante a fragmentação dos proprietários rurais - que constituíam, na maior parte dos casos, a classe economicamente dominante - o poder político vai se definindo a medida que um setor urbano articula o vínculo entre a base agrária e a economia mundial. O exemplo mais evidente parece ser o da Argentina, onde a unidade se realiza a partir do predomínio da burguesia de Buenos Aires. Em alguns países menores, nenhuma classe social era o suficientemente forte para impor a sua hegemonia em uma nova unidade nacional".[269]

A revolução democrática na península ibérica, iniciada na resistência contra a invasão napoleônica, deflagrou a crise final do sistema colonial espanhol na América. Em outubro de 1810, as Cortes Constituintes espanholas decretaram a igualdade de representação e direitos entre americanos e peninsulares, assim como a anistia para todos os que tivessem participado ou participassem na insurgência colonial contra a metrópole. Os representantes americanos nas Cortes reclamaram e obtiveram a abolição dos tributos indígenas, da *encomienda*, do *reparto*, da *mita*, das limitações ao livre comércio, pesca e indústria, assim como o fim do tráfico de escravos e a libertação dos filhos destes.[270] Todas essas medidas chegavam tarde demais, em relação à situação das colônias espanholas. O primeiro movimento independentista nas colônias americanas, no México de 1810, foi protagonizado por um exército indígena e camponês, dirigido primeiro pelo sacerdote Miguel Hidalgo, e depois pelo igualmente sacerdote José Maria Morelos: "Não foi a rebelião da aristocracia local contra a metrópole, mas a de povo

269 Eder Sader. *Um Rumor de Botas*. São Paulo, Polis, 1982.

270 Manuel Chust. Las Cortes de Cádiz y el autonomismo americano 1808-1817. *Historia y Sociedad* nº 12, Medellín, Universidad Nacional de Colombia, novembro de 2006.

contra a aristocracia local. Isso explica porque os revolucionários emprestaram maior importância a certas reformas do que à própria independência: Hidalgo decretou a abolição da escravatura; Morelos, a repartição das terras. Foi uma guerra de classes: compreenderemos mal o seu caráter se esquecermos que, contrariamente ao que se passou na América do Sul, nossa independência (de México) foi uma revolução agrária em gestação". Esse movimento acabou sendo esmagado pelas tropas fiéis à Coroa espanhola.

A crise do sistema colonial espanhol, porém, persistiu, agravada pela ocupação francesa da Espanha (que se estendeu até 1814), primeiro, e depois pela tomada do poder espanhol pelos liberais, opositores à antiga monarquia: "Uma brusca mudança se operou: diante desse novo perigo exterior, a alta cúria, os grandes proprietários, a burocracia e os militares *criollos* procuraram aliar-se aos insurretos restantes e completaram a independência. Tratou-se de um verdadeiro ato de prestidigitação: a ruptura política com a metrópole se realizou contra as classes que tinham lutado pela independência". O resultado da independência no México foi que os camponeses indígenas ficaram sem proteção jurídica para defender seus direitos territoriais. Ao derrubar-se o Estado colonial desaparecerem as *Leyes de Índias* que protegiam os camponeses, e estes ficaram sem o amparo legal que defendia o patrimônio mais valioso que haviam conseguido salvaguardar da conquista espanhola: as terras comunais. A certeza de que as leis da República estavam contra a propriedade comunal dos povos deflagrou uma explosão dos mais variados interesses, cujo denominador comum era arremeter contra a terra indígena. Os municípios descobriram artimanhas legais que os facultavam para demandar as terras da comunidade e os *ejidos* dos *pueblos*".[271] O resultado disso foi catastrófico para o índio mexicano. Transformado em "cidadão" na mesma forma jurídica que o *criollo* descendente dos colonos espanhóis, ele perdeu os privilégios outorgados pela Coroa espanhola: dispensa da *alcabala* (imposto individual), das *obvenciones* das paróquias ou dos dízimos.

A revolução anticolonial ibero-americana deu continuidade ao ciclo de revoluções democráticas iniciado na Europa e continuado nos EUA, com características social e politicamente limitadas: "A revolução foi uma

271 Octavio Paz. *O Labirinto da Solidão*. Rio de Janeiro, Paz e Terra, 1984, assim como as citações precedentes.

obra da aristocracia *criolla*, com ou sem apoio da população mestiça. Os índios foram quase sempre testemunhas passivas dos acontecimentos que os ultrapassavam. Isto quando não tomaram partido, primeiro, pela Espanha, senhor distante, contra o *criollo*, senhor imediato. A revolução da América Latina, a região mais aristocrática da terra, foi essencialmente um empreendimento aristocrático. Essa *elite* econômica e de inteligência, numa sociedade em que a presença do índio e do escravo conferia a todo homem branco um complexo de superioridade, sofria com a exclusão da administração real e com a desconfiança que esta lhe manifestava. Esses espanhóis de raça e cultura eram mantidos à margem dos altos cargos, das funções mais honoríficas e lucrativas. Entre os sessenta vice-reis da história colonial, houve apenas quatro *criollos*, e só quatorze entre os 602 capitães gerais. A exclusão que os afastava da alta administração laica afastava-os igualmente dos altos cargos eclesiásticos".[272]

A tomada do poder pelos *criollos* consolidou o sistema produtivo em torno do qual girava a economia colonial: o latifúndio. Na América do Sul, nas regiões andinas, "as revoluções *criollas* da independência se levantaram sobre o entulho da grande revolução camponesa do século XVIII, que desgastou decisivamente o poder colonial, sem conseguir destruí-lo. Por isso foram, no relativo à questão da terra e da opressão racial, em grande parte, herdeiras do poder espanhol, não da revolução 'tupacamarista'. As diversas facções surgidas da independência boliviana, tão enfrentadas em diversas questões, uniam-se quando estavam em jogo seus interesses de classe em comum".[273] Por uma via diferente, o Rio da Prata (Argentina, Uruguai) chegou ao mesmo resultado. O poder colonial nessa área começou a desabar, de fato, com as duas invasões inglesas de 1806 e 1807. A Inglaterra, em crise econômica (vítima do "bloqueio continental" napoleônico) e em plena Revolução Industrial, tinha recentemente perdido suas colônias da América do Norte. Buscando uma saída, tentou apropriar-se de uma parte do decadente império colonial espanhol. As tropas espanholas do Rio da Prata foram manifestamente incapazes de enfrentar a agressão inglesa. A resistência maciça da população, que derrotou as invasões, foi organizada pelos *criollos*,

272 Pierre Chaunu. *História da América Latina*. São Paulo, Difusão Europeia do Livro, 1981.

273 Augusto Céspedes. *El Dictador Suicida*. 40 años de historia de Bolívia. La Paz, Juventud, 1968.

que não viam vantagem em trocar de amo mantendo o *status* colonial, constatando que os ingleses estavam menos interessados no livre-câmbio e mais no saque das riquezas da colônia. Finda a investida inglesa, pouco tempo o Rio da Prata ficou como colônia espanhola: o novo Vice-Rei espanhol só conseguiu assumir o governo em Buenos Aires garantindo a permanência dos regimentos criados pelos *criollos* na luta contra os ingleses, e a autorização para o comércio livre com a Inglaterra (estabelecida em 1809, quase simultaneamente com a "abertura dos portos" do Brasil).

A "militarização revolucionária de Buenos Aires" era irreversível: no ano seguinte (1810) os *criollos* tomaram o governo através dos próprios organismos criados pela administração colonial (o *Cabildo*): "Em maio de 1810 a Revolução mostrou a força desta nova liderança e a perda da função governamental dos representantes do poder espanhol".[274] A *Revolución de Mayo* foi o produto de uma aliança instável entre diversas frações que se opunham à administração colonial espanhola: foi o fruto de um processo político em que convergiram os regimentos patriotas, os proprietários de terra e os comerciantes opostos ao monopólio espanhol, com apoio do capital britânico. Buenos Aires aboliu a escravidão e foi uma das cabeças de praia da guerra de independência contra a Espanha na América do Sul, que incluiu em certos casos a mobilização militar de quase toda a população, além do êxodo de regiões inteiras. Frente a Buenos Aires, a causa hispânica tinha seu baluarte em Montevidéu, que foi auxiliada pelo Brasil imperial e resistiu nessa situação até 1814. O sucesso dos patriotas da Argentina foi rápido, mas fracassou em libertar o Alto Peru (a atual Bolívia) e em anexar o Paraguai, que se tornaria uma república independente. Sua política livre-cambista permitiu um rápido crescimento das importações e das exportações, favorecendo os grandes proprietários do litoral e a burguesia comercial, mas prejudicando os setores pobres e os pequenos produtores do interior, o que alimentou uma clivagem social e política que se manifestou nas "guerras civis argentinas", desde a década de 1820 até, com interrupções regionais e temporais breves, a década de 1860.

A revolução independentista latino-americana foi uma tentativa de revolução burguesa dentro de uma estrutura social pré-capitalista. Em que

274 Tulio Halperin Donghi. *Guerra y Revolución*. La formación de una elite dirigente en la Argentina criolla. Buenos Aires, Siglo Veintiuno, 1972.

pese ter importantes defensores, o projeto de criação de monarquias nos novos países foi derrotado, impondo-se o princípio republicano, que implicava em um governo direto das classes dominantes dos novos países. A independência foi, assim, uma revolução *política* com limitações decorrentes das formas de propriedade sobre as quais os *criollos* assentavam seu poder econômico. Essas formas deviam tanto ao passado colonial quanto à divisão internacional do trabalho, gerada pelo mercado mundial, constituído principalmente em torno dos interesses do capitalismo inglês. A base econômica da revolução foi o latifúndio, meio de produzir vantajosamente para o mercado mundial e de se apropriar da *renda diferencial* produto da maior fertilidade natural para determinadas produções em diversos locais. No Rio da Prata, a única forma de conseguir um certo desenvolvimento econômico e "um lugar no mundo" foi através da exportação de couros e outros derivados da criação de gado (carnes salgadas, por exemplo, já que não existiam ainda métodos para exportá-las frescas). Para que isso fosse rentável, sua produção devia ser realizada sobre grandes extensões territoriais, a forma na qual se constituiu a estrutura produtiva do Rio da Prata, pelo menos aquela capaz de ingressar no mercado mundial. Se, na Argentina, o latifúndio foi decisivamente impulsionado pela independência política, em outros países latino-americanos, com um grau maior de ocupação territorial durante a colônia, ele foi simplesmente preservado.

Esse foi o elemento de continuidade com o passado colonial que marcou a sociedade criada com a independência política dos países da América Latina. Duas tarefas se superpuseram na construção do Estado latino-americano: a conquista da unidade territorial e a integração das diversas classes da nova sociedade independente. As duas foram abordadas de modo contiguo à ordem colonial: respeito pela antiga divisão administrativa das regiões e pela estrutura hierárquica das formações sociais.[275] A independência não foi uma luta contra uma ordem baseada em privilégios sociais. Não se tratava de estabelecer novas relações de produção, mas sim de restabelecer a ordem da grande propriedade rural sob formas republicanas. Entretanto, o que os protagonistas realizaram como uma restauração encobriu uma mudança de alcance histórico. A coação extra econômica do

275 Norbert Lechner. *Estado y Política en América Latina.* México, Siglo Veintiuno, 1981.

Pacto Colonial foi substituída, no comércio externo, por um intercâmbio entre partes livres ou iguais, no mesmo momento em que se desenvolvia o capitalismo na Europa. A "restauração" da ordem social tradicional se realizou dentro dos limites da nova divisão internacional do trabalho provocada pela Revolução Industrial. A transformação das ex-colônias em sociedades independentes modificou a relação destas com o mercado mundial, mas também modificou as relações entre as classes nos novos países, pois a classe possuidora, a aristocracia *criolla*, transformou-se em classe dominante, usufruindo plenamente do poder estatal, e podendo utilizá-lo em suas relações com as classes exploradas.

O limitado alcance social das revoluções da independência, por outro lado, foi aproveitado pela reação espanhola, que chegou a mobilizar em seu favor os setores mais preteridos das colônias, o que chegou a comprometer a luta pela independência. Temos já mencionado dois dos três núcleos principais das guerras de independência americana: o México (um foco cuja influência estendeu-se sobre boa parte da América Central) e Buenos Aires (que influiu diretamente, além do Vice-Reinado do Prata, a Bolívia, o Chile e o Peru). O terceiro foco independentista foi a Venezuela, eixo da luta pela independência da Grã Colômbia, estabelecida em 1819 pelo congresso de Angostura, através da "Lei Fundamental da República", pela união da Venezuela e Nova Granada em uma só nação como República da Colômbia, à que logo aderiram o Panamá e o Equador. A partir das reformas borbônicas, o vice-reinado venezuelano conhecera um forte desenvolvimento de suas exportações (na segunda metade do século XVIII já era o maior exportador mundial de cacau) e uma prosperidade econômica que beneficiava só uma parte pequena de sua população de aproximadamente um milhão de habitantes, a grande maioria composta por negros escravos, *zambos*, mulatos e índios, mantidos na pobreza extrema.

Na América do Sul, na década de 1820, os exércitos libertadores cercaram o baluarte espanhol. À proclamação da independência do Peru, por José de San Martín, em 1821, seguiu-se a tomada de Quito por Sucre. Finalmente, em 1824, os espanhóis foram vencidos no Alto Peru pelo general Sucre, na batalha de Ayacucho. Com a libertação da América Central, toda a América espanhola (salvo as ilhas de Cuba e Porto Rico, que permaneceram sob o jugo espanhol), ficou nas mãos dos *criollos*. Com a derrubada do colonialismo espanhol, o comércio legal com a Inglaterra foi o mais vantajoso para a burguesia exportadora local, que passou a usufruir dos benefícios econômicos derivados da direção do Estado. Em 1824, o chanceler britânico Lorde Canning, declarou: "A América [Latina] é livre e, se não manejarmos mal nossos assuntos, é inglesa". Tal declaração precedeu o período de conflitos internos do continente americano, com visíveis ou dissimulados "manejos" ingleses, que duraria cerca de meio século, onde se enfrentaram pelo poder político os setores dominantes locais.

Outro chanceler europeu – o historiador François Guizot (1847-1848) – declarou na Câmara dos Deputados francesa: "Há, nos Estados da América Latina, dois grandes partidos, o partido europeu e o partido americano. O europeu, o menos numeroso, compreende os homens mais esclarecidos, os mais familiarizados com as ideias da civilização europeia. O outro partido, mais apegado ao solo, impregnado com ideias puramente americanas, é o dos campos. Este partido deseja que a sociedade se desenvolva por si mesma, ao seu modo, sem empréstimos, sem relações com a Europa".[276] As tentativas de avanço francês, porém, foram limitadas, ficando França como uma potência colonial marginal nas Américas (com suas posses em Martinica, Guadalupe, Guiana). Já as investidas inglesas se repetiram depois do fim das guerras napoleônicas (em 1815), chegando até as Ilhas Malvinas, cuja ocupação por Inglaterra não foi um episódio secundário: foi parte das tentativas de estabelecer domínios britânicos no Atlântico Sul. Em agosto de 1832, o premiê inglês, Lord Palmerston, ordenou ao contra-almirante Thomas Baker, chefe do destacamento sul-americano da armada inglesa, que preparasse a imediata ocupação das "Falklands", o que foi realizado em 1833, sobrevivendo até o presente.

Em carta a Madame de Staël, de setembro de 1816, um dos *founding fathers* da independência norte-americana, Thomas Jefferson, se referia à América do Sul, a partir das fragmentadas informações de que dispunha: "O conjunto do continente meridional está mergulhado na mais profunda ignorância e fanatismo religioso, um único padre é mais do que suficiente para se opor a um exército inteiro"; embora ele também destacasse que o baixo clero, "tão pobre e oprimido como o povo, muito frequentemente

276 François Guizot. *Histoire Parlementaire de France*. Recueil de discours. Paris, Hachette, 2012 [1863-1864].

aderiu à causa dos revolucionários". Na sequência, Jefferson afirmava que "a sua causa teria sido desesperada desde o início, mas quando a independência for estabelecida, a mesma ignorância e o mesmo fanatismo vão torná-los incapazes de formar e manter um bom governo, e é penoso acreditar que tudo vai terminar em despotismos militares sob os Bonapartes da região". Jefferson finalizava assim: "A única perspectiva reconfortante que esse horizonte sombrio oferece é que esses movimentos revolucionários, tendo absorvido o senso comum que a natureza implantou em cada indivíduo, poderão avançar em direção das luzes da razão esclarecida, se tornarão sensíveis a seus próprios poderes e, oportunamente, serão capazes de constituir padrões de liberdade e de constranger seus líderes a observá-los".[277]

A revolução da independência criou uma nova sociedade política na América Latina, contraposta à antiga sociedade colonial. As limitações políticas e sociais das lideranças da luta pela independência, os *libertadores*, se originaram na classe social (proprietária latifundiária ou intermediária comercial) da qual emergiram, ou seja, na inexistência de uma classe burguesa revolucionária (compare-se sua atitude reacionária perante índios e negros com a atitude dos jacobinos, na Revolução Francesa, perante a escravidão ou o campesinato iletrado). Daí o vazio político no qual caíram os seus projetos "continentais": "Os pensadores mais utópicos do continente sonhavam criar um Estado pan-americano. Mais prático, Simón Bolívar propunha quatro ou cinco países de bom tamanho".[278] Todos esses projetos fracassaram: não havia uma classe que colocasse a questão da criação de um grande Estado moderno na agenda política, com vistas a um amplo desenvolvimento econômico interno, em que pese a Inglaterra não manifestar hostilidade para com esse projeto, e até simpatizar (alguns setores do Parlamento) com ele.

Daí, o drama e solidão finais das vidas dos libertadores (José de San Martin no exílio francês, onde morreu em 1850; Simón Bolívar no seu "labirinto" de solidão, na metáfora de Gabriel Garcia Márquez). E daí também o caráter não democrático (monárquico - San Martín -, ou ditatorial - Bolívar) dos seus projetos políticos, que foi criticado por Karl Marx no

277 Apud Willard Sterne Randall. *Thomas Jefferson: a Life*. Nova York, Henry Holt, 1993.

278 Nicolas Shumway. *La Invención de la Argentina*. Buenos Aires, Emecé, 2013.

caso de Bolívar (a quem qualificou de "separatista sim, democrata não", e de caricatura colonial do bonapartismo).[279] Marx desprezou a tentativa bolivariana de reunir um "congresso americano". A aristocracia *criolla* só se tornou "independentista" no quadro da crise mundial: "Passaram para o partido da independência só quando se correu o risco de receber da Espanha ordens demasiado liberais, e suscetíveis de trazer mudanças nítidas",[280] devido ao início de uma revolução democrática na metrópole (as *juntas* espanholas) contra a invasão napoleônica. E daí, finalmente, o caráter conservador e politicamente limitado do Congresso Continental do Panamá, o *Congresso Anfictiónico*, de 1826, convocado por Simón Bolívar, ao qual poucos países compareceram, que não convocou nem o Paraguai do Dr. Francia, nem a perigosa "república negra" do Haiti, e sequer colocou na sua agenda política a questão da independência das sobrevivências coloniais espanholas de Cuba e Puerto Rico.[281] Segundo Juan Bautista Alberdi, formulador das *Bases* da Constituição da Argentina, Bolívar teria dito que "os novos Estados da América antes espanhola necessitam de reis com o nome de presidentes".[282] Os processos independentistas foram dirigidos por intelectuais do escalão baixo da administração colonial (no Alto Peru), pela aristocracia *criolla* (em Quito e na Venezuela), ou pelas classes urbanas vinculadas a atividades mercantis (no Chile e no Rio da Prata).

Só o México mostrou a particularidade de uma rebelião popular protagonizada pelas massas mestiças, que cercaram a cidade de México, cimentando a luta pela independência. Miguel Hidalgo proclamou inicialmente a liberdade dos camponeses indígenas e a abolição da escravidão; derrotado Hidalgo pelos espanhóis, José Maria Morelos retomou seu programa, defendendo a abolição de toda distinção entre as classes sociais. A revolução popular mexicana foi abortada pela reação dos espanhóis com a colaboração da aristocracia e da burguesia local, as que só em 1821, e já sem a incômoda presença popular, proclamaram a independência com Agustín de

279 Karl Marx. *Simon Bolívar.* Buenos Aires, Rafael Cedeño, 1987.

280 Ruggiero Romano. *Le Rivoluzioni Borghesi*, cit.

281 José Luis Romero. El fracaso de la unidad hispanoamericana. In: *Gran Historia de Latinoamérica* n° 36, Buenos Aires, abril 1973.

282 Juan Bautista Alberdi. *Fundamentos da Organização Política da Argentina*. Campinas, Editora da Unicamp, 1994.

Iturbide.[283] Em 1823, os Estados Unidos proclamaram a "Doutrina Monroe", opondo-se qualquer tentativa de intervenção militar ou colonial europeia no continente americano. A independência do México foi proclamada pouco antes pelo general Iturbide, que se sagrou imperador do país sob o nome de Agustin I. Um ano depois, foi obrigado a abdicar e, ao tentar retomar o poder, foi executado, adotando finalmente o país o regime republicano. As revoluções da independência foram determinadas pela crise das metrópoles europeias, no processo originado na Revolução Francesa e nas suas consequências internacionais, e na guerra de independência norte-americana. Elas integraram também as contradições e lutas de classe desenvolvidas nas colônias, o que as transformou em um elo do ciclo da revolução democrática internacional. As "Juntas de Governo" americanas fizeram eco às "Juntas" que, na Espanha, marcaram o início da revolução democrática. As guerras de guerrilha antifrancesas na península ibérica não estiveram desconectadas das guerras de guerrilha dos patriotas americanos, nos Andes, contra as tropas metropolitanas: houve duas vertentes no liberalismo espanhol, centrado nas Cortes de Cádiz, a peninsular e a americana, cujos representantes participaram ativamente nos debates da assembleia espanhola.[284]

As lutas anticolonialistas hispano-americanas combinaram a proclamação da independência pelas próprias autoridades coloniais (como aconteceu em Guatemala) até a mobilização de massas com métodos de guerra revolucionária, como no esvaziamento das cidades argentinas de Salta e Tucumán pelos patriotas; na luta de Artigas e do "sistema de povos livres" no Uruguai e na mesopotâmia argentina; na luta dos *gauchos* de Martin Miguel de Güemes no Norte do mesmo país, ou nos revolucionários de La Paz (encabeçados por Murillo) no Alto Peru, em 1809: "Julgando seus resultados, os Libertadores não merecem o desprezo de seus detratores. Todos parecem ter sido perseguidos por um destino que antecipava os sofrimentos que os esperavam. Miranda, traído pelos seus partidários, morreu abandonado numa prisão espanhola; Bolívar, tuberculoso e desenganado num povoado perdido da costa colombiana; San Martín morreu desmoronado depois de duas décadas de exílio; O'Higgins, marginalizado

283 Francisco Gutiérrez Contreras. *Nación, Nacionalidad, Nacionalismo.* Barcelona, Salvat, sdp.

284 Iván Jaksic e Eduardo P. Carbó. *Liberalismo y Poder.* Latinoamérica en el siglo XIX. Santiago de Chile, Fondo de Cultura Económica, 2011.

e exilado, morreu na véspera da data assinalada para retornar ao seu país [o Chile]; Iturbide foi preso e executado numa remota cidade provinciana. Os homens que vieram depois deles não tiveram a mesma estatura".[285]

A guerra da independência foi socialmente heterogênea: houve, no seu bojo, rebeliões camponesas contra as elites *criollas* com fraco apoio entre os setores populares, especialmente entre negros e índios urbanos que, por vezes, tenderam a se alinhar com os espanhóis. As oligarquias conseguiram controlar o processo revolucionário, evitando um confronto paralelo entre pobres e ricos. A classe dirigente da independência experimentava um temor paralisante em relação à potencial repetição da revolta indígena-camponesa do século XVIII, ou da bem sucedida revolta negra do Haiti. Chegada ao poder, a oligarquia apressou-se em abolir o *pongo* e a *mita* instituídas pelos espanhóis, instituições de trabalho forçado dos indígenas, para neutralizar, sobretudo, a possibilidade de uma revolta dos setores mais explorados da colônia; assim como também a abolir a escravidão e a tortura do Santo Ofício (como foi feito na Argentina, em 1813). A vertente plebeia, ou "jacobina", do processo independentista americano, presente em diversos locais, foi derrotada nos processos de normalização política hegemonizados pelas classes economicamente dominantes das antigas sociedades coloniais (a oligarquia agrária e a burguesia comercial das capitais), sobre a base dos quais surgiram as modernas nações latino-americanas.

No caso do Brasil, foi a própria coroa portuguesa, instalada no país devido às invasões napoleônicas, a que proclamou a independência política do país, não sem derrotar *manu militari* os movimentos que aspiravam a uma independência sobre bases republicanas e populares, como cabanos e farroupilhas. O jacobinismo latino-americano foi derrotado em seu nascedouro, como aconteceu com Toussaint L'Ouverture no Haiti, mas, sem sua presença e ação decidida, a independência política do continente teria sido comprometida ou simplesmente inviabilizada. Em 1825, após as guerras de independência da América espanhola, apenas as ilhas de Cuba e Porto Rico permaneceram sob o domínio espanhol. Portugal perdeu todas suas posses americanas, enquanto França preservou territórios importantes (a Guiana, e as ilhas de Guadalupe e Martinica, no mar do Caribe). No Paraguai, o go-

285 Robert Harvey. *Los Libertadores*. La lucha por la independencia de América Latina 1810-1830. Buenos Aires, Del Nuevo Extremo, 2009.

verno de Gaspar Rodríguez de Francia (1814-1840) criou as bases de uma economia isolada, com sua economia controlada pelo Estado, incluindo uma educação pública, numa versão tardia do "despotismo ilustrado". Com as independências americanas, o princípio das nacionalidades atravessou o Oceano Atlântico: o *mundo das nações* nascia como a forma político-estatal do *mundo do capital*, como sua expressão tanto nas relações internas como nas internacionais. A independência americana deu impulsão a essa tendência, embora na "América Latina" as relações capitalistas de produção fossem só embrionárias e coexistissem durante um longo período com relações pré-capitalistas e com classes dirigentes não burguesas (no sentido moderno, industrial) que os "Libertadores" (oriundos dessas classes) não conseguiram superar politicamente.

Completadas as independências, a primeira tentativa de união latino-americana, o Congresso Anfictiónico de 1826, concluiu sem nenhum resultado prático e sem nenhuma glória. Pouco depois escrevia Simón Bolívar ao general Páez: "O Congresso de Panamá, que deveria ser uma instituição admirável, se tivesse mais eficácia, se assemelha àquele louco grego que pretendia dirigir desde um rochedo os barcos que navegavam. Seu poder será uma sombra, e seus decretos serão meros conselhos".[286] A nova elite política das nações americanas fracassou na tarefa de deitar as bases de uma grande nação. A divisão da Grã Colômbia antecipou o fracasso de outras tentativas unificadoras e a crise final dos projetos bolivarianos: as forças dispersivas eram muito mais fortes e prementes do que as que impulsionavam a unidade. Os interesses mais sólidos não se orientavam para o mercado interno, mas para o mercado mundial, e as classes com interesses internos eram pequenos produtores, dispersos, com escassa força política e submetidos à concorrência das manufaturas externas. A independência política da América Latina chegou no momento em que o desenvolvimento colonial não tinha mais nada a oferecer para nenhuma das classes das sociedades ibero-americanas. Os projetos mais fortes para a unidade de regiões, que logo iriam a se dividir, foram os que propiciavam coroar monarquias, com alguma figura de origem europeu ou mesmo inca, promovidos por vários líderes da independência.

---

286 Fabiana de Souza Fredrigo. *Guerras e Escrita*. A correspondência de Simón Bolívar (1799-1830). São Paulo, Edunesp, 2010.

A tese de que era possível uma só nação latino-americana no processo da independência tropeça na ausência de um esboço de desenvolvimento econômico comum, com alguma tendência para um mercado nacional, nos vastos territórios das Américas de colonização ibérica: "Ninguém pode dizer seriamente que a América colonial fosse uma grande nação latino-americana, pois seria o mesmo que dizer que a Índia e a América do Norte eram uma nação só, pois ambas pertenciam à Coroa britânica. As colônias americanas da Espanha tinham em comum o fato de pertencerem à mesma monarquia, e possuírem uma língua e uma religião comuns. Mas não existia unidade econômica - base substancial da nação, sem a qual a língua e outros elementos subjetivos são impotentes - e nem sequer unidade administrativa. A unidade existente no Império hispano-americano era, do ponto de vista da unidade nacional, praticamente nula. Espanha não conseguiu fundar um governo só, nas suas colônias americanas, nem fazer delas um só vice-reinado, pois a enorme extensão e variedade do território o impediu".[287]

A liderança político-militar da independência latino-americana sofria das limitações da aristocracia *criolla*, ainda que estivesse politicamente um passo à frente dela: manifestou-se incapaz de apoiar-se em outras classes sociais, que em diversos momentos da guerra pela independência tentaram dar-lhe um conteúdo social diferenciado, a "república negra" de Haiti, o México indígena de 1810, o Paraguai ou o Uruguai de Artigas. A ideia da unidade política da América Latina havia surgido de um "espírito da época": "Bolívar, Sucre, San Martín, lutaram não apenas por suas próprias províncias nativas, mas percorrendo todo um continente, para emancipar terras distantes ou vizinhas, num espírito de fraternidade regional. O ciclo de lutas hispano-americanas estendeu-se até a terceira década do século XIX. A esta altura, na própria Europa o patriotismo e cosmopolitanismo de cunho iluminista já haviam se exaurido pela corrupção de seus ideais durante a expansão militar napoleônica".[288] A tendência para a fragmentação política se impôs, devido à ausência de uma burguesia interessada em pôr um fim às formas pré-capitalistas de exploração do trabalho, e também ao latifúndio, desenvolvendo a indústria e criando um amplo mercado in-

287 Milciades Peña. *El Paraíso Terrateniente*. Buenos Aires, Ediciones Fichas, 1972.

288 Perry Anderson. Internationalism: a breviary. *New Left Review* n° 14, Londres, março-abril 2002.

terno: a revolução democrática, na América Latina, realizou-se de maneira incompleta e inacabada.

Os líderes revolucionários traduziram, nas suas contradições, a impotência da burguesia *criolla*. Francisco de Miranda, o precursor da independência, escreveu, diante da revolta negra e escrava do Haiti e das rebeliões camponesas andinas: "Melhor seria que as colônias ficassem mais um século sob a opressão bárbara e vergonhosa da Espanha". Bolívar, mais ousado que seu mentor, herdou dele o medo à "revolução das cores" (preta, mulata e mestiça): "O medo que da emancipação dos escravos nascesse um Haiti continental paralisou a maioria da oposição criolla".[289] No meio da campanha militar pela independência, José de San Martín escrevia: "Lima, onde a parte não ilustrada da sociedade é tão numerosa (em especial os escravos e os negros) e, ao mesmo tempo, tão formidável... As classes baixas obtiveram um predomínio indevido e estão começando a manifestar uma predisposição revolucionária perigosa". No que se encontrava de acordo Simón Bolívar: "O Peru não está em condições de ser governado pelo povo. Do que está composta a população, senão de índios ou negros? As diversas classes de habitantes consideram que possuem direitos iguais e como a população de cor excede em muito à branca, a segurança desta última está ameaçada". Hegel, contemporâneo de ambos, afirmava que "na América do Sul e no México, os habitantes que possuem o sentimento da independência, os *criollos*, nasceram da mistura com espanhóis e portugueses. Somente estes atingiram o alto sentimento e desejo de independência. Há poucas tribos indígenas que sintam o mesmo. Existem notícias de populações do interior que aderiram aos esforços para formar Estados independentes, mas é provável que entre elas não haja muitos indígenas puros".[290] Na verdade, a rebelión indígena tupacamarista de finais do século XVIII colocou a questão da independência americana, e tribos da Pampa e patagônicas ofereceram apoio militar aos *criollos* argentinos na sua luta.[291]

---

289 Manfred Kossok. El contenido burgués de las revoluciones de independencia en América Latina. *Historia y Sociedade* n° 4, México, 1974.

290 G. W. F. Hegel. *Filosofia de la Historia Universal*. Buenos Aires, Anaconda, 1946 [1830].

291 Cf. Boleslao Lewin. *La Rebelión de Túpac Amaru*. Los origens de la independencia de Hispanoamérica. Buenos Aires, SELA, 2004; Gabriel Passetti. *Indígenas e Criollos*. São Paulo, Alameda, 2012.

Nessas condições, prevaleceram os interesses localistas da aristocracia agrária, voltados para a monocultura agrário-mineira primária exportadora e sem interesse na constituição de fortes unidades nacionais baseadas num mercado interno. A fragmentação política, no entanto, foi um fator de crise das novas nações. Era do interesse dos novos senhores do mercado mundial, como já ocorrera no passado, obter dinheiro líquido, e não simplesmente produtos. A fragmentação do antigo império colonial isolara regiões inteiras de suas fontes de metal precioso (esse foi, por exemplo, o caso do Rio da Prata, privado de quase todo metal circulante durante quinze anos, depois da independência das "Províncias Unidas do Sul"). Também, nas zonas de produção, o ritmo de exportação era mais rápido do que o ciclo produtivo: assim ocorreu no Chile depois da independência do país. O novo Estado, produtor de prata e de ouro, não conseguia conservar o volume de dinheiro líquido de que necessitava para seu comércio interno.

Devido a isso, os novos países latino-americanos fracassaram na tentativa de desenvolver economias capitalistas independentes: emergiram de um processo de rápida independência, em comparação com Ásia e África, mas tiveram acesso tarde demais aos métodos da acumulação primitiva de capital e a massas de trabalhadores livres – precondições para o desenvolvimento capitalista. A ausência de uma "burguesia industrial empreendedora" foi sua consequência. No entanto, a simples contraposição de vaidosos fidalgos ibéricos no Peru ou México dilapidando ouro e prata em luxos, em contraste com os austeros e laboriosos colonizadores anglo-saxões, é simplista e questionável. David A. Brading observou que poço diferenciava a cidade do México no século XVIII de Boston na época. As oficinas têxteis da cidade do México, capitalizadas pelos lucros da atividade mineira, eram mais avançadas que as de Boston.[292] Os espanhóis e seus descendentes *criollos* teriam sido capazes de impulsionar o desenvolvimento capitalista apesar de não professar a doutrina protestante. A divisão (ou "balcanização") da América Latina se alicerçou nas limitações da aristocracia e na pressão externa. A nacionalização da renda oriunda das exportações, e o fim da exploração colonial, favoreciam o desenvolvimento de uma sociedade independente, mas não impediam a dependência econômica; segun-

292 David A. Brading. *Miners and Merchants in Bourbon Mexico, 1763–1810*. Cambridge, Cambridge University Press, 1971.

do Halperin Donghi: "A Inglaterra é a herdeira de Espanha, e desfruta de uma situação de monopólio, defendida mais por meios econômicos que jurídicos, que se efetiva muito facilmente na prática, ao obter o melhor e os maiores lucros de um tráfico marítimo mantido em nível relativamente estável. A América espanhola de 1825 não é igual àquela anterior a 1810, a expansão do comércio ultramarino promoveu o consumo, e a indústria exterior infligiu graves golpes ao artesanato local".

Do ponto de vista econômico, houve continuidade entre o período colonial do continente e sua fase independente. A partir da extração de metais, seguiu-se a exploração agrícola e pecuária por meio da qual cada país, articulando-se com o sistema econômico internacional, se identificou com um determinado produto comercial. A América Central se especializou no fornecimento de frutas tropicais; o Equador, bananas; Brasil e Colômbia, café; Cuba e Caribe, açúcar; Venezuela, cacau; Argentina e Uruguai, carne e lã; a Bolívia tornou-se país fornecedor de estanho e o Peru de peixe, guano e salitre. A crise econômica e financeira internacional de inícios do século XIX acirrou as disputas internas, o que facilitou a intervenção, não da exaurida Espanha, mas da dinâmica Inglaterra, na conformação do mapa político da América Latina: "A aspiração da Grã-Bretanha não era obter um domínio político direto, que implicaria em despesas administrativas e a comprometeria nas violentas lutas das facções locais. Ao contrário: propõe-se deixar em mãos dos americanos, juntamente com a produção e boa parte do comércio local, as honras e os ônus de governar aquelas vastas extensões de terras. Tudo isso não quer dizer falta de pontos de vista bem claros e firmes, nem timidez na imposição da sua vontade".[293]

Inglaterra compreendeu que as mudanças introduzidas pelas revoluções da independência eram irreversíveis e se dispôs a impor seus interesses econômicos adaptando-os à nova situação, afastando seus rivais ou concorrentes europeus. A "firmeza" inglesa foi necessária quando se tratou de se opor à constituição de unidades nacionais fortes. Foi o caso da separação do Uruguai da Argentina por ocasião da Guerra Cisplatina (1828) entre Argentina o Brasil: Inglaterra impôs uma solução apoiando a constituição de um Estado-tampão, que retirava ao governo de Buenos Aires o controle

293 Tulio Halperin Donghi. *Historia Contemporánea de América Latina*. Madri, Alianza, 1976, assim como a citação precedente.

político do sistema fluvial mais importante da América do Sul. Com o Tratado de Paz entre Argentina e Brasil, sob mediação diplomática inglesa, foi criado o Estado de Montevidéu, sobre cuja base nasceu o Uruguai. Depois disso, por duas vezes (em 1838 e 1846) a frota inglesa bloqueou Buenos Aires para impor seus pontos de vista (no que fracassou, devido à resistência argentina). Mais ao Norte, Andrés Santa Cruz, filho de um oficial realista e de uma indígena, destacado chefe do exército de Bolívar, tentou dar continuidade ao projeto unificador como encarregado do governo do Peru, depois que o *Libertador* abandonara Lima. Posteriormente assumiu também o governo da Bolívia, tentando resolver os conflitos criados depois da renúncia de Sucre. Em 1836, Santa Cruz assinou um tratado de união entre Bolívia e Peru, que teve vida efémera. A Confederação Peruano-Boliviana foi a última tentativa para concretizar a criação de um grande Estado sul-americano com saída ao Pacífico.

Na América Central, o processo de fragmentação política se generalizou, com o intervencionismo inglês assumindo uma feição aberta. Nos últimos episódios da guerra de independência produziu-se uma quase fusão entre a elite *criolla* e a administração colonial. Nos últimos anos da dominação espanhola na América Central, o Vice-Reinado de Guatemala incluía as províncias de Honduras, Guatemala, Chiapas, El Salvador, Nicarágua e Costa Rica. Na cidade de Guatemala, sua capital, foi declarada a independência em setembro de 1821, e poucos meses depois, esses territórios foram incorporados ao México. Com a exceção de Chiapas e Soconusco, logo o resto das províncias se separou para formar a Federação de América Central. A presença britânica na América Central tinha crescido nas últimas décadas do período colonial com o comercio ilegal e o contrabando, principalmente na Costa Rica, controlado a partir de Belize e as colônias inglesas no Caribe.[294] O interesse britânico respondia mais a questões estratégicas do que a um interesse econômico direto. Além da rota interoceânica, pesava a busca pelo controle dos circuitos comerciais no resto da América. Os poucos residentes britânicos na América Central exerciam o comercio de exportação e importação.

294 Ciro F.S. Cardoso e Héctor Pérez Brignoli. *Centro América y la Economía Occidental (1520-1930)*. San José, Editorial de la Universidad de Costa Rica, 1983.

O *indirect rule*, em aliança com os indígenas, se transformou em instrumento político para consolidar a presença de Inglaterra. O modelo colonizador da presença inglesa no istmo centro-americano foi estratégico, como o demonstram os casos de Belize e da costa atlântica de Nicarágua, assim como de certas regiões do Caribe. O cônsul inglês Chatfield, a partir de 1838, se manifestou inimigo da União Centro-Americana. A organização de uma república vasta e forte poderia questionar as possessões territoriais e as pretensões inglesas. A missão que o *Foreign Office* britânico encarregou ao cônsul foi a de estender a influência inglesa sobre toda América Central. Os confederados centro-americanos enviaram uma missão à Inglaterra, solicitando a destituição e castigo de Chatfield. Lorde Aberdeen, ministro de Assuntos Externos britânico, ouviu os delegados, mas se negou a aplicar sanções a um funcionário que simplesmente cumpria suas ordens. Outro recurso para destruir a tentativa unionista, a Confederação Guatemalteca, consistia em uma associação de Estados centro-americanos cujo núcleo seria a Guatemala, a partir da qual Inglaterra estenderia sua influência.

Não só a Inglaterra estava interessada na região. Em 1846, os financeiros norte-americanos White e Vanderbilt buscaram contatos com o governo nicaraguense. O grande auge do comercio internacional tinha renovado a carreira pelo canal interoceânico. Os "novos unionistas" centro-americanos pensavam que obter a proteção dos EUA, em troca de uma simples faixa de terra, era uma perspectiva aceitável. Entre 1848 e 1849 foram assinados quatro tratados entre os EUA e Nicarágua, Honduras, Colômbia e um grupo de "liberais unionistas" de Guatemala. As condições eram sempre as mesmas: reconhecer direitos aos Estados Unidos sobre uma faixa de terreno para a construção do canal interoceânico, em troca de apoio contra a ingerência inglesa. Em 1849, Inglaterra ocupou parte de Honduras, forçando os EUA à assinatura do Tratado Clayton-Bulwer, totalmente contrário à "Doutrina Monroe" (de 1823), na medida em que reconhecia direitos territoriais ingleses sobre a América Central. Os unionistas enviaram tropas à Guatemala, que foram derrotadas pelo homem forte do país, Rafael Carrera, sustentado pelos ingleses. Trinidad Cabaña, presidente de Honduras em 1852, tentou convencer seus vizinhos a se manter fiéis ao tratado unionista de 1849: foi derrocado pelas forças conjuntas de El Salvador, Guatemala e Nicarágua.[295]

295 Edelberto Torres Rivas. *Historia General de Centro América*. Buenos Aires, Flacso, 1993.

Um tratado EUA-Inglaterra estabeleceu o compromisso de ambas as potências de respeitar a liberdade de navegação, renunciando a qualquer aspiração de domínio absoluto sobre a futura via interoceânica, a colonizar qualquer zona da América Central e a apoiar conjuntamente a companhia que assumisse a construção do canal. O chanceler Palmerston instou os banqueiros ingleses a apoiar a companhia do ianque Cornelius Vanderbilt, mas um incidente na costa do Mosquito entre um navio da companhia norte-americana (o *Prometheus,* no qual viajava o próprio Vanderbilt) e um navio de guerra britânico pôs fim ao idílio, desatando uma crise política na Inglaterra que precipitou a renúncia de *Old Palm.* Com os unionistas derrotados ou domesticados, os conservadores ficaram no poder nos diversos países. No Caribe, Cuba, graças à composição de sua classe dominante colonial e à extraordinária prosperidade econômica proporcionada pelo açúcar, permaneceu junto a outras ilhas caribenhas como colônia e principal posse do periclitante Império Espanhol: "No processo de formação do que se chamou *cubanidad,* a primeira geração que pensou a questão em termos evolutivos, evitando um confronto que teria comprometido a prodigiosa prosperidade, foi a integrada pelos jovens que se fizeram conhecer nos anos da restauração absolutista [na Espanha] que seguiu a 1823":[296] no seu esteio se recrutaram os homens que iniciariam em 1868 a guerra pela independência.

Em toda a América Latina, a conquista da independência política abriu o campo para a expressão mais livre das contradições sociais. Fracassaram os projetos que propunham o fim das diferenças de casta e a reforma agrária, mediante a divisão das grandes propriedades rurais entre os índios e os mestiços pobres. A partir deste momento, a oligarquia latino-americana se tornou profundamente conservadora nas lutas contra os camponeses, junto à Igreja Católica.[297] Na América do Sul, com a dissolução da Grã Colômbia, a República de Nova Granada, proclamada em 1830, se encontrou com uma economia submersa no atraso: a agricultura apresentava as mesmas formas vigentes desde o processo colonial; a indústria, a manufatura e o setor artesanal não conseguiam recuperar-se dos golpes recebidos com as

---

296 José A. Piqueras. *Sociedad Civil y Poder en Cuba.* Colonia y poscolonia. Madri, Siglo XXI, 2005.

297 Leon Pomer. *As Independências da América Latina.* São Paulo, Brasiliense, 1981.

reformas dos Bourbon; o comércio interno era incipiente pela ausência de vias de comunicação que integrassem o enorme país; o comércio internacional era praticamente inexistente. A tarefa que se apresentou à classe no poder era criar as condições para impulsionar o desenvolvimento econômico. O protecionismo estatal, que se praticou entre 1831 e 1845, permitiu o desenvolvimento de "algumas fábricas de louça, porcelana, papel, vidro e cristal, tecidos de algodão e inclusive substâncias químicas, como chumbo e ácido sulfúrico".[298] A exploração do ouro da Antioquia, na qual se introduziram novas formas de organização do trabalho e técnicas de exploração, se mantinha como o principal produto de exportação. Com uma base econômica tão incipiente, o Estado gastava quase 50% do orçamento no pagamento da dívida externa e na manutenção do exército.

Na Argentina, o setor principal da classe dominante eram os *estancieros* (fazendeiros). Desde 1820, eles estabeleceram uma aliança com o capital britânico para explorar o potencial das ricas terras férteis do país. Os comerciantes ingleses lhes garantiam o acesso ao mercado mundial: Juan Manuel de Rosas surgiu como principal porta-voz dos proprietários argentinos. Diante das reformas de Bernardino Rivadavia, que assumira em 1826 como presidente da Argentina e procurara estabelecer o domínio da burguesia comercial portenha, Rosas apareceu como o restaurador do predomínio dos *estancieros*. Esse foi o sentido da sua ditadura conservadora e anti-estrangeira. Existiam diferentes grupos de *estancieros*: os que estavam mais perto do porto, os da província de Buenos Aires, e os produtores que estavam no interior do país e dependiam das ferrovias britânicas para o transporte e aceso aos mercados mundiais. Os britânicos buscavam abrir caminho rumo ao interior para levar seus produtos e obter matérias primas. Isso provocou choques com Rosas. Ao mesmo tempo existiam os *terratenientes* - proprietários especulativos de grandes extensões que viviam da renda. Os conflitos entre esses setores e os compradores no porto de Buenos Aires ao redor do livre mercado e das tarifas foram a marca dos conflitos políticos no século XIX. Rosas ascendeu ao poder levado pelos *estancieros* portenhos, arrastando seus peões; os *estancieros* do Litoral e os caudilhos mediterrâneos ficaram unidos contra a hegemonia da burguesia comercial

298 Hans-Joachim Konig. *En el Camino Hacia la Nación*. Bogotá, Banco de la República, 1988.

portenha; durante os conflitos com Franca (1838) e Inglaterra (1845) provaram do lucrativo comercio com Europa o suficiente como para seguir suportando que os portenhos explorassem o porto único, e vislumbraram um futuro cuja prosperidade dependia de acabar com o monopólio fluvial e aduaneiro de Buenos Aires.

A opressão sobre o litoral argentino levava à sua secessão, como já tinha levado à secessão do Paraguai. O Paraguai havia conseguido separar-se tanto da Espanha como de Buenos Aires, em 1811-1813. O país era geograficamente isolado (era o único Estado latino-americano cercado só por terra), e uma nação que falava predominantemente a língua guarani. No litoral surgiu uma poderosa força que se levantou contra o "rosismo", que não teria derrubado Rosas (em 1852, depois da batalha de Caseros) de não ter contado com o apoio tácito dos *estancieros* portenhos que, em defesa das novas necessidades de sua acumulação, retiraram seu apoio ao "Restaurador das Leis". A força do mercado mundial atraia irresistivelmente à Argentina. A principal herança do regime de Rosas foi criar a grande oligarquia que se tornou sócia da Inglaterra. A vitória de Justo José de Urquiza sobre Rosas, apoiado por Brasil e Montevidéu, iniciou a verdadeira estruturação capitalista da Argentina. As classes dominantes eram as mesmas do período colonial: "Quando na segunda metade do século novas correntes de intercâmbio, de mão de obra e de capitais fluíram do velho continente, originando um período de excepcional expansão, o grupo dedicado à criação de gado foi suficientemente flexível e secularizado como para se adaptar rapidamente; mas também teve os controles reais do poder como para determinar que a direção do movimento não lhe escapara das mãos".[299]

Argentina dependia do Império Britânico como principal mercado para os produtos alimentícios. Seu rápido crescimento econômico em finais do século XIX foi consequência de um vínculo especial com a economia britânica, baseado no modelo agroexportador latifundiário. Argentina se tornou o principal provedor de carnes, couros e grãos da Grã-Bretanha. Os lucros não foram reinvestidos na indústria. Com uma estrutura de classes menos polarizada do que em Cuba o no Brasil, cujas economias giravam também em torno da plantação ou da estância, as dificuldades da Argentina

299 Roberto C. Conde e Ezequiel Gallo. *La Formación de la Argentina Moderna*. Buenos Aires, Paidós, 1973.

refletiam os problemas da aliança de classes entre a alta burguesia da terra e o capitalismo estrangeiro: "A renda agrária que sustentava a classe dominante da Argentina, o capital mercantil que exportava a produção da pampa e importava as *commodities* europeias, e o capital financeiro que permitia ä elite lucrar com uma economia errática e manter o monopólio da terra governaram a economia argentina. Esses três fatores impediram a formação de uma lógica econômica mais vigorosa ao frustrar o desenvolvimento de um forte setor manufatureiro e, consequentemente, a disciplina que um circuito de capital industrial no comando tivesse oferecido ä economia como um todo. Argentina careceu de um capital industrial consumado que disseminasse sua lógica a traves da economia, uma lógica critica para o desenvolvimento capitalista porque demanda investimentos contínuos de capital fixo, melhoramentos tecnológicos (e assim aumentar a produtividade do trabalho), um ciclo acelerado de negócios e maior competitividade. O capitalismo argentino era parasitário, ineficiente, e dirigido por uma coligação de financistas e comerciantes que confiavam na verdadeira, porém transitória, vantagem comparativa da Argentina no mercado mundial".[300]

O consumo e investimento da classe dominante argentina eram típicos das economias dominadas pelo latifúndio. Situada majoritariamente em Buenos Aires, a burguesia comercial recebia 25% da renda nacional. Com esses recursos, gastava uma porção significativa em bens manufaturados externos. Com um mercado interno limitado e baixos salários, a indústria local teve condições desfavoráveis. O proletariado urbano passava grande parte do ano desempregado ou era forçado a trabalhar por salários de miséria nas grandes propriedades das pampas. A economia argentina estava concentrada em Buenos Aires e regiões adjacentes; os imigrantes que chegaram em grandes contingentes em torno a 1880 tendiam a permanecer perto da cidade, configurando uma urbanização no seio de uma sociedade agrária, característica de todos os países subdesenvolvidos de produção agroexportadora. A imigração proveu uma massa de trabalhadores, algum pessoal qualificado, e um pequeno número de empreendedores. As características da expansão econômica argentina, sob o controle britânico e base agroexportadora, tenderam a manter a iniciativa empreendedora longe da

300 Michael Johns, Industrial capital and economic development in turn of the century Argentina. *Industrial Geography*, vol. 68, nº 2, Londres, abril 1992.

atividade industrial enquanto a urbanização se desenvolvia rapidamente. Sob a hegemonia agrária, a mobilidade social acabou inflacionando um desproporcional setor terciário, caracterizado por um grande número de atividades improdutivas. A "modernização" deixou intocada a estrutura da sociedade: os banqueiros preferiam emprestar dinheiro aos grandes proprietários e comerciantes que faziam parte do circuito agroexportador.

Ao Norte, as lutas de independência no México foram extremamente desgastantes. No final, a economia mineira e a produção agrícola apresentavam índices baixíssimos, e nos campos de batalha jaziam 600 mil mortos em decorrência de mais de onze anos de lutas e da submissão da mão de obra indígena. Enquanto no período colonial existia uma legislação que obstaculizava a arregimentação indiscriminada da força de trabalho indígena, e evitava até certo ponto o esfacelamento das propriedades comunais (*calpulli* e *ejidos*), a oligarquia, mesmo antes da independência, deu início ao processo de usurpação das terras dos índios e transformou grandes contingentes de camponeses em trabalhadores rurais (*peones*). Estes se viram obrigados a trabalhar nas *haciendas* em troca de alimentação e abrigo e ainda estavam obrigados a comprarem os seus mantimentos nas "*tiendas de raya*" (barracões) localizadas nas próprias fazendas, onde os preços eram sempre elevados: as dívidas contraídas eram transferidas de pai para filho, aprisionando nas fazendas a força de trabalho e perpetuando a exploração dos índios. Entre 1845 e 1848, a guerra contra os EUA exauriu o erário público, o que motivou o governo a decretar uma nova lei que aumentava os impostos sobre as terras e a ocupação dos bens de *manos muertas.* Os impostos e a ocupação dos bens deviam recair sobre toda a sociedade, sobre as grandes propriedades, as terras eclesiásticas e as terras comunais. Na prática, somente os índios sofreram pressão para pagar os impostos sobre as terras. Foi desencadeado o processo de ocupação das terras indígenas, com vistas ao financiamento da luta contra as dos EUA.[301] A derrota na guerra alcançou seu ponto culminante com a queda da capital e despertou sublevações indígenas no Norte e guerras contra os índios no Iucatã, para favorecer as plantações de cana de açúcar. Os índios foram reprimidos com violência pelo exército.

301 Enrique Semo. *Historia Mexicana: Economía y Lucha de Clases.* México, Ediciones Era, 1978.

As tentativas das burguesias latino-americanas para assentar a sua dominação política em instituições civis não conseguiriam emancipar o Estado da tutela militar: de alicerce da construção do Estado, o exército evolucionou quase que naturalmente até transformar-se no seu árbitro indiscutível, exercendo cada vez mais um papel relativamente independente das classes sociais. No Brasil o exército marcou como um poder independente todos os episódios que viabilizaram a transformação política republicana, adotada na América espanhola desde o começo do período independente.[302] Antes disso, em 1850, o Império do Brasil, pela Lei de Terras de 1850, favoreceu a ampliação da concentração agrária. Sancionada por D. Pedro II, a lei determinou parâmetros e normas sobre a posse, manutenção, uso e comercialização de terras, estabelecendo a compra como única forma de obtenção de terras públicas, inviabilizando os sistemas de posse ou doação, para transformar a terra em propriedade privada. O governo imperial pretendia arrecadar impostos e taxas com a criação do registro e demarcação de terras. Os recursos tinham como destino o financiamento da imigração estrangeira, voltada para a geração de mão de obra, principalmente para as grandes lavouras de café. A supressão do tráfico diminuía cada vez mais a disponibilidade de mão de obra escrava. Dificultando a compra ou posse de terras por pessoas pobres, favorecendo seu uso para fins de produção agrícola voltada para a exportação, esse objetivo foi alcançado, pois a lei provocou o aumento significativo nos preços das terras no Brasil, favorecendo os grandes proprietários rurais, que passaram a ser os únicos detentores dos meios de produção agrícola no Brasil.

Nas chamadas "repúblicas bananeiras" da América Central, diante da insuficiente formação das classes sociais, as ditaduras militares impuseram uma coesão nacional "por cima": foi o Estado identificado com os líderes militares quem criou ou completou o processo de criação das classes. Isso também foi parcialmente válido para países maiores, como a Argentina ou o Brasil, onde através dos favores ou das terras distribuídas pelo Estado completou-se a ocupação territorial e deu-se forma acabada à estrutura social. As repúblicas ditatoriais da América Central adiantaram outra característica da presença militar nos postos de comando, pois foram, desde o século

302 Cf. Osvaldo Coggiola. O militarismo na América Latina. *Estudos* nº 1, São Paulo, CODAC/USP, junho 1986.

XIX, verdadeiros "protetorados" (sem falar da sobrevivência de colônias inglesas, francesas ou holandesas). As ditaduras militares deram coesão às pequenas nações para fazê-las ingressar no mercado mundial como países periféricos, especializados na produção de alimentos e matérias primas, num circuito cujo centro dinâmico era as nações industrializadas da Europa e, em medida menor, a jovem potência industrial que começava a emergir na América do Norte, que garantiu na América Central e no México a sua primeira área de influência externa (o que, com os anos, seria chamado de "seu quintal"). O conflito nos EUA entre ianques e o Sul escravocrata, veio jogar nova lenha na fogueira centro-americana: os sulistas encorajaram a aventura de William Walker (1824-1858), pirata norte-americano que invadiu Nicarágua e se autoproclamou presidente do país, em 1855. Depois, submeteu a guatemaltecos, salvadorenhos e costarriquenhos, que em 1856 derrotaram as tropas do invasor: o presidente de Costa Rica, Juan José Mora, formou o Exército Nacional de Libertação. Walker novamente o enfrentou, mas depois de algumas vitórias foi derrotado, preso e enforcado em setembro de 1858.

Espanha, que conservara seus domínios coloniais em Cuba e Porto Rico, foi testemunha impotente da disputa pelas suas antigas colônias. Na antiga metrópole registrou-se o fracasso da revolução democrática, o que veio a alimentar a lenda da suposta "inferioridade histórica" dos povos latinos no quadro da ascensão mundial do liberalismo. Espanha perdeu um império continental, sem assimilar os requisitos necessários para o progresso econômico e político. A combinação de interesses históricos regressivos e progressivos, além de imprimir sua marca às revoluções que se sucederam na Espanha do século XIX, neutralizaram as classes industriais espanholas enquanto motoras da revolução burguesa, e criaram uma situação na qual os interesses combinados das classes possuidoras acabaram por estancar o desenvolvimento e perpetuar o atraso econômico. Extemporaneamente, a burguesia espanhola tentou promover uma revolução: seu fracasso se uniu à frustração da revolução democrática no seu domínio colonial, dominado na era independente pela aristocracia que a própria colonização espanhola criara. América Latina, de colônia espanhola passou a ser zona de influência britânica[303] e depois teatro de

303 Fred Rippy. *La Rivalidad entre Estados Unidos y Gran Bretaña por América Latina, 1808-1830*. Buenos Aires, Eudeba, 1967.

conflitos entre velhas e novas potências, com destaque para a ampliação da influência estadunidense. As forças internas da América Latina não foram suficientes para se sobrepor aos três impérios que condicionaram sua existência: o ibérico, o britânico e o norte-americano.

A unificação política da Argentina foi realizada na presidência de Bartolomé Mitre (1862-1868), quando os exércitos avançaram por todo o interior do país, derrotando militarmente as últimas *montoneras* e estabelecendo governos favoráveis ao governo central em praticamente todas as províncias; os anos da chamada "organização nacional" consolidaram a Argentina agroexportadora, com a consolidação do latifúndio e o estreitamento das relações com o capital externo, fundamentalmente inglês, configurando uma unificação nacional ao serviço dos interesses da oligarquia de Buenos Aires e da burguesia comercial portuária. O Congresso argentino sentou as bases jurídicas para o fluxo do comércio e de capitais externos. O mercado nacional foi unificado e liberalizado; a legislação sobre ferrovias estabeleceu o princípio da garantia estatal de lucros (no Brasil, a *São Paulo Railroad* foi construída com um sistema de garantias semelhante). Todos os títulos públicos argentinos seriam, por lei, pagos em libras esterlinas; um registro público de toda a dívida pública foi estabelecido e todas as dívidas reconhecidas. A evidência de que o país tinha condições de pagamento foi demonstrada com o reconhecimento dos débitos pendentes do empréstimo tomado de Londres em 1824 (com a *Baring Brothers*). Apenas numa década, pelo menos 23 milhões de libras esterlinas partiram do mercado de Londres em forma de investimentos para a Argentina, transformada num seguro mercado de investimentos financeiros.[304]

Em maio de 1865, o Brasil, a Argentina e o Uruguai assinaram o Tratado da Tríplice Aliança contra o Paraguai. Os objetivos eram: "acabar com a ditadura de López"; garantir a livre navegação nos rios Paraguai e Paraná; e, secretamente, conquistar definitivamente para o Brasil o território situado no Noroeste do Paraguai, e, para a Argentina, o território que ela reclamava no Leste e Oeste do Paraguai. Invocou-se a luta pela civilização contra a barbárie, apesar do Brasil ser (junto à colônia espanhola de Cuba) o único Estado em todo o hemisfério ocidental a ainda abrigar a escravi-

304 H. S. Ferns. *Britain and Argentina in the 19th Century.* Oxford, Clarendon Press, 1960..

dão. A "Guerra da Tríplice Aliança" definiu a configuração dos principais Estados da América do Sul, e quebrou, ao mesmo tempo, a única tentativa de desenvolvimento não baseado na produção primária: foi a mais prolongada e violenta guerra entre Estados ocorrida em qualquer parte do mundo entre 1815 e 1914. Durou mais de cinco anos (de outubro/novembro de 1864 a março de 1870) e abateu mais de 300 mil vidas.[305] Todas as nações envolvidas na "Guerra do Paraguai" receberam investimentos de material bélico oriundos de empréstimos tomados junto a banqueiros britânicos: no decorrer da guerra, porém, o capital britânico passou a fornecer empréstimos somente aos aliados da Tríplice Aliança. O Brasil (sua população era de quase dez milhões de pessoas, com entre 1,5 e 2 milhões de escravos), a Argentina (com uma população de 1,5 milhão) e o Uruguai (população de 250 mil a 300 mil) uniram forças contra o Paraguai (população de 300 mil a 400 mil). O conflito custou ao Brasil quase onze anos do orçamento anual, em valores de pré-guerra, determinando um persistente déficit público nas décadas de 1870 e 1880.

O Brasil levou à guerra em torno de 160 mil soldados, de um total de pouco mais de nove milhões de habitantes, 1,5% da sua população. Depois de cinco anos de batalhas, Brasil, Uruguai e Argentina venceram a guerra, as tropas aliadas tomaram Assunção, eliminaram praticamente todo homem maior de doze anos, violentando as mulheres e saqueando a cidade. O Paraguai sofreu grande redução em sua população: algumas fontes afirmam que 75% da população masculina paraguaia pereceu. As estimativas apontaram 50 mil mortes e milhares de inválidos no Brasil; outras estimaram um número de 60 mil mortos em combate ou por doenças.[306] Mitre havia declarado que os aliados estariam em Assunção em um período de três meses; foram necessários cinco anos (1865-1870) para que os aliados chegassem à capital paraguaia, e a guerra ainda se arrastou por mais um ano. A Guerra da Tríplice Aliança, foi o último episódio da "normalização" conservadora da independência da América do Sul.

A guerra virou uma página da história sul-americana. A potência colonial ibérica fora definitivamente substituída pela nova potência ca-

305 Maria de Castro Magalhães Marques. *A Guerra do Paraguai.* Rio de Janeiro, Relume-Dumará, 1995.

306 Júlio José Chiavenato. *Genocídio Americano: a Guerra do Paraguai.* São Paulo, Círculo do Livro, 1988..

pitalista inglesa como ator central. A blitz econômica inglesa na América do Sul teve seu papel na guerra do Paraguai. Os empréstimos britânicos para a Argentina e para o Brasil, antes e durante a guerra, assim como a venda de armas britânicas, foram uma contribuição decisiva para a vitória dos aliados sobre o Paraguai. A guerra foi, para o Paraguai, um desastre absoluto. Ele sobreviveu como um Estado independente (no período imediatamente pós-guerra ficou sob a tutela do Brasil). Seu desmembramento total foi evitado por causa da rivalidade entre os vencedores. Seu território foi reduzido em cerca de 40%. A perda populacional foi de entre 15% a 20% da população, entre 50 mil e 80 mil mortes, tanto nos campos de batalha quanto por doenças. A guerra tensionou o Brasil, desvelando o profundo anacronismo do Estado imperial escravista, despreparado e inadaptado para um esforço militar nacional. O custo da guerra deixou um buraco nas finanças públicas do Brasil. A guerra, porém, estimulou a indústria brasileira, as fábricas de produtos têxteis (para uniformes do exército) e o arsenal do Rio de Janeiro, e modernizou a infraestrutura do país. O recrutamento, o treinamento, o fornecimento de vestuário, de armamentos e o transporte para o exército desenvolveram a organização do Estado. A guerra também aguçou as tensões sociais, pela imposição de taxas e sistemas de medidas em todo o território nacional: a reação dos afetados assumiu traços de explosão e violência social.

Consolidadas suas fronteiras e unificado seu mercado, foi depois da guerra que Argentina deslanchou economicamente. O acoplamento da economia argentina com a *City* londrina teve um salto qualitativo em 1880, quando o fluxo de capitais britânicos para o país foi enorme, junto com um grande crescimento das trocas comerciais. Tendo evitado a suspensão de pagamentos da dívida, como acontecera em outros países latino-americanos, a Argentina ganhou reputação nos bancos britânicos. Com a chegada maciça dos recursos ingleses o país entrou num processo de integração plena ao mercado mundial. As precondições para a exploração da Argentina pela grande burguesia britânica aliada à elite oligárquica portenha foram a conquista das terras ocupadas por tribos indígenas na zona da Pampa e na região patagônica; a consolidação das estruturas nacionais, que se iniciou em 1880; o refinamento do gado bovino, sobretudo na província de Buenos Aires; os procedimentos para o transporte a longa distância de carne esfriada e congelada, aperfeiçoados durante o último quarto de século com as naves frigoríficas; e a imigração europeia, que começou na segunda metade da década de 1870 e se intensificou a partir de 1890.[307] Com o uso dos navios frigoríficos, o *baby beef* argentino passou a ser o principal artigo de importação inglês, trazendo ao país platino uma prosperidade baseada na dependência comercial. O desenvolvimento argentino foi um exemplo da estrutura deformada que resultava da condição semicolonial, e dos efeitos que o imperialismo financeiro impôs às economias que iniciaram tardiamente seu desenvolvimento capitalista.

O novo povoamento argentino se realizou concentrando um terço da população total na cidade-porto-capital, Buenos Aires, que passou de 60 habitantes em 1580 para 11.200 em 1744, 40 mil em 1801, 70 mil em 1823, 76 mil em 1852, 187.346 em 1869, 433.375 em 1887, 663.854 em 1895, 1.576.597 em 1914... Um crescimento vertiginoso e concentrado, no meio de um país de superfície imensa, deserto em vastas regiões de seu território.[308] No Uruguai, metade da população se concentrou em sua capital, Montevidéu. No Brasil, no mesmo período, se acentuou a concentração populacional e urbana nas regiões litorâneas. A *blitz* financeira britânica foi marcante na Argentina: "As possibilidades de investimento se reiniciaram em 1857, depois do frustrado experimento da década de 1820, com a renegociação das velhas dívidas. Nesses anos [1860] se instalou na Argentina um banco de capital britânico; seu governo obteve um novo empréstimo, e se estabeleceram na Argentina as primeiras companhias ferroviárias inglesas. Em meados da década de 1870, o governo argentino devia empréstimos superiores a 15 milhões de libras esterlinas financiadas pelo mercado de Londres, enquanto outros cinco milhões se encontravam investidos em empresas ferroviárias e um milhão em serviços públicos. Na década de 1880 os investimentos britânicos cresceram. Para 1890, a dívida do governo argentino ascendia a 90 milhões de libras, e os investimentos diretos em estradas de ferro a quase 82 milhões, havendo mais 20 milhões em serviços públicos urbanos e outros dez

---

307 Sergio Bagú. La estructuración económica en la etapa formativa de la Argentina moderna. *Desarrollo Económico* vol. 2 nº 1, Buenos Aires, julho-setembro de 1961.

308 Vicente Vazquez Presedo. *El Caso Argentino*. Migración de factores, comercio exterior y desarrollo 1875-1914. Buenos Aires, Eudeba, 1971.

milhões distribuídos em terras, companhias financeiras e outras empresas".[309] Lênin citou à Argentina como exemplo de um país politicamente independente, mas na verdade refém do imperialismo britânico.

A "Guerra do Pacífico", em 1879, foi complementar à Guerra do Paraguai, com os interesses da Inglaterra ocupando mais claramente um plano destacado. As duas guerras definiram as fronteiras nacionais que vigorariam na América do Sul no século XX. A também chamada "Guerra do Salitre" confrontou, entre 1879 e 1884, o Chile às forças conjuntas da Bolívia e do Peru. Na Bolívia, a produção indígena sobrevivente foi desagregada, na segunda metade do século XIX, ao compasso da penetração dos monopólios anglo-chilenos, com a conivência das classes dominantes locais, seduzidas pelas possibilidades de sua inserção no mercado mundial. Os governos chileno e boliviano se enfrentaram a respeito de uma parte do deserto de Atacama, rica em recursos minerais. O território em disputa era explorado por empresas de capital britânico. A Inglaterra descobrira que o excremento acumulado por certas aves marinhas, o guano, nas ilhas da costa peruana, era um excelente fertilizante. Diariamente, os barcos ingleses saíam do Peru carregados de esterco. A companhia Gibbs & Sons era a encarregada do transporte. Depois de quarenta anos de extração do material, as ilhas peruanas estavam destruídas. Quando o esterco acabou, os ingleses encontraram outro fertilizante eficaz: o salitre. Durante séculos, os grãos de nitrato depositaram-se pelo grande deserto ao sul do Peru. Os barcos ingleses passaram a transportar toneladas de salitre até Europa. As famílias da aristocracia peruana gastavam na Europa e esbanjavam no Peru o dinheiro da venda do salitre.

A superioridade marítima chilena no conflito virou rapidamente também superioridade terrestre: Chile ocupou os territórios em disputa com Bolívia e invadiu o Peru, ocupando as províncias de Tacna (que só seria recuperada em 1929 pelo Peru) e Arica (que virou chilena até o presente). O vencedor da guerra, o Chile, anexou ricas áreas em recursos naturais dos países derrotados. O Peru perdeu a província de Tarapacá e Bolívia teve de ceder a província de Antofagasta, ficando sem saída soberana para o mar. O capital inglês dividiu-se, inicialmente, no financiamen-

309 Eduardo Míguez. *Historia Económica de la Argentina*. De la conquista a la crisis de 1930. Buenos Aires, Sudamericana, 2008.

to dos beligerantes. O principal parceiro econômico da Grã-Bretanha na região era o Chile, que recebeu maior volume de capital, venceu a guerra e entregou a exploração de guano e nitrato às companhias inglesas. Em 1884, Bolívia assinou uma trégua que deu total controle da costa pacífica ao Chile, com suas valiosas reservas de cobre e nitratos. Chile ganhou a guerra, mas perdeu o salitre, pois todo o negócio ficou na mão dos capitais ingleses.[310] A paz marcou a fogo o desenvolvimento político ulterior da Bolívia: o Tratado de Paz e Amizade firmado entre Chile e Bolívia em outubro de 1904 significou o isolamento definitivo da república boliviana da saída própria para o Oceano Pacífico.[311]

Na Argentina, a partir de 1880 aconteceu a conquista militar dos grandes espaços – a Pampa, a Patagônia, e o Chaco - que ainda permaneciam em mãos dos indígenas. Espaços chamados de "desertos" apesar de serem habitados por povos nativos. Os territórios conquistados receberam diferentes destinos segundo os requerimentos da expansão produtiva orientada ao mercado mundial: a região da Pampa, cujas terras de ótima qualidade estavam entre as melhores do mundo, foi ocupada de imediato e seus produtos enviados à Europa; a Patagônia recebeu o gado ovino; no Chaco, por causa da necessidade de abundante mão de obra para os *obrajes*, disciplinados à forca, os indígenas foram convertidos em trabalhadores assalariados. Dessas campanhas, a mais sangrenta foi a liderada pelo general Julio A. Roca, a "Conquista do Deserto", massacre da grande maioria da população indígena do Sul do país. Quando ela foi completada, o Estado entregou a 541 particulares 4.750.000 hectares de campo. Entre 1876 e 1903 o Estado argentino presenteou ou vendeu por escassas moedas 41.787.000 hectares a 1.843 pessoas. A repartição das terras deixou ao que restou dos povos patagônicos originários sem possibilidades de sobrevivência. No Chaco, a criação das condições que fizeram possível o início da produção mercantil assumiu a forma de uma conquista e ocupação militar do território, a destruição da economia baseada na caça e na pesca, a apropriação privada da terra e a geração de uma massa de população disponível para o trabalho assalariado.

310 Carmen Mc Evoy e Gabriel Cid. *La Guerra del Pacífico (1879-1883)*. Lima, Instituto de Estudios Peruanos, 2023.

311 Fábio Aristimunho Vargas. *Formação das Fronteiras Latino-americanas*. Brasília, FUNAG, 2017.

Em 1889, quando o montante da dívida já alcançara 174 milhões de libras, o corte dos pagamentos argentinos à banca Baring Brothers iniciou uma crise financeira internacional, revelando o peso gigantesco da Argentina como parceira do Império Britânico, afetando toda a estrutura da maior potência da época. Para a Grã-Bretanha, a crise da Baring marcou o começo do fim do capitalismo de livre concorrência. Dirigentes políticos viam com apreensão o endividamento, que podia colocar à Argentina em situação similar ao Egito, invadido em 1882 por tropas britânicas depois de interromper o pagamento dos seus débitos. A bancarrota argentina provocou uma revolução em 1890, que derrubou o governo. No Chile, os vínculos estabelecidos entre sua elite e os interesses britânicos na Guerra do Pacifico deram início à dependência do Chile em relação às metrópoles. O salto nos investimentos britânicos aconteceu a partir de 1880, com um aumento do investimento direto de 1.400.000 libras que pulou para 18 milhões em 1889: o investimento direto representava 75% do total de investimentos ingleses, um total de 26 milhões de libras. O destino prioritário de investimento era a exploração do salitre. A penetração do capital financeiro inglês ganhou maior profundidade, fundando-se 18 novas empresas que, somadas às anteriores, chegaram a controlar 70% das explorações salitreiras. O capital britânico havia conseguido controlar importantes minas de prata, cobre e carvão, a maioria das ferrovias particulares do Norte, o Banco de Tarapacá, empresas agropecuárias e as maiores casas importadoras do Chile. O controle do comércio refletia o alcance da dominação externa: em 1890, Inglaterra absorvia 70% das exportações chilenas e cobria 45% das importações. A reação contra a crescente penetração externa, manifestada no inicio em forma esporádica por alguns políticos, jornalistas e intelectuais, foi adquirindo volume até plasmar-se em 1890 em um forte movimento liderado pelo presidente Balmaceda.

Balmaceda não contou com o apoio de trabalhadores porque reprimira com o exército as greves de 1890. A greve geral de 1890, a primeira na história da América Latina, começou em Arica se estendeu até Concepción por aumento de salários e pagamento em moeda de prata para fazer frente à inflação. A repressão provocou centenas de mortos e feridos nos massacres de Iquique, Antofagasta e Valparaíso em julho e agosto de 1890. A decisão de Balmaceda de aprovar à margem do Congresso o orçamento de 1891 foi utilizada como pretexto pela oposição para justificar o início de uma rebelião armada, a "Guerra Constitucional", a mais cruenta na história do Chile: mais de dez mil homens foram mortos nos campos de batalha. Balmaceda refugiou-se na embaixada da Argentina, onde se suicidou. A política de Balmaceda foi uma tentativa para brecar a alienação das riquezas do país, que havia se agravado desde 1880. A contradição entre os setores que apoiavam o ensaio nacionalista e aqueles que preferiram consolidar os laços de dependência com a metrópole inglesa conduziu à guerra civil, na qual a vitória da oposição apoiada pela Inglaterra consolidou o processo de transformação do Chile em uma semicolônia inglesa.

No Brasil, as consequências econômicas da Guerra de Paraguai foram a concentração no Rio de Janeiro do capital comercial (incapaz de organizar a produção em moldes que reduzissem a autonomia do lucro comercial), a substituição do sistema de transporte animal para o transporte ferroviário, o surgimento de um Estado forte disposto a socorrer o capital comercial nas crises. Os empréstimos ingleses ao Brasil foram destinados à cobertura de déficits orçamentários que não tinham finalidade produtiva. Na última década do Império, o endividamento externo sofreu constantes acréscimos, somando em quatro operações de empréstimo entre 1883 e 1889 um total de 37,2 milhões de libras, o que superava o total tomado pelo governo nas seis décadas anteriores. A dívida externa dobrou, saltando de 15 milhões em 1882 para 30,3 milhões de libras em 1889. As companhias e os bancos ingleses passaram a monopolizar no Rio de Janeiro o comercio exterior, o que ampliou sua influência no mercado interno. A falta de liquidez que sofria o mercado local era coberta pelas empresas britânicas de transportes e mineração, que atuavam como socorro dos empresários nacionais que não encontravam alternativa para obter capital e como garantia da oferta de dinheiro para o governo imperial.[312]

No Oeste paulista surgia outro complexo econômico, libertado das restrições ao desenvolvimento da produção impostas pela escassez de moeda, a partir do capital dinheiro disponível nas mãos dos fazendeiros do café: "O formidável desenvolvimento da cultura cafeeira é, tipicamente, um desenvolvimento capitalista. Todas as condições necessárias para a grande

312 Rui Guilherme Ranziera. *A Guerra do Paraguai e o Capitalismo no Brasil.* São Paulo, Hucitec, 1977.

exploração estavam reunidas: terras virgens, ausência de rendas fundiárias, possibilidades de maior especialização na produção, numa palavra, possibilidades de monocultura. Assim, o cafeicultor faz convergir simultaneamente todos os seus meios de produção para um único objetivo e, por conseguinte, obtém benefícios até então desconhecidos. O tipo da exploração determinou, portanto, prosperidade favorável ao desenvolvimento do capitalismo sob todas as suas formas. Desse modo, o sistema de crédito, o crescimento da dívida hipotecária, o comércio nos portos de exportação, tudo ajudava a preparar uma base capitalista nacional. Os braços que faltavam foram importados. A imigração adquiriu, a partir daí, caráter de empresa industrial",[313] e marcou o início da contagem regressiva do regime escravocrata no Brasil.

Em Cuba, a proclamação de "Independência ou Morte" contra a Espanha, conhecida como "Grito de Yara", foi realizada em 1868 por Carlos Manuel de Céspedes, dono de um pequeno engenho de açúcar na região oriental. A conspiração foi descoberta pelas autoridades espanholas: começou uma guerra contra os espanhóis que durou dez anos. Foi declarada, também, a libertação dos escravos. Essa libertação se deu de forma paulatina, pois os senhores de escravos exigiam indenização do governo; este não tinha dinheiro suficiente para as indenizações e criou o regime do "patronato": os escravos libertos se tornavam aprendizes, trabalhando em troca de um salário ínfimo durante anos até poderem escolher onde trabalhar. Aos poucos essa mão de obra se inseria no mercado de trabalho e se engajou na "Guerra dos Dez Anos". A guerra foi se alastrando nas regiões oriental e central de Cuba, dando início a uma luta pela independência que se estenderia até inícios do século XX.

A questão da expropriação das terras indígenas também permeou o México independente. O ditador Santa Anna perdeu a guerra contra os EUA, que anexaram o Texas: "Em uma das guerras mais injustas da história - escreveu Octavio Paz - já de si negra, da expansão imperialista, os Estados Unidos nos arrebatam mais da metade de nosso território. A derrota produziu uma reação saudável, pois feriu de morte o caudilhismo militar encarnado no ditador Santa Anna". Com um Estado enfraquecido,

313 Mario Pedrosa e Livio Xavier. Esboço de uma análise da situação econômica e social do Brasil. In: Fúlvio Abramo e Dainis Karepovs (orgs.). *Na Contracorrente da História*. São Paulo, Brasiliense, 1987.

a década de 1850 representou um dos períodos mais intensos em transformações econômicas e sociais. Marcada por rebeliões de caudilhos, revoltas indígenas e lutas entre liberais e conservadores, que dividiam politicamente a classe dominante, foi o período histórico de consolidação da propriedade privada capitalista voltada para a exportação. A expropriação das terras indígenas desencadeou constantes revoltas. Mas também culminou a "Reforma Liberal", empreendida pelo setor mais modernizador da classe dominante, influenciada pelas ideias liberais: em 1857, uma lei incorporou ao Estado as terras desocupadas, que foram vendidas a particulares, e pôs fim aos privilégios da Igreja, das ordens monásticas e das comunidades indígenas sobre as terras.

Com a "Reforma Liberal", o Estado Nacional mexicano se consolidou com a delimitação das fronteiras nacionais e a paulatina eliminação das comunidades indígenas, que incrementaram a produção agrícola para a exportação, concretizando a inserção da economia mexicana no mercado mundial. O militante anarquista mexicano Ricardo Flores Magón afirmou que "a Constituição [de 1857] não foi escrita para emancipar a classe trabalhadora, mas para garantir à burguesia o desfrute pacífico das suas rapinas e dar à autoridade o prestígio e a força moral de que tanto necessita para ser obedecida e temida". Os liberais defendiam a livre associação, a República Federativa, o livre câmbio econômico, a livre expressão das ideias, e combatiam o poder eclesiástico. Os conservadores advogavam a herança aristocrática do período colonial, defendiam a centralismo, tinham o autoritarismo como melhor forma de governo, e eram partidários do poder da Igreja. Tanto os liberais quanto os conservadores assumiam uma postura excludente das classes populares, mas muitos conservadores, diante da possibilidade de incorporarem às suas propriedades as terras pertencentes à Igreja e às comunidades indígenas, passaram a integrar as fileiras do liberalismo. A resistência dos índios mexicanos contra as leis de usurpação foi a continuidade das lutas empreendidas na primeira metade do século XIX, contra a expropriação de suas terras.

As relações diplomáticas mexicanas com a Grã-Bretanha estavam em tensão, obstaculizando os investimentos externos. Tentando aproveitar esse contexto, a França colheu um fracasso espetacular na sua tentativa de impor a anexação do México através da monarquia de Maximiliano, primo do imperador Napoleão III, que perdeu a vida na empreitada derrotada pelos mexicanos encabeçados por Benito Juárez. Com o apoio inicial do Reino Unido e da Espanha, o Segundo Império interveio no México pretextando suspensão a dos pagamentos dos juros referentes a diversos empréstimos. O presidente mexicano Juárez conclamou: "Trata-se de pôr em perigo nossa nação, e eu, que por meus princípios e juramentos sou o chamado a sustentar a integridade nacional, a soberania e a independência, tenho que trabalhar ativamente, multiplicando meus esforços para corresponder o depósito sagrado da Nação, que no exercício de suas faculdades me confiou". Em 1864, a expedição enviada por Napoleão III proclamou o arquiduque Maximiliano da Áustria imperador do México. Juárez, instalado junto à fronteira com os Estados Unidos, preparou uma resistência armada que se prolongou por três anos (1864-1867).

O imperador acabou por ser derrotado em Querétaro e foi fuzilado. Juárez foi reeleito presidente em 1867 e novamente em 1871. Por resistir vitoriosamente à ocupação francesa e restaurar a república, assim como por seus esforços modernizantes, Benito Juárez é lembrado como o maior líder mexicano: foi o primeiro a não ter passado militar, e também o primeiro "indígena" a servir como presidente do México e a comandar um país ocidental. A derrota da intervenção francesa e a vitória da reforma liberal de Juarez significou o fim da hegemonia das forças conservadoras.[314] A morte do líder nacional em 1872 não interrompeu o avanço da modernização capitalista apadrinhada pelos "científicos" positivistas. Após a morte de Juárez, Sebastián Lerdo de Tejada assumiu a presidência levando a lógica liberal às últimas consequências. Os conservadores e grandes proprietários contra-atacaram: os "porfiristas" (partidários de Porfírio Diaz) pegaram em armas derrotando Tejada em sua tentativa de reeleição: Diaz assumiu o poder em 1876, criando um regime, o "porfiriato", que se prolongou até a Revolução Mexicana de 1910. Durante o porfiriato, os investimentos britânicos e estadunidenses foram destinados essencialmente às companhias ferroviárias e, em menor escala, às companhias mineiras e agrícolas.

---

314 Índio zapoteca nascido em 21 de março de 1806, Benito Pablo Juárez García governou o México desde 1858 até sua morte em 1872, após servir cinco durante períodos como presidente (Ralph Roeder. *Juárez y su México*. México, Fondo de Cultura Económica, 1972).

Se a Grã-Bretanha era o principal investidor nas Américas, no México ela foi superada para 1890 pelos EUA. As companhias e homens de negócios estadunidenses invadiram o outro lado do Rio Grande. Entre 1873 e 1910 o comercio exterior mexicano cresceu dez vezes. O aumento das exportações se deveu ao crescimento da produção mineira com a aplicação da cianuração dos metais preciosos. Sendo já o primeiro produtor mundial de prata, México alcançou o segundo lugar na produção mundial de cobre. Jazidas petrolíferas no litoral do golfo foram exploradas por sociedades estadunidenses e britânicas, e sua produção cresceu rapidamente. Os inícios da indústria mexicana coincidiram com esse desenvolvimento da produção mineira: fundições de chumbo, cobre, ferro e acero (Monterrey), tecidos de algodão e lã (em grande parte fundadas por franceses), fábricas de produtor químicos e alimentícios, manufaturas de tabaco e papel, centrais elétricas. Essas indústrias, contudo, não eram suficientes para atender as necessidades do mercado mexicano.[315] A criação de bancos e o financiamento estatal foram reservados aos capitais europeus e mexicanos. Os investidores norte-americanos não tinham nenhuma presença significativa: não puderam obter nenhuma concessão bancária nem entrar na formação do Banco Nacional do México.[316]

O país se urbanizou, com um aumento da população nas cidades de 44%. Entre 1895 e 1910, o número de cidades com mais de vinte mil habitantes passou de 22 para 29. Junto com as ferrovias se expandiu o sistema de comunicações: telégrafos, caminhos (livrados do banditismo), correios as redes de alumbrado elétrico e água potável. A história do México porfiriano é "a história da acumulação das contradições que conduziram à formação social mexicana à explosão revolucionaria de 1910; é a história do prolongado equilíbrio dinâmico que transcorre entre duas revoluções: a Reforma, que lhe deu origem e engendra as condições de sua existência, crescimento e expansão; e a Revolução Mexicana, engendrada pela crise em que desembocam e procuram se resolver as contradições inerentes a esse processo".[317] Amputado de metade de seu território e dependente do

315 François Weymuller. *Historia de México.* Barcelona, Oikos Tau, 1985.

316 Paolo Riguzzi. El surgimiento de la integración económica entre México y Estados Unidos. *Documentos de Investigación* nº 53, México, El Colegio Mexiquense, 2000.

317 Adolfo Gilly. *La Revolución Interrumpida.* México, Era, 1984.

investimento externo, o desenvolvimento mexicano patrocinado pelo liberalismo, inclusive em sua versão mais radical, não ultrapassou os limites da economia agroexportadora e da dependência econômica e política das potências externas que caracterizaram também o restante daquela parte do mundo que já, por interessada influência francesa, começava a ser chamada de "América Latina".

Em plena expansão imperial afro-asiática da Europa, os países europeus compreenderam, pela observação ou pela força, que o "Novo Mundo" era inacessível em termos coloniais, devido à influência dos EUA, que já se expressava na ideologia do pan-americanismo. Mas era muito acessível em termos comerciais e financeiros: Brasil e Argentina, principais países da América do Sul, se transformaram em semicolônias do capital britânico. América do Sul sofreu um processo de colonização econômica. Os investimentos do Império Britânico em empresas de ações da Argentina, que chegavam à soma de 25 milhões de libras, aumentaram, em 1885, para 45 milhões, e em 1890 atingiam 150 milhões. Em 1889 a Argentina absorveu entre 40% e 50% dos investimentos externos britânicos; foi um exemplo típico da colonização econômica pelo capital metropolitano: "Entre 1860 e 1914 a Argentina experimentou um acelerado crescimento econômico, caracterizado pela ampliação da produção exportável e pela unificação de seus mercados internos, baseada em grande medida na entrada maciça de capitais externos (que) em 1914 somavam metade do capital total do país... Os principais ciclos de investimento dos capitais estrangeiros na Argentina se verificam entre os anos 1862-1875, 1881-1890 e 1901-1913, correspondendo com as grandes fases de exportação de capital em escala mundial":[318] o volume de investimento externo de capitais ultrapassou nesses anos o de todos os anos anteriores, especialmente de capitais britânicos.

Os confrontos bélicos latino-americanos da segunda metade do século XIX consolidaram os interesses comerciais e financeiros externos, especialmente ingleses. Na sua parte amazônica, Bolívia foi constrangida a ceder território quando o Brasil resolveu reconhecer a independência do Acre, proclamado república em 1902 pelo gaúcho Plácido de Castro, líder da revolta em apoio aos seringueiros brasileiros originários do Ceará que se

318 Andrés M. Regalsky. *Las Inversiones Extranjeras en Argentina (1860-1914)*. Buenos Aires, CEAL, 1986.

revoltaram contra o *Bolivian Syndicate of New York*, possuidor dos direitos da exploração da borracha na região (concessão feita em 1901 pelo governo de La Paz para que os EUA garantissem proteção à Bolívia). Pelo Tratado de Petrópolis, assinado em 1903, Bolívia, em troca da cessão de um território de mais de 142.800 km^2 para o Brasil, recebeu uma indenização de 2 milhões de libras esterlinas, e a promessa (que ficou nisso) de ter um acesso ao oceano Atlântico pela construção da futura estrada de ferro Madeira-Mamoré. A "Estrada do Diabo" ou "Estrada do Inferno", assim chamada pelo número impressionante de mortes que sua construção provocou, foi construída entre 1907 e 1912, ligando Porto Velho e Guajará-Mirim, com 366 quilômetros de extensão, e nunca alcançou os resultados de integração do mercado nacional pretendidos. Assim, na segunda metade do século XIX o capitalismo se desenvolveu em alguns polos da América Latina, menos pelo desenvolvimento das forças produtivas locais do que por impulsão externa: Inglaterra tomou a dianteira no processo, para ser, entre finais do século XIX e inícios do século XX, progressivamente substituída pelos EUA como principal investidor externo na América Latina.

América Latina foi uma das regiões do globo em que o novo imperialismo financeiro ganhou rapidamente um peso predominante. Os recursos financeiros oferecidos aos governos latino-americanos financiaram os débitos desses países, assim como as grandes obras públicas e os sistemas de transporte urbanos e nacionais. Essa cascata de recursos via empréstimos ou investimentos diretos sustentou uma onda de desenvolvimento capitalista, sobretudo nos países mais ricos, como Argentina, Chile, Brasil e México. Essas condições determinaram um *desenvolvimento econômico deformado* nesses países, combinando as formas mais atrasadas da exploração econômica com avanços tecnológicos e produtivos, nos setores vinculados à exportação e aos interesses do imperialismo financeiro. Os países latino-americanos foram se transformando em semicolônias das potências europeias, ao mesmo tempo em que definiam seus perfis internos: segundo o censo mexicano de 1910 "mais de cem línguas e dialetos se falavam na república, mas o espanhol era já claramente a língua nacional. Em 1877 ainda não o falava 39% da população; em 1913 o percentual era só de 13%".[319]

---

319 Enrique Krauze. *La Presencia del Pasado.* La huella indígena, mestiza y española de México. Barcelona, Tusquets, 2005.

A "harmonia nacional" dos jovens países era ameaçada por outros fatores: a crise econômica de 1890 no Cone Sul das Américas, o "encilhamento" brasileiro e a crise financeira na Argentina, que pôs o país em situação de leilão para o pagamento da dívida externa, foram simultâneos e ensejaram mudanças políticas de envergadura, como a proclamação da República no Brasil e a "Revolução do Parque" na Argentina, berço da *União Cívica Radical*, em 1891, partidária do sufrágio universal, que chegou ao governo nacional por essa via em 1916: "Na emergência, todos coincidiam em postular duas soluções elementares: moralidade administrativa e sufrágio efetivo: [Leandro N.] Alem [fundador da UCR] era um símbolo de ambas as propostas pela austeridade de sua vida e sua luta política precedente".[320] A imigração europeia tinha feito crescer a população de Buenos Aires até 450 mil pessoas (60% das quais estrangeiras) na década de 1880, continuando em ritmo cada vez mais acelerado. A crise política foi precedida pela primeira onda de greves operárias na capital e no litoral. Em 1890 foi celebrado pela primeira vez o 1º de maio, decretado data mundial de luta operária pela Internacional Socialista apenas um ano antes; em breve surgiriam os primeiros sindicatos organizados por militantes anarquistas europeus, e o Partido Socialista. A luta de classes na América do Sul ganhava um novo protagonista: o proletariado organizado.

O caso argentino ilustra como poucos as consequências da expansão mundial do capitalismo. No século XIX, Argentina era um dos países menos povoados da América do Sul e o menos denso do ponto de vista populacional: no período da sua independência, sua população atingia só um milhão de habitantes; o Alto Peru (a atual Bolívia) possuía então quatro milhões. Na década de 1880 concluiu a ocupação do território argentino; houve também a eclosão da grande imigração. A "geração de 1880" foi considerada a forjadora da nacionalidade argentina. Em 1869, a população urbana não chegava a 33% do total, mas ela atingiu 42% em 1895 e 58% em 1914. A título de comparação, a população rural na França girava em torno de 50% ainda em 1946. A Argentina contava, no seu primeiro recenseamento em 1869, 1.737.000 habitantes. A Argentina moderna foi um produto do processo de imigração europeia, que levou ao país milhões de traba-

320 Félix Luna. *Alvear.* Buenos Aires, Sudamericana, 1988.

lhadores europeus - 160.000 estrangeiros aportaram entre 1861 e 1870; o número de imigrantes chegou a 841.000 de 1881 a 1890, e a 1.764.000 de 1901 a 1910. Entre 1857 e 1930, o "deserto argentino" recebeu 6.330.000 imigrantes, entre três quatro vezes sua população da década de 1870; levando-se em conta o retorno dos trabalhadores sazonais, o processo deixou um saldo de 3.385.000 imigrantes: a Argentina moderna resultou de uma transfusão de população que foi, percentualmente, a mais intensa do Novo Mundo (incluídos os EUA). Desde o início, a urbanização esteve marcada pela sua extrema concentração em Buenos Aires, que absorveu um terço da sua população total.

A configuração da força de trabalho urbana deu-se sob o impacto da imigração europeia: essa imigração foi vista como "disposta a aceitar qualquer tipo de trabalho, a trabalhar em qualquer tipo de condições e com qualquer salário. Se dizia na época que só os índios eram capazes de trabalhar em condições piores do que aquelas aceitas pelos italianos. Mas diferentemente dos índios, o que levava boa parte dos italianos a aceitarem qualquer trabalho era a tendência à autodisciplina do trabalho motivada pelas expectativas de ascensão social. Efetivamente, graças a essa atitude, aceitando as piores condições de trabalho e uma situação de quase subconsumo, alguns desses imigrantes conseguiram forjar pequenas economias que lhes permitiram adquirir outra posição social".[321] Paralelamente, desenvolveu-se um amplo sistema dedicado à contravenção e ao crime, que aos poucos foi penetrando nos centros nervosos do Estado e da economia. Numa cidade-capital majoritariamente estrangeira desenvolveu-se a xenofobia - contra as manifestações classistas dos trabalhadores estrangeiros. A Argentina foi um caso extremo, mas paradigmático: o proletariado industrial que surgiu da penetração capitalista teve um desenvolvimento que não guardou relação com o raquitismo da burguesia nacional e do mercado interno, o que determinou suas formas políticas futuras.

A importação de capitais externos favoreceu o desenvolvimento do comércio e das forças produtivas do Brasil (ou mais especificamente São Paulo e Rio de Janeiro) e a Argentina (ou, mais especificamente, Buenos Aires), e sua "europeização" econômica e cultural. No Brasil, os primeiros

321 Ricardo Falcón. *El Mundo del Trabajo Urbano.* Buenos Aires, CEAL, 1986.

investimentos ingleses em serviços urbanos datam do começo da década de 1860, com a instalação de companhias de iluminação pública a gás, de transporte urbano e de água e esgoto. A partir da segunda metade do século XIX a capital do Brasil se consolidou como centro financeiro, comercial e portuário, com a maior concentração operária do país - sendo superada por São Paulo somente na década de 1920 -, pois detinha 57% do capital industrial brasileiro, com os maiores investimentos em transporte, ferrovias e no setor manufatureiro. No início do século XX a participação maior no mercado brasileiro já era, em primeiro lugar, de produtos norte-americanos, seguida de produtos ingleses, italianos e franceses. As grandes migrações, por outro lado, tinham alterado a composição étnica na América Latina. Os antigos movimentos de migração compulsória de escravos africanos foram sucedidos por uma importante migração europeia, destacando-se as migrações espanhola, italiana e britânica, que se misturaram em graus diversos com as populações locais e com a população de origem africana, com mais força no Caribe e em algumas regiões da América do Sul, configurando uma vasta população mestiça que, junto aos ameríndios e os africanos, foi majoritária em quase todas as regiões americanas até a grande migração europeia alterar fortemente a composição étnica de alguns países americanos, em especial os do Cone Sul.

Cidades como Rio de Janeiro e Buenos Aires eram "cosmopolitas". Consumiam-se as últimas modas de Paris e se convivia com inúmeras empresas de capital estrangeiro, que controlavam quase todas as empresas fornecedoras de serviços públicos (transporte, energia, água encanada). A estrutura étnica e social latino-americana experimentava mudanças. Com base na suposta mistura étnica igualitária, o ensaísta mexicano José Vasconcelos propôs na década de 1920 a hipótese da "raça cósmica" ("*quinta raza*" ou *raza de bronce*) americana, mistura e síntese de todas as etnias surgidas na história humana, resultado e contribuição específica da América Latina para a história universal.[322] Era ignorar a força com que a opressão étnica fora posta a serviço da exploração de classe. Alexander Von Humboldt, contratado pelo governo mexicano para fazer um inventário histórico-geográfico do país, escrevia, no final do século XIX, que "na América a cor da

322 José Vasconcelos. *La Raza Cósmica*. México, Espasa Calpe, 1948.

pele determina a condição social". E era também ignorar o novo imperialismo que já se cernia sobre o continente, o do Norte.

Nos EUA, em 1895, jornais e congressistas lançaram uma ofensiva contra a política externa do governo. Em cada ponto em debate - a questão da construção do Canal de Panamá, o Havaí, as crises políticas em Nicarágua, no Brasil e no Chile - o foco estava colocado no papel de Grã-Bretanha. A responsabilidade atribuída à fuga dos capitais britânicos pela crise de 1893, e os movimentos de Grã-Bretanha para reafirmar suas posições na América Latina, foram o pano de fundo que incentivou as tendências para medir forças com o imperialismo europeu. A administração Cleveland conseguiu estabelecer a base naval de Pearl Harbor no Pacifico, com a finalidade de equilibrar o controle alemão sobre Samoa. O Congresso norte-americano declarou sua oposição às demandas territoriais britânicas na Venezuela: por um tratado celebrado com os Países Baixos em 1814, Grã-Bretanha havia adquirido o território da Guiana, e durante meio século manteve uma disputa com Venezuela sobre sua fronteira ocidental, aspirando a uma porção cada vez maior de território. Venezuela tinha apelado várias vezes aos Estados Unidos, que em 1887 ofereceram seus ofícios à Grã-Bretanha, propondo submeter a diferencia a uma arbitragem. Os britânicos rejeitaram a proposta.

Entre as aspirações territoriais de Grã-Bretanha, a que mais preocupava os EUA era o controle da desembocadura do rio Orinoco. Os venezuelanos alimentaram os temores sublinhando em nota oficial que não só a "Doutrina Monroe" ("América para os americanos") estava em jogo, mas que "o controle inglês sobre a desembocadura de nossa grande artéria fluvial, e sobre alguns dos seus tributários, será a causa de permanente perigo para a indústria e o comércio de uma grande porção do Novo Mundo". Um panfleto oficioso nos EUA afirmava que as demandas britânicas eram ilegais, e que se prosperassem poderiam alterar radicalmente as relações comerciais e políticas de pelo menos três países sul-americanos. O senador expansionista Henry Cabot Lodge disse que o controle sobre o Orinoco poderia converter o Caribe num "lago britânico". Richard Olney, advogado das empresas ferroviárias, chegou nesse momento ao comando da política externa. Para Olney, a expansão para o exterior era a principal saída para os problemas dos EUA. A Doutrina Monroe passava a ser interpretada em termos do interesse nacional norte-americano: os EUA tinham o dever de resistir a "uma agressão intencional contra seus direitos e interesses". A tensão política internacional chegou ao ponto da Bolsa de Wall Street sofrer forte queda, com perdas por valor de 170 milhões de dólares. A recuperação foi, no entanto, quase imediata: os investidores britânicos podiam abandonar suas posições, os americanos poderiam manter a situação sob controle. Foi uma prova de que o capital financeiro norte-americano poderia doravante jogar um papel autônomo nas finanças internacionais.

Um tratado foi assinado concedendo aos britânicos grande parte do território reclamado, com exceção das terras situadas na foz do Orinoco. Em troca, Grã-Bretanha reconheceu pela primeira vez a Doutrina Monroe e a hegemonia dos EUA no Hemisfério Sul. Venezuela conheceu o conteúdo do acordo apenas quando foi publicado. O chanceler venezuelano afirmou que "só as perigosas consequências do desamparo em que a negativa colocaria a Venezuela" forçaram o país a reconhecer o tratado. Argentina e Chile manifestaram sua negativa a aceitar a interpretação intervencionista da Doutrina Monroe. México convocou uma reunião da qual participaram representantes do Caribe e da América Central, que redigiram um informe afirmando que os princípios de 1823 estavam se tornando perigosamente amplos e vagos; devia ser convocada "imperativamente" uma grande conferência americana para definir os verdadeiros alcances da Doutrina Monroe. No Brasil, o parlamento aprovou resoluções de apoio à atitude norte-americana. A animosidade despertada entre os venezuelanos, como consequência do tratamento humilhante que receberam, levou-os a se posicionar contra os EUA na guerra hispano-cubano-americana.

Os EUA deveriam se expandir: uma das opções estava na América do Sul. Outro curso possível estava além mar, através do Oceano Pacifico; fortalecer a presença do país nos mares; o Canal do Panamá (que seria construído entre 1904 e 1914) era a consequência inevitável disso. O intelectual cubano exilado, correspondente nos EUA do jornal argentino *La Nación*, nomeado cônsul plenipotenciário nos EUA pelos governos de Argentina e Uruguai, José Martí, caracterizava a vocação imperialista norte-americana em relação ao restante da América: "De um lado, há na América um povo que proclama seu direito, por autoproclamação, de reger, pela moralidade geográfica, o continente, e que anuncia, pela boca de seus estadistas, na imprensa e no púlpito, no banquete e no congresso, enquanto põe a mão sobre uma ilha e tenta comprar outra, que todo o norte da América deve ser seu e que se lhe deve reconhecer o direito imperial do istmo para baixo; e, do outro, estão os povos de origens e fins diversos, cada dia mais ocupados e menos receosos, que não possuem outro inimigo real que sua própria ambição e a do vizinho que os convida a que poupem o trabalho de lhes tirar amanhã, pela força, o que lhe podem dar, com agrado, agora". No ano seguinte, Martí representou vários países de América do Sul na Conferencia Monetária hemisférica, na qual utilizou seus conhecimentos para levar a reunião ao fracasso. Os textos de Martí da década de 1890 iniciaram na América Latina uma consciência contra o imperialismo dos EUA desde uma posição democrático-revolucionaria.[323]

As turbulências econômicas dos anos 1890 criaram um caldo de cultura para que as propostas expansionistas penetrassem nos mais diversos setores dos EUA. A depressão econômica pusera à pequena burguesia e também à aristocracia tradicional numa situação desconfortável, de um lado pela proliferação dos trustes e do outro pelo crescimento do movimento operário e do populismo. Para essas classes e setores sociais a guerra poderia representar uma reafirmação da personalidade e unidade nacionais, e lhes oferecer a sensação de que o país não tinha perdido sua capacidade de crescimento. Os brancos nativos foram exaltados, com a criação do mito do *solitary cowboy*, armado e desafiador da morte, em oposição aos ricos pusilânimes e também ao perigoso proletariado das cidades, com sua praga de imigrantes e "socialistas lunáticos", explorando a popularidade da posse individual de armas entre a população espalhada pelo interior do país.[324] Esse mito fundador da identidade nacional norte-americana era demasiado frágil e recente e de força menor ao romantismo europeu, com seus mitos da França e da Germânia etnicamente "eternas". Os EUA eram uma construção política e ideológica contemporânea, não podendo pretender ser uma força originada no alvorecer dos tempos: o nacionalismo dos EUA nunca foi tribal ou étnico, mas político, precisando de constantes injeções intravenosas para sobreviver.

323 Ricaurte Soler. *Idea y Cuestión Nacional Latinoamericanas*. México, Siglo XXI, 1980.

324 Eric J. Hobsbawm. *A Era dos Impérios 1875-1914*. Rio de Janeiro, Paz e Terra, 1989.

Washington começou a negociar em 1891 com uma das facções beligerantes na guerra civil no Haiti a instalação de uma base naval, o monopólio comercial em certos produtos e o estabelecimento do que seria um protetorado sobre o Caribe. Ainda que a facção haitiana de Hyppolite vencesse o conflito com o apoio norte-americano, o novo regime negou-se a ceder às suas pretensões. O episódio chileno já referido teve consequências mais duradouras, porque feriu o orgulho nacional norte-americano e deu argumentos aos que reclamavam acelerar a ampliação dos recursos para construir uma poderosa Armada. Quando explodiu a rebelião contra o presidente chileno Balmaceda em 1891, navios de guerra norte-americanos saquearam o navio rebelde Itata, e a *US Navy* informou ao governo chileno a localização da frota rebelde. Dois marujos norte-americanos foram assassinados quando se encontravam em terra na cidade de Valparaíso, e outros trinta e seis foram detidos pela polícia chilena. A notícia foi recebida como um insulto nacional nos Estados Unidos, onde a imprensa reclamou uma declaração de guerra, que esteve a ponto de ser apoiada pelo presidente Harrison.

Em 1894, a revolução monarquista no Brasil, apoiada principalmente na Marinha (com o aval britânico) esteve perto de triunfar contra o presidente Floriano Peixoto, simpatizante dos Estados Unidos. Rompendo o bloqueio do Rio de Janeiro imposto pelas forças monarquistas, a frota norte-americana acompanhou navios comerciais, entrou na Bahia de Guanabara e abriu fogo contra os barcos rebeldes, o que evitou a queda da Primeira República. Esses episódios eram relativamente marginais com relação ao eixo principal da política externa norte-americana. A plataforma eleitoral republicana em 1896 propunha um "monroísmo" agressivo, explorando o orgulho nacionalista já agitado na crise venezuelana, propondo o controle norte-americano das ilhas do Havaí e do projetado canal interoceânico em Panamá, e se pronunciava em defesa dos independentistas cubanos: *Ratificamos a Doutrina Monroe em toda sua extensão, e reafirmamos o direito dos Estados Unidos a lhe dar efeito em resposta à solicitude de qualquer Estado americano de uma intervenção amistosa no caso de intervenção europeia. Observamos com profundo e permanente interesse as heroicas lutas dos patriotas cubanos contra a crueldade e a opressão. Esperamos com ilusão a retirada das potências europeias de este hemisfério.*

Condições internacionais cambiantes facilitaram a intervenção norte-americana em Cuba, em 1898. Os planos norte-americanos para ocupar Cuba e Porto Rico haviam sido arquivados depois dos levantamentos independentistas em 1868. Espanha conseguira manter as ilhas do Caribe como colônias até o final do século XIX porque as ambições britânicas e norte-americanas tinham se neutralizado mutuamente. A aproximação entre as duas potências, a partir e depois da disputa de limites na Venezuela, deixou exposta a fragilidade da posição espanhola. Em 21 de abril de 1898 o governo norte-americano declarou guerra à Espanha pela independência de Cuba, Porto Rico e as Ilhas Filipinas. O chefe das tropas rebeldes cubanas, Máximo Gómez, considerava que o conflito punha a Bolívar e Washington de um mesmo lado contra o poder colonial europeu. Com a chegada das tropas norte-americanas, a guerra se definiu rapidamente. Para a Espanha, a entrada dos EUA no conflito permitia uma saída honrosa e rápida. McKinley tirou os líderes cubanos da tomada de decisões militares e, depois, das negociações políticas de paz. O desenlace da guerra se resumiu a um ataque por terra aos quartéis de Santiago, e a uma batalha naval na baía dessa cidade, que acabou com toda esperança de recuperação das forças espanholas. Estados Unidos procurou de imediato impedir a transferência da soberania política para os cubanos, especialmente aos rebeldes independentistas. Em março de 1898, o embaixador dos EUA na Espanha confidenciava ao seu par britânico que "o açúcar de Cuba é tão vital para nossa nação quanto o trigo e o algodão da Índia e do Egito o são para a Grã-Bretanha".

Em maio de 1898, a frota norte-americana destruiu a frota espanhola no Pacífico, o que fortaleceu as demandas internas pela anexação de Havaí. No Caribe, isso se traduziu no objetivo de dominar Porto Rico, pela sua posição estratégica, alimentando o debate nacional dos EUA sobre os benefícios da intervenção na guerra cubana e inclusive, para os mais extremistas, de uma anexação de Cuba. Em Cuba foi convocada uma Assembleia Constituinte; no senado dos Estados Unidos foi aprovada a "Emenda Platt" (do nome do senador que a propôs), que estabelecia os vínculos jurídicos do país com Cuba, proporcionando direitos de intervenção aos EUA nos assuntos internos de Cuba. A emenda foi imposta aos delegados constituintes cubanos para aprovação sem modificações, como apêndice da Constituição do país "independente". A maioria dos representantes se negou a aprová-la, mas o governo norte-americano ameaçou com manter a ocupação militar da ilha. Essa pressão obrigou a que se aceitasse o apêndice.

Por ocasião da entrada da frota anglo-alemã no porto de La Guayra (Venezuela) impondo um bloqueio marítimo para cobrar a dívida do país, os EUA foram consultados e deram seu consentimento, que significava "para o continente americano a transição do intervencionismo europeu para a tutela norte-americana... A nota do ministro argentino Drago ao Departamento de Estado, afirmando que a dívida pública não poderia ser cobrada com intervenção militar armada, foi a única manifestação oficial na América Latina a favor da Venezuela".[325] As relações geopolíticas mundiais mudavam com a emergência de uma nova potência com costas nos oceanos Atlântico e Pacífico, e com interesses econômicos crescentemente mundiais. A partir do final do século XIX, os Estados Unidos tiveram um crescimento exponencial na produção industrial, tornando o país a potência industrial dominante no início do século XX, conforme demonstrado por dados comparativos sobre a produção de carvão e aço em relação a seus rivais europeus.

Carvão, milhões de tonela

Ano	Grã-Bretanha	Alemanha	Estados Unidos
1871	117	29	42
1880	147	47	65
1890	182	70	143
1900	225	109	245
1913	292	190	571

Ferro fundido e aço, milhões de toneladas

Ano	Grã-Bretanha (Ferro)	Grã-Bretanha (Aço)	Alemanha (Ferro)	Alemanha (Aço)	EEUU (Ferro)	EEUU (Aço)
1880	7.9	3.7	2.7	1.5	4.8	1.9
1890	8.0	5.3	4.7	2.9	10.1	4.7
1900	9.1	6.0	8.5	6.3	20.4	17.2
1910	10.2	7.6	14.8	13.1	30.0	31.8

325 Clodoaldo Bueno. *Política Externa da Primeira República*. São Paulo, Paz e Terra, 2003.

Em finais do século XIX, já apontava a expansão dos EUA para o Sul. O termo *pan-americanismo* fora utilizado pela primeira vez nas colunas do jornal *The New York Evening Post* em 1882, durante a iniciativa do Secretário de Estado James Blaine para organizar um congresso das nações americanas em Washington. O conceito reproduzia as ideologias que definiam os projetos de unificação de nações no contexto do crescente poder colonial das potências europeias. O conceito de pan-americanismo ressurgira na Conferência de Washington de 1889. O marco da guerra hispano-americana foi decisivo, marcando o início do imperialismo norte-americano.[326] Até a Primeira Guerra Mundial, os EUA multiplicaram as intervenções externas, em especial na América Latina:

1891 - **Haiti** - Tropas norte-americanas debelam a revolta de operários negros na ilha de Navassa, reclamada pelos EUA.

1893 - **Havaí** - Marinha dos EUA enviada para suprimir o reinado independente e anexar a ilha aos EUA.

1894 - **Nicarágua** - Tropas dos EUA ocupam Bluefields, cidade do mar Caribe, durante um mês.

1894 - 1895 - **China** - Marinha, exército e fuzileiros dos EUA desembarcam no país durante a guerra sino-japonesa.

1894 - 1896 - **Coreia** - Tropas norte-americanas permanecem em Seul durante a guerra sino-japonesa.

1895 - **Panamá** - Tropas dos EUA desembarcam no porto de Corinto, província colombiana.

1898 - 1900 - **China** - Tropas norte-americanas ocupam a capital durante a "rebelião boxer".

1898 - 1910 - **Filipinas** – Intervenção dos EUA na luta pela independência do país da Espanha: massacres de Balangica, Samar, e Bud Bagsak, Sulu.

326 Philip S. Foner. *La Guerra Hispano-Cubano-Americana y el Surgimiento del Imperialismo Norteamericano*. Madri, Akal, 1975.

1898 - 1902 - **Cuba** - Tropas norte-americanas bloqueiam o país durante a guerra hispano-americana.

1898 - **Porto Rico** - Tropas dos EUA sitiam a ilha na guerra hispano-americana.

1898 - **Guam** - Marinha norte-americana desembarca na ilha e instala base naval permanente.

1898 - **Nicarágua** - Fuzileiros navais dos EUA invadem o porto de San Juan del Sur.

1899 - **Samoa** - Tropas ianques desembarcam para intervir no conflito interno pela sucessão do trono.

1899 - **Nicarágua** - Tropas dos EUA desembarcam no porto de Bluefields, pela segunda vez.

1901 - 1914 - **Panamá** - Marinha dos EUA apoia a secessão do território da Colômbia; tropas americanas ocupam a zona do canal desde 1901, quando teve início sua construção.

1903 - **Honduras** - Fuzileiros navais dos EUA desembarcam e intervêm na guerra civil.

1903 - 1904 - **República Dominicana** - Tropas dos EUA invadem o país para "proteger interesses americanos".

1904 - 1905 - **Coreia** - Fuzileiros navais desembarcam durante a guerra russo-japonesa.

1906 - 1909 - **Cuba** -Tropas dos EUA desembarcam durante período de eleições.

1907 - **Nicarágua** - Tropas norte-americanas invadem o país e impõem um protetorado de fato.

1907 - **Honduras** - Fuzileiros navais desembarcam durante a guerra de Honduras contra a Nicarágua.

1908 - **Panamá** - Fuzileiros navais são enviados durante o período de eleições.

1910 - **Nicarágua** - Fuzileiros navais norte-americanos desembarcam novamente em Bluefields e Corinto.

1911 - **Honduras** - Tropas enviadas para "proteger interesses americanos" durante a guerra civil.

1911 - **China** - Marinha e tropas de terra enviadas durante período de combates internos.

1912 - **Cuba** - Tropas dos EUA enviadas para "proteger interesses americanos" em Havana.

1912 - **Panamá** - Fuzileiros navais ocupam o país durante as eleições.

1912 - **Honduras** - Tropas enviadas ao país para "proteger interesses americanos".

1912 - 1933 - **Nicarágua** - Tropas dos EUA ocupam o país para combater os insurgentes de Sandino.

Na América Central, os EUA aproveitaram a *Guerra de los Mil Días,* um conflito civil que devastou a República da Colômbia (incluído o Panamá, que era uma província da Colômbia), entre 1899 e 1902. A guerra civil, com muitas frentes de guerrilha, terminou em 1902 depois de causar a morte de cerca de cem mil pessoas, ou 3,5% da população colombiana da época. A questão panamenha esteve no centro da crise colombiana. Em 1903, os EUA impuseram, através de subornos a parlamentares colombianos, e intervenção militar direta, o Tratado Hay - Bunau Varilla pelo qual tiraram do país a província de Panamá, que proclamou sua independência. Os EUA conquistaram, assim, a zona sobre a qual se iniciara já a construção do Canal do Panamá. Através da secessão do Panamá foi definido um novo marco de expansão imperialista dos EUA.

O canal interoceânico desenhava a perspectiva de hegemonia naval norte-americana no Atlântico e no Pacífico. Os EUA se aproveitaram da falência da antiga companhia francesa do Canal, cuja construção já tinha consumido US$ 250 milhões, e compraram suas ações por US$ 40 milhões. A independência do país foi proclamada em 1903 com o apoio dos EUA. Em 1904, durante o governo de "Teddy" Roosevelt foi retomada a reconstrução do Canal, inaugurado em 1914, após um gasto de US$ 360 milhões, através de uma empresa estatal montada para essa finalidade. Pelo direito à propriedade do Canal do Panamá, os EUA pagaram 10 milhões de dólares e concordaram em pagar 25.000 dólares por ano ao novo país. Durante a construção do Canal de Panamá, entre 1904 e 1914, a companhia norte-americana responsável pela obra contratou cem mil trabalhadores estrangeiros; também chegou à região um número semelhante de imigrantes. 60% dos trabalhadores contratados eram nativos das ilhas caribenhas sob mandato francês, britânico ou holandês. Os EUA segregaram uma área para construir e operar a via marítima, a "Zona do Canal de Panamá" (com mais de mil km^2), onde moravam 60 mil pessoas controladas estreitamente pelas autoridades militares norte-americanas, além de uma população militar flutuante. Foi criado um sistema de diferenciado de remuneração dos trabalhadores, baseado em critérios étnicos.

As condições para a hegemonia geopolítica mundial dos EUA estavam lançadas. Na migração mundial acontecida entre 1820 e 1930, a maior registrada pela história, os EUA receberam 61,4% dos migrantes de todo o mundo, seguidos pelo Canadá (com 11,5%) e a Argentina (com 10,1%). O incremento espetacular da população norte-americana, junto com a integração do país mediante uma extensa malha de estradas de ferro e rotas pavimentadas, alicerçou um mercado interno de enormes dimensões, que seria o mais forte ponto de apoio do capitalismo americano no futuro, e sua carta de vitória nas turbulências econômicas internacionais. Seu poder mundial resultou da sua intervenção direta ou indireta em guerras internacionais sangrentas, que coincidiram com o surgimento e expansão dos monopólios capitalistas no país e sua crescente gestão do Estado. O capital norte-americano se expandia internacionalmente em nome da "liberdade de comércio" enquanto os monopólios tomavam conta de seu sistema econômico. A política dos EUA atingiu uma dimensão mundial; o "imperialismo ianque" seria uma das duas forças centrais da história do século XX, sempre alicerçada no seu "quintal" latino-americano.

AFRIQUE

Capítulo 12

O Socialismo americano e as origens do Imperialismo

Emiliano Giorgis

No final do século XIX, os Estados Unidos emergiram como uma potência imperialista. Sua vitória sobre o enfraquecido Império Espanhol na guerra hispano-cubano-americana (1898) deu a eles novas possessões no Caribe (Porto Rico) e no Pacífico (Filipinas, Guam e Havaí), sobre as quais puderam projetar seu poder no Sudeste Asiático e na América Central. Ao mesmo tempo, inaugurou uma nova forma de imperialismo em que a anexação política de novos territórios não era necessária: embora Cuba tenha tecnicamente alcançado a independência política em 1901, os EUA restringiram sua soberania política por meio da Emenda Platt, que permitia a intervenção em seus assuntos internos, o estabelecimento de bases militares em seu território e sua capacidade de fazer tratados políticos. O surgimento do imperialismo norte-americano coincidiu com o período em que o socialismo ganhou respeitabilidade e popularidade em todo o mundo. Os Estados Unidos não foram exceção e, durante a guerra hispano-cubano-americana, diversas pequenas organizações coexistiram no país, sendo as mais importantes o *Socialist Labor Party* (SLP) e o *Social Democracy of America* (SDA), que em junho de 1898 foi refundado como *Social Democratic Party of America* (SDPA). Ambas as organizações passaram por processos de divisões e coalizões até a fundação do *Socialist Party of America* (SPA) em 1901, um marco na história do socialismo americano.

A maior parte da historiografia se concentrou nas organizações sindicais, como a *American Federation of Labor* (AFL) e a *American Anti-imperialist League* (AAL). Assim, as posições dos socialistas sobre essa questão foram tratadas em menor escala ou estudadas apenas indiretamente em algumas histórias gerais do socialismo americano. Essas últimas indicam uma falta de interesse por parte dos socialistas no imperialismo, uma alegação que será examinada no decorrer do capítulo. Durante a guerra hispano-cubano-americana, tanto o SLP quanto o SDPA adotaram uma postura anti-imperialista em favor da liberdade cubana, mas divergiram internamente quanto a apoiar ou condenar o conflito. Durante a guerra filipino-americana (1899-1902), seu anti-imperialismo se manifestou em uma posição condenatória em relação ao conflito, ao mesmo tempo em que desenvolveram uma série de interpretações do imperialismo que vinculavam sua origem a uma era capitalista associada ao apogeu dos trustes. Entretanto, os socialistas não buscaram um ativismo orgânico contra a expansão dos EUA, vendo-a como um produto inevitável do capitalismo. A exceção foi o SLP durante a guerra hispano-cubano-americana e alguns militantes da SPA ligados ao socialismo cristão que denunciaram publicamente essa política e expressaram seu apoio aos povos colonizados.

A independência cubana da Espanha foi um processo de longa data que passou por vários surtos revolucionários. O último deles começou em 1895 e foi um levante generalizado que apresentou sérias dificuldades para os espanhóis. Diante da possibilidade de os cubanos se tornarem independentes por conta própria, o governo McKinley interveio enviando a marinha americana para as proximidades de Havana. A explosão do encouraçado *Maine* em fevereiro de 1898 foi o *casus belli* de um conflito que durou apenas três meses e meio e culminou com a vitória dos EUA.[327] As organizações socialistas acompanharam a guerra de perto e desenvolveram suas próprias posições. Inicialmente, houve um questionamento comum sobre a forma como a guerra foi conduzida entre a SLP e a SDA. Ambas denunciaram os acordos comerciais entre empresários e o governo dos EUA, como os proprietários de ferrovias que inflacionaram o custo do transporte

327 Philip S. Foner, *La Guerra Hispano-Cubano-Americana y el Surgimiento del Imperialismo Norteamericano (1895-1902)*. Madri, Akal, 1975.

de tropas para obter maior ganho financeiro;[328] ou criticaram a negligência dos campos dos EUA em Tampa, Flórida, onde os soldados sofreram com superlotação, doenças e calor extremo.[329] Entretanto, eles diferiam muito em suas posições gerais sobre a guerra e o imperialismo.

O SLP foi o primeiro partido socialista fundado nos Estados Unidos. Caracterizado por uma forte influência de imigrantes europeus, especialmente alemães, ele se estabeleceu fortemente em centros industriais como Chicago e Nova York. No final do século XIX, Daniel DeLeon assumiu grande relevância na organização; sua personalidade e concepção intransigente do marxismo, aliadas ao seu desejo de criar um "verdadeiro" partido revolucionário e proletário, levaram-no a rejeitar todos os elementos reformistas da classe média. Como consequência, grande parte de seus membros deixou o partido, que se tornou uma pequena seita de puristas *deleonistas*. Após o naufrágio do Maine, o jornal do partido *The People* acompanhou de perto a guerra em Cuba. Em geral, ele o fez com uma retórica de oposição baseada em uma variedade de argumentos. Esses argumentos apontavam para o fato de que a guerra beneficiava a classe dominante norte-americana, que buscava incorporar Cuba como um domínio colonial e, ao mesmo tempo, usar o conflito como desculpa para distrair o povo de seus problemas internos.[330] Quint afirma que os socialistas apoiaram DeLeon em sua oposição ao conflito. Mas havia posições que apoiavam a guerra, como a seção de Washington do partido, que não condenava a ação dos EUA, mas simplesmente favorecia uma "solução rápida" da guerra para que cubanos, porto-riquenhos e filipinos pudessem autodeterminar seus governos;[331] ou a seção da Califórnia do SLP, que expressou seu apoio na convenção estadual: *Admiramos o ardente espírito de humanidade que levou os trabalhadores deste país a oferecer suas vidas e ser-*

328 Socialist Labor Party. Looting our Treasure, *The People* VIII:7, Nova York, 1898, 15 de maio; Alfred Shenstone Edwards. $20,000,000 to railroads, *The Social Democratic Herald* 1:2, Chicago, 1898, 17 de setembro.

329 Socialist Labor Party, Political and Economy, *The People* VIII:11, Nova York, 1898, 12 de junho; e *The People* VIII:14, Nova York, 1898, 3 de julho. Julius Augustus Wayland, How the McHanna Administration loves the common soldiers, *Appeal to Reason* 133, Kansas, 1898, 18 de junho.

330 Howard H. Quint, American socialists and the Spanish-American War, *American Quarterly* 10:2, 1958.

331 Socialist Labor Party, On the 100,000: State Conventions in Washington State, Michigan, Wisconsin, *The People* VIII:21, Nova York, 1898, 21 de agosto.

viços para emancipar politicamente os sofridos cubanos da expressão bárbara do Reino da Espanha. Estendemos a simpatia dos trabalhadores americanos aos cubanos oprimidos e aos trabalhadores espanhóis que buscam derrubar o odioso despotismo que destrói os homens.[332] Em segundo lugar, Quint observou que "nenhum socialista defendeu qualquer forma de ação direta, como uma greve geral, para interromper ou frear o esforço de guerra".[333] A pesquisa de *The People's* mostrou que, embora a medida de uma greve geral nunca tenha sido proposta, havia ativismo contra a ação dos EUA, que se manifestava em reuniões, panfletagem e discursos públicos.

Em um desses comícios, organizado em Jersey City, eles denunciaram publicamente os negócios conduzidos sob "falsas noções de patriotismo", o aumento de impostos para pagar pelo conflito, enquanto proclamavam apoio ao socialismo como a única força que "levantava sua voz contra as guerras internacionais".[334] Ocasionalmente, os militantes da SLP expressaram simpatia pelos socialistas espanhóis, que também adotaram uma postura contra a guerra. Em uma reunião em Minneapolis sobre a questão cubana, o socialista Algermon Lee declarou: *Quanto à guerra, afirmamos que seu fardo recairá sobre os trabalhadores da Espanha e dos Estados Unidos. Seus frutos serão desfrutados pelos capitalistas de ambos os países. Nossos camaradas, os socialistas da Espanha, já denunciaram a guerra. Vamos nos unir a eles. Vamos nos vingar dos crimes do capitalismo em nosso país. Vamos estabelecer a liberdade real, não apenas na forma. E não vamos entrar em guerra para atirar uns nos outros para a glória e a honra de nossos senhores.*[335] Essas expressões antipatrióticas provocaram a oposição do governo de Nova York, que impediu a organização de desfiles antiguerra do SLP durante a comemoração do Primeiro de Maio de 1898.[336] A questão da guerra também foi enunciada em campanhas políticas municipais. Na cidade de Lincoln, Nebraska, o

332 Socialist Labor Party, State conventions. class-conscious tickets and utterances in Ohio, California and Connecticut, *The People* VIII:11, Nova York, 1898, 12 de junho.

333 Howard H. Quint, *The Forging of American Socialism.* Origins of the modern movement. Indianapolis, The Bobbs-Merril Company, 1964.

334 F. Kraft, As to that war, *The People* VII:11, Nova York, 1898, 3 de abril.

335 Algermon Lee, Adress of the Minneapolis section on the Cuban Question, *The People* VIII:4, Nova York, 1898, 24 de abril.

336 Socialist Labor Party, Like Sagasta, so McCullagh, *The People* VIII:7, Nova York, 1898, 15 de maio.

partido distribuiu folhetos incentivando os cidadãos a parar de pagar impostos para custear a guerra.[337]

A *Social Democracy of America* (SDA) era a organização socialista rival do SLP. Concentrada principalmente nos Estados Unidos, ela pregava um socialismo mais heterodoxo do que DeLeon, o que se refletia em sua imprensa: jornais como o *Appeal to Reason* ou o *The Social Democrat* reproduziam artigos de autores americanos como Edward Bellamy, Laurence Gronlund, Heny Demarest Lloyd, Herbert Casson ou Eugene V. Debs, enquanto o *The People*, do SLP, concentrava-se em autores como Marx, Engels e Kautsky. Essa diferença foi um fator importante para que o *Appeal to Reason se tornasse o* jornal socialista mais amplamente distribuído nos Estados Unidos. Duas tendências coexistiam no SDA: uma que defendia a ação política e a construção de um partido socialista como os dos países europeus e outra que favorecia o estabelecimento de colônias socialistas. A partir daí a organização se dividiu em meados de 1898, quando a tendência favorável à ação política deixou a organização para fundar o *Social Democratic Party of America* (SDPA), enquanto os socialistas favoráveis aos planos de colonização criaram a *Cooperative Brotherhood.* As demandas políticas do SDPA eram substancialmente as mesmas do SDA, mas a extensão da igualdade civil, política e jurídica às mulheres e a abolição da guerra como instrumento de política nacional e sua substituição pela arbitragem internacional foram acrescentadas.

Quanto às posições dos socialdemocratas sobre a guerra hispano--cubano-americana (1898), Quint observou que J. A. Wayland, o editor do *Appeal to Reason*, encontrava-se em uma situação embaraçosa, pois "seus preconceitos nativistas" o impediam de tomar uma posição firme contra a intervenção americana, embora entendesse que ela era do interesse da classe dominante. De fato, uma análise dos jornais *Appeal to Reason* e *The Social Democrat*, rebatizado de *Social Democratic Herald* em junho de 1898, mostra que havia um sentimento anti-imperialista entre os socialdemocratas a favor da liberdade cubana, mas que ele era acompanhado por posições opostas sobre a atitude a ser adotada em relação à guerra. Embora os socialdemocratas desejassem a liberdade para o povo cubano, alguns se opunham

337 Sec. Lincoln Socialist Labor Party, Manifesto: of section Lincoln, In the municipal campaign, *The People* VIII:2, Nova York, 1898, 10 de abril.

à guerra como um mecanismo para o enriquecimento dos capitalistas. Em uma retórica semelhante à do SLP, o *Appeal to Reason* declarou que a guerra era "honrosa quando feita para o alívio da humanidade; mas quando se torna meramente um veículo para trazer mais riqueza para os bolsos dos vampiros financeiros, ela se torna desonrosa".[338] Outro motivo para a oposição foi o fato de que "aumentou muito o exército permanente, sobrecarregou o país com dívidas imensas e tenderá a perpetuar o domínio dos partidos capitalistas".[339] Assim, alguns socialistas anunciaram que "essa febre de guerra atual não é um assunto dos trabalhadores (...) os trabalhadores não devem lutar a batalha de ninguém até que vençam a sua própria".[340]

Uma diferença em relação ao SLP era que os socialdemocratas frequentemente apelavam para a tradição republicana americana para se opor ao conflito. "Queremos mais Lincolns, mais Patrick Henrys, mais Jacksons, mais Ethan Alles", declarou um artigo, que entendia que as guerras não eram travadas pela humanidade, mas para a pilhagem e escravização de pessoas.[341] Outro artigo denunciava que os imperialistas "se afastaram de todas as ideias democráticas (...) eles fariam uma fogueira da constituição e colocariam Mark Hanna[342] no trono".[343]

Ao mesmo tempo, havia posições que apoiavam abertamente a intervenção dos EUA. A conhecida sufragista Elizabeth Cady Stanton destacou que a guerra atual não era uma "guerra de conquista, mas de justiça para um povo oprimido", para a liberdade de um povo indignado e para o resgate das mulheres das "brutalidades de um despotismo militar que violou todas as leis de guerra entre nações civilizadas".[344] Nessa linha de argumentação, um socialista com o pseudônimo de *Filósofo* destacou vários pontos positivos da guerra para os cubanos, como o surgimento de novas ideias modernas de educação e saúde ou, ainda mais importante, um novo tipo de governo civil

---

338 Julius Augustus Wayland, Grim-Visaged War!, *Appeal to Reason* 119, Kansas, 1898, 12 de março.

339 G. A. White, "What the war means", *Social Democrat* V:17, Chicago, 1898, 28 de abril.

340 The war frenzy, *The Social Democrat* V.10, Chicago, 1898, 10 de março.

341 The poison thorn. Whitering curses, *Appeal to Reason* 111, Kansas, 1898, 15 de janeiro.

342 Mark Hanna (1837-1904) foi um conhecido empresário e político das fileiras do Partido Republicano, muito próximo à figura de McKinley.

343 Julius Augustus Wayland, The cost of imperialism, *Appeal to Reason* 204, Kansas, 1899, 28 de outubro.

344 Elizabeth Cady Stanton, Peace of War, *Appeal to Reason* 131, Kansas, 1898, 11 de junho.

que permitiria o avanço do socialismo em Cuba.[345] Da mesma forma, algumas vozes apoiavam o conflito, pois viam as guerras como um produto inevitável do sistema, por meio do qual ele se expandia e alcançava sua destruição. Portanto, era "melhor usá-lo como um meio de propaganda socialista eficaz" e "mostrar aos defensores da paz humanitária que seus ideais são impossíveis de serem realizados enquanto o capitalismo existir".[346] Tanto os socialistas quanto os socialdemocratas da SLP compartilhavam uma posição anti-imperialista, ou seja, a favor da libertação cubana, mas divergiam internamente quanto ao apoio à guerra. Acreditamos que isso ocorreu porque ainda não estava totalmente claro se a intervenção dos EUA em Cuba era uma luta anti-imperialista contra o domínio espanhol e pela libertação dos cubanos ou se era, de fato, uma guerra de conquista para o benefício da classe capitalista dos EUA.

A vitória dos EUA contra o Império Espanhol foi selada em dezembro de 1898 com o Tratado de Paris, que declarou a independência de Cuba e a transferência das Filipinas, Porto Rico e Guam para os Estados Unidos em troca de uma indenização de vinte milhões de dólares. A guerra filipino-americana (1899-1902) eclodiu imediatamente após a saída dos espanhóis. As forças nacionalistas filipinas tentaram garantir sua independência aproveitando o vácuo de poder, mas as tropas dos EUA intervieram rapidamente, suplantando o governo espanhol e limitando a expansão dos insurgentes fora de Manila. Esse conflito persistiu até o verão de 1902, quando a resistência nativa tecnicamente deixou de existir.[347] Assim, a guerra com a Espanha foi um ponto de virada na história dos EUA, pois impulsionou os EUA para assuntos globais e marcou sua entrada no cenário internacional. Por um lado, a aquisição das Filipinas proporcionou uma base para expandir sua influência na China. No início do século XX, interveio militarmente em aliança com as potências europeias para suprimir a rebelião Boxer, com o objetivo de assegurar uma política de "portas abertas" que mantivesse sua

345 The Philosopher, Noon-hour wisdom, *Social Democratic Herald* 1:8, Chicago, 1898, 27 de agosto.

346 *The Social Democrat* 22, Chicago, 1898, 3 de junho.

347 Benjamin R. Beede, *The War of 1898, and US Interventions, 1898-1934: an Encyclopedia*, Nova York, Taylor & Francis, 1994. Os conflitos nas Filipinas continuariam até 1913, especialmente no Sul, onde três grupos principais continuaram a resistir à dominação estrangeira: os Tausugs de Sulu, os Maguindanaos de Cotabato e os Maranaos de Lanao.

integridade política e garantisse um comércio justo para as potências imperialistas do mundo.[348] Por outro lado, ampliou sua influência na América Central ao obter não apenas o controle indireto de Cuba e a posse de Porto Rico, mas também a concessão do Istmo do Panamá em 1903, sobre o qual construiu um canal interoceânico que permitiu o rápido deslocamento da frota dos EUA de um oceano para o outro.[349]

Na esfera política local, a política externa expansionista do presidente republicano McKinley sofreu a oposição de um movimento anti-imperialista de âmbito nacional, representado pela *American Anti-Imperialist League* (AAL). Em seu auge, entre 1899 e 1900, ela tinha uma base ativa de trinta mil pessoas e quase setecentos mil contribuintes de todo o país, incluindo figuras proeminentes como Samuel Gompers, Andrew Carnegie, Grover Cleveland, Jane Addams e Mark Twain. Suas atividades incluíam a publicação e distribuição de literatura anti-imperialista e a realização de reuniões de massa para os povos cubano e filipino[350] . Grande parte da AAL apoiou a candidatura presidencial do democrata William Jennings Bryan na eleição de 1900 devido à sua oposição à política externa republicana. De fato, os democratas consideravam o imperialismo a "questão primordial" da campanha, pois ele "colocava em risco a própria existência da República e a destruição de nossas instituições livres".[351] Entretanto, o retorno à prosperidade econômica e a vitória na guerra contra os espanhóis ajudaram McKinley a vencer novamente com 51,6% dos votos contra 45,5% de Bryan. Por sua vez, os socialistas obtiveram apenas 0,63% dos votos (88.011) para Eugene Debs, o candidato socialdemocrata, e 0,36% dos votos para Joseph Malloney, o candidato socialista trabalhista.[352]

Enquanto o imperialismo se consolidava, o SLP e o SDPA passaram por uma série de rupturas e coalizões que marcaram seu desenvolvi-

348 David J. Silbey, *The Boxer Rebellion and the Great Game in China*. Nova York, Hill and Wang, 2012.

349 Victor A. Arriaga, La guerra de 1898 y los orígenes del imperialismo norteamericano. In: R. Suarez, V. A. Arriaga, A. Grunstein, & A. Moyano (eds.), *Estados Unidos Visto por sus Historiadores*, México, Universidad Autónoma Metropolitana, 1991.

350 E. Berkeley Tompkins, *Anti-imperialism in the United States: the Great Debate, 1890-1920*, Philadelphia, University of Pennsylvania Press, 1970.

351 Gerhard Peters e John T. Woolley, Democratic Party Platforms: 1900, *The American Presidency Project*, 1999.

352 Jack Ross. *The Socialist Party of America*, Nebraska, University of Nebraska Press, 2015.

mento nos anos seguintes. No final de 1898, surgiu uma facção oposta a DeLeon dentro da SLP que, insatisfeita com sua liderança e suas políticas sindicais, convocou uma conferência geral para destituí-lo, o que foi considerado ilegítimo pela facção deLeonita, que se absteve de participar. Isso levou ao surgimento de um SLP paralelo, com seus próprios funcionários e sede nacional, que também publicava um jornal chamado *The People*. Essa situação perdurou até 1899, quando as autoridades de Nova York determinaram que a facção de DeLeon poderia manter o nome do partido para as eleições de 1899 em Nova York. Desde o início dos anos 1900, o SLP antideleonita procurou estabelecer um projeto de unidade com o SPDA. No entanto, os socialdemocratas discordavam da união com o novo SLP, o que levou à divisão do SDPA em maio de 1900: um com sede oficial em Springfield, Massachusetts, que reunia os dissidentes do SLP, e outro com sede oficial em Chicago. Os dois partidos tinham a mesma plataforma, mas agiam quase como se o outro não existisse. Por sua vez, as organizações socialdemocratas do Texas e de Iowa declararam sua independência dos partidos nacionais.

A unidade dos dois SDPAs foi finalmente alcançada em meados de 1901 na cidade de Indianápolis, em uma convenção que fundou o *Socialist Party of America* (SPA), com sede em St. Louis, Missouri. Esse novo partido cresceu muito mais do que seus antecessores e chegou a ter mais de 150.000 membros no auge de seu poder em 1912, relegando o SLP do cenário político. Nesse contexto de reconfiguração, as organizações socialistas enfrentaram a eleição presidencial de 1900. Assim, os dois partidos socialdemocratas sediados em Chicago e Springfield apoiaram e fizeram campanha para Eugene Debs e Job Harriman. Com relação a essas eleições, o autor Ira Kipnis, em sua história do socialismo americano, afirmou que, ao contrário dos partidos Democrata e Republicano, "para os socialdemocratas de ambos os partidos, o imperialismo não era um problema".[353] Essa foi uma posição que surgiu do próprio Comitê de Campanha Nacional do partido no *Socialist Campaign Book* (1900). Ele enfatizava que o imperialismo era inevitável, derivado do crescimento do sistema industrial americano, no qual ele se encontrava: *A riqueza exce-*

353 Ira Kipnis, *The American Socialist Movement 1897-1912*, Nova York, Columbia University Press, 1952.

dente que não consegue encontrar compradores no mercado doméstico força o capitalista a procurar saídas no exterior. Nossa política externa é determinada pela força dominante em questão: a demanda por mercados. Não importa se um capitalista é democrata ou republicano; ele é forçado a obedecer à força das circunstâncias ou enfrentará o fracasso.[354]

A inevitabilidade do imperialismo era uma ideia que circulava amplamente na imprensa do partido. Um de seus expoentes foi Charles H. Vail, autor do artigo *Imperialism from a Socialist Perspective*, publicado em vários jornais do partido. O interessante de sua abordagem foi que ele apontou que essa interpretação era compartilhada por vários líderes da classe capitalista. Ele citou discursos de senadores, como os republicanos Chauncey Depew e Jacob Bromwell, e de empresários, como Charles Emeroy Smith, membro proeminente da *American Manufacturers' Association*, que se manifestaram publicamente a favor da anexação das Filipinas para que os EUA pudessem se expandir para os mercados asiáticos e "resolver" o problema da superprodução de mercadorias.[355] Na campanha atual, continuou Vail, os três partidos políticos representavam as três classes econômicas da sociedade americana: "o Partido Republicano, a grande classe capitalista, o Partido Democrata, a classe média de pequenos capitalistas, e o Partido Social Democrata, o proletariado". Embora os partidos Republicano e Democrata defendessem a preservação do capitalismo, o último se opunha ao imperialismo porque os capitalistas de classe média não tinham capital excedente para investir no exterior e porque o imperialismo fortalecia os trustes que os esmagavam.[356] Essa diferença foi repetida pelo candidato Eugene Debs em seus discursos de campanha presidencial, que enfatizou que nenhuma "declaração sem sentido" deveria enganar os trabalhadores de que a questão vital do dia, o imperialismo, derivava da produção capitalista e não poderia ser resolvida a não ser pela adoção do socialismo.[357]

---

354 Social Democratic Party, *The Socialist Campaign Book of 1900*, Chicago, Charles H. Kerr, 1900.

355 A ideia de que os capitalistas poderiam se beneficiar do imperialismo foi mencionada pela primeira vez em periódicos financeiros americanos, como o *U.S. Investor*, e não por socialistas ou pelo liberal Hobson, como a historiografia sobre esse assunto tradicionalmente sustenta.

356 Charles Vail, Imperialism from a socialist standpoint, *Social Democratic Herald* 3:9, Chicago, 1900, 18 de agosto.

357 Eugene Victor Debs, National campaign openes: it is infinitely better to vote for freedom and fail than to vote for slavery and succeed, *Social Democratic Herald* 3:16, Chicago, 1900, 6 de outubro.

Outro ponto a ser observado é que os socialistas se esforçaram para desmascarar ou expor os anti-imperialistas que apoiavam o Partido Democrata. Harriman, o candidato à vice-presidência, denunciou a contradição de declarar em sua plataforma política que "o imperialismo impulsionaria o despotismo nos Estados Unidos" quando eles estavam privando os afro-americanos de seus direitos na Carolina do Norte.[358]Dessa forma, os social-democratas eram intransigentes com algumas personalidades próximas ao socialismo que apoiavam os democratas, como foi o caso de Samuel Jones, socialista cristão e prefeito de Toledo (Ohio).[359]

Em relação às posições do SPA sobre o imperialismo, um antecedente direto é a tese de doutorado de Walfred Peterson, *The Foreign Policy and Foreign Policy Theory of the American Socialist Party* (1957). O principal argumento do autor é: *Antes da Primeira Guerra Mundial, as questões de política externa não desempenhavam um papel importante na história do Partido Socialista dos EUA. Em áreas como plataformas do partido, ações oficiais, imprensa não oficial e facções internas, as considerações sobre assuntos externos não recebiam muita atenção nem ocupavam posições cruciais. Além disso, o mesmo ocorreu com os escritos dos membros do partido durante esse período.*[360] Sua posição tem mérito, pois houve apenas uma referência à política externa do partido em sua plataforma política entre 1901 e 1910, na convenção de fundação em Indianápolis (1901). Ela afirmava: *Os interesses econômicos da classe capitalista dominam todo o nosso sistema social; as vidas da classe trabalhadora são imprudentemente sacrificadas em nome do lucro, guerras entre nações são fomentadas, a matança indiscriminada é incentivada e a destruição de raças inteiras é endossada para que os capitalistas possam ampliar seu domínio comercial no exterior e fortalecer sua supremacia em casa.*[361]

358 Job Harriman, Comparison of the Democratic and Republican platforms, *International Socialist Review* 1:3, Chicago, 1900, setembro. Nas eleições de 1898 e 1900, os democratas privaram os negros de seus direitos por meio de uma proposta na legislatura que privava de seus direitos aqueles que não sabiam ler e escrever, com exceção dos brancos.

359 Seymour Stedman, Inglorious end of non-partisan, *Social Democratic Herald* 3:14, Chicago, 1900, 22 de junho.

360 Walfred H. Peterson, *The Foreign Policy and the Foreign Policy Theory of the American Socialist Party 1901-1920.* Dissertação de Doutorado, Universidade de Minnesota, 1957.

361 Alfred Shenstone Edwards, The Socialist Party Indianapolis Convention effects union of all parties, *The Social Democratic Herald 4:7,* Chicago, 1901, 17 de agosto.

Além disso, o primeiro não foi debatido nas convenções da SPA, uma realidade que contrastava com os partidos Republicano e Democrata. *Política externa* não é o mesmo que *imperialismo*. Peterson definiu a primeira como "as propostas de ação" promovidas para a condução das relações internacionais do Estado. *Imperialismo* era um termo usado no sentido de uma política das potências da época para a conquista de territórios, mas tinha outros significados que se referiam a uma série de fenômenos políticos e econômicos - como militarismo, defesa nacional ou colonialismo - um tema de debate mais amplo.[362] Seu foco na *política externa* o levou a subestimar o valor das produções da SPA sobre imperialismo: ele observou que "o imperialismo e as tarifas eram ridicularizados como assuntos", que os artigos em jornais como o *Socialist Spirit* ou *The Vanguard* "eram breves e não eram relevantes para a discussão de questões internacionais" ou que na *International Socialist Review* havia, até 1910, apenas "meia dúzia de artigos escritos seriamente sobre a teoria marxista do imperialismo".

O fato de os socialistas entenderem o imperialismo como um produto inexorável do capitalismo e que, portanto, só poderia ser resolvido com a adoção do socialismo, não implicava, que a literatura socialista se referisse a ele apenas ocasionalmente, nem que não houvesse análises mais ou menos exaustivas desse fenômeno. De fato, os socialistas publicaram um grande número de artigos que acompanhavam de perto o desenvolvimento da política internacional. Embora muitos deles fossem curtos, provavelmente devido aos usos propagandísticos da imprensa e seu apelo à classe trabalhadora, os que apareceram na *International Socialist Review* e na *Wilshire's Magazine apresentavam* um relato detalhado da expansão americana e suas questões derivadas. Assim, as interpretações que surgiram nesse período não só explicaram o imperialismo como um estágio do capitalismo dos EUA, mas também o vincularam à política colonial dos EUA e seus efeitos sobre os trabalhadores, à importância dos EUA como potência imperialista e aos perigos que isso implicava diante da possibilidade de guerra em escala global.

Diferentemente do que ocorreu durante a guerra hispano-cubano-americana, os socialistas assumiam uma posição crítica em relação à agressão

362 Manuel Quiroga, *La Segunda Internacional y el Imperialismo*. Una comparación entre la socialdemocracia alemana y francesa (1896-1914), Santiago do Chile, Ariadna Ediciones, 2021.

dos EUA nas Filipinas. Eles denunciaram a política de "assimilação benevolente",[363] não apenas porque os privou do autogoverno, mas também por causa das atrocidades cometidas durante a guerra, como o uso de métodos de tortura como a "cura pela água" e os abusos do General Jacob Smith em Samar, quando ele ordenou o assassinato de "todos os índios com mais de dez anos".[364] . Eles também criticaram a situação em Cuba, em especial a privação de sua soberania com a Emenda Platt, que restringiu sua capacidade de firmar tratados com outras nações, sua ocupação militar pelos Estados Unidos, a supressão de certos jornais e a corrupção do governo dos EUA.[365]

Ao mesmo tempo, eles adotaram uma postura empática em relação aos povos coloniais em seu monitoramento de conflitos. Por exemplo, quando em março de 1901 o líder da resistência filipina Emilio Aguinaldo foi capturado em uma emboscada pelas tropas dos EUA, os socialistas o compararam a Washington em sua luta pela independência americana: "Aguinaldo (...) é finalmente traído por traidores contratados para seu país e suas liberdades, uma política em todos os aspectos semelhante à dos EUA na luta pela independência de seu país.) é finalmente traído por traidores contratados para seu país e suas liberdades, uma política em todos os aspectos semelhante à adotada pelos britânicos na Guerra Revolucionária, quando um preço foi colocado, vivo ou morto, na cabeça de Washington e de seus distintos compatriotas".[366] Essa simpatia também se estendeu a outros povos que não foram subjugados pelos americanos, como foi o caso dos sul-africanos durante a Segunda Guerra dos Bôeres (1899-1902). A situação deles foi monitorada de perto, principalmente a alta taxa de mortalidade de crianças e mulheres nos campos de refugiados criados no Transvaal. Essa política foi comparada à política *de reconcentração do* general espanhol Weyler no contexto da independência cubana.[367]

363 *Assimilação benevolente* era o nome da proclamação do presidente McKinley feita após o Tratado de Paris em 1898. Ela se refere à política externa dos EUA em relação às Filipinas, que buscava estender a administração militar por todo o território filipino para "garantir por todos os meios possíveis a plenitude dos direitos e liberdades individuais" de seus habitantes.

364 W. E. Clark, Human sign boards: read right will point to a better way, *Appeal to Reason* 355, Kansas, 1902, 3 de maio.

365 Alfred Shenstone Edwards, The theft of Cuba, *Social Democratic Herald* 3:38, Chicago, 1901, 9 de março. C. Trench, Legislation as it is, *Social Democratic Herald* 2:50, Chicago, 1900, 2 de junho.

366 Alfred Shenstone Edwards, Aguinaldo, *Social Democratic Herald* 3:45, Chicago, 1901, 27 de abril.

367 Gaylord Henry Wilshire, A shocking story, *Challenge* 38, Nova York, 1901, 21 de setembro; Edward

O patriotismo gerado tanto na Grã-Bretanha quanto nos EUA também foi alvo de críticas, que eles entendiam como uma tradição promovida por políticos conservadores para que os homens deixassem "suas casas, esposas e filhos para matar outros homens na África do Sul e nas Filipinas; homens que eles não conhecem, que nunca os prejudicaram"[368] . Nesse sentido, eles o relacionaram aos perigos representados pelo militarismo nos Estados Unidos, que não tinha como objetivo a proteção contra invasões estrangeiras, mas a supressão de greves e a "perpetuação da tirania"[369] . Em contrapartida, os socialistas propuseram a substituição dos exércitos permanentes por um sistema de defesa semelhante ao serviço militar suíço de milícias, conforme apresentado no Congresso da Internacional de Paris em 1900.[370] Nesse período de consolidação do imperialismo estadunidense, surgiram duas análises dentro da SPA sobre suas origens: "The Philosophy of Imperialism", de Henry Boothman, e "Trusts and Imperialism", de Gaylord Wilshire. Como vimos, durante a campanha eleitoral de 1900, os socialistas entenderam o imperialismo como uma consequência lógica da superprodução de bens capitalistas americanos. Essa ideia foi aceita por Boothman e Wilshire, mas eles a endossaram com base em uma análise mais completa da evolução do estado industrial e comercial dos Estados Unidos ao longo de sua história.

Henry Boothman iniciou sua análise considerando que os Estados Unidos haviam alcançado um desenvolvimento avançado em sua organização industrial e comercial que limitava as oportunidades de investimento lucrativo do excedente e levava a classe capitalista a encontrar oportunidades de investimento no exterior. Portanto, "a demanda por expansão foi uma das demandas mais lógicas do século" e estava "escrito nos decretos inexoráveis do destino que os Estados Unidos se tornariam uma potência colonial". Isso se refletiu na balança comercial do país, onde, ano após ano,

Carpenter, *Socialist's view of boer-british war*, *Social Democratic Herald* 2:34, Chicago, 1900, 10 de fevereiro.

368 Franklin Harcourt Wentworth, The passing of patriotism, *Social Democratic Herald* 5:4, Chicago, 1902, 4 de julho.

369 Julius Augustus Wayland, Great Standing Army a danger, *Appeal to reason* 167, Kansas, 1899, 11 de fevereiro.

370 Alfred Shenstone Edwards, New army system needed - The military system of Switzerland - Why this country should adopt it, *Social Democratic Herald* 216, Chicago, 1902, 20 de setembro.

ele "vende mais produtos, bens e mercadorias para países estrangeiros do que compra deles". Com base em dados oficiais do governo, o relatório afirmava que, enquanto de 1790 a 1875 as importações excederam as exportações, de 1875 a 1900 a tendência se inverteu; e, nos últimos quatro anos, "o excedente de mercadorias vendidas por nós a outras nações em relação às mercadorias compradas por nós do resto do mundo foi, em números redondos, de dois bilhões de dólares, ou exatamente US$ 1.996.042.334". Consequentemente, houve uma mudança no equilíbrio internacional de poder, com os Estados Unidos se libertando de sua antiga dependência do capital europeu e passando a ocupar o primeiro lugar entre as potências financeiras do mundo, desbancando a Grã-Bretanha.

Como os Estados Unidos alcançaram um desenvolvimento tão notável? Boothman apresentou duas explicações. No curto prazo, o governo McKinley foi crucial com sua política de proteção para promover os interesses industriais e de manufatura do país. A longo prazo, o caráter da burguesia americana foi importante. O autor considerava que o homem rico médio, com exceção daqueles que pertenciam à aristocracia escravagista do Sul, era um homem de negócios ativo, um trabalhador que não consumia sua renda de forma improdutiva. Ele "era uma pessoa inculta" que não compreendia o desejo de "percorrer a jornada da vida com facilidade, graça e de maneira elegantemente ociosa", de modo que se esforçava constantemente para capitalizar seus ganhos e obter rendas mais altas no futuro. Esse processo atingiu seu limite no final do século XIX. Boothman examinou os dois fatores que determinam a quantidade de capital que pode ser empregada em um país: o crescimento da população e o crescimento do progresso técnico. Para ele, esses fatores entraram em um estágio estacionário, uma vez que a população americana havia alcançado um crescimento considerável e estava empregando amplamente a tecnologia mais avançada: *Os Estados Unidos têm uma grande população familiarizada com a ferrovia, o telégrafo e o uso de máquinas em todos os ramos da produção, [e] os meios de produção que podem ser empregados para a criação de riqueza são evidentemente muito maiores do que aqueles que podiam ser empregados quando a população era escassa, o meio de transporte mais eficiente era a diligência ou o vagão de carga, e o artesanato predominava na indústria.*

Em outras palavras, a taxa de crescimento do capital era maior do que a taxa de crescimento da população e do progresso técnico. Isso causou uma queda incomum na taxa de lucro de 10% para um retorno líquido de 3% ou 4%. Consequentemente, o "balde de capital" nos EUA não estava apenas cheio, mas "transbordando". Se a classe capitalista americana se restringisse a agir dentro de suas fronteiras, uma nova era de luta entre o grande capital e o pequeno capital se abriria no início do século XX. As grandes empresas seriam forçadas a usar seus lucros para assumir o controle de empresas industriais menores e operárias de propriedade de pequenos capitalistas, que, despojados de seus meios de produção, se tornariam parte da classe trabalhadora. A concorrência chegaria a um ponto em que seria entre milionários, e o processo de centralização das empresas seria acelerado até suas últimas consequências: "em vez de muitos trustes, teremos poucos; mas esses poucos terão grande poder". E, finalmente, provavelmente em nossos próprios dias, testemunharemos o espetáculo de um grande e poderoso Leviatã, cujo despotismo desenfreado governará todos os Estados Unidos com uma vara de ferro."[371] A única maneira de evitar essa situação era por meio da expansão dos Estados Unidos. Assim, o imperialismo era a política mais lógica e coerente para os capitalistas: permitia que eles enviassem seus lucros para países estrangeiros, onde poderiam reinvesti-los e ser uma fonte de renda maior, e evitassem a "ameaçadora consolidação do grande capital e a tutela dos trustes".

Essas ideias estavam intimamente relacionadas à abordagem do imperialismo de Gaylord Wilshire, que vinculava as origens do imperialismo americano ao estágio de formação de trustes nos Estados Unidos, um processo que se manifestava tanto na anexação de novas possessões quanto na expansão do poder econômico americano sobre a Europa e o resto do mundo. Em 1901, suas ideias tomaram a forma do panfleto "Trusts and Imperialism" (Trusts e Imperialismo), que foi amplamente divulgado entre os vários jornais da SPA. Nesse panfleto, Wilshire enfatizou que a superprodução de bens era inevitável, dada a lacuna entre a capacidade produtiva e de consumo dos trabalhadores: *A superprodução ocorre porque nossa capacidade produtiva foi desenvolvida ao máximo com máquinas que economizam mão de*

---

371 Henry Boothman, Philosophy of Imperialism, *International Socialist Review* 1:4, Chicago, 1900, outubro.

obra operadas por vapor e eletricidade, enquanto nossa capacidade de consumo é prejudicada pelo sistema salarial competitivo que limita os trabalhadores, que constituem a maior parte de nossos consumidores, às meras necessidades da vida. Como consequência, os Estados Unidos vivenciaram um alto grau de superacumulação de commodities, que, na segunda metade do século XIX, assumiu a forma de um processo de concentração de capital em poucas empresas: A tendência de combinação aumenta à medida que o número de concorrentes diminui e o montante de capital para cada fábrica concorrente aumenta. A tendência de ambas as condições se manifestarem em nosso mundo industrial é quase conhecida demais para ser mencionada. Em 1880, havia 1.943 fábricas com um capital combinado de US$ 62.000.000 fabricando implementos agrícolas; em 1890, havia apenas 910 fábricas, enquanto o capital investido havia mais que dobrado. O número de fábricas envolvidas na fabricação de couro diminuiu no mesmo período, de 5.424 para 1.596, enquanto o capital envolvido aumentou de 67 para 81 milhões.

Todos os setores, argumentou Wilshire, mais cedo ou mais tarde cairiam no poder de monopólio. O caso de Rockefeller, a quem Wilshire chamou de "Alexandre, o Grande moderno de nosso setor industrial", foi paradigmático: Com sua enorme renda excedente, que é obrigada a "economizar" e que, pela própria natureza das coisas, não consegue encontrar espaço para investir em seu próprio negócio de petróleo, confessadamente esgotado, ela é constantemente forçada a buscar novos campos industriais para conquistar (...) ela já assumiu o controle das usinas de luz elétrica e gás da cidade de Nova York. Está adquirindo rapidamente o controle do setor de ferro. Já é proprietária das minas do Lago Superior e do serviço de transporte do Lago Superior, e seu único concorrente na fabricação de ferro é Carnegie, que está apenas esperando para se render em boas condições. Ele está prestes a controlar as minas de cobre dos Estados Unidos. Ele tem o controle dos maiores bancos de Nova York. A partir disso, ele viu o imperialismo como uma consequência inexorável da formação de trustes. Enquanto esses eram "uma represa construída para evitar o colapso das indústrias domésticas pela crescente inundação de capital excedente", o imperialismo era um "meio de desviar para o exterior esse ameaçador dilúvio de poupança doméstica". Esse último se manifestou não apenas na guerra hispano-americana-cubana, mas também nas mudanças nos mercados financeiros internacionais, onde os Estados Unidos se tornaram, pela primeira vez, uma nação credora com investimentos em outras partes do mundo: *Quando a Inglaterra precisou tomar emprestado US$ 50 milhões para custear as despesas da Guerra dos Bôeres, os Estados Unidos pegaram metade do empréstimo e teriam pegado tudo se tivessem permissão para isso. O ouro americano que agora está construindo ferrovias na China nunca estaria lá se houvesse oportunidades de investimento interno.*

Sob essa perspectiva, a guerra também poderia servir aos capitalistas para prolongar a existência do sistema capitalista. Um conflito entre as grandes potências, seguido de uma guerra civil prolongada com grande destruição de vidas e propriedades, declarou Wilshire, era um meio de reforçar o sistema, pois a reconstrução das indústrias, da infraestrutura e dos meios de transporte nos Estados Unidos daria à mão de obra emprego ilimitado e ao capital grande margem para investimento e poupança. Os fatos eram claros para o autor: "o trust está aqui e veio para ficar". A consequência lógica de sua existência era o colapso do sistema capitalista: a crescente concentração de capital em poucos trusts acabaria por levar a uma paralisia da economia, marcada pela escassez de investimentos lucrativos, um consequente aumento do desemprego e uma queda no consumo. Assim, o truste, que no momento "é um dispositivo de defesa protetora inestimável e absolutamente necessário para o capitalista na guerra industrial", deixaria os proprietários em uma situação indefesa quando ocorresse a completa cessação da demanda por produtos. Wilshire descartou da agenda política as propostas do Partido Democrata, como tarifas protecionistas ou bimetalismo, e defendeu o estabelecimento da democracia industrial: A revolução, e não a reforma, deve ser nosso grito de guerra. A plataforma principal e, de fato, a única plataforma política necessária deve ser: exigir a nacionalização da indústria".[372]

Embora não haja evidências de que as figuras de Wilshire e Boothman se conhecessem ou que seus trabalhos tenham sido influenciados mutuamente, é importante observar que seus diagnósticos têm pontos em comum. Ambos ofereceram uma explicação do imperialismo americano com base em uma concepção marxista do processo de superacumulação de

372 Gaylord Henry Wilshire, *Trusts and Imperialism*, Chicago, Charles H. Kerr, 1901.

bens e da formação de trustes, que foi fundamentada por um estudo da situação da organização industrial e comercial em seu país. Eles também afirmaram que a capacidade de produção do país havia atingido um alto grau de desenvolvimento, o que levou a uma superprodução de bens que não podiam ser consumidos internamente, seja porque o sistema de salários impedia que os trabalhadores comprassem tudo o que produziam (Wilshire) ou porque o crescimento da população e o progresso técnico não correspondiam às taxas de crescimento econômico (Boothman). A principal diferença na análise dos autores estava no lugar do imperialismo na evolução econômica. Para Wilshire, o imperialismo oferecia oportunidades limitadas de investimento de capital no exterior e, portanto, não seria capaz de interromper o processo crescente de formação de trustes, a absorção de pequenos capitalistas, o acirramento das diferenças de classe e a consequente paralisia econômica que levaria ao colapso do sistema capitalista nos Estados Unidos. Para Boothman, por outro lado, o imperialismo poderia evitar esse processo de "fiduciarização dos trustes", por isso ele argumentou que essa era a política mais lógica e consistente para os capitalistas.

A abordagem de Wilshire teve repercussão internacional; foi reconhecida pelo economista britânico John A. Hobson, autor do livro *Imperialism: A Study* (1902), que lhe enviou uma carta expressando seu apreço por seu trabalho, que ele chamou de "o relato científico mais preciso da relação entre capital e imperialismo que já apareceu".[373] O partido não promoveu organicamente uma oposição ativa à expansão dos EUA. Na imprensa da SPA, havia apenas algumas notas breves e isoladas destacando casos de socialistas que se posicionaram publicamente pela liberdade dos filipinos e cubanos, bem como a oposição ao imperialismo no congresso estadual de Massachusetts pelos legisladores socialistas Louis Scates e James Carey.[374] Mais importante foi o ativismo de alguns socialistas cristãos na SPA, especialmente reverendos e pastores protestantes que se manifestaram publicamente contra o imperialismo. Em geral, eles faziam isso em instituições religiosas, dando palestras que se solidarizavam com os rebeldes filipinos. Por

373 John Atkinson Hobson, From another distinguished economist, *Wilshire's Magazine* 43, Nova York, 1902, fevereiro.

374 G. B. Benham, Anti-imperialism, *Appeal to Reason* 187, Kansas, 1899, 1º de julho.
Howard A. Gibbs, Agitation in Massachusetts, *The Social Democratic Herald* 2:52, Chicago, 16 de junho.

exemplo, havia reuniões de socialistas unitaristas na *All-Souls* Church, uma das quais contou com a presença de "ex-membros do corpo de sinalização voluntário que serviu em Manila" e "público anti-imperialista entusiasmado" que enfatizou a inteligência dos filipinos "de modo que quando o retrato do chefe rebelde [Aguinaldo] foi finalmente projetado na tela, recebeu aplausos prolongados".[375] O Reverendo Carl Henry fez um discurso contra a pilhagem das Filipinas e a favor de uma distribuição mais equitativa da riqueza, enquanto o Reverendo Oglesby denunciou "o assassinato desses pobres filipinos que lutam como nós [lutamos] em 1776, pela independência".[376] Outro caso foi a apresentação do socialista e clérigo William Thurston Brown na Conferência Missionária Episcopal anual, declarando que "os missionários que enviamos a países estrangeiros fazem parte da máquina comercial" e que "a ética deles não era a ética de Jesus, mas a ética da sociedade em que foram criados"[377] .

O mais conhecido desses oponentes foi George Herron, cuja entrada no SDPA em 1899 foi crucial para tirar muitos socialistas cristãos da inatividade política e levá-los para a organização[378] . Seu ativismo anti-imperialista parece ter atraído mais atenção do que os outros casos discutidos acima, e continuou durante o período de 1899 a 1902 em várias arenas públicas. Seu ativismo anti-imperialista parece ter atraído mais atenção do que os outros casos discutidos acima, e continuou durante todo o período de 1899 a 1902 em várias arenas públicas. Por exemplo, em maio de 1899, ele foi expulso da *Chicago People's Church* por seus sermões em favor dos filipinos e da luta de Aguinaldo, depois do que transferiu sua militância para a Universidade de Harvard, onde falou para uma plateia de 400 pessoas contra a expansão dos EUA na China e nas Filipinas[379] . Sua palestra mais importante ocorreu em abril de 1899, diante de uma plateia de duas mil pessoas no auditório

375 Simons, Algie, Class Discipline, *The Worker's Call* 1:61, Nova York, 1899, 24 de junho.

376 Julius Augustus Wayland, A robber in Pennsylvania can't be a Christian in the Philippines, *Appeal to Reason* 357, Kansas, 1902, 4 de outubro; D. Oglesby, A Sermon", *Appeal to Reason* 181, Kansas, 1899, 20 de maio.

377 W. T. Brown, The need of intellectual honesty, *Socialist Spirit* 10:1, Chicago, 1902, 25 de junho.

378 Robert T. Handy, George D. Herron and the Kingdom movement, *Church History* 19:2, 1950.

379 Alfred Shenstone Edwards, McGrady and Herron heard in Massachusetts Margaret Haile, *The Social Democratic Herald* 2:46, 1901, 5 de maio.

do Chicago Central Music Hall, que foi registrada pelo feminista Francis Willard em *The Social Forum*. Em sintonia com o questionamento do imperialismo pelos socialistas, Herron enfatizou que a guerra com a Espanha era desnecessária, já que os cubanos poderiam ter obtido sua liberdade por seus próprios meios, e denunciou o governo dos EUA por privar o povo filipino de sua liberdade: *O governo americano assumiu impiedosamente a tarefa de profanar a coisa mais sagrada que pode ser tocada nesta terra: a liberdade de um povo que busca se expressar em liberdade e autogoverno. Os Estados Unidos, os Estados Unidos de Lincoln e Jefferson, os Estados Unidos de Phillips e Garrison, movidos por gigantescos interesses comerciais, estão atacando o coração de um povo que está na primeira aurora de sua liberdade nacional.*[380]

Ao mesmo tempo, ele observou que suas primeiras tentativas de organização no Congresso de Malolos eram muito mais avançadas do que as do governo dos EUA: *Já falamos muito sobre sua incapacidade de governar a si mesmos, mas em seu congresso havia dezessete graduados de universidades europeias e homens da mais alta capacidade e diplomacia. Esse congresso adotou um governo provisório que estava muito à frente do governo provisório adotado durante a guerra revolucionária na América. Esse é um aspecto marcante de sua figura. Ele não apenas expressou uma forte crítica ao trabalho missionário das igrejas protestantes, um ponto em que concordava com parte do movimento do Evangelho Social, mas também valorizou suas primeiras tentativas de autogoverno acima das dos pais fundadores dos Estados Unidos. George Herron é, portanto, uma exceção à maioria do conjunto americano anti-imperialista e pró-imperialista que concebia o mundo em termos de social-darwinismo e considerava a desigualdade das raças e a superioridade dos anglo-saxões como um fato dado.*[381] O compromisso anti-imperialista dos socialistas cristãos pode ser explicado por sua adesão às organizações do movimento do *Evangelho Social*, como a *Social Reform Union* ou a *Social Crusader*, que defendiam a convicção de que as nações cristãs mais avançadas, como os Estados Unidos, tinham a responsabilidade de educar as regiões não civilizadas.[382] Por

380 Francis E. Willard, American Imperialism: an Address, *The Social Forum* 1:1, 1899, 1º de junho.

381 Christopher Lasch, The Anti-Imperialists, the Philippines, and the inequality of man, *Journal of Southern History* 24:23, 1958.

382 S. R. Thompson e James K. Wellman, The social gospel legacy in US Foreign Policy, *Interdisciplinary Journal of Reasearch on Religion* 7:6, 2011.

isso, eles questionavam publicamente a maneira como o trabalho missionário era promovido, pois ele incorporava os vícios de uma sociedade capitalista e não as virtudes do cristianismo e do socialismo. Aqui, a figura de George Herron se destaca das demais, pois ele conseguiu articular uma crítica anti-imperialista com uma abordagem a favor da autodeterminação dos povos colonizados, de uma posição que se distanciava dos valores ou crenças predominantes de sua época.

Um movimento anti-imperialista de âmbito nacional surgiu a partir de 1898, liderado principalmente pela *American Anti-imperialist League* (AAL). Quanto à posição dos socialistas americanos em relação a esse movimento, notamos, por um lado, sua rejeição à ideia de estabelecer um terceiro partido para se opor ao imperialismo, uma proposta sugerida dentro da *AAL* por Carl Schurz.[383] Não há registro de socialistas participando de reuniões ou eventos patrocinados por essa liga, mas houve certa recepção das principais figuras desse movimento, com personalidades como Mark Twain e William Mackintire Salter, seus argumentos contra a guerra e sua participação em reuniões a favor da luta filipina, bem como Margaret Dye Ellis, membro do movimento *Temperance*, que coordenou o envio de petições ao departamento de guerra para abolir a prostituição de meninas nas Filipinas.[384] Um dos anti-imperialistas mais bem recebidos foi Ernest Crosby, fundador da AAL e da *Filipino Progress Association*, que valorizava a oposição dos socialistas à guerra.[385] A imprensa partidária divulgou repetidamente seu *Captain Jinks, Hero*, um romance satírico sobre a guerra hispano-cubano-americana, e reproduziu algumas de suas ilustrações satirizando o militarismo americano nas Filipinas e o militarismo britânico na África do Sul[386] . Outros artistas estrangeiros anti-imperialistas divulgados foram o pintor russo Vasili Vereshchaguin, conhecido por suas pinturas e fotografias críticas à guerra, e Leon Tolstoy, que publicou vários artigos questionando o militarismo em jornais como *Appeal to Reason, The Social Democratic Herald* e *The Socialist Spirit*.[387]

383 Algie Simons, Snap shot by the wayside, *The Worker's Call* 2:59, 1900.

384 Alfred Shenstone Edwards, Mark Twain on Christendom, *The Social Democratic Herald* 3:33, Chicago, 1901, 2 de fevereiro.

385 Ernest H. Crosby, Bloodthirsty Clergymen, *Social Democratic Herald* 4:29, Chicago, 1902, 18 de janeiro.

386 Captain Jinks, hero. Ernest Crosby's new anti-military novel, *The Comrade: An illustrated Socialist Monthly* 1:7, Nova York, 1902, abril.

387 Leonard D. Abbot, Verestchagin, painter of war, *The Comrade: an illustrated Socialist Monthly* 1:7, 1902,

Um aspecto notável dos socialistas americanos foram seus laços de colaboração com o movimento trabalhista em Porto Rico, uma tarefa também promovida pelo movimento sindical americano organizado na AFL. De particular importância aqui é a figura de Santiago Iglesias, um socialista espanhol que foi responsável pela organização dos trabalhadores na ilha, começando com a fundação do sindicato *Federación Libre* e do *Partido Socialista* de Porto Rico.[388] Os socialistas porto-riquenhos mantiveram contato próximo com os americanos e acompanharam as mudanças organizacionais pelas quais eles estavam passando. Em meados de 1899, Iglesias expressou na imprensa socialista americana o desejo do *Partido Socialista Porto-Riquenho* de se juntar ao SLP; e quando parte do SLP se juntou aos socialdemocratas, todas as seções do partido resolveram se juntar ao SDPA.[389] A Convenção de Indianápolis em 1901, que levou à criação final do *Partido Socialista da América*, contou com a participação de Iglesias como delegado, apresentando uma resolução sobre Porto Rico que foi aceita pela nova organização. A resolução enfatizava que os trabalhadores porto-riquenhos eram perseguidos e maltratados de maneira "antiamericana" por um governo despótico que buscava "destruir o movimento sindical e impedir toda agitação trabalhista e socialista". A decisão foi a favor de uma ação conjunta com a AFL: *Fica decidido que pedimos aos sindicatos dos Estados Unidos que ajudem seus irmãos e irmãs que lutam arduamente em Porto Rico e que ponham fim ao comitê de brutalidades e crimes do governo contra o povo trabalhador de Porto Rico; apelamos à Federação Americana do Trabalho para que se una aos Socialistas de Porto Rico na organização da classe trabalhadora, industrial e politicamente, uma vez que sua única esperança de emancipação reside nessa organização industrial e política.*[390]

Ao mesmo tempo, os socialistas norte-americanos ajudaram seus colegas porto-riquenhos a se organizarem, fornecendo-lhes uma impressora

abril; Lev Tolstoi, What disciplined armies mean, *Social Democratic Herald* 4:50, 1902, 14 de junho; The thing called government, *Socialist Spirit* 10:1, 1902, junho.

388 William George Whittaker, The Santiago Iglesias case, 1901-1902: origins of American Trade Union involvement in Puerto Rico, *The Americas* 24:4, 1968.

389 Santiago Iglesias, In Puerto Rico. The Socialist Labor Party is well organised, *The People* 9:22, 1899.

390 Alfred Shenstone Edwards, The Socialist Party: Indianapolis Convention effects union of all parties, *The Social Democratic Herald* 4:7, 1901, 17 de agosto.

de baixo custo para seu jornal oficial, *El Porvenir Social.*[391] Mais tarde, em 1901, em um cenário cada vez mais adverso de falta de liberdade de expressão para os porto-riquenhos, Iglesias exigiu que o SDPA transferisse sua impressão para Nova York.[392] Durante um estágio crucial no amadurecimento do movimento socialista nos Estados Unidos - por meio de uma série de reconfigurações que culminaram na formação do *Partido Socialista da América* - os socialistas estudaram e se posicionaram sobre a questão do imperialismo. Durante a guerra hispano-cubano-americana, o SDPA e o SLP mantiveram uma forte posição anti-imperialista e pró-liberdade cubana, mas divergiram quanto a apoiar ou condenar o conflito. Por outro lado, durante a guerra filipino-americana os socialistas se declararam consistentemente contra o imperialismo, a guerra e o militarismo. Entretanto, com exceção de um punhado de socialistas cristãos, essa atitude não foi acompanhada por um ativismo orgânico.

Como explicar essa ausência de ativismo político? Uma resposta pode ser encontrada comparando-a com a atitude de outros partidos socialistas da época que enfrentaram conflitos coloniais semelhantes. Esse foi o caso dos socialistas ingleses agrupados na *Federação Social Democrata em* face da Segunda Guerra dos Bôeres (1899-1902). Diferentemente dos Estados Unidos, muitos deles estavam inclinados a se aliar a setores políticos não socialistas, como liberais radicais ou grupos religiosos, para formar um "movimento pró-Boer" que promovesse uma oposição ativa ao conflito na África do Sul, semelhante à da AAL nas Filipinas. A adoção dessa estratégia ocorreu em um cenário de debates acalorados entre as facções desses partidos sobre a utilidade de se opor à guerra.[393] Os socialistas americanos estavam cientes do envolvimento dos socialistas britânicos no movimento pró-Boer e, muito provavelmente, de suas discussões, já que políticos britânicos como Bax e Hyndman escreveram artigos sobre o imperialismo na imprensa do SPA. Entretanto, eles não se envolveram nas discussões que seus colegas britânicos tiveram sobre a utilidade ou não de denunciar publicamente a guerra. Nesse sentido, havia um consenso implícito sobre a

391 E. Sanchez, Correspondence: Socialism in Puerto Rico, *The Worker's Call* 2:82, 1900, 29 de setembro.

392 Santiago Iglesias, From Puerto Rico, *The Worker's Call* 3:106, 1901, 16 de março.

393 Emiliano Giorgis, *Los Orígenes de la Teoría del imperialismo.* La socialdemocracia británica ante la Segunda Guerra Bóer (1896-1902), Santiago do Chile, Ariadna, 2024.

futilidade de combater o imperialismo como uma consequência inevitável do capitalismo americano.

Essas conclusões podem ser verificadas quando se observa a participação dos socialistas americanos nos Congressos da Internacional. No Congresso de Paris de 1900, foram discutidas e aprovadas resoluções sobre colonialismo, militarismo e guerra. A resolução sobre as duas últimas questões pedia a organização de um movimento antimilitarista uniforme, enquanto a resolução sobre colonialismo incentivava os socialistas a estudar a questão colonial, apoiar a formação de partidos socialistas nas colônias e colaborar com eles.[394] Embora os delegados americanos nesse Congresso tenham ressaltado que a entrada dos EUA na expansão colonial era "apenas secundária" e um resultado natural da expansão do capitalismo, os socialistas americanos parecem ter seguido parcialmente as diretrizes do Congresso Internacional.[395] Em termos de sua posição em relação ao militarismo e à guerra, eles não tomaram medidas para organizar um movimento uniforme de agitação e protesto antimilitarista; apenas o denunciaram em sua imprensa. Por outro lado, foram mais receptivos a medidas relacionadas ao colonialismo, promovendo a formação de partidos socialistas nas colônias, como foi o caso de Porto Rico, e colaborando com eles. Além disso, autores como Wilshire e Boothman se dedicaram ao estudo da questão colonial e entenderam o imperialismo como o produto de um estágio do capitalismo americano marcado pela formação de trustes e pelo acúmulo excessivo de excedentes.

394 Mike Taber, *Under the Socialist Banner.* Resolutions of the Second International, 1889-1912, Chicago, Haymarket Books, 2021.

395 *Report of the Social Democratic Party of the United States of America to the International Socialist Congress Paris, 1900,* Nova York, J. Allemane, 1900, setembro.

AFRIQUE

Capítulo 13

Imperialismo, Socialismo e Grande Guerra

Osvaldo Coggiola

No alvorecer do século XX, Rosa Luxemburgo escrevia: *A guerra sempre foi um auxiliar indispensável do desenvolvimento capitalista. Nos EUA, na Alemanha, na Itália, nos Estados balcânicos, na Rússia e na Polônia, o capitalismo deve o seu primeiro impulso às guerras, independentemente do resultado, vitória ou derrota. Enquanto existiam países onde era preciso destruir o estado de divisão interna ou de isolamento económico, o militarismo desempenhou um papel revolucionário do ponto de vista capitalista, mas hoje a situação é diferente. Os conflitos que ameaçam o cenário da política mundial não servem para fomentar novos mercados ao capitalismo; trata-se fundamentalmente de exportar para outros continentes os antagonismos europeus já existentes. O que se defronta hoje, de armas na mão, quer se trate da Europa ou de outros continentes, não é um confronto entre países capitalistas e países de economia natural. São Estados de economia capitalista avançada, levados ao conflito por identidade do seu desenvolvimento, que, na realidade, abalarão e desordenarão profundamente a economia de todos os países capitalistas... O motor do desenvolvimento capitalista, o militarismo, transformou-se numa doença capitalista.*[396]

Uma década e meia depois, as consequências dessa previsão se realizavam. A guerra mundial iniciada em 1914 assinalou o fim da *Pax Bri-*

396 Rosa Luxemburgo. *Reforma ou Revolução Social.* São Paulo, Expressão Popular, 2003.

tannica, que dominara o mundo durante um século. Ela não foi produto de comportamentos atávicos europeus inevitáveis. O palco histórico do novo conflito bélico era novo, e desaguou numa guerra que superou todas as atrocidades precedentes. Na Primeira Guerra Mundial "os confrontos que tiveram lugar no front durante as primeiras jornadas tiveram como protagonistas heróis anacrônicos" que, colhendo resultados desastrados e mortais, "não haviam tido tempo de compreender que nos campos da Grande Guerra estava morrendo não só certo estilo guerreiro, mas também uma visão do mundo, uma época inteira".[397] Os quase vinte milhões de mortos (civis e militares) na Europa em guerra não só foram um preço inédito em vidas humanas para um conflito internacional, mas também um horror inesperado por todos seus protagonistas. Desde os primeiros conflitos armados entre as potências europeias, na virada do século XIX para o século XX, um confronto mundial era pressentido e temido na Europa: "Se os civis podiam imaginar que a guerra fosse uma espécie de edificante aventura de cavalheiros, os militares percebiam que o incremente espetacular da potência de fogo era a garantia de um aumento correspondente do número de vítimas. Esperavam um conflito terrível, mas, como o restante da população, acreditavam que seria de curta duração e o concebiam como uma prova de caráter".[398] Coube às organizações operárias e socialistas a insistência sobre o perigo de catástrofe provocado pela instabilidade político-militar e pela corrida colonial. No início do século XX multiplicaram-se os conflitos regionais que traduziam os interesses em choque das grandes nações capitalistas: a questão de Tánger na crise do Marrocos, a guerra dos Bálcãs, as questões coloniais controversas na África e na Ásia. Os congressos internacionais socialistas tiveram papel de relevo na denúncia da expansão imperialista e militarista e de suas decorrências bélicas.

Em 1900, uma nova lei naval dobrava o poderio marítimo alemão. Não só se aguçava a rivalidade econômica anglo-alemã, mas também surgiam preparativos militares, que caracterizaram o ano 1913, em que se definiram os que seriam os principais adversários do conflito mundial: Alemanha e Áustria, contra Inglaterra, França e Rússia. O assassinato do

397 Pietro Melograni. *Storia Politica della Grande Guerra*. Milão, Arnoldo Mondadori, 1998.

398 Stuart Robson. *La Prima Guerra Mondiale*. Bolonha, Il Mulino, 2002.

sucessor do trono austríaco, em junho de 1914, por um nacionalista sérvio, desencadeou os mecanismos políticos que levaram à guerra. Na Alemanha, a aquiescência do SPD foi decisiva para evitar uma crise política interna e internacional pela sua deflagração. A orientação da Internacional Socialista era que os trabalhadores tentassem ao máximo evitar a deflagração do conflito. Caso isso não fosse possível, deveriam aproveitar o momento "para precipitar a queda do capitalismo". Até 1914 o SPD crescera: nas eleições de 1912, alcançou cerca de 4,3 milhões de votos, 34,8% do total - 49,3% nas grandes cidades -, e elegeu a bancada mais numerosa no parlamento (110 deputados). Às vésperas da guerra, o SPD tinha pouco mais de um milhão de filiados, trinta mil quadros profissionalizados, dez mil funcionários, 203 jornais com 1,5 milhão de assinantes, dezenas de associações esportivas e culturais, movimentos de juventude e a principal central sindical. A confederação geral dos trabalhadores alemães, sob sua direção, tinha três milhões de filiados. Mas essa força impressionante não foi posta na balança política para evitar a guerra.

Pessoal militar e naval 1880-1914 (em milhares)

País	1880	1890	1900	1910	1914
Rússia	791	677	1.162	1.285	1.352
França	543	542	715	769	910
Alemanha	426	504	524	694	891
Gran Bretanha	367	420	624	571	532
Austria-Hungria	246	346	385	425	444
Itália	216	284	255	322	345
Japão	71	84	234	271	306
Estados Unidos	34	39	96	127	164

Tonelagem em navios de guerra das potências 1880-1914 (em milhares)

País	1880	1890	1900	1910	1914
Grã Bretanha	550	579	1.065	2.174	2.174
França	271	319	499	725	900
Rússia	200	180	383	401	679
Estados Unidos	169	240	333	824	985
Itália	100	242	245	327	498
Alemanha	88	190	285	964	1.305
Austria-Hungria	60	66	87	210	372
Japão	15	41	187	496	700

Rosa Luxemburgo escrevia: *As guerras entre Estados capitalistas são em geral consequências de sua concorrência sobre o mercado mundial, pois cada Estado não tende unicamente a assegurar mercados, mas a adquirir novos, principalmente pela servidão dos povos estrangeiros e a conquista de suas terras. As guerras são favorecidas pelos preconceitos nacionalistas, que se cultivam sistematicamente no interesse das classes dominantes, a fim de afastar a massa proletária de seus deveres de solidariedade internacional. Elas são, pois, da essência do capitalismo, e não cessarão senão pela supressão do sistema capitalista.* A situação ambígua da Internacional Socialista, seu precário equilíbrio interno entre reformistas, centristas e revolucionários, ficou "difícil de sustentar, e passou a sofrer cada vez mais ataques da 'direita' reformista dentro do partido [socialdemocrata], que promovia agitação para que se abandonasse completamente a revolução, e também de uma esquerda radical, que acreditava que a socialdemocracia estava sofrendo um debilitante processo de aburguesamento. A partir da década de 1890, embora o marxismo parecesse estar no auge de seu poder na Europa Ocidental, mostrava-se cada vez mais dividido, tanto entre a elite do partido como entre a massa de seus membros... O equilíbrio entre a esquerda e a direita ficou muito difícil de ser mantido".[399]

Em 1907, a Conferência de Paz de Haia, organizada por diversos governos europeus, havia fracassado por completo. O governo imperial alemão havia recusado as propostas de limitação da produção de arma-

399 David Priestland. *A Bandeira Vermelha.* A história do comunismo. São Paulo, Leya, 2012.

mentos feitas pela Inglaterra. O imperialismo inglês, dominante no mundo, defendia através dessas propostas o *statu quo ante*. O fracasso de Haia desatou furiosas campanhas na Inglaterra em favor da construção de navios de guerra, que não tardou em ser levada adiante. Rússia, depois de sua derrota para o Japão, estava fora de combate. França e Inglaterra apoiaram Rússia, com meios financeiros, para facilitar o programa de reformas econômicas do ministro Stolypin. No mesmo ano, em agosto, reuniu-se o Congresso de Stuttgart da Internacional Socialista, no qual a frágil maioria interna antirreformista e anti-revisionista começou a se desfazer. O problema da guerra começava a tomar a agenda internacional do movimento operário e socialista: a moção sobre a atitude e o dever dos socialistas em caso de guerra ("utilizar a crise provocada pela guerra para precipitar a queda do capitalismo"), foi apresentada conjuntamente por Lênin, Rosa Luxemburgo e Martov.

As divergências na Internacional Socialista sobre a questão colonial eram um aspecto do debate sobre a atitude que deveria adotar-se perante uma guerra entre as potências: "A guerra, quando estalasse, devia ser utilizada como uma oportunidade para a destruição total do capitalismo por meio da revolução mundial. Esta insistência correspondia ao que se havia estabelecido no conhecido parágrafo final da resolução de Stuttgart adotada em 1907 pela Segunda Internacional, ante a insistência de Lênin e Rosa Luxemburgo, e contra a oposição inicial dos socialdemocratas alemães, que somente a haviam aceito sob pressão. Mas a política aceita nominalmente nunca havia sido, na realidade, a política dos partidos constituintes da Internacional, e o deslanche da Internacional em 1914 lhe poria fim, efetivamente, no que se refere às maiorias dos principais partidos dos países beligerantes".[400] O Congresso de 1907 deu prioridade às questões práticas da ação socialista para evitar a guerra. O congresso celebrou-se em território alemão, suscitando receios entre os delegados socialistas, pelo caráter repressivo do governo imperial. O governo alemão não ficou desgostoso das conclusões do congresso, ficando-lhe a impressão de que, em caso de guerra, as classes operárias de França e Rússia perturbariam mais seus governos do que o proletariado alemão. Manifestaram-se no congresso quatro

400 G. D. H. Cole. *Historia del Pensamiento Socialista*. México, Fondo de Cultura Económica, 1976, vol. VII.

posições, defendidas respectivamente por Vaillant e Jaurès, pela maioria do Partido Socialista Francês; Jules Guesde pela minoria do mesmo partido; Bebel pelo partido socialdemocrata alemão, e Gustave Hervé pela esquerda do socialismo francês.

Vaillant e Jaurès defenderam o recurso à greve geral, e incluso a resistência armada, em caso de guerra, mas também defenderam a legitimidade da defesa de um país em caso de agressão por outro. Guesde, do seu lado, se opunha a qualquer tipo de campanha antimilitarista que afastasse à classe operária de seu objetivo fundamental: apoderar-se do poder político para expropriar os capitalistas e socializar a propriedade dos meios de produção: Guesde já tinha se proclamado neutro no *affaire* Dreyfus. August Bebel, principal dirigente do SPD alemão, depois de uma declaração teórica sobre as raízes da guerra, considerou que era dever dos trabalhadores e de seus representantes parlamentares lutar contra os armamentos navais e de terra, e negar apoio financeiro às políticas de armamento. Declarou-se também em favor de uma organização democrática do sistema de defesa nacional. Disse finalmente que diante da ameaça de guerra se devia fazer o possível para evitá-la, usando os meios mais eficazes e, em caso de conflito em andamento, lutar para lhe dar o fim mais rápido, mas não disse como. Bebel disse que o governo alemão não desejava a guerra, e que todo apelo à deserção deflagraria, da parte do governo, uma repressão que provocaria o aniquilamento do partido socialdemocrata. A ambiguidade pairava sobre os posicionamentos dos socialistas.

A resolução final sobre a guerra teve como base a moção apresentada por Bebel; afirmava que "as guerras eram próprias da essência do capitalismo e só cessariam com o seu fim" e que "os trabalhadores era as principais vítimas do conflito, portanto seus inimigos naturais". A resolução proposta por Lênin, Rosa Luxemburgo e Martov, afirmava: "Se a guerra eclodir, os socialistas têm o dever de intervir para sustá-la prontamente, e de utilizar a crise econômica com todas suas forças, assim como a política gerada pela guerra, para agitar os estratos populares mais profundos e precipitar a queda do capitalismo". Esse texto passou como um compromisso entre as posições irredutíveis dos delegados franceses, que propunham a greve geral como meio de luta contra a guerra, e os delegados alemães, que se opunham a essa proposta. Mas, como alertava Lênin, presente no congresso, as resoluções "não continham qualquer indicação concreta sobre quais deveriam ser as tarefas da luta do proletariado". Já se podia sentir que eram poucos os que estavam dispostos a levar até as últimas consequências a resolução aprovada.

O cenário europeu e mundial era explosivo. Se na Europa Central e nos Bálcãs o problema derivava do expansionismo à custa de países e povos vizinhos, na Europa Ocidental a raiz do antagonismo se alimentava da competição por colônias e mercados. No centro do conflito europeu estava a questão das nacionalidades oprimidas no Império Austro-Húngaro: sérvios, croatas, eslovenos, tchecos, eslovacos, búlgaros. As causas geopolíticas imediatas da guerra eram claras: – Com a população estagnada, França não esperava reconquistar Alsácia e Lorena, que perdera para a Alemanha em 1870 nem vencer qualquer guerra futura. Da paridade populacional existente em meados do século XIX, se evoluíra para uma situação em que, em 1914, a população alemã já era 1,5 vezes maior que a da França; – A Alemanha não poderia concentrar seu exército num ataque esmagador contra a França, se esperasse até Rússia ter construído sua rede ferroviária interna, o que já estava acontecendo; – O Império Austro-Húngaro não conseguiria manter as etnias fracionadas em seu interior, sem castigar a Sérvia. Não poderia garantir direitos iguais aos sérvios, sem provocar os húngaros, que tinham posição privilegiada; só lhe restava, portanto, suprimir os primeiros; – Rússia não poderia manter o controle sobre a parte Oeste industrializada do seu império, Polônia, Ucrânia, os estados do Báltico e a Finlândia, se a Áustria humilhasse seu aliado sérvio; – Rússia dependia dessas províncias para o grosso dos impostos que arrecadava; – Inglaterra não poderia manter o equilíbrio de poder na Europa, se a Alemanha esmagasse a França.

Nenhuma dessas potências conseguia prosseguir no *statu quo* sem encarar risco para sua própria existência: no caso da França, uma posição enfraquecida, sem esperanças, diante da Alemanha; no caso da Alemanha, uma eventual ameaça por uma Rússia industrializada; no caso da Áustria, o esfacelamento do Império Austro-Húngaro, por efeito da agitação eslavófila; no caso da Rússia, a perda das províncias do Oeste, que cairiam na órbita teutônica; e no caso da Inglaterra, a irrelevância no continente, com desafio inevitável contra seu poderio nos mares.[401] Na Europa Central o "pequeno imperialismo" se amparava no fato do Império Austro-Húngaro ser uma entidade multinacional com alguns dos seus grupos étnicos tendo um país fora do império, como os romenos e sérvios, outros com seu país situado dentro das fronteiras do império, como os croatas e os tchecos. Os inimigos locais do império, contudo, não formavam um bloco sólido. Croatas e sérvios competiam para reunir os "eslavos do Sul" sob seu próprio domínio. O "grande imperialismo", o marco geral da situação internacional, era a corrida pelas colônias no mundo todo, ou pela manutenção e expansão dos impérios na Europa, ou ambas as coisas simultaneamente. Os países da Europa investiam crescentemente em armas e tecnologia de guerra, engrossando as verbas e os equipamentos dos exércitos. Além disso, foram assinados acordos militares que dividiram os países europeus em dois blocos, de um lado a Alemanha, a Itália e o Império Austro-Húngaro, que formavam a Tríplice Aliança, e do outro a Rússia, França e Inglaterra, compondo a Tríplice Entente. Existia também o revanchismo entre a França e a Alemanha em relação à guerra franco-prussiana e à questão da posse da região da Alsácia-Lorena, ocupada pela Alemanha nessa guerra. A corrida armamentista entre o Reino Unido e a Alemanha, ampliada ao resto da Europa, com todas as grandes potências dedicando sua base industrial para produzir o equipamento e as armas necessárias para um conflito europeu, determinou que, entre 1908 e 1913, os gastos militares das potências europeias aumentassem em 50%.

Os problemas políticos suscitados na Internacional Socialista pelo pacifismo não se limitavam à questão bélica: "Os partidos socialistas só falavam, nesse período, de paz e fraternidade entre os povos e se alinhavam contra qualquer política de potência nacional, o que os isolou nitidamente dos estratos populares restantes. A infeliz contraposição entre a minoria socialista e a chamada maioria "burguesa" da nação adquiriu um significado particular pelo fato de que os socialistas eram "antinacionalistas", enquanto os burgueses eram "nacionalistas". E na medida em que o sentimento nacional é, no momento correto, uma arma inacreditavelmente poderosa na luta política, os socialistas se viram relegados ao

401 Christopher Clark. *Les Somnabules*. Eté 1914: comment l'Europe a marché vers la guerre. Paris, Flammarion, 2014.

terreno no qual teriam que sofrer as derrotas mais sérias. De fato, o movimento nacional arrasta consigo, no momento crítico, não só as classes médias, mas também a maioria dos trabalhadores. O pacifismo abstrato não tem qualquer força de resistência quando está verdadeiramente em jogo a vida da nação. A democracia revolucionária do período de 1848 pôde utilizar o sentimento nacional. A Segunda Internacional, ao contrário, deixou-se dominar, em quase todos os países, por um isolamento no qual a ideologia profissional dos operários e o pacifismo constituíam posições destinadas a serem derrotadas. O congresso da Internacional, realizado em Copenhague em 1910, manifestou-se com indignação contra os socialistas tchecos, alinhados em favor da política de defesa de sua nacionalidade. Porém, a história deu razão aos separatistas tchecos".[402]

A Internacional Socialista, porém, parecia concordar com a democracia liberal em relação a alguns grandes problemas internacionais. Ambas eram favoráveis à paz europeia, ao livre comércio, ao sufrágio universal, às instituições parlamentares, à política social, e contrárias ao capital monopolista e aos trustes, desenhando uma aliança entre os democratas liberais e os socialistas contra o imperialismo belicista. No interior da Internacional havia uma corrente que defendia tal iniciativa: a dos revisionistas, que pediam que a Internacional Socialista abandonasse os *slogans* revolucionários vazios e que se colocasse no terreno das realidades factuais, que buscasse resultados práticos no terreno da democracia burguesa e da política social, e que aceitasse de bom grado a colaboração de qualquer aliado que estivesse disposto a percorrer o mesmo caminho. No congresso socialista de Copenhague reforçaram-se as posições reformistas, e o problema da manutenção da paz ficou quase que reduzido às pressões parlamentares, em detrimento da mobilização das massas e da preparação da luta revolucionária.

As nuvens da guerra ameaçavam Europa. A Áustria-Hungria precipitara a crise da Bósnia de 1908-1909 para anexar oficialmente o antigo território otomano de Bósnia e Herzegovina, que ocupava desde 1878. Isto irritou o Reino da Sérvia e seu patrono, o pan-eslavista e ortodoxo Império Russo. As manobras políticas e bélicas russas na região desestabilizaram os precários acordos prévios de paz, que já estavam enfraquecidos. A

402 Arthur Rosenberg. *Democracia e Socialismo.* História política dos últimos 150 anos. São Paulo, Global, 1986.

década de 1910 viu agravar-se a situação internacional, alimentada pelas contradições interimperialistas através da crise marroquina (1911), que quase levou a uma guerra entre França e Alemanha, da guerra ítalo-turca pela Líbia (1911) e das guerras balcânicas. Os conflitos localizados eram já vistos como prenúncios de uma guerra mundial. Em 1912 e 1913, a "primeira guerra balcânica" foi travada entre a Liga Balcânica e o fragmentado Império Otomano. O Tratado de Londres, resultante dessa guerra, encolheu o Império Otomano, com a criação do Estado independente albanês, e ampliou territorialmente a Bulgária, a Sérvia, o Montenegro e a Grécia. Quando a Bulgária atacou a Sérvia e a Grécia, em junho de 1913, aquela acabou perdendo a maior parte da Macedônia para os países atacados, e Dobruja do Sul para a Romênia, na "segunda guerra balcânica", desestabilizando ainda mais a região. A década de 1910, em geral, viu agravar-se a situação internacional, o que concluiu na conflagração mundial deflagrada em agosto de 1914, a partir dos domínios balcânicos do Império Austro-Húngaro. As guerras dos Bálcãs não tiveram solução de continuidade com a Primeira Guerra Mundial.

No congresso socialista de Copenhague, em 1910, a questão da greve geral foi recolocada em pauta, com uma moção de Vaillant associado ao líder trabalhista inglês Keir-Hardie: "Entre os meios para evitar e impedir a guerra, este Congresso considera particularmente eficaz a greve geral operária". Decidiu-se adiar a decisão e continuar a discussão no próximo congresso em Viena, previsto para 1913. Jean Jaurès apresentou uma emenda preconizando "a greve geral organizada simultaneamente e internacionalmente". Em 1912, dois anos depois de Copenhague e em meio a um clima denso de guerra, reuniu-se um congresso extraordinário da Internacional Socialista na Basileia, que tomou o caráter de uma manifestação pública antibélica. Os discursos contra os preparativos da guerra foram tão eloquentes quanto vazios de propostas. Falava-se da utilização de "todos os meios apropriados" para a conjuração do conflito, e do suposto "medo das classes governantes da revolução proletária, pois qualquer guerra pode tornar-se perigosa para elas. Que lembrem que a guerra franco-prussiana provocou a explosão revolucionária da Comuna". O principal dirigente da Internacional Socialista nesse momento era Jean Jaurès, desde a morte de August Bebel em 1913. Preservar a paz, que ele sabia ameaçada pelas rivalidades internacionais, já era há muito sua maior preocupação. Em 1895, na Câmara dos Deputados, ele tinha pronunciado um discurso com uma frase que correu o mundo: "O capitalismo traz em si a guerra, como as nuvens silenciosas trazem a tempestade". Jaurès tinha a convicção de que a união do proletariado internacional seria capaz de afastar "esse horrível pesadelo". Dois dias antes de seu assassinato, em 29 de julho de 1914, no ato internacional contra a guerra realizado no *Cirque Royal* de Bruxelas, declarou: "Sabem o que é o proletariado? São massas de homens que têm, coletivamente, amor à paz e horror à guerra".

No dia 28 de junho de 1914 foi assassinado o arquiduque Francisco Fernando, príncipe herdeiro do trono austro-húngaro, em Sarajevo, na Bósnia-Herzegovina. Seus executores eram dois nacionalistas sérvios, entre os quais Gavrilo Princip, um jovem que pertencia ao grupo nacionalista "Mão Negra", contrário à intervenção da Áustria-Hungria na região dos Bálcãs. Declarando-se insatisfeita com sua reação ao magnicídio, Áustria-Hungria declarou guerra a Sérvia em 28 de julho de 1914. Nesse mesmo dia, Rússia entrou no conflito em defesa da Sérvia "ameaçada". O Império Russo, não disposto a permitir que a Áustria-Hungria eliminasse a sua influência nos Bálcãs, e em apoio aos "seus" sérvios protegidos de longa data, ordenou uma mobilização parcial. O Império Alemão, por sua vez, mobilizou-se em 30 de julho, pronto para aplicar o "Plano Schlieffen", elaborado em 1905, prevendo que Alemanha deveria derrotar a França antes que a mobilização russa se completasse. Após a provocação de incidentes fronteiriços, a declaração germânica de guerra chegou a Paris. Simultaneamente, a Alemanha declarou considerar também a Bélgica território de operações militares. O desrespeito da neutralidade belga significava que a guerra não se limitaria ao continente. A integridade da Bélgica, garantida pelos britânicos, era vinculada à segurança da própria Grã-Bretanha. Jean Jaurès foi assassinado em um café de Paris, no dia 31 de julho de 1914, por Raoul Villain, um nacionalista francês que desejava a guerra com a Alemanha.[403]

Com Jaurès, morreu a principal voz que, na Europa, se opunha à Guerra Mundial. No dia seguinte iniciaram-se as mobilizações de guerra francesas. O Segundo Reich previa uma invasão rápida e massiva à França

---

403 Jean Rabaut. *1914: Jaurés Assassiné*. Bruxelas, Complexe, 2005.

para eliminar o exército francês e, em seguida, virar sua atenção para o Leste contra a Rússia; tendo garantido apoio ao Império Austro-Húngaro no caso de uma guerra, mandou um ultimato ao governo do Império Russo para parar sua mobilização de tropas dentro de doze horas, no dia 31. No primeiro dia de agosto o ultimato tinha expirado sem qualquer reação russa. A Alemanha então lhe declarou guerra. A 2 de agosto a Alemanha ocupou Luxemburgo, como passo inicial para a invasão à Bélgica. O gabinete francês resistiu à pressão militar para iniciar a mobilização imediata e ordenou que suas tropas recuassem a 10 quilômetros da fronteira, para evitar qualquer incidente. A França só se mobilizou na noite de 2 de agosto, quando a Alemanha invadiu a Bélgica e atacou tropas francesas. O Império Alemão declarou guerra à Rússia no mesmo dia. O Reino Unido, do seu lado, declarou guerra à Alemanha e à Áustria-Hungria em 4 de agosto de 1914, após uma "resposta insatisfatória" para o ultimato britânico de que a Bélgica deveria ser mantida neutra.

Todos os integrantes dos blocos europeus declararam guerra, era o início do maior conflito bélico que a humanidade havia visto até então. No início das operações, a coalizão liderada pela Alemanha contava com um contingente armado de quatro milhões de soldados contra seis milhões da *Entente Cordiale* (Grã-Bretanha, França e aliados). A Alemanha combateu a guerra sob o estandarte da *Kultur*. Em 1915, 93 dos principais intelectuais e artistas alemães (incluído Thomas Mann, seu mais célebre escritor) assinaram um manifesto em que justificavam o clamor da Alemanha por guerra, em nome da superioridade cultural, já largamente proclamada por jornalistas e intelectuais alemães durante a segunda metade do século XIX. Os exércitos de ambos os lados tinham à disposição todas as conquistas tecnológicas modernas no armamento, no transporte e na comunicação. O esforço bélico se apoderava de toda a capacidade produtiva do país e todos os seus recursos.

Não era, portanto, sobre terreno virgem que Lênin caminhava para afirmar: "A guerra europeia, preparada durante dezenas de anos pelos governos e partidos burgueses de todos os países, rebentou. O crescimento dos armamentos; a exacerbação da luta pelos mercados, no atual estágio imperialista de desenvolvimento dos países capitalistas avançados, os interesses dinásticos das monarquias mais atrasadas - as da Europa Oriental

- tinham de, inevitavelmente, conduzir à guerra, e conduziram. Apoderar-se de territórios, e subjugar nações estrangeiras, arruinar a nação concorrente, pilhar as suas riquezas, desviar a atenção das massas laboriosas das crises políticas internas da Rússia, da Alemanha, da Inglaterra e de outros países, dividir e iludir os operários com a mentira nacionalista, dizimar a sua vanguarda para enfraquecer o movimento revolucionário do proletariado; tal é o único conteúdo real, o verdadeiro significado da guerra atual. A burguesia alemã encontra-se à cabeça de um dos grupos de nações beligerantes. Engana à classe operária e às massas trabalhadoras, garantindo que faz a guerra para defender a pátria, a liberdade e a cultura, para libertar os povos oprimidos pelo czarismo, para destruir o czarismo reacionário".[404]

No meio da explosão bélica, em 29 de julho, reuniu-se extraordinariamente o Comitê Executivo da Internacional Socialista. Na reunião, o representante alemão ratificou suas posições anteriores, de oposição à intervenção alemã, e declarou que o partido socialdemocrata não votaria a favor dos créditos para a guerra imperialista solicitados pelo Kaiser. Dois dias depois, no dia 1º de agosto, no congresso do Partido Socialista Francês, o representante alemão ratificou suas posições antibélicas. A realidade, porém, era bem outra. As massas operárias e o partido socialista alemão vinham sendo, pouco a pouco, dominados pelo espírito chauvinista. No dia seguinte ao atentado de Sarajevo, o SPD alemão reunira-se para analisar as consequências que ele poderia ter para o congresso da Internacional que devia se realizar a 23 de agosto de 1914. Decidiu solicitar que se reunisse o Bureau Socialista Internacional (BSI). Os socialdemocratas austríacos responderam que não era necessário, que a situação não era alarmante e que as preocupações dos socialistas alemães eram infundadas. Em 1914, a socialdemocracia alemã era poderosa. Com um orçamento de dois milhões de marcos, contava com mais de um milhão de filiados, depois de se recuperar da forte repressão do regime imperial alemão.

O congresso da Internacional Socialista foi finalmente adiado para 28-29 de agosto de 1914, e nunca se realizou: a 31 de julho, como vimos, Jean Jaurès foi assassinado; em 3 de agosto estourou a guerra. No dia 4 de agosto, para surpresa de muitos socialistas, inclusive de Lênin, os deputa-

404 V. I. Lênin. *Los Socialistas y la Guerra*. México, Editorial América, 1939.

dos socialistas alemães do *Reichstag* votaram a favor da liberação dos créditos de guerra. Karl Liebknecht, foi o único a votar contra, na nova votação do dia 3 de dezembro de 1914. Otto Rühle também votaria contra, juntando-se a Liebknecht, na votação do dia 20 de março de 1915 pela renovação e complementação desses créditos. A maioria dos socialistas alemães punha uma pedra sobre seu passado revolucionário e internacionalista. Era a vitória do pragmatismo socialista de direita e do oportunismo, que tinha se manifestando nos anos precedentes: "Desde 4 de agosto - afirmou Rosa Luxemburgo - a socialdemocracia alemã é um cadáver putrefato". E completou afirmando que a verdadeira bandeira da Internacional falida devia ser: "Proletários do mundo, uni-vos em tempos de paz, e assassinai-vos em tempos de guerra".Os socialistas franceses, por sua vez, uniram-se à burguesia francesa em defesa da "pátria ameaçada". A mesma coisa fizeram os socialistas austro-húngaros, os belgas, os ingleses. Até Plekhánov, pai do marxismo russo, aderiu às teses doravante chamadas de *social-patrióticas*. Em diversos países os socialistas formaram alianças políticas e blocos governamentais com suas classes dominantes, na política chamada de "união sagrada".

A guerra revelou para amplos setores do proletariado os limites das suas antigas direções. Abriu-se um novo período na história da sua luta: "A II Internacional está morta, vencida pelos oportunistas", afirmou Lênin, dirigente da fração bolchevique do socialismo russo. Não apenas não foi desencadeada a prometida greve geral, mas a classe operária, petrificada e desguarnecida, viu seus dirigentes se alinharem à política de guerra e propugnarem a "união sagrada" com a burguesia nacional. Numa resolução da Internacional Comunista, em 1919, lembrou-se que "no começo da guerra imperialista de 1914, os partidos socialistas de todos os países, sustentando suas respectivas burguesias, não esqueceram de justificar sua conduta invocando a vontade da classe operária. Fazendo isso, eles esqueceram que a tarefa do partido proletário deveria ser reagir contra a mentalidade operária geral e defender os interesses históricos do proletariado". Na França, o fundador do socialismo marxista, Jules Guesde, tornou-se membro do governo de união nacional, e Leon Jouhaux, dirigente da Confederação Geral dos Trabalhadores (CGT), anunciou sua adesão à guerra renegando suas posições anteriores, no seu discurso no enterro de Jaurès, à beira do túmulo do grande inimigo da guerra. Juntava-se assim aos deputados socialdemocratas alemães que votaram no parlamento os créditos de guerra, alinhando-se à política belicista de Guilherme II.

A verve de Lênin se descarregou com toda força contra seus antigos companheiros. Em texto de finais de setembro de 1914, *A Guerra e a Social-democracia Russa*, o dirigente russo afirmou: "Os oportunistas prepararam de longa data esta falência, repudiando a revolução socialista e substituindo-a pelo reformismo burguês; repudiando a luta de classes e a necessidade de transformá-la, se necessário, em guerra civil, fazendo-se os apóstolos da conciliação de classes; preconizando o chauvinismo burguês sob o nome de patriotismo e de defesa da pátria, desconhecendo ou negando a verdade fundamental do socialismo, já exposta no *Manifesto Comunista*, a saber, que os operários não têm pátria; se limitando, na luta contra o militarismo, a um ponto de vista sentimental pequeno-burguês; fazendo um fetiche da legalidade e do parlamentarismo burguês, esquecendo que nas épocas de crise as formas ilegais de organização e de agitação se tornam indispensáveis".

O conflito desenvolveu-se com a invasão austro-húngara da Sérvia, seguida pela invasão alemã da Bélgica, Luxemburgo e França, e um ataque russo contra a Alemanha. Após invadir o território belga, o exército alemão encontrou resistência na fortificada cidade de Liège. Apesar de ter continuado sua rápida marcha rumo à França, a invasão germânica tinha provocado a decisão britânica de intervir em ajuda a Tríplice Entente. Como signatário do Tratado de Londres, o Império Britânico estava comprometido a preservar a soberania belga: "A Alemanha tinha a capacidade de evitar que o conflito se espalhasse. Em julho de 1914, se os alemães tivessem dito aos austríacos 'parem, este conflito está ficando grave demais, vocês precisam parar a invasão da Sérvia e se retirar do país', não teria havido guerra. Não digo que não houvesse um conflito europeu, mas a crise de julho eles poderiam ter evitado. Por que não evitaram? Porque os estadistas germânicos, principalmente os generais e o Kaiser, acreditavam que a guerra aconteceria cedo ou tarde – e preferiam que fosse cedo, enquanto tinham um poder econômico inigualável".[405] Para a Grã-Bretanha os portos de Antuérpia e Oostende eram importantes demais para cair nas mãos de uma potência continental hostil ao país: enviou um exército para a Bélgica, atrasando o avanço alemão.

405 Max Hastings. *Catástrofe*. 1914: a Europa vai à guerra. Rio de Janeiro, Intrínseca, 2014.

Rússia atacou Prússia Oriental, o que obrigou ao deslocamento das tropas alemãs que estavam previstas para lutar na frente ocidental. A Alemanha, porém, derrotou a Rússia em uma série de confrontos (a "segunda batalha de Tannenberg"). O deslocamento imprevisto dos alemães para combater os russos acabou permitindo uma contraofensiva em conjunto das forças francesas e inglesas, que conseguiram parar os alemães em seu caminho para Paris, na batalha do Marne (setembro de 1914), forçando o exército alemão a lutar em duas frentes, postando-se numa posição defensiva dentro da França, e provocando 230 mil baixas aos franceses e britânicos. Depois da marcha alemã em direção de Paris ter chegado a um impasse, a frente ocidental estabeleceu-se em uma batalha estática, com uma linha de trincheiras que pouco mudou até 1917. Na frente oriental, o exército russo lutou com sucesso contra as forças austro-húngaras, mas foi forçado a recuar da Prússia Oriental e da Polônia pelo exército alemão. Frentes de batalha adicionais se abriram depois que o Império Otomano entrou na guerra junto aos impérios centrais, em 1914; Itália e Bulgária em 1915, e Romênia em 1916, entraram na guerra: em virtude disso, a Tríplice Aliança ganhou dois aliados, a Bulgária e a Turquia; e a Tríplice Entente a adesão da Romênia, de Portugal e do Japão.

A primeira fase da guerra ficou conhecida como "guerra de movimento". A capital e o governo francês foram transferidos para Bordeaux; os franceses e ingleses conseguiram conter os ataques dos alemães, que brecaram seu avanço em território francês em setembro de 1914. Outros episódios bélicos aconteceram no continente africano e no Oceano Pacífico, onde havia numerosas colônias e territórios ocupados pelos países europeus envolvidos no conflito. A África do Sul foi atacada pelas forças alemãs, pois pertencia ao Império Britânico. A Nova Zelândia invadiu Samoa, que pertencia à Alemanha, e a força naval expedicionária australiana desembarcou na ilha de New Pommem, que na época fazia parte da Nova Guiné Alemã, e que viria a se tornar a "Nova Bretanha". Coube ao Japão invadir as colônias micronésias e o porto alemão de Qingdao, que abastecia carvão à Tríplice Aliança, na península chinesa de Shandog. Todos esses ataques fizeram com que em pouco tempo a Tríplice Entente tivesse dominado todos os territórios alemães no Pacífico. A segunda fase foi a "guerra de posições", em que ocorreram os maiores estragos humanos (os avanços dos exércitos custavam milhares de vidas cotidianamente). Teve início a guerra de trincheiras, com os exércitos cavando e se protegendo em valas com a finalidade de dar proteção às posições defendidas. Durante quatro anos, exércitos cavaram trincheiras próximas umas das outras e se trucidaram com armas cada vez mais letais. A guerra, para surpresa de todos, tornou-se uma máquina de morticínio em massa. As batalhas duravam meses, com baixas que se contavam na casa dos milhões. Era uma nova guerra, muito mais mortífera do que as precedentes, reveladora de uma nova fase histórica.

A ofensiva alemã contra a França foi, inicialmente, bem-sucedida. As tropas alemãs chegaram até 50 quilômetros de distância de Paris, mas foram detidas, frustrando os planos de uma rápida vitória na França. Em solo francês, a frente se detivera em trincheiras. Os austro-húngaros foram obrigados a aliviar a frente sérvia para enfrentar as tropas russas na Galícia. Deter o avanço dos russos à custa de grandes perdas territoriais foi a única coisa que as potências centrais de fato conseguiram no primeiro ano do conflito. Na Sérvia, na Prússia Oriental e na Galícia, até o final do ano, as forças combatentes registraram um total de três milhões de baixas (mortos, feridos ou prisioneiros). Em 1915 as potências centrais conseguiram algum sucesso. Entretanto, a Itália passou para o lado da Entente ao receber promessas de ganhos territoriais, obrigando os austro-húngaros a lutar em mais uma frente, desta vez em território italiano. A Sérvia colapsou diante dos alemães, austro-húngaros e búlgaros. A Romênia, traindo seus aliados, passou para o lado da Entente, também em troca de promessas de ganhos territoriais.

Na batalha de Verdun, onde a Alemanha tentou romper a barreira do acesso à Paris, a Grã-Bretanha dirigiu suas forças para tentar impedir o avanço das tropas alemãs, o que envolveu cerca de dois milhões de homens nesta batalha. O saldo final da batalha foi de aproximadamente um milhão de baixas para ambos os exércitos. A França perdeu mais de 20% dos seus homens em idade de capacidade militar, além dos que retornaram inválidos, feridos e deformados. A probabilidade de sofrer algum ferimento de guerra era tão grande que ir para o campo de batalha já era considerado uma baixa. Grande parte dos que retornavam da guerra possuíam graves ferimentos e deformações por causa das batalhas; a maioria destes ferimentos eram faciais, pois na guerra de trincheiras as granadas eram utilizadas como arma principal para neutralizar os inimigos entrincheirados. Estes feridos passaram a ser ícones da guerra, conhecidos como *gueules cassées*, rostos quebrados, devido as deformações faciais provocadas pelas feridas. Para a Alemanha o impacto das baixas não era tão expressivo quanto nos outros países europeus; seu número total populacional não sofreu grandes variações negativas. Os episódios de horror na frente ocidental do exército alemão foram construindo uma nova sensibilidade que modificou a maneira de reger a política.

O movimento socialista mundial demorou para assimilar a nova situação histórica. Os debates a respeito do imperialismo permearam a crise da Internacional; em 1916, Lênin chegou a uma conclusão sobre as razões da conduta pró-imperialista da Internacional Socialista, analisando as bases sociais do "social-patriotismo" prevalecente na organização: "O imperialismo tem a tendência de formar categorias privilegiadas também entre os operários, e de divorciá-las da grande massa do proletariado. A ideologia imperialista penetra inclusive na classe operária, que não está separada das outras classes sociais por uma muralha chinesa. Os chefes do partido social-democrata da Alemanha foram, com justiça, qualificados de social-imperialistas, isto é, socialistas de palavra e imperialistas de fato".[406] A capitulação da Internacional Socialista diante da guerra teve lugar em condições nas quais o "realismo" de seus dirigentes escondia uma cegueira política frente à realidade da crise internacional: "A reunião do Bureau Socialista Internacional de 29 a 30 de julho de 1914 (na véspera imediata da guerra) revelou que os dirigentes estavam convencidos de que a guerra era impossível, e de que a crise teria uma saída pacífica".[407] Nas semanas seguintes, já declarada a guerra, os dirigentes da Internacional elaboraram um comunicado dizendo ter feito o possível para evitá-la, sem sucesso, fechando o guichê socialista internacional por tempo indefinido.

Era o naufrágio de quatro décadas de ação política, e de um quarto de século da Internacional. Uma ala da socialdemocracia alemã usava ainda uma "fraseologia marxista, símbolos marxistas, uma capa verbal marxista, mas já sem qualquer conteúdo marxista", afirmou o bolchevique Bukhárin.

406 V. I. Lênin. *Imperialismo, Etapa Superior do Capitalismo*. Campinas, Navegando, 2011.

407 Georges Haupt. *Socialism and the Great War*. The collapse of the Second International. Londres, Oxford University Press, 1973.

Era a porta aberta para a carnificina mundial com benção "socialista", e a frustração histórica de várias gerações de operários, intelectuais e lutadores sociais. Nos anos sucessivos, toda uma geração de socialistas consumiu-se no esforço de destrinchar suas causas sociais, políticas, filosóficas e até culturais, esforço no qual se configurou o pensamento socialista e marxista contemporâneo. Contra o prognóstico do dirigente socialdemocrata mais combativo e popular da Europa ocidental, Jean Jaurès - "a guerra será o ponto de partida da revolução internacional" -, se confirmou a caracterização de Otto Bauer: "A revolução proletária não é nunca menos possível do que no início de uma guerra, quando a força concentrada do poder estatal e toda a potência das paixões nacionais desencadeadas se opõem a ela".[408] A atitude de Jaurès nas semanas que precederam à eclosão da guerra foi objeto de polêmicas. Sua atitude foi basicamente pacifista, embora, em meados de julho de 1914, ele invocasse a perspectiva de uma greve geral caso o conflito explodisse no meio do congresso do Partido Socialista francês, ao mesmo tempo em que buscou obter da CGT [central sindical] que renunciasse à greve insurrecional e às manifestações de rua, que só encorajariam os belicistas alemães.

Segundo Jean Longuet, genro de Karl Marx, Jaurès teria cogitado, na noite prévia ao seu assassinato, realizar um apelo supremo ao presidente dos EUA, Woodrow Wilson, em favor da paz. No entanto, logo depois de sua morte, seus companheiros pacifistas-socialistas se tornaram belicistas em menos de 24 horas. Como observou Annie Kriegel, "se Lênin e Jaurès, socialistas, estabelecem ambos a relação capitalismo-proletariado, Lênin, diversamente de Jaurès, formula assim a outra relação: guerra ou paz de um lado, revolução do outro; ou seja, o que para Lênin resulta da relação de forças entre proletariado e capitalismo, não é, em primeiro lugar, guerra ou paz, mas manutenção do capitalismo ou revolução, da qual pode resultar a paz. A luta pela paz, para Jaurès, diversamente, é uma luta localizada na essência do fenômeno social, uma luta diretamente socialista, da qual a revolução é um subproduto eventual; o problema da revolução não estaria necessariamente compreendido na solução do problema guerra ou paz".[409]

408 *Apud* Yvon Bourdet. *Otto Bauer et la Révolution*. Paris, Éditions Documentation Internationale, 1968.

409 Annie Kriegel. Jaurès en Juillet 1914. *Le Pain et les Roses*. Jalons pour une histoire des socialismes. Paris, Presses Universitaires de France, 1968.

Esse era o limite histórico do reformismo combativo, que tocou seus limites na Primeira Guerra Mundial. Mas havia também outros posicionamentos, que superavam o pacifismo.

Mostrando a dimensão real do inimigo, Rosa Luxemburgo sublinhou o caráter "popular" da guerra: os líderes políticos mobilizaram as massas através da demagogia nacionalista e da demonização de seus inimigos. Lênin, depois da capitulação dos principais partidos da Internacional Socialista, em agosto de 1914, proclamou a necessidade da luta por uma nova Internacional.[410] Só uma minoria socialista não se curvou ao nacionalismo imperialista e manteve erguida, apesar da repressão, a bandeira do internacionalismo proletário: na França, um punhado de militantes sindicalistas em torno de Alfred Rosmer; uns poucos dirigentes na Alemanha, com o deputado Karl Liebknecht defendendo a palavra de ordem: "o inimigo está dentro do nosso país". A submissão de cada partido ao governo de sua própria burguesia acarretara o desaparecimento prático da Internacional. Lênin procurou explicar e entender as razões dessa falência, e precisar as posições dos marxistas sobre a guerra: - O capitalismo entrara, nos primeiros anos do século XX, num novo período histórico; sua evolução para o imperialismo abrira "a época das guerras e revoluções"; - Retomando a ideia do *Manifesto do Partido Comunista* - "os proletários não têm pátria" - afirmou que a guerra não dizia respeito à classe operária internacional; ela não tinha nenhum interesse em comum com as burguesias no conflito; - Fez um alerta para combater a confiança, que poderia se desenvolver, na possibilidade de evitar os conflitos graças a arbitragens internacionais; - Só a eliminação da causa profunda da guerra poderia conduzir à paz, e essa causa era clara e conhecida: o próprio capitalismo; só a revolução social era uma alternativa à guerra mundial.

Para os marxistas revolucionários, a guerra traduzia uma mudança de era: "A época do imperialismo capitalista é a época de um capitalismo que já tem alcançado e ultrapassado seu período de amadurecimento, que se adentra na sua ruína, maduro para deixar seu espaço ao socialismo. O período de 1789 a 1871 havia sido a época do capitalismo progressista: sua tarefa era derrotar o feudalismo, o absolutismo, a libertação do jugo estrangeiro";

---

410 Georges Haupt. Lênin, les bolchéviques et la IIè Internationale. *L'Historien et le Mouvement Social*. Paris, François Maspéro, 1980.

"Libertador das nações que foi o capitalismo na sua luta contra o regime feudal, o capitalismo imperialista se converteu no maior opressor das nações. O capitalismo, antigo fator de progresso, tem se tornado reacionário; após ter desenvolvido as forças produtivas até tal ponto que a humanidade não lhe resta mais que passar ao socialismo ou sofrer durante anos, inclusive dezenas de anos, a luta armada das grandes potências por manter artificialmente o capitalismo por meio das colônias, monopólios, privilégios e opressões nacionais de todo tipo"; "A guerra mundial não serve nem para a defesa nacional, nem para os interesses econômicos ou políticos das massas populares sejam quais forem, é produto unicamente das rivalidades imperialistas entre as classes capitalistas de diferentes países pela supremacia mundial e pelo monopólio da exploração e opressão de regiões que ainda não estão submetidas ao capital. Na época deste imperialismo desenfreado já não pode haver guerra nacional. Os interesses nacionais são só uma mistificação destinada a que as massas populares trabalhadoras se coloquem a serviço de seu inimigo mortal: o imperialismo".[411]

Em 1915, na prisão real da Prússia onde estava presa por suas atividades antimilitaristas, Rosa Luxemburgo também estigmatizou a capitulação do socialismo alemão ao votar em favor dos créditos de guerra solicitados pelo Káiser, e defendeu uma posição semelhante à de Lênin: "Uma coisa é certa, a guerra mundial significa uma virada para o mundo. É uma loucura insensata imaginar que só nos restaria esperar que acabasse a guerra, como a lebre que está esperando debaixo de um arbusto a que termine a tempestade e retornar alegremente seus afazeres diários. A guerra mundial tem mudado as condições da nossa luta, tem mudado a nós mesmo de maneira radical... Os interesses nacionais não passam de uma mistificação que tem por objetivo colocar as massas populares e trabalhadoras a serviço de seu inimigo mortal: o imperialismo. A paz mundial não pode ser preservada por planos utópicos ou francamente reacionários, tais como tribunais internacionais de diplomatas capitalistas, por convenções diplomáticas sobre 'desarmamento', 'liberdade marítima', supressão do direito de captura marítima, por 'alianças políticas europeias', por 'uniões aduaneiras na Europa Central', por Estados-tampões nacionais, etc. O proletariado socialista não

411 V. I. Lênin. *Los Socialistas y la Guerra*. México, Editorial América, 1939.

pode renunciar à luta de classe e à solidariedade internacional, nem em tempos de paz, nem em tempos de guerra: isso equivaleria a um suicídio. (...) O objetivo final do socialismo só será atingido pelo proletariado internacional se este enfrentar em toda a linha o imperialismo, e fizer da palavra de ordem 'guerra à guerra' a regra de conduta de sua prática política, empenhando aí toda a sua energia e toda a sua coragem".

O movimento operário estava atrasado em relação aos prazos históricos, não conseguindo impedir a eclosão da guerra: "O desencadeamento atual da fera imperialista nos campos europeus produz além do mais outro resultado que deixa o 'mundo civilizado' por completo indiferente: o desaparecimento massivo do proletariado europeu. Jamais uma guerra havia exterminado em tais proporções camadas inteiras da população (...) e é a população operária das cidades e dos campos que constitui os nove décimos desses milhões de vítimas (...) são as melhores forças, as mais inteligentes, as melhores adestradas do socialismo Internacional (...). O fruto de dezenas de anos de sacrifícios e esforços de várias gerações é aniquilado em algumas semanas; as melhores tropas do proletariado internacional são dizimadas (...) Aqui o capitalismo descobre seu próprio calvário; aqui confessa que seu direito a existência está caduco, que a continuação da sua dominação já não é compatível com o progresso da humanidade".[412] Lênin, retomando o grito de Karl Liebknecht - "o inimigo está dentro do nosso país" - pronunciou-se pela derrota do próprio governo na guerra imperialista, explicando que a fraqueza da burguesia vencida oferecia, para o proletariado, melhores possibilidades revolucionárias. A palavra de ordem de "paz" podia se tornar revolucionária se superasse o pacifismo burguês; foi essa a tática que recebeu o nome de "derrotismo revolucionário". A proposta de Rosa Luxemburgo, "guerra à guerra", tomou forma mais precisa em Lênin, tornando-se a "transformação da guerra imperialista em guerra civil contra sua própria burguesia". Lênin conclamou os marxistas a se reunirem em torno de uma nova Internacional, *Comunista*. Se os povos se chacinavam nos campos de batalha europeus e coloniais, a linha divisória previamente estabelecida pela Internacional, baseada na luta de classes, fora deslocada e posta à mercê dos interesses

412 Rosa Luxemburgo. A crise da socialdemocracia. In Isabel Loureiro (org.). *Rosa Luxemburgo*. Textos escolhidos. Vol. II (1914-1919). São Paulo, Edunesp, 2018, assim com a citação precedente.

dos imperialismos em luta. A Segunda Internacional desmoronara, sem sequer tentar lutar. O nacionalismo e o revisionismo que a infestavam haviam-na ligado intimamente ao regime existente, e a atrelaram ao carro do capitalismo com o qual ela foi arrastada para a guerra.

O pacifismo "socialista" tinha se esgotado, fracassando. Segundo Trotsky, "logo depois de anunciada a mobilização militar, a socialdemocracia encontrou-se diante da força de um poder concentrado, baseado em um poderoso aparato militar pronto para derrubar, com ajuda de todos os partidos e instituições burguesas, todos os obstáculos que aparecessem em seu caminho".[413] A reação contra o nacionalismo na Internacional, no entanto, não se fez esperar. Desde novembro de 1914, Leon Trotsky, com seu renome internacional vinculado à sua condição de presidente do soviet de Petrogrado na revolução de 1905, membro da ala esquerda da Internacional, afirmava: "O socialismo reformista não tem nenhum futuro porque se converteu em parte integrante da antiga ordem e no cúmplice de seus crimes. Aqueles que esperam reconstruir a antiga Internacional, supondo que seus dirigentes poderão fazer esquecer sua traição ao internacionalismo com uma mútua anistia, estão obstaculizando de fato o ressurgimento do movimento operário". Em sua opinião, a tarefa imediata era "reunir as forças da III Internacional".

A guerra e a capitulação socialdemocrata dividiram os partidos operários, provocando cisões em diversos países. A reação contra a guerra se expressou inicialmente no CRRI (Comité pela Retomada das Relações Internacionais) formado por um conjunto heterogéneo de grupos, partidos e militantes da Segunda Internacional. Os socialistas revolucionários interviram, como minoria dissidente, nesse movimento majoritariamente "social-pacifista", cujos princípios pacifistas não compartilhavam, na medida em que ele suscitava um interesse político na vanguarda operária (e, potencialmente, nas amplas massas trabalhadoras). A base do movimento não era circunstancial nem improvisada, pois se apoiava na antiga esquerda da Internacional Socialista. *Vorbote* (Precursor) era o órgão alemão da "esquerda de Zimmerwald", assim batizada pelo nome da cidade suíça em que se reuniu pela primeira vez, sob os auspícios do dirigente socialista Fritz

---

413 Leon Trotsky. *La Guerre et la Révolution*. Le naufrage de la IIè Internationale et les debuts de la IIIè Internationale. Paris, Tête de Feuilles, 1974.

Platten. O funcionamento da Internacional fora afetado pela guerra: parte da Bélgica havia sido ocupada pelos exércitos alemães no mês de agosto de 1914; o Birô Socialista Internacional não podia continuar a funcionar em Bruxelas, sua capital. Seu secretário, Huysmans, partiu para Haia e reorganizou o Birô com os dirigentes do Partido Socialista Holandês. A Internacional Socialista entrava em letargia vegetativa. Parecia um reflexo político da constatação de um artigo da *Rivista Internazionale di Scienze Sociali* de 1916, que afirmava que a guerra "estava revelando uma humanidade capaz de sobreviver à destruição de seus melhores elementos e de se reconstruir com reservas humanas e materiais inesgotáveis: as raízes da vida social não somente não foram erodidas em meio a tanta destruição, mas também germinaram novos organismos dotados de maior resistência... Nas camadas mais humildes da sociedade se havia formado uma mentalidade relativista, que fazia parecer totalmente naturais as consequências mais_desagradáveis da guerra".[414] De fato, as primeiras reações contra a guerra na Europa não foram sociais, mas políticas.

Rosa Luxemburgo adotou uma postura análoga à de Trotsky. Martov, dirigente menchevique, ao contrário, não acreditava que uma nova Internacional pudesse aspirar a um papel que não fosse o de seita impotente. Em fevereiro de 1915, Trotsky externou, em *Nashe Slovo* ("Nossa Palavra"), jornal russo que se editava em Paris, seus desacordos com os mencheviques.[415] O jornal se converteu no principal porta-voz do internacionalismo socialista, situado na encruzilhada de todas as correntes internacionalistas russas: antigos bolcheviques como Manuilsky, antigos conciliadores como Sokólnikov, ex mencheviques como Chicherin e Alexandra Kollontaï, Abraham Ioffe, internacionalistas como o búlgaro-romeno Christian Rakovsky, Sobelsön, codinome Karl Rádek, meio polaco e meio alemão, e também a italo-russa Angélica Balabanova. Trotsky sofreu repetidas desilusões quanto ao menchevismo – corrente à qual pertencera – quando antigos quadros dela, como Vera Zasulich, Potressov e Plekhánov, se pronunciaram em favor da defesa da Rússia na "Grande Guerra".

414 Pietro Melograni. *Storia Politica della Grande* Guerra, cit.

415 Alfred Erich Senn. The politics of *Golos* and *Nashe Slovo*. *International Review of Social History* vol. 17, nº 2, Cambridge University Press, agosto de 1972.

Uma década mais tarde, Antonio Gramsci tiraria um balanço da crise socialista diante da guerra, como produto de desenvolvimentos precedentes, contrários ao internacionalismo proletário e ao marxismo enquanto doutrina revolucionária: "A II Internacional compôs-se de partidos que, em sua totalidade, reivindicavam o marxismo, considerando-o como o fundamento de sua tática em todas as questões essenciais. Após a vitória do marxismo, as tendências de caráter nacional que haviam sido derrotadas trataram de se manifestar por outra via, ressurgindo no próprio seio do marxismo através de formas de revisionismo. Esse processo se viu favorecido pelo desenvolvimento da fase imperialista do capitalismo. A esse fenômeno encontram-se estreitamente relacionados os seguintes fatos: abandono progressivo, pelas hostes do movimento operário, da crítica ao Estado, parte essencial da doutrina marxista, que foi substituída por utopias democráticas; a formação de uma aristocracia operária; uma nova migração de massas da pequena burguesia e do campesinato para o proletariado e, com isso, uma nova difusão de correntes ideológicas de caráter nacional, entre o proletariado, contrárias ao marxismo. Desse modo, o processo de degeneração da II Internacional assumiu a forma de uma luta contra o marxismo, que se desenvolveu no interior do próprio marxismo, a qual culminou com o desastre provocado pela guerra".[416]

A cisão internacional socialista se manifestou nas conferências de Zimmerwald e de Kienthal (cidade situada também na Suíça). Em setembro de 1915, socialistas revolucionários do Império Russo (Lênin, Trotsky, Zinoviev, Radek), alemães (Ledebour, Hoffmann), franceses (Blanc, Brizon, Loriot), italianos (Modigliani), búlgaros ou balcânicos como Christian Rakovsky, assim como os representantes do movimento socialista de alguns países neutrais, reuniram-se e denunciaram energicamente o caráter imperialista da guerra mundial, a traição dos "socialistas de guerra", e exigiram a aplicação prática das decisões prévias dos congressos internacionais da Segunda Internacional. Eram 38 delegados de doze países, incluídos os das nações beligerantes. Uma conferência análoga reuniu-se em Kienthal no mês de abril de 1916. A conferência lançou um apelo aos trabalhadores dos países beligerantes, convidando-os a lutar para pôr termo à guerra. Os

416 Antonio Gramsci. A situação italiana e as tarefas do PCI. Teses de Lyon. *Revista de Ciências Sociais*, vol. 35, nº 2, Florianópolis, Universidade Federal de Santa Catarina (UFSC), 2004.

delegados ingleses não compareceram a nenhuma dessas conferências: o governo inglês lhes recusou os passaportes necessários. Segundo uma de suas animadoras (a dirigente socialista pacifista holandesa Agnès Blandorf), o "movimento de Zimmerwald" tinha por objetivo "reviver a IIª Internacional sob os velhos princípios do marxismo socialista de antes da guerra", ou seja, que seu objetivo era "mais a restauração do que a transformação", o que não impediu que "concebido para criar um fundamento para a unidade socialista, a conferência de Zimmerwald, ao contrário, abriu a porta para uma cisão cujas consequências dominariam a paisagem política do século XX".[417]

Nessas condições, Lênin teve sucesso em reunir uma pequena fração para dar um passo adiante como líder de uma alternativa socialista revolucionária internacional. Marcel Martinet, poeta francês que participou do movimento, escreveu: "Depois de Zimmerwald, sabemos que sob as cinzas o fogo continua vivo".[418] Grigorii Zinoviev relatou, alguns anos mais tarde: "Foi para nós uma grande satisfação moral receber, na primeira conferência de Zimmerwald, uma carta de Karl Liebknecht que terminava assim: 'A guerra civil e não a paz civil, esta é a nossa palavra de ordem'".[419] O *Manifesto de Zimmerwald,* dirigido aos "Trabalhadores da Europa". foi assinado, em nome da Conferência Socialista Internacional, por George Ledebour e Adolph Hoffman (Alemanha); A. Merrheim e Bourderon (França); G. E. Modigliani e Constantino Lazzari (Itália); N. Lênin, Pável Axelrod e M. Bobrov (Rússia); St. Lapinski, A. Warski e Jacob Hanecki (Polônia); Christian Rakovsky (Romênia); Vasil Kolarov (Bulgária); Z. Hogiund e Ture Nerman (Suécia e Noruega); Henriette Roland-Host (Holanda); Robert Grimm (Suécia). Na reunião, foram feitas duas declarações sobre o manifesto. Na primeira lia-se: "O manifesto adotado pela conferência não nos satisfaz plenamente. Ele não faz menção nem ao oportunismo aberto, nem ao oportunismo que se esconde por trás do palavreado radical, oportunismo este que não apenas é a principal causa do colapso da Internacional,

417 Robert Craig Nation. *War on War.* Lenin, the Zimmerwald left, and the origins of communist internationalism. Durham, Duke Univesrsity Press, 1989.

418 Marcel Martinet. *Les Temps Maudits.* Paris, Librairie Paul Ollendorff, 1920.

419 Grigorii Zinoviev. *History of the Bolshevik Party.* From the beginnings to February 1917. Londres, New Park, 1973.

mas que procura perpetuar o seu colapso. O manifesto não contém nenhum pronunciamento claro sobre os métodos para lutar contra esta guerra. Continuaremos, como fizemos até o momento, a defender, na imprensa socialista e nas reuniões da Internacional, a posição marxista em relação às tarefas postas ao proletariado pela época do imperialismo. Votamos a favor do manifesto na medida em que o vemos como um chamado para a luta, e nesta luta estamos ansiosos para marchar lado a lado com as outras seções da Internacional. Requeremos que a presente declaração seja incluída nas atas oficiais". Assinavam: Lênin, Zinoviev, Radek, Nerman, Hogiund, Winter, isto é, a *fração bolchevique internacional.*

A outra emenda, assinada pelo grupo que redigira a resolução, com Henriette Roland Host e Leon Trotsky à cabeça, afirmava: "Na medida em que a adoção da nossa emenda (ao manifesto) exigindo o voto contra as apropriações de guerra pode de alguma forma colocar em perigo o sucesso da conferência retiramos, sob protesto, nossa emenda e aceitamos a declaração de Ledebour na comissão, na medida em que o Manifesto contém tudo o que implica a nossa proposição". Ledebour lançou um ultimato exigindo a rejeição da emenda, caso contrário se recusaria a assinar o manifesto. Foi atendido. Depois da conferência, as *Sete Teses sobre a Guerra* de Lênin sintetizaram: a guerra tem um caráter burguês, imperialista, reacionário e dinástico; a postura patriótica da Internacional Socialista é uma traição ao socialismo, que marca o colapso político e ideológico da Internacional; a luta contra a autocracia czarista continua sendo o primeiro dever do socialista russo; todos os autênticos socialistas devem romper com o oportunismo pequeno burguês da Internacional Socialista, e desenvolver um trabalho entre as massas para acabar com a guerra através da revolução, e devia se lutar por uma nova Internacional Operária. O bolchevismo participou na "Esquerda de Zimmerwald", apesar das divergências com seus outros componentes (os mencheviques internacionalistas de Martov, e militantes como Karl Radek, Rosa Luxemburgo, Leon Trotsky). O vértice político das divergencias se situava na palavra de orden leninista de "transformar a guerra imperialista em guerra civil", e sua consequência, o "derrotismo revolucionário", considerada como uma "provocação" pela ala "moderada" de Zimmerwald (que incluía alguns futuros ministros burgueses). E também na questão da necessidade de uma Terceira Internacional, defendida só pelos bolcheviques.

O socialismo russo foi, assim, foi o *fer de lance* da luta contra a guerra, e pela revolução internacional, nas condições criadas pela guerra. Dentro da emigração russa havia múltiplas posições, situadas entre o defensismo patrótico de Plekhánov e o derrotismo de Lênin. Martov e outros mencheviques se negavam a admitir que a vitória dos Habsburgos ou dos Hohenzollern constituisse um fator favorável para a causa do socialismo. Denunciaram o caráter imperialista da guerra, o séquito de sofrimentos que significava para os trabalhadores de todos os países, e afirmaram que os socialistas deviam acabar com a guerra mediante a luta por uma paz democrática e sem anexações; sobre esta base se podia reconstruir a unidade internacional dos socialistas, cuja condição prévia seria a negativa a apoiar os créditos de guerra nos países beligerantes. E paravam por ai. Os debates sobre a guerra mundial refletiam as divergências político/estratégicas prévias. Lênin criticou Trotsky que, para ele, não rompia cabalmente com os oportunistas e centristas: "A teoria original de Trotsky toma emprestado aos bolcheviques o apelo à luta revolucionária decisiva e à conquista do poder político pelo proletariado e, aos mencheviques, a negação do papel do campesinato. Este, parece, dividiu-se, diferenciou-se, e seria cada vez menos apto para ter um papel revolucionário... O grau de confusão de Trotsky se vê na sua afirmação de que o proletariado encabeçará as massas populares não proletárias. Trotsky nem pensa que se o proletariado consegue levar as massas não proletárias para a confiscação dos latifúndios e a derrubada da monarquia, isso será a realização da 'revolução nacional burguesa', a ditadura democrático-revolucionária do proletariado e do campesinato".

Lênin não concordava com a tese de "revolução permanente" defendida por Trotsky, e concluía: "Trotsky ajuda de fato os políticos operários liberais, os quais, negando o papel do campesinato, recusam levar os camponeses para a revolução". A crítica de Lênin se apoiava em elementos da formulação da "revolução permanente". A guerra fez nascer outras divergências: sobre o "derrotismo revolucionário" (que Trotsky, junto a vários bolcheviques, não aceitava), sobre os "Estados Unidos da Europa" que Trotsky, contra Lênin, defendia.[420] Mas o trabalho internacionalista comum, na "esquerda de Zimmerwald", não deixou de criar os elementos de uma unidade

420 Pierre Naville. Lênin sur la question nationale et sur les États-Unis socialistes d'Europe. *Critique Socialiste* nº 6, Paris, janeiro-fevereiro 1972.

política futura. Trotsky, politicamente próximo de Martov desde os debates de 1903, em 1914 atacou violentamente os socialdemocratas patróticos alemães e franceses na brochura *A Internacional e a Guerra*: "Nas atuais condições históricas, o proletariado não tem interesse algum em defender uma pátria nacional anacrônica que se converteu no principal obstáculo ao desenvolvimento econômico. Ao contrario, deseja criar uma nova pátria mais poderosa e estável, os Estados Unidos republicanos da Europa, como base dos Estados Unidos do mundo. Na prática, ao beco sem saída imperialista do capitalismo, o proletariado só pode opor, como programa do momento, a reorganização socialista da economia mundial".[421] As posturas das diversas correntes antibélicas se definiram através das polêmicas.

Trotsky pressionava Martov para que rompesse com os "social-chauvinistas". Lênin acusava Trotsky de querer preservar os vínculos que o uniam a eles. A seguir, Trotsky admitiu que os bolcheviques constituiam o núcleo do internacionalismo russo. Martov rompeu então com ele. Na reunião de Zimmerwald Lênin defendera a tese derrotista: a transformação da guerra imperialista em guerra civil e a constituição de uma nova Internacional. A maioria do movimento, mais pacifista que revolucionária, porém não o acompanhou; adotou o *Manifesto* redigido por Trotsky, em que se chamava a todos os trabalhadores para por fim à guerra. Em 1915, quando os deputados bolcheviques eleitos para a Duma se encontravam encarcerados na Rússia por sua posição antibélica, os mencheviques aceitaram finalmente apoiar à Entente, ou seja, participar na "Santa Aliança" militar em torno do governo do Czar; o líder menchevique Chjeidze retratou-se dos acordos realizados em Zimmerwald.[422] Vera Zassulich e Potréssov, velhos chefes mencheviques, apoiaram essa política, comandada por Plekhánov. Trotsky ainda se perguntava, em maio de 1916, se os revolucionários "que não contam com o apoio das massas" não se viam, por isso, "obrigados a constituir durante certo período a ala esquerda da (Segunda) Internacional". Lênin considerava contemporizadora a palavra de ordem de "Estados Unidos da Europa", ao implicar, aparentemente, que a revolução só poderia triunfar se realizada simultaneamente em todos os países europeus. O jornal socialista

---

421 Leon Trotsky. *La Guerre et la Révolution*. Le naufrage de la IIè Internationale et les debuts de la IIè Internationale. Paris, Tête de Feuilles, 1974.

422 Aleksei Badayev. *The Bolsheviks in the Tsarist Duma*. Londres, Independent Publishing Platform, 1929.

russo de Nova York, *Novy Mir*, em que, junto com Trotsky, colaboravam a antiga menchevique Alexandra Kollontaï, o bolchevique Nikolai Bukhárin e o russo-americano Volodarsky, era, a princípios de 1917, um expoente da fusão de todos os internacionalistas russos - incluídos os bolcheviques -, que Bukhárin, em oposição a Lênin dentro do bolchevismo, queria transformar na pedra basal para a edificação de uma nova Internacional.[423]

No movimento operário russo, forçado a atuar na clandestinidade, a mudança na liderança política era constante, mas a proposta de uma organização centralizada e disciplinada, defendida pelo bolchevismo, entre avanços e retrocessos do movimento, fazia progressos: "Seu conceito de subordinação das organizações trabalhistas aos comitês revolucionários bolcheviques havia se convertido em uma diretiva convergente com o ânimo combativo de muitos trabalhadores em 1913 e 1914; os trabalhadores podiam, por diversas razões, simplesmente mudar sua fidelidade aos mencheviques (1905-1908) para os SRs [esseristas, ou 'socialistas revolucionários'] (1909-1911), dos SRs para os bolcheviques (1913-1914), novamente para os SRs e os mencheviques (1915-julho de 1917), e novamente para os bolcheviques".[424] Nada é mais falso, como sublinhou Moshe Lewin, do que apresentar o bolchevismo como uma seita que conquistou subitamente uma audiência de massas, em dado momento e devido a circunstâncias excepcionais: o partido chefiado por Lênin, que agia de modo independente no âmbito russo e internacional desde 1912, era uma uma corrente política influente desde bem antes de sua vitória política de 1917.

Os debates e cisões russas eram parte da batalha interna nos partidos da Segunda Internacional. Lênin descrevia assim a situação: "Vejamos dez Estados europeos: Alemanha, Inglaterra, Rússia, Itália, Holanda, Suécia, Bulgária, Suíça, Bélgica e França. Nos oito primeiros países a divisão entre tendência oportunista e tendência revolucionária coincide com a divisão entre social-chauvinistas e internacionalistas. Na Alemanha, os pontos de apoio do social-chauvinismo são os *Sozialistische Monatshefte* e Legien e companhia; na Inglaterra, os Fabianos e o Partido Trabalhista (o ILP, Parti-

423 Pierre Broué. *Histoire de l'Internationale Communiste*. Paris, Fayard, 1997.

424 Michael Melancon. "Stormy Petrels": Socialist Revolutionaries in Russia's labor organizations 1905-1914. *The Carl Beck Papers in Russian and East European Studies* nº 703, Pittsburgh, University of Pittsburgh, junho 1988.

do Trabalhista Independiente sempre formou bloco com eles, apoiando sua imprensa, mas sendo sempre, neste bloco, mais fraco que os social-chauvinistas, enquanto no BSP, Partido Socialista Britânico, os internacionalistas constituem 3/7 partes); na Rússia representam essa corrente [socialpatriota] *Nasha Zaria* (agora *Nashe Dielo*), o Comitê de Organização e a minoria da Duma sob a direção de Chjeídze; na Itália, os reformistas com Bissolati na cabeça; na Holanda, o partido de Troelstra; na Suécia, a maioria do partido, dirigida por Branting; na Bulgária, o partido dos 'amplos',[425] e na Suíça, Greülich e companhia. Em todos estes países já se deixaram ouvir protestos mais ou menos consequentes contra o social-chauvnismo, procedentes do campo oposto, o campo radical. Na França e na Bélgica, o internacionalismo é ainda muito débil". Lênin mapeava detalhadamente o campo político da Internacional Socialista, e preparava sua cisão.

Que se desenhava mais claramente "em casa". Em um informe de março de 1916, em plena guerra, Alexandra Kollontaï descrevia a situação do socialismo russo (para uma publicação da esquerda socialista dos EUA), dividido, como a socialdemocracia internacional, em três frações (social-patriota ou de direita, internacionalista revolucionária ou de esquerda, e o setor "centrista"), apontando a perspectiva de uma nova Internacional: "Através de reuniões, de folhetos impressos secretamente, de documentos e do trabalho das organizações secretas, os socialistas revolucionários da Rússia lutam contra a guerra, estimulando o espírito revolucionário do proletariado. Centenas dos nossos camaradas foram detidos por esta actividade e enviados para a prisão pelos agentes do governo que lutam pela 'liberdade' e pela 'democracia'... Durante a guerra, os trabalhadores russos não só conseguiram manter a sua luta económica, mas organizaram uma número de greves políticas... Chegou a hora de decidir decisivamente se o socialismo é um movimento revolucionário, baseado na solidariedade de classe internacional; ou se o socialismo é um movimento de reforma social, parte integrante do movimento liberal nacional. O Grupo Majoritário na Rússia respondeu a esta questão vital de uma forma decisiva e revolucionária, e os

425 Os socialistas "amplos" da Bulgária (*obsfedeletsi*), em 1903, com a cisão da socialdemocracia búlgara no seu X Congresso, formaram o "PSB dos socialistas amplos". Social-patriotas em 1914, a eles se opunham os *tesnjaki* (literalmente "estreitos", "estritos" ou "rigorosos"), que conquistaram maioria no movimento operário búlgaro e seriam, depois da revolução russa de 1917, a base política do Partido Comunista da Bulgária.

seus grandes serviços prestados ao movimento russo e à nova Internacional serão cada vez mais apreciados à medida que os acontecimentos moldarem o seu curso".[426] A "maioria" (bolchevique), com Lênin, considerava que a cisão do socialismo, russa e internacional, já era um fato, só precisando de uma sanção política, que chegaria em finais de 1917, com a revolução soviética na Rússia.

Foi logo depois da Revolução de Outubro, dos "dez dias que abalaram o mundo [em guerra]", que, em sua mensagem enviada ao Congresso de 8 de janeiro de 1918, o presidente dos EUA Woodrow Wilson resumiu sua plataforma de paz internacional, resumida em 14 pontos que visavam a independência de todas as nacionalidades europeias, o fim dos impérios e do militarismo e a constituição de uma Liga das Nações, SDN, que evitaria novos conflitos atuando como árbitro nas contendas entre os países. Woodrow Wilson culpava o militarismo imperialista europeu pela guerra mundial. O presidente dos EUA entendia que a aristocracia e a elite militar tinham um poder excessivo no Império Alemão, no Reino de Itália e no Império Austro-Húngaro; a guerra fora, para ele, a consequência de seus desejos de poder militar e de seu desprezo pela democracia. Pouco antes da mensagem de Wilson, com a vitória da Revolução de Outubro de 1917 e a saída unilateral da Rússia da Grande Guerra, o governo soviético da Rússia lançou um chamado pela paz democrática sem anexações, baseada no direito de autodeterminação para todas as nações, com a anulação da diplomacia secreta dos países imperialistas que através dela dividiam entre si os espólios da I Guerra Mundial. Durante as negociações com os alemães, a delegação bolchevique exigiu que qualquer "paz geral" fosse baseada nos seguintes princípios: a) Não seria tolerada a união pela violência dos territórios conquistados durante a guerra. A imediata evacuação das tropas dos territórios ocupados; b) A completa restauração da independência política dos povos privados de sua independência no curso da presente guerra; c) Aos grupos de diferentes nacionalidades que não possuíam independência política antes da guerra deveriam ser garantidos o direito de decidirem livremente se queriam pertencer a um ou outro Estado, ou se por meio de um referendum gozariam da independência nacional.

426 Alexandra Kollontay. The atitude of the Russian socialists. *New Review* nº 3, Nova York, março de 1916.

No referendum todos os habitantes do território em questão, incluindo imigrantes refugiados, teriam total liberdade para votar. As frases acerca da "paz e liberdade universais" da Liga das Nações foram criticadas por Lênin, quem definiu a entidade como um "covil de bandidos colonialistas": "A guerra imperialista de 1914-1918 colocou em evidência diante de todas as nações e todas as classes oprimidas do mundo a falsidade dos fraseados democráticos e burgueses. O Tratado de Versalhes, ditado pelas famosas democracias ocidentais, sancionou, em relação às nações fracas, as violências mais covardes e mais cínicas. A Liga das Nações e a política da Entente em seu conjunto apenas confirmam este fato e põem em andamento a ação revolucionária do proletariado dos países avançados e das massas laboriosas dos países coloniais ou dominados, levando assim à bancarrota as ilusões nacionais da pequena burguesia quanto à possibilidade de uma vizinhança pacífica ou de uma igualdade verdadeira das nações sob o regime capitalista", afirmava um dos documentos fundacionais da Internacional Comunista, criada em 1919. A SDN era menos uma resposta aos impérios europeus e muito mais uma resposta político-diplomática das potências capitalistas ao nascimento dessa entidade "não nacional", cujo próprio nome (União das Repúblicas Socialistas Soviéticas) era o projeto de uma revolução socialista mundial, ou seja, da autonomia e autodeterminação de todos os povos do mundo no marco da república internacional dos conselhos operários.[427]

427 Arno J. Mayer. *Wilson vs. Lenin*. Political origins of the new diplomacy, 1917-1918. Nova York, Meridian Books, 1964.

AFRIQUE

Capítulo 14

IMPERIALISMO, IDEOLOGIA E CRIAÇÃO ARTÍSTICA

Flo Menezes[428]

Uma relação dialética entre ideologia e linguagem se estabelece em toda criação artística, qualquer que seja seu domínio ou veículo de expressão. Por um lado, a Arte preserva sua relativa autonomia diante da ideologia e de suas diversas instâncias de atuação na sociedade, uma vez que, ao cabo e ao fim, a expressão artística aflora em meio a um contexto essencialmente *intertextual* que faz refletir, no interior de uma dada obra, e em níveis diversos, gamas de referencialidade que se remetem à própria história e à atualidade daquela específica linguagem artística. Mas por outro lado, tal autonomia é *relativa*, pois que da mesma forma que não se escapa de seu próprio contexto e de seu meio social, toda criação artística acaba por refletir, no plano mesmo da linguagem, elementos através dos quais se fazem ressonantes conteúdos, em última instância, *ideológicos*. Ao dialogar, pelas vias da intertextualidade, com a história de sua própria linguagem, o fazer artístico evoca elementos de articulação sígnica que não necessariamente eram envoltos às mesmas circunstâncias ideológicas e sociais que o determinam no presente, como se efetuasse constante "resgate" de elementos históricos de linguagem que servissem a qualquer tempo, independentemente das condições sociológicas que lhes deram origem. Assim fazendo,

428 Compositor Maximalista, Professor Titular da Unesp (Universidade Estadual Paulista).

cada obra de arte que rebate em outra como que potencializa o que a Arte tem de *atemporal*, quase que de eterno.

E é precisamente devido a este seu potencial *atemporal* que os grandes pensadores marxistas – de Marx e Engels a Trotsky, passando por Lênin, Rosa Luxemburgo ou Gramsci – sempre defenderam o acesso das massas ao legado histórico da Cultura como uma das conquistas a serem levadas a cabo pelos processos revolucionários que têm como meta a abolição das classes sociais e a instauração do socialismo e, subsequentemente, do comunismo. Desta condição intertextual e em si mesmo histórica da Arte, que a impregna, em aparente paradoxo, de um caráter *atemporal*, decorre uma consequência lógica: se se deseja abordar a Arte e entendê-la, o paralelo entre o plano da ideologia e o plano da linguagem é, pelas razões acima, necessário, porém igualmente limitado e insuficiente. Pode estabelecer correlações entre o fato artístico e a ideologia que o permeia e condiciona, mas sempre implicará certa *dubiedade*, uma vez que a remissão da ideologia à linguagem artística, como toda *remissão*, é por sua própria natureza dúbia e dialeticamente instável: é ao mesmo tempo em que *deixa de ser*, justamente por ser apenas *reenvio*, a coisa a que se refere.

É nesse sentido que a Arte, mesmo que se tornando veículo ressonântico de fazeres artísticos passados, não abre mão de seu *Novum*: a invenção que institui algo que antes não existia, na medida em que se torna possível, nela, potencializar o desvio de tal remissão. Toda invenção é, nesse sentido, esse próprio *desvio*, pois o Novo procura ser somente o que *ele* é. A Arte, essencialmente *impura*, sempre anseia, assim, ser arte "pura", encerrada em si mesma, autônoma em suas articulações de sentido, e isto mesmo quando o artista não se reconheça nessa busca radical de autonomia *intersemiótica*. Mas tal "pureza" – e disso tem consciência o artista *radical*, ou seja, aquele artista que, ecoando os anseios de Marx, pretenda pegar as coisas pela raiz[429] – é pura falácia: ao dialogar com sua atemporalidade, o fato artístico acaba por enaltecer a própria *impureza dos tempos*, pois tudo entrelaça. A obra de arte inventiva e inovadora, ao contrário da ação política, revoga assim sua imperiosa necessidade de efeito imediato e, valendo-se de seus

429 Marx escrevera em sua *Crítica à Filosofia do Direito de Hegel*: "Ser radical é pegar a coisa pela raiz. Mas a raiz, para o homem, é o próprio homem." (Em: *Gesammelte Werke*: Ökonomische und politische Schriften + Philosophische Werke, eBook).

reenvios mais ou menos explícitos ao passado, lança-se ao futuro. E assim o faz, por vezes, como quando se lança uma garrafa ao mar, nadando contra a corrente de sua época presente.

E no campo da invenção, não há como amordaçar a criação e atá-la de modo irrevocável a algum preexistente. A ideologia, assim, situa-se num campo condicionador, mas pouco gerador: imbui o objeto artístico de conteúdo social para suspender-se enquanto veículo único capaz de *entender* o fato artístico, quanto menos de criá-lo. Daí a irrestrita defesa, no campo artístico, da *liberdade*: na Arte, a cada ato de linguagem – como diziam os grandes revolucionários, de Marx a Trotsky – suas próprias leis! É nesse sentido que, na redação em 1938 do Manifesto da F.I.A.R.I. – a Federação Internacional da Arte Revolucionária e Independente –, concebido por Trotsky em comunhão com o grande escritor surrealista André Breton, e cuja assinatura final, por questões estratégicas com o intuito de colocar sobretudo os artistas à sua frente, leva os nomes de Breton e do muralista mexicano Diego Rivera, o grande revolucionário russo-ucraniano insistia em frisar: *Se, para o desenvolvimento das forças produtivas materiais, a revolução é obrigada a erigir um regime socialista de plano centralizado, para a criação intelectual ela deve, desde o início, estabelecer e garantir um regime anarquista de liberdade individual.*[430]

A defesa do caráter *anarquista* a ser assumido pelo artista radical vai de par com certa incongruência entre a liberdade de criação e as tentativas de analisar o ato criativo pelo prisma de suas relações sociais, ou seja, pelo prisma de sua ideologia, como o deseja a abordagem propriamente marxista da Arte. Ambos os enfoques não são incompatíveis, mas enveredam por caminhos distintos, como bem pontuava, já cerca de 14 anos antes do Manifesto da F.I.A.R.I., Trotsky em *Literatura e Revolução*: *O marxismo oferece diversas possibilidades: avalia o desenvolvimento da nova arte, acompanha todas as suas mudanças e variações, através da crítica, encoraja as correntes progressistas, porém não faz mais do que isso. A arte deve abrir por si mesma o seu próprio caminho. Os métodos do marxismo não são os mesmos da arte.*[431]

430 Pour un art révolutionnaire indépendant – Manifesto original da F.I.A.R.I., de 25 de julho de 1938, assinado por André Breton e Diego Rivera, mas redigido também por Leon Trotsky, em: *Dossier André Breton – Surréalisme et Politique*, Les Cahiers du Musée National d'Art Moderne. Paris, Centre Pompidou, 2016.

431 Leon Trotsky. A política do partido na arte, em: *Literatura e Revolução.* Rio de Janeiro, Zahar, 1980

O marxista militante, revolucionário, tende a oscilar entre uma visão da Arte pelo prisma social e outra pelo prisma propriamente artístico, governado pela linguagem artística e dentro de suas especificidades. Rosa Luxemburgo, dotada de grande cultura (assim como Marx, Engels, Lênin, Trotsky), ao escrever à sua grande interlocutora Sophie Liebknecht (esposa de Karl), em carta escrita na prisão em metade de novembro de 1917, traz à tona precisamente essa sintomática oscilação ao referir-se à sensibilidade que emana da música ao mesmo tempo em que salienta, não sem razão, o caráter eminentemente social que reveste todo feito artístico. Na passagem a que nos referimos, reconhece o culto à sensibilidade evocado pela matéria artística, mas revela entristecimento quando o ato estético não vem acompanhado justamente de... companhia! É como se o deleite artístico tivesse por fim ter de ser de alguma maneira compartilhado, sob a pena de se revelar inócuo em seu potencial socializante. Assim é que, filosoficamente, escreve à sua amiga Sophie: *Como você pode sempre dizer que não é musical quando vibra ao som de uma bela música? Entretanto, é angustiante – pelo menos para mim – ter de apreciar uma bela música sozinha. Na minha opinião, Tolstói demonstrou a mais profunda compreensão quando disse que a arte é um meio de comunicação social, uma "linguagem" social. Ela existe para nos comunicarmos com espíritos afins, e sentimos a mais amarga solidão com os doces sons de uma música maravilhosa ou diante de uma pintura profundamente comovente.*[432]

O fato de se instaurar na experiência estética o desejo de compartilhamento não enseja, entretanto, a necessidade de que o próprio feito artístico o escancare, e nem mesmo nele o encerre, pois que, na obra de Arte, não é a isso que deve buscar o revolucionário. É diante desta evidência que a própria Rosa afirmara, à mesma Sophie e naquele mesmo ano (em 18 de fevereiro de 1917), igualmente na prisão, que "no romance não olho por sua tendência, mas antes por seu valor artístico". Mas, se tal relação intrincada entre a obra artística e a ideologia se demonstra deveras complexa e, devido a seu caráter inextricável, quase obscura, o mesmo não se pode dizer das *instituições artísticas*, que agregam certa "militância" de um dado posicionamento estético. É como se elas, na defesa ou promoção de um determinado fazer artístico – e consequentemente de dado exercício de lin-

432 Rosa Luxemburgo, *Briefe aus dem Gefängnis*. Berlin, Karl Dietz Verlag, 2021.

guagem dentro de um determinado campo de atuação dos artistas nelas representados –, fizessem a balança "pender": promovendo certo campo de atuação artística, acabam por enaltecer antes certo posicionamento ideológico mais ou menos implícito que condiciona, ainda que de modo relativo, aquele mesmo fazer.

Se observarmos, por exemplo, as sociedades musicais francesas que tiveram seu início no final do século XIX, percebemos a evidência deste aspecto político-sociológico que constitui a base dessas instituições, e podemos conjecturar sobre as relações entre tais agremiações e os movimentos sociais daquela época na França e no mundo. Pois o início dessas instituições, com o surgimento, em Paris, da *Société Nationale de Musique* (SNM), é deveras sintomático. Fundada em 25 de fevereiro de 1871, ela precede em menos de um mês aquilo que Karl Marx e Friedrich Engels haviam classificado como primeiro modelo de *ditadura do proletariado*: a Comuna de Paris, que existiu de 18 de março a 28 de maio daquele mesmo ano, até ser esmagada pelas forças de Louis Adolphe Thiers, então chefe do gabinete conservador. Este movimento político histórico, *point de repère* das esquerdas e tão bem descrito pelo marxismo, resultava de um anseio popular de libertação e emancipação que teve como ponto de partida um movimento nacionalista de oposição e resistência à invasão, na França, do Reino da Prússia. Ora, a que se opunham a SNM e, em princípio, todas as associações musicais francesas daí decorrentes? O escopo era precisamente o de afirmar o valor da música *francesa* e instituir como que uma "barreira" sobretudo à música advinda daqueles países germânicos.

As diferenças substanciais entre, de um lado, o domínio ideológico e político, que advém em última instância das circunstâncias propriamente econômicas da sociedade, e, de outro lado, o domínio das linguagens artísticas, que, como vimos, refletem a ideologia, porém instituem novas articulações sígnicas, irão, contudo, apontar para uma curiosa contradição que tipifica esses momentos de trauma social das grandes transformações. Se em tudo que antecede tais momentos críticos a Arte mais avançada rompe os moldes e transgrede as regras, sempre se colocando como libertária e quase que à frente dos estágios aos quais podem chegar as mobilizações populares e as instituições sociais de dada sociedade – a ponto de o grande artista ser sempre um mal compreendido por sua época –, é como se, quando da eclosão das grandes transformações dos sistemas sociopolíticos, fosse o próprio sistema político-econômico em revolução que tomasse a dianteira para, de certo modo, brecar a liberdade da Arte e sua propensão quase inata ao transbordamento de toda fronteira. E isto, no terreno da música, primordialmente som antes que sentido, agudiza-se ainda mais, pois é como se, a partir daquele momento, o som precisasse *dizer* alguma coisa, fazendo o fato artístico ceder diante do político.

Que a tendência à universalidade faça parte de toda grande criação artística, em oposição ao espírito tacanho dos nacionalismos, disto tinham plena consciência Marx e Engels já desde o *Manifesto do Partido Comunista,* no qual conclamam com todas as letras, referindo-se à futura implantação de um regime comunista: *Em lugar da velha autossuficiência e hermetismo locais e nacionais, tem lugar um intercâmbio multilateral, uma dependência multilateral das nações umas com as outras. E isto tanto com relação à produção material, quanto também com relação à produção espiritual. A produção espiritual das nações particulares torna-se propriedade comum de todas elas. As estreiteza e limitação nacionais tornam-se cada vez mais impossíveis, e das várias literaturas nacionais e locais emerge uma literatura universal.*

É, então, contraditório o que observamos naquele momento preciso da história francesa: enquanto que a Comuna de Paris instituía um primeiro modelo social efetivamente igualitário, genuinamente *socialista* da era moderna – o que, reconheça-se, tenderia, ainda que partindo de um impulso primordial nacionalista, naturalmente a um *internacionalismo revolucionário* –, o mesmo anseio opositivo em relação ao imperialismo prussiano, no terreno da música, teria gerado antes um movimento *nacionalista,* de afirmação autocentrada da própria música francesa e, nesse sentido, genuinamente *conservador.* Aqui, o nacionalismo não representaria apenas uma primeira etapa de um processo emancipatório e não tenderia a nada além de si próprio, e, como todo nacionalismo nas Artes, traria consigo seu reacionarismo, pois almejar a defesa de uma produção circunscrita às próprias fronteiras diante do mundo é como se se desejasse impor a este mundo aquilo que se faz dentro de seus próprios limites. Um gesto autoritário ao mesmo tempo que contraditório, já que, para falar ao mundo, devia-se antes falar *na linguagem desse próprio mundo,* e não com seu próprio vocabulário, ou seja, devia-se falar, em última instância, uma língua que se pretendesse *universal.*

Que tal contradição tenha sido percebida, de modo mais ou menos consciente e agudo, pelos próprios compositores franceses protagonistas daquelas associações, revela-se pelos constantes conflitos entre aqueles que lutavam pela admissão de obras musicais de outros países – em particular de obras da própria música germânica, ponto fraco que deu origem a essa "rebelião institucional" de cunho nacionalista francês – e aqueles que insistiam em fechar as fronteiras da França, almejando musicalmente – doce ilusão! – a bastar-se a si próprios. É a este caráter internacionalista, imprescindível tanto para a Revolução quanto para a Arte Revolucionária, que se refere um de nossos grandes vanguardistas, o poeta Haroldo de Campos – um dos fundadores do concretismo paulista, movimento de dimensões internacionalistas e logo reconhecido em todo o mundo –, quando, ao abordar, no mais "marxista" de seus textos, a poética radical de Oswald de Andrade, evoca logo em seu início o lema do ser *radical* em Marx a que já nos referimos e cita, textualmente, a passagem acima do *Manifesto* de Marx e Engels. Enaltecendo, em outro de seus importantes ensaios sobre o mesmo irreverente poeta, a *antropofagia* oswaldiana, genialmente definindo-a como "uma forma antinormativa de cosmovisão", Haroldo parece opor-se à tutela dos imperialismos culturais, que tendem a se utilizar da circulação cultural universal não para promover as diferenças e alastrar a cultura universal, mas antes para instituir veículos de dominação política e econômica.

E assim fazem, ora pelas vias da baixa cultura, num nivelamento acrítico da experiência estética pelas vias de um rebaixamento substancial de sua qualidade artística, ora pela imposição estratégica, na divulgação institucionalizada de obras da *haute culture* como atreladas a determinada nação hegemônica, de um "saber nacional" como símbolo de dominação política e veículo ideológico de ostentação dos países ricos. É com um acento antitético a essa dupla estratégia imperialista que Haroldo, sem deixar de defender o internacionalismo, enaltece todo o potencial internacionalista e revolucionário da deglutição crítica típica da *antropofagia* de um Oswald: *Graças a essa "razão antropofágica", nos tem sido possível, a partir de nossa condição "ex-cêntrica" de latino-americanos, devorar criticamente o legado literário universal, deslocá-lo de seu centro privilegiado, desubicá-lo e reprocessá-lo segundo nossas necessidades criativas, com o risco e o rasgo de nossa diferença.*[433]

433 Haroldo de Campos. A recepção estética de Oswald de Andrade. *Em*: Oswald de Andrade, *Obra Incompleta* – Tomo II, edição crítica. São Paulo, Edusp, 2021.

Constatemos: ao imperialismo não interessa a Arte pelo que ela *é*, mas somente pelo que ela lhe pode *servir* – como veículo de dominação. E isto o faz de tal modo, e com tal destreza, que acaba por levar as nações em ebulição revolucionária a contrapor-se ao imperialismo fazendo uso justamente do caráter *nacionalista* de suas criações, na ilusão de que, ao delimitar as fronteiras dos feitos da Cultura, se pudessem frear as estratégias de dominação provenientes dos países imperialistas. Toda a irracionalidade que tanto caracteriza o capitalismo transveste-se, no terreno do Saber, em mordaz racionalidade, calculista e institucionalizada, em prol e por parte das nações dominantes. E quando se dão os agrupamentos de criadores nos países em sublevação, basta a união de três ou quatro criadores para se conclamar, em alto e bom tom, pelo valor da arte "nacional" de onde tais criadores emergem como protagonistas. A Revolução Russa bem demonstrou a catástrofe iminente de tal situação contraditória: serão vozes isoladas as dos *companheiros de viagem* a defender o caráter *internacionalista* da Revolução, em defesa do conteúdo, mas também da *forma* revolucionária, vozes que, à frente da especulação da linguagem, acabaram por serem tachadas como burguesas com ideias "progressistas", a ponto de levá-las ao suicídio. O caso Maiakovski bem o demonstra...

Como quer que seja, o caso francês faz-nos pensar nesse curioso descompasso entre os movimentos políticos e os artísticos. É como se, o tempo todo, a Arte de vanguarda gritasse ao mundo para vir atrás dela, conclamando as pessoas a transformarem suas sensibilidades, para que, quando dos momentos de grandes ebulições sociais efetivas, das quais decorrem substanciais transformações socioeconômicas, ela fosse forçada a arrefecer seu movimento à *l'avant-garde* para dar lugar a retrocessos, cerceamentos e confinamentos pouco condizentes com sua própria natureza especulativa. Talvez chegue um momento de maturação em que a humanidade alce voo e, em paralelo às suas radicais transformações emancipatórias e socialistas em uma dada sociedade, a Arte, igualmente de vanguarda, a acompanhe, sem a necessidade de gritar em defesa do valor do que é feito dentro de suas próprias fronteiras, sempre muito restritas se comparadas com a livre circulação das ideias e dos feitos artísticos. Para tanto, seria necessário que sobreviessem revoluções que almejassem, pelas vias do internacionalismo, transformações globais, para além das fronteiras de onde emergem, e aí sim poderíamos verificar em que ponto a humanidade estaria apta a revolucionar tanto a política quanto as Artes.

A Comuna de Paris, constatemos, não foi capaz de tal feita. Já a Revolução Russa teria sido, nesse sentido, protagonista de tal esperança. Os *companheiros de viagem* foram grandes artistas, radicais e internacionalistas, que apoiaram a Revolução Comunista e foram, inicialmente, por ela sustentados, mas, repetimo-lo, logo tudo esmoreceu como num castelo de areia: o Estado Soviético, degenerado, denegou o internacionalismo e pretendeu-se autossuficiente "em um só país", artistas se suicidaram, outros retrocederam em suas pesquisas artísticas e acataram as imposições que o subsequente regime stalinista lhes impunha, e logo assistimos à emergência do Realismo Socialista, que produziu uma leva de criações artísticas das mais estúpidas em toda a história da humanidade. E hoje, bem... hoje este Estado sequer mais existe. Daquela geração que assassinou seus poetas – como bem afirmara Roman Jakobson[434]– sobrevém a imagem de que não apenas as degenerações das revoluções, como também, e sobretudo, os imperialismos são os grandes assassinos da especulação na Cultura, quando não dos corpos dos maiores especuladores. O artista radical é e parece que continuará sendo, sempre, o baluarte da resistência revolucionária, quer seja em meio ao contexto imperialista, quer seja no dos Estados Operários Degenerados. E será na voz de um sobrevivente – nosso maior poeta vivo, irmão de Haroldo e cofundador do concretismo revolucionário e internacionalista – que concluiremos este breve ensaio, pois suas palavras são testemunho do quão a defesa da sensibilidade constitui arma fundamental para o revolucionário da Cultura, em plena sintonia com o militante verdadeiramente revolucionário, antepondo-se tanto às degenerescências de tipo stalinista quanto ao massacre estético promovido pela indústria cultural capitalista: *Se – como quer Pound – os artistas são as antenas da raça, um país que massacra e menospreza seus poetas sinaliza uma degenerescência grave no seu estágio civilizatório. Hoje não há decretos nem perseguições. Mas a luta dos poetas continua, em todo o mundo, e outras gerações estão sendo dissipadas, num contexto massificador e imbecilizante, onde os meios de comunicação tendem a nivelar tudo por*

434 Vide Roman Jakobson. *El Caso Maiakovski*. Barcelona, Icaria, 1977. Jakobson elogia o texto de Trotsky sobre o poeta, inclusive salientando que Maiakovski julgava o texto de Trotsky muito inteligente.

baixo e a sufocar pelo descrédito ou pelo silêncio as tentativas de fugir ao vulgar e ao codificado.[435]

Eis aí uma crua constatação ao que devemos nos opor no plano da Cultura: à estupidificação imperialista, à coerção reacionária igualmente embrutecedora dos regimes bonapartistas. Refletir sobre tais contradições históricas leva-nos a pensar sobre tais questões e, quiçá, prepararmo-nos para que coisas melhores possam advir em meio às inevitáveis – e esperadas – revoluções futuras.

---

435 Augusto de Campos. *Poesia da Recusa*. São Paulo, Editora Perspectiva, 2006.

AFRIQUE

Capítulo 15

Imperialismo e militarismo em Rosa Luxemburgo e Henryk Grossman

Rosa Rosa Gomes*[436] *e Lincoln Secco

"A violência política é apenas o veículo do processo econômico"
(Rosa Luxemburgo)

A guerra europeia (Primeira Guerra Mundial) consolidou a passagem da era concorrencial à monopólica na história do capitalismo. A participação dos gastos governamentais dos principais países imperialistas no PIB cresceu rapidamente. O período entre as duas guerras mundiais destruiu a economia nos dois sentidos que a palavra pode ter. Fez desabar a economia real e soçobrar o edifício teórico que lhe dava sustentação ideológica. As proposições da economia clássica foram vistas como ingênuas e o keynesianismo assumiu o lugar do liberalismo econômico. Nos círculos de esquerda as teorias do imperialismo ganharam maior relevância, especialmente porque o padrão liberal de governo não conseguiu controlar a inflação do pós guerra sem mergulhar os países numa depressão profunda. Além disso, a experiência de uma guerra total mecanizada exigiu do Estados Maior das forças armadas uma mobilização de recursos e uma logística que situou o gasto público no centro da atividade econômica.

436 Graduada e mestre em História Econômica pela Universidade de São Paulo; assistente de conservação no Museu Paulista.

A relação entre imperialismo e guerra foi estabelecida pelos principais teóricos do imperialismo, como Lênin e Luxemburgo. As duas Guerras Mundiais levaram a um desastre econômico e humano sem precedentes e que encontraram tradução política na perspectiva revolucionária como única alternativa para sua superação.

Rosa Luxemburgo se destacou com sua obra máxima, *A Acumulação do Capital*, de 1913, demonstrando como o imperialismo necessita de expansão territorial e de um Estado militarista, o qual supre parte da demanda para realização da mais valia. A própria busca por mercados coloniais não capitalistas responderia a uma necessidade intrínseca do movimento do capital: *O outro aspecto da acumulação de capital é o que se verifica entre o capital e as formas de produção não capitalistas. Seu palco é o cenário mundial. Como métodos da política colonial reinam o sistema de empréstimos internacionais, a política das esferas de influência e as guerras. Aí a violência aberta, a fraude, a repressão e o saque aparecem sem disfarces, dificultando a descoberta, sob esse emaranhado de atos de violência e provas de força, do desenho das leis severas do processo econômico.*[437] Assim, o avanço por outros espaços é uma das faces da moeda capitalista, que se baseia na violência explícita o que acaba ocultando as leis econômicas do sistema. A outra face são as relações puramente econômicas que se desenrolam no centro do modo de produção capitalista. Nesse espaço as leis, a ideologia mascaram a violência da exploração do trabalho.

Henryk Grossmann foi um expoente da Escola de Frankfurt e se destacou em 1929 como o mais profundo crítico da obra *A Acumulação do Capital* de Rosa Luxemburgo, e também de socialdemocratas como Otto Bauer e Karl Kautsky. Ele questionou a tese de Rosa Luxemburgo, que derivava a possibilidade do colapso do capitalismo a partir da contradição entre a produção de mais valia e a sua realização.[438] Grossmann disse que o colapso tem causas imanentes ao processo de valorização do capital, notadamente na queda tendencial da taxa de lucro. Mas por que o colapso não se realiza? Ele citou as causas (*Ursachen*) contrárias: barateamento do capital constante, aumento da taxa de mais valia, diminuição dos custos da força de

437 Rosa Luxemburgo. *A Acumulação de Capital*. São Paulo, Nova Cultural, 1985.

438 Henryk Grossmann. *La Ley de la Acumulación y del Derrumbe del Sistema Capitalista*. Una teoría de la crisis. México, Siglo XXI, 1979.

trabalho, redução do tempo de rotação do capital. O problema que deu origem ao livro de Grossmann havia sido posto por Rosa Luxemburgo alguns anos antes. Ela percebeu que havia uma tendência à insuficiência da demanda efetiva porque para se produzir mais bens de capital (departamento I) é preciso aumentar a produção de bens de consumo (departamento II) e, consequentemente, seu consumo. Mas quem consumiria os produtos excedentes se o objetivo dos capitalistas é sempre gerar mais lucro, o que leva à restrição do consumo e ampliação do investimento na produção, e os trabalhadores estão limitados pelo salário, não podendo consumir além dele? Assim, não seria possível entender a acumulação de capital dentro do próprio modo de produção capitalista em sua forma pura, como fez Marx no volume II de *O Capital*.

Nesse modo de produção faz-se necessário a existência de outras formas produtivas que o alimentem, essa é a resposta de Luxemburgo para o problema da acumulação e sua explicação para o imperialismo. A sociedade precisa deixar de lado seu fim precípuo (sua própria satisfação) para produzir meios de produção. É necessário poupar, abster-se de consumir mais, para desviar recursos à produção de meios de produção. O capital precisa se acumular superando a contradição entre poupança e investimento. Ele o faz em áreas externas e através da demanda do Estado: *A poupança, isto é, a abstenção do consumo, que é condição prévia para que possa haver acumulação, destrói a motivação para acumular. Em outros termos, um aumento da poupança deve induzir os capitalistas que produzem bens de consumo a reduzir sua atividade porque seus mercados se contraem. Desse modo, eles reduzirão suas compras de meios de produção, o que deve induzir os capitalistas que os produzem a igualmente reduzir sua atividade. Havendo, por outro lado, uma diminuição da poupança, os capitalistas serão induzidos a aumentar sua atividade, só que eles não disporão de meios para fazer isso, pois o excedente acumulável terá ficado menor. [...] A contradição entre poupança e acumulação mostra que esse modo de produção só pode funcionar normalmente, isto é, em acumulação cada vez mais intensa, inserido num meio não capitalista, que lhe fornece um mercado 'externo' em expansão.*[439]

439 Paul Singer. Apresentação. In: Rosa Luxemburgo. *A Acumulação do Capital*, cit.

Ela colocou o problema em termos de valor. Embora seja contraditória algumas vezes em sua obra, notou que Marx só tinha interesse em analisar o capitalismo puro (no qual só existiriam capitalistas e operários) e não uma formação social concreta capitalista que coabita com outros modos de produção. Apesar de sua crítica a esse pressuposto de Marx, ela sabia que os esquemas de reprodução dele (volume II de *O Capital*) só serviam para explicar como funciona a reprodução capitalista, eram modelos explicativos. Em sua *Anticrítica*, Rosa Luxemburgo diz: *Para que a acumulação do capital total ocorra, pois, na classe inteira dos capitalistas, é necessário que existam certas relações quantitativas bem determinadas entre os dois grandes departamentos da produção social, ou seja, o da produção dos meios de produção e o da produção dos meios de subsistência. [...] E, para apresentar suas ideias com toda clareza, nitidez e precisão, Marx desenvolve um modelo matemático um esquema de números inventados. [...] Marx utiliza os esquemas matemáticos como exemplos.*[440]

Preocupada em desenvolver uma teoria do imperialismo, ela foi estudar a obra marxiana, *O Capital*, e a partir de sua crítica a esta obra apontou o problema da realização da mais valia no sistema capitalista, apresentando como sua solução a realização da parte sobrante fora do sistema, em mercados externos que, para ela, são mercados não capitalistas, mesmo que existam dentro de um mesmo país. Segundo Luxemburgo: *A realização da mais-valia é, de fato, a questão vital da acumulação capitalista. [...] a realização da mais-valia exige como primeira condição um círculo de compradores fora da sociedade capitalista... Mercado externo é para o capital o meio social não capitalista que absorve seus produtos e lhe fornece elementos produtivos e força de trabalho.*[441] O que a autora faz a partir dessa análise é descrever o processo histórico da acumulação capitalista até a fase do imperialismo. Essa descrição constitui aquilo que Marx chamava de acumulação primitiva, mas colocada como o próprio modo da acumulação de capital e não uma fase específica de sua história. O próprio Marx concebia aquele processo como algo desigual no território e de longa duração.

440 Rosa Luxemburgo. Anticrítica. In: Rosa Luxemburgo. *A Acumulação de Capital*, cit.

441 Rosa Luxemburgo. *A Acumulação de Capital*, cit.

Já Grossmann sustenta que as mercadorias que se transferem aos países periféricos não são doadas, mas vendidas ou trocadas por outras mercadorias. Por isso continuaria o problema de sua realização (venda) quando ingressassem no país central. Ele considera o pensamento de Luxemburgo mercantilista, e não de uma fase de exportação de capitais. Também rechaça o consumo de prestadores de serviços porque "o caráter imaterial destes últimos faz impossível utilizá-los para a acumulação de capital. O caráter material das mercadorias é um pressuposto necessário de sua acumulação". Por fim ataca a ideia de Luxemburgo de que o estado militarista consome parte da mais valia posto que "do ponto de vista do capital global o militarismo é um setor de consumo improdutivo".[442] Com avanço inimaginável da indústria militar e da produção "imaterial" mostra-se como Grossmann estava errado nestes dois aspectos.

A obra de Luxemburgo tem contribuições importantes para o debate da atualidade sobre o papel do Estado, das periferias e do militarismo dentro do capitalismo. Para Rosa Luxemburgo, a acumulação capitalista só ocorre através da expansão sobre as formas não capitalistas e, mais especificamente, desenvolve-se na destruição destas. Assim, a violência está presente em todo o desenvolvimento desse modo de produção. Já em 1911, a tônica de seu discurso era a necessidade de problematização do militarismo, esclarecendo suas relações com a política colonial e a sobrevivência do capitalismo. Este não era possível sem o primeiro e, por isso, o discurso da paz só seria cabível dentro de paradigmas revolucionários. Importante destacar que o imperialismo para Luxemburgo se constitui na fase do capitalismo em que as potências disputam o mercado mundial. A história do desenvolvimento capitalista, assim como, sua lógica de funcionamento, levaram ao momento em que diversos países teriam se tornado capitalistas e disputavam espaços no mundo para acumular capital, para fazer a roda girar.

Nesse processo, o militarismo cumpre um papel crucial e possui duas funções: 1) colocar em funcionamento o próprio processo de acumulação através da coerção; 2) ser uma área de acumulação do capital. Da "acumulação primitiva" ao imperialismo, o militarismo sempre esteve presente, mas o desenvolvimento das forças produtivas, da indústria bélica especificamen-

442 Henryk Grossmann. *La Ley de la Acumulación y del Derrumbe del Sistema Capitalista*, cit.

te, incluiu-o como mais um campo da acumulação. Para entender como isso funciona é preciso ter em mente os pontos de partida de Rosa Luxemburgo. Para ela, a acumulação não pode ocorrer em um sistema fechado, aonde só existam trabalhadores e capitalistas, porque os operários não podem realizar a mais-valia e os capitalistas tendem a poupar para acumular. Assim, são necessários os mercados externos, fronteiras externas da acumulação. Por exemplo, tenhamos um capital social total de:

$$100c + 20v + 20m = 140$$ [443]

Os operários consomem a parte do produto equivalente aos 20v pagos em salários, 100c são reinvestidos na produção, supondo que 10m – 50% da mais-valia – é consumida pelos capitalistas, quem realiza a parte do produto representada pelos outros 10m que precisam ser direcionados para a produção na forma de capital acumulado? Luxemburgo resolve esse problema com os mercados externos, mas no último capítulo de seu livro, ela encontra uma fronteira interna da acumulação: a indústria bélica produzida pelos impostos indiretos arrecadados dos trabalhadores e dos camponeses. A autora enfatiza que esses impostos só abrem um novo campo de reprodução ampliada quando são destinados a material bélico, do contrário são gastos contabilizados no salário dos trabalhadores,[444] ou como parte da renda dos capitalistas e, portanto, não realizam mais-valia. Ou seja, se os impostos são retirados dos trabalhadores para sustentar a burocracia estatal, eles apenas redirecionam o consumo dos trabalhadores para os burocratas do Estado, o que não gera nova demanda. Diferente do caso de os impostos serem investidos em material bélico. Neste caso, reduz-se o custo de manutenção dos trabalhadores, o que para Luxemburgo é um gasto indesejável para o capital, ele só o faz porque precisa, se puder ser poupado melhor. Ao fazer isso, este valor que seria utilizado para a subsistência do operário vai para o Estado e em seu poder gera uma demanda por armamentos, alta e constante, e é aí que se realiza parte da mais-valia sobrante. Se termos um capital social total de 6.430c + 1.285v + 1.285m = 9.000[445] e retiramos 100v

443 Em que 100 é capital constante, representando as máquinas e matérias-primas, 20 é capital variável, representando os salários, e 20 é correspondente a mais-valia produzida.

444 Chamado de capital variável.

445 Estes esquemas foram retirados dos exemplos da própria Rosa Luxemburgo no capítulo "O militarismo

correspondente aos impostos indiretos, esses 100 serão reduzidos do produto total do departamento II (meios de consumo), teremos:

$$I.\ 4.949c + 989{,}75v + 989{,}75 = 6.928{,}5$$
$$\text{II. } 1.358{,}5c + 270{,}75 + 270{,}75 = 1.900$$

Ao retirar 100 do produto total do departamento II, Luxemburgo faz os cálculos de proporção entre os dois departamentos e o que vemos acima é uma redução em todos os componentes do produto social total gerando um valor de 8.828,5, ou seja, 171,5 a menos. No entanto, este valor não deve ser contabilizado para todos os componentes, ele sai inteiramente do trabalhador, portanto, a redução do produto social total não deve ser vista como redução da mais-valia, mas como redução do salário, de maneira indireta. Redução esta que gera uma demanda de 171,5 em gastos bélicos do Estado. Teríamos:

$$6.430c + 1.113{,}5v + 1285m = 8.828{,}5 \text{ produto social total}$$

Os impostos não trazem apenas a demanda, mas também liberam força produtiva – meios de produção e trabalhadores – da produção dos meios de consumo para uma nova indústria: a da guerra. É evidente o quanto o militarismo é uma indústria importante para o capitalismo. Os Estados Unidos tem um exército altamente equipado e os gastos militares perfizeram uma média de 40,2% do gasto militar mundial de 2000 a 2009.[446]

Ainda que seus gastos tenham diminuído em relação ao PIB de 1988 para 2023, eles correspondem a quase metade do gasto de todo o mundo em uma conjuntura de inúmeras crises que aconteceram nos anos 2000.[447] Não há como negar que essa infraestrutura militar é responsável em parte pela hegemonia norte-americana hoje. Mas ela também impulsiona avanços tecnológicos que muitas vezes criam demandas como aparelhos multifuncionais que não necessitaríamos em outro contexto social e até ajudam

como domínio da acumulação do capital" do livro *A Acumulação do Capital*.

446 Edison Benedito da Silva; Rodrigo Fracalossi de Moraes. *Dos "Dividendos da Paz" à Guerra contra o Terror.* Gastos militares mundiais nas duas décadas após o fim da Guerra Fria – 1991-2009. Rio de Janeiro – Brasília, Ipea, 2012.

447 Em 2023, os Estados Unidos contribuíram com 37% dos gastos militares mundiais. O segundo lugar foi da China, com 12%.

na exploração da força de trabalho, como os celulares inteligentes. Além disso, esse mecanismo atua na dominação das periferias do sistema, tanto internacionalmente quanto dentro dos territórios nacionais. Assim, conseguimos entender o papel do Estado e da marginalidade do sistema e suas relações com o militarismo, hoje. O Estado serve de agente das políticas de repressão e exploração e atua na reprodução ampliada ao fazer crescer sua demanda por material bélico por causa das políticas repressivas que levam a sua crescente militarização. Militarização não somente necessária para a acumulação, mas também para o cercamento de suas periferias, permitindo que delas seja extraído o máximo de mais-valia possível, o que nos países subdesenvolvidos significa grande número de trabalhadores com baixa produtividade, devido à baixa tecnologia dos bens de capital, e péssimas condições de trabalho.

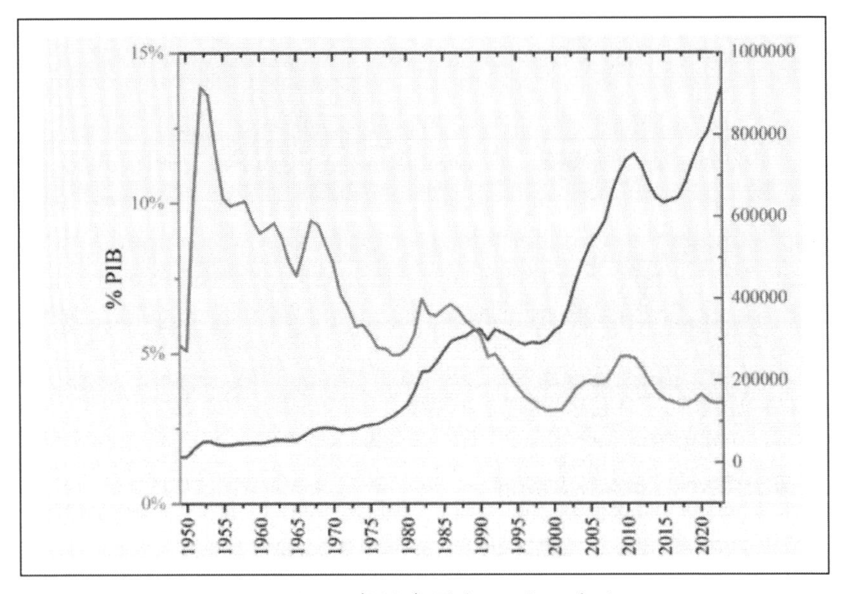

Fonte: SIPRI (2024). Elaboração própria.

O capital social só existe concretamente como múltiplos capitais. É por isso que Marx explica a tendência ao nivelamento da taxa de lucro dos múltiplos capitais como produto da concorrência entre eles. Sempre buscando postos mais lucrativos, eles acabariam por se distribuir de modo a uniformizar a taxa de lucro. Mas isso jamais ocorre porque concretamente há sempre um desnivelamento desta taxa: os capitais estão sempre em estágios tecnológicos distintos ou áreas diversas e, assim, acontece uma transferência de valor do menos desenvolvidos ao mais desenvolvido. Os mercados externos funcionam como concorrentes capitalistas de baixa composição orgânica de capital, portanto, como produtores de mais valia transferível aos capitais mais avançados. Eles são, segundo Mandel, como o departamento II da economia, pois na troca entre os departamentos também há desnivelamento. Para Mandel a concorrência impele os capitalistas a buscar oportunidades de superlucros[448]. Uma taxa de lucro nivelada seria uma utopia. Tal busca de mais lucratividade pode ocorrer seja mediante introdução de tecnologia pioneira, seja conquistando áreas periféricas para monopolizar ou mesmo produzir mercadorias (matérias primas e auxiliares ou mesmo bens de consumo que barateiem a força de trabalho no centro).

O nivelamento da taxa de lucro é uma abstração teórica que permite explicar não a própria nivelação, mas o seu contrário. O que interessa no exemplo numérico de Marx acerca de distintos capitais nivelados por uma taxa de lucro média é a explicação de como se dá a transferência de valor na circulação mediante a oscilação dos preços acima e abaixo do valor. Trata-se da exploração internacional. Grossmann se utiliza deste exemplo numérico de Marx em que o país I é asiático e o II é europeu:

I. 16c + 84 v +21m = 121; TL= 21% (Ásia)
II. 84c + 16 v + 16m = 116; TL= 16% (Europa)

Como lembra Grossmann, no mercado internacional não se trocam equivalentes, pois as taxas de lucro são niveladas. Um país europeu vende seu produto a preço maior do que o seu valor. O país asiático vende sua mercadoria a preço inferior ao seu valor. Nivelando-se as duas taxas de lucro (TL) acima, teremos uma média de 18,5%. Assim, o país europeu que venderia seu produto a 116 (vide II), obtém 118,5. O mesmo vale para as trocas dentro de um mercado nacional, por isso a noção de mercados exteriores de Rosa Luxemburgo, coerente com a hipótese da

448 Ernest Mandel. Prefácio. In Rosa Luxemburgo. *Introdução à Economia Política*. São Paulo, Martins Fontes, s/d. A explicação da troca desigual em Mandel partiu do princípio de que há troca de equivalentes entre centro e periferia, sem violar a lei do valor. No entanto, tais valores iguais correspondem a quantidades diferentes de horas trabalhadas.

nivelação das taxas de lucro, engloba tanto a periferia de estados centrais quanto suas áreas internas camponesas.

A mais valia deve ser realizada "individualmente". Portanto, os capitais buscam sempre trocar com produtores primitivos ou dotados de técnica defasada, sejam eles artesãos ou camponeses do próprio país ou das colônias. O fato de que a produção é primitiva, ou seja, pode encerrar-se em mercados locais; ou ainda baseada em trabalho compulsório em nada altera o fato. Os trabalhadores escravos agregam valor ao produto que, ao ingressar no mercado mundial, é realizado. E se não entrar, a mais valia é esterilizada, perdida ou consumida de forma suntuária. O próprio Henryk Grossmann lembrou que o desenvolvimento da indústria torna a importância das matérias primas e auxiliares cada vez maior. Sob circunstâncias constantes, a taxa de lucro das empresas aumenta ou diminui no sentido inverso ao preço das matérias primas. A maquinaria e a ciência aplicada já são controladas pelos países centrais e seu valor se dispersa numa imensa coleção de mercadorias descartáveis. A produtividade incrementada do trabalhador o torna capaz de movimentar maior massa de matérias primas. Assim, à crescente produtividade da maquinaria e do trabalho corresponde um consumo maior de matérias-primas, o que faz cair o valor unitário dos produtos, mas aumenta a demanda por insumos. A tecnologia mais desenvolvida só será usada naquilo que é vantajoso e necessário para o centro, porque, como vimos, é na diferença tecnológica que se transfere a mais valia da periferia para o centro. No exemplo acima, a periferia apresenta taxa de mais valia que é só ¼ da europeia. O papel da periferia é manter elevada a composição orgânica (Q) do capital no país central. De acordo com a fórmula de Marx:

$$TL = TM/Q+1$$

onde: TL – taxa de lucro; TM – taxa de mais=valia; Q – composição orgânica do capital (c/v).

Nos últimos anos, o elemento que tende a aumentar Q é a matéria-prima. Daí a necessária violência contra as periferias, porque é delas que se retiram tais produtos. É verdade que a exploração de petróleo ou a mineração na periferia utilizou-se de modernos processos tecnológicos no início do século XX. Mas se a composição orgânica do capital ali era maior, nem por isso a tecnologia era usada generalizadamente. Ela só o era na produção específica daquilo que as metrópoles demandavam: *matérias primas e combustíveis*. Do ponto de vista matemático, a exploração do trabalho na periferia do capital, que como vimos não é apenas internacional, mas se encontra internamente às fronteiras nacionais, é menor que no centro já que na primeira a taxa de mais valia é de 25% e no último é de 100%. No entanto, é só com esta diferença de extração de mais valia que o centro consegue manter sua alta produtividade e o direcionamento do capital para si.

A violência "primitiva" do capital é reposta, assim, em muitos sentidos: na exploração com o uso da coerção, baseado na barbárie do exército; no uso de baixas tecnologias para a exploração do trabalho. Por este motivo, a violência aparece em sua crueza nas periferias, ali o capital vai agir de forma mais intensa, porque é dali que ele consegue extrair e realizar o valor necessário a sua reprodução ampliada: dali ele extrai as matérias-primas para alimentar seus equipamentos mais produtivos no centro e ao mesmo tempo produzir produtos de baixa composição orgânica, transferindo os lucros da exploração.

AFRIQUE

Capítulo 16

O "Século Americano"

Osvaldo Coggiola

A *blitz* econômica mundial dos EUA foi anterior à sua hegemonia política: o número de filiais implantadas no exterior antes de 1914 era de 122 para as empresas americanas, 60 para as inglesas e 167 para as demais firmas europeias.[449] A conquista da hegemonia política mundial pelos EUA foi umj processo fundamental do capitalismo no século XX. Além da sua vitoriosa concorrência contra seus rivais, isso foi o resultado de duas guerras mundiais e de múltiplos conflitos locais, que fizeram recuar (ou quase destruíram) os países capitalistas concorrentes e, também, da derrota do movimento operário e camponês norte-americano, resolvendo favoravelmente à burguesia ianque um conflito de classes que abalou o país durante meio século. Foi durante a Primeira Guerra Mundial que Nova York despontou como centro financeiro do mundo e o dólar passou a rivalizar com a libra esterlina. Os primeiros bancos a se internacionalizarem foram os norte-americanos: no período que vai desde 1918 a 1960 as sucursais bancárias norte-americanas no exterior duplicaram (de 61 a 124), mas nos quinze anos seguintes seu número se multiplicou por sete; em 1975, existiam quase 900 filiais de bancos norte-americanos no exterior. Nessa proliferação

449 L. G. Franko. *The Other Multinationals*. The international firms of continental Europe (1870-1970). Genebra, CEI, 1973.

internacional de sucursais, os bancos japoneses e europeus seguiram o caminho aberto pelos bancos norte-americanos. Os EUA, aproveitando-se da disputa entre os países europeus, utilizaram a guerra como ativador econômico; os demais países se converteram de exportadores em importadores de mercadorias e de capital. O final da Primeira Guerra Mundial prenunciou a hegemonia norte-americana, em suas dimensões econômica, financeira, militar e ideológica.

Em 1917, a entrada dos EUA na guerra foi, junto com a revolução russa, o fator fundamental de mudança das relações mundiais. Não diretamente implicados no conflito, divididos em função da origem nacional da sua população, impedidos de comerciar com os impérios centrais devido ao bloqueio britânico, os EUA, no entanto, triplicaram seu comércio exterior de 1914 a 1917, como abastecedores não só de alimentos, mas também de manufaturas, armas e munição aos aliados; a banca americana tinha sido autorizada a realizar empréstimos à *Entente* desde outubro de 1914: em 1917 a dívida aliada com os EUA já atingia 2,7 bilhões de dólares. A guerra submarina alemã, que ameaçava os fornecedores dos EUA, decidiu a intervenção destes na Primeira Guerra Mundial. Ela foi decisiva, pois seu primeiro resultado foi a realização (atuando sobre as nações neutras) do bloqueio da Alemanha, que a partir desse momento viu-se condenada à asfixia econômica. A vitória da *Entente* passou a ser um fato previsível, mas também o era a transformação dos EUA em principal potência mundial: entre 1914 e 1918, o PIB dos EUA aumentou em 15%, sua produção mineira em 30%, sua produção industrial em 35%.

Para atingir esses resultados e ganhar o status de primeira potência, os EUA perderam "só" 50 mil soldados durante o conflito (28 vezes menos que a França). Para Fritz Sternberg a intervenção americana na guerra foi "uma empresa colonial em grande escala levada adiante em território estrangeiro".[450] Os EUA, que no início do século XX estavam na condição de país devedor, na década de 1920 inverteram essa situação, tornando-se grandes credores internacionais, com a ascensão de Nova York como praça financeira internacional; o dólar já rivalizava com a libra inglesa como moeda internacional. A guerra forneceu também o álibi que as classes dominan-

450 Fritz Sternberg. *The Military and Industrial Revolution of Our Time*. Nova York, Praeger, 1959.

tes esperavam para "limpar" o movimento operário, com dois alvos fundamentais: o cada vez mais influente SPA (*Socialist Party of America*, 6% dos votos nas eleições presidenciais, em 1912), e os IWW (*Industrial Workers of the World*) que organizavam as lutas do operariado de imigração recente. O chauvinismo foi seu grande pretexto: um senador democrata chamou os IWW de "*Imperial Wilhelm's Warriors*" ("guerreiros do Imperador Guilherme" da Alemanha).

Leis "contra a espionagem" foram aprovadas e usadas em larga escala contra os ativistas operários estrangeiros: 165 dirigentes IWW foram inculpados por "conspiração para a insubordinação militar"; 15 deles foram condenados a 20 anos de prisão. No decorrer da guerra, o presidente Woodrow Wilson, reeleito em novembro de 1916, formulou seus "14 pontos", pondo os EUA na condição de grande árbitro da política mundial para o fim da conflagração: fim da diplomacia secreta, liberdade de navegação, fim das barreiras comerciais, desarmamento geral, autonomia para as nacionalidades do Império Austro-Húngaro, entre outros. A guerra, na sua ótica, era "pela democracia" e "contra a guerra", por uma "paz sem vitória". Ao redor dos "14 pontos" se reorganizou e reagrupou, na Europa, a socialdemocracia: o "wilsonismo" marcou o início de uma aliança estratégica entre os dirigentes políticos do *establishment* norte-americano, apoiados pelo sindicalismo conservador (em especial a AFL de Samuel Gompers) e a socialdemocracia europeia, contra a revolução russa de outubro de 1917, que propunha outra alternativa para o fim das hostilidades.[451]

Trotsky chamou a atenção para o novo papel econômico e político dos EUA, em discurso proferido na Internacional Comunista em 1922: *Os novos papéis dos povos estão determinados pela riqueza de cada um deles. A avaliação da riqueza dos diferentes Estados não é muito precisa, mas nos bastam cifras aproximadas. Tomemos a Europa e os EUA tais como eram há cinquenta anos, no momento da guerra franco-prussiana. A riqueza dos EUA era estimada em 30 bilhões de dólares, a da Inglaterra em 40 bilhões, a da França em 33 bilhões, da Alemanha em 38 bilhões. Como se vê, a diferença entre esses países não era grande. Cada um deles possuía de 30 bilhões a 40 bilhões, e, destes quatro países mais ricos do mundo, os EUA eram os mais pobres... Qual é a situação*

451 Sobre o papel central dos EUA na "contenção do comunismo", ver: George F. Kennan. *The Decision to Intervene*. Soviet-American relations 1917-1920. Nova York, Norton & Company, 1965.

atual, meio século depois? Hoje, a Alemanha é mais pobre que em 1872 (36 bilhões); a França é duas vezes mais rica (68 bilhões); a Inglaterra também (89 bilhões); enquanto a riqueza dos EUA aumentou para 320 bilhões. Dos países europeus citados, um voltou a seu nível antigo, outros dois dobraram a sua riqueza e os EUA se tornaram onze vezes mais ricos. É por isso que, gastando 15 bilhões de dólares para arruinar a Europa, os EUA atingiram completamente o seu objetivo. Antes da guerra, a América era devedora da Europa. Esta última constituía, por assim dizer, a principal fábrica e o principal depósito de mercadorias do mundo. Além disso, graças sobretudo à Inglaterra, era o grande banqueiro do mundo. Estas três superioridades pertencem atualmente à América. A Europa está relegada a um papel secundário. A principal fábrica, o principal depósito, o principal banco do mundo são os EUA.

Também notou que a nova posição dos EUA fazia do país o depositário de todas as contradições do desenvolvimento passado do capitalismo: *Quanto mais os EUA submetem o mundo inteiro a sua dependência, mais os EUA caem na dependência do mundo inteiro, com todas as suas contradições e comoções em perspectiva. Hoje, a revolução na Europa supõe a quebra da Bolsa norte-americana; amanhã, quando os investimentos do capital norte-americano na economia europeia tiverem aumentado, significará uma comoção mais profunda... A potência dos EUA constitui precisamente seu ponto vulnerável: implica sua crescente dependência a respeito dos países e continentes econômica e politicamente instáveis. A América se vê obrigada a fundar sua potência em uma Europa instável, isto é, nas revoluções próximas da Ásia e da África. Não se pode considerar a Europa como um todo independente. Mas a América tampouco é um todo independente. Para manter seu equilíbrio interno, os EUA têm necessidade de uma saída cada vez mais ampla para o exterior; esta saída ao exterior introduz em seu regime econômico elementos cada vez mais numerosos da desordem europeia e asiática.*[452]

A prosperidade do capitalismo dos EUA não se assentava sobre bases apenas conjunturais. Entre 1870 e 1929, em pouco mais de meio século, o produto industrial dos EUA quadruplicou: massas enormes de capitais e tecnologia avançada explicam em parte esse sucesso; também o explica a excepcional disposição de força de trabalho, primeiro de origem rural;

452 Leon Trotsky. *Europa y América*. Buenos Aires, El Yunque, 1974.

depois graças à imigração. A chegada de estrangeiros foi de 700 mil (1820-1840); 4,2 milhões (1840-1860); 2,81 milhões (1870-1880, na década depois da "guerra de secessão"); 5,43 milhões (1880-1890) e 3,69 milhões (1890-1900). O movimento atingiu seu ápice no início do século XX: 8,8 milhões (1900-1910); 5,74 milhões (1910-1920). Na véspera da Primeira Guerra Mundial, 60% da mão de obra americana era estrangeira. Graças à sua nova posição mundial, na década de 1920 os EUA apresentaram uma notável prosperidade, levando ao renascimento do liberalismo econômico interno; aumento da taxa de acumulação de capitais, crescimento demográfico (de 106 milhões para 123 milhões de habitantes, com limitação da imigração), estímulo à expansão de crédito. O crescimento dos EUA foi acompanhado pelo reforço de sua posição hegemônica mundial, sendo em 1926-1929 responsável por 42,2% da produção mundial de industrializados, primeiro produtor mundial de carvão, eletricidade, petróleo, aço e ferro fundido, acumulando superávits em seus balanços de pagamentos devido à sua condição de primeiro exportador mundial.

Houve também a expansão da exportação de capital norte-americano; a rapidez com que o capital dos EUA realizou investimentos no exterior não tinha paralelo na experiência de qualquer país credor precedente. Grande parte tomou a forma de investimento direto através ou sob o controle de companhias norte-americanas; três bilhões de dólares foram investidos no correr do decênio de 1920 dessa forma. Em 1925, o índice de produção geral para a América do Norte mostrava um aumento de 26% sobre 1913, contra um aumento de apenas 2% para a Europa. Grande parte desse crescimento incluía investimentos em países da América do Sul e no Japão. A prosperidade escondia problemas estruturais: baixa taxa de lucros, alto grau de concentração de renda, razoável nível de desemprego, que quando maximizados dariam origem à uma crise econômica sem paralelo. Depois da Primeira Guerra Mundial, houve um aumento geral da demanda e da produção, que concluiu em 1920, quando os preços começaram a cair (de 70%, até 1929, no Canadá): 50% para o trigo, 40% para o algodão, 80% para o milho, nos EUA.

A crise agrícola dos EUA golpeava sobretudo pequenos e médios agricultores: a renda agrícola caiu de 16% para 9% da renda nacional. A migração para as cidades se acentua, os preços industriais aumentam devido à política protecionista (generalizada em todos os países industrializados): o marasmo agrícola foi, nos anos 1920, um fator de desequilíbrio da *prosperity*. Cresceu também a concentração do comércio varejista: a *Great Atlantic Pacific Tea* passou (em 6 anos) de 5000 para 17.500 lojas; as cadeias de lojas vendiam 27% dos alimentos, 30% do tabaco, 27% das roupas. No fim do processo, oito grupos financeiros detinham 30% da renda nacional: a banca Morgan (General Electric, Pullman, US Steel, Continental Oil, ATT), Rockefeller (6,6 bilhões em ativos), Kuhn e Leeb (10,8 bilhões), Mellon (3,3 bilhões), Dupont de Nemours (2,6 bilhões)... Constituíram-se também redes de acordos internacionais: Dupont de Nemours e IG Farben da Alemanha, General Electric com Siemens e Krupp (também alemãs), General Motors e Opel.

A prosperidade estava longe de ser partilhada equitativamente. As desigualdades sociais nos EUA se aprofundaram durante a década de 1920, o mercado não acompanhou o ritmo da produção, criando uma acumulação de estoques que só poderiam ser comercializados mediante o recurso, cada vez mais intenso, ao financiamento do consumo. A taxa de lucro permaneceu baixa, os capitais se exauriram paulatinamente. A política de investimentos norte-americana no exterior, peça fundamental de sua expansão na década de 1920, se assentava sobre bases precárias. Os vultosos empréstimos para a Europa foram feitos a longo prazo. No médio prazo, os resultados seriam desastrosos para a produção e o comércio exterior como um todo, especialmente para os EUA, que se veriam, ao mesmo tempo, sem capitais e sem compradores para suas exportações. Quanto à classe operária norte-americana, ela carecia de fortes partidos de esquerda; segundo diversos autores, o caráter imigrante da classe operária norte-americana foi a principal razão do fracasso do socialismo nos EUA: "A mão de obra norte-americana continua formando uma das classes trabalhadoras mais heterogêneas que existem: nos aspectos étnico, linguístico, religioso e cultural. Com uma classe trabalhadora de semelhante composição, fazer do socialismo e do comunismo o 'ismo' oficial do movimento significaria - ainda que as demais condições o permitissem - expulsar deliberadamente do movimento operário os católicos, que talvez fossem a maioria na *American Federation of Labor*, AFL, já que sua composição irreconciliável com o socialismo é uma questão religiosa de princípio. Consequentemente, a única consciência aceitável para os trabalhadores norte-americanos em conjunto é uma 'consciência do emprego' com um objetivo limitado de controle de salários e empregos".[453]

A origem da classe operária norte-americana foi base da tese da incompatibilidade histórica entre os EUA e o socialismo, baseada nas "diferenças entre as políticas e as práticas dos movimentos trabalhistas de Europa e América".[454] Muitas objeções foram feitas a essa tese. Dirigentes sindicais e de esquerda como Bryan, Debs e Haywood eram norte-americanos de família norte-americana. John R. Commons argumentou que a pressão da imigração (ilimitada) podia desembocar na miséria e radicalizar o proletariado norte-americano. Outra explicação do fracasso do socialismo nos EUA indicou que a ampla convicção de que qualquer homem capaz podia chegar a algo tinha certa base objetiva; o que impediu o desenvolvimento dos movimentos de protesto sobre a base da luta de classes foi a possibilidade extraordinariamente favorável de uma ascensão social. À medida que nos aprofundamos na questão, os fatores "étnicos" e "nacionais" ficam cada vez mais mediatizados pelos fatores *políticos*. O movimento operário "apolítico" e "amarelo", representado pela AFL já se encontrava em crise na década da *prosperity*, antes da crise de 1929 e o consequente desemprego em massa. Desde 1920, ano em que atingiu o máximo de filiados em sua trajetória, o retrocesso do AFL permaneceu constante. O número de conflitos diminuiu de forma notável: de mais de 4.000.000 de grevistas em 1919, decresceu para 330.000 em 1926 e, de 1927 a 1931 a média anual de grevistas foi de 275.000. As derrotas recaíam sobre as mobilizações operárias e desmoralizavam bases e líderes.

Foram muitos os meios empregados contra o sindicalismo nos EUA. A cumplicidade dos tribunais de justiça brindava a possibilidade da interpretação distorcida das leis. Aplicavam-se leis contra os operários como a "Lei Sherman", originalmente sancionada para evitar as práticas monopolistas. A falta de legislação trabalhista também permitia a política de *open*

---

453 Selig Perlman. *A Theory of the Labor Movement.* Nova York, Macmillan, 1928.

454 Walter Galensoni. Why the American labor movement is not socialist? *American Review* vol. 1, n. 2, inverno 1961. Para um balanço geral, cf.: Ira Katznelson e Aristide R. Zolberg. *Working-class Formation.* Nineteenth-century patterns in Western Europe and the US. New Jersey, Princeton University Press, 1986.

shop (oficina aberta), pela qual cada fábrica tinha o direito de contratar operários não pertencentes a sindicatos, e a prática dos contratos de não filiação (*yellow dogs contracts*), que impediam a seus assinantes a filiação aos sindicatos. O fim da política de imigração em 1924 buscou assentar sobre bases mais controláveis o mercado da força de trabalho; mas, sobretudo, evitar a contaminação da classe operária com imigrantes portadores da ideologia comunista que protagonizavam as revoluções europeias. No âmbito econômico, a medida esclarecia um câmbio do aparelho de produção: o provocado pela automação, que requeria uma crescente quantidade de pessoal qualificado. Se em 1910 se necessitava de 60 engenheiros para cada 10.000 operários, e em 1920, 70, em 1930 a necessidade era de 110 engenheiros. Isto implicava uma diminuição do capital variável destinado ao pagamento de salários em benefício do capital fixo investido em maquinarias, o que se traduzia em um crescente desemprego. Assim se explica que os desempregados nunca fossem menos do que 1.600.000 na era da prosperidade.

O desemprego, combinado com a divisão em múltiplas minorias do proletariado, foi a principal arma que usaram os monopólios. A minoria negra desempenhou um papel significativo. As corporações encontraram nos negros uma reserva de mão de obra que podia ser usada contra o movimento operário. Os negros resistiam com dificuldade a esse papel. Em primeiro lugar, em sua nova condição, nas cidades, desfrutavam de imensas vantagens em relação a sua vida anterior; e, como herança de sua escravidão, viam o patrão como seu benfeitor e amigo, e ao trabalhador branco como seu inimigo natural. A maioria desconhecia tudo sobre o sindicalismo e a solidariedade de classes. Mas, de todas as razões, foi a atitude racista da AFL a que empurrou os negros a romper com o movimento operário. As uniões de ofícios atuavam de modo discriminatório, e a AFL aprovava tal atitude. Desde 1890 havia-se negado a condenar as práticas racistas de seus grêmios e, além disso, tratava de organizar os negros separadamente, em fracos sindicatos por cidade, dependentes da mesma federação e sem conexão com os grêmios locais. Assim, os negros não podiam sentir solidariedade ante semelhantes sindicatos, e sua oposição era tanto maior quanto maior fosse a sua consciência de classe.[455]

455 Daniel Guérin. Où va le peuple américain? *Annales*. Économies, sociétés, civilisations, nº 1, 7 année, Paris, 1952.

Foi na oposição da AFL aos monopólios da indústria pesada onde se produziu uma situação crucial. A Federação representava formas atrasadas de produção e passou a operar como freio ao desenvolvimento do aparato produtivo, devido à sua oposição à racionalização do trabalho, à introdução de novidades técnicas que reduziam custos. A decadência da AFL, que experimentou uma diminuição do número de filiados de 4.000.000 no começo da década de 1920 para 2.500.000 em 1932, e a proliferação e crescimento de sindicatos de empresas, desvinculados entre si e a serviço da patronal, que chegaram a abranger mais de 1.500.000 operários, tem sua melhor explicação na necessidade do capitalismo de liquidar sindicatos que, segundo Gramsci, lutavam ainda "pela propriedade do trabalho contra a liberdade industrial. O sindicato operário norte-americano é mais a expressão corporativa da propriedade dos ofícios qualificados do que outra coisa, e por isso sua destruição, arquitetada pelos industriais, tem um aspecto progressista".[456] Os militantes comunistas norte-americanos tentaram uma reelaboração da prática sindical na AFL. Lançaram um programa de organização que superava a distinção entre ofícios e a separação com os não especializados por meio da união: essas fusões deviam ser voluntárias. Esse programa não tardou a ser torpedeado pela AFL.

Depois da repressão contra os socialistas durante a Grande Guerra, diversas tentativas foram feitas para construir um partido operário ou de esquerda. O *Farmer's Labor Party*, porém, desapareceu depois de fracassar nas eleições de 1920. Em 1923, os sindicalistas de Chicago, criaram o FFLP (*Federated Farmer Labor Party*): "capturado" pelos comunistas, o novo partido vira logo um "satélite" sem influência. Os que o abandonaram, se incorporam ao partido "populista" criado pelo senador republicano La Follette. As dificuldades do jovem PC norte-americano, por sua vez, provinham menos da sua composição étnica do que de sua inicial orientação ultraesquerdista, que se recusava ao trabalho legal e à ação dentro dos sindicatos da AFL. Nas lembranças de James P. Cannon, um dos fundadores do PCA: "O partido começou a voltar-se para a sindicalização e deu seus primeiros passos vacilantes na AFL, praticamente única organização dos trabalhadores nesse momento. "Enquanto levávamos adiante a batalha pela

456 Antonio Gramsci. Americanismo e fordismo. *Quaderni del Carcere*. Turim, Einaudi, 1975.

legalização do partido, lutávamos também para corrigir sua política sindical. Esta batalha também foi bem sucedida; a posição sectária original foi rechaçada. Os comunistas pioneiros revisaram seus pronunciamentos prematuros e sectários, que haviam favorecido o sindicalismo independente". No IV Congresso da Internacional Comunista, Trotsky apoiou os "anti-sectários" do PC norte-americano. A emergência do stalinismo, na URSS e na Internacional, fez abortar esse começo: "A série de novas lutas de frações que se travaram no ano de 1923, continuaram um tempo depois quase ininterruptamente até que os trotskistas foram expulsos do partido em 1928. A luta se agudizou até a primavera de 1929, quando a direção de Lovestone, que nos havia expulsado, também foi expulsa. Logo, a stalinizada Comintern freou as lutas entre as frações, expulsando todo aquele que tivera uma atitude independente e elegendo uma nova direção que saltava cada vez que soava a campainha".[457]

Em 1929, 200 sociedades detinham 50% do capital comercial e industrial, 20% da riqueza nacional: apenas 2000 indivíduos as controlavam. Na indústria, os métodos de Taylor ("taylorismo") fizeram aumentar a produtividade de 25% a 30%. O custo da mão de obra, portanto, caiu, em que pese o aumento dos salários reais (que cresceram, em média, 22% entre 1922 e 1929): a política de altos salários nas indústrias mais concentradas ampliou o mercado de consumo; era defendida por Henry Ford (quem afirmava que "um nível natural e estável de salários e lucros é um sinal de mal-estar dos negócios"). Também se generalizou a venda a crédito, que abrangia já 15% do varejo em 1929 (50% dos eletrodomésticos, 60% dos carros, 70% das rádios). A publicidade se transformou num departamento separado da produção, consumindo, em 1929, 2% da renda nacional: o consumo se uniformizava, as necessidades e gostos viravam *standards*, e necessidades "novas" eram criadas (carros, cosméticos). A pesquisa explodiu, acompanhando o crescimento da produção: em 1927, mais de mil sociedades já possuíam laboratórios próprios, o "taylorismo" era ensinado nas *business schools*. Os EUA criavam o capitalismo que se generalizaria no mundo depois da Segunda Guerra Mundial. A política governamental favorecia a concentração, em que pese

457 James P. Cannon. *The Struggle for a Proletarian Party*. Nova York, Pathfinder Press, 1970, assim como a citação precedente.

a existência de uma "lei contra os trusts" (pouco aplicada): os impostos ao capital eram cada vez mais reduzidos, a *Federal Trade Commission*, criada para combater a "cartelização", caiu no esquecimento.

Na década de 1920, os EUA se transformaram no grande credor mundial, subscrevendo mais de 5 bilhões em títulos estrangeiros. Ao mesmo tempo, investiam 3 bilhões de dólares em investimentos diretos do exterior (602 milhões só em 1929): filiais no estrangeiro das grandes empresas, constituição de sociedades que só operavam no exterior (*American Foreign Power*, ITT, etc.) e participações em empresas estrangeiras, constituíam os elementos desse processo. Com 400 milhões de dólares investidos na França, 400 milhões na Itália, 300 milhões na Suécia, 250 milhões na Bélgica, 200 milhões na Noruega, 280 milhões na Dinamarca, 170 milhões na Polônia, em 1925 os EUA substituíram à Inglaterra como o grande centro financeiro internacional (concentrando mais da metade dos estoques de ouro). Trotsky apontou: "A inflação em ouro é tão perigosa quanto a fiduciária. Pode-se morrer de excesso como de escassez. Com ouro em excesso, os dividendos caem, assim como os lucros do capital: a expansão da produção torna-se irracional. Produzir e exportar para acumular ouro é como jogar mercadorias ao mar. Eis porque os EUA precisam cada vez mais investir seus recursos em excesso na América Latina, Europa, Ásia, Austrália, África. Assim, a economia da Europa e do resto do mundo torna-se parte da economia dos EUA".

A década, no entanto, era expansiva nos EUA: a produção de carvão aumentou 20%, o petróleo 80%, a eletricidade 100%. A produção industrial passou de um índice 58 (1921) a 99 (1928), a renda nacional de 59,5 bilhões a mais de 87 bilhões no mesmo período, com saltos espetaculares em alguns setores: *automóveis* (5,3 milhões por ano: 26 milhões, dos 35 milhões de carros do mundo, estavam nos EUA) indústria que empregava mais de 7% dos assalariados, pagava quase 9% dos salários (sem incluir postos de gasolina, oficinas, garagens) e era responsável por quase 13% do valor agregado da indústria; a indústria de *material elétrico* triplicou, com a rádio passando a um faturamento de 10 a 412 milhões de dólares (1922-1929); a *construção* aumentou 200% (metade em Nova York); a *química* duplicou, a borracha aumentou 86%, ferro e aço, 70%. A concentração aumentou mais rápido ainda, com 89 fusões em 1919, 221 em 1928. Em 1926, a *US Steel* controlava 30% da produção de aço; em 1903 havia 181 construtores de carros, em 1926, só 44: os três principais (Ford, General Motors, Chrysler) controlavam 83% da produção. A distribuição de renda acompanhava o processo: 1% da população detinha 14,5% da renda nacional; o 5% superior detinha 26%; entre 1923 e 1929 o PIB aumentou 23%, mas o rendimento do capital aumentou 62%. Até quando duraria a expansão?

No fim da década de 1920 a economia dos EUA parecia em perfeita forma: crescia a ritmos de 5% anual, o valor agregado aumentava de 40% anual e os investimentos a um ritmo superior ao 6% anual, o desemprego tinha atingido o mínimo histórico do 4% e os lucros distribuídos chegavam a 150%. A bolha especulativa crescia sem freio, inchando a cotaçao dos titulos, que circulavam a uma velocidade espantosa. Os sintomas da crise apareceram no início de 1929 (leve queda da Bolsa de Nova York) e em setembro (craque da Bolsa de Londres). Em agosto, a taxa de juros foi levada de 5% a 6%, numa tentativa de reduzir o volume de crédito: já era tarde demais. A bolha de lucros estourou na "quinta-feira negra" de 24 de outubro de 1929: as cotações do *Stock Exchange* de Nova York afundaram 50% em um só dia. A onda expansiva afetou o país e o mundo inteiro, por um longo período: em 1932, a produção mundial tinha caído 33% em valor; o comércio mundial, 60%; o Birô Internacional do Trabalho contabilizava 30 milhões de desempregados (cálculo modesto). A *prosperity* mostrava sua fragilidade, seu caráter especulativo: o valor global das ações passara de 27 a 67 bilhões entre 1925 e 1929, com uma alta de 20 bilhões só nos nove primeiros meses de 1929 (alguns "portfolios de investimentos" se valorizaram 700% em poucos meses). No início de outubro, alguns investidores começaram a apostar "na baixa": o movimento se estendeu, e no final do mês o pânico se generalizou; quem podia, vendia, muitos pequenos investidores se suicidaram. As ações estavam sobrevalorizadas, o crescimento econômico mais recente tinha sido especulativo.

Quando o *crack* chegou à indústria americana, o colapso da produção se mostrou mais severo do que a média do mundo, bem maior do que na Grã-Bretanha, Suécia ou França. Desequilíbrios enormes tinham se acumulado nos EUA: entre capacidade de produção e consumo; nas trocas com o resto do mundo (sobretudo Europa); acentuação da crônica crise agrária; "a atividade econômica dependia cada vez mais do consumo suntuário de uma minoria de privilegiados e de sua propensão a investir".[458] O resto do mundo só comprava 12% dos carros produzidos pelos EUA. A prosperidade norte-americana não encontrou sustentação num mundo cuja expansão tinha sido bem menor que nos EUA. Além disso, aquela era dependente dos empréstimos norte-americanos: bastou fechar a torneira para expandir a crise e, diminuindo o poder aquisitivo externo, aprofundar a crise nos EUA. E se alguns viram na crise um meio de "limpar" o mercado das empresas não competitivas, ninguém a imaginava tão profunda e longa: "Com sua expansão esgotada, o capital europeu procurava um novo eixo de equilíbrio, assim como o norte-americano, cuja expansão territorial tinha chegado ao limite: a expansão externa não era suficiente para compensar o surto produtivo. Nenhum dos dois tinha como resolver esses problemas: a tentativa de equilibrar, na base do lucro do capital e de sua expansão externa, o aumento da produtividade, e o consumo, revelou-se um fracasso, cujo resultado foi a crise".[459] No país mais rico do mundo, a renda total dos trabalhadores da indústria e da agricultura foi amputada pela metade entre 1929 e 1932. A política do presidente republicano Hoover, deixar que a crise se solucionasse sozinha pelos mecanismos de mercado, parecia um último e tremendo esforço dos grandes bancos e a indústria pesada para controlar totalmente a economia nacional, aproveitando uma depressão que não controlavam. Essa tentativa, porém, além de ser feita às custas de importantes setores capitalistas, era demasiado perigosa.[460]

De dois milhões, o número de desempregados elevou-se para entre 18 e 20 milhões. A produção de aço foi reduzida para menos de 20% em sua capacidade. As exportações, que ultrapassavam os cinco bilhões de dólares, mal chegavam a 1,5 bilhão; as importações passaram de quatro bilhões e meio para cerca de um bilhão. Os bancos reduziram os créditos e retiraram seus próprios depósitos: milhares de empresas foram à falência (22.900 em 1929; 31.800 em 1932). A venda a crédito quase desapareceu: a produção industrial caiu 45% (69% nas indústrias de base). Resultado: os lucros afundaram (2,9 bilhões em 1929; 1,67 bilhões em 1930; 667 milhões em

458 John K. Galbraith. *La Crise Économique de 1929*. Paris, Payot, 1981.

459 Fritz Sternberg. *El Imperialismo*. México, Siglo XXI, 1979.

460 Bernard Gazier. *A Crise de 1929*. Porto Alegre, L&PM, 2010.

1931; 657 milhões em 1932). A renda nacional caiu de 87,4 bilhões em 1929 para 41,7 bilhões em 1932: a massa salarial, de 50 para 30 bilhões. Os preços caíram 30%, na média (50%, os preços agrícolas): a renda agrária caiu 57% entre 1929 e 1932. O desemprego nos EUA disparou: 1,5 milhão em 1929; 4,2 milhões em 1930; 7,9 milhões (16% da força de trabalho) em 1931; 11,9 milhões (24% da PEA) em 1932; 12,8 milhões em 1933, quando atingiu 25,2% da mão de obra: o capitalismo se evidencia um regime destruidor de forças produtivas, incompatível com a sobrevivência física da maioria da população. No mundo, os desempregados eram estimados em 10 milhões em 1929; 30 milhões em 1932 (cifras que duplicariam se considerado o subemprego): na Alemanha havia 2,5 milhões de desempregados em 1929; 3 milhões em 1930; 4,7 milhões em 1931; 6 milhões em 1932... Em Toledo (EUA) há 75 mil operários em março de 1929; 45 mil em janeiro de 1930. A Ford (Detroit) contava 128 mil operários em inícios de 1929; 100 mil em dezembro; 84 mil em abril de 1930; 37 mil em agosto. Os trabalhadores sofriam não só pelo desemprego, mas também pela redução salarial e dos horários de trabalho (que se reduziram em 29% na General Motors).

E não havia seguro-desemprego, só caridade. Surgiram as "hoovervilles" (do nome do presidente), verdadeiras favelas; as "panelas populares", os abrigos para sem-teto se enchiam; em Chicago, o lixo era "revisado" e reaproveitado por uma enorme massa de pobres. Em 1932, estimou-se que um milhão e meio de jovens fizessem parte de "bandos de errantes", sem destino. A subalimentação produziu um surto de tuberculose; os matrimônios caíram 30%, os nascimentos, 17%: havia 10 milhões de crianças deficientes. O sindicalismo revelava-se insuficiente para enfrentar esses problemas: a 6 de março de 1930, um milhão de desempregados manifestaram (100 mil em Nova York; outro tanto em Detroit): a iniciativa foi do Partido Comunista. O pastor A. J. Muste criou a "Liga Nacional de Desempregados" (com 10 mil membros só em Seattle, que chegou a ser chamada de "cidade soviética"). Em certas regiões, aconteceu uma pequena guerra de guerrilhas: ataques a depósitos de alimentos, defesa contra as expulsões. Uma "passeata da fome" de operários desempregados da Ford deixou três mortos e 23 feridos graves. Em julho de 1932 houve a "marcha do subsídio", com 25 mil ex-combatentes da guerra mundial reclamando, em Washington, uma pensão prometida pelo governo. A marcha foi brutalmente reprimida pelas tropas comandadas pelo general Douglas Mac Arthur, assistido pelo coronel Dwight Eisenhower e pelo major George Patton.

A renda agrícola, que era de 15 bilhões e meio de dólares em 1920, caiu para cerca de cinco bilhões em 1932. Elevou-se novamente em 1935, mas para oito bilhões apenas, ou seja, 40% abaixo do nível de 1920. O volume de produção dos objetos de consumo quase igualou em 1935 o nível de 1929, mas o volume dos materiais de construção foi inferior à metade e a indústria dos meios de produção ligeiramente superior. A pequena recuperação foi devida mais aos gastos governamentais do que a uma retomada da indústria privada; os novos investimentos, que se elevavam em 1929 a 6 bilhões de dólares, caíram em 1933 a menos de um bilhão e não atingiram em 1935 mais do que 1,5 bilhão. A racionalização industrial também progrediu; o crescimento da produção não teve um efeito proporcional sobre o desemprego. O número de desempregados continuou entre 10 e 12 milhões e não diminuiu de forma apreciável na segunda metade da década de 1930. O número de pessoas socorridas elevou-se de 22 a 25 milhões entre 1935 e 1936. O comércio exterior permaneceu abaixo da metade do nível de 1929. A dívida do governo federal fixou-se em 31 bilhões de dólares, crescendo 50% em três anos. A abundância de ouro - cujo estoque estava estabelecido em quatro milhões em 1932 e em 10 bilhões em 1936 - continuou a ser um obstáculo ao renascimento do comércio exterior, à estabilização da moeda etc. e uma ameaça de inflação. A luta pelos mercados, particularmente na América Latina e na Ásia, contra a Grã-Bretanha e o Japão, intensificou-se.

Depois de 4.600 falências bancárias em três anos, todos os bancos do país fecharam seus guichês em março de 1933, no apogeu da crise financeira. O papel do regime de Franklin D. Roosevelt, o presidente democrata eleito em finais de 1932, consistiu em "salvar" temporariamente o capitalismo. Em função deste objetivo, ele abandonou o tradicional *laissez-faire*, doutrina dos EUA e em particular do próprio Roosevelt. Ele utilizou os recursos financeiros do Estado para socorrer as empresas bancárias e comerciais e fez votar leis que restringiram a concorrência, permitiram a alta dos preços, vale dizer, favoreceram o capitalismo de monopólio. Um dos aspectos institucionais mais importantes das reformas de 1933 consistiu na *Glass Steagal Act*, lei que regulamentou estruturação dos mercados financeiros por segmentos - bancos comerciais, bancos de fomento e desenvolvimento, bancos de investimentos, corretoras, etc.- evitando a excessiva alavancagem por parte das instituições financeiras, principalmente corretoras e bancos de investimento, que inflacionavam artificialmente os preços dos papeis negociados. Este último aspecto fora um dos elementos responsáveis pela fragilização financeira decorrente da onda especulativa ocorrida na economia americana às vésperas da crise de 1929.

Com uma queda do comércio exterior vizinha a 70%, os EUA não foram, no entanto, o único país a sofrer um desemprego de massa. Na Alemanha havia seis milhões de desempregados oficiais, e mais dois milhões não contabilizados. Na Inglaterra, o desemprego oficial superava os três milhões. Nessas condições sociais, a ofensiva contra os salários foi mundial, os proventos dos trabalhadores, inclusive os empregados, experimentaram um retrocesso sem precedentes. Até 1930, o capitalismo americano havia conseguido apartar o grosso do proletariado da militância de classe, sem correr riscos, por causa da ilusão do *american way of life*. Mas com a depressão econômica o panorama mudou. Os milhões de desempregados aumentavam sem cessar e o fantasma comunista, tão agitado na década anterior, podia tornar-se real, montar-se na onda de desesperança e amargura e por o problema do poder como o de classes em enfrentamento. Um importante setor do Partido Democrata estava convencido, desde tempos atrás, da necessidade da intervenção estatal na economia. Assim se comportou o setor mais lúcido e dinâmico da burguesia, que se impôs nas eleições presidenciais de 1932. Roosevelt começou a governar com base em seu Novo Tratado (*New Deal*). O objetivo central do *New Deal* foi salvar o sistema de seu colapso. Em essência, esse programa não existiu. Toda sua ação apoiou-se em uma série de marchas e contramarchas impostas pela experiência; houve duas constantes: uma foi o papel de protagonista que desempenhou o Estado, nas medidas econômicas que propiciava. A outra, o acento permanente posto no problema social do país.

Que se interessassem desde os mais altos níveis estatais pela sorte dos despossuídos era um fato novo e insólito na história norte-americana. Roosevelt e sua equipe percebiam que havia chegado a hora em que o capitalismo devia ceder algo de sua imensa riqueza para poder subsistir. O *New Deal* devia responder a um núcleo bastante definido e restrito de interesses;

mas, como estes se beneficiavam com o aumento do nível de consumo dos setores populares, a política de Roosevelt devia se orientar para conseguir tal aumento e mantê-lo. Ao longo de seu primeiro mandato, legislou sobre salários, preços, seguros sociais, horários de trabalho. Financiou programas de socorro e obras públicas, que deram trabalho a quatro milhões de desempregados. Estas medidas granjearam a adesão das massas. Mas à medida que tal política se definia e se aliviava a situação dos setores populares, também fortalecia a oposição, que desatou uma ofensiva. Esta tinha a seu favor elementos centrais: 1) As milionárias cifras gastas em socorro e obras públicas, enquanto a fome subsistia e havia milhares de desempregados. É certo que houve um alívio no primeiro ano do *New Deal* (de 24,9% de desempregados, passou-se a 21,7% em 1934), porém, com o âmago de crise, esta tendência se deteve, em 1935, em 20,1%; 2) Fracassava a política de realocar a indústria através da Lei Nacional de Recuperação Industrial. A indústria havia se recuperado parcialmente, mas em 1935 quase um terço de sua capacidade estava ociosa. Os industriais não investiam, para sorte da oposição encabeçada pelas grandes finanças, os principais problemas continuavam a existir.

As primeiras medidas eficazes contra a depressão foram adotadas nos diferentes países só a partir de 1932-1933. Refletiam um fundo comum: a intervenção do Estado para a solução dos problemas econômicos, com reforço de seu papel onde ele já era tradicional (Alemanha e Japão) e sua intervenção onde persistia uma tradição liberal, como nos EUA e Inglaterra. Uma série de medidas foram comuns: protecionismo alfandegário, desvalorização monetária, subvenções governamentais a empresas privadas e aumento dos gastos públicos. O *New Deal* significou uma série de medidas intervencionistas visando atenuar a crise, atingindo vários setores, como os setores bancário, monetário, agrícola, industrial, mas possuía um sentido emergencial, não de mudança estrutural: sua aplicação fez a economia norte-americana retornar a seus níveis anteriores a 1929 só nas vésperas da Segunda Guerra Mundial, embora o desemprego jamais tenha sido extinto, persistindo ainda em mais de oito milhões de desempregados em 1940, o que só seria solucionado com a passagem para uma economia de guerra.

A saída natural para a crise política foi mobilizar a classe operária para lutar por seu direito, negado durante tanto tempo, de organizar-se sindicalmente. Dava-se, portanto, um objetivo preciso e sem conteúdo político às lutas operárias; em um ponto tal solução coincidia com os objetivos concretos do *New Deal*: a maior quantidade de operários trabalhava nas fábricas da indústria pesada e, ao fomentar sua organização, o governo golpeava no coração de seu principal opositor. Assim, nesse clima de apoio estatal ao movimento operário, em 1935, John L. Lewis do *United Mine Workers* (sindicato de mineiros) se retirou da AFL e formou a CIO (*Committee of Industrial Organizations*, Comitê de Organizações Industriais) que defendia o critério de organização sindical por ramos da indústria e não por ofício. Esta divisão pôs em evidência sindicatos, como o dos mineiros, por indústria, que a AFL não reconhecia, apesar de existirem. Roosevelt, ao buscar o apoio político do movimento operário, deu um grande respaldo à formação da CIO. Dentro da CIO e respondendo à política de Frente Popular instaurada em 1935, o PCA teve um lugar importante em sua liderança e organização. O apoio ao movimento operário foi uma das bases da reeleição de Roosevelt em 1936: "As três letras CIO passaram a brilhar na consciência operária como um ente mágico, que encarnava todas as aspirações, todas as esperanças, toda a confiança de milhões de trabalhadores por fim revelados a si mesmos. Repetiram-nas e cantaram-nas como se houvessem bebido um filtro. O sindicato virou o centro da vida de todos esses seres humanos durante tanto tempo subjugados e frustrados. Não era somente um frio escritório de negócios, encarregada de negociar questões de salários, como a AFL, mas um lugar, uma escola, um lugar de diversões e de alegria. Os trabalhadores norte-americanos, a quem a sociedade capitalista havia feito individualistas, egoístas, cínicos, 'duros', descobriram um tesouro desconhecido: a camaradagem".[461]

Com a "normalização" da CIO, uma vez consolidada (com 3.727.000 filiados em 1937, contra 3.440.000 da AFL) sua direção iniciou um movimento de reaproximação com seus antigos inimigos. Em novembro de 1937, John Lewis e Homer Martin intervieram contra os grevistas da Pontiac: a grande imprensa chamou então Lewis de *Labor Statesman*. Em 1940, Murray declarou que raramente apoiava as *sit-down strikes*, enquanto Walter Reuther, na General Motors, chamava a "aceitar o pior dos acordos, pelo

461 Daniel Guerin. *Estados Unidos 1880-1950: Movimiento Obrero y Campesino*. Buenos Aires, CEAL, 1972.

bem do país." Por trás disso encontrava-se a nova fase da crise a partir de 1937. O índice de produção industrial, de 110 em 1929, tinha caído para 58 em 1932. Com sua política inflacionária, Roosevelt fomentara a recuperação: o índice pulou para 87 em 1935, para 103 em 1936, para 113 em 1937. Mas. a partir de agosto, a recessão reapareceu: a produção cai 27% em quatro meses. Esta situação só seria superada com o início da Segunda Guerra Mundial e com a aprovação do maior orçamento de defesa dos EUA em tempos de paz. Os desempregados, de 10 milhões (em 1935) passaram para 8 milhões (em 1937), mas já superavam 11 milhões em 1938, e ainda eram 10 milhões em 1940. O quadro só foi revertido em 1942, depois do ataque japonês a Pearl Harbour, quando a máquina bélica começou a funcionar a todo vapor. Em 1940, Roosevelt se apresentou novamente como candidato presidencial. A guerra fez sua reeleição fosse seja bem sucedida, mais do que o êxito duvidoso do *New Deal.* O apoio à guerra era muito grande, apesar de sindicalistas como Lewis que se opunham à entrada na guerra dos EUA. A figura de Hitler, e o ódio que despertava, foi decisiva para essa mudança. Roosevelt isolou e reduziu o espaço dos principais líderes de esquerda do CIO antes de iniciar o rearmamento de 1940-1941.

Do ponto de vista das relações de classe nos EUA, a guerra trouxe modificações decisivas: As grandes companhias fizeram grandes progressos durante a guerra; muitos patrões utilizaram a disciplina de tempo de guerra para tentar recuperar parte da iniciativa e controle que haviam entregue aos sindicatos no final da depressão. Promoveram a arbitragem dos conflitos e aumentaram o pessoal de supervisão, esperando contrabalançar as novas prerrogativas sindicais quanto a reivindicações e antiguidade com uma maior intensidade na direção e no controle sobre a mão de obra: "Muitos patrões utilizaram a oportunidade concedida pela *War Time Labor Distributes Act* (Lei de Conflitos Trabalhistas em Tempo de Guerra) e pela *War Labor Board* (Junta Trabalhista de Guerra) para centralizar a maquinaria legal que mediava os conflitos que se produziam no âmbito produtivo entre empresas e sindicatos, de forma que muitas empresas incrementaram seu ritmo de produção aproveitando-se do esforço de guerra para justificar a aceleração".[462] Somente após a entrada dos EUA na Segunda Guerra Mun-

462 David Gordon, Richard Edwards e Michael Reich. *Trabajo Segmentado, Trabajadores Divididos.* La transformación histórica del trabajo en Estados Unidos. Madri, Ministerio de Trabajo y Seguridad Social, 1986.

dial, o país conseguiu sair de fato da crise. Através de uma economia de guerra, toda a capacidade produtiva foi posta em funcionamento. No final da guerra, os EUA emergiram-se como potência capitalista hegemônica. A saída da crise de 1929 e o estabelecimento da política do *New Deal,* foram fatores importantes para que os EUA se tornassem potência hegemônica. O restabelecimento do controle interno logrou-se mediante o segundo pacto social dos EUA, agora sob a égide da chamada "regulação fordista", com importante participação sindical e arbitragem estatal. Na política mundial, os presidentes Roosevelt e Churchill, através dos acordos de Yalta e Postdam, tentaram estabelecer um ajuste político com Stálin, a fim de frear a potencialidade da guerra interimperialista se transformar em revolução social, embora não houvesse meios de verificar se Stálin cumpriria sua parte no acordo (seus limites políticos seriam provados quando não conseguiu frear a vitória do PC chinês em 1949).

Ao resolver favoravelmente aos seus interesses o conflito de classe que havia percorrido à sociedade norte-americana durante o meio século precedente, a burguesia dos EUA criou as bases para a passagem da hegemonia econômica para a hegemonia política mundial. A partir da Segunda Guerra Mundial pôs as bases da hegemonia dos EUA, no terreno econômico, político e militar, e também na produção cultural de massa, que era seu corolário necessário: "A reformação do capitalismo é a americanização do capitalismo e a ideologia-cultura do consumismo é a sua base lógica. Mas identificar o imperialismo cultural e da mídia com os EUA, ou mesmo com o capitalismo dos EUA, é um erro profundo e profundamente mistificador. Isto significa que, se a influência americana pudesse ser excluída, o imperialismo cultural e da mídia desapareceria. Isto só poderia ser verdade em um sentido puramente de definição. A americanização em si é uma forma contingente de um processo que é necessário para o capitalismo global, para a ideologia-cultura do consumismo. A conexão entre a americanização e a dependência cultural começou com os cartéis da indústria cinematográfica de Hollywood na década de 1920 e com o 'sistema de estrelas' no qual foi baseado. O modo como isso foi seguido é um caso de paradigma das inter-relações entre as esferas econômica, política e ideológico-cultural, estruturadas pelos interesses econômicos daqueles que possuíam e controlavam a indústria e os canais através dos quais seus produtos eram comercializados e distribuídos".[463]

A hegemonia americana se expressou nas instituições econômicas supranacionais (principalmente o FMI e o BIRD, em que a hegemonia norte-americana é explicita e estatutária), criadas depois do segundo conflito mundial. Os Acordos de Bretton Woods, assinados por quarenta nações em julho de 1944, procuraram estabelecer uma nova ordem econômica mundial para o pós guerra, que evitasse as fortes instabilidades econômicas ocorridas no período entre guerras: os processos de hiperinflação dos países centrais europeus; as desvalorizações cambiais competitivas das principais moedas, agravando a contração do comércio internacional; as infrutíferas tentativas de dar sobrevida aos parâmetros do padrão ouro; e a "grande depressão" dos anos 1930. O arranjo estabelecido em Bretton Woods refletiu a ascensão dos EUA como potência hegemônica e o declínio da Inglaterra. Ao final da guerra os EUA foram os grandes vitoriosos não apenas no plano militar, mas principalmente no econômico. Os países do Eixo - Alemanha, Itália e Japão - foram derrotados militarmente e terminaram com suas economias arrasadas; os principais países aliados, Inglaterra e França, embora vitoriosos, tiveram como saldo de guerra além dos danos humanos e materiais, forte perda de reservas e endividamento junto aos EUA, decorrentes das compras de armamentos e provisões de guerra.

Nos EUA, durante a Segunda Guerra Mundial, a produção industrial duplicou em cinco anos, perfazendo entre 40% e 45% do total da produção, período no qual o "setor civil" não variou em valor absoluto. Os empregos industriais passaram de 10 para 17 milhões entre 1939 e 1943, o total de empregos de 47 a 54 milhões no mesmo período. Se o PIB aumentou de 150%, a concentração econômica espantosa determinou a feição definitiva do capital monopolista nos EUA — 250 sociedades industriais passaram a controlar 66,5% da produção total, uma percentagem equivalente àquela controlada por 75 mil empresas antes da guerra. Exemplo disso foi o empréstimo feito pelos EUA à Inglaterra em dezembro de 1945, de US$ 3,75 bilhões, reembolsáveis em cinquenta anos à taxa de juros anual de 2%. Esta operação destinou-se a dar cobertura ao Banco Central inglês, que, exau-

463 Leslie Sklair. *Sociología do Sistema Global.* Petrópolis, Vozes, 1995.

rido pelo dispêndio militar, teve um crescimento dramático em seu estoque de ativos financeiros estrangeiros em libras esterlinas, que ao longo da guerra passou de 600 milhões para 3,6 bilhões. A Inglaterra não poderia fazer frente a uma conversão desses títulos em libras, moeda forte ou ouro, e, portanto, não poderia garantir a conversibilidade de sua moeda: não lhe restava alternativa senão recorrer ao crédito norte-americano e ceder às suas exigências.[464]

Foi três anos depois de Bretton Woods que o general George Marshall, secretário do Estado do governo Henry Truman, propôs um plano de ajuda financeira para os países europeus. Surgia assim o Plano Marshall, que, além de auxiliar a Europa, pretendia aproximar seus países dos Estados Unidos, afastando a influência soviética no continente. A princípio, a ideia do plano era abranger todos os países europeus, inclusive aqueles ocupados pela URSS na Europa central e oriental, o que foi recusado pelo governo soviético. O grande objetivo do plano era garantir a abertura do mercado europeu para os produtos norte-americanos, evitando uma nova crise como a da década de 1930. O Plano Marshall concedeu empréstimos a juros baixos para países europeus desde que aceitassem as imposições econômicas dos Estados Unidos, como a compra de produtos fabricados nos EUA e a adesão à sua zona de influência polítidco-militar. Entre os anos de 1948 até 1951, a Europa recebeu, via Plano Marshall, aproximadamente 18 bilhões de dólares. Os Estados Unidos criaram a Administração da Cooperação Econômica para concretizar o plano e distribuir os recursos. Além do dinheiro, a Europa também recebeu assistência tecnológica, alimentos, combustíveis, veículos, maquinárias para as indústrias. Os países que receberam a maior quantidade de empréstimos foram o Reino Unido (3,2 bilhões), França (2,7 bilhões), Itália (1,5 bilhão), Alemanha (1,4 bilhão). O plano conseguiu reerguer os países devastados pela guerra e garantiu maiores dividendos à economia norte-americana, pela garantia dada às suas exportações. No contexto da Guerra Fria, outra medida adotada pelos EUA foi a criação da OTAN (Organização do Tratado do Atlântico Norte), que garantiu um guardachuva militar nuclear aos países europeus, com os EUA se transformando na potência militar quase única do Ocidente capitalista.[465]

---

464 Alan Milward. *War, Economy and Society 1939-1945*. Los Angeles, University of California Press, 1980.

465 Michael J. Hogan. *The Marshall Plan*. America, Britain and the reconstruction of Western Europe, 1947–1952. Nova York / Londres, Cambridge University Press, 1989.

A adoção do dólar como moeda de curso internacional a partir de Bretton Woods veio referendar a supremacia econômica e militar norte americana: os EUA tinham em seu poder dois terços das reservas de ouro e respondiam por cerca da metade do produto industrial mundial. A economia norte-americana tinha tido seu dinamismo revigorado no esforço de guerra, quando conseguiu superar os efeitos da depressão dos anos 1930, passando a apresentar após esse período altas taxas de crescimento, e situação privilegiada do ponto de vista industrial, tecnológico e organizacional. Seus interesses concentravam-se nas possibilidades de expansão do comércio internacional; haviam sido superadas as restrições da depressão e queria-se evitar a todo custo o ressurgimento de taxas cambiais competitivas e restrições ao comércio. A reconstrução econômica europeia a partir do Plano Marshall repassou em forma de empréstimos, doações e gastos com bases militares em solo europeu, quase US$ 20 bilhões. Esse valor, destinado em sua maior parte aos países da Europa Ocidental, representou 2% do PIB norte americano na época e não se traduziu em restrições: no primeiro ano do plano o PIB *per capita* dos EUA estava 25% acima daquele de 1940, e parte desses fundos de reconstrução serviram para financiar e dinamizar as exportações americanas para o mercado europeu.

A hegemonia americana no pós guerra teve importantes implicações na elaboração dos Acordos de Bretton Woods. Tendo sido apresentadas nas reuniões preliminares duas propostas, uma inglesa, preparada por John Maynard Keynes, e outra, de Harry White, do Departamento de Estado norte-americano, prevaleceu a última como base de negociações. As diferenças básicas entre as duas propostas centraram-se na estruturação do sistema monetário internacional e na criação ou não de uma moeda de curso internacional. Predominou a proposta norte americana, cujo argumento vinha reforçado com os estatutos do Banco Internacional para a Reconstrução e o Desenvolvimento, BIRD, depois Banco Mundial, elaborados um mês antes. Privilegiava a estabilidade das taxas de câmbio e o levantamento de restrições ao comércio internacional, de modo a favorecer seus investimentos no estrangeiro. Os termos estabelecidos em Bretton Woods tiveram como pontos principais: a adoção do dólar norte americano como moeda de curso internacional e conversível em ouro; um sistema de regimes cambiais fixos, mas ajustáveis, ligados ao padrão dólar; ajuste de desequilíbrios fundamentais com o monitoramento consentido de instituições multilaterais, FMI, BIRD e GATT (*General Agreement on Trade and Tarifs*), estruturadas com o intuito de preservar a estabilidade econômica internacional, a capacidade de previsão e a presença do setor público no mercado internacional de capitais, sendo responsáveis pela supervisão do comércio, do sistema monetário e do equilíbrio do balanço de pagamentos dos países membros.

Nos primeiros vinte anos de pós-guerra, apesar de uma forte expansão da produção, a reconstituição contínua do exército de reserva industrial permitiu a manutenção de uma taxa de mais-valia elevada. Os salários reais aumentaram com mais lentidão que a produtividade física. Os lucros seguiam sendo elevados, apesar do aumento da composição orgânica do capital. Tudo parecia caminhar no melhor dos mundos. Foi um período em que os EUA, no papel de potência hegemônica no mundo ocidental, cumpriram, simultaneamente, o papel de fonte autônoma de demanda efetiva e a de "emprestador de última instância", através da atuação de seu banco central, o *Federal Reserve*, FED, regulador da liquidez internacional do sistema. No entanto, em plena expansão, os sintomas de parasitismo eram visíveis na sua "locomotiva" norte-americana: "A estagnação relativa da economia americana se deve a que a própria natureza das relações capitalistas se opõe à realização completa das potencialidades contidas no desenvolvimento das técnicas do século XX nas forças produtivas. Num informe apresentado ao Congresso em 1961, os conselheiros econômicos da presidência dos EUA notavam que se produzia uma cisão cada vez maior entre o rendimento real e o rendimento potencial, cisão que provocava uma perda anual de 500 dólares por família americana (isto é, duas vezes o gasto em educação). O desperdício provocado pelo regime capitalista ainda assim é bem inferior ao aumento dos recursos que seria possível num regime de economia planejada".[466]

A intervenção estatal possuía limites intransponíveis para sustentar a expansão do ciclo do capital. O gasto armamentista mantinha a demanda agregada, mas utilizava a mais-valia improdutivamente, com cada vez menos mais-valia disponível para as exigências de renovação e expansão de ca-

466 Tom Kemp. Capitalist development in perspective. *Labour Review* Vol. 6 nº 2, Londres, verão 1961.

pital constante, circulante e fixo. O limite da "economia mista" é o ponto em que os gastos governamentais se apropriam de uma parte tão grande do valor, que muito pouco fica disponível para continuar a acumulação de capital privado:[467] "Esse contraste começou a se manifestar nos EUA a partir da metade dos anos 1960. Por volta de 1965-1966 alguns índices relevantes da economia americana, como as relações lucros-salários e vendas-insumos, ou a utilização dos investimentos, atingiram seu ápice... Em 1970-1971 esses mesmos índices recomeçaram a aumentar, indicando os primeiros sintomas, incertos e provisórios, da retomada do capital multinacional de base americana (mas) o desemprego, que em 1966 tinha atingido seu nível mais baixo, voltava a crescer vertiginosamente nos anos 1970".[468]

A ordem política internacional da "Era de Ouro" do capital se baseou num conjunto de instituições, de caráter supranacional (ONU, OEA, OTAN, TIAR), e de pactos interestatais, que possuíam poder normativo, e determinada capacidade de ação para implementá-lo, sendo as suas resoluções passíveis de serem incorporadas às ordens constitucionais nacionais. Já a ordem econômica refere-se também a instituições que não possuem poder normativo, embora possuam um poder jurídico limitado. Elas agem através de acordos, que resultam em políticas, postas em prática a partir de definições adotadas em função das "relações de força" existentes entre os agentes ou "parceiros" econômicos internacionais. Diferentemente da ONU, no FMI ou no BIRD a estrutura das decisões contempla uma representação desigual dos Estados representados, derivada da desigual contribuição dos mesmos aos recursos dessas instituições, recursos que constituem a sua base de atuação e "pressão" (o FMI, por exemplo, possui um fundo dos quais os EUA contribuem com 17,63%, a Alemanha com 6,17%, o Brasil com 1,44%). As instituições supranacionais exprimiram as tentativas de compensar a conflitualidade inter-imperialista dentro de uma hierarquia definidora de uma "ordem mundial". As instituições supranacionais expressaram a dinâmica das relações de poder do grande capital transnacional. Elas atingiram o número de 196, 40 de caráter universal, 105 continentais, 51 setoriais.

467 Paul Mattick. *Marx y Keynes*. Los limites de la economia mixta. México, ERA, 1975.

468 Gianfranco Pala. *L'Ultima Crisi*. Milão, Franco Angeli, 1982.

As áreas em direção das quais dirigiu-se quase metade dos financiamentos multilaterais foram sobretudo grandes países "em crescimento", como Brasil, Índia, Indonésia, Irã, México e Turquia, favorecendo a transferência da produção para o exterior, através do deslocamento produtivo, a descentralização, como estratégia para aumentar a quota de mercado das empresas multinacionais, ou para minimizar suas perdas: indicaram como prejudicial toda política fiscal que procurasse prever a fuga dos investimentos em direção de áreas com salários mais baixos. Se a Banca Mundial "seguia" a situação dos países "subdesenvolvidos", a OCSE, Organização para a Cooperação e Segurança Econômica nasceu em 1960 em Paris dos trabalhos preparatórios para o estabelecimento da administração para a cooperação europeia (OCDE) e americana (ECA). A OCSE passou a coordenar os interesses dos 29 países mais desenvolvidos do mundo. Os EUA impediram o nascimento da WTO (*World Trade Organization*, ou OMC, Organização Mundial do Comércio) na época de Bretton Woods, não ratificada pelo parlamento americano, que viu no documento original do estatuto da organização uma insuficiência de garantias de controle de parte dos EUA: os conflitos entre os grandes capitais determinaram as normas, ou ausência delas, das instituições internacionais.

O consenso econômico da época não se opunha às restrições estabelecidas pelos Estados nacionais aos fluxos internacionais de capital, prevalecia a premissa de que as correntes internacionais de capitais eram não só improváveis, como indesejáveis em enormes quantidades, já que teriam como consequência a instabilidade e a perda do controle de políticas econômicas internas. Nos dizeres de Keynes, representante da Inglaterra em Bretton Woods, "determinamos continuar controlando nossa taxa interna de juros, de modo que possamos mantê-la tão baixa como melhor convenha a nossos próprios fins, sem interferência dos vai e vem dos movimentos internacionais de capitais ou fugas de capital especulativo". Nos estatutos de Bretton Woods, o artigo VI confirmava claramente esta opção, a liberdade, pelos Estados nacionais, de controlar os fluxos internacionais de capitais para evitar desarranjos nos mercados cambiais: "os membros poderão exercer todos os controles necessários para regular os movimentos internacionais de capitais". Este arranjo institucional internacional se coadunava com as políticas econômicas nacionais centradas no intervencionismo estatal, encarregado de prevenir flutuações bruscas e incertezas inerentes ao funcionamento dos diversos mercados.

A arquitetura do sistema financeiro internacional se construiu à imagem do sistema financeiro norte-americano, que teve suas bases lançadas nas reformas empreendidas durante o *New Deal*, quando foram reformulados e fortalecidos os sistemas bancário e de mercado de capitais. A reestruturação do sistema financeiro americano a partir do *New Deal* constituiu importante marco regulatório, que acabou por servir de modelo nos sistemas financeiros e mercados de capitais de diversos países a partir do pós guerra. Nos mercados de capitais nacionais passou a predominar assim a imposição de controles sobre o balanço de capitais -empréstimos, financiamentos e investimentos- e não sobre as transações correntes, onde os impactos domésticos das intervenções nas taxas de câmbio eram compensados pelas reservas cambiais e, quando necessário, por créditos do FMI, que cumpriam papel de anteparo entre a condições monetárias domésticas e internacionais. A estruturação dos mercados financeiros nacionais apresentava as seguintes características: 1) Políticas monetárias e de crédito condicionadas aos objetivos econômicos nacionais; 2) Regimes cambiais fixos; 3) Limitações aos fluxos de capitais internacionais de curto prazo, impedindo choques externos às taxas de juros domésticas; 4) Segmentação e especialização das instituições financeiras; 5) Fixação de tetos para taxas de depósitos e empréstimos; 6) Banco Central regulador e provedor de liquidez ao sistema.

O papel principal no sistema financeiro era desempenhado pelo sistema bancário. No plano institucional cabia ao banco central a normatização e fiscalização dos mercados financeiro e bancário, atuando como prestamista de última instância para o sistema e operacionalizando políticas monetárias baseadas em taxas de juros nominais e reais baixas por longos períodos. Este arranjo do sistema financeiro possibilitava grande capacidade de recomposição de dívidas entre empresas e bancos, e garantia flexibilidade no que se refere à liquidez junto ao Banco Central. Os ganhos do sistema estavam vinculados ao crescimento do volume de empréstimos e financiamentos. Assim, na organização internacional das finanças predominava a captação internacional de recursos financeiros entre países através dos créditos de instituições multilaterais e, em menor escala, de bancos comerciais internacionais. As políticas monetárias e de crédito estavam voltadas predominantemente para os mercados nacionais, e, no plano externo as taxas fixas de câmbio e as restrições à circulação de capitais de curto prazo impediam choques externos na administração interna da taxa de juros. As bases iniciais para este período de expansão são atribuídas ao Plano Marshall e seus recursos para a reconstrução européia e japonesa. Há que se destacar também o papel dos gastos militares e armamentistas, que impediram, com sua continuação, a inevitável queda do crescimento econômico decorrente da reestruturação para os tempos de paz: durante a guerra os EUA chegam a destinar ao setor militar 42% de seu produto nacional bruto (1943 e 1944), 36% em 1945, 11% em 1946, caindo para a média de 6% entre 1947/1950, e de novo aumentando para 12,5% entre 1950/1955, em função dos gastos com a guerra da Coréia. A expansão dos gastos militares durante este conflito teve impacto positivo para os países fornecedores de matérias primas, entre eles Argentina, Brasil e México, com aumento de suas exportações para os EUA.

O "outro lado" do Plano Marshall foi a presença militar dos EUA no Japão, na Alemanha e nos outros paises da Europa, pois o ciclo capitalista devia ser reconstruído contra sua própria crise e contra a luta de classes. Europa, a partir de 1947-48 (Plano Marshall) e o Japão a partir de 1951 (Tratado de San Francisco) iniciaram um desenvolvimento acelerado sobre a base do modelo fordista americano, mas houve uma séria disputa social, resolvida através da repressão e manobras políticas. Ao financiar a reconstituição dos capitalismos europeus e japonês, os EUA financiavam seus futuros concorrentes no mercado mundial, o que, além de jogar uma pá de cal sobre a perspectiva kautskiana do "super-imperialismo", que nunca teve melhores condições de realização do que no final da Segunda Guerra Mundial, com Europa e Japão em ruínas, e os EUA donos de uma hegemonia inconteste - econômica, política e militar - no campo capitalista. Em 1947, por outro lado, a União Soviética fez os testes de sua primeira bomba atômica. Este fato marcou seu antagonismo crescente com os EUA. Nos anos que se seguiram, os adversários da Guerra Fria acumularam capacidade nuclear suficiente para destruir o planeta várias vezes, além de se tornarem grandes produtores e exportadores de armamentos não nucleares. A polarização política e econômica dos blocos antagonistas estabelece o referencial ideológico com que seriam introduzidos no discurso econômico ocidental o *welfare state* e suas regulações sociais, com a aceitação do papel do estado como regulador, planejador, produtor ou coordenador de investimentos vitais para o desenvolvimento.

O excedente de capital acumulado nos países industriais avançados havia gerado as crises do capitalismo em 1929 e 1937. As vastas demandas de gastos militares pelo Estado absorveram o excedente depois de 1937, mas a crise reapareceu em finais dos anos 1940 nos EUA. Posteriormente, seus gastos militares, combinados com a corrida espacial, mantiveram uma taxa de crescimento constante, ainda que lenta para toda a economia, e desde 1963 em diante o grande aumento no gasto militar gerou uma taxa de crescimento muito mais rápida, que se estendeu por uma década. O papel de "locomotiva" dos EUA deveu-se a uma série de fatores históricos, que os colocaram já no período de entre guerras no centro do capitalismo mundial, e com a Segunda Guerra Mundial, como pilar hegemônico da ordem mundial: além das numerosas e valiosas vantagens de seu caráter histórico, o desenvolvimento dos EUA gozou da preeminência de um território imensamente grande e de uma riqueza natural incomparável. A intervenção estatal como garantia do ciclo do capital em seu conjunto foi particularmente marcante na Europa. Em todo o continente a destruição material havia sido enorme e havia existido muito pouco investimento neto. Ao mesmo tempo havia existido tal progresso nas técnicas e produção industriais durante a guerra, especialmente na América do Norte, que voltar simplesmente aos esquemas pré-bélicos teria deixado a Europa a mercê dos EUA nos aspectos econômicos tradicionais, e da URSS nos aspectos militares.

Era particularmente importante modernizar os serviços básicos de transporte e de energia, dos quais dependia a recuperação (eles haviam protagonizado os debates sobre a propriedade pública antes da guerra) e coordená-los a nível nacional. Esses setores foram objeto da primeira onda de nacionalizações européias, que ocorreu depois da guerra. O principal motor econômico, porém, em especial nos EUA, foi o gasto armamentista, ou seja, o gasto improdutivo do Estado, que durante a Segunda Guerra Mundial tinha permitido absorver o desemprego criado pela crise da década de 1930, e posteriormente tirar (com a guerra da Coréia) o país da recessão do final da década de 1940: "Os gastos militares somaram, a partir da guerra da

Coréia (1950), quantidades nunca antes atingidas. Nessas condições teve lugar a expansão do sistema capitalista internacional. Os gastos militares eram, para o sistema mundial capitalista, a principal causa da expansão e ainda do desaparecimento de uma parte das desproporções que antes limitavam a capacidade de expansão. Os encargos militares davam solução ideal ao problema colocado pela realização da mais-valia: preservavam a taxa de lucro no conjunto da economia e abriam, para as indústria não-armamentistas, mercados que de outro modo não teriam existido".[469] Os investimentos em ciência e tecnologia cresceram 15 vezes nos EUA entre 1947 e 1967, enquanto o PIB o fez apenas 3 vezes no mesmo período. Em 1970, 13,9% dos trabalhadores norte-americanos possuiam nivel universitario (15,4% dos homens e 11,4% das mulheres). Em 1995, as percentagens tinham dobrado: 29,3% dos trablhadores tinham diploma universitario, com percentagens de 30,1 % para os homens e 28,3% para as mulheres.

Foi o comércio mundial, aumentando em velocidade superior à produção, o responsável pela expansão econômica de pós-guerra, cujas taxas de crescimento só admitem comparação com as da década de 1860: "A maioria dos paises tornou-se mais dependente tato das importações quanto dos mercados estrangeiros. Um exemplo dramático è a importação de minerais pelos EUA: as importações netas como percentagem do consumo aumentaram de –3.1% em 1910-19 para 5.65% em 1945-49, e 14% em 1961".[470] Na década de 1950, o comércio cresceu a um ritmo de 6% anual, chegando a 7,5% na década de 1960, com um recorde de 9,5% em 1963-66: "Temos todos os motivos para pensar que foi o comércio a chave para a economia de pos-guerra".[471] No total, entre 1950 e 1970, o comércio cresceu de 350%, enquanto a produçao cresceu de 200%.[472] A importância do gasto armamentista foi tal que a economista Joan Robinson afirmava, em 1962, que "uma seqüência de 17 anos sem uma recessão mundial séria é uma experiência inédita para o capitalismo (mas) não se provou que as recessões possam ser evitadas, exceto pelos dispêndios em armamentos, e como, para

469 Tom Kemp. *The Climax of Capitalism.* The US economy in the Twentieth Century. Londres, Longman, 1990.

470 Bob Sutcliffe e Francis Green. *The Profit System.* Londres, Penguin Books, 1987.

471 Michael Kidron. *Western Capitalism Since the War.* Londres, Penguin Books, 1970

472 Philip Armstrong, Andrew Glyn e John Harrison. *Capitalism since World War II.* Londres, Fontana, 1984.

justificar as armas, a tensão internacional tem de ser mantida, parece que o tratamento é muito pior do que a doença".[473] O domínio militar dos EUA facilitava a conquista de mercado para o restante da economia. O monopólio da emissão de uma moeda de aceitação mundial foi um dos fatores fundamentais para o financiamento da expansão dos EUA. A corrida armamentista funcionava como o principal centro produtor de novas tecnologias. As pesquisas feitas com dinheiro público para garantir a defesa nacional, eram transformadas nos elementos motores da reestruturação produtiva (energia nuclear, aviação, telecomunicação, computação, microinformática), uma modalidade de privatização, pois as inovações que surgiam nos centros de pesquisas militares, acabavam transformadas em procedimentos e bens industriais produzidos pelos monopólios privados.

O armamentismo nao teve só um papel economico, do ponto de vista da hegemonia continental e mundial dos EUA. Na América Latina, o papel preponderante foi assumido pelos pelos pactos bilaterais ou pelos tratados regionais, sob patrocínio norte-americano. Esta situação correspondia perfeitamente às características da potência imperialista "sem colônias". Era um método de dominação mais barato, porque evitava a custosa (e arriscada) tarefa de manter permanentemente tropas nos territórios considerados como de "interesse vital", embora a ocupação direta fosse sempre o último recurso, como o demonstrou a interminável lista de intervenções militares "ianques" na América Latina. Na Conferência Interamericana de Chanceleres de Rio de Janeiro (1942), os EUA impuseram a quase todos os países latino-americanos a participação no conflito bélico (em favor dos Aliados): só a Argentina e o Chile resistiram ao *diktat* ianque, expondo-se a sanções econômicas. Vários países centro-americanos propuseram, na ocasião, que fosse declarada a guerra aos países sul-americanos que não rompessem relações com os países do Eixo. Depois da guerra, a pressão política e militar completou-se com a assinatura (1947) do *Tratado Inter-americano de Assistência Recíproca* (TIAR), que previu o direito de intervenção militar em qualquer país latino-americano em caso de agressão externa (mencionava-se explicitamente a "agressão do comunismo"). A República Dominicana foi vitima em 1965 desse tratado, quando foi invadida pelos "marines" travestidos em soldados da OEA.

473 Joan Robinson. *Contributions to Modern Economics*. Londres, Basil Blackwell Oxford, 1978.

Os tratados bi ou multilaterais, por outro lado, completaram-se com variadas formas de "integração militar", que colocaram os exércitos latino-americanos sob controle quase direto dos EUA. O conteúdo dos "programas militares" latino-americanos dos EUA estava perfeitamente claro e explícito nas palavras de dois altos funcionários da administração norte-americana: "Que é então a assistência militar? É um programa com cujos fundos são feitas compras à industria norte-americana, para as forças dos países estrangeiros que, contando com vontade e material humano, carecem de meios de defesa; é um programa que traz a nosso pais entre dez e quinze mil estudantes militares estrangeiros anualmente, expondo-os não somente ao conhecimento militar norte-americano, como também ao modo de vida norte-americano; é um braço da política exterior dos EUA; defende predominantemente nosso interesse nacional" (General Robert J. Wood); "Os EUA não podem estar em todo lugar simultaneamente. A balança de forças e as necessárias alternativas com o mundo contemporâneo em transformação só podem ser conquistadas com amigos fiéis, bem equipados e prontos para cumprir com a tarefa que lhes cabe. O Programa de Assistência Militar foi projetado para impulsionar e conquistar tais forças e alternativas, já que ajuda a manter forças militares que complementam nossas próprias forças armadas". Como parte de esse programa foi criada a *School of Americas* na zona do Canal de Panamá, escola que desde 1961 teve o centro das suas atividades no treino "contra-insurgente" dos oficiais latino-americanos nela inscritos. A economia de esforços que este investimento significava para os EUA está ilustrada por estas cifras, de 1967: o custo médio de um soldado norte-americano era de 5.400 dólares, o custo de um soldado das forças armadas "complementares", 540. Numa série de países, os exércitos se transformaram num apêndice das Forças Armadas norte-americanas. O programa de contra insurreição forneceu um marco ideológico que justificava e incitava a intervenção militar em esferas sob controle civil.[474]

No plano monetário, a heterodoxia econômica baseada no intervencionismo estatal permitiu sistemas financeiros nacionais submetidos aos objetivos políticos do crescimento e do pleno emprego e, no plano externo, ao crescimento sem precedentes do comércio internacional. Os limi-

474 John Saxe-Fernández. *Terror e Imperio*. La hegemonia política y económica de Estados Unidos. Londres, Random House Mondadori, 2006.

tes do "sistema Bretton Woods" estavam dados por ele mesmo: o processo inflacionário e a crise fiscal do Estado norte-americano, em grande parte decorrentes do seu gasto improdutivo, com um lugar de destaque para os gastos de defesa derivados da corrida armamentista. A política de câmbios fixos promulgada pelo acordo de Bretton Woods, definiu a ordem econômica mundial. O câmbio fixo possibilitou uma interdependência entre as nações ao mesmo tempo em que conservou suas soberanias, possibilitando a retomada do desenvolvimento e a concorrência capitalista entre diversas nações. A vigência do câmbio fixo no sistema econômico internacional, impediu que se realizassem grandes especulações financeiras, transformando os EUA em exportador de créditos e de capitais industriais pela ação das multinacionais norte-americanas. A pós a crise do pós-guerra e com a reestruturação político-econômica mundial, o capitalismo retomou a produção e a realização da mais-valia. Os trinta anos subsequentes à Segunda Guerra Mundial, com o regresso da expansão capitalista ficaram conhecidos como a *Idade de Ouro* do capitalismo. Impulsionada primeiramente pela guerra da Coréia em 1950 e depois pelo estabelecimento da Guerra Fria, a retomada da economia de guerra foi um dos fatores responsáveis pela expansão da economia capitalista no pós-guerra. Entretanto, os gastos governamentais utilizados na política armamentista produziram um enorme déficit público nos EUA, abrindo caminho para a reestruturação dos mercados financeiros e para o auge do capital fictício. Uma nova crise de superprodução emergia. A falta de rentabilidade do capital e a não realização da mais-valia fazia com que o ciclo acumulação capitalista não se cumprisse.

A internacionalização econômica atingiu níveis sem precedentes, tanto no que diz respeito ao comércio quanto à produção: a parte exportada da produção mundial passou de 8,5% para 15,8% entre 1955 e 1974, e já em 1971, a produção das filiais norte-americanas situadas no estrangeiro atingiu 172 bilhões de dólares, enquanto a exportação direta atingiu 43,5 bilhões de dólares. O processo de liberalização do comércio mundial foi antes do mais um processo político, no qual a expansão das forças econômicas reforçou os mecanismos de controle estatal: "A inovação do período após a Segunda Guerra Mundial reside justamente em que, no curso das liberalizações, o mercado mundial gradualmente se constituiu como local da reprodução econômica de todas as formas agregadas do capital: da liberalização do comércio mundial da década de 1950 até a formação do sistema creditício internacional praticamente sem regulação política, desde meados da década de 1960. Mas as desregulações de modo algum tinham como resultado a eliminação dos controles políticos das relações econômicas por organismos e governos nacionais, e sim a criação de novas instituições reguladoras das relações econômicas mundiais".[475] A própria expansão econômica, o aumento do volume do comércio exterior, minavam as bases sobre as quais se assentava o controle político do processo econômico, preparando as condições para a crise, que todo o emaranhado institucional foi incapaz de evitar: "A mobilidade de capital parece ter exercido um importante papel no colapso do regime de tipo fixo. O sistema de nível ajustável da década de 1960 foi menos capaz de gerar especulação estabilizadora do que os tipos fixos da década de 1900, uma vez eliminados os controles do capital. A mobilidade do capital reduziu também o controle que as autoridades monetárias nacionais podiam exercer sobre as suas próprias economias, influenciando as taxas de juros".[476]

A ordem econômica internacional do pós-guerra, centrada no "sistema" de Bretton Woods e no papel do FMI, foi a mais séria tentativa feita para superar as consequências do seu desenvolvimento desigual: "O principal obstáculo à acumulação acelerada em 1945 era o desenvolvimento desigual do capitalismo a nível mundial, que havia produzido um grande desequilíbrio na produção e no comércio entre os hemisférios ocidental e oriental, desequilíbrio que se manifestava como 'brecha do dólar'. Por conseguinte, a estratégia econômica dos Estados nacionais europeus girava em torno à busca de uma solução para as crises recorrentes do balanço de pagamentos, que manifestavam o desenvolvimento desigual. Para esses Estados nacionais, a necessidade de maximizar a acumulação se traduzia na necessidade de acumular divisas. A Grã-Bretanha (atuando em representação dos Estados europeus) e os EUA entraram em negociações para restabelecer os circuitos globais de acumulação. Dadas as condições de desequilíbrio estrutural, os objetivos multilaterais dos EUA (a plena convertibilidade monetária imediata, o comércio não discriminado e a diminuição de tarifas alfandegárias) foram resistidos com êxito pela Grã-Bretanha e, ao contrário da percepção popular, *o sistema de Bretton Woods foi efetivamente adiado até 1959*".[477] Ele, na verdade, duraria pouco mais de uma década.

475 Elmar Altvater. *O Preço da Riqueza*. São Paulo, Edunesp, 1995.

476 James Foreman-Peck. *Storia dell'Economia Internazionale*. Dal 1850 a oggi. Bolonha, Il Mulino, 1985.

477 Peter Burnham. El sistema internacional y la crisis global. In: John Holloway et al. *Globalización y Estados-Nación*. Buenos Aires, Tierra del Fuego, 1995.

AFRIQUE

Capítulo 17

Julio Antonio Mella: Imperialismo, Socialismo, Revolução

Luiz Bernardo Pericás[478]

Julio Antonio Mella figura entre os mais importantes pioneiros do marxismo da América Latina, tendo se destacado, ao longo de sua breve trajetória de vida, não só como um notável dirigente do movimento estudantil, mas também como fundador do Partido Comunista de Cuba e impulsionador de organizações políticas de caráter popular e revolucionário na primeira metade do século passado, além de ser amplamente reconhecido como um intelectual polêmico, ousado e provocador. Filho ilegítimo do alfaiate dominicano Nicanor Mella y Brea e da imigrante irlandesa Cecilia MacPartland (que vivia em Nova York, onde conheceu seu cônjuge, em viagem de negócios), o primogênito da *pareja* nasceu em Havana, em 25 de março de 1903, resultado do relacionamento extraconjugal de seu pai, à época, casado com María Mercedes Bermúdez Ferreira, com quem tinha três filhas.[479] Só anos mais tarde, o futuro militante mudaria seu nome de registro oficial, Nicanor MacPartland, para Julio Antonio Mella, com o qual passaria a ser conhecido internacionalmente, inspirado nos personagens históricos Júlio César e Marco Antônio, e de outro lado, fazendo questão de assumir o sobrenome do progenitor, para receber o reconhecimento de

478 Professor Associado do Departamento de História (FFLCH) da Universidade de São Paulo.

479 Ver Christine Hatzky. *Julio Antonio Mella: una Biografía.* Santiago de Cuba, Editorial Oriente, 2008.

sua origem paterna e também para deixar de utilizar o *apellido* da mãe, que o abandonou (e a seu irmão mais novo, Cecílio), quando decidiu morar de vez nos Estados Unidos, onde se casou com um norte-americano[480] (ao longo da vida Mella também assinaria seus artigos com diferentes pseudônimos, como Cuauhtémoc Zapata e KIM).

O jovem irrequieto, irreverente e insubordinado passou a infância e adolescência estudando em diferentes escolas: o Colégio Mimó, o Colégio dos Padres Escolápios em Guanabacoa, o Chandler College (Marianao), um colégio privado de religiosos protestantes em Nova Orleans (o internato Holy College) e a Academia Newton em Havana. Ele também tentou ingressar no Colégio Militar em San Jacinto, no México, viajando àquele país por conta própria durante três meses, em 1920, pretendendo seguir carreira de soldado (como seu avô paterno, o famoso general dominicano das guerras de independência Ramón Matías Mella y Castillo), mas não teve sucesso, já que era cidadão cubano (não era permitido que estrangeiros prestassem o serviço militar lá; não custa lembrar que antes disso, na época em que viveu nos Estados Unidos, o *teenager* chegou a se alistar no exército norte-americano, com o objetivo de ir lutar na Europa, no fim da Primeira Guerra Mundial, declarando uma idade falsa, já que, apesar da alta estatura para os padrões da época e de aparentar ser mais velho do que era, tinha apenas 14 anos; um amigo do pai telegrafou ao progenitor, avisando o que estava ocorrendo, e este conseguiu avisar a Embaixada cubana, que intercedeu para reverter esta situação; em seguida, ele foi mandado de volta a Cuba).[481]

Antes de terminar o curso secundário, Mella já havia lido obras de José Enrique Rodó, Manuel González Prada e José Ingenieros, mas era principalmente influenciado pelas ideias de José Martí. Ainda adolescente, teve

---

480 Pedro Luis Padrón (*Julio Antonio Mella y el Movimiento Obrero*. Havana, Editorial de Ciencias Sociales 1980) diz que Mella mudou o nome em 1922. Já Hatzky afirma que ele fez isso antes de ingressar na universidade. Há diferentes versões sobre os motivos para a escolha do novo nome. Ao que tudo indica, já em seu diário do México, de 1920, ele havia chamado a si mesmo de Julio Antonio. Há também indícios de que a mãe, mais tarde, teria se arrependido de ter abandonado os filhos. Cecilia vivia com o marido em Vermont, mas pretendia se mudar para Nova York; ela achava que Julio Antonio Mella, supostamente, poderia morar com ela naquela cidade, o que nunca veio a ocorrer.

481 Olga Cabrera afirma que ele era repreendido por mulheres na rua por não se vestir de recruta, ou seja, por não ter se alistado para lutar na guerra, ao confundirem sua idade por causa de sua aparência e altura. Neste caso, ela não dá a entender que ele tenha se inscrito no exército dos EUA.

contato pessoal com o poeta, jornalista e editor mexicano Salvador Díaz Mirón (precursor do modernismo literário em seu país, primeiro professor que ganhou sua confiança e que foi chamado por ele de "El Maestro") e com o capitão Adolfo López Malo (um renomado piloto de avião), os quais tiveram, cada qual à sua maneira, ascendência apreciável sobre o estudante naquele momento. Vale lembrar que Mella leu, no mesmo período, *La ocupación de la República Dominicana por los Estados Unidos y el derecho de las pequeñas nacionalidades de América*, de Emilio Roig de Leuchsenring, texto que também iria marcá-lo. Ainda que tenha morado por algum tempo na Louisiana; que tenha realizado várias vezes "prolongadas" viagens aos Estados Unidos quando criança; que tenha passado uma curta temporada em El Paso, Texas (onde se sentiu, segundo disse em seu diário, em um "país de bárbaros, com um idioma bárbaro e com costumes bárbaros"); que bem mais tarde, já no exílio, em 1927, ele permanecesse poucos meses nos EUA;[482] e que sua primeira língua fosse o inglês (por causa de sua mãe, que mal falava o espanhol), Mella foi, desde cedo, bastante refratário ao "Colosso do Norte". Ele próprio diria, na mesma época, que queria "ver unidas as Repúblicas hispano-americanas para vê-las fortes, para vê-las respeitadas, dominadoras e servidoras da deusa liberdade. Eis aí meu ideal". Como afirmou sua biógrafa Christine Hatzky, Mella "sonhava em ser um libertador da América Latina".

Em 1921, o rapaz ingressou na Faculdade de Direito da Universidade de Havana (a primeira, e até então, única instituição de ensino superior do país). É a partir deste momento que começa, de fato, a epopeia de Mella como militante e intelectual revolucionário. Diferentes acontecimentos marcariam a nova geração, que incluíam as reverberações da revolução mexicana, a crise econômica e política em diferentes partes do Ocidente após o fim da Primeira Guerra Mundial e a influência da revolução russa. Nesse sentido, a Reforma Universitária de Córdoba, Argentina (1918), também

482 Adys Cupull e Froilán González afirmam que Mella viajou para os Estados Unidos no dia 29 de agosto de 1927, com o objetivo de procurar um emprego para tentar, desta forma, estabilizar a situação econômica familiar. Olga Cabrera diz que Mella foi aos EUA com o objetivo de se entrevistar com o nacionalista Carlos Mendieta, ainda que aparentemente não tivesse informado a seu partido sobre isso. Já Christine Hatzky diz que o PCM enviou uma carta ao Secretariado Latino-americano do Comintern em 14 de junho de 1928 afirmando que Mella havia viajado no outono de 1927 aos Estados Unidos com autorização expressa do partido para tratar de questões do movimento revolucionário cubano.

foi fundamental para agitar os ânimos da juventude cubana. E foi justamente no movimento estudantil que Mella iria começar a se destacar. A quantidade de atividades realizadas pelo jovem nos anos seguintes é impressionante. Ele seria um dos fundadores (e depois presidente) da Federação de Estudantes Universitários (FEU), entidade criada em dezembro de 1922, a partir de sua iniciativa,[483] assim como também atuaria como editor da revista *Alma Mater* (instituída por ele), encabeçaria o Primeiro Congresso Nacional de Estudantes, colaboraria com o periódico *El Heraldo* e criaria a revista *Juventud* (que tinha como símbolo em sua capa um anjo rebelde de punho erguido). O jovem também constituiu os grupos "Renovación" e os "XXX Manicatos".

Daí em diante, Mella tentaria, sempre que possível, aproximar o movimento operário e os estudantes em uma luta ampla e unificada. Os contatos e a proximidade de Julio Antonio com líderes *obreros*, como o marxista Carlos Baliño e o tipógrafo anarcossindicalista Alfredo López, marcariam aquela época. Mella atuaria como articulista, participaria de *meetings*, faria discursos e guiaria, em boa medida, a política estudantil. O objetivo do movimento de reforma universitária na ilha exigia a autonomia da universidade, a participação dos estudantes na direção da instituição, a expulsão de professores incapazes, o envolvimento na elaboração dos planos de estudo e a democratização do ensino. De maneira mais ampla, também demandava o fim do tratado permanente entre Cuba e EUA (a Emenda Platt), protestava contra qualquer ingerência norte-americana na ilha, manifestava-se em apoio às lutas dos povos colonizados por sua liberdade e a favor do estabelecimento de relações diplomáticas com a União Soviética, assim como solicitava a criação de cursos livres, o ensino científico e experimental, uma Faculdade de Comércio e Finanças, a instituição de disciplinas extraordinárias de verão e a constituição de uma Confederação Nacional de Estudantes. Greves, reuniões, palestras e ocupações se seguiram. A ideia era pressionar as autoridades por mudanças e aproximar os operários e o alunado progressista.

A criação da Universidade Popular José Martí (que acabou se tornando o centro das atividades oposicionistas) seria também outra ferramenta

483 Padrón afirma que a FEU foi fundada em janeiro de 1923.

importante nesse sentido, a partir de um conceito de trabalho aberto e antidogmático (esta experiência tinha como modelos de um lado, a Escola Racionalista estabelecida por Alfredo López e, de outro, a Universidade Popular González Prada, no Peru). Para Mella era fundamental destruir o monopólio da cultura das elites e, ao mesmo tempo, formar revolucionários. Afinal, a única verdadeira emancipação do homem seria a cultura. E, para ele, "não há cultura possível sem uma transformação radical da sociedade burguesa".[484] Mella pensava que não seria necessário esperar pelas mudanças econômico-sociais resultantes de uma revolução (e do socialismo) para a transformação das pessoas, já que isto poderia ocorrer *durante* o processo de luta. Para isso, seria preciso um esforço para revolucionar a "consciência" (sobre cujas bases seria construída a nova sociedade) e romper definitivamente com o passado e com os chamados "falsos valores" do período colonial para criar uma cultura nacional moderna e dinâmica.

A UPJM, dentro de suas limitações, se transformou em um espaço social estimulante, que sem dúvida ampliou os vínculos entre trabalhadores organizados, estudantes e a vanguarda artístico-intelectual da ilha na luta por um mesmo objetivo: a tentativa de construção de uma contra hegemonia cultural, popular e proletária no país. Durante quase quatro anos, a UPJM atuou, chegando a ter em torno de 500 alunos, em sua maioria, trabalhadores urbanos, de Havana. Como recorda Olga Cabrera, "a Universidade Popular, do ponto de vista pedagógico, significou o enfrentamento ao verbalismo e à atitude passiva do alunado". Essa experiência, em última instância, seria encerrada pelo governo Machado. Em 30 de dezembro de 1923, após disputas internas e pressões de setores direitistas, divisionistas, do movimento estudantil, Julio Antonio decidiria apresentar sua renúncia à FEU em caráter irrevogável, para tentar salvar aquela organização e impedir que seus colegas progressistas (que apoiavam as reformas) fossem derrotados e afastados no processo (ele, em seguida, criaria e encabeçaria a Confederação de Estudantes de Cuba, escrevendo sua declaração de princípios, que possuía um nítido caráter martiano e anti-imperialista).

Mella ainda fundou em 1924 a Federação Anticlerical de Cuba (da qual seria seu presidente), como parte da organização continental de mes-

484 Citado in Olga Cabrera, *Mella: Una historia en la política mexicocubana*. cit.

mo nome, com sede no México (que tinha como objetivo lutar contra a influência da Igreja católica na América Latina); constituiu com amigos o Instituto Politécnico Ariel;[485] se tornou membro da *Agrupación Comunista* de Havana; e participou de manifestações antifascistas na capital. Além disso, em 1924 ele se casou com a estudante de Direito Oliva Zaldívar Freyre. A tarefa seguinte foi o estabelecimento da seção cubana da Liga Anti-imperialista das Américas (LADLA), em julho de 1925, com um programa que exigia a retirada das tropas estadunidenses da América Latina e das colônias do Pacífico, a independência de Porto Rico e das Filipinas, a internacionalização do Canal do Panamá, a condenação a qualquer intervenção de Washington no continente, a limitação drástica da monopolização da economia latino-americana por companhias dos EUA, a reprimenda aos governos de Cuba, Peru e Venezuela e o apoio à luta de Augusto César Sandino na Nicarágua, abrindo espaço para que nacionalistas e elementos da burguesia progressista também pudessem participar da organização. Em outras palavras, ainda que tenha sido fundada no ano anterior, originalmente no México (onde ficava sua sede principal) juntamente com seu periódico *El Libertador* (uma clara homenagem a Simón Bolívar), por comunistas norte-americanos e mexicanos, a LADLA tinha um perfil mais amplo e o objetivo de funcionar como uma frente unida anti-imperialista de trabalhadores, camponeses, estudantes e intelectuais.

Para Mella, a luta contra a opressão imperialista deveria ser levada a cabo pelos movimentos nacionais e anticoloniais em todas as partes do planeta. Para isso, ele considerava importante a combinação de nacionalismo, anti-imperialismo, libertação nacional e revolução social. Em 1925 (ano de diversas greves e paralisações no país),[486] Mella não só protagonizou o

485 Ver Christine Hatzky. *Julio Antonio Mella: una biografía.* Já a coletânea de textos de Mella preparada pelo Instituto de História do Movimento Comunista e a Revolução Socialista de Cuba indica que a fundação teria ocorrido em 1925. Instituto de Historia del Movimiento Comunista y la Revolución Socialista de Cuba, *J. A. Mella: Documentos y Artículos.* Habana, Instituto de Historia del Movimiento Comunista y la Revolución Socialista de Cuba/ Instituto Cubano del Libro, 1975.

486 Como a paralisação na central açucareira "Stewart", as greves de trabalhadores nas usinas "Morón" e "Jagüeyal", a greve ferroviária em Guantánamo, a paralisação dos funcionários da Cuban Telephone Company, a greve dos portuários de Guantánamo, a paralisação dos padeiros de Santiago de Cuba, a greve dos motoristas e condutores de bondes de Camagüey e as greves nas fábricas de refrigerantes de Havana, por exemplo. Ver Pedro Luis Padrón. *Julio Antonio Mella y el Movimiento Obrero.*

episódio da visita ao navio soviético *Vatslav Vorovsky,*[487] mas também participou, em agosto, da fundação do Partido Comunista de Cuba, quando foram discutidos temas como a questão agrária, a valorização do papel dos pequenos e médios arrendatários, a criação de uma organização camponesa nacional, o apoio à LADLA e medidas de instrução e propaganda.[488] O objetivo do PCC seria, em última instância, a tomada do poder e a construção do Estado proletário. Segundo Christine Hatzky, Mella e Carlos Baliño (ambos eleitos para o Comitê Central) eram os únicos na nova agremiação que haviam se ocupado com a teoria marxista, já que dominavam a língua inglesa e por isso, teriam lido muitos textos de Marx e Lênin naquele idioma, ainda indisponíveis para boa parte do público cubano (vários dos quais seriam traduzidos por eles para o espanhol).[489]

A mesma autora afirma que os participantes apontaram para a importância de se prestar maior atenção à questão das mulheres, ainda que Olga Cabrera, com opinião distinta, indique que "na discussão sobre a organização das mulheres comunistas se projeta um verdadeiro desinteresse. Foi desconhecida a atuação das feministas que haviam marcado uma forte presença em congressos operários anteriores, na seção hebraica da *Agrupación Comunista* de Havana e nas manifestações das mulheres das classes médias com a participação de trabalhadoras". Já a questão "racial" não recebeu nenhuma atenção naquele momento, assim como não houve presença de militantes negros na reunião. Na época da fundação do PCC Mella tinha apenas 22 anos de idade e já possuía uma experiência política impressionante para alguém tão jovem. Naquele mesmo ano, ele ainda foi expulso da universidade e depois preso, falsamente acusado pelas autoridades policiais e judiciais de participar de atentados a bomba na capital.

Não custa lembrar que o recém-empossado governo de Gerardo Machado (chamado por Mella de o "Mussolini tropical") começaria uma intensa campanha de perseguições políticas, na tentativa de reprimir e coibir

487 Ver Julio Antonio Mella. *Una tarde bajo la bandera roja*, publicado originalmente em *Lucha de Clases*, Havana, 16 de agosto de 1925, e reproducido em Instituto de Historia del Movimiento Comunista y la Revolución Socialista de Cuba. *J. A. Mella: Documentos y Artículos*. Havana, Editorial de Ciencias Sociales/Instituto Cubano del Libro, 1975.

488 Ver Luiz Bernardo Pericás. *A Revolução de Outubro e Cuba, Mouro,* Ano 9, nº 12, janeiro de 2018.

489 De acordo com Pedro Luis Padrón, Baliño e Mella teriam sido as figuras de maior destaque na fundação do partido.

todo de tipo de manifestações contrárias ao novo presidente. O diretor do periódico *El Día,* Armando André, um crítico do chefe de Estado, foi assassinado. Ao longo daquele mandato, o mesmo ocorreu com os líderes sindicais e militantes operários Enrique Varona González, Alfredo Rodríguez, Claudio Brouzón (que foi jogado ao mar e teve seu braço depois encontrado na barriga de um tubarão) e Alfredo López, o dirigente que Mella tanto admirava. Já o secretário-geral do PCC (e diretor da Escola Racionalista da *Federación Obrera de la Habana*), o espanhol José Miguel Pérez, foi detido pela polícia (que confiscou documentos e listas de membros do partido) e depois deportado, por ser estrangeiro. Pouco depois de assumir o poder, Machado ordenou a prisão de duas dezenas de comunistas e militantes anarcossindicalistas. Muitos foram soltos após o pagamento de fiança. Na segunda metade de setembro, contudo, ocorreram explosões em diferentes localidades de Havana (uma na bilheteria do teatro Payret e outras na frente das casas de dois empresários) e pouco depois, entre 40 e 50 ativistas de oposição foram implicados nos atentados e responsabilizados, entre os quais, Julio Antonio, que foi mandado para o cárcere no final de novembro.

Em 5 de dezembro, ele começou uma greve de fome, algo inusitado em Cuba naquela época (Mella, neste caso, provavelmente foi inspirado pelos nacionalistas irlandeses, especialmente Terence McSwiney, dramaturgo, escritor e prefeito de Cork, que usou a mesma tática quando esteve preso em Londres, em 1920). A partir daí, começou uma campanha nacional pela libertação do jovem (até mesmo um Comitê Pró-liberdade de Mella foi criado). Dois panfletos seriam divulgados separadamente, um do Partido Comunista e outro da seção cubana da Liga Anti-imperialista das Américas, mostrando que essas organizações não funcionavam necessariamente em conjunto e que tinham suas diferenças e mesmo contradições, que se tornaram mais salientes com o passar do tempo. A FEU, então mais à direita, se distanciaria de Mella, ainda que os estudantes progressistas continuassem a apoiá-lo, assim como todos os que participavam da experiência da Universidade Popular José Martí. Mesmo setores médios e intelectuais como Enrique José Varona, Evelio Rodríguez Lendián e Heliodoro Gil demonstrariam seu suporte ao rapaz, exigindo uma reforma judicial no país. Personalidades conhecidas como Emilio Roig de Leuchsenring, Juan Marinello e Rúbens Martínez Villena, por sua vez, escreveram uma carta a Machado para alertar sobre a situação. Até o presidente do México, Plutarco Elías Calles, se manifestou em favor de sua soltura.[490]

A greve de fome de Mella se tornou o principal assunto da imprensa e um verdadeiro drama nacional. Mas isso desagradou sobremaneira o PCC, que proibiu que ele continuasse aquele procedimento. Seus dirigentes deram ordens para que Julio Antonio interrompesse imediatamente a *huelga de hambre* (considerada por alguns integrantes da agremiação como uma atitude pequeno-burguesa), mas ele não acatou a decisão. Os comunistas acreditavam que isto significava falta de solidariedade com os outros presos. Por outro lado, as cartas e manifestos por sua soltura eram escritos e divulgados por setores vistos pelo partido como "burgueses" e "conservadores", elementos com os quais a agremiação não queria ter conexão. Além disso, os líderes acusavam Mella de egocêntrico, vaidoso e indisciplinado. Alguns o viam como desobediente e propenso a romper com a hierarquia do PCC, algo inadmissível para um partido com aquelas características. Ele seria um "oportunista tático", que mantinha relações com a burguesia e que não demonstrava verdadeiro companheirismo com os outros detidos. Mella chegou a ser qualificado por seus correligionários de traidor, desertor e de querer constituir sua própria corrente, o "mellismo", o que não era verdade. O fato é que Julio Antonio permaneceu 18 dias em greve de fome e chegou a ter uma parada cardíaca, tal a gravidade de seu quadro de saúde. A pressão popular foi tão grande, entretanto, que Machado acabaria por ceder. E em 23 de dezembro de 1925, a ordem de prisão de Mella foi revogada e sua liberdade, decretada (os outros detidos foram excluídos da decisão, mas depois também seriam soltos).

Em janeiro de 1926, podendo ser novamente mandado para o cárcere, Mella decidiu sair secretamente de Cuba e se exilar no México (partiu do país sem a esposa, na época, grávida, que passou semanas sem notícias

490 Na revista *El Anticlerical*, órgão oficial da Federação Anticlerical de Cuba, da qual Mella havia sido presidente, foram publicadas várias matérias em apoio às medidas implementadas pelo governo Calles para restringir a influência da Igreja católica no país, artigos como "Plutarco Elías Calles, nuevo libertador de América" e "Plutarco Elías Calles, una antorcha en las tinieblas del mundo". Segundo Ricardo Melgar Bao, "comunistas e apristas viam com simpatia o regime de Calles por sua contínua controvérsia petroleira com os Estados Unidos, sua aposta a favor da soberania da Nicarágua profanada pelas tropas de ocupação norte-americanas, suas boas relações diplomáticas com a Rússia soviética e sua irrestrita e radical defesa do Estado laico diante do clero e dos contingentes *cristeros*". Ver Ricardo Melgar Bao. *Haya de la Torre y Julio Antonio Mella: el Exilio y sus Querellas, 1928*. Buenos Aires, Centro Cultural de la Cooperación Floreal Gorini, 2013.

do marido). Naquele mesmo mês, contudo, ele seria "expulso" temporariamente do PCC (segundo alguns autores, "sancionado", "suspenso" ou "separado" do partido), mesmo pertencendo a seu Comitê Central e tendo sido um dos fundadores da sigla, pouco tempo antes.[491] Essa atitude isolou os comunistas cubanos na época. O próprio Comintern considerou o desligamento de Mella uma atitude sectária e exigiu uma revisão da decisão. O fato é que ao chegar ao México, o presidente Plutarco Elías Calles imediatamente concedeu asilo político ao jovem comunista, que ingressou, com apoio da IC, no PCM, onde se destacou[492] (neste caso, deve-se notar o especial empenho de Diego Rivera pela libertação de Mella, quando este se encontrava em greve de fome).

Durante o período em que atuou naquele partido, foi até mesmo nomeado, por breve período, secretário-geral interino da sigla; dirigiu a Liga Anti-imperialista das Américas; tornou-se secretário-geral do Comitê Internacional preparatório para o Primeiro Congresso Mundial contra o Imperialismo e a Opressão Colonial em Bruxelas; comandou a Escola de Instrução Marxista na Organização Juvenil Comunista; foi o responsável pela Comissão de Agitação e Propaganda do CC do PCM; trabalhou na redação do *El Machete;* escreveu para *Aurora, Boletín del Torcedor* e *El Libertador;* foi eleito delegado nacional da Liga Nacional Campesina (LNC); colaborou com a Federação Anticlerical, a Liga Antifascista e a Liga Pró-lutadores Perseguidos (a seção mexicana da SVI); foi convidado por Jesús Silva Herzog para participar do Instituto de Investigaciones Económicas y Sociales; e ainda retornou aos estudos, na Faculdade de Direito da Universidade Nacional do México, fundando também a Associação dos Estudantes Proletários e seu órgão *El Tren Blindado.* Ou seja, uma quantidade impressionante

491 De acordo com Fernando Martínez Heredia, "já em janeiro de 1926 seu partido, depois de cinco meses de fundado e na clandestinidade, decidiu expulsá-lo, precisamente por sua atitude na greve de fome, sob acusações absurdas, levando o caso à IC, e se empenhando em atacá-lo. Em janeiro de 1927, o Secretariado da IC lhes indicou [que deveriam] readmiti-lo, o que o PC cubano cumpriu em maio". Ver Fernando Martínez Heredia. "Los dilemas de Julio Antonio Mella". https://medium.com/la-tiza/los-dilemas-de-julio-antonio-mella-eec6db402b8c.

492 Ainda assim, o PCC enviou ao secretário-geral do CC do PCM uma carta criticando a acolhida "cordial" daquele partido a Mella, segundo os cubanos, "um renegado comunista" e "hábil simulador". O PCC afirmava que Mella era um oportunista, desertor e traidor de seus ideais, "um perfeito e condenável renegado". A missiva insistia para que os mexicanos considerassem Mella como um expulso do PCC, e que deveriam tratá-lo como tal. Ver "Carta del PCC a Rafael Carrillo, Secretario General del PCM del 23/03/1926", incluída no livro de Christine Hatzky. *Julio Antonio Mella: una Biografia.*

de atividades (até mesmo foi preso por alguns dias por participar de protestos contra a condenação de Sacco e Vanzetti diante da Embaixada dos Estados Unidos, junto com sua esposa, que havia se mudado para aquele país para viver com ele).

Mella também integrou o Comitê *Manos Fuera de Nicarágua* (MAFUENIC) e foi membro do Comitê Executivo do Partido Revolucionário Venezuelano (PRV), fundado em 1926 por exilados daquele país no México e que tinha como objetivo acabar com a ditadura de Juan Vicente Gómez por meio de um levante armado, uma agremiação "nacional-revolucionária", "policlassista", "anti-imperialista" e "democrática", que defendia a construção de uma frente ampla contra aquele governo, ainda que tivesse em seus quadros conhecidos ativistas comunistas (o PRV chegou a estabelecer relações com o Comintern, mesmo que, segundo alguns autores, sua proposta de transformações sociais não fosse demasiadamente radical).[493] Tanto a MAFUENIC quanto o PRV iriam influenciar o jovem politicamente mais tarde. A luta de Augusto César Sandino, sem dúvida, se tornaria uma inspiração para ele. Afinal, o "general de homens livres" mostrou que podia combater e vencer tropas imperialistas com poucos soldados, escassez de armas e técnicas de guerrilhas. E indicou que um processo local poderia ampliar sua dimensão e se internacionalizar, de um lado, angariando e incorporando o apoio estrangeiro e de outro, influenciando a luta em outros países da região. Mella estaria presente e faria discursos em apoio a Sandino em diferentes atos na Cidade do México[494] e teria, segundo Ricardo Melgar Bao, se empenhado para mandar um contingente de combatentes dispostos a lutar junto ao líder nicaraguense. Nesse sentido, para ele, Cuba poderia se tornar, em algum momento, uma segunda Nicarágua. Mella chegou a ser chamado, mais tarde, por Antonio Penichet, de "Sandino cubano".[495]

493 Para mais detalhes sobre o PRV e seu programa, ver Víctor L. Jeifets and Lazar S. Jeifets. La inserción internacional de la izquierda comunista anti-gomecista en el exilio venezolano, primeros años, *Revista Izquierdas*.

494 Por exemplo, no ato organizado pela Juventude Comunista em 21 de fevereiro de 1928, ou em 1º de abril do mesmo ano, na abertura da reunião no teatro Virginia Fábregas, na capital, em nome da MAFUENIC, quando discursou.

495 Ver Raquel Tibol. J. A. *Mella en El Machete*. Antología parcial de un luchador y su momento histórico. México, Fondo de Cultura Popular, 1968.

A rotina desgastante como ativista político e as dificuldades financeiras praticamente não deixavam espaço para uma vida privada e familiar tradicional. A mulher de Mella daria à luz a um bebê sem vida em 1926 e, depois de engravidar novamente, em agosto de 1927, nasceria sua filha Natasha. A rotina não convencional do casal, os problemas econômicos, a militância (que absorvia a maior parte das energias do rapaz) e o aparente distanciamento afetivo entre os dois cobraram seu preço. Naquele mesmo ano a esposa, sentindo falta da família em Cuba, desconfortável com o monitoramento constante da polícia e dos agentes de Machado, tendo passado pela experiência da prisão e sem conseguir se acostumar a um cotidiano de privações, decidiu retornar à ilha por conta própria, acompanhada da menina. Julio Antonio nunca mais se encontraria com Oliva e Natasha.[496] Pouco tempo mais tarde, ele começaria a se relacionar com a fotógrafa Tina Modotti. De acordo com Christine Hatzky, Mella estava tão apaixonado pela italiana que chegou até mesmo a cogitar postergar a luta política, abandonar o México e recomeçar a vida com sua nova companheira na Argentina ou em Cuba. Ainda assim, não custa recordar que os dois ficaram juntos publicamente como casal por apenas quatro meses[497] (segundo alguns autores, os dois, contudo, teriam começado seu romance em junho de 1928, ou seja, seu envolvimento teria sido um pouco mais longo).

Em relação às atividades como militante, é importante lembrar que ele continuou a atuar ininterruptamente naquele período, inclusive fazendo uma viagem à Europa, onde se destacou em fevereiro de 1927, com sua participação no Congresso Mundial contra a Opressão Colonial e o Imperialismo (dirigido por Willi Münzenberg e que tinha como secretário, Louis Gibarti), no Palácio Egmont, em Bruxelas.[498] Naquele evento,

---

496 O relacionamento de Mella com a esposa também é alvo de controvérsias. Christine Hatzky afirma que Julio Antonio não demonstrava maior interesse no casamento, mesmo após o nascimento da filha Natasha. A filha Natasha, muitos anos depois, diria que a mãe nunca conseguiu superar a perda do marido. Ver Alina Pereira Robbio. *Buscándote Julio*. Havana, Casa Editorial Abril, 2008.

497 Para mais detalhes sobre a relação de Julio Antonio Mella com Tina Modotti, ver Margaret Hooks. *Tina Modotti, Fotógrafa e Revolucionária*. Rio de Janeiro, José Olympio, 1997; Christiane Barkhaunsen-Canale. Verdad y Leyenda de Tina Modotti. Havana, Ediciones Casa de las Américas, 1989; e Patricia Espinosa. *Tina Modotti, una Lente para la Revolución*. Buenos Aires, Capital Intelectual, 2008.

498 Para mais detalhes, ver Luiz Bernardo Pericás. Apresentação: Resolução geral sobre a questão negra, Congresso Internacional contra a Opressão Colonial e o Imperialismo e O Ocidente e o problema dos negros. José Carlos Mariátegui, *Margem Esquerda*, nº 27, segundo semestre de 2016.

o jovem cubano, atuando como delegado da LADLA (e, especificamente, das suas seções salvadorenha e panamenha), da Liga Nacional Campesina do México e da Federación Obrera de Colombia, defendeu a liberdade das populações africanas e a igualdade racial, e fez duras críticas contra o fascismo, a Ku Klux Klan e o racismo. Acompanhado de seu colega Leonardo Fernández Sánchez, ele também representaria a UPJM na ocasião. Mella apresentou três palestras naquele evento: "Cuba, factoría yanqui", "La verdad del campesinado en Cuba" e "Machado: fascismo tropical". O encontro, inaugurado com um discurso de Emile Vandervelde, contou com 174 delegados de 21 países, reunindo personalidades bastante distintas, mas que se identificavam com o campo progressista e contra o colonialismo. Alguns biógrafos comentam que o dirigente comunista ítalo-argentino Vittorio Codovilla e o peruano Haya de la Torre fizeram vários comentários desfavoráveis ao jovem cubano na ocasião. O escritor Henri Barbusse, por sua vez, impressionado, teria dito que Mella era "um delegado de brilhantismo pouco comum".

Depois do evento, Mella iria visitar por algumas semanas a União Soviética.[499] Naquele país, ele foi convidado a participar da inauguração do Instituto Agrário Internacional (quando pronunciou, em inglês, um discurso intitulado *"El movimento campesino en* México") e da Segunda Conferência do Socorro Vermelho Internacional (para o qual redatou um informe), neste caso, em nome da Liga Pró-lutadores Perseguidos (da qual ele era considerado um "ícone"),[500] quando foi eleito representante da América Central no Comitê Executivo internacional daquela organização. Ele preparou dois relatórios políticos (um sobre Cuba e outro sobre o México), ambos, ao que tudo indica, bastante detalhados; aparentemente conversou com Elena Stasova e, talvez, com Andreu Nin (com quem tinha, de acordo com alguns autores, bastante afinidade); e, também, pode ter entrado em contato com a Oposição de Esquerda, ainda que não haja comprovação documental disso. De acordo com Adys Cupull e Froilán González, Solomon Lozovsky solicitou que os delegados da América Latina designassem um representante para ficar em Moscou para trabalhar na direção de assuntos

499 Ver: Luiz Bernardo Pericás. *A Revolução de Outubro e Cuba.*

500 Ver Daniela Spenser. *Stumbling Its Way Through Mexico: The Early Years of the Communist International.* Tuscaloosa, The University of Alabama Press, 2011.

sindicais do continente. O candidato dos cubanos e mexicanos era Mella, mas após grandes polêmicas e discussões com Vittorio Codovilla, que rejeitava o nome do jovem caribenho, o argentino propôs o venezuelano Ricardo Martínez. Para Cupull e González, "segundo alguns testemunhos, Codovilla se empenhou em uma batalha campal para impedir que Mella ficasse em Moscou. Realizou todo gênero de acusações e de ataques. Visitou delegados latino-americanos para persuadi-los a não votar em Mella; imputou-lhe qualificativos de: intelectualóide, pequeno-burguês, caudilhista, semideus do Caribe; e disse que toda sua atividade estava corroída de oportunismo e carecia de disciplina revolucionária".

De Moscou, Julio Antonio foi a Paris no final de abril de 1927, e de lá, retornou ao México, ingressando no país pelo porto de Veracruz em 1º de junho daquele ano.[501] Ele havia ficado tão impressionado com a União Soviética que chegaria a dizer em uma carta naquela época: "de volta do paraíso". Mella redigiria diversos artigos sobre a URSS, em geral, bastante laudatórios. Seus textos mostravam uma defesa intransigente da União Soviética, de seu povo, de sua cultura, da sua política externa, de seu desenvolvimento econômico e da própria revolução russa (por sinal, a embaixada soviética na cidade do México seria frequentada por ele para atividades políticas ou para assistir a filmes produzidos naquele país). Lênin aparece recorrentemente nos escritos de Mella de forma elogiosa e como uma referência fundamental (o líder bolchevique seria, para ele, "o mestre do proletariado internacional" e "o mais exato e prático dos intérpretes de Karl Marx").[502] Trotsky, por sua vez, é citado em alguns artigos, em geral, de maneira favorável[503] (Mella comentou em um texto que ele era um "nervoso agitador",

501 Em Paris ele teria participado em vários atos públicos promovidos pela Liga Anti-imperialista e pelo grupo de exilados cubanos que editava o *Bulletin Latino-Américain d'Études Politiques et Économiques*, atacando a APRA e seu líder.

502 Ver Julio Antonio Mella. *Mensaje a los compañeros de la Universidad Popular*, publicado originalmente em *Aurora* nº 58, Havana, maio de 1926; e Julio Antonio Mella, ¿Qué es el APRA?, folheto publicado no México, abril de 1928.

503 Em seu artigo "¿Hacia donde va Inglaterra? Un libro de Trotzky", de 1926, Mella comenta: "Trotsky, esse poderoso exemplar da raça humana, o organizador genial do Exército Vermelho no Comissariado do Povo para a Guerra, o grande Chanceler revolucionário no Comissariado do Povo para as Relações Exteriores, o orientador e profeta da nova literatura em *Literatura y Revolución*, o sagaz organizador econômico, o homem que posto à frente de uma fábrica de fósforos melhora rapidamente a produção deste artigo, demonstrando gênio tanto para dirigir uma fábrica como para comandar os exércitos vitoriosos da Revolução Vermelha, o homem, enfim, que soube eliminar até o último resquício de indi-

que atuava como "um dínamo humano").[504] Já o nome de Stálin *nunca* foi mencionado em *nenhum* trabalho do jovem. O fato é que Julio Antonio chegou a ser acusado de ser trotskista[505] (o que nunca foi o caso).

Há relatos de que ele teria discutido de forma acalorada com o pintor David Alfaro Siqueiros, que tinha posições que irritavam Mella e outros camaradas, como o amigo dele, Diego Rivera (ainda assim, Siqueiros iria fazer um retrato do jovem cubano para um livro de Raquel Tibol, anos mais tarde; além disso, o artista afirmaria, em um discurso em Havana, em 1960, que Mella era "um grande cubano", que "se conectou com o povo do México de uma maneira muito profunda" e que "poucos homens o fizeram na mesma proporção que ele fez"; por isso, há quem diga que a relação entre o cubano e o pintor mexicano, na prática, era amistosa). O pintor mexicano (que propôs o nome de Julio Antonio para o Presidium do Profintern) teria informado, em determinada ocasião, que Vittorio Codovilla e Ricardo Martínez acusavam Mella de defender ideias trotskistas e que o rapaz havia viajado aos EUA em 1927 sem autorização do partido. O fato é que o militante comunista norte-americano radicado no México Russell Blackwell (expulso do PCM em 1929) comentou que Julio Antonio teve de se afastar das posições da Oposição de Esquerda para continuar como dirigente do partido. Mella se pronunciaria aos seus correligionários com críticas ao trotskismo, o que teria sido o suficiente para contentar os membros do Comitê Central naquele momento (ele teria sido, inclusive, o autor da tese do CC do PCM contra o trotskismo na URSS e no Comintern).

---

vidualismo ou amor próprio, e se submeteu à férrea disciplina do Partido Comunista da URSS, apesar de todo seu poder, razão e popularidade; uma vez escrito seu livro, faz um prefácio para a edição estadunidense que é toda uma profecia realista, um 'Alto!' à política imperialista de Wall Street". Ver o artigo de Julio Antonio Mella, "Un comentario a *La Zafra* de Agustín Acosta", em Instituto de Historia del Movimiento Comunista y la Revolución Socialista de Cuba. *J. A. Mella: Documentos y Artículos.*

504 Ver Julio Antonio Mella."Octubre", publicado originalmente em *Tren Blindado,* Ano I, nº 1, México, 1928.

505 De acordo com Adys Cupull e Froilán González, "entre 5 e 10 de abril de 1928 se realizou em Montevidéu a reunião do Comitê Organizador para convocar e preparar o Congresso Sindical da América. Em dita reunião havia um ponto sobre Julio Antonio Mella no qual ele era acusado de formar parte da ala direita [sic] do Comitê Central do Partido Comunista Mexicano. Vittorio Codovilla e Ricardo Martínez assinalaram que Mella tinha militância trotskista e não cumpria com a disciplina do partido. [...] Em 14 de junho de 1928, o Comitê Central do Partido Comunista Mexicano enviou uma carta ao Secretariado Latino da Internacional Comunista rechaçando as acusações que Codovilla e Ricardo Martínez haviam formulado no sentido de que Mella era trotskista".

A confiança do partido em Mella era tal, que em 30 de junho de 1928, apesar de todas as ilações sobre sua conduta, ele foi designado como secretário-geral interino da agremiação, permanecendo no cargo até setembro daquele ano. Segundo Russell Blackwell, contudo, "após o retorno da delegação [do PCM] de Moscou, após o Sexto Congresso do Comintern, o camarada Mella não apenas foi removido deste cargo provisório, mas também foi sumariamente removido do Comitê Central, por insistência da ala direita do CEC liderado por Martin (Stirner) e Carrillo".[506] O mesmo autor afirma que em setembro, em uma conferência de emergência do partido, o já citado Martin – também conhecido como "Alfred Stirner" (o suíço Edgard Woog) –, exigiu a expulsão de Julio Antonio pelo "crime" de defender uma linha contrária à posição oficial do PCM em relação à questão sindical (para certos estudiosos, a relação de Mella com Woog foi repleta de discrepâncias e tropeços).

Em dezembro daquele ano, Mella decidiu abandonar o Partido Comunista Mexicano, entregando a seus dirigentes, segundo o secretário do partido, Rafael Carrillo, uma "renúncia insultante". O motivo seria uma carta enviada pelo PCC aos comunistas mexicanos, solicitando que o "grupo cubano" integrante daquela sigla (ou seja, Mella e seus correligionários) se subordinasse ao CC do PCM e que não trabalhasse por sua própria conta e risco, o que poderia comprometer "de maneira verdadeiramente criminosa" os companheiros que atuavam na ilha. A resposta de Mella teria sido tão impulsiva que o Comitê Central pretendeu divulgar uma resolução sobre o caso para todo o continente imediatamente, porém poucos dias mais tarde, o rapaz reconsiderou sua decisão, e em 3 de janeiro de 1929, por meio de uma missiva, se dizendo arrependido, solicitou permanecer na legenda. Na ocasião, Carrillo afirmou que Mella sempre havia tido "debilidades trotskistas"[507] (Blackwell, por sua vez, afirma que Mella foi sumariamente "expulso" do PCM por decisão de seus dirigentes, que se aproveitaram da carta escrita pelo jovem, na qual ele declarava sua incapacidade de colaborar com a lide-

---

506 Ver Russell Blackwell."Julio A. Mella", publicado originalmente em *The Militant,* Vol. IV, nº 2, 15 de janeiro de 1931.

507 Os relatos do funeral de Mella indicam que Carrillo estava extremamente abalado com o ocorrido. Aparentemente, naquela ocasião, Carrillo proferiu um discurso com "frases cortadas pela emoção" e que ele tratava inutilmente de segurar as lágrimas enquanto elogiava Mella para o público presente. Ver Raquel Tibol (org.). *Julio Antonio Mella en El Machete*. cit.

rança partidária). De qualquer forma, a agremiação aceitou a solicitação de Julio Antonio, mas com a condição de que ele não assumisse nenhum cargo de direção pelos três anos seguintes (Olga Cabrera acredita que os camaradas do partido já andavam preocupados por suas atividades, e que Mella, apesar de suas contradições com o comunismo, quis ficar no PCM, mesmo quando sabia que suas ações poderiam provocar sua exclusão). O fato é que em 5 de janeiro, talvez como resultando deste processo, foi publicada em *El Machete* uma nota assinada por Julio Antonio saudando a expulsão de Heinrich Brandler, August Thalheimer e Karl Radek do Partido Comunista Alemão por seus supostos "desvios de direita".[508]

Mesmo tendo recebido o rótulo de "trotskista", houve até mesmo quem chegasse a dizer que ele, no final da vida, havia aceitado incondicionalmente as novas deliberações do Comintern, assumira posições stalinistas (uma opinião que, sem dúvida, não procede) e poderia ser considerado um ortodoxo.[509] Biógrafos e estudiosos recentes, por sua vez, colocam uma ênfase muito maior nos aspectos heterodoxos de seu pensamento e atuação. Já seus inimigos do governo cubano e demais apoiadores do regime de Machado e do imperialismo o acusavam de antipatriota, mercenário e títere da União Soviética, o que era claramente uma mentira orquestrada para denegrir sua imagem, extremamente popular nos meios progressistas. Na verdade, Mella fazia parte de uma geração de intelectuais latino-americanos muito originais, que tinham a capacidade de compreender a realidade nacional de seus países, de intuir possíveis caminhos para a ação e de adaptar diversas linhas de pensamento (marxistas e não marxistas) para entender a história e a conjuntura local, e a partir daí, utilizar as melhores ferramentas disponíveis, segundo eles, para atuar politicamente.

508 O texto dizia que "os partidos comunistas não podem ser um mosaico de cores e tendências. A Internacional declarou a importância de uma ação enérgica contra os direitistas. [...] Estas tendências direitistas, produzidas pelo distanciamento da massa sindical de alguns dirigentes, por excesso de pessimismo no futuro e na força da classe operária, são o mais perigoso". Ver Julio Antonio Mella, "La Semana Internacional VIII: Año Nuevo en Nicaragua", publicado originalmente em *El Machete* nº 146, México, 5 de janeiro de 1929.

509 Ver, por exemplo, alguns de seus textos considerados doutrinários por determinados estudiosos, como "¿Qué es el APRA?" (uma dura crítica à APRA) e "Sobre la misión de la clase media" (além daqueles que discutem o esporte e as artes, entre outros), ainda que estes não representem de forma *totalizante* suas ideias (há autores, inclusive, que veem o primeiro destes como o mais esquemático e sectário deles). Ver também Julio Antonio Mella, "Los juegos olímpicos", publicado originalmente em *El Machete*, nº 125, México, 4 de agosto de 1928; e Julio Antonio Mella, "Junto a Wall Street", publicado originalmente em *El Machete*, nº 86, México, 29 de outubro de 1927.

É importante lembrar aqui que no primeiro semestre de 1928, Mella realizou seu mais importante projeto, ao criar a Associação de Novos Emigrados Revolucionários Cubanos (ANERC), uma organização anti-imperialista, policlassista e "democrática" com clara inspiração em José Martí, em Sandino e no PRV, que tinha como propósito imediato retirar Machado do poder. Entre os membros do grupo, Manuel Cotoño Valdés, Antonio Penichet, Antonio Puerta, Leonardo Fernández Sánchez, Aureliano Sánchez Arango e o líder sindical Sandalio Junco. A ANERC estava sediada na Cidade do México, ainda que tivesse núcleos em Paris, Nova Iorque, Madri e Bogotá, todos encabeçados por exilados que lutavam contra a ditadura na ilha. Para Mella, sua organização deveria unir a luta de todos os opositores do regime, ou seja, incluir personagens heterogêneos como estudantes, operários, sindicalistas, intelectuais e até mesmo membros da União Nacionalista, de caráter liberal-burguês, para iniciar um levante armado em Cuba (para Olga Cabrera, Mella "havia compreendido que era necessária a unidade dos trabalhadores com as classes médias na luta de libertação nacional, sem perder de vista o objetivo final socialista"). Ainda assim, o foco principal sempre era a classe operária. Afinal, a publicação oficial da entidade criada por ele tinha um título bastante explícito e emblemático, ¡Cuba Libre! Para *los trabajadores,* o que indicava claramente qual era o principal objetivo do grupo.

A ideia era a de preparar uma expedição militar que partiria de barco do México (aparentemente a partir de Veracruz), desembarcaria em Cuba e iniciaria uma insurreição na ilha. A agremiação encontrava-se fora da alçada do PCC e tanto sua estruturação como sua estratégia não estavam necessariamente de acordo com os projetos dos comunistas cubanos. Há quem acredite que Mella pensava que a luta armada em Cuba abriria uma nova frente contra o imperialismo norte-americano, que já estava envolvido na Nicarágua. Isso representaria mais um golpe contra os Estados Unidos na região (um dos intuitos da ANERC era impedir que Cuba fosse incorporada aos EUA). Para isso, Mella fazia acenos tanto aos "nacionalistas" como também aos anarquistas, a quem chamava de "camaradas revolucionários das esquerdas", apontando que estes deveriam participar do futuro movimento armado contra "o Estado capitalista e o governo de métodos fascistas" (ainda assim, é possível encontrar, ao mesmo tempo, diferentes manifestações bastante críticas de Mella sobre os ácratas na imprensa).[510]

---

510 Ver, por exemplo, Julio Antonio Mella. "Notas peninsulares", publicado originalmente em *El Machete,* nº 124, México, 28 de julho de 1928.

Julio Antonio acreditava que seria possível construir uma frente ampla que incluísse grupos bastante distintos entre si. Os trabalhadores deveriam, portanto, se juntar aos setores nacionalistas insurrecionais e aos estudantes universitários em uma causa comum (neste caso, os *obreros* estariam do lado das "classes médias arruinadas", utilizando táticas como sabotagens, boicotes e greves). Mella pensava também que durante o processo havia a possibilidade de "internacionalização" do conflito. Ele queria convencer o PCC a participar do intento e insistia na importância da incorporação do proletariado neste projeto, já que Cuba poderia, dependendo dos desdobramentos e resultados dos acontecimentos, seguir para uma condição de colônia formal dos EUA ou para o "caminho de uma necessária revolução democrática, liberal e nacionalista" (ainda que esta não devesse ser "burguesa" e era interpretada apenas como uma solução "temporária", já que em última instância, seu objetivo final era o socialismo).

O programa da ANERC, em grande medida, apresentava demandas econômicas concretas e politicamente aceitáveis para os setores nacionalistas e populares. Nas relações internacionais, exigia a revogação da Emenda Platt e a ampliação dos vínculos com o México e os países caribenhos. Em termos econômicos, pedia a eliminação do monopólio industrial dos capitalistas estrangeiros, a revisão do tratado de reciprocidade com os EUA e o estabelecimento de uma produção industrial nacional (com a reconstrução do comércio doméstico), enquanto para a questão agrária, sugeria a criação de uma agricultura independente por meio de uma ampla reforma agrária, incluindo a entrega de terras a camponeses pobres e arrendatários arruinados, a modernização e tecnificação da produção no campo, a reconstrução e desenvolvimento de cooperativas de produção e distribuição, a fundação de um banco agrário de crédito (comandado pelas cooperativas camponesas) e o controle e regulação da produção açucareira pelos camponeses e arrendatários em benefício dos interesses dos trabalhadores e pequenos produtores agrícolas. Na área política, apoiava a derrocada do "regime militar despótico" e propunha uma organização do Estado sobre a base de princípios democráticos e do direito burguês, que incluíam a liberdade de organização e reunião, a liberdade de expressão e a liberdade de imprensa, assim como a implementação de uma reforma da lei eleitoral, reorganização e novo registro dos partidos, eliminação da discriminação racial, a redução do exército e a criação de milícias populares.

Em relação à educação, por sua vez, convocava um congresso nacional e democrático de professores, estudantes e antigos alunos já formados para que fosse elaborado um plano nacional de educação integral (com o intuito de eliminar o "colonialismo cultural"), reforçava a ideia de autonomia da Universidade de Havana (assim como de suas instituições e planos de estudo) e ainda defendia a proibição da presença de militares no *campus*. Finalmente, na questão dos direitos trabalhistas e sociais, o programa da ANERC apontava para uma jornada de trabalho de oito horas diárias, salário mínimo, direito à greve, liberdade de organização para os trabalhadores na cidade e no campo, a nacionalização dos *bateyes* das usinas de propriedade estrangeira, a proibição de pagamento de salários com vales (um costume naqueles locais, o que obrigava os *obreros* a comprar nos estabelecimentos vinculados às centrais açucareiras) e uma legislação que garantisse proteção especial às mulheres e crianças, só para citar seus pontos principais. De qualquer forma, a ANERC foi motivo de controvérsias e fricções entre Mella e diferentes membros do CC do PCM, o que tornou a relação entre eles cada vez mais tensa no final daquele ano.[511] Aparentemente os comunistas mexicanos consideravam o projeto do jovem cubano como "putschista" e de caráter pequeno-burguês, aliado a setores reformistas e liberais, e que não privilegiava as ações proletárias de massa.[512] Segundo o historiador Barry Carr, o PCM havia se tornado, então, o mais bem-sucedido de todos os partidos comunistas da América Latina.[513]

Mella, naquela altura, conseguira criar fricções e inimizades com diversos elementos do PCC e PCM, assim como com o governo cubano. De um lado, entrou em conflito com personalidades dentro do MCI que o acusavam de não seguir as determinações do Comintern, de ser indisciplinado, de elaborar projetos contrários à linha oficial do partido e de ter simpatias pelo trotskismo, enquanto de outro, desagradava sobremaneira

511 Ver Christine Hatzky. *Julio Antonio Mella: una Biografía*; e Russell Blackwell, "Julio A. Mella", publicado originalmente em *The Militant*, Vol. IV nº 2, 15 de janeiro de 1931.

512 "Em uma carta de 1928, [Vittorio] Vidali criticou duramente a posição de Mella, que pretendia organizar uma expedição a Cuba com a ideia de começar a luta armada contra Machado, algo que as autoridades de Moscou haviam rechaçado por considerá-la uma loucura" (Patricia Espinosa. *Tina Modotti, una Lente para la Revolución*).

513 Ver Barry Carr. *Marxism and Communism in Twentieth-Century Mexico*. Lincoln e Londres, University of Nebraska Press, 1992.

o regime machadiano, que estava ciente dos planos do jovem exilado para tirá-lo do poder. No dia 10 de janeiro de 1929, na Cidade do México, em torno das 21h, quando caminhava na rua com Tina Modotti, retornando para casa, Julio Antonio Mella recebeu dois tiros à queima-roupa nas costas. Foi levado com vida ao hospital da Cruz Vermelha, onde foi operado, mas não sobreviveu. O jovem deu seu último suspiro por volta das duas horas da madrugada do dia seguinte. Tinha apenas 25 anos de idade. Depois de diferentes especulações sobre os motivos do atentado (que iam de "crime passional" envolvendo Tina Modotti a homicídio perpetrado por militantes comunistas a mando do stalinismo) foi constatado o que todos já desconfiavam desde o início: que os assassinos haviam sido agentes contratados por Machado para eliminar seu rival político. O fato é que, a partir daquele momento, a lenda em torno de Julio Antonio Mella só iria crescer.

Como todo personagem complexo, Mella não pode ser colocado dentro de uma "caixa" teórica ou ideológica. Ele lutava pela revolução, sem deixar de lado a possibilidade de reformas radicais ao longo do processo. Era antirracista, mas dava ênfase especialmente à "luta de classes". Defendia o proletariado como o protagonista político, sem deixar de incluir em seus projetos setores das classes médias, estudantes e intelectuais progressistas. Era "nacionalista", mas mantinha sempre uma perspectiva internacionalista e continental. Também era marxista, sem deixar de ser profundamente martiano. Podia trabalhar dentro do seu partido e fora dele, em organizações bastante heterogêneas. Era um revolucionário, mas nunca deixou de ser um rebelde. Polêmico, e por vezes contraditório, foi um exímio organizador. Seu ativismo em diversas frentes foi frenético, incisivo e constante. Combateu a ditadura de Machado, o fascismo, o autoritarismo. O seu projeto contemplava a democracia, a modernização da legislação e das instituições, o desenvolvimento econômico, uma verdadeira independência política de Cuba, uma educação que abarcasse os setores populares, um anti-imperialismo intransigente e em última instância, uma revolução social que fosse liderada pelos trabalhadores. Como lembra Fernando Martínez Heredia, para Mella "a revolução dos comunistas tinha que ser nacional, aprender a viver e sentir como próprias as ânsias de libertação nacional de cada povo, guiar corretamente os explorados e oprimidos para lograr a formação de uma vanguarda revolucionária capaz de ousar arrastar o povo à conquista e ao exercício do poder e não se conformar com reformas parciais ou com a soberbia na solidão".[514]

Para entender o ideário de Mella é preciso conhecer os diferentes influxos teóricos que formaram o seu pensamento. Sua primeira grande influência foi, sem dúvida, o ideário de José Martí. Mella vai se propor a "redescobrir" e "reinterpretar" a obra do poeta e dar a ela um novo significado. Nesse processo, ele irá reivindicar Martí para as lutas populares e trazê-lo para o campo dos trabalhadores. Mella busca as raízes nacionais da rebeldia cubana no apóstolo, usando seu exemplo como inspiração e seus textos como parte de uma tradição que ele pretendia continuar. Não custa lembrar que a universidade popular criada por Mella ganhou o nome de Martí e que seu texto "Glosas al pensamiento de José Martí", ainda que apenas um esboço, é verdadeiramente pioneiro, com *insights* importantes sobre sua visão da obra martiana e de sua relevância para as novas gerações. A abordagem de Mella, assim, era mais radical e bastante distinta da recepção do autor de *La edad de oro, Ismaelillo* e *Versos libres* em sua época.

O elo entre Martí e Mella, por sua vez, foi muito provavelmente Carlos Baliño. O "primeiro marxista cubano"[515] (e, possivelmente, o primeiro latino-americano), Baliño era contemporâneo de Martí, tornou-se seu amigo e integrou o PRC, partido fundado pelo poeta. Ele compreendia as particularidades da história cubana, o anti-imperialismo e a necessidade de uma real independência política e econômica na *"mayor de las Antillas",* combinando esses elementos com seu conhecimento do movimento operário, sua participação nas lides sindicais e seu empenho pela revolução socialista. O dirigente dos tabaqueiros, assim como Martí e Mella, viveu por anos nos Estados Unidos, e conhecia bem não só o papel daquele país na política interna cubana, mas os debates dentro dos sindicatos e partidos de esquerda dos EUA. Mesmo ciente da importância das ideias martianas, Baliño, ao mesmo tempo, estudava e difundia o marxismo. Ele foi provavelmente o primeiro a unir as ideias de Martí e Marx na ilha, assim como foi um exímio organizador político, além de grande admirador de Lênin e da Revolução

514 Ver Fernando Martínez Heredia, "Los dilemas de Julio Antonio Mella". https://medium.com/la-tiza/los-dilemas-de-julio-antonio-mella-eec6db402b8c.

515 Ver, por exemplo, Carmen Gómez García. *Carlos Baliño, primer pensador marxista cubano.* Havana, Editorial de Ciencias Sociales, 1985.

de Outubro. Mais tarde, teve uma relação bem próxima de Mella e foi um dos fundadores do PCC. Seu papel no pensamento do jovem, portanto, deve sempre ser lembrado.[516]

Nesse sentido, não se pode, igualmente, deixar de mencionar o tipógrafo anarcossindicalista Alfredo López. Ele foi reconhecido por Mella como seu "mestre" em vários sentidos. Na época em que Mella era líder estudantil, aprendeu muito com o colega, o qual ajudou a aproximar os alunos universitários dos trabalhadores. Mella escreveria um artigo emocionado sobre o amigo depois que aquele foi assassinado pelo governo Machado. É claro que uma influência definidora seria Marx. E, por certo, Lênin e a revolução russa. É verdade que Julio Antonio leu diferentes trabalhos de Trotsky, assim como o *Tratado do materialismo histórico*, de Bukharin (entre outros materiais),[517] mas a obra de Lênin seria a que, de fato, mais o marcaria naquela época. Mella sentia ser fundamental a existência de "apóstolos", de "heróis", de mártires para o triunfo da causa,[518] assim como de "revolucionários profissionais".[519] Para ele, o revolucionário deveria se dedicar integralmente à causa e se subordinar às necessidades políticas e sociais. Julio Antonio seria coerente com esses postulados e viveria de acordo com o que pregava, se dedicando completamente à luta contra a ditadura machadiana e à revolução social. Os estudantes, por sua vez, deveriam colaborar com os trabalhadores e suas organizações, estudar seus problemas, levar à prática suas convicções e ser a vanguarda no campo da cultura e nas instituições de ensino do novo regime socialista.

Para ele, os sindicatos seriam os embriões da futura organização econômica socialista e os partidos do proletariado, os embriões da futura estrutura política do Estado proletário. Já os estudantes (iniciadores dos "ba-

516 Ver Luiz Bernardo Pericás. Carlos Baliño, pioneiro do marxismo na América Latina. Em: *revista eletrônica da ANPHLAC* nº 20, janeiro/junho de 2016.

517 Mella comenta um artigo de Bukharin publicado no *Pravda*, com o qual ele concorda. Ver Julio Antonio Mella, "El triunfo revolucionario de la diplomacia roja", publicado originalmente em *El Machete* nº 92, 93 e 94, México, 10, 17 e 24 de dezembro de 1927; reproduzido em Instituto de Historia del Movimiento Comunista y la Revolución Socialista de Cuba (org.). *J. A. Mella: Documentos y Artículos*. Mella também apresentaria Zinoviev como "pacífico e tranquilo" e Kamenev como "equânime".

518 Ver Julio Antonio Mella. *Todo tiempo futuro tiene que ser mejor*, publicado originalmente em *Juventud*, Ano I, T. I, nº I e II, Havana, novembro-dezembro de 1923.

519 Ver Julio Antonio Mella. *Por la creación de revolucionarios profesionales*, publicado originalmente em *Aurora* nº 65, México, dezembro de 1926.

talhões" que lutariam ao lado deles) deveriam cumprir o papel de técnicos da revolução em seus três períodos: o "atual", de gestação e organização de quadros; o seguinte, da insurreição; e o final, da construção socialista.[520] Como afirmou certa vez, "a juventude estudantil deve impor em seus países a nova consciência que a época atual exige".[521] No período em que esteve no México, cada vez mais influenciado por Sandino e pelos projetos da Associação dos Novos Emigrados Revolucionários Cubanos, Mella acreditava que a forma de retirar Machado do governo e de chegar ao poder em Cuba seria por meio de uma insurreição, da luta armada.

Para Mella, em última instância, só havia "uma organização política" para a economia socialista: o "soviete".[522] Ele iria enfatizar os comentários de Lênin no Segundo Congresso da IC, que afirmava que "somente com a instauração de sovietes de camponeses e operários poderão os povos oprimidos pelo imperialismo conquistar sua independência total". Nesse sentido, ele podia entender até mesmo as particularidades de cada país e de contextos societais específicos, como no caso do soviete de Bardoli, na Índia, que, segundo ele, não possuía os requisitos que estas organizações demandavam tal como funcionavam na URSS (já que não existiam fábricas lá). Aquele teria sido um movimento de camponeses que se negavam a pagar impostos. Depois de lutar contra isso, tiveram de se unir para combater os ingleses. Aquele soviete, assim, tinha tanto a função de defesa militar como de organização da distribuição de alimentos. O êxito desta experiência teria obrigado as autoridades britânicas a ceder às exigências da população daquela região. Já em relação especificamente ao México e sua classe média, ele diria que "o socialismo é a única solução para os problemas da classe média.

"Por socialismo deve-se entender a socialização dos meios de produção. Isto somente pode ser feito com o operário e o camponês tomando o poder. A socialização no México, provavelmente, terá duas fases: uma rápi-

---

520 Ver Julio Antonio Mella. *Nueva ruta a los estudiantes*, publicado originalmente em *Tren Blindado*, Ano I, No. 1, Cidade do México, setembro de 1928.

521 Ver Julio Antonio Mella. *La solidariedad estudiantil contra el tirano*, publicado originalmente em *Venezuela Libre*, Ano IV nº 10, Havana, 1º de maio de 1925.

522 Ver Julio Antonio Mella. *La Semana Internacional VII: El soviet de Bardoli en la India*, publicado originalmente em *El Machete* nº 142, México, 8 de dezembro de 1928.

da, imediata, pela insurreição e o assalto ao poder pelas massas trabalhadoras, que tomarão posse das minas, dos transportes, do petróleo e de toda a terra; e outra, mais longa e dificultosa, mas necessária: a atração de toda a massa da classe média que enunciamos no primeiro artigo ao socialismo. (É infantil crer que isto ocorrerá isoladamente no México, frente à passividade do imperialismo e das demais repúblicas latino-americanas. Pelo contrário, a primeira parte da luta pelo socialismo se apoia numa ação militar, fundamentalmente contra o governo dos Estados Unidos e contra seus aliados no continente: a burguesia e os governos que hoje dirigem estas repúblicas, ação que será triunfante com o apoio do proletariado americano, do da URSS e do resto do mundo). Como se constatou no último congresso da Internacional, não é necessário e inevitável o 'comunismo de guerra' para todos os países. Possível é a implantação, desde o início, da Nova Política Econômica (NEP). Mas, qualquer que seja o *meio*, o futuro da classe média está no socialismo".[523]

Seu nacionalismo era muito particular. Era contra um suposto "nacionalismo" representado pelas elites brancas urbanas, que excluía a população negra e rural, assim como se contrapunha aos "nacionalistas" moderados que não queriam combater o imperialismo norte-americano, ou seja, o nacionalismo autoritário de Machado e de seus apoiadores (já a administração anterior, de Alfredo Zayas, foi designada por Mella de "canalhocracia").[524] Como ele mesmo disse: "Existem o nacionalismo burguês e o nacionalismo revolucionário; o primeiro deseja uma nação para sua casta viver parasitariamente do resto da sociedade e das migalhas do capital saxão; o último deseja uma nação livre para acabar com os parasitas internos e os invasores imperialistas, reconhecendo que o principal cidadão em toda sociedade é aquele que contribui para elevá-la, com seu trabalho diário, sem explorar os seus semelhantes".[525] Seu "nacionalismo revolucionário", portanto, tinha um nítido caráter classista, ou seja, proletário e popular. Para

---

523 Ver Julio Antonio Mella. *Sobre la misión de la clase media*, publicado originalmente em três partes em *El Machete*, n. 139, 144 e 145, México, 17 de novembro de 1928, 22 de dezembro de 1928 e 29 de dezembro de 1928.

524 Ver Julio Antonio Mella. *Descripción del incidente con la policía cuando la ratificación del tratado de Haya-Quesada*, publicado originalmente em *El Heraldo*, Havana, 22 de março de 1925.

525 Ver Julio Antonio Mella. Imperialismo, tiranía, soviet, publicado originalmente em *Venezuela Libre*, Havana, 1º de junho de 1925.

Mella, o verdadeiro patriotismo abarcaria o amor à pátria juntamente com a solidariedade internacional. Afinal, como ele mesmo afirmou, "a causa do proletariado é a causa nacional. [...] Os proletários são os novos Libertadores. Nosso dever de homens avançados é estar em suas fileiras".[526]

Apesar disso, Mella almejava a união da América Latina, uma "Pátria Grande" de todo o continente. "A união latino-americana, que sonhou Bolívar, foi até hoje utópica pela desconexão ideológica, espiritual de nossa raça [povo]. Harmonizando-nos em uma aspiração comum de ideias, de progresso, de ideais, as repúblicas latinas de nosso Continente responderão a uma atitude composta e defensiva. [...] A revolução universitária despertará as almas. E da comoção que a esse despertar sucede, surgirá, fúlgido como um sol, o futuro de nossa América".[527] Para ele, "como resumo para nosso problema internacional, não vemos no momento outra solução que não estreitar os laços com todos os sonhadores idealistas da América unida e justa, para lutar pela realização do velho ideal de Bolívar adaptado ao momento. Intelectuais honrados, estudantes livres e trabalhadores conscientes são aqueles chamados a executar estas ideias".[528]

Afinal, "já passou do plano literário e diplomático o ideal de unidade da América. Os homens de ação da atualidade sentem a necessidade de concretizar em uma fórmula precisa o anseio que, desde Bolívar até nossos dias, foi considerado como a aspiração redentora do continente. [...] A unidade da América sonhada por todos os espíritos elevados da atualidade, contudo, é aquela da nossa América, da América calcada na justiça social, da América livre e não da América explorada, da América colonial,

---

526 Ver Julio Antonio Mella. *Los nuevos libertadores*, publicado originalmente em *Juventud*, Ano II, Época II, nº IX, Havana, novembro de 1924. Em outro texto, assinado com Agustín Rescalvo e José Acosta, ele diria: "Reconhecemos que o proletariado é o único que defende, nestes momentos, a liberdade de todo o povo e os direitos do homem para viver nas condições que deseja. Não nos enganam os gritos de falso patriotismo dos ricos exploradores, que ao ver em perigo seus ilegítimos e fabulosos lucros, creem que ao destruir seus abusivos direitos à exploração, acabarão também com os direitos de todo o povo de Cuba de viver uma vida melhor, sem tiranias nem estreitezas Proletários, vocês são os libertadores da época atual, e com vocês está toda a juventude idealista e todo o trabalhador consciente". Ver "De la Universidad Popular al proletariado de la nación", publicado originalmente em *El Heraldo,* Havana, 15 de novembro de 1924.

527 Ver Arturo A. Roselló. *Hablando con Julio Antonio Mella sobre la revolución universitaria,* publicado originalmente em *Carteles*, Vol. III, nº 30, Havana, 23 de novembro de 1924.

528 Ver Julio Antonio Mella. *La política yanqui y la América Latina,* publicado originalmente em *Justicia,* segunda época, nº 8, Havana, 23 de agosto de 1924.

da América feudo de umas quantas empresas capitalistas servidas por uns tantos governos, simples agentes do imperialismo invasor. Esta unidade da América só pode ser realizada pelas forças revolucionárias inimigas do capitalismo internacional: trabalhadores, camponeses, indígenas, estudantes e intelectuais de vanguarda. Nenhum revolucionário de hoje pode deixar de ser internacionalista. Deixaria de ser revolucionário. Nenhum programa de renovação – nem a destruição de qualquer tirania –, poderia ocorrer sem uma ação conjunta de todos os povos da América, sem exceção dos Estados Unidos. [...] Para que se possa criar uma nova sociedade nas repúblicas da América, se faz necessária a cooperação de todas as forças revolucionárias do continente".[529]

Sendo assim, para ele, "internacionalismo significa, em primeiro lugar, libertação nacional do jugo estrangeiro imperialista e, ao mesmo tempo, solidariedade, união estreita com os oprimidos das demais nações".[530] Além disso, "as únicas esperanças do proletariado da América Latina são a sua unificação em um grande organismo continental e sua solidariedade com o movimento operário internacional".[531] Já sua visão sobre o imperialismo se apoiava principalmente no opúsculo de Lênin, *Imperialismo, Fase Superior do Capitalismo.* É possível que tenha lido e se influenciado também, em relação a esse tema, pelos trabalhos de Scott Nearing (chamado por ele de "formidável sociólogo americano"),[532] autor que foi traduzido para o espanhol por seu amigo e correligionário Carlos Baliño, que também escrevia sobre o assunto.[533] Como apontava Mella: "Trabalhadores de todos os matizes, camponeses, estudantes, intelectuais livres, são convidados a formar

529 Ver Julio Antonio Mella. *Hacia la Internacional Americana*, publicado originalmente em *Venezuela Libre*, Havana, Ano IV, nº 15, setembro-dezembro de 1925.

530 Ver Julio Antonio Mella. Glosas al pensamiento de José Martí, em Instituto de Historia del Movimiento Comunista y la Revolución Socialista de Cuba. *J. A. Mella: Documentos y Artículos.*

531 Ver Julio Antonio Mella. Cómo interpreta el laborismo la lucha antiimperialista, publicado originalmente em *El Machete* nº 112, México, 1º de maio de 1928.

532 Ver Julio Antonio Mella. *Cuba: un pueblo que jamás ha sido libre*, folheto sem data, impresso na Gráfica El Ideal, da Federação de Torcedores (enroladores de charutos), provavelmente em abril de 1925, e reproduzido em Instituto de Historia del Movimiento Comunista y la Revolución Socialista de Cuba (org.). *J. A. Mella: Documentos y Artículos.*

533 Ver, por exemplo, Carlos Baliño. Prólogo a *El Imperio Americano*, em Instituto de Historia del Movimiento Comunista y de la Revolución Socialista de Cuba (org.). *Carlos Baliño: documentos y artículos.* Havana: Departamento de Orientación Revolucionaria del Comité Central del Partido Comunista de Cuba/Instituto de Historia del Movimiento Comunista y de la Revolución Socialista de Cuba, 1976.

uma frente única formidável contra o inimigo comum a quem é necessário vencer, e a quem se vencerá! As forças são muitas nos Estados Unidos, e em toda a América Latina não há um só homem puro que não seja inimigo do imperialismo capitalista". O jovem revolucionário cubano também acreditava que "a teoria leninista sobre o imperialismo é de aplicação universal, não regional como alguns 'revisionistas' pretendem provar simplisticamente".[534] Ele diria que o presidente Herbert Hoover, um "agente de Wall Street",[535] seria "o representante mais agressivo do imperialismo" de seu país.

Por outro lado, Mella se mostrou um dos mais ferrenhos inimigos da APRA naquele período. Para ele, os apristas "são os pierrôs da política continental".[536] Julio Antonio, muito provavelmente, via a organização criada por Haya de la Torre como uma rival da LADLA, da ANERC e dos Partidos Comunistas na América Latina.[537] Seu folheto "¿Qué es el ARPA?" (no qual utiliza a sigla como era conhecida no meio operário) é talvez o mais importante texto crítico escrito na época contra aquela agremiação. Para ele, o programa da APRA, na prática, se tornaria o instrumento da política reformista das burguesias internas do continente, criticando o "indo-americanismo" e mostrando que a legenda representaria uma variante do populismo.[538] Na acepção de Julio Antonio, portanto, entre o marxismo e o aprismo não haveria nenhuma linha de continuidade. Mella, por certo, se preocupava com a questão "racial". Ele afirmou certa vez, em uma entrevista, que um terço da população da ilha tinha "sangue africano" e que era terrivelmente explorada, encontrando grandes obstáculos na vida política e

534 Ver Julio Antonio Mella. *El triunfo revolucionario de la diplomacia roja,* publicado originalmente em *El Machete,* nº 92, 93 e 94, México, 10, 17 e 24 de dezembro de 1927.

535 Ver Julio Antonio Mella. *La semana internacional VI,* publicado originalmente em *El Machete* nº 145, México, 29 de novembro de 1928.

536 Ver Julio Antonio Mella. *La semana internacional III,* publicado originalmente em *El Machete* nº 137, México, 27 de outubro de 1928.

537 Para Ricardo Melgar Bao, Mella considerava Haya de la Torre como um perigoso adversário depois de seu confronto e ruptura política em fevereiro de 1927, durante o Congresso Anti-imperialista de Bruxelas, e o via como um competidor pelos recursos e apoios mexicanos.

538 Ver Raúl Fornet-Betancourt. *O Marxismo na América Latina.* São Leopoldo, Editora Unisinos, 1995. Para uma discussão sobre Haya de la Torre e a APRA, ver Oliveiros S. Ferreira. *Nossa América: Indoamérica.* São Paulo, Pioneira /Edusp 1971.

nas instituições educacionais.[539] Denunciou, indignado, o racismo em Cuba e também os linchamentos de afro-americanos nos Estados Unidos.[540]

Em um artigo de 1928, ele afirmaria que "os latino-americanos – índios, negros ou mestiços em sua maioria – hão de compreender que são considerados 'raça inferior', iguais aos orientais: chineses e russos (assim disse um senador *gringo*). Então devem compreender que não lhes resta mais que um só caminho, o mesmo que tomaram os russos e chineses: dar golpes mortais ao imperialismo internacional e lutar para estabelecer um regime próprio, isolado da pureza de sangue dos imperialistas".[541] Em outro texto, publicado no mesmo ano, ele seria ainda mais radical e incisivo ao comentar que "é mentira dizer que devemos à Espanha uma raça ou uma civilização. A Espanha deve a nós, ao trabalho dos índios e nativos, a nossas riquezas naturais, sua existência como nação e sua saída do feudalismo. Sem nós a burguesia peninsular nunca teria prosperado, nem desempenhado um papel importante. Nossos povos, mananciais para a acumulação primitiva do capitalismo espanhol, não podem esperar nem agradecer nada à Espanha. Da terra de Pablo Iglesias – o da época juvenil e revolucionária – só nos interessa o momento em que os trabalhadores espanhóis façam com seus padres, militares e burgueses uma matança como a que por aqui faziam seus antepassados com os astecas, ciboneis e incas. Que apodreça a recordação de Hernán Cortés... e que surja um Lênin espanhol".[542]

Apesar disso tudo, Mella considerava que a luta de classes se sobrepunha à questão racial. Sua posição ficou ainda mais explícita em sua crítica à APRA, especialmente em relação ao papel dos povos originários. Como lembra Raúl Fornet-Betancourt, "para Mella, na sua opinião sobre o internacionalismo proletário, é sem fundamento a exigência da APRA de ligar

539 Ver "Entrevista con Julio Antonio Mella realizada por el periodista mexicano Ernesto Robles sobre la Asociación Nacional de los Nuevos Emigrados Revolucionarios de Cuba", publicada originalmente em *El Sol*, México, 20 de junho de 1928.

540 Ver Julio Antonio Mella. *Los cazadores de negros resucitam en Santa Clara*, publicado originalmente em *Juventud*, Ano II, Época II, nº XI, Havana, março de 1925; e Julio Antonio Mella, La Semana Internacional VIII: Año Nuevo en Nicaragua, publicado originalmente em *El Machete* nº 146, México, 5 de janeiro de 1929.

541 Ver Julio Antonio Mella. *¿Quién los entiende?*, publicado originalmente em *El Machete* nº 106, México, 17 de março de 1928.

542 Ver Julio Antonio Mella. *La semana internacional II*, publicado originalmente em *El Machete* nº 136, México, 20 de outubro de 1928.

a revolução na América Latina com o problema índio. A saber, os apristas viam na luta pela emancipação e identidade dos povos índios latino-americanos uma pré-condição necessária para a revolução social no subcontinente, ainda mais que muitos desses povos índios podiam olhar para trás, para uma tradição socialista própria. Para Mella, porém, o recurso ao potencial revolucionário dos povos índios, não pode ser historicamente sustentado. O índio como tal – segundo sua argumentação – não pode mais ser considerado como força portadora do processo revolucionário e isto, porque a assim chamada questão índia não é mais uma questão étnica. Pois com o desenvolvimento da sociedade capitalista, o problema indígena se transformou numa questão econômica".

Nesse sentido, Mella iria comentar que "a penetração do imperialismo deu um fim ao *problema da raça,* no seu sentido tradicional, na medida em que o imperialismo transforma os índios, mestiços, brancos e negros em *operários,* isto é, ele dá ao problema uma base econômica, não étnica". Afinal, a experiência já teria demonstrado que "o camponês – o índio na América – é extraordinariamente individualista e que sua mais alta aspiração não é o socialismo, mas a propriedade privada. Isto é um erro, do qual ele somente pode ser libertado pelo operário, certamente na base da aliança que o partido comunista estabelece entre ambas as classes". Apesar disso, para Fernando Martínez Heredia, o revolucionário cubano defendia "construir um bloco histórico no qual coincidiam os ofendidos e os humildes, os excluídos e os portadores de interesses socialmente úteis, o nacionalismo e os ideais libertários; um bloco cuja ação fosse ao mesmo tempo uma escola, na qual todos aprendessem que o socialismo é o caminho e a opção que torna viáveis as libertações".

Há diversos limites nos textos de Mella, bastante curtos e que não desenvolvem com maior profundidade várias ideias propostas por ele. Estamos falando de alguém muito jovem, que preparava recorrentemente artigos conjunturais, vários dos quais, com viés propagandístico e com visão determinista da história. Seu trabalho como militante e organizador devia ser dividido com as tarefas editoriais e a produção de textos. Por isso, talvez, seja possível sentir um senso de urgência no material produzido por ele e a falta de uma maior "carpintaria" e cuidado com o estilo em seus ensaios. Seu objetivo era ser o mais direto possível, resultando em trabalhos com forte teor polêmico e provocador. Como ele mesmo disse em certa ocasião, as virtudes fundamentais daqueles que escrevem em jornais deveriam ser a brevidade e a concisão, ou seja, "não dizer uma palavra mais nem menos do que o necessário e expressar cada ideia com o mínimo de palavras".[543] Além disso, as ideias deveriam ser apresentadas com a mesma naturalidade e espontaneidade com que se fala com um amigo, portanto, se distanciando de qualquer artificialismo. Para ele, "um fato não ocorre isoladamente. Tem sempre relação, se é contrário aos interesses dos trabalhadores, com a organização social, política e econômica em geral. Mostrar esses fios entre toda a teia de aranha que nos cobre na sociedade capitalista, é fazer o trabalho de grande convencimento revolucionário". E, então, o articulista poderia oferecer alguma sugestão prática, "para remediar a situação ou lutar contra ela".

Ainda assim, pode-se perceber em Mella uma sensibilidade acentuada e uma enorme capacidade para entender o tempo em que vivia, às necessidades do momento, os eventos transcendentes de sua época, o processo histórico cubano, o papel do imperialismo norte-americano na ilha, a combinação das ideias de Martí com os influxos teóricos de Lênin e da revolução russa, o papel das diferentes classes sociais, a questão nacional junto com o internacionalismo proletário e a construção de um projeto popular e radical para seu país, em que os protagonistas fossem os trabalhadores. Nas palavras de Fernando Martínez Heredia, "Mella teve que ser muito rebelde para conseguir ser revolucionário, e para continuar sendo durante sua breve vida. Muito pouco conhecido em sua atuação e suas ideias, sua grandeza, não obstante, foi reconhecida por todos e comoveu a muitos. Mella foi o exemplo, herança jacente, símbolo da revolução, o líder mais puro, o sacrifício, o pensamento mais elevado. Devemos estudar a natureza, o suporte, o alcance e a eficácia dessas emoções que, sim, comunicam, motivam e somam desejos". A obra de Mella continua a inspirar gerações em Cuba e precisa ser conhecida também pelo público brasileiro e pela juventude progressista e combativa de nosso continente.

543 Ver Julio Antonio Mella. *Cursillo para corresponsales*, publicado originalmente em nove partes em *El Machete*, México, do nº 67 até o nº 76, 20 a 27 de agosto de 1927.

AFRIQUE

Capítulo 18

O Imperialismo na Teoria da Dependência

Sebastián Sarapura Rivas[544]

Embora a noção de dependência tenha aparecido com certa frequência nas formulações de alguns pensadores latino-americanos desde o final do século XIX, foi apenas nos anos sessenta do século XX que se começaram a desenvolver reflexões sistemáticas em torno dela. As formulações sobre a dependência deste período surgiram em resposta aos insatisfatórios resultados dos processos de industrialização, impulsionados na América Latina em um período marcado pelas turbulências econômicas, sociais e políticas derivadas das guerras mundiais e pela depressão econômica dos anos trinta. Assim, o início dos anos sessenta se caracterizam pelo esgotamento simultâneo das tentativas industrialistas e da teoria social em que estas se baseavam. Diante dos impasses econômicos, as teses e explicações dos autores identificados com a tradição estruturalista da Comissão Econômica para a América Latina e o Caribe (CEPAL) serão questionadas por uma nova geração de cientistas sociais interessados em refletir criticamente sobre os problemas relativos ao desenvolvimento económico das sociedades periféricas.

544 Bacharel em História – América Latina pela Universidade Federal da Integração Latino-Americana (UNILA) e mestrando em História Econômica na Universidade de São Paulo (USP).

Não é pouco comum o uso do plural para se referir às primeiras tentativas de refletir sistematicamente sobre a questão da dependência. Isso se se explica, pelo menos em parte, pelas diferenças teóricas nas obras fundantes da reflexão dependentista latino-americana. Levando em conta suas distintas orientações metodológicas e consequências políticas, é possível classificar os trabalhos de maior influência em dois vertentes: uma reformista-institucionalista e outra marxista-revolucionária.[545] Ambas tiveram como locais de desenvolvimento instituições de pesquisa situadas no Chile. Esse país era sede da CEPAL desde sua fundação em 1948, e tinha passado por uma reforma universitária que massificou o acesso ao ensino superior durante o governo de Eduardo Frei Montalva (1964-1970). Com o triunfo da Unidade Popular, liderada por Salvador Allende em 1970, além de melhorar as boas condições institucionais para a realização de pesquisas sobre os problemas relativos ao desenvolvimento regional, o Chile se converteu em um local marcado por uma crescente agitação política. Seu processo de democratização com pretensões socialistas contrastava com os cenários ditatoriais que se registravam em países como Brasil e Argentina na mesma época. No conjunto da esquerda latino-americana, existiam muitas expectativas em torno das possibilidades de concretização do programa da Unidade Popular. Tudo aquilo fazia do país andino um destino atrativo para pesquisadores comprometidos com os processos de transformação social e as lutas antimperialistas e democráticas do continente. Foi no Instituto Latino-Americano e do Caribe de Planejamento Econômico e Social (ILPES), vinculado à CEPAL, e no Centro de Estudos Socioeconómicos (CESO) da Universidade do Chile, que as duas principais correntes da teoria da dependência se desenvolveram.[546]

No caso dos autores vinculados ao ILPES, destaca-se o trabalho de Fernando Henrique Cardoso e Enzo Faletto, *Dependência e Desenvolvimento na América Latina* (1970).[547] Nessa obra, os autores pretendiam reali-

545 Kay, C. Teorías latinoamericanas del desarrollo. *Nueva Sociedad*, n.13, 1991.

546 Beigel. F. A Teoria da dependência em seu laboratório. *Crítica e Sociedade: revista de cultura política*, v. 4., n. 2, fevereiro, 2014.

547 Cardoso, F.H.; Faletto, E. *Dependência e Desenvolvimento na América Latina*. Ensaio de interpretação sociológica. Rio de Janeiro, Zahar Editores, 1970. Todas as citações textuais a seguir referem-se a esta obra, exceto quando uma nova obra for indicada.

zar uma "análise integrada" dos aspectos econômicos, sociais e políticos da condição subdesenvolvida, superando, em simultâneo, um certo "economicismo" identificado nos autores cepalinos e o etapismo caraterístico de autores como Walt Whitman Rostow.[548] Na discussão proposta, ocupa um papel privilegiado o estudo das classes sociais e da correlação de forças e articulação de alianças entre elas em situações históricas específicas. Com isso, pretendia-se explicar a natureza dos sistemas de dominação que possibilitam a realização dos interesses concretos das classes e grupos sociais nas condições típicas de economias periféricas. Sua análise da realidade latino-americana atende à mudança dessas relações, propondo algumas tipologias em função da especificidade das trajetórias nacionais.

O ponto de partida é a distinção entre as formas de inserção no mercado mundial. Assim, os autores distinguem entre "economias de enclave" e sociedades onde existiu uma "produção controlada nacionalmente". Com isso, pretendia-se captar as "situações básicas" que permitem entender o curso diferenciado dos processos políticos e econômicos posteriores. O primeiro grupo é constituído por países como Chile, Bolívia, México, Venezuela e Peru. O segundo é composto por Argentina, Brasil, Uruguai e Colômbia. Definidos os pontos de partida, se destaca que nas situações de enclave, as relações de produção modernas desenvolvem-se sobretudo sob impulso do capital estrangeiro. Já nas experiências em que se registra o controle nacional dos sistemas produtivos, as classes dominantes locais caracterizam-se por promover relações de assalariamento nos ramos da produção que satisfazem a demanda internacional, constituindo-se paulatinamente como classes mais tipicamente burguesas. Este processo determinará as diversas condições e possibilidades de desenvolvimento, tanto na chamada "fase de transição" (entre o final do século XIX e as primeiras três décadas do século XX), como na fase de "consolidação do mercado interno" (identificada nos anos 50 do século XX).

Ao analisar estas situações, os autores destacam o papel da classe média nos processos de mudança social, especialmente na gestão do aparelho estatal. Todo esse esforço analítico decorre da tentativa de superar a tradição cepalina, por, segundo eles, ter dado excessiva centralidade aos condi-

548 Rostow, W.W. *The Stages of Economic Growth:* A non-communist manifesto. Cambridge, 1960.

cionamentos econômicos externos na explicação de subdesenvolvimento. Os autores defendem que essa condição não é exclusivamente impulsionada pelos países centrais ou o imperialismo entendido este como um agente alheio à dinâmica local. Nesse sentido, afirmam que o conceito de dependência "[...] pretende dar significado a uma série de fatos e situações que aparecem conjuntamente em um dado momento e busca-se estabelecer, por meio dele, as relações que tornam inteligíveis as situações empíricas em função do modo de conexão entre os componentes estruturais internos e externos." Dessa maneira, estudar a dependência implica reconhecer que "[...] o modo de integração das economias nacionais ao mercado internacional supõe formas definidas e distintas de inter-relação dos grupos sociais de cada país, entre si e com os grupos externos [...]".

Essa perspectiva permitirá uma posição crítica diante das experiências populistas. O foco nas mudanças política permite mostrar o caráter policlassista desse fenômeno, assim como as limitações estruturais das burguesias nacionais que comandaram as alianças políticas que ele expressava. Basicamente, estas limitações são apresentadas como uma consequência da conformação de alianças com as oligarquias rurais e os setores modernos primário-exportadores, que na maioria dos casos, se opõem à implementação de reformas estruturais que estimulariam processos de acumulação de capital mais vigorosos. A crítica, no entanto, também se orienta aos setores populares, nos quais tampouco se identifica a potência de realizar um projeto próprio capaz de reorientar os mecanismos da economia em um sentido progressivo. Eles, pelo contrário, são apresentados de forma passiva, vinculados principalmente às classes médias.

O estudo da dependência se apresenta, nessa formulação, como uma exposição asséptica das condições de possibilidade das classes sociais em contextos nos quais as forças econômicas exteriores parecem ser os agentes mais determinantes na mudança da correlação de forças interna. Isso se torna patente principalmente na discussão sobre o período do pós-guerra. Contudo, o livro não se debruça com sistematicidade sobre a especificidade do imperialismo nos distintos momentos históricos. Assim, o tratamento mais "destacado" da questão encontra-se no capítulo destinado a discutir o processo de "internacionalização do mercado interno". Trata-se de um intento de caracterizar as tendências geradas pelo processo de penetração do capital estrangeiro no setor industrial de países como Brasil, México, Chile e Argentina (iniciado nos anos 50 do século XX). Os autores, destacam que a subordinação da indústria nacional ao capital estrangeiro é um processo inelutável, diante da impossibilidade de uma saída revolucionária e a as limitações produtivas das classes dominantes locais em sustentar o processo de industrialização de forma autônoma.

Nesse cenário, o mais importante para os autores parece ser a discussão sobre as condições internas que poderiam possibilitar formas de inserção mais progressivas na nova divisão internacional do trabalho. A ideia de uma "economia industrial-periférica" que surge da consolidação da indústria comandada pelo capital estrangeiro, ao mesmo tempo em que cria diferenciações regressivas como a marginalização crescente dos "sectores populares-urbanos", também implica uma tendência ao desenvolvimento. Assim, segundo os autores, sobre esta "[...] pode-se citar as seguintes características: a) um elevado grau de diversificação da economia; b) saída de excedentes relativamente reduzida (para garantir os reinvestimentos, especialmente no setor de bens de capital); c) mão-de-obra especializada e desenvolvimento do setor terciário e, portanto, distribuição relativamente mais equilibrada da renda no setor urbano-industrial; d) e, como consequência, um mercado interno capaz de absorver a produção."

Desse modo, ao analisar a "internacionalização do mercado interno", os autores longe de adotar uma perspectiva propositiva, parecem limitar-se a avaliar qual é a melhor forma de aproveitar as novas condições impostas pelo imperialismo. Isso explica, talvez, a ausência de uma análise mais sistemática sobre a nova configuração da dominação exercida pelas potências capitalistas na economia mundial no pós-guerra e suas implicações disruptivas nas economias da região. Em função disso, os autores destacam que "[...] a especificidade da situação atual de dependência está em que os 'interesses externos' radicam cada vez mais no setor de produção para o mercado interno [...] e, consequentemente, se cimentam em alianças políticas que encontram apoio nas populações urbanas. Por outro lado, a formação de uma economia industrial na periferia do sistema capitalista internacional minimiza os efeitos da exploração tipicamente colonialista e busca solidariedade não só nas classes dominantes, mas também no conjunto dos grupos sociais ligados à produção capitalista moderna [...]". Dessa maneira,

"[...] a superação ou a manutenção das 'barreiras estruturais' ao desenvolvimento e à dependência, mais do que das condições econômicas tomadas isoladamente, dependem do jogo de poder que permitirá a utilização em sentido variável dessas 'condições econômicas'".

Em contraste com a perspectiva de Cardoso e Faletto, as obras dos autores vinculados ao CESO defendem de forma explicita que a superação do subdesenvolvimento só é possível mudando as relações sociais de produção capitalistas pela via da revolução socialista. Na corrente marxista da dependência, registra-se uma rica confluência e apropriação crítica das teorias clássicas sobre o imperialismo, das discussões marxistas sobre a troca desigual[549] e da historiografia latino-americana, que se desenvolveu em polêmica aberta com as teses dos historiadores vinculados aos Partidos Comunistas[550]. No âmbito do CESO, entre 1966 e 1973, esses autores produziram um conjunto de obras que, ulteriormente, serão reconhecidas por terem colocado as bases para o desenvolvimento de uma Teoria Marxista da Dependência (TMD).[551] A pretensão de elaborar uma teoria nova é justamente outra das diferenças entre as duas correntes dependentistas. Enquanto Fernando Henrique Cardoso posteriormente se referira à própria obra apenas como uma nova abordagem ou enfoque[552], o grupo mar-

549 A questão das transferências de valor na obra de Ruy Mauro Marini, que será comentada posteriormente, pode ser pensada como um esforço teórico semelhante ao desenvolvido por outros teóricos marxistas na segunda metade do século XX. As idéias sobre a ação da lei do valor no mercado mundial circularam na América Latina em forma paralea às discussões sobre a dependência. Ver por exemplo: Arghiri E.; Bettelheim, C.; Amin S.; Palloix, C. *Imperialismo y comercio internacional (el intercambio desigual)*. México: Cuadernos Pasado y Presente, n. 24, 1971.

550 Nas obras dos marxistas dependentistas, são constantes as referências às obras de historiadores como Sergio Bagú, Luis Vitale e Caio Prado Junior. Todos eles, mesmo com diferenças, têm em comum a crítica das teses que entendiam as sociedades latino-americanas como marcadas por resquícios de feudalidade.

551 Ouriques, N. *A Teoria Marxista da Dependência*. Uma história crítica. Tese de doutorado, Faculdade de Economia, Universidad Nacional Autónoma de México, 1995.

552 Em resposta a algumas críticas à sua obra, Cardoso salienta que eles concebem a dependência apenas como uma nova abordagem ou ponto de vista, e tende a relegar para segundo plano a discussão sobre a fomulação de uma nova teoria: "[...] Pretender elevar a noção de dependência à categoría de conceito totalizante é um *non sens*. E, rigorosamente não é possível pensar numa 'teoria da dependência'. Pode haver uma teoria do capitalismo e das classes, mas a depêndencia, tal como a caracterizamos, não é mais do que a expressão política, na periferia, do modo de produção capitalista quando este é levado à expansão internacional". Cf: Cardoso, F.H. *Teoria da dependência ou análises concretas de situações de dependência?*. *Política y Sociedad*, n.17. Ejemplar dedicado a: Gobernabilidad y Democracia en América Latina, [1970], 1994.

xista é muito explícito na sua pretensão de desenvolver uma inovação no campo das ideias marxistas. Isso faz com que, por exemplo, Theotonio dos Santos (mas não apenas ele), não duvide em apontar as limitações que existem nas teorias clássicas sobre o imperialismo para o estudo das sociedades periféricas: "[...] Nem Lênin, Bukharin, Rosa Luxemburgo, os principais elaboradores marxistas da teoria do imperialismo, nem os poucos autores não marxistas que se ocuparam do tema, como Hobson, enfocaram o tema do imperialismo do ponto de vista dos países dependentes. Apesar de que a dependência deve ser situada no quadro global da teoria do imperialismo, ela tem sua própria realidade que constitui uma legalidade específica dentro do processo global e que atua sobre ele de maneira específica [...]".[553]

A inovação teórica do dependentismo marxista toma criticamente a pioneira formulação de Gunder Frank acerca do caráter capitalista da economia latino-americana desde sua gestação no período colonial. Assim, como momento anterior à apresentação da sua caracterização da dependência, dos Santos sintetiza a contribuição de Frank da seguinte maneira: "[...] a) a América Latina foi colonizada pela Europa na fase de sua expansão capitalista mercantil e a economia que se forma nela é complementar dessa economia mundial; b) o grosso da produção é para exportação e, portanto, é mercantil, não se podendo falar de feudalismo; c) as zonas de caráter mais subdesenvolvido na América Latina são as zonas que tiveram um grande auge exportador e, portanto, mercantil; é, pois, absurdo ligar subdesenvolvimento ao feudalismo; d) o sistema capitalista se forma como um conjunto de satélites que circulam na órbita de um astro central. Este astro central explora todo o sistema de satélites e subsatélites que, por sua vez, exploram os que estão mais abaixo dentro do sistema [...]".

No essencial, trata-se de compreender o sistema capitalista como uma totalidade que, ao universalizar-se, impulsiona assimetrias. O subdesenvolvimento dos países periféricos não é o resultado de uma "falta de capitalismo", mas a consequência necessária de sua expansão. A partir destes pontos, é possível avançar em uma caracterização nova sobre as determinações da condição subdesenvolvida das sociedades latino-americanas. Assim dos Santos afirma: "[...] o subdesenvolvimento não é um estágio

553 Dos Santos, T. *Imperialismo y dependencia*. México: Ediciones Era, 1978. Todas as citações textuais a seguir referem-se a esta obra, exceto quando uma nova obra for indicada.

atrasado e anterior ao capitalismo, mas uma consequência dele e uma forma particular de seu desenvolvimento: o capitalismo dependente".

Ainda reconhecendo a contribuição de Frank, os autores dependentistas se distanciarão de sua concepção de "satelização" e do não reconhecimento da diferença qualitativa que implica o advento da grande indústria especificamente capitalista na constituição de uma situação de dependência que, como apontará Ruy Mauro Marini em *Dialética da Dependência*, não é equivalente à situação colonial. A fim de não ignorar as transformações nas relações sociais de produção e nas estruturas internas, dos Santos define a dependência como "[...] uma situação condicionante na qual um certo grupo de países tem sua economia condicionada pelo desenvolvimento e expansão de outra economia à qual a própria está submetida. A relação de interdependência entre duas ou mais economias, e entre estas e o comércio mundial, assume a forma de dependência quando alguns países (os dominantes) podem expandir-se e auto impulsionar-se, enquanto que os outros países (os dependentes) só podem fazê-lo como reflexo dessa expansão, que pode atuar positiva e/ou negativamente sobre sua relação imediata." Esta formulação geral é a que fundamenta no nível teórico a maioria dos trabalhos formulados no CESO.

Em *O novo caráter da dependência* (1967)[554], dos Santos também ensaiará uma interpretação alternativa à literatura desenvolvimentista da época sobre a o processo de industrialização latino-americano. Usando a experiência histórica brasileira como exemplo mais expressivo das tendências que a nova divisão internacional do trabalho e o capital imperialista impõem no período do pós-guerra; a obra tem por objetivo avançar na caraterização das transformações econômicas e políticas que o processo de industrialização gerou nas formações sociais da região. Trata-se, assim, segundo o autor, de superar uma imagem ultrapassada da realidade latino-americana que é resultante de não analisar corretamente os efeitos de processos que progressivamente transformaram sociedades camponesas e agrárias em industriais e urbanas. Essas teses equivocadas tem para ele sérias implicações políticas. A identificação dos interesses imperialistas como opostos ao pro-

554 Dos Santos, T. El nuevo carácter de la dependencia. *In* Matos Mar, J. *La Crisis del Desarrollismo y la Nueva Dependencia*. Buenos Aires, Amorrortu, 1960. Todas as citações textuais a seguir referem-se a esta obra, exceto quando uma nova obra for indicada.

cesso de industrialização resulta, por exemplo, em considerar a luta pela industrialização como uma luta anti-imperialista e revolucionária.

Na primeira parte do ensaio o autor mostra as principais transformações produtivas que se desenvolveram nos centros capitalistas no final da Segunda Guerra Mundial. A evidência empírica apresentada revela nitidamente o predomínio de grande empresa multinacional de origem estadunidense, se-orientando intensivamente ao setor industrial das economias periféricas. Este processo é resultado da concentração e centralização do capital, que fez da economia estadunidense o novo centro hegemônico do sistema imperialista. A contramão dos autores desenvolvimentistas, dos Santos destaca como longe de implicar o prelúdio da superação da condição subdesenvolvida, o processo de industrialização latino-americano aprofunda uma dinâmica de econômica "hipertrofiada". Isso ocorre, em primeiro lugar, porque mesmo tendo contradições secundárias com as oligarquias agrárias, o capital estrangeiro se insere desenvolvendo uma aliança com esses setores que impossibilita a expansão do mercado interno. Na reprodução dessa relação cumpre um papel essencial a origem que tem o financiamento da indústria no setor primário. O autor também ressalta que a penetração do capital industrial, longe de gerar uma dinâmica virtuosa de acumulação capitalista, transfere recursos e descapitaliza a economia nacional pela via do cobro de serviços elevados sob a forma de lucros, juros, royalties, serviços técnicos.

Na segunda parte da obra, o autor analisa à "estrutura do poder" nas novas condições marcadas pela égide do capital estrangeiro. Mostra, então, a modificação na correlação de forças entre as classes sociais, assinalando a conformação de um bloco de poder no qual o capital imperialista cumpre um papel hegemônico, subordinando outras frações da classe dominante. Dessa maneira, mostra-se que a nova conjuntura histórica, onde as ilusões nacionalistas e desenvolvimentistas caíram por terra (na medida em que se dá um processo de desnacionalização da economia), pode permitir condições para a realização de uma política onde a classe operária e as demais camadas oprimidas da sociedade defendam seus interesses de forma autônoma: "O desenvolvimento do grande capital internacional -como interesse oposto ao trabalho em geral e aos interesses nacionais em particular- em que participa a classe operária, educada pelas burguesias desenvolvimentistas, conduz a um confronto entre estes dois sectores. Neste processo, a classe operária tende a autonomizar-se da direção burguesa e a constituir-se como uma força independente, facto que acentua o confronto com a ordem social monopolista integrada internacionalmente".

Uma crítica ao trabalho de Cardoso e Faletto aparece na obra de Vania Bambirra, *O Capitalismo Dependente Latino-Americano* (1974).[555] Nesse livro, a autora partiu teoricamente da formulação geral sobre *o novo caráter da dependência* apresentada antes por dos Santos. Tendo resolvidas as questões teóricas fundamentais, ela indica que "[...] é preciso tentar, a través de aproximações sucessivas à realidade concreta -isto é, empreendendo o trajeto desde um nível mais alto de abstração para níveis mais concretos-, realizar o estudo das manifestações históricas específicas e do processo de transformação das estruturas dependentes que se formam no continente". Nesse escopo, a autora traça como objetivo a elaboração de uma tipologia das estruturas dependentes. Descartadas às tipologias de caráter empirista por seu extremo "formalismo", a autora orienta sua crítica ao ensaio de Cardoso e Faletto. Segundo ela, esses autores teriam dado às formas de colonização uma centralidade que não se justifica como explicação das diferenças básicas entre os tipos estruturas dependentes.

Além disso, a autora identifica uma cisão entre o estudo das determinações econômicas e as mudanças na correlação de forças entre as classes. Segundo ela: "[...] Enquanto o âmbito econômico for tomado como um mero marco de possibilidades estruturais, os interesses dos principais atores têm que aparecer mesclados com aqueles de atores secundários, tais como as chamadas 'camadas intermediárias'". E continua: "[...] é como se estivéssemos vendo um conjunto de dança e percebendo seus movimentos, mas sem poder escutar o som que dá sentido e nexo a suas evoluções. Não há nesta obra portanto, uma coerência entre a metodologia proposta e sua utilização ampla e rigorosa na análise realizada". A crítica de Bambirra tem como fundamento o reconhecimento da centralidade que tem a grande indústria[556], e consequentemente, a contradição entre capital e trabalho

---

555 Bambirra, V. *El Capitalismo Dependiente Latinoamericano*. México: Siglo XX, 1974. Todas as citações textuais a seguir referem-se a esta obra, exceto quando uma nova obra for indicada.

556 Não levar em conta essa centralidade é o que faz a Cardosso e Faletto ignorar questões fundamentais segundo Bambirra: "[...] falta uma discussão mais ampla sobre o processo de mudanças estruturais

na determinação das tendencias fundamentais da economia e da sociedade no modo de produção capitalista de forma geral. A crítica também explica o papel subordinado que as classes populares têm em relação aos "setores médios" na análise de Cardoso e Faletto.

A autora coloca sua atenção na especificidade dos processos de industrialização e na expansão das relações sociais capitalistas. Sua tipologia divide as estruturas dependentes em dois tipos fundamentais em função das particularidades de esses processos. O primeiro grupo é constituído pelas estruturas de tipo A, onde situa México, Brasil, Chile, Uruguay e Colômbia. Países onde uma indústria, ainda que incipiente na maioria dos casos, teve lugar antes do pós-guerra. O grupo B é conformado pelos países que desenvolveram processos de industrialização somente no contexto posterior ao período do pós-guerra. Eles são Peru, Venezuela, Equador, Costa Rica, Guatemala, Bolívia, El Salvador, Panamá, Nicarágua, Honduras, República Dominicana e Cuba.[557]As diferenças apresentadas serão tomadas como situações de base para explicar as diferentes trajetórias que ocorrem no contexto de integração monopolística, marcado pela crescente penetração do capital estrangeiro, principalmente estadunidense, que se dará a partir dos anos 50 no setor manufatureiro das economias periféricas.

Nos países do tipo A, a penetração do capital imperialista terá que lidar com o a existência de uma burguesia industrial que atingiu um grau relativamente elevado de desenvolvimento em decorrência de sua capacidade de aproveitar o contexto marcado pela guerra e a crise dos anos trinta. Nes-

---

ocorridas nas sociedades latino-americanas a partir da segunda metade do século XIX e inícios do século XX em função das profundas transformações vividas nos países capitalistas desenvolvidos". No fundamental, a explicação dos autores se da pelo que já estava dado na situação de dominio colonial. Isso implica que a explicação seja limitada, ela "[...] não revela como, após a ruptura do 'pacto colonial', colônias que funcionavam como base agrícola da metrópole - Guatemala e Chile, por exemplo - transformaram-se em 'economias de enclave'. Tampouco explica como no caso do Chile, por exemplo, a pesar deste país se constituir como uma economia de enclave, ocorre um desenvolvimento industrial controlado por empresários nacionais que, embora limitado tende a se expandir desde o início do século. Também não explica como países que, enquanto colônias, funcionavam como base fundamental de exploração de recursos naturais por parte da metrópole – como, por exemplo, o caso do México-, tambiém conseguiram obter, já no final do século XIX, um certo controle nacional, suficiente ao menos para começar a industrialização".

557 A autora identifica a possibilidade de distinguir um terceiro grupo ou tipo "C", onde o processo de industrialização não teve lugar. Este estaria conformado por países como Paraguai, Haití e Panamá. Mas por conta das especificidades nacionais de cada um deles ela descarta a ideia de agrupa-los em um mesmo "tipo".

sas circunstancias excepcionais, "[...] gestam-se estímulos para a instalação de novas indústrias a través da intensificação do processo de substituição de importações. Isso se deve também à demanda insatisfeita provocada pela restrição das importações, bem como à disponibilidade de divisas formadas durante as duas guerras, que se acentuam devido à expansão das exportações de alguns produtos, especialmente de matérias-primas latino-americanas para os países beligerantes". A possibilidade de realizar um processo de substituição de importações resulta, assim, da existência de um mercado nacional já estruturado e à extensão das relações capitalistas nos "setores-chave" da economia exportadora. Nesses países, o poder das oligarquias tradicionais será redefinido sob o comando da burguesia industrial.

Desta maneira, "[...] o funcionamento do capitalismo mundial que, ao especializar as economias periféricas como monoprodutoras, provoca sua modernização, o que, por sua vez, gera os elementos para a diversificação da produção através do desenvolvimento da indústria, uma diversificação que conduz à superação da especialização e da divisão internacional do trabalho sob as formas existentes até então, afirmando assim a lei do desenvolvimento desigual e combinado". Essa dinâmica econômica dá lugar a uma aliança de classes que explica o auge e queda das experiências populistas, assim como a repressão subsequente diante de seu esgotamento. Para Bambirra, "[...] os governos de Calles ou Cárdenas no México, o governo de Vargas no Brasil, de Alessandri no Chile, de Batle y Ordoñez no Uruguai, ou, finalmente de Perón na Argentina [...] expressaram o auge e consolidação dos interesses das respectivas burguesias industriais nacionais". No pós-guerra, a orientação do capital imperialista ao setor manufatureiro se caracteriza por deslocar do controle à burguesia industrial nacional, dando-se um processo de desnacionalização sob formas políticas cada vez mais repressivas.

Nos países de tipo B, pelo contrário, o processo de industrialização não se desenvolve de forma expressiva antes do pós-guerra, motivo pelo qual não se registra um confronto com forças nacionalistas no governo. Neles, o controle nacional dos setor primário-exportador provedor de divisas era muito limitado e no essencial controlado pelo capital estrangeiro. Não existe um processo de diversificação produtiva no contexto da guerra, como sim ocorreu nos países de tipo A. Assim, com a penetração do capital imperialista no setor manufatureiro nos anos 50: "[...] As oligarquias nesses países, em contraste com o que se deu nos países do tipo A, não perderam força no controle dos mecanismos de poder; pelo contrário, sua força aumentou. Isso se verifica, em primeiro lugar, a través da liquidação ou neutralização dos movimentos populares e, em segundo lugar, devido a que, do ponto de vista dos interesses imperialistas nesses países, as oligarquias eram as únicas classes que tornavam possível o funcionamento a continuidade da dominação imperialista". A resistência "nacionalista" nesse contexto se expressa nos tímidos programas de organizações como a Ação Anti-Imperialista Revolucionária Americana (APRA) do Peru e o Movimento Nacionalista Revolucionário (MNR) da Bolívia. Nenhuma dessas organizações questionaram programaticamente a penetração do capital estrangeiro e mantinham ilusões sobre a possibilidade de um desenvolvimento industrial de caráter progressivo, mesmo que impulsionado ou em cooperação com capital imperialista.

Analisando especificamente os processos econômicos dos anos cinquenta, constata que nos países de tipo A ocorre uma transformação na dinâmica de reprodução do capital pelas mudanças na grande indústria. Como o processo de industrialização periférico se deu a partir da importação de maquinário para produzir bens de consumo, existe uma relação de "[...] dependência da industrialização dos países dependentes em relação dos países capitalistas desenvolvidos que define seu caráter limitado, vulnerável e, por isso mesmo torna essa industrialização permeável à penetração do capital estrangeiro". Essa forma de reprodução da grande indústria, satisfeita até os anos 1940 na forma de operações comerciais de compra de "mercadorias-maquinário" utilizando divisas geradas pelo setor primário, se modifica sendo mais interessante para o imperialismo não mais a venda das mercadorias-maquinário, mas sim sua conversão em "capital-maquinário". A relação de dependência na reprodução da grande indústria tem como forma fundamental a "[...] instalação direta de filiais, passando pela aquisição majoritária das ações de uma empresa através da inserção de máquinas, até convênios firmados, seja com o capital privado ou do Estado, para a exploração e abertura de novos setores e ramos produtivos".

As dificuldades impostas pelo controle do capital estrangeiro também decorrem da assimetria cientifico-técnica que existe com as potências imperialistas: "[...] na medida em que as grandes empresas estrangeiras detêm o controle das novas tecnologias – através da propriedade das patentes-, elas podem impor os termos de sua utilização nos países dependentes". Essa tecnologia, não cria condições de expansão do consumo porque é naturalmente poupadora de mão de obra, tendo como mecanismos de valorização fundamentais a proteção estatal promovida no período de desenvolvimento industrial gerido pela burguesia nacional. A autora destaca que esse processo, nas novas condições, cria uma série de contradições regressivas que denomina como *"mecanismos acumulativos da dependência"*. Estes são um desenvolvimento natural da atuação das empresas imperialistas: "[...] dos lucros obtidos, uma parte, em geral pequena, é reinvestida; outra parte é enviada ao exterior como remessa de lucros, que aumenta indiretamente através dos pagamentos de royalties, de serviços técnicos e de depreciação, cujo resultado é a descapitalização da economia. Esta descapitalização se reflete nos déficits do balanço de pagamento. Pra suprimir esses déficits são requeridas "ajudas" externas, por meio de empréstimos. Os empréstimos aumentam os serviços da dívida externa e ela aumenta ainda mais os déficits, aumentando a necessidade de mais capital estrangeiro". Assim, a economia periférica se apresenta como um dependente químico: "[...] as drogas o matam, mas necessita delas para continuar vivendo".

Nos países de tipo B não se pode falar de um processo de desnacionalização porque a indústria não tinha a mesma relevância. Assim "[...] não cabe falar em um processo de conversão das mercadorias-maquinário em capital-maquinário, pois, desde o início, o maquinário já chega como capital estrangeiro". O especifico do processo de penetração do capital imperialista nestes países é que sua inserção ocorre concentrada na abertura de novos ramos produtivos, principalmente de bens de consumo duráveis até então não conhecidos nos mercados (principalmente produtos eletrônicos). Assim, mesmo que não opere um processo de desnacionalização, há um recrudescimento da dominação imperialista e da dependência, na medida em que a valorização do capital industrial-manufatureiro de propriedade imperialista determina o essencial da estratégia de "desenvolvimento" aplicada pelos Estados. Como nas economias de tipo A se dão condiciones para que os mecanismos acumulativos da dependência se expandam, com a particularidade de que "[...] em contraste com o que ocorreu nos países de tipo A, a dominação oligárquica não se debilitou a partir do pós-guerra, mas na verdade se fortaleceu ainda mais. Assim é possível compreender fenômenos como a sobrevivência e revitalização do velasquismo no Equador, de Pérez Jiménez, Betancourt e Caldera na Venezuela, ou dos governos oligárquicos no Peru, que impediram a ascensão do aprismo ao poder [...]".

Ainda que em Vambirra e dos Santos as referências aos clássicos dos marxistas sejam explícitas e constantes, foi Ruy Mauro Marini em *Dialética da Dependência* (1977)[558] quem mais procurou desenvolver, desde a teoria do valor presente em *O Capital*, uma síntese das leis tendenciais da reprodução do capital na América Latina. Isso explica que o ensaio em questão, a diferença das obras anteriormente citadas, se mantenha em um nível mais alto de abstração, de prioridade à exposição lógica e faça menos referências aos processos concretos de mudança conjuntural (mesmo que nunca deixe de tê-los presentes). Assim, é possível afirmar que a obra se caracteriza por uma sofisticação maior na apresentação lógica e na formulação de categorias destinadas a apreender a legalidade específica da economia dependente, para além de situações históricas particulares. Isto explica, em boa medida, a influência de sua formulação até os dias atuais, assim como os constantes debates em torno dela.

Em *Dialética*, Marini parte das condições históricas em que a América Latina se incorpora ao mercado mundial. Segundo ele, a região desempenhará um papel destacado na expansão dos meios de pagamento e no fluxo de mercadorias que pavimentam o caminho para a constituição da grande indústria na Europa. O ascenso da Inglaterra como principal potência industrial durante o século XIX determinará também a consolidação de uma divisão internacional do trabalho hierarquicamente estruturada, na qual os países latino-americanos, já formalmente independentes, surgirão como fornecedores de matérias-primas e produtos alimentares. Esta relação desenvolve-se em função de uma crescente especialização produtiva determinada pelas diferentes trajetórias históricas de ambos continentes. As relações que a América Latina estabelecerá com a Inglaterra são particularmente significativas a este respeito. A nova situação das nações latino-a-

558 Marini, R.M. *Dialéctica de la Dependencia*. México: Ediciones era, 1977. Todas as citações textuais a seguir referem-se a esta obra, exceto quando uma nova obra for indicada.

mericanas, após a constituição de um mercado mundial impulsionado pela grande indústria europeia é caraterizada como uma situação de dependência, e esta, por sua vez, e entendida como "[...] uma relação de subordinação entre nações formalmente independentes, no âmbito da qual as relações de produção das nações subordinadas são modificadas ou recriadas para assegurar a reprodução ampliada da dependência".

O conteúdo atribuído à categoria é uma novidade porque se insere em uma exposição concentrada em apresentar o caráter imanente da dependência à reprodução ampliada do capital. À luz disso, o papel subsidiário dos países latino-americanos no mercado mundial deixa de ser compreendido como uma anomalia histórica externa à lógica geral do modo de produção e passa a ser apresentado como parte constitutiva do desenvolvimento histórico deste enquanto totalidade. Para Marini "[...] o fruto da dependência não pode ser, portanto, senão mais dependência, e sua liquidação supõe necessariamente a supressão das relações de produção que ela envolve [...]". A continuidade de um padrão de exportações baseado em produtos primários e bens agrícolas é, na opinião do autor, uma consequência necessária das relações comerciais especificamente capitalistas. Essa especialização não só constituiu um prelúdio histórico para o surgimento da grande indústria nos países imperialistas, como também desempenha um papel fundamental na forma como o capital se reproduz neles. Assim, as funções da América Latina no mercado mundial "[...] transcendem a mera resposta às exigências físicas induzidas pela acumulação nos países industriais. Além de facilitar o crescimento quantitativo destes, a participação da América Latina no mercado mundial contribuirá para que o eixo da acumulação na economia industrial se desloque da produção de mais-valia absoluta para a mais-valia relativa, ou seja, que a acumulação passe a depender mais do aumento da capacidade produtiva do trabalho do que simplesmente da exploração do trabalhador."

Depois de expor o sentido geral da integração histórica da América Latina no mercado mundial capitalista (contribuir para a consolidação da produção de mais-valia relativa nos países centrais), a análise procurará descobrir o "segredo da troca desigual" que ocorre no comércio de bens manufaturados por produtos primários e gêneros alimentícios. Para isso, Marini julga conveniente fazer uma digressão teórica que busca "[...] dissipar a confusão que geralmente se estabelece entre o conceito de mais--valia relativa e o de produtividade [...]". Em palavras de Marini, com esta digressão, importa enfatizar que "[...] o que determina a taxa de mais--valia não é a produtividade do trabalho em si, mas o grau de exploração do trabalho, ou seja, a relação entre o tempo de trabalho excedente [...] e o tempo de trabalho necessário [...]". Em essência, trata-se de esclarecer que para que ocorra uma modificação na taxa de mais-valia "[...] a redução do valor social das mercadorias deve incidir em bens salariais necessários à reprodução da força de trabalho [...]". Assim, o aumento da produtividade nos países centrais caracteriza-se por ter implicado taxas de mais-valia cada vez mais elevadas, fundamentadas no caráter central que nessas formações sociais adquire a mais-valia relativa. Nesse processo as exportações latino-americanas tem um papel destacado. Enquanto o papel dos bens alimentares exportados incide, de forma mais clara, na desvalorização da força de trabalho, aumentando a taxa de mais-valia, a função dos produtos primários residirá em compensar, mediante seu barateamento, o aumento da composição orgânica do capital, que resulta do aumento da produtividade. Ambos processos contribuem a compensar os efeitos da queda da taxa de lucro nos países centrais.

A análise precedente permite situar em novos termos a evidência empírica sobre a deterioração dos termos de troca. Para Marini, a secular queda dos preços e o aumento simultâneo da oferta de mercadorias latino-americanas, apesar disso, não podia ser explicado apelando ao livre jogo da oferta e da procura, nem pela ação de uma força imperial abstrata. A persistência de uma oferta abundante de produtos primários devia ser explicada a partir das relações de valor capitalistas. O autor afirma, então, que opera nas relações de troca analisadas um mecanismo de compensação que consiste no aumento de valor intercambiado, por parte da nação desfavorecida. Isso é o que explica "[...] que a oferta mundial de matérias-primas e alimentos aumente à medida que se acentua a margem entre seus preços de mercado e o valor real de produção". O retorno analítico à esfera da produção dará lugar à apresentação de uma nova categoria que busca captar a forma específica que assume a exploração da força de trabalho nas condições concretas da América Latina e que serve como mecanismo de compensação frente às transferências de valor.

Indica, assim, três procedimentos recorrentes que derivam da necessidade de incrementar a massa de valor: "[...] a intensificação do trabalho, a prolongação da jornada de trabalho e a expropriação de parte do trabalho necessário ao operário para repor sua força de trabalho [...]". Esses processos "[...] configuram um modo de produção fundado exclusivamente na maior exploração do trabalhador, e não no desenvolvimento de sua capacidade produtiva [...]". A principal consequência, em todos os casos, é que se registra um desgaste prematuro da força de trabalho, ou seja, da própria vida do trabalhador. Seu caráter essencial —verificável, por exemplo, numa esperança de vida tendencialmente inferior à dos países desenvolvidos— determina a necessidade de uma nova categoria que dê conta do processo como regularidade. É por isso que Marini formula a categoria *superexploração da força de trabalho*.

O próximo passo na análise implica o retorno à esfera da circulação, que agora poderá ser analisada de forma mais concreta. A configuração de uma estrutura produtiva, orientada para a satisfação da demanda dos países industrializados e que se reproduz com base na superexploração da força de trabalho, determina que o ciclo do capital assuma uma forma particular. Em contraste com a experiência histórica dos países desenvolvidos, na América Latina o processo de acumulação de capital se desenvolve comprimindo a capacidade de consumo das massas. O agravamento da separação entre a esfera da circulação e a esfera da produção, devido ao papel privilegiado do mercado externo, implica que o consumo individual da classe trabalhadora não interfira na realização do produto, mesmo determinando a taxa de mais-valia. Isso explica, em parte, a persistência dos mecanismos de exploração característicos da forma absoluta de mais-valia nas economias periféricas (mas não sua exclusividade).

A especificidade do ciclo do capital, à qual Marini dedica atenção, está relacionada, portanto, com a categoria de superexploração do trabalho. Esse ciclo perverso do capital também se apresenta como determinante da superexploração porque "[...] o sacrifício do consumo individual dos trabalhadores em prol da exportação para o mercado mundial deprime os níveis de demanda interna e erige o mercado mundial como única saída para a produção". A contraparte do processo são as expectativas de consumo que a maior exploração da força de trabalho permite às classes dominantes latino-americanas. Segundo Marini, o mercado interno se estratifica em duas esferas. A correspondente aos trabalhadores (esfera baixa) será comprimida, enquanto a correspondente à classe capitalista (esfera alta), diante da falta de uma estrutura produtiva interna capaz de atender suas necessidades, será satisfeita por importações. Dessa forma, a "complementaridade" entre a exportação de matérias-primas e alimentos e a importação de produtos manufaturados "[...] encobre a dilaceração da economia latino-americana, expressa pela cisão do consumo individual total em duas esferas contrapostas [...]".

O processo de industrialização latino-americano, longe de atenuar as contradições da economia dependente, as recrudescerá. Se inicialmente, parece que a esfera alta da circulação, satisfeita com a oferta externa de manufaturas, diante das turbulências da guerra e da crise mundial, desloca seu centro de gravidade para a produção interna, coincidindo com as necessidades do consumo popular, o curso posterior do processo econômico mostra que, diferentemente do que acontece com os países desenvolvidos, a industrialização latino-americana não se desenvolverá ampliando este. Trata-se de uma industrialização que consiste na reorientação da demanda das classes parasitárias e não na criação de um mercado interno plenamente estendido. O processo de ampliação da produção industrial, não tendo como aspecto central o consumo operário na realização da mais-valia, se resolverá mediante dois procedimentos: "[...] a ampliação do consumo das camadas médias, que se gera a partir da mais-valia não acumulada, e o esforço para aumentar a produtividade do trabalho [...]".

Este último se realizará a partir da importação de capital estrangeiro na forma de financiamento e investimentos de capital, principalmente. Coincidem, assim, a busca de novas tecnologias para o aumento da produtividade nos países dependentes com a disponibilidade de fluxos de capital dos países centrais, e o interesse destes em criar mercados para sua indústria pesada obsoleta. A acelerada concentração de capital dará lugar, sob estas condições, a novos problemas de realização que se tentarão resolver mediante a intervenção estatal. Segundo Marini, pela via da ampliação do aparato burocrático, das subvenções aos produtores e do financiamento ao consumo suntuário. Quando a reprodução ampliada do capital exija expandir a produção, isso não será feito barateando os bens suntuários para sua transformação em bens de consumo massivo, mas, fundamentalmente, promovendo a exportação das manufaturas. Isso explica a existência de experiências nacionais capazes de desempenhar um papel mais ativo no mercado mundial, participando em ramos de produção que antes eram monopolizados pelos países centrais. Simultaneamente, essas formações sociais não deixarão de reproduzir as formas mais cruentas de bestialização dos trabalhadores e, consequentemente, a contínua dissociação entre a estrutura produtiva e as necessidades das massas. Para Marini, esta também é a base dos projetos de integração econômica regionais e o que explica o desenvolvimento de tendências subimperialistas.

É relevante destacar que o tratamento das transferências de valor precedente se fundamenta no uso das categorias propostas por Marx no terceiro volume de *O Capital*, ao tratar da formação da taxa de lucro e dos preços de produção como reguladores da competição capitalista. Assim, Marini destaca a tendência predominante das economias latino-americanas de transferir valor como resultado das diferentes capacidades produtivas do trabalho entre o centro e a periferia, vendo na competição intrasetorial uma forma "mais plena" de aplicação da lei do valor e na competição intersetorial uma forma mais explícita de sua "transgressão".[559] Embora não se possa dizer que dos Santos e Bambirra ignorassem a relevância dessas modalidades, suas obras priorizam a tendência descapitalizadora gerada pelo capital imperialista ao penetrar nas economias latino-americanas. Assim, enfatizam-se os mecanismos resultantes da propriedade de capital em detrimento das relações assimétricas de produção e apropriação de valor decorrentes da

559 Em *Dialéctica*, Marini parece apresentar a modalidade inter-setorial de transferências de valor como resultado da ação monopolista que permite aos capitais mais produtivos se abster arbitrariamente da dinâmica normal da concorrencia capitalista. Mesmo quando o raciocínio geral destaque de forma adequada o papel relevante das transferências de valor derivado das assimetrias na produtividade do trabalho, a exposição apresenta limitações pois considera como formas análogas a transferência de valor inter-setorial e as transferências resultantes da pura ação monopolista. Não há uma distinção clara entre as diferentes determinações do lucro extraordinário transitorio, mais diretamente sujeito à dinâmica da concorrencia, e aquele que surge transgredindo sistemáticamente esta. Na obra de Reinaldo Carcanholo, encontramos uma exposição adequada das determinações subjacentes ao estabelecimento permenente de preços superiores aos valores derivados da capacidade monopolista, mostrando como esse processo da lugar a formação de rendas absolutas de monopólio. Cf: Carcanholo, R. A mais-valia extra. *In: Capital: essência e aparência* vol.2, São Paulo: Expressão Popular, 2013. Cf. também Breda, D.M. A transferência de valor no capitalismo dependente contemporâneo. O caso do Brasil entre 2000 e 2015. 2020. Instituto de Economía, Universidade Estadual de Campinas, 2020. (Tese de Doutorado).

universalização do intercâmbio mercantil. Essa prioridade talvez se explica pelo papel preponderante da discussão sobre os investimentos estrangeiros no período do pós-guerra. Ao mesmo tempo, é um indício dos diferentes níveis de abstração em que se situam as obras do grupo do CESO.

Orlando Caputo e Roberto Pizarro, no livro *Imperialismo, Dependência e Relações Econômicas Internacionais* (1972)[560], certamente influenciados por Teotônio dos Santos, também centram sua atenção nessa modalidade de transferência. Em relação à hierarquia das modalidades, afirmam: "Pensamos que o problema do deterioro dos termos de intercâmbio é um fenômeno importante na compreensão das relações econômicas entre países desenvolvidos e subdesenvolvidos; no entanto, acreditamos que não tem prioridade principal, já que a crise do comércio exterior e, em última análise, a compressão das relações econômicas entre esses países deve ser buscada na transferência que os países subdesenvolvidos fazem para os desenvolvidos, por conceito de serviços financeiros". Como parte do esforço teórico para superar a apologia desenvolvimentista sobre os benefícios do capital estrangeiro, os autores desenvolvem um cálculo que mostra, a partir de uma rigorosa análise empírica de livros e balanços contábeis das empresas imperialistas, que a transferência de riqueza através da propriedade de capital supera os investimentos e os lucros reinvestidos.

A sistematização de dados permite qualificar a crítica à posição desenvolvimentista que atribuía a crise na balança de pagamentos das economias latino-americanas unicamente ao deterioro dos termos de intercâmbio, deixando de lado os montantes de serviços de capital decorrentes das diferenças produtivas e, em última instância, um estudo sistemático das relações de dominação imperialista que explicam os limites objetivos do desenvolvimento industrial na região. Assim, Caputo e Pizarro afirmam: "O capital estrangeiro, então, não vem em nossa opinião 'financiar' um desequilíbrio eventualmente gerado pelas limitações oferecidas pela conta de mercadorias, mas realmente vem cobrir o desequilíbrio provocado pelos movimentos de serviços -especialmente os serviços do capital- e, portanto, recorre-se ao capital estrangeiro para pagar os serviços do capital estran-

560 Caputo, O.; Pizarro, R. *Imperialismo, Dependencia y Relaciones Económicas Internacionales*. Santiago de Chile, Centro de Estudios Socio-económicos (CESO), 1972. Todas as citações textuais a seguir referem-se a esta obra, exceto quando uma nova obra for indicada.

geiro que representam o custo pelo uso deste ingressado anteriormente na região. Portanto, parece arriscado utilizar a denominação de 'financiamento externo', pois precisamente gerou-se um déficit na balança de pagamentos, produto da ação do próprio capital estrangeiro no seio de nossas economias". Assim, "[...] o eventual efeito positivo que os desenvolvimentistas atribuem ao capital estrangeiro como tonificante do crescimento econômico perde absoluta significação ao observar as cifras".

À luz do exposto, são evidentes as diferenças no tratamento da questão do imperialismo nas duas vertentes da reflexão dependentista consideradas. No ensaio de Cardoso e Faletto, não se apresenta de forma explícita uma discussão sobre a questão. Isso se explica, talvez, porque a obra pretende dialogar mais diretamente com os planificadores do ILPES e não com as forças políticas da esquerda latino-americana. Sua compreensão do imperialismo aparece implicitamente quando o papel do capital estrangeiro é discutido como condicionador da atuação das classes sociais, principalmente para o período de sua penetração no setor manufatureiro das economias latino-americanas. Na caracterização desse momento, os autores apontam corretamente aspectos disruptivos, mas sem deixar de ressaltar as possibilidades de desenvolvimento sob a hegemonia do capital estrangeiro. Os autores do marxismo dependentista, por outro lado, dão uma ênfase maior no caráter antinacional do processo de industrialização e nas contradições de classe entre burguesia e proletariado. Em seus trabalhos, apresentam ainda evidências do papel preponderante que têm as diversas modalidades de transferência de valor aos centros capitalistas e como esse processo leva necessariamente à ruptura do ciclo do capital (dissociação da estrutura produtiva das necessidades das grandes massas). Ainda que ambas as vertentes compartilhem uma concepção que não dissocia o subdesenvolvimento do desenvolvimento capitalista, no caso do grupo marxista, as contradições e limitações das economias dependentes são mostradas como uma consequência direta e necessária da atuação do capital estrangeiro e do processo de concentração do capital nos países capitalistas avançados. Com base nessas determinações, mostra-se a dependência como a contra cara necessária do sistema capitalista-imperialista.

As economias latino-americanas têm que lidar hoje, provavelmente de uma forma mais intensa do que em outros momentos da história, com as consequências da imposição de medidas liberalizantes no comércio e nas finanças, e com as crescentes assimetrias no desenvolvimento das forças produtivas entre países. Assim, constata-se a consolidação de um padrão de acumulação baseado na especialização primário-exportadora na região, que se desenvolve em paralelo com a monopolização da ciência e da tecnologia por parte de um pequeno número de novos centros de acumulação de capital. Estas condições põem de manifesto a utilidade de discutir as contribuições dos teóricos da dependência que deram atenção aos processos de transferência de valor derivados tanto da propriedade do capital como das diferenças produtivas inerentes à concorrência intercapitalista.[561]

561 Uma discussão mais profunda sobre as modalidades de transferência de valor que recupera as contribuições do grupo do CESO e de Reinaldo Carcanholo, pode ser lida em Mathias Luce. *Teoria Marxista da Dependência*. Problemas e categorias – uma visão histórica. São Paulo: Expressão Popular, 2018.

AFRIQUE

Capítulo 19

Terceiro império do Sol: o imperialismo japonês

Gianfranco Pala[562] ***e Carla Filosa***[563]

Do conflito da Primeira Guerra Mundial, o Japão emergiu como uma das cinco principais potências imperialistas. Em 1942, foi criada uma segunda faculdade de engenharia na Universidade Imperial de Tóquio, voltada para a aplicação da ciência da guerra, concentrando assim na autonomia do ensino as energias impedidas de produzir armamentos, conforme o Tratado de Washington de 1922. A medida da importância da reelaboração tecnológica japonesa é fornecida por um fato inequívoco: à medida que a guerra avançava, os alunos das faculdades humanísticas eram matriculados imediatamente, ao contrário dos das faculdades científicas que eram retidos até ao fim devido à sua maior funcionalidade. O fornecimento de trabalho, intelectual ou manual, ao aparelho destrutivo, deveria ser prosseguido sem preocupação com o resultado desse trabalho, tal como o envolvimento "lealista" na produtividade corporativa "pacífica" exigia uniformidade na adaptação. O "mercado de fidelidade", ou reservatório de força de trabalho selecionada [*shigoto* – termo clássico japonês que implica comprometimento

562 Gianfranco Pala (1940-2023) foi Professor Titular no Departamento de Economia Pública da *Università degli Studi "La Sapienza"* de Roma, autor de numerosas obras, editor e principal redator da histórica revista marxista italiana *La Contraddizione*.

563 Presidente da *Università Popolare Antonio Gramsci*.

e participação], permaneceu intacto mesmo após a Segunda Guerra Mundial, resultando em uma aristocracia de trabalhadores explorada distinta de uma massa de trabalho [*arubaito* - neologismo vulgar claramente derivado do *arbeit* alemão] cada vez mais chantageável e escravizável, denominado "mercado mercenário". Tudo o que se pode exigir deste tipo de força de trabalho desclassificada é trabalho "normal": é precisamente sobre ela que pesam substancialmente as dívidas de guerra e a nova acumulação capitalista.

Desde o final da Segunda Guerra Mundial, o Japão apresentou um crescimento económico sem precedentes. As rápidas taxas de crescimento tanto do nível nominal do rendimento nacional como do grau de industrialização, até meados da década de 1950, podem ser consideradas como efeitos do processo de reconstrução a partir das grandes ruínas da guerra. As taxas elevadas e estáveis de desenvolvimento económico, especialmente após as duas crises petrolíferas, podem ser consideradas algo invulgar e extraordinário. Isto atraiu a atenção de economistas e sociólogos, tanto no Japão como no estrangeiro, e muitos estudos foram feitos para explicar quais foram os principais fatores desse desenvolvimento económico e mudança social. Sem entrar em discussões detalhadas, é necessário indicar duas das principais causas do processo. O primeiro fator está ligado às medidas de reforma económica e social introduzidas durante o período de ocupação aliada do Japão. Estas medidas criaram um contexto social em que os recursos humanos puderam desenvolver-se e serem utilizados de forma eficaz. Isto contrastava com a situação pré-guerra, onde os trabalhadores estavam sujeitos a uma arregimentação rigorosa e a sua capacidade estava um tanto congelada e distorcida.

No centro da nova estrutura institucional estava o sistema da empresa privada, do mercado competitivo, no qual cada indivíduo pode perseguir os seus próprios interesses sem qualquer consideração pelos interesses da sociedade, e no qual o possível conflito entre comportamentos individuais pode ser resolvido no âmbito do sistema de mercado. A Revolução Chinesa, a Guerra Fria, a Guerra da Coreia fizeram geograficamente do Japão, em 1947-50, o epicentro das bases americanas no Oriente, servindo como bastião anticomunista, o que naqueles anos determinou um novo expurgo muito duro nos confrontos com a oposição, do Partido Comunista e da esquerda (trabalhadores, funcionários públicos e professores), e a dissolução dos sindicatos, pois nenhuma estrutura de "inspiração soviética" poderia ser tolerada. O general MacArthur forneceu ao Japão a ajuda necessária para restaurar o *zaibatsu* e escapar da crise econômica. Reabriu-se assim o campo de batalha da competição, convocando todos os japoneses a trabalharem para a empresa ou para o Estado, arriscando a vida, recriando o terreno para novos *kamikazes* - [o "vento enviado por Deus", do nome do tufão que atingiu as frotas de invasão mongóis, no século XIII]. O duplo "pacífico" do conceito de *kamikaze* atual é *karoshi*: a "morte branca" que – matando até pessoas na faixa dos trinta anos após intensas jornadas de trabalho de dez horas ou mais, além do tempo necessário para longas viagens – se configurou como uma doença social referida à exaustão física, causada pelo excesso de trabalho.

Para melhor clarificar o quadro geral que caracteriza o novo imperialismo japonês - aquele que corresponde plenamente a esse nome, determinado pela conquista do mercado de capitais mundial, e não naquela forma invertida que, ao subordinar a determinação econômica ao expansionismo militarista, prevaleceu no período entre guerras - o dito pode ser resumido com uma observação. Os capitalistas japoneses, dentro do sistema imperialista multinacional, fizeram muito bem a sua parte. São uma classe plenamente constituída em si, de forma antagônica, e se apresentam como tal. Onde a situação parece distorcida é do lado do proletariado, na medida em que é considerado um sujeito histórico consciente da transformação social. A classe trabalhadora japonesa não é para si, mas para o outro: a empresa, precisamente o capital imperialista: "O sucesso japonês reside no controle total da empresa sobre o sindicato" - afirmou Taiichi Ohno, o novo Taylor japonês, aquele cujo sistema de organização do trabalho científico (podemos chamá-lo de *ohnismo*) se desenvolveu na indústria Toyota, assim como o taylorismo encontrou sua primeira implementação integral na fábrica da Ford. "O sindicato é gerido pelos colaboradores de confiança da empresa" – essa é a regra.

Este esclarecimento serve para esclarecer algo fundamental para a compreensão da ascensão resistível do Japão, "o novo império do mal" dos pesadelos dos EUA. O principal obstáculo à transformação social, hoje, é a destruição completa da consciência de classe – e das correspondentes formas organizacionais – do proletariado japonês. Paradoxalmente, os patrões não representam o primeiro obstáculo encontrado por aqueles que pretendem modificar as relações sociais dominantes: no sentido, pelo menos, de que nas ações dos capitalistas não há nada de particular a destacar. Tudo de acordo com o roteiro: enquanto puderem manter um sistema de relações sociais e de relações industriais que muitos definiram como pré-moderno, regressivo para qualquer hipótese de socialização, é óbvio que o fazem, e não há nada a dizer. Há tudo a ser interpretado para a reversão da subordinação coercitiva-consensual dos trabalhadores que está na base do neocorporativismo japonês. Essas observações não dizem apenas respeito aos trabalhadores japoneses, mas - sob a onda de choque do neocorporativismo internacional - aos proletários de todo o mundo.

O Japão tem uma área de superfície ligeiramente maior que a Itália (mais ou menos na mesma latitude no Hemisfério Norte). Tem aproximadamente o dobro da população italiana, mas o seu produto nacional é quase o triplo. No mundo o seu território é de 0,3%, a sua população 3%, a sua produção total superior a 10% da produção mundial (em contraste com a dos EUA que é quase 20%, mas com o dobro da população e um território trinta vezes maior, sem contar o império americano). Somente na década de 1950 a produção japonesa foi igual à produção italiana (2% da economia mundial), enquanto a produção dos EUA ultrapassou a quota de 35%. No mesmo período, a participação mundial da indústria automobilística norte-americana caiu de 60% para 20%, enquanto a japonesa praticamente subiu de zero para 30%. Depois da guerra, os salários no Japão eram ¼ dos EUA: as perspectivas para 2000 indicaram um rendimento médio anual por japonês de 25 milhões de liras (em comparação com 20 milhões nos EUA).

No Japão, as horas anuais trabalhadas por trabalhador são 2.150, em comparação com uma média de 1.650 noutros centros capitalistas (nos EUA e no Reino Unido são cerca de 1.900). A diferença com a média europeia é de mais ou menos de 500 horas por ano, 30% a mais (para a média europeia era o nível do início da década de 1950). As próprias horas contratuais são aumentadas em 20%. A diferença restante deve-se às horas extraordinárias (mais de 10% versus menos de 5%) e à presença diferenciada no local de trabalho (sem absenteísmo e menos férias). Mas uma conta, para efeitos comparativos com a Itália, é fácil de se fazer imediatamente. Sem considerar a maior intensidade de trabalho no Japão (elemento que terá importância central no ohnismo), essas 500 horas extras multiplicadas por um valor do produto/hora de aproximadamente 30 mil liras, e por cerca de vinte milhões de trabalhadores (aproximadamente a força de trabalho total na Itália), dão um produto adicional de aproximadamente 300 bilhões de liras. O déficit interno do orçamento italiano é inferior a metade desse valor. Este é o belo exemplo de zelo que vem dos trabalhadores do Extremo Oriente! Vejamos os métodos e as causas deste fenómeno.

A principal característica do capitalismo japonês – possibilitada pelas condições peculiares impostas ao processo de trabalho – reside na rápida capacidade de adaptação implementada no que diz respeito à dinâmica do mercado mundial no pós-guerra. Uma sociedade que ainda mostrava uma dependência excessiva do setor primário (agricultura, pesca, etc., que caiu de 25% depois da guerra para 4% hoje) conheceu um intenso desenvolvimento da sua indústria relativamente jovem, com um volume de negócios rápido e sem precedentes em seus principais setores. Este fenómeno é também comum a outras grandes economias capitalistas, mas não na mesma extensão, velocidade e elasticidade. Tanto é assim que esta atitude se expressou com força também na adaptabilidade demonstrada pelas grandes empresas japonesas nos seus setores de intervenção e nas suas próprias linhas de produção. A grande capacidade que as empresas japonesas importantes têm demonstrado na mudança de estratégias de decisão e na variação da gama de produtos lançados no mercado tem permitido uma redução média de custos na ordem dos 30%, relativamente ao Ocidente, e um alargamento proporcional de quotas de mercado.

Na década de 1950, a Toyobo dominava o setor têxtil, que até a década de 1960 cobria 30% das exportações. Agora, estes foram reduzidos para uma percentagem de 5% e o emprego no setor diminuiu de 1.200.000 para 600.000 trabalhadores; assim como, por exemplo, as minas de carvão passaram de 400 mil para 30 mil trabalhadores. É precisamente esta capacidade drástica de reestruturação e transformação produtiva, sobre os ombros da classe trabalhadora, que empurrou o capital industrial japonês para o topo. As fricções no mercado de trabalho da época levaram-no a uma primeira viragem destinada a lançar as bases para a penetração no mercado mundial. Eram necessários processos capitalistas mais intensivos, uma produção em grande escala (indústria pesada e básica) e uma forma financeira adequada, através de uma nova grande integração orgânica entre a banca e a indústria.

Nos anos 1960, a Mitsubishi dominava o cenário com os seus estaleiros, mas estava pronta para mudar de pele com grande lucro nas décadas seguintes. Na década de 1970 a liderança passou para a indústria siderúrgica da *Nippon Steel*, que face à crise global do setor conseguiu se recuperar rapidamente transferindo as suas atividades convencionais para o exterior. Mas a situação criada com a superprodução internacional generalizada determinou uma segunda e fundamental viragem estratégica. Não só foram aprofundadas as anteriores escolhas imperialistas, como foi necessário aperfeiçoá-las em termos da eficiência do processo de trabalho (mais do que da economia da força de trabalho), da já mencionada elevada seletividade e diferenciação do ciclo do produto, e das perspectivas de longo prazo conquistando fatias crescentes do mercado mundial.

A década de 1980 impôs o domínio do "carro amarelo", com a Toyota à frente do grupo formado por Nissan, Mazda, Mitsubishi, Isuzu, Honda. Naqueles mesmos anos, em que se assistiu à primazia da mudança comercial do Atlântico para o Pacífico, a inversão da tendência na investigação científica e tecnológica também se concretizou. O Japão não só alcançou a independência, mas também se tornou o principal exportador líquido do mundo. Hoje, o Japão desenvolve internamente inovação tecnológica e automação, transferindo tecnologias e montagens para o exterior (os principais destinatários, além dos países asiáticos emergentes, como Coreia, Hong Kong, Singapura, Taiwan, são China, Austrália, Brasil e México). Nesta perspectiva, a década de 1990 viu a alternância da indústria microelectrónica (já hoje creditada com cerca de ⅓ das exportações) com a Hitachi, Matsushita e Nec na liderança, da investigação industrial e do investimento - ensaios em novos materiais e biotecnologias, para buscar a independência também na importação de matérias-primas e de produtos de subsistência fundamental.

A situação do mercado mundial apresenta um terço das grandes empresas sob a bandeira do sol nascente. Seus bancos estão entre os nove primeiros, liderados por Dai-Ichi, Mitsui-Taiyo, Sumitomo. Gigantes como Citicorp, Deutsche, Crédit Agricole ou Barclays respondem por apenas metade (o principal banco italiano, o BNL, está em 44º lugar). No setor automotivo, a Toyota e a Nissan competem com a General Motors e a Ford. A *Nippon Steel* recuperou a liderança na indústria siderúrgica. Entre as indústrias elétrica e eletrônica, Hitachi e Matsushita (esta última com as marcas National, Panasonic e JVC) estão próximas da General Electric. A própria Hitachi e a Fujitsu estão avançando no grande setor de computadores eletrônicos. Fuji prejudica a Kodak no setor fotográfico. A Komatsu quase alcançou a Caterpillar em tratores; o mesmo pode ser dito da Nec em comparação com a *Texas Instruments* em semicondutores, e da Jal em comparação com a UAL no transporte aéreo. O grande capital monopolista financeiro japonês conseguiu expandir o seu poder no mercado mundial com uma estratégia peculiar que o diferenciou dos seus concorrentes americanos e europeus. A dimensão internacional das grandes empresas japonesas caracteriza-se pela procura de objetivos de longo prazo, destinados a conquistar quotas de mercado crescentes (massa de lucro) em vez de perseguir ganhos imediatos (taxa de lucro). Dado que a estratégia multinacional japonesa visa predominantemente o mercado de exportação, revela uma capacidade de resposta muito rápida às decisões dos concorrentes. Nisto mostra sinais de adaptabilidade e ausência de presunção, ao contrário do que as multinacionais norte-americanas têm exibido.

Esta estratégia, consequentemente, não dá prioridade à distribuição de dividendos elevados (como acontece nos EUA, por exemplo, ao ponto de proliferar, precisamente por estas razões, o fenómeno especulativo das "*Junk Securities*"). Os lucros são reinvestidos, minimizando os custos e riscos de financiamento (com elevados níveis de autofinanciamento) através de uma espécie de poupança forçada imposta aos próprios acionistas. Estes últimos, porém, estão habituados a esta forma de investimento mais silenciosa, em que se assemelham mais aos "acionistas preferenciais" na Europa ou aos detentores de obrigações de rendimento fixo. Desta forma, as empresas obtêm a plena confiança dos acionistas para a gestão dos seus fundos. No entanto, isto não altera o fato de, na abundância de capital monetário a nível global, a Bolsa de Valores de Tóquio - e sobretudo ela, se considerarmos o chamado excesso de poupança japonesa - também ter sido dominada pela especulação. Nem poderia ser de outra forma. A sobrestimação do volume de negócios em Tóquio é apenas o sintoma que precede o colapso - pelo menos do capital fictício e especulativo - que também é um prenúncio de uma verdadeira crise produtiva.

Para compreender plenamente a base material da ascensão do novo imperialismo japonês, é necessário determinar, ainda que brevemente, o emaranhado da sua estrutura produtiva. Devemos começar examinando a forma do processo de produção. Só nesta base será possível analisar as relações laborais e as relações sociais que aí se estabelecem - e que, no entanto, são precisamente aquelas que tornam possíveis essas formas. Um não pode ser compreendido sem o outro. É preciso dizer, em primeiro lugar, que o momento da produção imediata desempenha um papel absolutamente prioritário na perspectiva económica japonesa, numa forma que a Europa esqueceu desde o século passado e a América durante décadas. Em segundo lugar, na produção, a centralidade do trabalho é considerada decisiva. "Os trabalhadores são o investimento mais importante" – repetem os capitalistas japoneses (e têm toda a razão). A força de trabalho é definida como excepcional, disciplinada, flexível, educada e económica. Já vimos como a educação básica (pública) é muito importante, capaz de dar um bom nível cultural à classe trabalhadora. Os trabalhadores "regulares" possuem todos formação superior e normalmente são contratados diretamente nas escolas em início de carreira, e já lotados antes do final dos estudos. Mas não são "trabalhadores qualificados" no sentido ocidental – como podem acreditar aqueles que estão habituados a pensar nestes termos. A sua utilização futura não exige, antes evita, uma especialização pré-determinada.

Isto permite aos trabalhadores manuais uma série de tarefas "intelectuais", nas quais podem expressar a sua "criatividade" no controle do processo de trabalho e da qualidade dos produtos e máquinas. Esta característica não implica de forma alguma uma verdadeira delegação de decisões estratégicas, ainda mais centralizadas no Japão do que no Ocidente. No entanto, dá uma verdadeira aparência de autonomia na intervenção ativa dos trabalhadores no controle do próprio processo de trabalho, pois tudo o que é operacional e marginal, mas praticamente útil à empresa, é efetivamente descentralizado para as unidades de produção. Tudo isto, é claro, foi pensado com o objetivo de conferir grande flexibilidade e eficiência à execução das tarefas de produção. Os mesmos estudiosos japoneses do fenómeno alertam, de fato, que isto nada tem a ver com o conceito ocidental de "democracia": pelo contrário, a hierarquia e o respeito pelos papéis são ainda mais rígidos. Há quem compare a organização da companhia japonesa à de um exército ou à de uma ordem religiosa. Na verdade, essa aparência de delegação de responsabilidade operacional e criativa resume bem a forma de condicionamento patronal à classe trabalhadora. É uma forma que potencializa a aparente (que realmente "aparece", portanto, como intrinsecamente necessária) cooperação e colaboração entre trabalhadores. Falamos, portanto, frequentemente de "coerção estrutural", isto é, uma função da organização dada ao processo de trabalho e à utilização das máquinas com as quais os trabalhadores devem interagir, e que é tal que os força à solidariedade formal. Duas pessoas suspensas no ar pela mesma corda devem colaborar, mesmo que se odeiem, se quiserem morar em casa. O dono vai colocar a corda para você, só uma, o resto ele tem que cuidar.

Os valores de grupo prevalecem sobre o individualismo apenas porque a autorregulação do trabalho é ditada pela submissão real sistemática e pela aquiescência a uma forma de relacionamento não antagônica. Não se trata de uma questão de consenso - exceto de uma forma intrinsecamente coercitiva - uma vez que cada trabalhador pertencente a um grupo está constantemente sujeito à pressão (mútua) dos outros trabalhadores do próprio grupo. Por trás de tal atitude pode muito bem estar o confucionismo, mas certamente a razão determinante é dada pelo condicionamento absoluto que a gestão é capaz de impor aos trabalhadores no processo produtivo, tanto do ponto de vista material e técnico como do ponto de vista social e económico. Na prática, a compulsão para cooperar e a solidariedade de grupo instila a propensão para o compromisso em vez do conflito. Todos sabem que o seu destino é determinado pela forma como são aceites do exterior, pelo grupo a que pertencem, pela empresa da qual o grupo faz parte, e pela nação. O antagonismo é percebido como autodestrutivo e – dado as condições em que os trabalhadores estão colocados – isto também é crível.

Isto não elimina, em primeiro lugar, o fato de que dentro do (pequeno) grupo - posicionado como substituto da família mesmo fora do trabalho, na aprendizagem e nos tempos livres - a pressão mútua realça contrastes e comportamentos certamente alheios à solidariedade de classe. Quando os japoneses falam do trabalho como "dignidade humana" pretendem dar-se um pretexto para isolar os seus colegas de trabalho "indignos" - como preguiçosos, parasitas e ausentes (ou mais simplesmente não apoiados nessa mesma "estranha loucura" que é "a paixão fatal pelo trabalho" - como disse

Paul Lafargue). Esses parasitas são identificados e apontados pelos próprios trabalhadores do grupo (que acabam se parecendo muito com informantes), pois a organização do processo produtivo é tal que, se um trabalhador desacelera ou falta, aumenta a carga de trabalho para outros: é "fogo no cu"! – para repetir a expressão refinada de um dirigente da Kawasaki. Assim, os ausentes, mesmo por doença, são contatados espontaneamente pelos colegas do grupo que os incentivam a regressar ao trabalho o mais rapidamente possível. Este estado de coisas traduz-se numa contínua competitividade e emulação entre os trabalhadores, o que também se torna um conflito de competências entre diferentes grupos de trabalhadores. Por outro lado, esta competitividade manifesta-se em condições de trabalho individuais e em salários que diferem entre trabalhadores individuais. Assim, se por um lado a gestão incentiva a competitividade entre trabalhadores e entre grupos, por outro lado é obrigada a recorrer ao recurso de ritos e cerimónias coletivas para simular uma integração social que de outra forma fracassaria.

Somente sobre uma base tão compacta o processo capitalista japonês é capaz de aproveitar as vantagens de uma maior eficiência proporcionada pelo trabalho em grupo. Isto é o que Marx indicou como a apropriação dos resultados do trabalho combinado e coletivo pelo capital. Os japoneses conseguiram concretizar esta determinação económica ao mais alto grau possível até agora. Na verdade, é a estas circunstâncias, e não à automação e à robótica em si, que devem ser atribuídas as poupanças de custos - da ordem dos 40% nos setores líderes. A diferença é o trabalho – a sua intensidade e a sua condensação, bem como a sua duração prolongada. Isto mostra a modernidade perfeita de todas estas três determinações distintas destacadas por Marx – enquanto o termo genérico "produtividade", que é o mais usado e abusado em circunstâncias semelhantes, não é apenas ambíguo, mas também simplesmente errado. Quanto mais operações "humanas" forem interpostas entre uma máquina e outra, maior será a vantagem relativa do capital. Os japoneses entenderam isso bem.

O "ohnismo" é a versão moderna do taylorismo, adaptada à grande revolução industrial da automação e do controle -, com Taylor (tal como os seus antecessores Babbage e Ure) realiza os sonhos do corporativismo não conflituoso, da comunhão de interesses entre patrões e trabalhadores, e o despotismo absoluto dos gestores, mascarado pelo paternalismo participativo esclarecido. Este desenvolvimento da organização científica do trabalho encontrou a sua primeira expressão prática no "Toyotismo" (tal como o seu precedente histórico teve no "Fordismo"). São sempre linhas de montagem e também trabalhos repetitivos e padronizados, ainda que no âmbito do controle de processos delegado aos trabalhadores. Então, se necessário, ele próprio está pronto para ser automatizado, com robôs altamente desenvolvidos no Japão e não no Ocidente, justamente porque estão inseridos na mesma lógica "criativa" do ohnismo. Este novo tipo de robô não é programado pelos técnicos e engenheiros, mas preparado para aprender as operações manuais - realizadas apenas uma vez pelo trabalhador, que assim as mostra e "ensina" - para depois repeti-las *ad infinitum*. A superioridade do ohnismo sobre o taylorismo deve-se à flexibilidade do processo ligada à flexibilidade da força de trabalho, em primeiro lugar, e das máquinas. Mas, certamente, esta superioridade é possível, não por fatores técnicos, mas unicamente por um sistema de relações sociais absolutamente dominado pela burguesia. Caso contrário, a própria flexibilidade do processo, aliada ao ciclo curto do produto e à volatilidade do mercado, poderiam representar, no polo oposto, o limite da sua aplicação: processos rígidos e contínuos, produção básica e mercados estáveis e padronizados, não respondem tão bem a esta organização do trabalho. Na verdade, podem torná-lo menos conveniente e mais vulnerável em caso de rigidez e antagonismo da força de trabalho.

A maior parte das características do ohnismo estão condensadas na figura da multifuncionalidade do trabalho e das máquinas. A já mencionada falta de especialização dos trabalhadores japoneses, com uma cultura básica mais flexível, é funcional para este fim. Nas grandes empresas, mais de metade do quadro de pessoal regular é multifuncional: ou seja, está predisposto a uma elevada mobilidade dentro da empresa, a uma rotatividade que não é apenas nominal, mas está ligada à capacidade de múltipla preparação profissional e, portanto, de apoiar intervenções no trabalho dos colegas do grupo em dificuldade, uma vez que o sistema de substituição foi totalmente abolido. É preciso dizer que, em caso de paralisação do processo de trabalho - paralisação que ocorre automaticamente quando o trabalhador não acompanha o processo em si, que é por isso chamado, com muito bom gosto, de "infalível" - todo o grupo é obrigado a prolongar o horário de trabalho até atingir o objetivo, já planeado com uma medição normal de tempos e métodos é uma das quase infinitas formas de trabalho por peça, ainda que a organização científica do trabalho, a partir de Taylor, sempre negou esta correspondência categórica. Desta forma, os tempos e cargas de trabalho reais não são pré-determinados, mas colocados sob a racionalização direta do grupo. O retorno médio desta forma de taxa por peça japonesa foi 15% superior ao da taxa por peça dos EUA.

O conceito básico que rege esta organização do trabalho reside na observação de que - num sistema de máquinas flexíveis, tão flexível quanto a força de trabalho (da qual Taylor não poderia dispor totalmente) - uma correspondência demasiado próxima entre homem e máquina implica desperdício de tempo de espera. entre uma operação e outra. A tendência do capital, disse Marx, é identificar o tempo de produção e o tempo de trabalho. Elimine o tempo de inatividade e, com ele, o excesso de mão de obra (e o absenteísmo). Diminua os poros da jornada de trabalho e condense seu tempo de trabalho. A solução de Ohno consistiu, portanto, em colocar em sequência múltiplas máquinas de diferentes tipos, confiando-as a um único trabalhador. A identificação tendencial do tempo de trabalho com o tempo de produção - que inclui também a transição para ciclos de produção contínuos - tem uma consequência muito importante: a tendência para a redução dos inventários a zero. Aqui está o mistério do ohnismo. Quando dizemos inventários zero, do ponto de vista capitalista, queremos dizer que nos referimos tanto ao capital constante (matérias-primas, produtos semiacabados e máquinas) como ao capital variável (força de trabalho). O objetivo de Ohno consistia, antes de mais, na eliminação de desperdícios de materiais (incluindo a utilização de plantas) e de tempo de trabalho (daí a atenção dirigida à intensificação e condensação do processo de trabalho). Em segundo lugar, isto também permite fortes poupanças adicionais nos custos de aquisição, transporte, armazenamento e gestão de inventário.

Não é verdade que no Japão, como alguns agitadores ou teóricos neo-corporativos têm o prazer de dizer, existam relações humanas tão harmoniosas que tenham permitido os resultados conhecidos por todos. Não é verdade que o sistema social nacional japonês seja o sonho desejado por toda a população. Quando muito é aceite como um estado de necessidade, como uma subordinação conveniente, como uma coerção consensual: isto é, como uma chantagem - e dos elementos fornecidos até agora podem ser tiradas várias indicações e deduções. Tudo isto não é verdade - nem mesmo em nome da geografia, da história, da cultura, da ideologia e da religião do sol nascente, que também têm um peso considerável - na medida do desenvolvimento da luta de classes no capitalismo japonês do pós-guerra. A coexistência social pacífica e a colaboração nacionalista que aparecem à superfície são o resultado mais recente de uma fase terrível da luta de classes vencida esmagadoramente pela burguesia: o presente é apenas um período pacífico de medo do pós-guerra (ou pré-guerra).

Até meados da década de 1950 (em conjunto com a invasão da Coreia pelos EUA), as lutas dos trabalhadores japoneses foram fortes, organizadas e duras. O embate foi frontal, até ao limiar da guerra civil e da insurreição revolucionária, sufocada em sangue. A greve na Nissan durou cem dias. Em todas as principais indústrias o sindicato de classe, militante e antagônico, esteve presente e atuante. Os empregadores aceitaram o conflito e equiparam-se para a luta mais dura, tanto a nível económico como militar, com o apoio do Estado. A repressão foi selvagem. Todos, absolutamente todos, os militantes foram perseguidos, discriminados, demitidos, presos. O antagonismo foi varrido e a união de classes foi cortada pela raiz, destruída desde os seus alicerces. Os capangas e dirigentes das empresas, reunidos em insignificantes sindicatos autónomos e corporativos, foram abundantemente financiados pelos patrões para transformar radicalmente os simulacros de representação dos trabalhadores. Assim, na esteira do triunfo capitalista na luta de classes, nasceu o sindicato japonês – ao qual, como nenhum outro, está ligado o epônimo de amarelo.

Mesmo no Japão, por outro lado, o Estado nacional demonstrou plenamente a sua subordinação funcional às necessidades de internacionalização do capital financeiro residente, proporcionando uma base regulamentar adequada com a liberalização do mercado de capitais, e permitindo assim a circulação do enorme superávit comercial. Embora a desregulamentação já tivesse começado na década de 1980 - com a Lei do Comércio Internacional, que permitiu pela primeira vez aos investidores japoneses adquirir ativos estrangeiros com uma certa liberdade - foi na segunda metade da década que esta acelerou de forma notável, principalmente devido à pressão dos Estados Unidos. Com o acordo de 1984, o Japão comprometeu-se a promover parcialmente a utilização internacional de um iene fortalecido e a desregulamentar o mercado financeiro. Tratava-se de medidas relacionadas com a liberalização das restrições aos instrumentos bancários internacionais, à emissão de obrigações internacionais, às operações cambiais e à compra de obrigações estrangeiras por residentes japoneses.

Embora a balança comercial com os EUA seja favorável ao Japão, o volume de negócios das empresas americanas no Japão ainda é três vezes superior ao das empresas japonesas nos EUA. O desequilíbrio entre os dois países é quase compensado pelo maior grau de penetração das multinacionais americanas no Japão. Além disso - como prova de uma evolução imperialista ainda em curso - a dependência das indústrias japonesas da procura externa americana é o dobro da dependência mútua do capital dos EUA em relação ao Japão (15% do volume de negócios versus pouco mais de em 7%). A mesma ordem de grandeza, de dois para um (para um valor absoluto igual a metade) é registada para a dependência da UE. Nas contradições do novo imperialismo japonês temos a primeira força emergente no mercado mundial e uma das principais fontes da luta interimperialista nos anos 1990, contra o declínio do império ocidental americano. Para melhorar suas condições precárias, os EUA devem tentar enfraquecer o imperialismo japonês, tanto internamente como no mercado mundial. A disputa sobre a circulação financeira transnacional em grande escala, sobre a dívida internacional e sobre a liberalização, no âmbito da OMC, da transferibilidade de serviços, patentes e padrões de produção, está no centro da luta entre capitais.

Os EUA também pedem um aumento drástico dos gastos públicos japoneses em infraestruturas e serviços, que deverão passar rapidamente de 7% para 10% do produto nacional; uma desregulamentação do mercado fundiário (ligada, como mencionado, à especulação financeira internacional) e o início de uma recuperação na construção de casas; um controle jurídico e fiscal mais rigoroso sobre as participações das grandes famílias do sol nascente, no âmbito do desmantelamento dos lobbies que lhes pertencem (questão conhecida como Clube do Presidente); a liberdade de exportar supercomputadores eletrônicos de alta potência para o Japão; a possibilidade de abertura de supermercados norte-americanos no Japão sem condições, com a liberalização da venda de álcool; e, por último, a desregulamentação mais ampla dos preços de importação, especialmente de produtos alimentares, e das regras de prestação de serviços (bancários, seguros, jurídicos, etc.). Uma intenção não secundária do lado americano é empurrar o nível de despesa japonesa para os limites máximos do modelo de consumo, para preencher a lacuna no comércio nipo-americano. A situação, no entanto, é de dois gumes. Se o Japão ceder às principais exigências americanas, o seu processo de acumulação será certamente afetado e as contradições aproximar-se-ão do lado da estagnação. Se as rejeitar, pelo contrário, deve estar disposto a enfrentar o outro lado das contradições, as da concorrência internacional, num confronto inter-imperialista cada vez mais acirrado, cujas consequências são difíceis de prever.

Neste contexto, a tão esperada "cooperação internacional" - de que há uma repetição muito pobre e ritual nas reuniões do chamado Grupo dos Sete - mal esconde a gravidade do conflito económico e político entre as grandes potências imperialistas, procurando desesperadamente transferir entre si o custo da crise em cada uma delas. Mesmo um rápido exame das relações interimperialistas revela quão superficial é a noção de "interdependência" atualmente utilizada. Esconde a natureza profundamente contraditória destas relações face ao processo de socialização das forças produtivas em curso a nível global. E, junto com isso, perde-se a hierarquia de dependência de tais relações contraditórias. Tal como na época do imperialismo nacional de Lênin, a chamativa noção de "emaranhamento" traduzia servilmente o lado externo, casual e caótico da mudança nas relações sociais de produção internacional, naqueles que já não a compreendiam o significado e a importância: naqueles que "veem as árvores individualmente, mas não percebem a floresta".

Uma última ordem de consequências a avaliar, que merece a máxima atenção, diz respeito às relações de classe no Japão. Naturalmente, isto depende da evolução do quadro de contradições objetivas que acabamos de delinear. Mas uma coisa é certa. Qualquer obstáculo ao fluxo regular do ciclo de metamorfose do capital japonês - e qualquer que seja sua causa primária - está destinado a danificar talvez de forma irreparável o mecanismo "harmonioso" do processo de trabalho. Alguns acreditam que um desafio arriscado para o seu funcionamento também pode ser constituído pela tendência ao rápido envelhecimento da população. A peculiaridade da organização científica do trabalho, para além da questão da idade da reforma e do seu custo social, seria a de não ser capaz de suportar uma mudança tão forte. Mas deve-se acreditar que o efeito que uma crise de superprodução (ou apenas o início de uma) poderia ter sobre o proletariado japonês é ainda mais drástico - especialmente no seu terço inferior (20 milhões) que constitui o exército de reserva, mas também sobre o segundo terço (outros 20 milhões) composto por não regulares de carreira e, portanto, muito menos garantidos do que a camada superior da aristocracia proletária. As razões objetivas da vulnerabilidade - em caso de conflito ou de simples antagonismo - de uma organização científica do trabalho que depende demasiado do sentido de responsabilidade dos trabalhadores já foram mencionadas. Naturalmente, porém, o que é difícil de prever é a forma como a subjetividade de classe dos trabalhadores japoneses poderá reagir e a sua possível capacidade de redescobrir a objetividade antagónica oculta.

O milagre económico do novo imperialismo japonês colocou problemas de imobilidade - social e cultural - que podem ser caracterizados como um elemento de grande contradição entre uma organização social iliberal e um desenvolvimento de forças produtivas que, vice-versa, exige uma plena afirmação do liberalismo. A aceitação acrítica do modelo ocidental e americano também levou à degradação ambiental progressiva - devido à industrialização "selvagem" (isto é, capitalista) sem regulamentação - que quase atingiu um ponto sem retorno. Mesmo que as tradições confucionista, budista ou xintoísta estejam hoje substancialmente em crise, o seu fracasso em substituí-las por instituições democráticas sem fachada permite-lhes existir como base de um conformismo que leva à marginalização da anomia e aos limites intransponíveis da liberdade individual. Esta existência de formas sociais anacrónicas e inadequadas para suportar os custos e as contradições do desenvolvimento capitalista, juntamente com a falta de reformas internas, realça uma fragilidade intrínseca que poderia resultar num colapso repentino com tensões políticas e militares de proporções irreprimíveis.

AFRIQUE

Capítulo 20

A Era da Crise

Osvaldo Coggiola

A onda revolucionária internacional iniciada em finais da década de 1960 (com o maio francês, a Primavera de Praga, a Ofensiva Tet no Vietnã, a grande mobilização estudantil no México, as mobilizações populares argentinas culminando no *Cordobazo* de 1969) convergiu objetivamente com os sintomas de esgotamento do ciclo capitalista expansivo de pós-guerra, em especial em seu carro-chefe, os EUA. Desde o final da década de 1960, os índices econômicos norte-americanos apresentavam sinais de alarme: o ritmo de aumento da produtividade do trabalho caiu de 3,2% no período de 1958 a 1966, para 1,6% no período 1966-1974 (situando-se por baixo do ritmo do crescimento demográfico); a taxa de lucro passou, entre 1973 e 1982, de 18,8 para 4,2; no Japão, de 35,0 para 14,3; na Alemanha, de 14,1 para 8,1.

A mudança foi visível primeiramente na Itália e Alemanha, países dos "milagres econômicos de pós-guerra". Depois se manifestou na França e nos EUA, e terminou por chegar ao Japão. O exército de reserva industrial começou a diminuir: em alguns países, a emigração e a expansão vertiginosa do emprego no setor de serviços foi a causa determinante desse fenômeno. Em outros, a causa essencial foi a amplitude da expansão industrial. Os operários começam a recuperar o atraso na "divisão do bolo da prosperidade".

Os salários reais aumentavam mais rápido do que a produtividade física. A taxa de mais-valia começou a baixar. Com o incremento da composição orgânica do capital, a taxa de lucros se inclinou perigosamente. A Grã-Bretanha antecedeu nestas mudanças o resto dos países imperialistas. Os lucros das empresas americanas declinaram a partir de 1965, e fracassaram nos seguintes 15 anos em recuperar seus níveis. A participação relativa dos EUA no mercado mundial retrocedeu: de 35% na exportação total de Europa e terceiros países em 1960, essa percentagem caiu para 29,8% em 1968.[564]

A regulamentação econômica de pós-guerra estava baseada na hegemonia político-militar dos EUA, que eram também o carro-chefe econômico. Seu papel político mundial, porém, estava cada vez mais em contradição com o seu declínio econômico. Na década de 1970 os EUA não produziam mais do que um quinto dos bens manufaturados no mundo, contra mais da metade em 1950. No setor automobilístico, sua porção na produção mundial passou de 76% em 1950 a 17% em 1990. Eles contribuíam com 12 % das exportações industriais mundiais em 1990, contra 22% em 1960. Sua balança comercial tornou-se deficitária. Ao contrário do Japão, o emprego industrial nos EUA decresceu, passando de 21% do emprego total em 1976 para 16,5% em 1988 e para 14% no ano 2000. O modo de vida fundado sobre o consumo inchava as importações norte-americanas. A defesa garantia o essencial do financiamento público para a pesquisa, mas as tecnologias militares possuíam uma aplicação limitada na indústria civil. A transferência para o exterior do potencial produtivo americano, acompanhado pelo desenvolvimento de seu sistema bancário em escala mundial, era uma solução para a absorção de capital congelado dos EUA e permitia reforçar o controle dos mercados e das fontes de recursos; ela modificou as formas de acumulação nos EUA a partir de finais dos anos 1960.

A crise tinha posto suas bases ainda na fase expansiva da economia mundial. Em 1965-1966, os índices representativos dos lucros, das reservas internacionais, da utilização da capacidade instalada, do nível de emprego, atingiram um ponto de inflexão. No quinquênio de 1965-1966 a 1970-1971, a taxa de utilização da capacidade instalada nos EUA caiu 23%; a taxa de desemprego subiu 29%; os lucros também caíram vertiginosamente.

564 Ekkehart Krippendorf. *El Sistema Internacional como Historia.* México, Fondo de Cultura Económica, 1993.

Nos países da OCDE, a capacidade ociosa da indústria foi para 30% em média; as horas trabalhadas caíram 15%, a produtividade industrial diminuiu 5%, a produção industrial contraiu-se 15%, a demanda interna desceu 2%, o comércio exterior retraiu-se 10%, as taxas de juros batiam recordes e os preços ao consumidor aumentaram 15%. No quinquênio posterior (1970-1971 a 1975-1976) os lucros subiram muito em relação aos salários e a utilização da capacidade instalada cresceu 10%, mas o desemprego continuou crescendo. A fase inflacionária se deslocou para a periferia, precedendo a fase deflacionista dos anos 1990. A economia mundial entrou numa fase recessiva. Suas taxas médias anuais de crescimento no período 1950-1973 haviam sido de 4,9%, em contraste com o período 1973-1992: 3,0%. O esgotamento da fase capitalista expansiva foi explicado pelo esgotamento do exército industrial de reserva (quase pleno emprego) nos países centrais, o acirramento da concorrência e das lutas sociais, somadas às crises do sistema monetário internacional, que levaram à estabilização das taxas de mais-valia e à queda da taxa de lucros.

Os sintomas da crise eram a perda da hegemonia industrial dos EUA, a ascensão da Alemanha e do Japão, a crise fiscal do Estado nos países de economia industrial mais desenvolvida), a desvalorização do dólar, a inflação nos países centrais, a expansão de um sistema monetário internacional privado (eurodólares). Foi a partir dos sintomas acumulados desde finais da década de 1960 que os EUA começaram a quebrar politicamente a ordem econômica internacional. O fim da conversibilidade do dólar foi declarado em agosto de 1971. Os EUA "passo a passo romperam as regras da antiga ordem e obrigaram ou forçaram outros países a rompê-las. O rompimento das regras era considerado necessário a cada passo, para salvar o sistema monetário internacional de uma crise ainda maior. A primeira alteração importante das regras foi a criação da reserva comum de ouro em 1961, que livrava os EUA de uma parte da responsabilidade pela manutenção do preço do ouro ao nível de 35 dólares a onça. O passo seguinte foi a renúncia unilateral dos EUA da obrigação de prover ouro a compradores privados ao preço de 35 dólares a onça, em 1968. Três anos depois, produziu-se a decisão de fechar o guichê do ouro também aos compradores oficiais. Os EUA renunciaram igualmente a suas obrigações informais como país de moeda de reserva ao obstruir o acesso a seus mercados de capital; e a imposição de um aumento tarifário de 10% sobre as importações, em agosto de 1971, foi uma violação flagrante das regras que governavam o comércio internacional. Por último, os EUA foram em grande medida responsáveis pela última violação importante das regras, a suspensão do regime de taxas de câmbio fixas".[565]

Em 1971, com a desvalorização do dólar, os EUA deram um golpe de graça na ordem econômica elaborada em 1945. Com a desmonetização do dólar, a maior parte das moedas tornaram-se flutuantes e foi apenas com o "Smithsonian Agreement", realizado em Washington a 18 de dezembro de 1971, que foi oficializada uma desvalorização de 7,89% do dólar, fixando o preço da onça do ouro a 38 dólares. Essa decisão trouxe um reajuste geral das moedas, enquanto as margens de flutuações cambiais, fixadas em 1% quando dos acordos de Bretton Woods, passavam a 2,25%. O dólar ficava inconvertível; a parte do estoque de ouro dos EUA caíra a 28% do estoque mundial e o déficit do seu balanço de pagamentos atingia 23,5 bilhões de dólares. Na Europa, as evidências da crise estavam presentes antes da sua explosão: "Em 1970 já ficava claro que muitos Estados nacionais europeus haviam fracassado em desenvolver estratégias de acumulação capazes de alcançar um crescimento sustentado". No próprio Japão, apresentado como o grande beneficiário da crise do "eixo atlântico", os sintomas de crise eram evidentes: "Caiu a rentabilidade das empresas, a inflação subiu a 24,5% em 1974, a produção da mineração e da manufatura caiu quase 20% em 1974, o investimento em equipamentos caiu e cresceu o desemprego. Durante um certo período, houve pânico no comércio e o milagre japonês parecia ter acabado".[566]

O espetacular crescimento da produção e da produtividade nos vinte anos posteriores à Segunda Guerra Mundial encontraram um gargalo na segunda metade dos anos 1960: a queda da taxa de lucro indicava que a massa de capital era excessiva em relação ao rendimento que podia extrair da exploração dos trabalhadores. A crise pôs em evidência a vigência das desigualdades passadas, acrescidas daquelas criadas pela própria expansão.

565 Fred Block. *Los Orígenes del Desorden Económico Internacional*. México, Fondo de Cultura Económica, 1989.

566 Costas Kossis. Japanese capitalism and the world economy. *International Socialism* nº 54, Londres, março 1992.

O desequilíbrio em favor do Japão fora seu aspecto mais evidente. Em 1950 a produção de aço bruto do Japão era apenas 5,8% da produção dos EUA, mas em 1980 a havia superado. Em 1988 o superou na produção de automóveis para passageiros. O Japão chegou a ser o principal país credor do mundo, e seus ativos líquidos de 11,5 bilhões de dólares em 1980 aumentaram para 291,7 bilhões em 1988: "Liberado da necessidade de manter um gasto militar alto com respeito ao PNB, e *sem nenhum limite legal para a jornada de trabalho*, o Estado japonês, implementando inovações nos processos produtivos, alcançou uma reconstrução dramática". As contradições econômicas inter-imperialistas reapareceram com toda a sua força. O "sonho americano" virava pesadelo, pondo a questão da hegemonia dos EUA no tapete das disputas mundiais.

A derrota dos EUA na guerra do sudeste asiático e a crise econômica escancarada se conjugaram para abalar as bases do imperialismo norte-americano. Não se tratava de uma crise conjuntural ou cíclica, como aquelas que no pós-guerra foram chamadas de "recessões" (1948-49; 1952-53, 1957-58, 1960-61, 1966-67, 1970-71), mas de um abalo que atingia os fundamentos do capitalismo: o capital usara a fundo o gasto armamentista, a formação de capital fictício, o desenvolvimento artificial das nações atrasadas, com vistas à criação de mercados para seus capitais e mercadorias. A crise econômica produziu a primeira queda da produção desde 1945: nos EUA, em 1974, a produção caiu 10,4%, a capacidade ociosa foi até 32% e o desemprego situou-se na casa dos 9%. Nas recuperações posteriores, essas quedas não foram reabsorvidas: "A produtividade norte-americana foi baixa desde a década de 1970. O crescimento anual da produção por trabalhador permaneceu na casa de 1% ao ano, muito abaixo dos 3% anuais das décadas de 1950 e 1960".[567] Diversos autores apontaram o caráter histórico, não circunstancial ou conjuntural, desses índices: "De 1870 a 1973, a produtividade cresceu com um índice médio de 2,4% por ano. Na era imediatamente posterior à Segunda Guerra Mundial, a produtividade esteve em plena explosão, crescendo mais de 3% ao ano. Depois de 1973, o crescimento da produtividade despencou totalmente. Durante 25 anos, a produtividade vem crescendo cerca de 1% ao ano - um ritmo ainda pior do que o da Grande Depressão".[568]

567 Paul Krugman. How fast can the US economy grow? *Harvard Business Review* v. 75 nº 4, jul.-ago. 1997.

568 Barry Bluestone e Bennett Harrison. *The Deindustrialization of America.* Nova York, Basic Books, 1982.

A taxa anual de crescimento do PIB *per capita* da economia mundial diminuiu de 2,6% em 1960/1970 para 1,6% em 1970/1980, chegando a 1,3% entre 1980/1987; em três décadas o crescimento do produto *per capita* da economia capitalista mundial diminuiu pela metade, em meio à acentuação das desigualdades regionais: "Nos anos 1960, todas as zonas da economia capitalista mundial cresceram, mesmo que a ritmos desiguais. A partir dos anos 1970, a economia mundial já não se desenvolve como um todo, mas se divide em duas partes. Os países industrializados e a Ásia continuaram disfrutando de um crescimento do PIB *per capita*; por outro lado, a África, a América Latina e o Oriente Médio experimentam uma diminuição. Os países da OCDE e Ásia formam uma unidade, já que o crescimento rápido de alguns países recentemente industrializados da Ásia (Coreia do Sul, Taiwan, Singapura, Hong Kong), se deve a investimentos colossais de capital originado nos países imperialistas. Tendências depressivas se impuseram em muitas partes do mundo; a queda é acumulativa e não cíclica, trata-se de um círculo de empobrecimento que se estende progressivamente. Uma vez abatido, um continente não é capaz de recuperar-se".[569] O desenvolvimento desigual do capitalismo chegava às suas últimas consequências.

Não se tratou de uma queda súbita e abrupta, mas gradual, a diferença de 1929: "Houve diferenças substanciais entre a experiência dos anos 1930 e a de 1973-1983. No primeiro período houve uma desintegração da ordem econômica internacional, com um colapso do volume do comércio mundial, levantamento de barreiras comerciais, controle de câmbios e blocos comerciais discriminatórios. O mercado internacional de capital caiu também sob o peso da mora e da insegurança criada pela hostilidade entre os principais países capitalistas avançados. No período de 1973-1983 o crescimento dos países avançados caiu muito em relação à época dourada do pós-guerra, mas boa parte da queda foi administrada e refletia preocupações pelos problemas dos balanços de pagamentos e a inflação, que eram causados ou agudizados pelos choques petroleiros da OPEP. A queda do crescimento do PIB foi moderada em comparação com a experiência dos anos trinta".[570] A tendência depressiva fez com que o terreno de enfrenta-

569 Peter Drew. La etapa actual del desarrollo capitalista mundial. *Cuadernos del Sur* nº 12, Buenos Aires, março 1991.

570 Angus Maddison. *Dos Crisis.* América y Ásia 1929-1938 y 1973-1983. México, Fondo de Cultura Económica, 1988.

mento entre grupos industriais e financeiros fosse transferido para o mercado mundial, no qual cada um tentou conquistar uma posição vantajosa em mercados mais estreitos, em meio a uma concorrência exacerbada.

Abriu-se uma fase de competição internacional e de luta de classes acentuadas, em meio a duas grandes recessões: a primeira, de 1973 à 1975, e a segunda em 1979, atingindo seu ponto mais alto em 1981, chamada de "segundo choque do petróleo". O investimento neto anual caiu de uma média anual de 4% do PIB no período 1966-1970, para 3,1% em 1971-1975, e 2,9% em 1976-1980. A produtividade acompanhou essa trajetória: seu aumento médio anual caiu de 2,45% no período 1948-1973 para... 0,08%, no período 1973-1979. As políticas econômicas de regulação cederam lugar às de sustentação dos grupos transnacionalizados melhor situados para aumentar sua competitividade, enquanto "a prática do fordismo se transformou em estratégia de limitação dos salários, com o objetivo de reduzir o consumo doméstico para aumentar ao mesmo tempo o lucro e o excedente exportável".[571] As potências trataram de recuperar no mercado mundial o que perdiam no mercado interno, impondo aos trabalhadores os gastos da corrida pelas exportações, mediante políticas de austeridade, limitações e impostos sobre os salários, e limitações ao direito de greve. Entrou-se num período de guerra comercial, financeira e industrial, formação de blocos regionais ao redor das potências, endividamento interno e externo, reforço policial e militar dos Estados e virulência nos conflitos bélicos.

Com o fim dos acordos de Bretton Woods, na expressão de Paul Volcker, "czar" da economia dos EUA como presidente do *Federal Reserve*, "desde 1971 e a decisão americana de não mais vincular dólar e ouro, o mundo vive com um *não*-sistema monetário internacional". Um pavio bélico local precipitou a explosão da crise: no conflito do Oriente Médio, a partir de 1973 o petróleo passou a ser usado como arma política pelos Estados árabes. O aumento do seu preço em quatro vezes abalou os custos de produção e os fluxos comerciais mundiais; ele, porém, só foi um fator adicional de um movimento estrutural e mundial do modo de produção capitalista, uma de suas periódicas crises de superprodução. O aumento do preço do petróleo não representou mais do que 2% no processo inflacionário deflagrado.

571 Bernard Rosier. *Théories des Crises Économiques*. Paris, La Découverte, 2007.

A inflação foi alimentada pelo efeito cumulativo de mais de três decênios de práticas inflacionistas, geradas pelas despesas estatais (principalmente armamentistas), amplificada pela especulação desenfreada dos anos 1972-1973 com o ouro, os terrenos, as construções, os diamantes, as joias e as obras de arte e, sobretudo, as matérias-primas, todos os "valores-refúgio", tanto mais apreciados quanto mais o papel-moeda se depreciava. Ela foi reforçada pela prática dos "preços administrados" impostos pelos monopólios, e acentuada pelos gastos militares colossais.

Na recessão de 1974/1975 o cartel estatal do petróleo conseguiu se manter relativamente estável, ao contrário dos demais países do "Terceiro Mundo" que mergulharam em profunda crise. A diminuição da produção do petróleo foi controlada de perto pela OPEP (Organização dos Países Exportadores de Petróleo). Sua criação, em 1960, iniciara um confronto por uma nova repartição da renda agrária. Criada pelos governos dos países exportadores, a OPEP elevou o preço do petróleo bruto, impondo limites à concorrência entre os países produtores, que mantiveram uma renda alta empregada em importações. Os exploradores diretos das minas de petróleo, no entanto, na maioria dos casos, não eram os Estados proprietários, e sim as grandes companhias multinacionais que tinham sua tecnologia contratada pelos Estados, ou a eles pagavam renda pela exploração das jazidas. A mudança na relação do capital com a propriedade agrária esteve no centro da crise do petróleo. Não eram os países produtores os que mais ganhavam.

O preço fixado no Golfo Pérsico oscilava, entre 1953 e 1973, entre $ 1,60 e $ 2,75 o barril; com os impostos, porém, ia para $ 10,00 no mercado. Os países centrais não ficaram reféns da OPEP, buscaram novas fontes de energia, entre elas a atômica, a solar e a produção do petróleo sintético, além de pesquisas em outras regiões em busca de novas jazidas. A disputa em torno dos preços do petróleo foi uma luta pela apropriação da *renda diferencial* (originada nas diferenças naturais de fertilidade, ou riqueza, do meio natural). Comportou também uma disputa inter-monopolista, pois a "fatura petroleira" devia ser paga, em primeiro lugar, pelos países e empresas consumidoras de energia que dependiam das importações (a maioria dos países europeus e o Japão), o que fortalecia à burguesia norte-americana e, dentro dos EUA, pelo setor empresarial que se encontrava na mesma situação. O "choque do petróleo" inscreveu-se, portanto, no acirramento das disputas entre monopólios e países imperialistas. As grandes refinadoras e comercializadoras de petróleo (as "sete irmãs") foram, em graus diversos, as máximas beneficiadas pelo aumento da fatura petroleira.[572]

A superprodução mundial e o acirramento da concorrência, estavam, como em episódios precedentes, na base da crise econômica. A crise da acumulação capitalista é a reunião forçada de elementos que se tornam independentes no metabolismo econômico, o reagrupamento forçado de dois momentos da reprodução econômica da sociedade, mediante a queda de preços, falência de produtores, desemprego de trabalhadores e queda do poder aquisitivo, destruição de mercadorias. Suas manifestações imediatas (problemas de circulação monetária, guerra comercial e, finalmente, crises financeiras) velam que, como todas as crises capitalistas, a iniciada nos anos 1970 foi, em primeiro lugar, uma crise de superprodução que se manifestou na esfera da circulação. O capital comercial e o bancário crescem com o volume da produção capitalista e medeiam o processo de reprodução do capital; não abrigam criação de valor, apenas o realizam, são elementos dependentes do capital industrial que se autonomizam. A aceleração dos negócios, em épocas expansivas, leva à multiplicação das operações de compra, venda e crédito, bem como ao estímulo à função de meio de pagamento do dinheiro. A autonomização dos capitais comercial e bancário faz com que se movimentem além dos limites impostos pela reprodução do capital industrial, violando a dependência que guardam em relação a este. A conexão é restabelecida mediante uma crise comercial ou financeira, formas aparentes das crises da "economia real", que resultam da anarquia do processo global de reprodução do capital, unidade do seu tempo de produção e circulação.

As "economias socialistas" não foram poupadas pela crise: elas eram importadoras de tecnologia avançada dos centros imperialistas e exportavam tecnologia de segundo nível e matérias primas para os países mais pobres, sinalizando uma trajetória de estagnação tecnológica e produtiva do modelo de autossuficiência prevalecente no COMECON (Conselho para Assistência Económica Mútua, fundado em 1949, com participação da União Soviética, Alemanha Oriental, Tchecoslováquia, Polônia, Bulgária,

572 Ernest Mandel e S. Jaber. *Capital Financiero y Petrodólares*. Barcelona, Anagrama, 1976.

Hungria, Romênia, Cuba). Os países do Leste europeu, e a própria URSS, começaram a sair do isolamento se envolvendo crescentemente com o sistema financeiro ocidental. Já nos anos 1970 a ex-URSS e os países do Leste estavam atolados em empréstimos do sistema monetário internacional privado, o "mercado de eurodólares", na tentativa de atenuar a estagnação de suas economias. O custo mais pesado da crise, porém, recaiu sobre os países subdesenvolvidos, para onde se direcionaram os custos de recuperação das taxas de lucro. O aumento da exploração da força de trabalho era tarefa para governos reacionários. O novo padrão de acumulação exigia custos de produção baixos para ganhar competitividade no mercado internacional. A viabilidade econômica disso supunha um aumento brutal da exploração da força de trabalho. Esse trajeto conduziu a constituição de governos repressivos, constituição de Estados tecnocráticos e de "segurança nacional", particularmente na América Latina, onde houve implantação de regimes militares com apoio do Pentágono, endividamento externo e surgimento do "milagre econômico brasileiro". O modelo permitiu uma parcial recomposição das taxas de lucro, deslocando para as periferias as tensões econômicas, e também políticas, do sistema mundial.

Embora não da maneira abrupta dos anos 1930, houve um recuo relativo do comércio mundial. Até 1973, os EUA exportavam pouco menos de 8% do seu PIB. A queda da produção industrial veio acompanhada de um recuo no volume de trocas comerciais, avaliada em 7% no ano de 1975. No curso da recessão de 1974-1975, o número de falências nas empresas comerciais e industriais aumentou em mais de 30% nos EUA e em mais de 60% na Grã-Bretanha, aumentando o desemprego. Os surtos de recuperação econômica alcançados pela Alemanha e Japão após a Segunda Guerra Mundial, usados como exemplos da capacidade de recuperação da economia capitalista, entraram num processo de crise em função de suas relações com o imperialismo norte-americano. Contra a miragem da "era dourada", verificava-se que, no seu estágio imperialista, o capitalismo sobrevive ao custo da destruição crescente de forças produtivas. Após a Segunda Guerra Mundial, durante os "30 anos gloriosos" de capital, esse processo prosseguiu com a corrida armamentista e o crescimento dos capitais fictícios e especulativos. A crise manifestada em meados da década de 1970 foi um momento da trajetória de destruição periódica de forças produtivas como forma de relançar novos ciclos de acumulação de capital. No pensamento econômico dominante, inclusive nas suas variantes socialdemocratas, no entanto, esse enfoque estava ausente.

A "escola da regulação" preferiu concentrar-se nos elementos de adaptação do capitalismo, a partir do estudo de Michel Aglietta, *Régulation et Crise du Capitalisme*, centrado no caso norte-americano. O "regime de acumulação" explicaria a adaptabilidade do capitalismo a situações históricas diversas. A informatização seria um imperativo econômico, derivado da "crise do fordismo", que se baseava na produção em massa de produtos homogêneos, utilizando a tecnologia rígida da linha de montagem, com máquinas especializadas e rotinas de trabalho padronizadas (tayloristas). Conseguia uma maior produtividade através das economias de escala, assim como da desqualificação, intensificação e homogeneização do trabalho. Isto dava origem ao trabalhador de massa, organizado em sindicatos que negociavam salários uniformes e crescentes, em proporção aos aumentos na produtividade. Os padrões de consumo homogêneos refletiam a homogeneização da produção e forneciam um mercado para bens de consumo padronizados, enquanto os salários mais altos ofereciam uma demanda crescente para uma oferta também crescente. O equilíbrio entre oferta e procura era buscado por meio da intervenção estatal, a relação entre salários e lucros era objeto de acordos coletivos supervisionados pelo Estado. A educação e treinamento do operariado de massa era organizada através das instituições de um *Welfare State* burocrático, que surgira em inícios da década de 1950, definindo níveis de vida e produtividade crescentes, salários e lucros em aumento, estabilidade econômica e "harmonia social".

A "crise do fordismo" levou à fragmentação econômica, social e política, "da qual deve surgir um novo regime 'pós-fordista'. À medida que a produção fordista se aproxima de seus limites, surgem novos métodos de produção. A saturação dos mercados de massa leva a uma crescente diferenciação dos produtos, com uma nova ênfase no estilo e/ou na qualidade. Produtos mais diferenciados exigem turnos de trabalho mais curtos e unidades de produção menores e mais flexíveis. Novas tecnologias fornecem os meios pelos quais se pode realizar vantajosamente esta produção flexível. Estas novas formas de produção têm implicações profundas. Uma produção flexível requer máquinas mais flexíveis e de finalidades genéricas, e mais operários 'polivalentes', altamente qualificados, para operá-las". A flexibilidade exigia que os operários tivessem maior de autonomia, e requeria formas flexíveis de controle do trabalho; com parcial desmantelamento das burocracias corporativas: "Os interesses de uma força de trabalho mais diferenciada não podem mais ser representados por sindicatos e partidos políticos monolíticos e burocráticos. São necessários acordos descentralizados para negociar sistemas de pagamento mais complexos e individualizados, que recompensam a qualificação e a iniciativa. A diferenciação do trabalhador de massa leva ao surgimento de novas identidades que não são mais definidoras, mas articuladas no consumo idiossincrático, em novos estilos de vida e novas formas culturais, que reforçam a demanda por produtos diferenciados. Tudo isso vai corroendo as velhas identidades políticas. As necessidades só poderiam ser satisfeitas por instituições diferenciadas, capazes de responder de maneira flexível às novas necessidades".[573]

Segundo David Harvey, a crise do "modo de regulação fordista" revelou-se no momento em que as corporações econômicas verificaram a existência de capacidade excedente (fábricas e equipamentos ociosos) em condições de intensificação da competição, obrigando-as a racionalizar, reestruturar e intensificar o controle do trabalho. Nesse movimento, a "mudança tecnológica, a automação, a busca de novas linhas de produto e nichos de mercado, a dispersão geográfica para zonas de controle do trabalho mais fácil, as fusões e medidas para acelerar o tempo de giro do capital passaram ao primeiro plano das estratégias corporativas de sobrevivência em condições gerais de deflação".[574] Para os regulacionistas, as crises do capitalismo impunham a necessidade de superar as soluções de curto prazo, buscando formas de organização e estruturas produtivas capazes de promover uma retomada duradoura do crescimento e da criação de empregos, uma acumulação *flexível*, com cinco formas principais: adaptabilidade dos equipamentos, polivalência dos trabalhadores, enfraquecimento de conquistas trabalhistas, definição salarial individualizada ou circunscrita a cada firma, e desregulamentação fiscal. Na sua base metodológica, a "teoria da regulação" fragmentava o capitalismo em normas e regimes diversos,

573 Simon Clarke. Crise do fordismo ou da social-democracia? *Lua Nova* nº 24, São Paulo, setembro 1991.

574 David Harvey. *Los Límites del Capitalismo y la Teoría Marxista.* México, Fondo de Cultura Económica, 1990.

omitindo que o sistema constitui uma totalidade indivisível, um modo de produção histórico assentado na exploração do trabalho assalariado. Simon Clarke afirmou não haver nada de pós-fordista na reestruturação produtiva: "A crise do fordismo não é nada de novo; é apenas a mais recente manifestação da crise do capitalismo".

A crise econômica coincidiu e se vinculou com um período de tensão internacional que marcou o final da "guerra fria" quando, ao tempo em que se aprofundavam os acordos EUA-URSS, comoções sociais e políticas sacudiam o mundo todo: derrota e fuga precipitada norte-americana do Vietnã, emergência de "repúblicas socialistas" na África, agravamento das tensões no Oriente Médio, importantes greves e mobilizações na Europa, com o processo iniciado no maio francês de 1968 culminando na revolução portuguesa de abril de 1974, que combinou a crise do capitalismo metropolitano com a exacerbação da luta anti-imperialista no mundo colonial e semicolonial.[575] A queda percentual dos gastos militares dos EUA e da OTAN durante a década de 1970 não correspondeu a uma tendência "pacifista": tratou-se de uma racionalização do gasto, depois da derrota norte-americana no sudeste asiático, paralela a um intervencionismo político crescente dos EUA nas suas áreas de "interesse vital". Foi nessa década que os EUA superaram à URSS como os maiores exportadores de armas ao Terceiro Mundo, ao mesmo tempo que sustentavam sangrentas ditaduras militares de América Latina. Na década de 1980 falava-se no fim da crise, mas era um *wishful thinking*. O período 1981-1988 viu o governo dos EUA (Ronald Reagan) tentar sem êxito levantar a economia dos EUA através de um empréstimo de mais de 531 bilhões de dólares. A recorrência das dificuldades econômicas, desde 1990, veio derrubar a relativa prosperidade.

Com relação aos países periféricos, o fosso que os separava do "centro" cresceu. Entre 1980 e 1990, a parte dos EUA nas exportações mundiais se manteve em torno de 12%; a da Europa cresceu de 37 % para 44%; a do Japão de 7% para quase 15%. Esses três conjuntos geográficos tomados globalmente asseguravam mais de ⅔ das exportações industriais. Se a estes somarmos o Canadá, a África do Sul, a Austrália, a Nova Zelândia e os países da Europa do Leste, a proporção passava dos 80%. Com ¼ da po-

575 Cf. Osvaldo Coggiola e Lincoln Secco. Cinquenta anos da Revolução dos Cravos. *A Terra é Redonda*, São Paulo, 25 de março de 2024.

pulação mundial, os países desenvolvidos representavam 80% da produção mundial e três quartos do consumo de produtos industrializados. Eles garantiam 60% da produção manufatureira mundial, a ex-URSS e os países da Europa do Leste, 20%, e os países em vias de desenvolvimento, os 20% restantes, sendo que o essencial desses 20% correspondia a um reduzido número de países: China, Índia, Brasil, México e os "tigres asiáticos". Coreia do Sul, Taiwan, Hong Kong e Singapura representavam a metade das exportações industriais dos países do Sul.[576] Do lado oposto da economia mundial, a parte da África nas exportações mundiais caiu de 5% para 2,5%, a da América Latina de 6,5% para menos de 4%, o que levou um autor a concluir num "desacoplamento (involuntário) do Hemisfério Sul do mercado mundial".[577]

A Ásia, pelo contrário, experimentava um salto sem precedentes. Entre 1960 e 1982, o PIB dos países asiáticos do Pacífico, incluindo a China, cresceu de 7,8% do PIB mundial a 16,4%. Em relação ao PIB dos EUA, o da Ásia do Pacífico cresceu de 18% a 53,2%. A participação da região nas exportações mundiais mais do que duplicou entre 1960 e 1985, passando de 7,5% a 17%. Em 1965, as economias asiáticas, em seu conjunto, produziram US$ 183 bilhões em bens e serviços - um nível 75% abaixo daquele dos EUA. Em 1983, sua produção total havia crescido para US$ 1,7 trilhões, apenas 50% abaixo dos EUA e menos de 30% abaixo da produção europeia. No mundo, havia uma exacerbação da polarização social: entre 1970 e 1975, a renda anual por habitante aumentou 180 dólares nos países do Norte, 80 dólares nos países do Leste e apenas um dólar nos países do Terceiro Mundo. A monopolização também cresceu: desde meados dos anos 1970, 50% das exportações americanas se efetuavam *fora do mercado*, no interior de filiais de uma mesma multinacional.[578] A "globalização" foi filha desse processo, como novo estágio da mundialização das operações do capital, sob sua tripla forma de capital industrial, comercial e, sobretudo, de capital-dinheiro que se valoriza na esfera financeira, mas que se alimenta

576 Enrique Palazuelos. *Las Economías Capitalistas durante el Periodo de Expansión 1945-1970*. Madri, Akal, 1989; Hermann van der Wee. *Prosperidad y Crisis 1945-1980*. Barcelona, Crítica, 1986.

577 Elmar Altvater. *O Preço da Riqueza*. São Paulo, Edunesp, 1995.

578 Lars Anell. *Recession, Western Economies and the Changing World Order*. Londres, Frances Pinker, 1981.

de exações na esfera produtiva onde se formam o valor, a mais-valia e as outras formas do sobre produto: "As transnacionais são responsáveis, como casas-matriz, filiais, ou contratadoras de serviços de terceirização, por ⅔ das trocas internacionais de bens e serviços. Aproximadamente 50% do comércio mundial pertence à categoria intragrupo. Entre 1980 e 1990 o comércio mundial cresceu modestamente, a ritmos inferiores àqueles do período 1960-1974".[579]

Uma retomada econômica duradoura exigia uma crise de grandes proporções, eliminando uma grande parte do capital excedente, tentando superar, por essa via, a competição destrutiva entre capitais. E também reestruturar as condições da exploração do trabalho, recuperando e incrementando as taxas de mais-valia e de exploração. A crise tornava evidentes as contradições acumuladas no período de expansão, sua magnitude se relacionava com a extensão e a profundidade daquele. O desenvolvimento da especulação financeira a partir dos anos 1970 não expressava um fenômeno novo: uma parte do capital se valorizava como capital financeiro e se tornava aparentemente autônomo e capaz de se valorizar através de mecanismos próprios. A destruição do capital fictício na década de 1930 trouxe profundas modificações nos EUA, em função da necessidade de retomar o processo de acumulação não com base nos mercados financeiros, destruídos, e devido a intensa mobilização da classe operária. Cinquenta anos depois, em 1979, a entrada de Paul Volcker na Reserva Federal dos EUA e de Margaret Thatcher no governo da Inglaterra propiciou profundas mudanças na economia mundial: "O triunfo da ortodoxia liberal, a partir do final dos anos setenta, sancionou o caráter irreversível do processo de mundialização econômica. Expostos à mobilidade crescente dos capitais, os Estados não estão somente limitados no manejo de seus instrumentos tradicionais de política econômica. Também estão submetidos a concorrência pela captação da poupança e dos investimentos. Essa concorrência os lança numa corrida para a desregulamentação, as privatizações e as reduções impositivas que compromete os compromissos sociais surgidos durante o período keynesiano".[580]

579 François Chesnais. *A Mundialização do Capital*. São Paulo, Xamã, 1996.

580 Jacques Adda. *La Mondialisation de l'Économie*. Paris, La Découverte, 1996.

Wall Street e a *City* de Londres introduziram uma política de liberalização das regulamentações do mercado financeiro, elevando as taxas de juros à longo prazo, o que repercutiu na economia mundial, levando à crise da dívida da década de 1980 e ao aumento da emissão de títulos públicos, provocando um crescimento enorme da dívida pública. A dívida pública americana passou a equivaler a quase dois anos da produção industrial do país. O montante dos mercados financeiros internacionais passou de 10 trilhões em 1980 para mais de 35 trilhões de dólares em 1990; a parte da dívida pública passou de 18% para 25% desses mercados. Os bancos centrais assumiram um papel crucial na gestão da política econômica. A desregulação radical dos mercados financeiros exacerbou seu papel, sobretudo na correção dos distúrbios decorrentes das operações nos mercados. O crescimento das sociedades de investimento e do mercado financeiro favoreceram uma mudança na composição geral do capital. O capital produtivo perdeu importância para o capital financeiro, cuja rentabilidade tornou-se muito maior e mais rápida, pressionando os grupos industriais na direção de sua financeirização. A hegemonia financeira foi facilitada pela proliferação de fundos de pensão a partir das décadas de 1960 e 1970, administrados por gestores profissionais de dinheiro. Uma onda de concentração e centralização de ações corporativas ocorreu através desses novos "investidores institucionais", que passaram a exercer um poder significativo sobre as empresas industriais.

Os EUA passaram a ser importadores de capital desde 1983, se tornando uma potência centralizadora dos mercados financeiros em benefício de si próprios. As bases da expansão especulativa haviam sido lançadas, como vimos, em plena "expansão produtiva", com a internacionalização do sistema bancário na década de 1960. A paralisação e o retrocesso das forças produtivas multiplicaram as tendências para a aventura especulativa, paliativo da crise produtiva. A crise é sempre uma manifestação da queda da taxa de lucro na órbita da produção, que obstaculiza ou impede a reprodução do capital, aumentando a voracidade deste por obter lucro às custas da exploração ainda mais acentuada dos trabalhadores ou às custas de seus próprios rivais. A especulação, companheira inseparável da crise, é a valorização fictícia do capital, na medida em que não se opera nenhum acréscimo da riqueza material. O "regime de acumulação" passou a basear-

-se no crescimento do mercado financeiro e no crescimento das sociedades de caráter especulativo. Os EUA deixaram de financiar a acumulação industrial internacional para passar a se aproveitar de sua posição dominante e transformar-se num concorrente financeiro impiedoso. A dívida pública norte-americana representava, em 1995, 45% da dívida pública mundial, e 4% do PIB norte-americano, 20% do seu orçamento federal.

A escalada especulativa impulsionou a flexibilização do mercado de trabalho. A "desregulamentação" foi explodindo o quadro institucional precedente. O regime de acumulação afetou a relação capital-trabalho, com crescente precariedade dos contratos trabalhistas, queda contínua dos salários reais, perda da estabilidade trabalhista e dos benefícios sociais, buscando o crescimento da exploração da força de trabalho. Em 1970, os salários constituíam 67% da renda americana, uma relação que se mantivera constante durante muitas décadas. Em 1994, eles eram responsáveis por apenas 54%. Em 1960, os salários constituíam 26% do total de vendas. Em 1994, cerca de 20%. Foi até proposta a hipótese de um potencial "fim do trabalho (assalariado)": "O ritmo acelerado da automação está levando a economia global rapidamente para a era da fábrica sem trabalhadores. Entre 1981 e 1991, mais de 1,8 milhões de empregos na área industrial desapareceram nos EUA. Na Alemanha, os fabricantes têm demitido trabalhadores ainda mais rapidamente, eliminando mais de 500 mil empregos apenas em um período de 12 meses, entre 1992 e 1993. O declínio dos empregos no setor da produção faz parte de uma tendência de longo prazo substituindo seres humanos por máquinas".[581] Essa tendência, porém, estava subordinada às transformações econômicas gerais.

Financeirização e queda do emprego industrial iam de mãos dadas: "O aumento global do desemprego, secular e aparentemente irreversível, está ligado à operação do sistema financeiro internacional. As mudanças no sistema, ocorridas no final da década de 1970, exacerbaram os problemas do desemprego global. A primeira delas foi o aumento da mobilidade internacional do capital como resultado do relaxamento de controles prévios".[582] As novas

581 Jeremy Rifkin. *The End of Work*. The decline of the global labor force and the dawn of the post-market. Nova York, Putnam Publishing, 1995.

582 Fred L. Block. Controlling global finance. *World Policy Journal* vol. 13 nº 3, Duke University Press, outono 1996.

relações industriais se inscreviam dentro de uma monumental "economia de escala". A "revolução técnico-científica" se vinculava com o aumento da composição orgânica do capital, para aumentar a taxa de mais-valia e, portanto, a taxa de lucro. O "neoliberalismo" apareceu como companheiro inseparável da "globalização". Esta denominação surgiu nos anos 1970, quando alguns professores universitários dos EUA começaram a falar em *global trade* com referência às políticas internacionais das empresas. A "mundialização das empresas" refletia a mundialização da indústria - as empresas se tornavam multinacionais, estavam em todos os continentes; os novos meios de comunicação permitiram a circulação de informações técnicas ou financeiras em escala planetária. Um segundo aspecto se referia à reinclusão do antigo "bloco socialista" no sistema capitalista mundial. Não era, porém, um capitalismo global que teria perdido sua base nacional e sim uma nova ordenação de um sistema mundialmente hierarquizado; os mercados financeiros nos países imperialistas passaram a organizar os mecanismos de subordinação dos países dominados, configurando uma nova fase de dominação imperialista, baseada principalmente em mecanismos financeiros. A desvalorização do dólar e a reciclagem dos petrodólares fortaleceram o capital financeiro. A ofensiva "neoliberal" se resumiu em alguns aspectos centrais: ajuste fiscal; redução do tamanho do Estado; fim das restrições ao capital externo (eliminar todo e qualquer empecilho ao capital especulativo ou vindo do exterior); abertura do sistema financeiro (fim das restrições para que as instituições financeiras internacionais pudessem atuar em igualdade de condições com as do país); desregulamentação (redução das regras governamentais); reestruturação do sistema previdenciário público.

A saída para a crise de sobreprodução foi procurada na expansão do crédito.[583] O gasto em consumo (e não em investimento) abriu o caminho para a recuperação econômica. O gasto em investimento cresceu menos que 50% da taxa normal das quatro grandes recuperações anteriores, apesar

583 "O crédito acelera as erupções violentas da contradição – crise - e, portanto, os elementos de desintegração do antigo modo de produção. O sistema de crédito aparece como o principal nível de sobreprodução e superespeculação no comércio porque uma maior parte do capital social é empregado por pessoas que não são seus proprietários e que, consequentemente, veem as coisas de maneira diferente do proprietário...Isso demonstra simplesmente que a auto expansão do capital permite um livre desenvolvimento real apenas até certo ponto, de modo que, de fato, constitui um freio e uma barreira iminente à produção, que são continuamente transgredidos pelos sistemas de créditos" (Karl Marx. *O Capital*. Vol. III. São Paulo, Nova Cultural, 1986).

da taxa de lucro posterior a 1975 crescer mais rápido do que a média das recuperações anteriores. As empresas reduziam os empréstimos e tratavam de restabelecer condições de liquidez mais favoráveis. O gasto e o consumo militar também foram elementos de ponta na recuperação de 1983. O processo especulativo surgiu como paliativo da crise, levando à explosão da dívida interna dos EUA (com famílias endividadas em 150% das suas receitas) e à crise internacional das dívidas. A especulação financeira adiava, mas não suprimia, a crise: ela "possibilita aos capitais sobreacumulados uma aplicação lucrativa; seus lucros não emanam das utilidades, são transferências de capital... Com o avanço da acumulação de capital e o incremento da massa de grandes e pequenos capitalistas, a necessidade da extensão da especulação em Bolsa se apresenta a amplas massas de capitalistas, dado que a massa dos capitais inativos que busca aplicação durante a crise e a depressão é cada vez maior".[584] As transações monetárias internacionais, que triplicaram em cinco anos, atingiram cotidianamente, no outono de 1992, quase um trilhão de dólares, um montante equivalente à totalidade das reservas em ouro e divisas dos países membros do FMI.

Ao longo de duas décadas, se fez evidente que a crise não só persistia, como também atingia limites estruturais da economia capitalista: "Não é a primeira vez desde a Segunda Guerra que a economia atravessa uma fase difícil. Já logo depois do choque petroleiro de 1975, todos os índices estavam no vermelho. A crise atual parece mais grave e profunda. Se nos dois casos o PIB caiu, desde 1976, porém, houve recuperação, ainda que foi necessário esperar até 1985 para falar em prosperidade. Hoje, tudo é diferente, porque a crise está definitivamente instalada. Desde meados dos anos 1990, todos os índices se deterioram, o desemprego atinge proporções inquietantes. Sem que seja possível dissociar o episódio atual daquele de 1975, pois *trata-se de uma mesma crise*".[585] Suas manifestações pareciam ter se instalado definitivamente na paisagem econômica: "As duas últimas décadas marcam uma cisão. Depois de um quarto de século de crescimento, de extensão das trocas internacionais e de ordem monetária, novas dificuldades aparecem. A primeira foi a queda do aumento

584 Henryk Grossman. *La Ley de la Acumulación y el Derrumbe del Sistema Capitalista*. México, Siglo XXI, 1978.

585 Catherine Levi. *La Crise Jusqu'où?* Paris, Hatier, 1994.

da produtividade nos países desenvolvidos. A segunda, até 1983, o encarecimento do preço da energia, através de choques brutais. A terceira, a prática generalizada e anárquica de taxas de câmbio flutuantes. A última e mais grave é a extensão do desemprego em grande escala".[586]

O governo Reagan tropeçou, de saída, com a crise das dívidas e a recessão de 1982-1983, o que o levou, em nome do "liberalismo", a recrudescer o intervencionismo mediante a ação do FMI, que incrementou o seu poder de empréstimo obrigando os bancos privados a fazer empréstimos involuntários como preço da preservação de seus ativos, multiplicando seu poder de crédito. Os fatores fundamentais da consolidação dos governos que encabeçaram a onda neoliberal foram políticos, vinculados à luta de classes e a opressão imperialista: em 1981, o Ronald Reagan, ao ser confrontado com uma greve que paralisou o transporte aéreo, demitiu onze mil controladores de voo, convocou as equipes de emergência e as Forças Armadas, conseguindo "garantir a ordem": "O novo presidente, Ronald Reagan, demitiu os grevistas, estabelecendo uma reputação tanto de determinação como de hostilidade ao trabalho organizado. A greve foi a culminação de duas décadas de conflito crescente entre os controladores e o governo, resultante da natureza de alta pressão do trabalho"[587] e também mudou (desfavoravelmente aos trabalhadores) a relação política governo/sindicatos. No ano seguinte, quando seus índices de aprovação atingiam seu ponto mais baixo, o governo inglês de Margareth Thatcher usou todos seus recursos militares (chegando a transportar mísseis nucleares) e teve o apoio dos EUA para derrotar à Argentina na guerra pela sua posse colonial das Ilhas Malvinas (Falklands), recuperando sua força política interna mediante a "união nacional" resultante[588] o que lhe permitiu enfrentar a luta dos mineiros britânicos, derrotados depois de uma greve de 16 meses, em 1984 e 1985, quebrando o mais poderoso sindicato do país e aplainando o caminho para o fechamento das minas como parte de um programa de privatização geral da economia.[589]

---

586 Maurice Flamant e Jacques Singer-Kerel. *Les Crises Économiques*. Paris, PUF, 1993.

587 Joseph A. McCartin. *Collision Course*. Ronald Reagan, the air traffic controllers, and the strike that changed America. Londres/Nova York, Oxford University Press, 2013.

588 Osvaldo Coggiola. *A Outra Guerra do Fim do Mundo*. A batalha das Malvinas e a democratização da América do Sul. São Paulo, Ateliê Editorial, 2014.

589 Peter Wirshel. *Strike: Thatcher, Scargill, and the Miners*. Londres, Hodder & Stoughton, 1985.

Na onda neoliberal, contrariando seu discurso antiestatal, os Estados intervinham diretamente ou através das instituições internacionais (pelos poderes reforçados do FMI) para "disciplinar" a moeda, num quadro caracterizado pela sua volatilidade, com flutuações fortes, frequentes e imprevisíveis dos preços do dinheiro sob todas as suas formas (taxa de câmbio, juros). Os volumes consagrados à especulação financeira tornaram evidente uma base sem precedentes para um colapso econômico: os valores dos contratos pendentes no mercado de derivativos expandiram-se entre 1987 e 1993 de US$ 1,6 trilhões para US$ 10 trilhões, com um incremento anual médio de quase 36%, enquanto os fluxos financeiros internacionais quadruplicaram entre 1985 e 1995, passando de US$ 395 bilhões para US$ 1,597 trilhões[590] o que colocou o interrogante sobre "a viabilidade a médio, ou talvez até mesmo a curto prazo, de um regime de acumulação especulativa".[591] O regime, porém, sobreviveu e se aprofundou.

A monopolização da economia se deu cada vez menos através do investimento produtivo, e cada vez mais via fusões e aquisições, rubrica que, nos países desenvolvidos, pulou de 62,2% do total de investimentos (1991) para 89,5% (1996); nos países atrasados, pulou de 25,5% para 65,2%, no mesmo período. A internacionalização econômica tropeçava com a sobrevivência das fronteiras nacionais: "Os principais obstáculos para um acordo de investimento global são políticos. Na raiz disso está a oposição entre os objetivos das nações soberanas e aqueles das corporações globais. Tais confrontos criam a necessidade de um mecanismo para resolver de forma efetiva a disputa entre empresa e Estado: criar tal mecanismo (ou atualizar os existentes) seria um dos principais objetivos de um acordo de investimento internacional".[592] Em que pesem os avanços das instituições multilaterais, incluída a criação da OMC (Organização Mundial do Comércio) em 1995, esse acordo não foi atingido, o que não impediu que se afirmasse que "o período entre 1970 e 1995 presenciou a mais espetacular harmonização

590 Reinaldo Gonçalves. A volatilidade do sistema financeiro internacional e a vulnerabilidade das economias nacionais. *Indicadores Econômicos* vol. 25 nº 2, Porto Alegre, agosto 1997.

591 François Chesnais. O capitalismo de fim de século. In: Osvaldo Coggiola (ed.). *Globalização e Socialismo*. São Paulo, Xamã, 1997.

592 Edward Graham. *Global Corporations and National Governments*. Nova York, Peterson Institute for International Economics, 1996.

institucional e integração econômica entre nações jamais vista na história mundial. Durante as décadas de 1970 e 1980 cresceu a integração econômica, cuja extensão só se percebeu nitidamente com o colapso do comunismo em 1989. Em 1995 percebe-se o surgimento de um sistema econômico global dominante".[593]

Samir Amin apontou a contradição embutida nesse processo: "A mundialização fez com que o espaço econômico não coincidisse mais com a sua gestão política e social. Nos sistemas produtivos nacionais encontramos cada vez mais os elementos de um sistema produtivo mundializado. No entanto, o Estado, instrumento indispensável da regulação social e política e, ao mesmo tempo, do compromisso social interno e da sua interação com o externo, permaneceu sendo o Estado nacional".[594] Ao que caberia agregar que "a distribuição nacional das firmas multinacionais segue fielmente a hierarquia dos PIBs. As mais numerosas são de origem americana, as outras são europeias ou japonesas. O fenômeno de multinacionalização é indissociável da natureza das economias de origem";[595] ou que "na internacionalização, o mercado interior continua sendo a base sobre a qual se constrói a eficiência de uma empresa ou de uma economia nacional".[596] A internacionalização do sistema financeiro e a velocidade dos fluxos de capitais não impediu que a demanda interna dos países continuasse a absorver 80% da produção e gerasse 90% dos empregos. A poupança doméstica financiava mais de 95% da formação de capital. Os fundos de pensão dos EUA tinham apenas 6% dos seus ativos totais fora do país; os da Alemanha, 5%; os do Japão, 9%. As companhias de seguro de vida dos EUA tinham só 4% do seu *portfólio* em atividades estrangeiras. A conclusão do FMI foi que "a tendência geral na direção da diversificação internacional é ofuscada pela pequena participação dos títulos estrangeiros nos portfólios dos investidores institucionais".

Seus defensores apontaram que a globalização desregulamentada "presenciou uma explosão sem paralelo do comércio internacional e das

593 Jeffrey Sachs e Andrew Warner. Economic reform and the process of global integration. *Brookings Papers on Economic Activity* (BPEA) I, janeiro1995.

594 Samir Amin. *La Sfida dela Mondializzazione*. Milão, Ponto Rosso, 1995.

595 Charles-Albert Michalet. *Le Capitalisme Mondial*. Paris, PUF, 1976.

596 Pierre Beckouche. *Industrie: un Seul Monde*. Paris, Hatier, 1993.

transações financeiras. De fato, o crescimento per capita nos EUA foi mais elevado no período de câmbio flutuante de 1974-1989 (2,1% ao ano) do que durante o período Bretton-Woods de 1946-70 (2% ao ano) ou mesmo durante o período do padrão ouro de 1881-1913 (1,8%)".[597] Seus críticos, porém, apontaram que entre 1973 e 1993 a renda média disponível aos 20% mais pobres caiu quase 23%, sendo indiscutível que "as coisas não estão funcionando como deveriam. A falha do capitalismo global avançado em manter os níveis de distribuição da riqueza cria um problema não apenas para os políticos como também para a ciência econômica. Os jovens foram ensinados que o crescimento do comércio e do investimento, aliado à mudança tecnológica, aumentaria a produtividade nacional e criaria riqueza. No entanto, apesar do crescimento progressivo do comércio e da finança mundiais, durante a última década a produtividade se viu abalada e a desigualdade nos EUA, e o desemprego da Europa, só pioraram".[598] No "Terceiro Mundo", os efeitos foram bem piores. De acordo com a ONU, em 1990, dos US$ 23 trilhões que compunham a riqueza monetária mundial, apenas US$ 5 trilhões correspondiam aos países "em desenvolvimento", prevendo que, mantidas as tendências, as disparidades econômicas entre os países industrializados e o mundo em desenvolvimento "passarão de iníquas para desumanas". Os 20% mais pobres do mundo ficavam, em 1993, com apenas 1,4% do total da renda do planeta, uma queda de 0,9 ponto percentual em relação a 1960. Os 20% mais ricos viram a sua fatia saltar, no mesmo período, de 70% para 85% da riqueza mundial. 358 bilionários tinham ativos que superavam a renda anual somada de países em que vivia 45% da população mundial. 33% da população dos países em desenvolvimento (1,3 bilhão) vivia com menos de US$ 1 por dia: 550 milhões no sul da Ásia, 215 milhões na África subsaariana e 150 milhões na América Latina.

Segundo cálculos de 1994 do BIS, Banco Central internacional com sede na Suíça, US$13 trilhões passaram a girar pelo mundo em velocidade jamais vista, ao comando de teclas de computador O megainvestidor George Soros ganhou um bilhão de dólares em 1992, apostando contra a

597 Francis J. Galvin. The legends of Brettton Woods. *Orbis*. Nova York, Foreign Policy Research Insitute, abril 1996.

598 Ethan B. Kapstein. Workers and the world economy. *Foreign Affairs* vol. 75 nº 3, Washington, maio-junho 1996.

libra esterlina: a libra teve de ser desvalorizada e retirada do mecanismo de flutuação do mercado europeu. Em 1971, o volume de empréstimos internacionais de médio e longo prazo feitos pelo capital privado era de 10 bilhões de dólares. Em 1995, ele chegou a 1,3 trilhão: cresceu 130 vezes em apenas duas décadas e meia. O dinheiro volátil, que girava pelos vários mercados financeiros, sustentava transações diárias entre 2 e 3 trilhões de dólares, impulsionando negócios, mas só estacionando em "países estáveis". As transações nos mercados de câmbio superaram o crescimento dos fluxos comerciais, dos investimentos externos diretos e o crescimento do PIB dos países da OCDE (Organização para a Cooperação e Desenvolvimento Economico, que agrupa aos paises "desenvolvidos"). Contra a "integração da economia mundial" se punha em evidência a guerra em surdina, que traduzia o acirramento da concorrência.

A mundialização fez com que explodissem as formas que haviam permitido alguma "regulação social" pelos Estados: o trabalho assalariado formal, um sistema monetário internacional fundado sobre taxas fixas de câmbio, instituições nacionais suficientemente fortes para impor uma disciplina ao capital privado. A "mundialização" estava intimamente associada à destruição das formas de regulação nacional e internacional, condenando milhões de jovens ao "desemprego estrutural"; a moeda e a finança ficavam confiadas à anarquia dos "mercados"; os Estados tiveram suas capacidades de intervenção drasticamente reduzidas, depois que os governos dos principais países capitalistas deixaram que o capital-dinheiro se convertesse numa força praticamente incontrolável. A velocidade vertiginosa do aumento das dívidas tornou obsoletos seus instrumentos de controle. As novas tecnologias visaram atacar a queda da produtividade do trabalho (mediante o aumento do seu controle pelo capital) e da taxa de lucro, mediante a redução do "tempo de trabalho necessário" para a reprodução da força de trabalho.

Pierre Naville negava especificidade histórica ao advento da produção automatizada: "O automatismo das produções materiais não podia ser outra coisa que um refinamento das relações mecânicas já definidas nas ferramentas desde que o homem soube fabricá-las e manejá-las para obter delas efeitos sobre as coisas: não havia nada mais, salvo a ordem e a quantidade, em um telar de Jacquard ou em uma calculadora, do que na mais primitiva alavanca. Os grandes ciclos automáticos de hoje não fazem senão aplicar esses princípios, com maior perfeição, e em campos produtivos desconhecidos em 1850 (eletricidade, química, petróleo)".[599] Os autores que se ocuparam posteriormente da introdução de tecnologias baseadas na informática e na microeletrônica sublinharam, ao contrário, seu caráter diferenciado: "Tomamos como definição de automação a aplicação estendida de métodos de transferência (integração contínua de várias operações mecânicas sem a intervenção do homem), do controle de *feed-back* (correção automática do processo utilizando informação que compara o resultado efetivo com o resultado desejado) e a introdução de calculadoras eletrônicas (computadores)".[600]

Para Benjamin Coriat, a novidade consistia na escala e nos setores em que a automação passava a ser usada: "As inovações tecnológicas atuais estão dando origem a uma transformação de grandes dimensões e com rupturas qualitativas. A automação atual não continua a tendência das aplicações passadas. As aplicações anteriores correspondiam principalmente às indústrias de processo contínuo: petroquímica, vidro, cimento e outras. A nova tendência de automação da década de 1970 corresponde às indústrias de produção em série, que tradicionalmente utilizavam a mão-de-obra de forma intensiva: plantas automotoras, fábricas têxteis e de outros bens de consumo duráveis".[601] Raphael Kaplinsky sublinhou que "a introdução de novas tecnologias de automação, associadas como estão ao aprofundamento das crises econômicas, deve levar a elevados e duradouros níveis de desemprego".[602]

Qual era o vínculo entre ambos os fenômenos? A partir de 1973-1975, a crise econômica mundial acirrou a concorrência e determinou a marcha acelerada em direção da automação para abaixar violentamente a estrutura dos custos de produção. O teatro principal dessas transformações foi a indústria militar: as novas tecnologias da informação no campo civil foram uma derivação de sua aplicação militar. Em condições de crise econô-

599 Pierre Naville. *Vers l'Automatisme Social?* Problèmes du travail et de l'automation. Paris, Gallimard, 1963.

600 Franco Momigliano. L'automation et ses idéologies. *Arguments* nº 27-28, Paris, 1962.

601 Benjamin Coriat. Revolución tecnológica y procesos de trabajo. *Cuadernos del Sur* nº 6, Buenos Aires, outubro 1987.

602 Raphael Kaplinsky. *Technology and Society*. Nova York, Longman, 1984.

mica, as novas tecnologias e seus métodos de gestão se constituíram como uma tentativa de quebrar a resistência operária contra os ritmos de trabalho e a desqualificação crescente, estabelecendo um vínculo entra a introdução das novas tecnologias os custos da força de trabalho: "Relativamente aos custos do capital, os salários dos operários aumentaram menos nos EUA do que no exterior. Enquanto que o custo do trabalho relativamente ao capital aumentou de 100 para 144 nos EUA entre 1964 e 1982, o custo relativo do trabalho foi de 100 para 206 na Alemanha Ocidental, e de 100 para 204 no Japão. Com uma elevação muito mais rápida dos salários, firmas estrangeiras tiveram um incentivo muito maior para substituir trabalho com capital".[603] Para alguns autores, a causa da "crise do trabalho" não se situava na estrutura do capitalismo, mas na sua superestrutura institucional: "A crise é o resultado da incapacidade da estrutura institucional de finais dos anos sessenta, para adaptar-se à difusão da tecnologia da produção em série".[604] A crise não seria a do modo de produção, mas a de um "paradigma industrial" dentro do mesmo.

Levando em conta a dinâmica geral da acumulação capitalista, foi também proposto que: a) a automação anunciava o limite e a dissolução do capitalismo; b) sua posta em prática gerava em si mesma a necessidade de passagem para outro tipo de sociedade, "uma mutação qualitativa que inaugura a dissolução desse modo de produção. A partir do momento em que a aplicação sistemática da ciência à indústria provoca uma redução do tempo de trabalho necessário à produção, ao ponto de o capital variável não entrar mais no processo produtivo senão como um elemento residual, o capitalismo atinge os seus limites históricos. A força produtiva do trabalho se converte em força produtiva do capital fixo: o trabalho como mercadoria constitui uma categoria em vias de regressão, e na medida em que essa regressão se opera, os outros elementos constitutivos das relações capitalistas de produção - o produto como mercadoria portador da mais-valia realizada a ser reconvertida em capital, e o próprio capital como trabalho morto produzido pelo trabalho vivo - tendem a se tornar caducos".[605] Para André

603 Lester Thurow. American miragem: a post-industrial economy? *Current History* nº 88 (534), Nova York, janeiro 1989.

604 Michel J. Piore e Charles F. Sabel. *The Second Industrial Divide*. Nova York, Basic Books, 1986.

605 Pierre Souyri. *La Dynamique du Capitalisme au XXè Siècle*. Paris, Payot, 1983.

Gorz, "a novidade da atual crise é que as mutações tecnológicas não são governáveis no quadro da racionalidade capitalista. Acelerando a destruição de capitais e empregos, essas mutações permitem a produção de quantidades progressivas de mercadorias com quantidades rapidamente decrescentes de capital e de trabalho".[606] A progressiva eliminação do trabalho vivo do processo de produção tende a eliminar o motor e o fundamento do capitalismo, a apropriação do sobre trabalho vivo na forma de mais-valia.

Um levantamento revelou, no entanto, que os investimentos em informática desde 1970, que atingiram até 10% do PIB dos EUA, não produziram os resultados esperados. O impacto das novas tecnologias na produtividade era baixo ou ínfimo. Com a notável exceção do setor das telecomunicações, apenas os fabricantes de computadores e de programas se beneficiavam com a revolução telemática. Chamou-se isto "paradoxo informático": os programas eram mal concebidos, de difícil uso, pouco confiáveis, mal correspondendo ao trabalho que deviam auxiliar. Sua rápida obsolescência impunha um esforço de manutenção e de formação de pessoal múltiplo e e onerosos. A transferência de tarefas subalternas para pessoal melhor remunerado, a desqualificação cada vez mais rápida e a desmotivação da mão de obra tinham um custo econômico e social importante. Apenas um terço do aumento de 1% na produtividade durante o período de 1995 a 1999 podia ser atribuído à informatização.[607] Segundo o estudo de Robert J. Gordon, a produtividade na produção de computadores aumentou de 18% anual entre 1972 e 1995, a 42% ao ano a partir de 1995. O computador produziu uma "revolução" na produção de computadores, com muito menos efeito no restante da produção: "A substituição de uma forma de capital por outra não precisa elevar a pro-

606 André Gorz. *Les Chemins du Paradis*. Paris, Galilée, 1983. Para Marx, com o maquinismo, "o roubo do tempo de trabalho de outrem sobre que assenta a riqueza atual surge como uma base miserável relativamente à base nova, criada e desenvolvida pela grande indústria. Desde que o trabalho, na sua forma imediata, deixe de ser a fonte principal de riqueza, o tempo de trabalho deixa e deve deixar de ser a sua medida, e o valor de troca deixa, portanto, também de ser a medida do valor de uso. O sobre trabalho das grandes massas deixou de ser a condição do desenvolvimento da riqueza geral, tal como o não-trabalho de alguns deixou de ser a condição do desenvolvimento das forças gerais do cérebro humano. Por essa razão, desmorona-se a produção baseada no valor de troca, e o processo de produção material imediato acha-se despojado da sua forma mesquinha, miserável e antagônica " (Karl Marx. *Elementos Fundamentales para la Crítica de la Economía Política [Grundrisse]*. México, Siglo XXI, 1987).

607 Thomas K. Landauer. *The Trouble with Computers*. Cambridge, The MIT Press, 1996.

dutividade da economia em seu conjunto. As mediações básicas de uma revolução tecnológica é a 'produtividade de fatores múltiplos', o aumento em produção por unidade de todas as produções". Segundo o estudo de Gordon sobre o progresso técnico entre 1887 e 1996, o período de máximo progresso, manifestado no crescimento anual da produtividade de múltiplos fatores, foi o período entre 1950 e 1964, quando alcançou aproximadamente 1,8%; no período entre 1988 e 1996 houve um crescimento menor de aproximadamente 0,5%.[608]

No quadro da crise mundial, produziu-se um espetacular crescimento de algumas economias capitalistas periféricas, como os "tigres asiaticos" (Taiwan, Hong-Kong, Singapura, Coreia do Sul) e algumas economias latino-americanas, como a do Brasil, com o "milagre brasileiro" (1968-1973), alavancado num grande endividamento externo. As taxas de crescimento desses países chegaram a superar o 10% anual. Seu motor foi o excedente de capital-dinheiro da Europa (em grande parte de procedência americana), não reinvestido dada a queda da taxa de lucro da economia mundial. Na renegociação da dívida externa foi colocada a renegociação de parte da dívida americana. Os EUA se beneficiaram do Japão possuir ume enorme excedente de capital que foi deslocado para comprar títulos do Tesouro americano (quase US$ 2 trilhões), o que possibilitou a recuperação do câmbio fixo, que havia sido extinto em 1971. A moeda que estava em crise nos anos 1970 (o dólar) virou âncora da estabilidade das moedas latino-americanas nos anos 1990.

Os EUA passaram a ter superávit fiscal (apesar do grande déficit comercial) e começaram a recomprar os títulos das suas dívidas, enquanto a periferia ficou com uma dívida externa enorme e perdeu suas empresas estatais. Os "planos de estabilização" se adequaram à lógica neoliberal de transformar as dívidas em ativos nos países endividados. A vulnerabilidade desses modelos começou a ser revelada com a crise mexicana em 1994, quando os capitais voláteis saíram rapidamente do país, gerando uma crise cambial, que culminou com a desvalorização de 33% de sua moeda. Os mercados de capitais são gigantescos e estão mundialmente integrados, enquanto as instituições reguladoras são nacionais (com exceção do FMI) e sua capacidade de intervenção é limitada: os mercados de câmbio passaram

608 Robert J. Gordon. *Productivity, Growth, Inflation and Unemployment*. Cambridge, Cambridge University Press, 2004.

a transacionar mais de US$ 1,5 trilhão/dia, diante de reservas de divisas dos países desenvolvidos de aproximadamente US$ 700 bilhões.

Junto à reformulação e fusão das funções do FMI e do BIRD, houve o surgimento de novas instituições internacionais, como a OMC, que submeteu o comércio internacional a um sistema de regulamentações inédito. Acordos de comércio também proliferaram em nível regional, como o NAFTA (Acordo Norte-americano de Livre Comércio), a APEC (Cooperação Econômica Ásia-Pacífico), a ASEAN (países do Sudeste asiático), SADC (Cooperação de Desenvolvimento Meridional Africana), SAFTA (Acordo de Comércio Livre do Sul Asiático) e Mercosul (Mercado Comum do Cone Sul). O processo provocou uma redistribuição de poder em nível mundial, fortalecendo o chamado "poder das corporações". Neste sistema político não definido, o empresariado mundial determina, com ajuda de *lobbies*, como o Fórum Econômico Mundial de Davos, o programa de trabalho econômico e social internacional. A dominação imperialista foi reformulada através de um sistema de "acordos-imposições" comerciais e financeiros, em substituição da dominação direta própria da era colonial, obsoleta diante das vitórias da luta anticolonial nas três décadas de pós-guerra. O "sistema informal" de domínio financeiro e comercial, no entanto, nunca prescindiu do suporte militar das instituições multilaterais comandadas pelos EUA, como a OTAN, e das bases e dispositivos militares dos EUA espalhados pelo mundo todo, que intervieram sistematicamente em guerras locais na Ásia Central, no Golfo Pérsico e no Oriente Médio, e até no antigo "bloco socialista" (Iugoslávia), sem falar no bloqueio de Cuba e das ameaças de intervenção militar na Venezuela.

Uma recuperação limitada da taxa de lucro, muito abaixo do período de pós-guerra, foi registrada nos países da OCDE na década de 1990, graças ao avanço da flexibilidade trabalhista, a precarização do trabalho, a pressão do desemprego (expansão da pobreza). A rentabilidade se recompõe se um processo de quebras e fusões "limpa" o mercado. Sem craque geral, a somatória dos colapsos econômicos acontecidos em quase todos os países periféricos, e em segmentos chaves das economias centrais, a partir da última década do século XX, podia comparar-se com uma "grande depressão". A massificação do desemprego, as ondas de fusões, a reestruturação forçosa de empresas, evidenciaram um grande processo de perdas, quebras e trocas de propriedade. Um traço do capitalismo de pós-guerra foi a postergação do "saneamento" dos capitais obsoletos, mediante medidas de resgate instrumentadas pelos Estados, outorgadas aos bancos e empresas devedoras e insolventes. A desvalorização de capitais "excedentes" ficava assim adiada, mas também se neutralizava a recuperação plena de taxa de lucro. As fortes convulsões financeiras que se sucederam desde o craque de 1987 em Wall Street popularizaram a interpretação da crise como um fenômeno primordialmente especulativo. Partindo da crítica ao "inchamento da bolha", convocou-se a "disciplinar o capital financeiro" e a "controlar os movimentos especulativos internacionais", em favor do "capital industrial são", uma miragem ideológica a que se submeteu a esquerda internacional.

O peso inédito do capital financeiro foi decisivo na concentração empresarial: a participação das 200 maiores empresas no Produto Bruto Mundial (PBM) passou de 24% em 1982 para 30% em 1995, 33% em 1997, superando os 35% na virada do século, quando as primeiras 500 empresas mundiais perfaziam 45% do PBM (65% ao se considerar o conjunto das "multinacionais", em torno de 35 mil). A quase totalidade delas possui sua casa matriz nos países centrais: em 1995, 89% do faturamento das 500 maiores empresas correspondia a firmas originarias do chamado G-7. Considerando-se as dez maiores corporações mundiais, seu faturamento corresponde ao PIB conjunto de Brasil, México, Argentina, Chile, Venezuela, Colômbia, Peru e Uruguai. Metade do capita fixo e de seus funcionários estão em unidades fora do país de origem; 61% do seu faturamento é obtido em operações fora do país de origem. Se se expandir para as 100 maiores corporações, descobre-se que um terço do comércio internacional é realizado pelas trocas entre unidades das multinacionais, que empregam 20% da força de trabalho do setor secundário e terciário nos países periféricos e 40% dos países centrais. Se algumas características políticas do imperialismo de inícios do século XX, os vastos sistemas coloniais, foram desaparecendo, suas características econômicas (concentração e parasitismo), políticas (condição semicolonial da maioria dos países) e bélicas (militarismo e tendências guerreiras), ao contrário, se acentuaram.

O capital financeiro hipertrofiado é consequência da enorme massa de mais-valia nos mercados financeiros e bolsas mundiais, sem possibilidade de fixar-se em investimentos produtivos, devido ao excesso de capacidade de produção, ou seja, devido à sobreacumulação de mercadorias e capitais. Concentração empresarial e crise financeira são duas caras da mesma moeda; junto ao nível inédito de fusões, o endividamento também atingiu patamares inéditos, impondo sofrimentos maiores aos povos submetidos à "austeridade". A destruição de capital, única saída em termos capitalistas para a crise, foi sendo realizada através de meios econômicos, políticos e bélicos cada vez mais destruidores da sociedade e da natureza, configurando uma crise civilizacional (que inclui a crise ecológica). As lutas dos trabalhadores e dos movimentos sociais só impuseram alguns limites ao processo destrutivo, sem alterar seu curso fundamental.

AFRIQUE

Capítulo 21

Imperialismo e conflito de áreas cambiais

Carla Filosa e Francesco Schettino[609]

A concatenação transnacional que mudou a configuração da luta inter-imperialista, já não mais rigidamente dividida pela filiação estatal predominante, apareceu na procura de uma maior capacidade do capital para penetrar o mercado mundial. A predeterminação das áreas monetárias de referência ultrapassou em importância a mera localização geográfica do investimento. Seria, portanto, um grave erro acreditar, como é costume generalizado, que os elementos monetários e cambiais são uma questão separada das estratégias produtivas. Por um lado, destacam-se as características da aceleração da "economia real", desesperada porque em crise, na nova divisão internacional do trabalho - isto é, cadeias de produção, deslocamentos, externalização, subcontratação à escala global, "corredores energéticos", "vantagem competitiva", centralização e transformação das estruturas de propriedade internacionais, com inversão do papel entre órgãos supra-estatais e Estados nacionais, privatizações se consideradas eficazes. Por outro lado, destaca-se uma "economia monetária" que busca proceder à redefinição hegemónica das áreas cambiais de significativa referência para o mercado mundial "unificado".

609 Professor de Economia na *Università degli Studi della Campania "Luigi Vanvitelli"*. Dipartimento di Giurisprudenza (Itália). Este artigo é o resultado de um trabalho coletivo realizado por alguns editores da revista *La Contraddizione*, e em particular por Gianfranco Pala, desde o início do século XXI.

O tema das áreas monetárias surge para identificar detalhadamente quais elementos de custo são expressos em dólares, euros ou moedas asiáticas, rublo, yuan e iene, e em que moeda os preços de venda estarão, portanto, também presentes no futuro. Do exposto, alguns argumentos-chave podem ser deduzidos. A estrutura dos custos de produção (e também, secundariamente, dos custos de circulação) das diversas cadeias, ou consórcios de cadeias de abastecimento, nas diferentes áreas monetárias, inclui o efeito moeda de referência na faturação, e implica a reorganização, centralização da tomada de decisões mais descentralização operacional, do sistema produtivo industrial à escala global, com a consequente recomposição internacional do trabalho. Por outras palavras, continuar a referir-se apenas à separação e à oposição dos "pólos" imperialistas, como tais, pode ser enganoso.

As "áreas monetárias" – embora partindo de uma localização física claramente identificável, não "desterritorializadas", às quais corresponde necessariamente a estratégia político-econômica de hegemonia sobre o mundo – atravessam todo o mercado mundial. Uma grande empresa transnacional que, talvez após uma fusão, opere simultaneamente em três ou quatro "continentes", ainda pode decidir em que moeda fazer um lucro. O que é mais adequado ao conceito de imperialismo transnacional - aquisições, fusões e investimentos no exterior, das próprias empresas - é que, por um lado, permanecem as estruturas de produção existentes em diferentes locais ou em novas instalações, e, por outro lado, deslocam sua gravitação para a área monetária mais favorável (moeda de referência para custos e preços), independentemente da localização territorial.

É importante, portanto, salientar que as áreas monetárias não se referem a despesas de rendimento (por mais enormes que elas sejam), mas sim a pagamentos de capital (ou seja, investimentos para dominar o mundo). A produção em escala global envolve um número cada vez maior de países e continentes: os capitais dominantes, que operam em condições muitas vezes semelhantes às do monopólio, já não têm limites de pertença, enquanto a circulação também deve satisfazer as necessidades de pagamento (investimentos mais consumo) de aqueles que possuem a moeda necessária. O conjunto de circunstâncias transnacionais semelhantes significa, então, que o controle efetivo do capital (operacional ou mesmo especulativo) já não depende do "lugar" em que o capital particular reside e de onde emana nas "muitas" nações, como foi na clássica fase nacional-estatal do imperialismo, mas conduz à transferência do poder real dos Estados dominantes para o resultado da supremacia no conflito entre moedas, do qual cada área de referência mundial é, em última instância, colocada nas mãos dos bancos centrais, mercados de ações e governos dos Estados nacionais imperialistas que redefinem o seu papel específico desta forma.

A atenção dada ao efeito monetário de possíveis diferenças de custos e preços é tal que permite verificar os seus efeitos diretamente sobre a taxa de lucro (e não sobre a mais-valia produzida). É por isso que passa indistintamente pelas fases de circulação e de produção, mas de tal forma que a redução dos custos de circulação (falsas despesas - *faux frais* - de produção) também pode ser indiretamente decisiva para as estratégias de produção. Portanto, a expansão da escala da atividade de capital não afeta apenas os custos de circulação em sentido estrito, mas estende-se à economia no que respeita a todos os custos empresariais (mesmo os relativos à subcontratação e à externalização). A capacidade de influência transnacional de cada moeda (predominante no dólar norte-americano nas últimas décadas) está, portanto, ligada ao controle das áreas monetárias de referência. Como se transfere a produção para outro lugar? Pagando custos de produção mais baixos, por exemplo em moedas locais, e vendendo a preços mais elevados (o que, afinal de contas, tem acontecido regularmente na história do capitalismo). Esta redução nos custos globais, se ocorrer apenas do lado da circulação, é puramente uma transferência e não gera um aumento líquido no valor e na mais-valia produzida. Ou seja, tal efeito não atua de forma alguma no aumento do numerador do *ratio* que define aquela taxa, mas apenas é capaz de comprimir o capital adiantado enquanto medida colocada no denominador, através da redução de todos os custos indistintamente.

Nesse sentido, deve ser dada importância estratégica à escolha dos planos de produção das grandes *holdings* financeiras, para cada setor ou cadeia de abastecimento. Esta estratégia é de fato inerente tanto à distribuição dos custos (de produção, especialmente de subcontratação, mas também de circulação efetiva) nos vários países dominados, como aos preços de venda, dependendo da área monetária a qual cada país faz a sua principal referência. Portanto, para examinar devidamente o balanço - obviamente consolidado - destas holdings, é necessário prestar a máxima atenção à composição dos custos e à definição dos preços, para avaliar globalmente suas operações. É, portanto, aqui que surge a questão dos custos: se são pagos em moedas locais menos valiosas, face aos preços finais de venda, ainda predominantemente faturados em dólares, a diferença que surge da incidência das diferentes zonas monetárias se transforma em maior (ou menos) lucros. A apresentação dominante do conflito monetário como uma mera questão do preço das moedas - atribuível a "simples" jogos sobre a taxa de câmbio - é, portanto, útil, para a classe dominante, apenas para esconder o conflito substancial entre irmãos inimigos que, na fase atual, se desenvolve na luta que visa incorporar o maior número de países dominados na sua área monetária, com o objetivo de contrariar a compressão natural das taxas de lucro, atuando sobre a estrutura de custos das participações financeiras dos países dominantes em relação a os preços finais de venda: isto, ao alterar apenas acidentalmente a massa de novo valor produzido, especialmente numa fase aguda de crise, prejudica simetricamente as possibilidades de acumulação de outros capitais numa situação igualmente asfixiada.

Segundo Boris Pistorius (Ministro da Defesa alemão), em 2029 "precisaremos estar preparados para uma guerra". Anteriormente expressou a convicção de que é necessário "usar armas contra a Rússia em conformidade com o direito internacional", ecoando curiosamente "o bom soldado Scvèik" de Jaroslav Hašek, cujo protagonista fundou o "partido do progresso moderado dentro dos limites da lei". A fase imperialista transnacional juntamente com o neocorporativismo institucionalizado que gere a especulação e as "bolhas" relacionadas, capitais fictícios ou dívidas - numa corrida à estabilidade financeira continuamente incerta e forçada ao aumento da despesa militar - aumenta a concentração da riqueza e a centralização do capital, num conflito que se expressa nas moedas mais representativas a nível global, por trás do barulho da última geração de armas, agora em uso contínuo e itinerante. Neste contexto, o confronto imperialista que visa superar a frágil soberania de alguns Estados, funcional à divisão mutável do mercado mundial, lança continuamente uma "nova ordem" que facilita uma saída comum da crise devido à superprodução capitalista. Se no presente somos obrigados a sofrer diariamente a ameaça de uma guerra nuclear sem mais fronteiras nem espaço ou tempo de implementação, é porque as massas subalternas, inertes, foram induzidas durante cerca de setenta anos à falsa consciência de um Ocidente unido e estável na hegemonia mundial, em que até as migalhas de um bem-estar prometido, mesmo que nunca implementado, pareciam algo aceitável para a sobrevivência. As classes sociais prejudicadas - isto é, principalmente as europeias - deveriam acordar deste sono generalizado da razão e compreender que os EUA, em vez de um falso aliado, são de fato um inimigo real, muito pernicioso.

A "invasão" da Ucrânia foi acompanhada pelo mantra do "país sob ataque", a ser reiterado diariamente até que fosse credível aos ouvidos dos trabalhadores reduzidos a uma plebe inconsciente. Embora essa guerra tenha sido preparada durante cerca de dez anos pelos EUA, denunciada por historiadores e cientistas políticos atentos, essa evidência não produziu qualquer consciência nem nas instituições "democráticas" nem nas massas dispersas. Naturalmente, a contagem das vidas sacrificadas pelos ucranianos nem sequer é bem conhecida, embora algumas fontes declarem perdas de mais de um milhão e meio de seres humanos. Tal como acontece com as máfias, se há contas a acertar, não se presta atenção a quem nada tem a ver com isso, mas permanece no meio, por isso a denominação de estilo militar de "efeitos colaterais" estabelece na indiferença a inevitabilidade dos massacres de vidas de pessoas sem valor. O mesmo se pode dizer dos palestinos, vítimas da garantia de impunidade da criminalidade por parte do governo israelense, protegidos por um Ocidente habituado a servir os seus próprios interesses sangrentos.

Isso significa que os capitais transnacionais estão começando a tornar quase permanente uma guerra económica armada entre as diferentes bases nacionais de origem, para intensificar trocas desiguais com denominações monetárias diferenciadas. Isto se deve ao colapso progressivo do dólar (desde 1971) a partir da sua imposição universal como moeda de referência para o mercado de capitais, bem como para o de bens, desde o final da Segunda Guerra Mundial. As escolhas estratégicas da política económica dos EUA têm sido uma sucessão de apoios a organizações terroristas e interferências políticas como a da desestabilização russa, e agressões militares como nos Balcãs (1999-2000), em Afeganistão (final dos anos 1970 e desde 2001), na América Central e do Sul (Costa Rica '50, Equador '60-'63, Venezuela 2002) Iraque ('63,'91, 2003) sem mencionar o papel de guardião anticomunista do mundo desempenhado no Vietnã ('45-'73), nas guerras Irã-Iraque ('53-'63-'91-2003), na Síria ('56-2012), em Líbia ('80-2001), na Ucrânia (2014 e ainda).

Num contexto mais especificamente económico, os EUA têm progressivamente externalizado a produção, em particular a indústria transformadora, com vantagem na redução dos custos laborais e dos conflitos de natureza social, utilizando a moeda como forma de escoamento da mais-valia produzida não só nos chamados países em processo de desenvolvimento, fundamentalmente destinatários de uma divisão internacional do trabalho limitada à produção de matérias-primas. Assim começou o processo pelo qual os mecanismos de apropriação parasitária da mais-valia prevaleceram sobre aqueles baseados na produção direta de bens. Estes países, portanto, não poderão mais escapar à sua condição de dependência - salvo exceções que serão bloqueadas para evitar ameaças às quotas de mercado controladas pelas companhias transnacionais ocidentais - forçada pelo endividamento forçado da área monetária em dólares, à qual eles devem permanecer vinculados. Dado que o seu comércio internacional é faturado em dólares e, portanto, também as suas dívidas, na verdade eles fornecem continuamente dólares em troca aos EUA, que conseguiram assim financiar o seu défice da balança corrente e manter uma hegemonia monetária que era incontestada até há poucos anos. O aparente crescimento dos EUA representou de fato a parte do produto extorquido ao exterior, cujo sucesso devido a acordos e conflitos com outras áreas monetárias também se valeu do recurso dos mecanismos de controle dos países dominados, constituindo os fatores determinantes de uma crescente interdependência entre as diferentes áreas económicas do mercado mundial.

A transformação já implementada na delimitação de áreas de produção mais rentáveis, independentemente de sua configuração nacional ou estatal, conduz ao equívoco de interpretar o conflito internacional como ligado a identidades geopolíticas parcialmente relevantes, mas não respondendo à identificação de decisões políticas sempre derivadas do econômico. A funcionalidade de uma área capitalista global não coincide com sua extensão territorial geográfica, mas se exprime pela hegemonia da moeda a que se refere, sobre a qual se firma a superioridade de um capital sobre o outro, através da utilização transversal das instituições e da moeda disponível. Foi assim que se construiu a supremacia mundial dos EUA, superando o domínio britânico, enaltecendo a sua própria democracia que fornecia investimentos ou carteiras diretas, "ajuda" e "planos de reconstrução" por parte de grandes empresas financeiras industriais e bancárias, com espaço nos EUA. Ao mesmo tempo, o recurso à guerra e à coerção econômico-financeira permitiu repetidos ataques especulativos altamente destrutivos, também através das agências de rating ao seu serviço (por exemplo, Grécia 2009-2015), juntamente com o aumento de direitos, sanções, programas de flexibilização quantitativa (*quantitative easing*) da Reserva Federal dos EUA, para poder apreender pacotes de ações de todo o mundo e apoiar o dólar, mesmo que apenas de papel.

O próprio conceito de democracia ou de Estado autoritário, que a retórica da informação dominante continuamente tenta distinguir e opor superficialmente, está de fato esvaziado de significado real, nunca mencionado num descuido mistificador. Celebrar a superioridade "democrática", contra o inimigo "autoritário", ou melhor, "totalitário", ou desprovido de "respeito pelos direitos humanos", foi a arma codificada com a qual os aliados foram impedidos de celebrar acordos económicos independentes com países definidos como "desonestos", "império do mal" ou outra execração, e consequentemente manter a massa proletarizada e empobrecida do mundo na impotência subalterna. Assim, foram obtidos os máximos butins possíveis de mais-valia para serem divididos entre os aliados/irmãos vitoriosos, antes que, no decurso de uma nova mudança no mercado mundial, eles também se tornassem inimigos potenciais. A democracia por excelência sempre foi considerada a dos Estados Unidos, cuja moeda parecia representar consistentemente não apenas o poder do complexo industrial militar, mas também o veículo sobre o qual se espalhava a falsa intenção de "exportar democracia" em países que ainda não a tinham. Este último engano foi inequivocamente destacado na fuga vergonhosa dos militares dos EUA/OTAN do Afeganistão, em maio de 2021.

O lento, mas progressivo, processo de extinção da hegemonia do dólar foi historicamente determinado a partir do colapso da URSS. No entanto, a habilidade política dos EUA não teve em conta as contradições reais que emergiram, a começar pela falência do Lehman Brothers (2008) que arrastou consigo as falências de outras instituições financeiras. A perda de competitividade internacional, o aumento dos desequilíbrios comerciais, a acumulação de dívidas para com os países fornecedores de energia e matérias-primas, bem como de bens manufaturados, caracterizaram o declínio da chamada globalização do Ocidente nos últimos anos. O declínio desta forma hegemónica, que se tornou cada vez mais inconsistente, ocorreu com a consolidação econômico-financeira russa e chinesa, cujas moedas são hoje aceites em grande parte das transações asiáticas e do Médio Oriente.

A convergência objetiva de interesses dos sancionados pelos EUA, que convergiram em órgãos denominados BRICS(+), Organização de Cooperação de Xangai ou em outras formas, constituiu desde o início do século o projeto de emancipação da sujeição do dólar como "instrumento de ataque". A iniciativa *Belt and Road* - considerada por muitos como a principal ameaça à estabilidade dos EUA - tem atraído projetos de infraestrutura, bem como a utilização de sistemas de pagamentos internacionais independentes do *Bic Swift*, recentemente proibido pela Rússia, à medida que aumenta o conflito. A aproximação Rússia-China foi determinada por uma complexidade de fatores materiais sobretudo ligados à insustentabilidade e desconfiança no papel-moeda norte-americano, ao sistema de câmbio fixo, adequado à "fixidade" do poder, dos EUA até algumas décadas atrás.

O lento processo de desdolarização foi, portanto, o resultado mais confiável de uma tendência deste tipo. A erosão progressiva do domínio do dólar[610] coincidiu com a progressão violenta da crise de superprodução de capital que, pelo menos em parte, viu os países da área do yuan-reminbi resistirem significativamente em comparação com os da principal área concorrente. O desequilíbrio que veio a se consolidar entre um país enormemente endividado (os EUA, por 18 biliões de dólares) e os credores, em grande parte pertencentes aos BRICS+, é agora algo difícil de sustentar. A crise de superprodução trouxe consigo uma centralização incessante do capital e uma clara tendência para o monopólio, tal como descrito por Marx em *O Capital*. O domínio absoluto do dólar – timidamente minado pelo Euro durante um período risível, silenciado com a crise de 2010-2012 – tem permitido ao capital a ele vinculado gerir as principais dinâmicas econômi-

---

610 Veja-se G. Gabellini. *Dedollarizzazione*. Roma, Djarkos, 2023.; S. Arslanalp, B. J. Eichengreen e C. Sinpson-Bell. *The Stealth Erosion of Dollar Dominance. Active diversifiers and the rise of nontraditional currencies*. IMF Working Papers, 24 de março de 2022.

cas, mesmo com apoio militar. O que está agora a mudar substancialmente é a necessidade premente dos países "credores" que, tendo acumulado enormes quantidades de capital durante mais de um quarto de século, tendo exportado bens em quantidades superiores aos importados, exigem que esses recursos funcionem exatamente como capital, ou seja, possam efetivamente colocar-se onde é possível valorizar-se com maior lucro.

Até agora, a maior parte desses capitais tem sido utilizada para a compra de obrigações, títulos públicos e empréstimos, com uma rentabilidade do capital enormemente inferior às possibilidades oferecidas pelo mercado. Este foi um resultado inevitável das políticas comerciais de fechamento ao exterior inauguradas por Obama e depois celebrizadas por Trump e Biden: ou seja, o capital de origem asiática foi impedido de adquirir ações de grandes empresas norte-americanas, participando assim no processo de centralização que, em vez disso, foi gerido exclusivamente no contexto "ocidental", também com a participação de enormes fundos de investimento. A tentativa de internacionalização do yuan-reminbi pode ser lida como uma reação necessária a uma situação que se configura de forma cada vez mais polarizada: no entanto, embora pela primeira vez o comércio internacional da China, em 2023, tenha sido realizado predominantemente utilizando a moeda local (o dólar americano era quase exclusivo apenas algumas décadas antes) e embora se falasse em *petroyuan* pela primeira vez desde que a Arábia Saudita solicitou explicitamente o comércio de petróleo também em yuan-reminbi (renunciando ao acordo com os EUA), ainda hoje o o papel do dólar é reduzido mas predominante (pelo menos como moeda de reserva).

No entanto, as preocupações com a erosão do "privilégio exorbitante" do dólar norte-americano também no contexto institucional levam-nos a apoiar a tese segundo a qual o conflito entre áreas cambiais é o que está na base da dinâmica situação económica e militar. A "Lei do Dólar" (*21st Century Dollar Act*)[611] e a Lei de Proibição do CDBC Chinês (*Chinese CDBC Prohibition Act*) representam dois importantes instrumentos regulatórios na estratégia de proteção do dólar americano, que apontam na direção indicada.

611 A norma prevê: *This bill requires the Department of the Treasury to establish a strategy to facilitate the position of the dollar as the primary global reserve currency* (Esta exige que o Departamento do Tesouro estabeleça uma estratégia para facilitar a posição do dólar como principal moeda de reserva global).

O mundo multipolar que está tomando forma, destinado a substituir os mecanismos coercivos do círculo dívida/austeridade típico de um modo de produção capitalista em crise irreversível - poderia também significar a necessidade de transformação num modo de produção socialista. A dimensão política ou institucional mudará sua funcionalidade em conformidade com isso, assim como o sistema monetário internacional, juntamente com os novos fins para os quais será direcionado. Contudo, como não pretendemos apresentar "receitas para a taberna do futuro", este presente indica-nos que uma mudança hegemónica global ou já ocorreu ou está em processo de definição. Contudo, deveria ficar claro que esta transformação não pode ocorrer sem causar danos colaterais: o aumento do nível de conflito tanto na Ucrânia como no Médio Oriente é uma prova dessa tendência que poderá acelerar subitamente. Que o epicentro da próxima guerra mundial seja a Europa ou outro lugar, hoje são possíveis apenas conjecturas ou previsões analíticas, capazes de captar apenas as contradições que são visíveis ou já surgiram no processo histórico que se desenrola diante dos nossos olhos. No entanto, não devemos esquecer as contradições ainda em formação, que uma visão mais parcial nunca poderá compreender. A alternativa é, portanto, uma possível coexistência imperialista – como já sugeriu o presidente Xi Jinping a Biden – com um sistema monetário bipolar ou multipolar; a expansão chinesa já propôs a internacionalização do yuan-renminbi como meio de controle dos movimentos de capitais, ou o choque terminal de imperialismos que sucumbirão aos seus próprios "enterros", produzidos por eles próprios.

AFRIQUE

Capítulo 22

IMPERIALISMO, CAPITAL FINANCEIRO E DESTRUIÇÃO AMBIENTAL

Ana Paula Salviatti[612]

Originalmente estabelecido com o domínio neocolonial, o Imperialismo é de fato um desdobramento do capital financeiro e monopolista diretamente correlacionado ao controle de fontes de recursos naturais e matérias primas em toda a sua gama de possibilidades, dos combustíveis fósseis ao extrativismo mineral, das commodities aos alimentos, até mesmo do próprio ar. Contudo, remonta as origens do capitalismo a apropriação privada da terra e de seus recursos, seja na expropriação perpetrada nos cercamentos, os *enclausure lands*, quanto no colonialismo. A trajetória capitalista é descrita pela incessante acumulação e valorização de capital, portanto, é permeada por reflexos ambientais e distorções sociais, as quais remontam à acumulação primitiva e seguem através dos monopólios, seja na Europa ou no além-mar. Os reflexos materiais decorrentes do capitalismo se refletem na sua produção do espaço, carregando consigo a marca de seu desenvolvimento desigual[613], impresso nos diferentes continentes, campos, cidades e ecossistemas. Em comum aos diferentes ambientes está lógica da

612 Historiadora formada pela USP, Mestre e Doutora em História Econômica pela USP, faz pós-doutorado junto ao Departamento de Geografia da USP,

613 Neil Smith. *Desenvolvimento Desigual.* Natureza, capital e a produção do espaço. Rio de Janeiro, Bertand Brasil, 1988.

mercadoria que transforma qualidades em quantidades, a totalidade da Natureza em parcelas de recursos e matérias primas, devidamente extraídos e incorporadas ao ilimitado processo de expansão do capital.

Ao buscarmos compreender como se estabelece no capitalismo a mediação do homem com a natureza, nos deparamos com o processo de ruptura das condições fundamentais de mediação e regulação das formas de vida estabelecidas. A ruptura metabólica[614] em jogo no estágio atual do imperialismo capitalista, nos exige compreender a trajetória comercial dos monopólios junto as fontes de recursos naturais de todo tipo simultaneamente à ampliação da dita "flexibilização" financeira. É o que acompanharemos nesse texto. Outra faceta definidora do Imperialismo é a sua correlação direta à organização capitalista que passou a ser pautada a partir da fusão do capital bancário e industrial. Com a ascensão do capital financeiro e dos monopólios a manifestação global das relações capitalistas passou a ser definida sobre o patamar imperialista. Portanto, analisar os impactos do Imperialismo sobre o conjunto de condições materiais fundamentais à vida, ou seja, ao meio ambiente e a Natureza, exige partir dessa nova organização.

Mudanças no modo de organização do capitalismo foram observadas ao final do século XIX, através da fusão do capital bancário e capital industrial.[615] A união desses dois capitais fundiu o capital financeiro, responsável, por sua vez, pela a expansão do capital monopolista. Essa fusão de duas frações do capital passou a administrar os crescentes e volumosos recursos acumulados junto ao setor bancário e refletiu-se, em um primeiro momento, através da centralização dos capitais em oligopólios nacionais.[616] Contudo, em consequência das próprias transformações observadas pela centralização e expansão dos monopólios produtivos, especialmente ao final da década de 1960, o capital financeiro passou a direcionar as crescentes massas de capitais em direção ao acelerado circuito de valorizações escriturárias, a uma distância segura das tendencialmente decrescentes

614 Karl Marx, Karl. *O Capital*. Livro I, São Paulo, Abril Cultural, 1985; Kohei Saito. *O Ecossocialismo de Karl Marx*. São Paulo, Boitempo, 2021.

615 John A. Hobson. *A Evolução do Capitalismo Moderno*. São Paulo, Abril Cultural, 1983; Rudolf Hilferding. *O Capital Financeiro*. São Paulo, Nova Cultura, [1923], 1985.

616 Rudolf Hilferding, *cit.*; Vladimir I. Lênin. *O Imperialismo: Fase Superior do Capitalismo*. São Paulo: Global, 1985; Rosa Luxemburgo. *A Acumulação de Capital*. São Paulo, Abril Cultural, 1984.

margens de lucro, afetadas pela Lei da Queda Tendencial da Taxa de Lucro. Em outras palavras, o capital financeiro, promotor das grandes centralizações de capital, outrora financiador de monopólios produtivos nacionais e transnacionais, também passou a ser o responsável pelo redirecionamento de grandes volumes de capitais em direção às mercadorias financeiras, ou seja, a manutenção dos investimentos junto às mercadorias que negociam a pura propriedade, na valorização do própria do valor.

Diante das reconfigurações que passaram a caracterizar o contexto neoliberal, autores marxistas de distintas correntes dedicaram-se a compreender os novos ajustes capitalistas. Do mesmo modo que a organização do trabalho passou a ser vulnerabilizada[617] pela dinâmica acelerada das trocas fictícias e a macroeconomia assistiu à hipertrofia das finanças[618], a produção do espaço capitalista também passou por transformações pautados pelo novo horizonte temporal das transações financeiras.[619] Com o pós-guerra, além do movimento de ruptura neocolonial a busca pelo desenvolvimento sócio econômico foi tema perseguido por diversas economias da periferia do sistema. Diante da Guerra Fria houve a articulação e organização dos países primário exportadores, reunidos sob o guarda-chuva do terceiro mundo, iniciada em 1955, quando países africanos e asiáticos se reuniram na conferência de Bandung, logo em seguida, com a adesão dos países da América Latina, foi originado o Movimento dos países Não Alinhados em 1961. Dessa organização em bloco dos países do terceiro mundo foi criada sua representação junto à ONU por meio da UNCTAD, Conferência das Nações Unidas sobre o Comércio e o Desenvolvimento, em 1964. Constavam como marco principal dentre os objetivos dos países não alinhados a obtenção da soberania sobre as principais fontes de receitas das suas economias: os recursos naturais e demais matérias primas e a redefinição do comércio internacional. O impacto e a importância dessa articulação de países primário exportadores para a articulação dos países do centro capi-

617 Ricardo Antunes. *Adeus ao Trabalho?* São Paulo: Cortez, 2018; François Chesnais. *A Mundialização Financeira*. Gênese, custos e riscos. São Paulo, Xamã, 1996.

618 Carlos Braga. *Temporalidade da Riqueza*. Uma contribuição à teoria da dinâmica capitalista. Universidade Estadual de Campinas, Instituto de Economia, 1985 (Tese de Doutorado).

619 John Bellamy Foster. *Nature as a Mode of Accumulation*. Capitalism and the financialization of the earth. Nova York, Monthly Review, 2022; David Harvey. O "novo" imperialismo: sobre rearranjos espaciotemporais e acumulação mediante despossessão. *Margem Esquerda* nº 5, São Paulo, maio 2005.

talista é exemplificado com a fundação da OPEP, a Organização dos Países Exportadores de Petróleo, ainda em 1960.

Entretanto, com o fim do pacto estabelecido entorno do pleno emprego e do sistema monetário internacional no início da década de 1970, o cenário de forte instabilidade e estagflação se assenhorava da economia. Nesse contexto, a pauta dos países não alinhados, junto à UNCTAD, pela soberania sobre suas fontes de recursos e da reorganização comercial foi sequestrada pelos países capitalistas do primeiro mundo. Em 1972, ano da Conferencia sobre o Meio Ambiente Humano, foi publicado um dos primeiros relatórios sobe as condições de degradação do meio ambiente, o Relatório Meadonws, também conhecido por 'Os limites do crescimento'. A publicação do Relatório, patrocinado pelo Clube de Roma, exerceu grande influência sobre o debate público e político à época e nele as condições em que se apresentavam os recursos naturais e demais fontes de matérias primas eram consequência direta da pobreza e do mau uso dos recursos pelas economias pobres, um exemplo de Neomalthusiano.[620]

Na esteira do debate levantado pelos países fornecedores de recursos naturais e matérias primas, foi patrocinada pelas multinacionais do setor agroquímico a Revolução Verde, ainda na década de 1960. O cultivo de sementes modificadas com o uso casado de pesticidas foi apresentado como a solução para fome nos países pobres.[621] Contudo, a substituição das plantações tradicionais de subsistência associada ao endividamento explosivo das famílias pobres indianas[622] recrudesceu o cenário de fome no país. A solução para os países pobres passava pelo desenvolvimento econômico associado à distribuição de renda e não pelo envolvimento de multinacionais no setor agrícola.

O desmonte das condições econômicas internacionais estabelecidas no pós-guerra e a crescente instabilidade que se seguiu ao neoliberalismo somou-se às reações das nações capitalistas ricas em resposta a

620 Ana Paula Salviatti. *A Financeirização do Meio Ambiente*. O caso do crédito de carbono. Universidade de São Paulo, Faculdade de Filosofia, Letras e Ciências Humanas, 2013 (Dissertação de Mestrado).

621 Larissa Bombardi. Geografia do Uso de Agrotóxicos no Brasil em Conexões com a União Europeia. São Paulo, FFLCH- USP, 2019; Intoxicação e morte por agrotóxicos no Brasil: a nova versão do capitalismo oligopolizado. *Boletim Data Luta*, vol.45, 2011.

622 A Índia foi o país escolhido para receber os primeiros investimentos da Revolução. Vandana Shiva. *The Green Revolution*. Third world agriculture, ecology and politics. London, Zed Books, 1993.

mobilização em busca de desenvolvimento dos países do terceiro mundo. Os programas de ajuste estruturais aplicados nos países do terceiro mundo, de caráter notadamente contracionistas, tornaram-se meio para ditar a condução econômica dos países que buscavam auxilio ao longo da crise dos anos 1980 e início da década de 1990. Nessa conjuntura de desmonte neoliberal que o debate proposto pelos países primário exportadores foi retirado de cena, substituído pela desindustrialização de suas economias em direção à sua reprimarização.[623] O sequestro do debate das condições de comercialização das fontes de recursos naturais e matérias primas pautado pelos países do terceiro mundo é elemento fundamental para a compreensão das condições em que foram propostos os acordos ambientais, em que se seguiram ao avanço do debate entorno das condições de degradação do meio ambiente, os quais se estenderam ao longo das décadas até alcançar o Protocolo de Quioto.

Na gramática capitalista, as qualidades são reduzidas à quantidades e medidas em dinheiro, o que torna possível instituir sobre o conjunto de qualidades únicas e distintas, impares e intransponíveis presentes na Natureza um mercado como o de créditos de carbono. Os quais traduzem a lógica capitalista perante os limites ambientais impostos pelas Mudanças Climáticas, à sua reprodução. A flexibilização econômica instituída através da criação do Mecanismo do Comércio de Emissões, permitiu aos países agrupados no Anexo I, responsáveis pelo cenário presente de poluição devido ao seu desenvolvimento industrial ao longo de séculos, a possibilidade de atingirem suas metas de poluentes através da instauração de um mercado de emissões. Em outras palavras, a lógica que transformou os recursos naturais presentes em diferentes regiões do mundo, em mercadoria para a industrialização dos países de capitalismo desenvolvido, foi utilizada para lidar com a questão da preservação dos recursos naturais, criado por esses mesmos países.

Criou-se, assim, o Mecanismo do Comércio de Emissões e o crédito de carbono. Por meio dessa institucionalidade e mercadoria, as cotas de redução de emissões dos países industrializados poderiam ser compradas dos países agrupados no Não Anexo II, ou seja, os países ainda em vias de

623 Wilson Cano. A desindustrialização no Brasil. *Economia e Sociedade*, Campinas, vol. 21, dezembro 2012.

desenvolvimento ou subdesenvolvidos, reunidos no Sul Global. Divisão de países apontada pelas pelos países não alinhados desde a criação da UNCTAD, em 1964. O Mecanismo do Comércio de Emissões, presente no Protocolo de Quioto (1997), é fruto direto do consenso formado na Conferência das Nações Unidas para o Meio Ambiente e o Desenvolvimento, a Rio 92, sobre desenvolvimento sustentável e a elaboração de seus mecanismos é produto das Conferências das Partes, as COPs, realizadas entre 1994 e 1997. Baseado na incorporação de mecanismos de mercado, visa tornar a preservação do meio ambiente economicamente viável e, portanto, sustentável, através do incentivo econômico, ou seja, submete a preservação ambiental ao alfabeto capitalista.

O crédito de carbono é uma mercadoria cujo valor de uso se encerra junto à cláusula da adicionalidade, a qual corresponde à atividade que proporciona uma redução nova de GEE e ou preserva sumidouros. A sua difícil averiguação era, até então, realizada pelo Mecanismo de Desenvolvimento Limpo, o MDL, a estrutura burocrática instituída pelo Protocolo de Quioto, para gerir e garantir o lastro efetivo dos créditos de carbono. Contudo, o MDL, o aparato responsável pela fiscalização dos créditos de carbono, deixou de receber novos projetos em 2012, e aguarda-se a reformulação da instituição reguladora de emissões certificadas desde a COP15, ou seja, em 2023 completam-se oito anos da inexistência de um mercado regulado de certificações. Nesse intervalo de tempo, um mercado voluntário de emissões assistiu ao crescimento de suas negociações, através da criação de empresas especializadas na implementação de programas de certificação e outras especializadas na auditoria dos mesmos. Contudo, entre 2022 e 2023, esse mercado voluntário passou a enfrentar uma série de denúncias envolvendo as principais empresas de criação e auditoria de adicionalidade de projetos de emissão de créditos certificados, em questão, a South Pole e a Verra, respectivamente.

Desde a sua criação, o mercado de crédito de carbono é apresentado como um enorme mercado em potencial, pois torna possível a contabilização de todo o conjunto da Natureza em mercadoria. O mercado de ativos de certificações tem projetado grande potencial econômico; contudo, a fórmula mercadoria mostrou-se incapaz de incentivar a redução de poluentes e a preservação de sumidouros. Até setembro de 2012, final da primeira fase do Protocolo de Quioto, o mercado de créditos de carbono havia sido responsável pela redução de emissões em 0,02%.[624] O que corresponde a pouco mais de 10 milhões de toneladas métricas de carbono frente à meta de redução de 4,5 bilhões estipulada para essa etapa. No centro do processo de poluição correlacionado às mudanças do clima está a Indústria do petróleo – maior responsável pelas emissões de GEE, Gases do Efeito Estufa, e, se não o maior, um dos maiores exemplos da dinâmica monopólica e financeira que descreve o estágio atual do capitalismo. O mais recente relatório síntese do IPCC (AR6)[625], de 2023, dá conta de que o investimento junto a indústrias e fornecimento de combustíveis fósseis foi na casa de US$ 870 bilhões, enquanto o investimento direcionado a mitigação e prevenção foi de US$ 46 bilhões. O relatório ainda aponta que as emissões da última década registrados entre 2010 a 2019, foram maiores do que as registradas em qualquer década anterior. Segundo o IPCC, a emissão de 36% a 45% dos GEE de todo o mundo é de responsabilidade dos 10% mais ricos, sendo que 2/3 desses moram em países ricos, recolocando a destruição ecológica nos termos debatidos, ao menos, desde a criação da UNCTAD, em 1964.

Como acompanhamos, enquanto as economias à margem do centro desenvolvido do capitalismo foram ajustadas ao paradigma neoliberal e assistiram ao sequestro da pauta do comércio de matérias primas e demais recursos naturais, deu-se lugar a reprimarização das suas economias, sendo a economia brasileira um exemplo por excelência. Projetos de desenvolvimento industrializantes como o do Brasil foram descontinuados diante da dependência externa de capitais e da marcante aceleração inflacionária que se projetou ao longo da década de 1970 e 1980[626], com a incorporação do modelo econômico de abertura financeira e comercial da década de 1990 associados à âncora cambial, mantida através de elevadas taxas de juros. A trajetória de transformação da agricultura em agroindústria contou com a participação de grandes capitais nacionais e internacionais como de empresas multinacionais desde os seus primeiros passos. No Brasil, a partir

624 Ana Paula Salviatti. *Op. Cit.*

625 É necessária uma mudança urgente e transformadora para limitar o aquecimento global, afirma Relatório Síntese do IPCC (AR6). *Climainfo*, março 2023.

626 Ana Paula Salviatti. *Ciranda Financeira no Brasil*. Gênese, trajetória e acumulação rentista (1964 - 2022). Universidade Estadual de Campinas, Instituto de Economia, 2023 (Tese de Doutorado).

da segunda metade de 1965, a proposta baseou-se no estímulo à formação de conglomerados capazes de ampliar os patamares produtivos voltados ao mercado externo, como o de desempenhar papel fundamental no campo durante a modernização conservadora, em pauta durante a ditadura militar, através da expansão dos latifúndios.[627] A produção agrícola tornou-se espaço privilegiado dos interesses capitalistas que a transformaram em ramo produtivo por meio do agronegócio.

Em plena expansão do modelo neoliberal, na virada do século XX ao XXI, em meio ao baixo crescimento observado na economia mundial durante a década de 1990, a economia norte-americana foi palco da chamada "nova economia". Alardeada como a solução da economia capitalista, o crescimento econômico alavancado pela valorização dos capitais através do mercado financeiro, caracterizado por investimentos de curto prazo em busca de alta rentabilidade, os ganhos financeiros foram anunciados como a solução para os problemas relacionados ao baixo crescimento econômico que já se arrastava desde a década de 1970.[628] Pelo menos até que as bolhas econômicas se tornassem lugar comum no capitalismo.[629] Foi nesse contexto neoliberal de baixo crescimento, instabilidade proporcionada pela desregulamentação financeira e de ampliação dos movimentos rentistas baseados na arbitragem especulativa de preços e bolhas, que a economia chinesa se apresentou como elo produtivo à economia internacional demandando, especialmente, matérias primas e alimentos. Em resposta a demanda chinesa, assistiu-se a alta dos preços das *commodities* no mercado internacional a partir de 2003, incentivando a reprimarização de economias, novamente, a exemplo do Brasil, como também da expansão do setor financeiro junto à cadeia produtiva de commodities. Por sua vez, o fato dos preços das *commodities* se manterem em elevados patamares desde então, constituiu-se em oportunidade de investimentos atraentes à alta liquidez financeira. Mesmo após a crise de 2008, e a recessão decorrente da pandemia de COVID-19, o binômio monopolização & financeirização das cadeias produtivas de *commodities* segue em expansão, sustentados pela demanda chinesa dos produtos.

627 Guilherme Costa Delgado. *Do Capital Financeiro na Agricultura à Economia do Agronegócio*. Mudanças cíclicas em meio século, 1965 – 2012. Universidade Federal do Rio Grande do Sul, 2012.

628 Conforme palavras de Alan Greenspan, então presidente do FED.

629 Robert Brenner. *O Boom e a Bolha*. Os Estados Unidos na economia mundial. Rio de Janeiro: Record, 2003.

As multinacionais presentes desde a produção das sementes modificadas geneticamente à venda de pesticidas, estenderam seus negócios aos processos de informatização do manejo, cultivo e colheita com o uso de drones e satélites. A chamada agricultura 4.0, ou simplesmente agricultura de melhoramento, conta com a presença de gigantes internacionais como a BASF e BAYER. O comércio de commodities, por sua vez, é feito pelas gigantes *traders* do setor a exemplo de CARGILL, CoFco, BUNGUE, dentre outras. Assim, a produção de alimentos é cercada pelo controle de multinacionais que se apresentam desde o momento do cultivo ao momento da comercialização. As gigantes intermedeiam a venda internacional das commodities e ficam com a maior parte dos lucros, já que as vendas são fechadas com os produtores em momento anterior à oferta das safras nas bolsas. O preço final das safras, por sua vez, é negociado garantindo às intermediadoras maior poder de arbitragem junto a formação dos preços finais. Por seu turno, o processo de formação de preços na bolsa também é oportunidade de especulação financeira, proporcionando ganhos com a arbitragem sobre os contratos.

No atual contexto em que assistimos à deterioração das condições climáticas promovidas pelo acúmulo de emissões de GEE, os grandes monopólios do setor voltam seus esforços tecnológicos para a produção de sementes aptas a adaptação climática, fazendo das mudanças climáticas uma nova rodada de acirramento do processo de centralização e concentração do já monopólico setor agroindustrial. O binômio monopolização & financeirização da agricultura e demais setores extrativistas é também uma realidade analisada por relatórios internacionais que observam o financiamento estrangeiro junto às gigantes do setor de comercialização de *commodities* como Bunge, Cargill e CoFco, essa última, alvo de alegações pelo grupo de defesa *Mighty Earth* de que fornecedores vinculados a ela teriam desmatado mais de 20 mil hectares de floresta no Brasil entre 2019 e 2021. No mesmo período, em 2019, a CoFco recebeu US$ 1,1 bilhão entre financiamento e facilitações do Banco Chinês para Indústria e Comércio. Os relatórios[630] apresentam ainda o direcionamento do investimento financeiro junto à empresas ligadas a ramos altamente degradantes, seja através

630 Forest&Finance (2023), Portifolio Earth (2023); Rainforest Action Network (2021), Mighty Earth (2021), Fundação Heinrich Böll Stifung (2023).

da expansão da fronteira agrícola com o desmatamento de milhares de hectares para o plantio de soja, seja através da expansão para o pasto extensivo de grandes frigoríficos nacionais com atuação internacional, em direção à floresta amazônica.

O grande envolvimento de monopólios e liquidez internacional com práticas de desmatamento e poluição[631] sofre pressão dos mercados consumidores europeus, os quais pressionam pela incorporação medidas de responsabilidade ambiental, nos moldes contemplados no mercado de crédito de carbono.[632] Temos assim o desdobramento do mercado de crédito de carbono junto as atividades monopólicas e financeiras, que ampliaram sua participação no mercado voluntário de carbono a fim de promover a contabilidade zero de suas ações e obter rendimentos com a emissão dos certificados de emissões, além, é claro, de melhorarem o posicionamento de suas marcas junto ao consumidor final europeu. Em suma, o mesmo agente econômico pode ser encontrado investindo em atividades relacionadas à degradação ambiental, enquanto, simultaneamente, investe na sua recuperação. Desta forma, ele se beneficiaria de ambos os negócios, promovendo o problema enquanto vende a sua solução.[633] Estamos diante de uma nova articulação capitalista, na qual o atual estágio do imperialismo avança sobre as suas contradições no plano ambiental, através das mercadorias financeiras criadas para dar vazão a seus problemas ecológicos, em um claro movimento de expansão do modo capitalista de produção, o qual não se dá em direção a solução dos problemas ambientais por ele gerados, mas em busca da superação dos limites por ele criados.

631 Banks bankrolling extinction to tune of $2.6 trillion. *Ecosystem Market Place*, outubro 2020; Just 100 companies responsible for 71% of global emissions, study says. *The Guardian*; julho 2017.

632 Relatório da *Finance's Role in Deflorestation*, 2021.

633 Sobre o paradoxo de Lauderdale ver: John Bellamy Foster. *Op. Cit.*

AFRIQUE

Capítulo 23

Imperialismo e sistema da dívida

José Menezes Gomes[634]

No final do século XIX, a formação dos monopólios e a busca de mercados externos, na tentativa de amenizar suas contradições, que culminaram na primeira grande depressão de 1873-1896, significaram uma transformação do capitalismo; ela levou à substituição da livre concorrência pela concorrência monopolista e à intensificação da exportação de capital. A caracterização das transformações ocorridas no capitalismo desde 1870, que marcaram o início da sua fase imperialista, não pode ser atribuída apenas a Lênin. Seu livro *Imperialismo, Fase Superior do Capitalismo*, de 1916, foi instrumento político fundamental para a vulgarização das investigações iniciadas por Marx, Hilferding, Rosa Luxemburgo, Bukhárin, sem esquecer a contribuição de John Hobson, nos livros *Evolução do Capitalismo Moderno* e *Imperialismo*. O livro de Lênin era uma brochura, um "ensaio popular", para o movimento operário. Bem antes dele, o *Manifesto Financeiro* de 1905, um instrumento de mobilização elaborado e aprovado pelo soviete de São Petersburgo, denunciava que a dívida pública externa russa era fruto do financiamento da guerra contra o povo e de submissão ao imperialismo inglês, e não deveria ser paga. Não tinha origem no atendimento de políti-

634 Professor de Ciências Econômicas e do Programa de Pós Graduação em Serviço social da UFAL, coordenador do núcleo alagoano pela auditoria cidadã da dívida.

cas sociais, o pagamento do seu serviço servia para transferir recursos públicos para a assegurar os ganhos dos rentistas europeus, e gerava fome para os trabalhadores russos.

No início do século XX, Lênin caracterizava o imperialismo como a fase monopolista do capitalismo, resultado da substituição da livre concorrência pelos monopólios; o parasitismo, sua decorrência, gerava uma tendência à estagnação e à decomposição econômicas, na medida em que se estabeleciam preços de monopólios, fazendo desaparecer, até certo ponto, os estímulos do progresso técnico. Lênin também percebeu que a exportação de capitais aumentava o distanciamento da produção da camada rentista, aumentando o parasitismo.[635] Essas transformações também se manifestavam nas novas funções que os Estados imperialistas passavam a desempenhar na busca pelos mercados. Lênin apresentou o conceito de Estado rentista (*rentner-staat*), um Estado de capitalismo parasitário decomposto que não podia deixar de ter influência sobre as condições sociais e políticas, fazendo com que o mundo se dividisse entre um punhado de Estados usurários e uma imensa maioria de Estados devedores, fruto da maturidade que impulsionou a exportação de capitais. Para ilustrar melhor esse novo papel do Estado, Lênin concluiu, a partir da experiência da França, que "se trata de capitais de empréstimos de Estados e não de capitais investidos em empresas industriais". Em outras palavras, os Estados passavam a ser tomadores de capital privado, para bancar infraestrutura necessária para a expansão do capital ou para financiar seus déficits, especialmente nos países subdesenvolvidos.

O aprofundamento disso teve seu auge na América Latina a partir dos anos 1970, com a expansão do euromercado de moedas, durante a vigência dos regimes cívicos militares. No início do século XXI, tivemos a fase do endividamento público com aprofundamento da crise capitalista, desde 1995 (crise mexicana), a crise asiática em 1997, a crise russa em 1998, a crise da economia.com em 2000-2001 e, especialmente a crise capitalista de 2008, momento em que dividas privadas dos grandes bancos e industriais, se converteram em dívidas públicas, levando a uma nova etapa de endividamento público dos Estados nacionais, visando salvar os

635 "O rendimento dos rentistas na Inglaterra é cinco vezes mais elevado do que aquele que provém do comércio exterior, tal é a essência do parasitismo imperialista" (V. I. Lênin. *Imperialismo, Fase Superior do Capitalismo*. Rio de Janeiro, Atlas, 1979).

grandes grupos monopolistas. O fato novo é que agora também os Estados capitalistas desenvolvidos se apresentam mais endividados do que os países subdesenvolvidos em relação aos respectivos PIBs. Os empréstimos externos, que marcaram a gênese do capitalismo monopolista no final do século XIX, se repetiram, especialmente a partir dos anos 1970, com a expansão do euromercado de moedas. As crises da dívida externa e de crédito dos anos 1980 marcaram a crise do euromercado e de seus empréstimos externos. Nos anos 1990, ocorreu um novo ciclo de expansão da liquidez mundial; novamente os Estados subdesenvolvidos criaram as condições para atração de capital excedente a partir da política monetária da elevação da taxa de juros, como forma de obter as reservas cambiais necessárias para bancar a âncora cambial.

A percepção de Lênin do parasitismo na fase imperialista foi sempre um incômodo nas fileiras dos próprios socialistas. Lênin, ao prefaciar *A Economia Mundial e o Imperialismo*, de Bukhárin, em dezembro de 1915, afirmava que a questão do imperialismo "não é somente uma das mais essenciais; pode-se mesmo dizer que é a mais essencial no campo da ciência econômica em que se estudam as transformações contemporâneas do capitalismo". O desenvolvimento da categoria de imperialismo teve seu ponto de partida em 1894, com a publicação de *A Evolução do Capitalismo Moderno*, seguida em 1902 por *O Imperialismo*, de John A. Hobson. O grande impulso veio com *O Capital Financeiro*, de Hilferding, em 1910; *A Acumulação de Capital*, de Rosa Luxemburgo, em 1914; *A Economia Política do Rentista* (1914) e *A Economia Mundial e o Imperialismo* (1915), ambos de Nikolai Bukhárin. Os elementos centrais para o entendimento das transformações do capitalismo vinham de Karl Marx, de sua investigação do modo de produção capitalista e suas correspondentes relações de produção e circulação, visando descobrir a lei econômica do movimento da sociedade moderna, resultando na lei geral da acumulação capitalista, a lei da tendência para a queda da taxa de lucro e o conceito de crise de superprodução, determinantes para o entendimento da categoria imperialismo.

A necessidade do mercado externo, que impulsiona o ímpeto imperialista, não derivava só da busca de maior lucro, mas também de outros fatores: 1 – da impossibilidade de obtenção da totalidade das matérias-primas necessárias à produção interna; 2 – da magnitude da mais-valia realizada e não reinvestida na economia nacional; 3 – da necessidade de realizar parte da mais-valia extraída internamente; 4 – da necessidade de obtenção de lucro extraordinário no mercado externo, devido a uma maior diferenciação da composição orgânica do capital no mercado mundial; 5 – da necessidade de deslocamento de indústrias já defasadas para outros países; 6 – da necessidade de deslocar o excedente monetário surgido de políticas monetárias expansionistas ou do não reinvestimento produtivo, em novos territórios. Nessa função, é fundamental a existência de barreiras protetoras dentro das economias imperialistas e da abertura comercial e financeira dos países subdesenvolvidos. Para se entender melhor esses fatores, é fundamental a categoria de preço de produção, elaborada por Marx, quando investigou a transformação do valor em preço.[636] Marx constatou que o preço de produção da mercadoria é igual ao preço de custo mais a taxa média de lucro. Para ele "as taxas diferentes de lucro, por força da concorrência, igualam-se numa taxa geral de lucro, que é a média de todas elas".

Como em cada ramo de produção têm-se diversas composições orgânicas, possibilitando diferentes taxas de lucro, os setores que têm maior composição orgânica e, por conseguinte, estão acima da composição média, apropriam-se da mais-valia gerada nos setores de menor composição orgânica, que estão abaixo da composição social média.[637] Os capitalistas vendem suas mercadorias pelo preço de produção, sendo que "uma parte das mercadorias se vende acima do valor na mesma medida em que a outra é vendida abaixo". Essa repartição da mais-valia entre os capitalistas, através das diferentes composições orgânicas, possibilita a apropriação de parte da mais-valia gerada não só no próprio ramo, mas na totalidade do capital global. Hobson, em *O Imperialismo*, afirmou que o investimento estrangeiro de capital constituía "o fator mais importante na questão econômica do imperialismo e cada vez tem maior significação". Para ele, o imperialismo

636 O preço de venda dos bens que cobre os custos de produção e rende um lucro médio sobre a totalidade do capital investido é o chamado preço de produção. Todavia, o preço de produção não pode ser confundido com o preço de mercado, que flutua constantemente acima ou abaixo do valor.

637 Marx chamou de "capitais de composição superior" os capitais que possuem composição orgânica acima da composição social média. Os capitais que possuem composição orgânica abaixo da composição social média são "capitais de composição inferior" e cedem mais-valia. Já os capitais que operam em condições médias (cuja composição coincide com a do capital social médio) perdem pouco ou quase nada, pois o valor das mercadorias está próximo ou igual ao seu preço de produção.

agressivo teria incalculáveis consequências para os cidadãos, enquanto representava uma grande fonte de lucro para os investidores que não podiam encontrar em seus países rentabilidade para seu capital, exigindo a ajuda de seus generosos Estados.

A década de 1870 marcou a transição da fase concorrencial para monopolista; o processo de fusão e aquisição se aprofundou com a constituição dos grandes monopólios dentro das economias industrializadas (Inglaterra, EUA, Alemanha, França, Itália e Japão). As sociedades por ações se transformaram nos instrumentos de aceleração da concentração do capital, ao mesmo tempo em que se iniciava a primeira grande depressão econômica. Este período de grandes transformações na organização da produção e de acirramento das contradições capitalistas foi marcado por disputas das grandes potencias pelo mercado mundial. Tudo isso foi acompanhado pela intensificação na organização da classe trabalhadora. A crise econômica iniciada em 1873 revelava que a nova etapa de industrialização estava acompanhada pela expansão da esfera financeira, e pelo avanço na luta de classes. Compreender essas transformações, os limites da reprodução do capital, seria fundamental para orientar os trabalhadores na busca de uma alternativa própria na fase imperialista do capital. As iniciativas que possibilitaram o entendimento profundo da nova etapa do capitalismo e dos limites para o desenvolvimento nos países subdesenvolvidos, como da submissão destes ao sistema da dívida, tiveram em Marx seu grande pioneiro. Marx já tinha percebido o fenômeno da expansão da dívida pública e sua relação como o poder que os bancos tinham assumido com o crescente parasitismo do capital. Ao analisar o reinado de Luís Felipe de 1830-1848,[638] já havia destacado a relação entre endividamento público do Estado francês, os crescentes rendimentos da aristocracia financeira e os obstáculos ao equilíbrio fiscal.

Marx constatava que *ao contrário o incremento da dívida pública do Estado interessava diretamente à fração burguesa que governava e legislava através das câmaras. O déficit do Estado era precisamente o verdadeiro objeto das suas especulações e a fonte principal do seu enriquecimento. Cada ano, novo déficit. Cada quatro ou cinco anos novos empréstimos. E cada novo empréstimo dá à aristocracia financeira nova ocasião de espoliar um Estado que,*

638 Para Marx, essa monarquia não passava de uma grande sociedade por ações para explorar a riqueza nacional, na qual o rei Luís Felipe era o diretor.

mantido artificialmente à beira da bancarrota, era obrigado a assumir compromissos com os banqueiros nas condições mais desfavoráveis (...) Em geral, a instabilidade do crédito público e a posse dos segredos de Estado davam aos banqueiros e aos seus associados a possibilidade de oscilações elevadas nas cotações dos títulos públicos. No primeiro volume de *O Capital*, ao investigar o papel da acumulação primitiva na criação as condições para assegurar a acumulação de capital afirmava: *A dívida pública se converte numa das alavancas mais poderosas da acumulação primitiva. Como uma varinha pagina, ela dota o dinheiro de capacidade criadora, transformando-a assim em capital, sem ser necessário que seu dono se exponha aos aborrecimentos e riscos inseparáveis das aplicações industriais.*

Ao mesmo tempo, constatava que a dívida pública, ao se expandir, propiciava um novo segmento burguês com base nos credores do Estado que se distanciavam das atividades produtivas: *A dívida pública criou uma classe de capitalistas ociosos, enriqueceu, de improviso, os agentes financeiros que servem de intermediários entre o governo e a nação. As parcelas de sua emissão adquiridas pelos arrematadores de impostos, comerciantes e fabricantes particulares lhes proporcionam o serviço de um capital caído do céu. Mas além de tudo isso, a dívida pública fez prosperar as sociedades anônimas, o comercio com os títulos negociáveis de todas espécies, agiotagem, em suma o jogo de bolsa e a moderna bancocracia.* O papel da dívida pública, antevisto por Marx, tanto na criação das condições para a expansão capitalista quanto no aprofundamento das contradições capitalistas, passou a ser objeto de investigação dos pensadores marxistas que viram o grande desvio do fundo público para o sistema financeiro. A investigação sobre as causas da dívida pública passou a ser importante como bandeira de transição para a mobilização dos trabalhadores.

O *Manifesto Financeiro* de 1905, elaborado no Soviete comandado por Trotsky, constatou a dimensão da dívida russa, assim como as consequências do desvio do fundo público para pagar o serviço da dívida junto à Inglaterra, e explicava, também, a estagnação econômica e social do país. A denúncia do carácter ilegítimo e odioso das dívidas czaristas, lançada pelo manifesto, teve um papel fundamental nas revoluções de 1905 e de 1917. O apelo ao não pagamento foi concretizado no decreto de repúdio da dívida aprovado pelo governo soviético em fevereiro de 1918.[639] A suspensão do pagamento da dívida púbica foi um passo importante para que o novo Estado pudesse financiar as políticas sociais do sistema socialista, juntamente com a expropriação da propriedade privada. Ela teve grande repercussão no sistema bancário mundial. O aprofundamento da investigação sobre a natureza e a auditoria dessas dívidas depende da luta e da independência de classe dos partidos e movimentos sociais; desvendar o real caráter do fundo público pode se transformar num foco de resistência e de transformação social.

Para entender o conceito de *sistema da dívida*, colocado pioneiramente por Maria Lúcia Fattorelli, e o seu funcionamento, devemos compreender as motivações que levaram o capital buscar novos espaços de atuação fora das economias nacionais. Para tanto, é importante observar o que leva ao distanciamento da produção, como já destacava Lenin, mas também porque os Estados nacionais subdesenvolvidos passaram a ser grandes tomadores dos empréstimos públicos ou garantidores dos empréstimos privados. É importante desvendar os fatores que levaram a agudização da vulnerabilidade externa dos países subdesenvolvidos que em seguida impulsionaram o endividamento público e a submissão ao sistema da dívida. Marx já havia colocado que os diferentes meios da acumulação primitiva na Inglaterra eram coordenados via vários sistemas: o colonial, o das dívidas públicas, o moderno sistema tributário e o protecionismo, sendo todos implementados pelo poder do Estado, a força organizada e organizada da sociedade para abreviar as etapas na transição ao modo de produção capitalista.

O Estado brasileiro se constitui numa relação de dependência com a Inglaterra, que no século XX foi substituída pelo capital dos EUA refugiado na Inglaterra na forma do eurodólar, no euromercado de moedas. O sistema da dívida no Brasil existia já no momento da independência em 1822, quando o país assumiu uma dívida contraída por Portugal junto a Inglaterra. O país deixava de ser dependente de Portugal e passava a se submeter aos rentistas ingleses. Este processo de submissão se aprofundou durante a Guerra da Tríplice Aliança, quando o Brasil fez empréstimos externos junto Inglaterra visando fortalecer o exército brasileiro. Da mesma forma a Argentina, também realizou empréstimos junto a Londres para esse esforço de guerra.

---

639 Eric Toussaint. Rússia: o repúdio das dívidas no cerne das revoluções de 1905 e 1917. *CADTM*, Bruxelas. 27 de junho de 2017.

O fortalecimento do exército brasileiro acabou por colocar na cena política brasileira os militares, que acabaram sendo protagonistas nos golpes que inauguraram a fase republicana em 1989, encerrando a monarquia e dando continuidade a submissão ao sistema da dívida. A submissão ao sistema da dívida se ampliou após o golpe cívico militar de 1964, e se tornou ainda mais ampla com a introdução do Plano Real, em 1994, que aprofundou as políticas neoliberais com desconstitucionalização dos direitos sociais.

No gráfico que segue podemos observar, a partir das transações correntes entre 1947 a 2015, que a vulnerabilidade externa brasileira foi mais intensa no período de 1970-1984, durante a vigência do regime militar, e no período 1995-2023, quando da introdução do Plano Real. É importante destacar que o período do regime cívico militar (1964 a 1985) foi o momento do maior deficit das transações e de maior vulnerabilidade externa. O resultado foi um profundo endividamento externo que acabou levando a moratória de 1987, seguida pelo Plano Brady de 1989, e depois por um processo de internalização das dívidas externas, culminando na criação das bases para a introdução do Plano Real, em 1994.

Transações Correntes – Brasil – 1947 a 2015

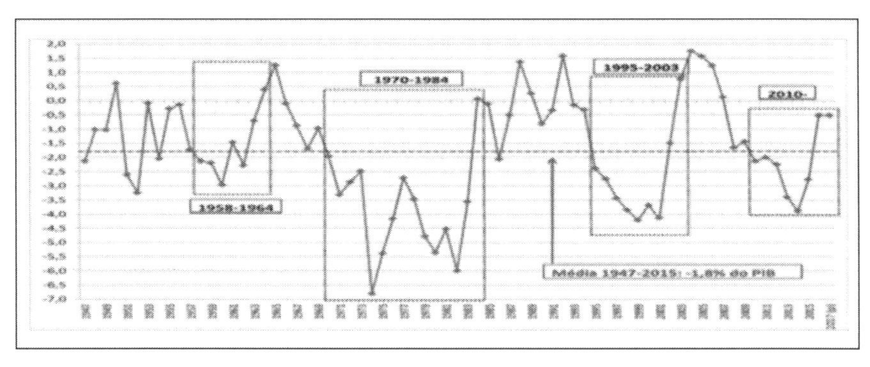

A vulnerabilidade externa é a marca das economias subdesenvolvidas e o resultado de déficits comerciais persistentes, ou da sua combinação com déficits da conta serviços e rendas. A incapacidade de gerar reservas cambiais é amplificada pela relação de dependência dos países subdesenvolvidos, que se converte em dívida pública, submetendo os Estados à política econômica e monetária das instituições multilaterais, FMI e Banco

Mundial, que impõem programas de ajustes estruturais e privatizações. Para entendermos a expansão da dívida externa precisamos compreender o desenvolvimento do capitalismo nos países centrais e suas consequências. Logo após a Segunda Guerra Mundial, aqueles países passaram pela política de reconstrução baseada no Plano Marshall, que permitiu a recuperação europeia e a convertibilidade de suas moedas. Essa recuperação acabou dando início à crise do dólar, já em 1958, quando a França deu início a troca de dólares por ouro; a tentativa, mesmo sendo contida pelos países europeus, já sinalizava os limites do acordo de Bretton Woods, com o aparecimento de um sistema monetário internacional privado, chamado de euromercado de moedas, e do eurodólar. Tal sistema passou a disputar com o sistema monetário multiestatal, composto pelo FMI e Banco Mundial, o oferecimento de crédito a agentes públicos, especialmente aos países da América Latina regidos por ditaduras militares.

O euromercado de moedas, com uma pletora de mundial de capitais, se expandiu com a prática de juros flutuantes, servindo de base para o financiamento de ações que visavam legitimar a ditadura. O excedente de capital inativo ou parasitário rentista acabou encontrando nos governos militares, ou em agentes privados com garantias estatais, os grandes tomadores de empréstimos, para financiar o déficit externo ou para alavancar investimentos privados. No Brasil, dentre os tomadores de empréstimos externos temos a União, os governos estaduais, empresas estatais e municípios, e os bancos estatais, ilustrando a atualidade das análises de Lênin sobre as motivações da exportação de capital-dinheiro, em que os empréstimos passam a ser, na sua maioria, para os Estados e não para empresas industriais. No gráfico que segue, podemos observar que o endividamento externo do Brasil teve sua grande expansão nos anos 1970, e seu auge a partir de 2008. Essa trajetória seguiu o fim do acordo de Bretton Woods em 1971, a crise capitalista depois de 1974, a expansão dos preços do petróleo entre 1973 e 1979, a elevação da taxa de juros nos EUA em 1979, e a introdução do Plano Real em 1994.

"O dólar é minha moeda, o problema é todo seu": a diplomacia do dólar impõe aos demais países as consequências de sua política monetária. Isto ficou evidente em 1979, quando os EUA impuseram uma elevação unilateral da taxa de juros impondo aos demais países uma brutal elevação de suas despesas financeiras, já que suas dívidas tinham sido contraídas com taxas de juros flutuantes. A consequência dessa elevação foi a declaração de moratória mexicana e argentina em 1982, a moratória brasileira em 1987, e a crise de crédito dos anos 1980. A trajetória da dívida pública é semelhante à do endividamento externo, já que resulta da internalização da dívida externa como parte da preparação para o Plano Brady e o Plano Real de 1994, do que resulta a política de juros altos praticados pelo Banco Central para bancar a âncora cambial e a retomada da crise capitalista, que se manifesta em 1995 com a crise mexicana, a crise asiática em 1997, a crise russa em 1998, e a grande crise capitalista de 2008. O comprometimento do fundo público é cada vez mais elevado. No caso brasileiro, tendo como base o orçamento executado de 2023, o montante destinado serviço da dívida chega a 43,23%, enquanto destina 2,97% para a educação e 3,69% para a saúde. Em 2024, cerca de 3,3 bilhões de pessoas – mais de 41% da população mundial – vivem em países que gastam mais com o pagamento das dívidas públicas do que em educação ou saúde. A dívida pública de todos os países quintuplicou em 20 anos.

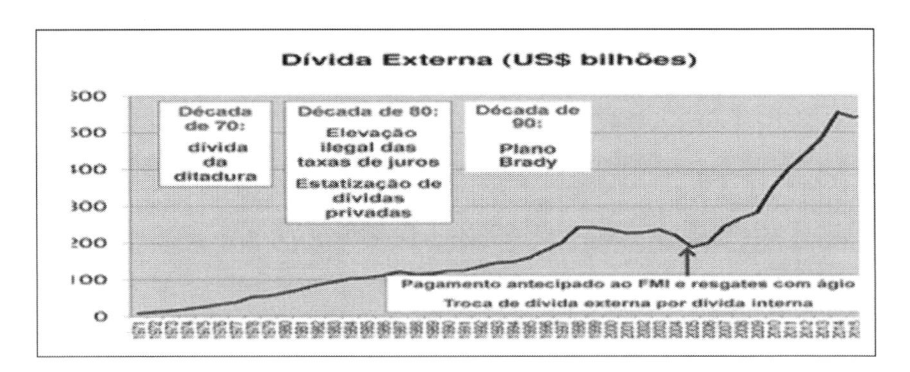

Se, num primeiro momento, o endividamento público ficou mais marcado nos países subdesenvolvidos, nas últimas décadas os países mais desenvolvidos passaram a ter uma participação maior: a dívida pública japonesa atingiu US$ 9,2 trilhões em 2022, correspondente a 266% do PIB do país, sendo o percentual mais alto entre as principais economias do mundo. A dívida dos Estados Unidos, no mesmo período, ficou em US$ 31 trilhões: este valor equivale a 98% do PIB americano. Mesmo os EUA tendo a maior dívida do planeta, o seu impacto não é o mesmo, pois praticam taxa de juros mais baixa e tem sua moeda usada como ativo dos demais países, suas reservas cambiais; o dólar é reconhecido para honrar compromissos externos e funciona como ativo seguro em caso de crise. O crescimento da produção mundial de riquezas triplicou – ou seja, cresceu num ritmo 40% menor em relação ao crescimento da dívida pública. Esse processo é acompanhado por massivo processo de privatização dos serviços públicos. Direitos sociais antes garantidos pelos Estados se convertem em mercadoria, assegurando ao capital privado, distante da atividade produtiva, outra maneira de enriquecimento. O sistema da dívida passou a controlar os bancos centrais, juntamente com as políticas monetárias, através do FMI, Banco Mundial, BIS ou Banco Central Europeu, determinando que o orçamento público seja instrumento de transferência do fundo público para os rentistas ou fundos de pensão, mediante cortes dos gastos sociais.

A primeira auditoria de dívidas ocorreu no Brasil em 1931. A segunda foi na Argentina nos anos 1980. A terceira foi no Equador. Em 1931, o presidente Getúlio Vargas determinou a realização de auditoria da dívida externa brasileira,[640] depois de constatar que apenas 40% dos contratos estavam documentados, sem contabilidade regular, nem controle das remessas efetuadas ao exterior. Essa iniciativa resultou na redução tanto do montante como do fluxo de pagamentos, permitindo a realocação de parte do fundo público para o início do processo de industrialização brasileira. A auditoria da dívida foi determinada na Constituição Federal de 1988: nos anos de 2009 e 2010 tivemos a realização de Comissão Parlamentar de Inquérito – CPI, criada para investigar a dívida pública da União, Estados e Municípios, o pagamento de juros da mesma, os beneficiários destes pagamentos e o seu impacto nas políticas sociais, no período de 1970 a 1982. Seu relatório apontou graves indícios de ilegalidade. A segunda experiência de auditoria ocorreu na Argentina, provocada por Alejandro Olmos. A justiça argentina abriu um inquérito e dois magistrados ficaram encarregados de investigar a responsabilidade pelo endividamento entre 1976 e 1982, dando origem, em julho de 2000, a uma sentença de 195 páginas, apesar de pressões exercidas sobre a justiça pelo FMI e pela classe dirigente argentina para que o processo não fosse até ao fim. Constatou-se que entre o início da ditadura,

640 https://auditoriacidada.org.br/wp-content/uploads/2014/05/Licoes-da-Era-Vargas.pdf

em março de 1976, e 2001, a dívida foi multiplicada por 20, passando de menos de US$ 8 bilhões para quase US$ 160 bilhões. Durante esse mesmo período, a Argentina pagou cerca de US$ 200 bilhões, ou 25 vezes o que devia em março de 1976.[641]

Na Argentina houve moratória em 1982 e 2001. Logo após a moratória de 2001, teve início um processo finalizado em 2005: o governo argentino concluiu a renegociação de parcela da dívida externa exigindo um desconto de até 75% no valor da dívida. Este desconto foi aceito por 76% dos credores, levando a uma redução da dívida em moratória em nada menos que US$ 67 bilhões, caindo quando de US$ 102,5 bilhões para US$ 35 bilhões. Os credores que não aceitaram essa renegociação acabaram vendendo seus títulos "podres" em 2008, por um valor nominal de US$ 428 milhões: esses papéis, que eram considerados lixo no mundo financeiro, valiam cerca de US$ 0,30 ou 0,40 para cada US$ 1 nominal. Os chamados fundos abutres, que representam essa dívida, ganharam da Argentina um milionário litígio na Justiça americana para receber integralmente o valor da dívida: comprando títulos que quase nada valiam acabaram recorrendo a justiça americana por se tratar de empréstimos em dólar. Os que rejeitaram os refinanciamentos ficaram com uma dívida a seu favor, entre capital e juros, em torno de US$ 15 bilhões.

A terceira experiência de auditoria da dívida ocorreu no Equador, em 2007/2008, quando o presidente Rafael Correa criou a Comissão para a Auditoria Integral do Crédito Público, que contou com a participação de Maria Lúcia Fattorelli, coordenadora nacional da Auditoria Cidadã da Dívida. Houve uma investigação sobre o endividamento daquele país no período de 1976 e 2006, cujo relatório final identificou inúmeras irregularidades e indícios de ilegalidades e ilegitimidades no processo de endividamento público. Respaldado em documentos e provas o presidente determinou a suspensão dos pagamentos dos títulos da dívida externa e o não pagamento de 70% deles. Tendo em vista às provas contundentes, 95% dos detentores dos títulos aceitaram a proposta. Parte da dívida comprometia o orçamento público destinado para políticas sociais. A dívida era prioridade no orçamento; a suspensão do pagamento da dívida ilegal do Equador possibilitou

641 https://auditoriacidada.org.br/wp-content/uploads/2012/08/Boletim12.pdf

a inversão no fundo público do país, contribuindo para mudanças nos indicadores sociais e refletindo também na atividade econômica; mais à frente o Equador voltou a se endividar e a se submeter ao sistema da dívida.

A quarta experiência de auditoria ocorreu em 2015, na Grécia, quanto o Parlamento instituiu uma comissão com 35 membros, contando também com a participação de Maria Lúcia Fattorelli: foi constatado que o sistema da dívida aperfeiçoou os mecanismos ilegais de endividamento. Grande parte da dívida grega era proveniente dos bancos privados que foram salvos mediante mecanismo de securitização de crédito e uso de paraísos fiscais. Foi possível constatar a dependência que o processo de auditoria tem dos movimentos sociais, já que mesmo comprovadas as ilegalidades e convocado um plebiscito que teve mais de 60% dos votos da população grega, repudiando a dívida dos bancos privados, o governo de centro-esquerda não encaminhou o resultado. O plano de resgate foi implementado em 2010, não para a Grécia, mas para os bancos privados: Por trás da crise grega há um enorme e ilegal plano de resgate de bancos privados, representando um imenso risco para toda a Europa (...) O orçamento nacional da Grécia revela a predominância dos gastos financeiros, com 56% dos gastos totais como resultado da transferência dos ativos tóxicos.

Fattorelli conclui que as auditorias realizadas têm demonstrado que o sistema da dívida segue um modus operandi semelhante em diversos países: geração de dívidas sem contrapartida alguma ao país ou à sociedade; aplicação de mecanismos meramente financeiros (tais como taxas de juros abusivas, atualização monetária automática e cumulativa, cobrança de comissões, taxas, encargos) que fazem a dívida crescer continuamente, sem qualquer contrapartida real; refinanciamentos que empacotam dívidas privadas e outros custos que não correspondem à entrega de recursos ao Estado, provocando elevação ainda maior no volume do endividamento, beneficiando unicamente ao setor financeiro privado nacional e internacional; esquemas de salvamento de bancos que promovem a transformação de dívidas privadas em dívidas públicas; utilização do endividamento gerado como justificativa para a implementação de medidas macroeconômicas determinadas pelos organismos internacionais (FMI e Banco Mundial), tais como: privatizações, reforma da previdência, reforma trabalhista, reforma tributária, medidas de controle inflacionário, liberdade de movimentação de capitais. Tais medidas são contrárias aos interesses coletivos e visam retirar recursos públicos para destiná-los ao sistema da dívida.[642] Na Islândia houve um referendo eleitoral onde 60% dos islandeses disseram não ao pagamento da dívida externa, constituída na salvação dos bancos que impulsionaram a crise de 2008. Nesse episódio tivemos a prisão dos vários banqueiros envolvidos.

As políticas de austeridade do Banco Central Europeu e do Fundo Monetário Internacional amplificaram o endividamento público junto aos bancos privados na Europa, definindo um novo patamar de fragilidade das contas públicas. Essa modalidade de endividamento, somada ao aprofundamento da crise capitalista, acabou determinando um novo patamar das dívidas. O sistema de crédito que se estabeleceu na França desde 1973, sancionado nos tratados de Maastricht e de Lisboa na constituição da União Europeia, tem apenas um objetivo: enriquecer os bancos privados às custas dos contribuintes. Antes disso, o Tesouro podia ser financiado diretamente pelo Banco da França sem ter de pagar uma taxa de juros exorbitante. Tinha-se apenas déficit. O governo do presidente Georges Pompidou, antigo diretor-geral do Banco Rothschild, adotou a Lei nº73/7 sobre o Banco da França, apelidada de "Lei Rothschild": o Estado francês já não poderia financiar o Tesouro contratando empréstimos sem juros com o Banco da França, mas teria de recorrer ao mercado financeiro. Este fato revela como representantes da aristocracia financeira transitam dentro das instituições financeiras, na gestão de um Estado ou na condução do Banco Central.[643]

Na crise de 2008, o Banco Central Europeu resgatou os bancos privados "em dificuldade": os Estados da União Europeia, que tinham impedido o Tesouro de se financiar pelos seus bancos centrais, salvaram esses bancos, que continuaram a oferecer dinheiro para esses Estados honrarem suas novas dívidas públicas, em parte surgidas na salvação do setor

642 Mária Lúcia Fattorelli. Comparativo entre gastos com a dívida e investimentos sociais antes e depois da auditoria do Equador. Brasília, *Auditoria Cidadã da Dívida,* 5 de abril 2022; Securitização – consignado turbinado de recursos públicos. Brasília, *Auditoria Cidadã da Dívida*, 10 de dezembro, 2020; Grécia: mecanismos do sistema da dívida corroem democracia e direitos humanos. Brasília, *Auditoria Cidadã da Dívida*, 28 de janeiro 2016; O sistema da dívida, a limitação das políticas públicas e empobrecimento social. São Luís, *Revista de Políticas Públicas*, vol. 18, nº 1, jan./jun. 2014

643 Salim Lamrani. A história da dívida pública europeia: como os bancos privados enriqueceram às custas da população. *Opera Mundi*, São Paulo, 26 de junho de 2012.

financeiro, com taxa de juros elevadas. Para acelerar a troca de ativos de bancos privados e resolver a crise bancária foi o criado um programa pelo qual o BCE passou a fazer compras diretas de títulos públicos e privados, tanto no mercado primário como secundário: a operação compra de títulos públicos é ilegal, pois fere frontalmente o Artigo 123 do Tratado da UE. A política de austeridade na Grécia provocou queda do PIB em 22%; redução do orçamento nacional em cerca de 40 bilhões de euros; desemprego recorde de mais de 60% dos jovens homens e 72% das jovens mulheres; redução de salários, pensões e aposentadorias; privatização acelerada do patrimônio público; flexibilização de leis trabalhistas; redução de serviços públicos de saúde, educação, creches, assistência social; incremento brutal da emigração, aumento brutal da miséria e degradação social, com famílias vivendo do lixo, e mais de 5.000 suicídios contabilizados na conta da crise humanitária instalada no país.

Com a mudança da correlação de forças mundial ocorrida com a dissolução da URSS e restauração capitalista tivemos o retorno do sistema da dívida: a restauração permitiu a dominação do capital parasitário rentista para participar da rolagem da dívida pública. Mesmo antes da restauração, a Rússia e os países do Leste Europeu já estavam submetidos ao euromercado de moedas - sistema monetário internacional privado, tendo sido duramente atingidos pela politica de juros altos praticada pelos EUA em 1979. A Rússia, em 1998, passou pela sua segunda moratória, que atingiu a economia mundial. O esvaziamento teórico e programático dos partidos de esquerda tem provocado um distanciamento da esquerda das lutas sociais e da bandeira histórica da luta contra as dividas ilegais e odiosas. Podemos observar o abandono da teoria marxista e a tentativa de uso da teoria keynesiana, o abandono da economia política critica, impedindo de compreender como o Estado, com sua crise fiscal e financeira, acaba sendo capturado pelo sistema da dívida. No governo, esses partidos acabam incorporando o ideário neoliberal e sua política de ajuste fiscal

O capital privado brasileiro se deslocou em grande parte para a compra de títulos, acompanhada por uma crescente reprimarização da economia. Esse processo foi acompanhando por uma massiva privatização das empresas estatais. Empresas privadas passaram a comprar títulos de dívidas consideradas podres (sem valor no mercado), usando-os como moedas para adquirir estatais pelo seu valor de face. No desenvolvimento do capital monopolista e de sua dimensão parasitária rentista, não somente os Estados devedores ou subdesenvolvidos estão na condição de Estados devedores. Atualmente apenas 15 países apresentam superavit no balanço de pagamentos, enquanto a maioria dos países, desenvolvidos ou subdesenvolvidos, apresentam um quadro de endividamento público. Na relação dívida pública/PIB da UE, 18 países estão acima do permitido para pertencer a ela. O que diferencia é a taxa de juros, mais alta nos países subdesenvolvidos e muita baixa nos países desenvolvidos. A dívida tornou-se maior com a política de juros atos do FED, os Estados passaram comprometer volume maior de fundo público para os serviços das dívidas. A dívida pública, especialmente nos EUA, passou a crescer bem mais do que a taxa de crescimento do PIB, gerando um permanente processo de ampliação do limite do teto de gastos. O crescimento do volume de dívida pública acaba por absorver cada vez mais capital privado, que sai da esfera produtiva para atuar na área financeira, definindo um novo mecanismo de disputa pela mais-valia.

As crises, que começaram na periferia do capitalismo, se deslocaram para o epicentro do sistema. A descoberta dos novos instrumentos de engenharia financeira foi importante para compreender o caráter mundial do processo. A instituição desse instrumento no Brasil aconteceu em 2024, durante o governo Lula. A aprovação do PLP 459/2017, significou a implantação do esquema denominado de "securitização de créditos públicos", mediante o qual grande parte das receitas estatais não chegará aos cofres públicos, pois será desviada durante o seu percurso pela rede bancária para o pagamento de dívida ilegal gerada por esse esquema. A "securitização" é um mecanismo que acelera a financeirização no âmbito estatal por meio de engenharia financeira aparentemente complexa que promove o desvio de recursos públicos por fora dos controles orçamentários, desrespeitando toda a legislação de finanças do país e impedindo a transparência do orçamento público Segundo Fattorelli *a engenharia financeira aplicada é semelhante em todos os lugares já analisados, como Grécia, Porto Rico, além de diversos casos identificados no Brasil que desviam recursos tributários, recursos de royalties do petróleo e recursos advindos da comercialização do nióbio, por isso afirmamos que a securitização está virando um modelo de negócios no Brasil.*

O sistema da dívida da dívida aperfeiçoou seus mecanismos de ação e de dominação a partir do segundo pós-guerra, com a criação das instituições financeiras multilaterais Banco Mundial e FMI. Seus efeitos danosos se ampliaram com o desenvolvimento do sistema monetário internacional privado, sediado em Londres, um sistema de crédito que atendia países sob regimes militares na América latina e África, e países ligados à antiga URSS, desde final dos anos 1950. Esse sistema, que praticava juros flutuantes, acabou criando uma grande pletora mundial de capital que, ao se expandir, acabou por capturar a maior parte dos Estados nacionais e gerou uma crise de credito na América Latina após a subida unilateral da taxa de juros de 5% para 20% pelo Banco Central dos EUA – FED em 1979. Como consequência tivemos a crise das dívidas externas que levaram às moratórias mexicana e e argentina em 1982, quando o Banco Mundial e FMI passaram a submeter a política econômica e monetária dos países endividados impondo planos de ajuste estrutural e programas de combate a inflação, que facilitaram a introdução das políticas neoliberais. Do outro lado, temos o funcionamento do BIS – banco internacional de compensação, que funciona como banco central dos bancos centrais, buscando agir no sentido de os bancos imporem os instrumentos de facilitação do sistema da dívida. As formas de aperfeiçoamento do sistema se deram com adoção do sistema de securitização de crédito, descoberto durante a auditoria da dívida grega.

A dívida pública foi decisiva para a fase de expansão inicial do capital na disputa do mercado mundial; foi ainda indispensável no momento de amplificação da crise capitalista e do uso do fundo público para contornar a depressão dos anos 1930. O novo na dimensão parasitária rentista do capital é que com a generalização da privatização dos sistemas previdenciários e o crescimento dos fundos de pensão os trabalhadores passaram a aplicar seus fundos em ações e títulos públicos. Isto resulta do fim dos regimes de repartição em que uma geração financiava a outra e da introdução dos regimes de previdência privada: os fundos passaram ter um grande volume de recursos aplicados no mercado financeiro, maior que o dos grandes bancos. Quando aplicado em ações, os fundos passam o compor o conselho de administração das empresas e, de forma indireta, passam a disputar a mais-valia extraída do conjunto dos trabalhadores na forma de dividendos. Isso compromete a solidariedade de classe e amplia a proximidade com os acionistas capitalistas: o futuro depende da exploração presente dos trabalhadores. Além disso, ficam vulneráveis as crises capitalistas podendo até comprometer seus dividendos, pensões e aposentadorias. Quando aplicam seus fundos em títulos da dívida pública passam a depender da política de juros altos praticada para a rolagem destes títulos. Todavia, quanto mais O Banco Central eleva os juros, mais o Estado tem que pagar de serviço da dívida, o que compromete os investimentos sociais que os trabalhadores precisam. Com isso os trabalhadores se convertem em rentistas e ficaram submetidos à política de austeridade fiscal para que os governos possam pagar os serviços das dívidas.

A restauração capitalista permitiu o retorno da dominação financeira do sistema da dívida. Os países do Leste europeu que compunham o "bloco socialista" entraram na União Europeia, saindo da subordinação do euromercado de moedas para as armadilhas do Banco Central Europeu e do FMI, dos elevados juros dos bancos privados para rolagem de suas dívidas públicas. A URSS e suas áreas de influência haviam ficado fora da área de atuação do capital parasitário rentista desde a declaração da moratória de 1918, mas, mesmo antes da restauração capitalista na Rússia, o bloco já tinha retornado ao sistema monetário internacional privado. Todos seus países passaram a tomar crédito em Londres, com a garantia da Rússia, e foram duramente atingidos pela elevação da taxa de juros dos EUA, ou seja, já tinham retomado ao mecanismo de dominação da aristocracia financeira mundial próprio da fase imperialista.

O capital monopolista e o aprofundamento da crise capitalista acabaram impondo ao Estado novas funções, transformando-o em um Estado gestor da barbárie, onde as funções sociais são esvaziadas com a amplificação das privatizações, se faz renúncia fiscal para os grandes grupos monopolistas, se cobram impostos de pobres, se tomam empréstimos junto aos bancos para contratar obras junto às empreiteiras, se libera crédito subsidiado ao setor privado, se pagam juros aos banqueiros pela rolagem da dívida pública, se reduz o setor público e se tenta transformar os servidores públicos em vilões, se compram títulos podres dos bancos, e se conclui inteiramente submetido ao sistema da dívida. A internacionalização do capital foi facilitada pelo imperialismo, com o apoio do seu braço armado e de gigantescos gastos militares, e com o domínio sobre as instituições multilaterais

FMI e Banco Mundial. Esse processo passou por diversos tipos de governo (ditatoriais ou "democráticos") pela continuidade da submissão as políticas de estabilização, que permitiram a sofisticação da apropriação do excedente gerado nos países subdesenvolvidos, com o sistema da dívida abrindo novas modalidades de dominação.

O ápice desse processo ocorreu nos anos 1990, quando a política de estabilização serviu de base a expansão das políticas neoliberais, com privatização das estatais, reforma da previdência e trabalhista, e ataques aos direitos sociais. O surgimento da âncora cambial nos 1990 como política estabilização, em vários países México (Plano Asteca), Argentina (Plano Cavallo), Brasil (Plano Real) levaram para a abertura comercial, a sobrevalorização das moedas, a pratica de juros elevados, que serviram para uniformizar a ação imperialista, que tinha como objetivo exportar a crise de superprodução no centro imperialista com o deslocamento de capital-dinheiro, capital mercadoria e capital produtivo para as economias subdesenvolvidas, na tentativa de contornar a crise do capital. As instituições multilaterais também foram decisivas no processo de restauração capitalista, adotando a política neoliberal para a retomada do livre mercado e a privatização do patrimônio estatal na antiga URSS e no antigo "bloco socialista". No Ocidente, os governos de centro-esquerda não significaram um avanço na luta pela auditoria da dívida, inclusive quando estatuída constitucionalmente, estabelecida em planos de governo ou aprovada em plebiscitos.

AFRIQUE

Capítulo 24

Capital financeiro e dívida pública

Francesco Schettino

Marx, no primeiro volume de *O Capital*, dedica amplo espaço à dívida pública, definindo-a como uma "alienação do Estado" que "deixa a sua marca na era capitalista": "A dívida pública torna-se uma das alavancas mais energéticas da acumulação original: como num movimento de varinha mágica, dá ao dinheiro, que é improdutivo, a capacidade de procriar, e assim o transforma em capital, sem que o dinheiro precise sujeitar-se ao esforço e ao risco inseparáveis do investimento industrial e também do investimento usurário. Na realidade, os credores do Estado nada dão, pois o montante emprestado transforma-se em títulos facilmente transferíveis, que nas suas mãos continuam a funcionar como se fossem muito dinheiro". Portanto, o endividamento público – e, portanto, o crédito privado – torna-se o "credo do capital" em todas as fases do desenvolvimento, pelo que pode assumir formas muito diferentes ao longo do tempo. De fato, assistimos, nas décadas de 1970, 1980 e 1990, a um aumento indecente do endividamento dos países em desenvolvimento, forçados por políticas imperialistas sufocantes, primeiro a pedirem empréstimos enormes a taxas usurárias e depois, em lugar de mais um incumprimento inevitável, a serem forçados a aceitar os gendarmes das finanças mundiais (FMI e BM na liderança, liderados pelos países imperialistas), vender enormes depósitos de recursos naturais e energéticos a credores privados e dar ao capital europeu e americano massas de trabalhadores prontos para serem explorados ao máximo nível, tudo isto com a aprovação das elites locais cada vez mais opulentas e menos parecidas com as burguesias europeias.

No novo milénio, a dívida pública, também graças ao avanço inexorável da crise sistémica, tornou-se também um assunto das classes dominantes europeias, mas desta vez em antítese com as classes subordinadas locais, até então largamente protegidas do problema e que, através do endividamento público, tiveram a ilusão de poder conciliar os seus interesses com os da classe dominante. E assim, o conceito de dívida pública tem sido largamente ligado à questão da austeridade, das privatizações necessárias e impostas (ver Grécia) por uma contabilidade (pacto de estabilidade) cuja validade nunca foi demonstrada, mesmo no quadro da academia convencional. Em poucos anos, o resultado mais tangível e inegável é representado por uma enorme transferência de recursos das classes subalternas através da precarização do mercado de trabalho, redução dos serviços sociais (salário indireto), agravamento das reformas previdenciárias (salário diferido), que corresponde a uma clara vantagem para os beneficiários dos lucros, especialmente no último quarto de século.

Como o modo de produção do capital prossegue de forma contraditória, a questão da dívida pública assumiu simultaneamente um papel importante na gestão do conflito imperialista que atualmente opõe o capital ancorado no dólar ao capital ligado ao Yuan e a outras moedas asiáticas. A enorme dívida pública dos EUA foi acompanhada por uma acumulação proporcional de capital de origem predominantemente chinesa, o que levou a inevitáveis mudanças hegemónicas e potenciais no sistema económico global. A dívida é uma parte estrutural da lei geral da acumulação capitalista e, por esta razão, é um instrumento utilizado de diferentes maneiras dependendo das necessidades da classe dominante e do conflito interno que inevitavelmente acompanha o desenvolvimento capitalista. Deste ponto de vista, o desfecho militar da Segunda Guerra Mundial sancionou o predomínio dos EUA e do dólar no sistema do capital - que durante anos se opôs ao sistema soviético e aos seus satélites - determinando inicialmente, segundo os acordos de Bretton Woods, a adoção do dólar norte-americano como moeda de referência para o comércio internacional "tão seguro quanto o ouro" ao qual estava normativamente ancorado. No entanto, a inundação de dólares americanos, se por um lado garantiu uma linha de crédito ilimitada ao capital norte-americano a nível global (substancialmente todos os países precisavam da mercadoria dólar para pagar suas importações), por outro lado expôs os próprios EUA a uma procura potencial de ouro que crescia proporcionalmente ao aumento da quantidade de dólares solicitados e vendidos no mercado externo.

Por esta razão, só passadas algumas décadas (1971) do final da guerra, o Presidente Nixon sancionou a suspensão unilateral dos acordos de Bretton Woods, afirmando essencialmente a incapacidade dos EUA para gerir a situação tal como havia surgido imediatamente após o fim da Segunda Guerra Mundial. Graças ao início de uma crise de acumulação que tende a desenvolver-se - com fases muito diferentes até aos dias de hoje - bem como às tensões no Médio Oriente no sector energético, a economia dos EUA mostrou ao mundo a fragilidade de um sistema que foi considerado imaculado e eterno também porque era um modelo para contrastar com os sucessos muito insidiosos da União Soviética. Mas, apesar destes primeiros sinais de declínio, o dólar continuou a desempenhar um papel crucial na gestão do comércio internacional e a ser identificado como moeda forte "por excelência" para as reservas internacionais que, para diversos fins, os bancos centrais mantêm à sua disposição. Mesmo nas décadas imediatamente seguintes, a procura de dólares americanos, apesar do "divórcio" do ouro, permaneceu extraordinariamente elevada. Mas é importante sublinhar como isto correspondia a um fluxo proporcional de bens ou serviços que eram necessários precisamente para determinar a troca.

A partir de 1970, os EUA têm reportado consistentemente défices da balança corrente (em dólares correntes, mas também em percentagem do PIB) e simetricamente a República Popular da China tem registado enormes excedentes, também em percentagem do PIB, apesar do crescimento exorbitante dos mesmos (+ 7300% da China, +300% dos EUA no mesmo período). Isto significa que, no último meio século, cada vez mais bens e serviços produzidos por empresas estrangeiras entraram nos EUA em troca de dólares americanos (as chamadas importações), enquanto a produção de origem norte-americana teve proporcionalmente cada vez menos sucesso fora da pátria. Invertendo o sinal da diferença entre exportações e importações obtemos o resultado registrado no mesmo período na China. Este processo caracterizou visivelmente a história da economia mundial, especialmente após o fim da experiência soviética, determinando um formidável desequilíbrio entre os dois países com maior PIB, sendo os EUA evidentemente o país mais endividado do mundo enquanto a China acumulou enormes quantidades de capital. O grande receio dos EUA consiste na possibilidade de que estes recursos acumulados acabem por ser exclusivamente emprestados, rendendo taxas de juro ridículas (através de empréstimos aos próprios EUA, aos países em desenvolvimento, etc.), e retornem ao jogo capitalista da centralização, ou seja, à tendência para o monopólio de muitos setores-chave, em que, através de fusões e aquisições, os grandes peixes engolem os pequenos. Até que ponto as políticas protecionistas serão capazes de travar este "desvio para o Leste" da centralização capitalista global, que no presente momento parece ser inevitável?

Este choque muito perigoso assume uma conotação ainda mais acentuada se, deixando de lado por um momento as colisões militares mais óbvias, for inserido no choque inter-imperialista que está atualmente a ocorrer entre áreas monetárias e que claramente opõe agora capitais ligados ao dólar entre si com os ligadas às moedas asiáticas, nas quais o Yuan/Reminbi parece agora destacar-se e estabelecer-se no seu potencial de importância internacional. A tentativa de internacionalização do yuan-reminbi pode ser lida como uma reação necessária a uma situação que se configura de forma cada vez mais polarizada: no entanto, embora pela primeira vez o comércio internacional da RPC, em 2023, tenha sido realizado predominantemente utilizando a moeda local (o dólar americano era quase exclusivo apenas algumas décadas antes) e embora se falasse em petroyuan pela primeira vez desde que a Arábia Saudita solicitou explicitamente o comércio de petróleo também em yuan-reminbi (renunciou ao acordo com os EUA), ainda hoje o papel do dólar é reduzido mas predominante (pelo menos como moeda de reserva). No entanto, as preocupações com a erosão do "privilégio exorbitante" do dólar norte-americano também no contexto institucional levam-nos a apoiar a tese segundo a qual o conflito entre áreas monetárias é o que está na base da atual dinâmica económica e militar. A "Lei do Dólar do Século XXI" (*21st Century Dollar Act*) e a "Lei de Proibição do CDBC chinês" (*Chinese CDBC Prohibition Act*)[644] representam dois importantes instrumentos reguladores na estratégia de proteção do dólar americano, que evidentemente apontam na direção indicada.

A partir de 2008, apesar do privilégio do dólar, a economia dos EUA cresceu pouco, embora significativamente mais do que as economias da zona euro (33% versus 15% segundo dados do Banco Mundial), embora este seja um crescimento nada além de tranquilizador, considerando que é um resultado alcançado globalmente em 15 anos e que economias saudáveis, como a da República Popular da China, alcançaram resultados muito mais significativos (+202% no mesmo período). Em suma, se é verdade que a Europa está morta, poderíamos dizer que os Estados Unidos também estão num estado de quase coma, especialmente à luz do que aconteceu nos BRICS+ e noutros países emergentes. Se, portanto, é claro que aos países da zona euro parece faltar agora aquela coesão de classe que os levou à adopção de uma moeda única com tração alemã, os EUA, apesar de terem um enorme aparato militar, com bases presentes em todo o mundo (são cerca de 140 só em Itália), bem como um sistema financeiro altamente refinado, também graças ao papel do dólar, certamente não podem ser considerados numa fase expansionista, apesar da sua propaganda tentar dar às vezes esses sinais. A emergência da crise estrutural de superprodução que culminou no crash de 2008 trouxe evidentemente mudanças paradigmáticas no sistema capitalista, especialmente no que diz respeito às economias que impulsionaram o modo de produção capitalista durante décadas.

No entanto, o que aconteceu naquele momento e nos anos seguintes pode ser lido como a forma em que o conflito inicial dólar/euro encontrou um ponto de estagnação identificável com a entrega do capital do velho continente ao de origem norte-americana. Se, de fato, nos anos anteriores esta hostilidade foi cada vez mais clara, a série de ataques especulativos que atingiram os *vulnus* da área monetária entre 2010 e 2012 (os chamados *Piigs*, Portugal, Itália, Irlanda, Grécia e Espanha) deve ser considerada a partir de este ponto de vista. Está amplamente documentado que foram o resultado de um planejamento de capital baseado em Nova Iorque com o objetivo

---

644 Essa lei proíbe as empresas de serviços monetários (por exemplo, operadores de câmbio ou emissores de ordens de pagamento) de se envolverem em transações envolvendo uma moeda digital emitida pela China (NdT).

principal de demolir, em primeira instância, o elo mais fraco da cadeia (a dívida pública grega): o capital europeu, confrontado com uma ofensiva desta magnitude, não pôde deixar de sucumbir, impedido de reagir pelas mesmas regras obtusas escritas em conformidade com a ideia de austeridade - novamente em voga depois de quase um século - importando assim, em de forma quase automática, os resultados mais nefastos da crise, que já surgiram nos Estados Unidos.

A funcionalidade da dívida pública é estrutural para as leis de desenvolvimento do sistema capitalista. A questão do endividamento privado, embora crucial na atual fase decadente do modo de produção, assume um significado diferente. A situação atual caracteriza uma explosão do endividamento privado global (portanto não exclusivamente das famílias, que representa atualmente cerca de um terço do total) também em percentagem do PIB. Ou seja, se depois do fim da Segunda Guerra Mundial o nível de dívida era inferior ao PIB, nas últimas atualizações, no que diz respeito aos EUA, é quase três vezes superior. Ou seja, os particulares utilizam recursos que são mais que o dobro em termos quantitativos do que realmente é produzido no país. É importante sublinhar que os EUA não são o único país capitalista avançado a estar estruturado desta forma, mas, a partir dos dados disponíveis, emerge uma situação substancialmente semelhante em quase todos os países ocidentais, embora as diferenças permaneçam, especialmente a nível familiar. Limitando-nos a esta última especificidade, para compreender a importância do endividamento privado, basta pensar em quantos de nós vivemos em casas que só nos são acessíveis graças ao acesso a hipotecas ou a empréstimos privados, ou quantos de nós somos obrigados a recorrer a contrair empréstimos também para aquisição de automóveis ou mesmo de eletrodomésticos. Por outras palavras, agora categorias inteiras de trabalhadores - mesmo aquela parte da classe que poderia outrora ser incluída na noção de classe média - só podem ter acesso a bens essenciais, ou em qualquer caso de grande importância, se conseguirem ter acesso aos recursos de outras pessoas, que pagam com suor e esforço e, muitas vezes, com juros usurários.

O endividamento privado é, portanto, um elemento necessário, por um lado, para mascarar as enormes diferenças de classe existentes: se os trabalhadores fossem capazes de compreender o significado intrínseco de terem de recorrer à dívida para garantir um teto sobre as suas cabeças enquanto trabalham, enquanto os proprietários da produção têm recursos para comprar imediatamente dezenas de moradias e apartamentos, a chamada "paz social" poderá ser posta em causa. Por outro lado, o sistema poderá encontrar ainda enormes dificuldades na gestão do excesso de produção de bens e serviços que produz naturalmente. A explosão da crise em 2008 e a venda imprudente de hipotecas não por acaso definidas como *subprime* é um exemplo que pode ser útil para a compreensão da questão.

A "voracidade" pelo lucro é uma característica endêmica do capitalismo; sem ele, provavelmente nunca teria se tornado um modo de produção dominante e é precisamente na satisfação contínua desta necessidade insaciável que o organismo capitalista consegue alimentar-se para continuar a sua corrida frenética rumo à morte inevitável. Nos momentos de maior sofrimento, o organismo doente fica mais dependente dessa monstruosa substância que, no entanto, é cada vez mais escassa e isso aumenta inevitavelmente a sua esquizofrenia, que se concretiza na procura de estratagemas cada vez mais eficazes e implacáveis para garantir tais doses vitais. A assimilação da mais-valia, isto é, do trabalho não remunerado, é apenas um primeiro ato do processo – o da produção imediata – que é necessário, mas não suficiente. Na verdade, até que seja traduzido numa taxa de lucro, a acumulação de capital não ocorre e, portanto, o objetivo da produção ainda não é alcançado. Se a mercadoria produzida, que inclui, além da mais-valia, o capital constante e variável, não for vendida, a transformação monetária do trabalho não remunerado não é alcançada e, portanto, a voracidade não é satisfeita e o capital começa a enveredar pelo caminho da morte que, no caso de um único capitalista, se expressa em fracasso, enquanto, no caso do capital entendido como unidade dialética, representa o fim de seu domínio como modo de produção.

Na asfixia devida à crise endémica causada pela redução da taxa de lucro, existem as sementes do excesso de produção de capital e, portanto, de bens. Num período histórico em que a fome e a pobreza são problemas contra os quais quase ⅔ da população mundial luta diariamente, isto parece paradoxal e, se as razões não forem investigadas, acaba por estimular reações emocionais contra o "desperdício da sociedade consumista", que é um conceito sem sentido. Na verdade, é precisamente a partir da natureza do modo de produção capitalista que isto acontece, especialmente quando a saturação do mercado mundial está próxima. Por isso, é importante lembrar que o capital não tem por objetivo a satisfação de necessidades, mas a produção de lucro; o objetivo da produção de bens é a troca e não o uso. O resultado é uma total ausência de planeamento da atividade – que é anárquica – e a tendência natural para a "monstruosa acumulação de bens".

Marx explica, em *O Capital*, que "O modo de produção capitalista é apenas um modo de produção relativo, cujos limites não são absolutos, mas tornam-se nisso para o próprio modo de produção. Como é possível que haja falta de procura daqueles bens de que as pessoas necessitam (...)? Precisamente porque pela conexão especificamente capitalista o produto excedente assume uma forma tal que a pessoa que o possui só pode disponibilizá-lo para consumo quando for reconvertido em capital para ele. Portanto, com o objetivo de extrair o máximo de mais-valia da atividade laboral, o capital reduz contraditoriamente cada vez mais o salário global e médio (ou seja, a capacidade de compra) e isto representa uma condenação quando os bens chegam ao mercado e não encontram uma "procura de pagamento adequada". devido à desigualdade de distribuição estabelecida por si só.

Nesse sentido, a redução dos salários e, portanto, da capacidade de compra dos trabalhadores, é certamente um impedimento à realização do valor e da mais-valia já produzidos, agravando dramaticamente a situação crítica resultante do enorme excesso de bens produzidos. Este tipo de dinâmica contraditória, que surge na fase de produção e se manifesta na fase de circulação, especialmente em períodos agudos da crise geral, pode fazer um número notável de vítimas - tanto em termos dos trabalhadores como do capital - e causar fortes choques no sistema capitalista em geral. Consciente, apesar de tudo, da incapacidade generalizada dos assalariados de comprar - face à "soberania do consumidor" da teoria económica burguesa - o capital já tenta há vários anos resolver o insolúvel, incutindo uma forma de ser que obriga comprá-los, mesmo na ausência de condições materiais.

A prática do endividamento tem, portanto, utilizado estrategicamente o instrumento do fetichismo da mercadoria que, como qualquer outra forma de religiosidade, tem utilizado meios adequados para permitir a sua elevação espiritual. Aproveitando uma consciência de classe reduzida ao mínimo, foi relativamente fácil conseguir impor este tipo de estilo de vida que, ao ocultar as condições materiais, se baseia na posse e na propriedade. Os mecanismos que induzem as massas a irem aos imensos centros comerciais nos fins de semana são inúmeros e extremamente funcionais: dentro deles ocorre uma agressão, que envolve todas as formas sensoriais através de um sistema de estímulos visuais e auditivos especificamente desenhados, que induz à compra de mercadorias cujo valor de uso muitas vezes não é olhado, mas sim a forma e o símbolo que representam. É por isso que, paradoxalmente, dentro das lojas predominam os objetos em oferta, vendidos abaixo do custo e são oferecidos empréstimos por quantias irrisórias pelas quais, há alguns anos, ninguém sonharia em pedir empréstimos.

Mas, mesmo este tipo de estratégia encontra por vezes limites e obstáculos que surgem quando, como aconteceu em 2008, se torna necessário vender bens sobre os quais o próprio capital financeiro montou um ataque especulativo. Foi assim que, dada a evidente impotência de compra da maioria dos trabalhadores americanos, os autodenominados "operadores financeiros" com a obrigação de vender propriedades artificialmente sobrevalorizadas, ofereceram financiamento a pessoas objetivamente insolventes. A necessidade de o dinheiro ser usado como capital e, por outro lado, a restrição de realização de mais-valia são as razões que basicamente produziram a chamada crise do *subprime* (e não o contrário).

A questão da dívida (na sua especificidade pública e privada) assumiu um papel crucial no funcionamento sistémico. Portanto, imaginar livrar-se da dívida não questionando o atual modo de produção e aceitando suas "outras" dinâmicas seria uma ilusão piedosa fadada ao fracasso. No entanto, parece-nos de grande importância explicar como o "sistema da dívida" permite que a classe dominante aumente a pressão sobre as classes subordinadas, lubrificando os mecanismos de exploração existentes. Por esta razão, parece-nos mais desejável alimentar os movimentos de auditoria e de controle popular da dívida da mesma forma que já existe em muitos países latino-americanos ou mesmo em Itália, uma vez que somos capazes de minar a lógica digerida por uma grande parte da população, para quem o endividamento público deveria ser corretamente gerido através de "políticas de austeridade científicas", lógica cujo questionamento seria um enorme avanço para poder mostrar as injustiças estruturais cristalizadas no modo de produção capitalista.

AFRIQUE

Capítulo 25

União Europeia: um projeto imperialista sui generis

Burak Saygan[645]

A UE é entendida como um proto-Estado que descarrilou na sua própria criação – possivelmente temporariamente, mais provavelmente para sempre. A natureza proto-estatal da UE revelou-se com uma configuração inicial que deveria terminar numa formação semelhante a um Estado. A orientação de Jean Monnet, um dos principais arquitetos da UE, deixa poucas dúvidas quanto a isso. Após sua presidência na Comunidade Europeia do Carvão e do Aço (CESS), e logo após os dois Tratados de Roma de 1957, que criaram respectivamente a Comunidade Econômica Europeia (CEE) e a Comunidade Europeia da Energia Atómica (Euratom), Monnet liderou o Comité de Ação para os Estados Unidos da Europa.[646] Sua intenção parecia ser a de uma integração económica parcial e uma união aduaneira para lançar as bases para uma união política completa, não muito diferente do *Zollverein* antes da unificação alemã no século XIX. Sua própria modelização parece ter sido concebida como um programa de transição para a união política. A seguinte observação de George W. Ball, funcionário

645 Ativista político e pesquisador, membro do Conselho Editorial da revista *Devrimci Marksizm* (Marxismo Revolucionário) da Turquia.

646 Gilles Grin. Jean Monnet, the Action Committee for a United States of Europe, and the Origins of the Treaties of Rome. *Relations internationales* 136, nº. 4, 2008.

dos EUA que desempenhou um papel na criação da CESS, atesta essa visão: *Todos os que trabalhamos com Monnet compreendemos bem como era irracional retirar um setor económico limitado da jurisdição dos governos nacionais, e sujeitar esse setor ao controle soberano de instituições supranacionais. No entanto, com a sua habitual perspicácia, Monnet reconheceu que a própria irracionalidade deste esquema poderia fornecer a pressão para alcançar exatamente o que pretendia – o desencadeamento de uma reação em cadeia. A estranheza e a complexidade resultantes da separação do carvão e do aço levariam os governos membros a aceitar a ideia de agrupar também outras produções.*[647]

No entanto, tornar viável a visão federalista dos seus fundadores - poucas regiões no século XX careciam de visionários que elaborassem políticas regionais de integração, mas seria difícil encontrar hoje qualquer vestígio destes projetos no mapa mundial - foi a base estrutural estabelecida pelo declínio relativo do imperialismo europeu, começando no período entre guerras e dando um salto qualitativo após a Segunda Guerra Mundial. Os anos entre as duas conflagrações mundiais se desenrolaram como um período de transição em que a liderança do imperialismo mundial se afastou lenta mas firmemente dos seus antigos centros europeus em direcção à América do Norte. As enormes dívidas contraídas pelos impérios francês e britânico junto ao seu aliado de guerra, os EUA, foram um sinal simbólico, mas ainda não decisivo, da mudança geográfica do imperialismo mundial. O mesmo período também testemunhou o surgimento de outro desafio à ordem mundial imperialista com o seu centro na Europa. Desta vez, o desafio colocou em perigo não só a configuração interna do imperialismo, mas a sua própria existência. A Revolução de Outubro no antigo Império Russo não só deu um choque ao movimento da classe trabalhadora em toda a Europa e tornou a revolução socialista nas metrópoles imperiais uma possibilidade concreta, mas também formou uma estrutura estatal única, a União das Repúblicas Socialistas Soviéticas, capaz de de unificar os aspirantes a Estados operários em toda a Europa (e além) sob uma estrutura federal.

A onda revolucionária que veio logo após a Revolução de Outubro parou na Europa em 1923 e no mundo colonial em 1927, e a burocracia vitoriosa na União Soviética recalibrou a União Soviética para longe do

647 Alex Callinicos. The internationalist case against the European Union. *International Socialism*, Londres, 10 de maio de 2015.

mundo sem nações. Estado socialista em germe e rumo a um Estado entre Estados. No entanto, a Europa não conseguiu retroceder no tempo até ao período pré-Primeira Guerra Mundial. A ameaça constante contra o imperialismo europeu, tanto por parte do poderoso movimento operário na Europa – muitas vezes liderado por partidos comunistas alinhados com os soviéticos – como pelo crescente poder soviético, cujo desenvolvimento económico, militar e científico moldou o século XX da Europa. A Segunda Guerra Mundial marcaria um divisor de águas no processo de declínio imperial europeu. No final da guerra, a Europa continental foi devastada pelo impacto da destruição mais extensa da sua história. Pelo contrário, os EUA, cuja pátria não assistiu a nenhum combate real, sairam ilesos da guerra para todos os efeitos e propósitos, prontos a usar seus músculos e a assumir a hegemonia incontestada do mundo capitalista. A União Soviética, como principal teatro da guerra mundial, suportou uma perda sem precedentes de vidas humanas e de indústrias. Como grande vencedora da guerra, a URSS lançou uma longa sombra sobre a Europa, com boa parte da Europa Central e Oriental, bem como dos Balcãs, sob a sua esfera de influência, devido às façanhas do Exército Vermelho e afirmando-se como a principal força da guerra convencional do mundo.

Os impérios mundiais do passado enfrentaram a segunda metade do século XX como potências imperiais secundárias, cuja própria sobrevivência contra os poderosos Estados operários do Leste parecia depender da proteção dos EUA. Nestas condições, a sobrevivência imperialista da Europa dependia da sua capacidade de reunir recursos para manter uma margem de manobra entre dois atores maiores na cena mundial. Foi esta busca pela sobrevivência imperialista (isto é, sobreviver como uma força imperial com possibilidades de lutar na política mundial, não defendendo a sua existência como Estados individuais) que explica o impulso para a unificação europeia. A paz interna que a UE estabeleceu na Europa no período pós-Segunda Guerra Mundial é o resultado direto da razão de ser da UE como organização de competição contra outros países imperialistas e contra os desafiantes do imperialismo, como a União Soviética. No entanto, qualquer análise da evolução da UE – como projecto imperialista – estaria incompleta sem atenção à sua posição como império colonial. Seu papel como potência colonial foi uma característica distintiva e um dos aspectos mais transparentes da sua natureza de império entre impérios. Este aspecto do imperialismo europeu revelou-se tanto *de jure* como *de facto*.

No primeiro asapecto, a união recém-emergente assumiu o seu papel colonial, garantindo que seus numerosos documentos e tratados fundadores fossem compatíveis com o colonialismo. O documento fundador da antecessora da UE, a CEE, o Tratado de Roma, dedicou toda a parte 4 do tratado, composta por seis artigos, aos "países e territórios ultramarinos", apenas um eufemismo para o império colonial da CEE, também listados no Anexo IV do Tratado, para não deixar dúvidas quanto à demarcação do novo império colonial. A extensa lista incluiu a maior parte da África Subsaariana antes da descolonização em África no final da década de 1950 e início da década de 1960, e abrangeu as colónias francesas na África Ocidental até ao Congo Belga, da Somália italiana à Nova Guiné Holandesa (não confundir com Papua Nova Guiné, a colônia holandesa ficava no lado ocidental da ilha e mais tarde seria incorporada à Indonésia).

Não só salvando os remanescentes dos antigos impérios imperiais, a União Europeia também se moveu claramente no sentido de preservar as relações de poder da época colonial num mundo que atravessava as agonias da descolonização. Se parafraseássemos as palavras de Tomasi de Lampedusa, o trabalho da UE durante este período de transição decolonial foi uma tentativa de mudar tudo para que tudo permanecesse igual. Na verdade, a questão de África era central para a CEE, como "um sujeito europeu que, preocupado com a sua viabilidade futura no plano económico e geopolítico, volta-se para o objeto africano para oferecer a si mesmo uma nova vida".[648] A política de preservação de um jugo neocolonial sobre os países anteriormente colonizados, e particularmente sobre os países da África Subsariana, foi um tema subjacente persistente na história da UE. Particularmente com vários países africanos (mas não todos, visto que o continente foi abalado por movimentos revolucionários anticoloniais, muitas vezes marxistas, antagónicos em relação aos antigos colonizadores europeus), uma série de convenções constituiu a infraestrutura jurídica da política neocolonial. O início foi a Convenção de Yaoundé, assinada entre 19 países africanos e a

648 Peo Jonsson e Stefan Hansen. *L'Union européenne fut aussi un projet colonial*, Contretemps, 26 de junho de 2024; Eurafrica: The Untold History of European Integration and Colonialism, Londres, Bloomsbury Academic, 2014.

CEE na capital dos Camarões em 1963 – ou seja, no auge da descolonização africana. A Convenção de Lomé, em 1975, alargou o mesmo quadro a 71 países de África, das Caraíbas e do Pacífico (conhecidos como países ACP) e depois alargou-se a 79 países, primeiro com o Acordo de Cotonou em 2000 e o Acordo de Samoa no final de 2023. As últimas iterações desses acordos foram revestidas com a habitual linguagem de sustentabilidade e democracia, mas sua essência é a manutenção de uma relação desigual entre os países imperialistas europeus e as antigas colónias. A reformulação da situação colonial com uma linguagem sofisticada já podia ser vista já no Tratado de Roma, no qual os países ACP ainda eram oficialmente colónias; a relação entre o senhor colonial e os países colonizados era codificada como "relação especial" na linguagem eufemística dos imperialistas.

Dois exemplos concretos. O primeiro diz respeito à função da UE como aparelho de guerra colonial. O exemplo mais óbvio é a guerra das Malvinas (Falklands), um episódio de guerra colonial que a UE enfrentou após seu período de fundação como uma entidade com contornos bem definidos. Em 1982, a Argentina ocupou as Ilhas Malvinas, a cerca de 350 quilómetros da costa argentina e a 12.350 quilómetros do Reino Unido – o que é aproximadamente tão longo quanto o diâmetro do mundo. O governo inglês de Margaret Thatcher, em impasse político interno após o ataque contra a classe trabalhadora da década anterior, decidiu defender as suas possessões coloniais a meio globo de distância, enviando uma frota. Devido à natureza claramente colonial do conflito, a Argentina poderia angariar o apoio dos países do "Terceiro Mundo", particularmente aqueles reunidos em torno do Movimento dos Não-Alinhados, enquanto o Reino Unido beneficiou do apoio dos EUA sob a administração de Ronald Reagan e, previsivelmente, da CEE. O teatro de guerra estava demasiado distante e o poder militar entre os lados beligerantes era demasiado desequilibrado a favor do imperialismo britânico, pelo que a CEE não precisou de fornecer qualquer apoio militar, mas ao mobilizar seu mais pesado arsenal de sanções contra a Argentina, a organização mostrou claramente onde residia a sua lealdade quando a situação se tornasse difícil, apesar de todo o verniz de parcerias iguais.[649]

---

649 Lisa L. Martin. Institutions and cooperation: sanctions during the Falkland Islands conflict, *International Security* vol. 16, nº 4, 1992.

O segundo exemplo diz respeito à União Europeia e ao Norte de África, e à forma como o imperialismo europeu está disposto a envolver-se com o que é conhecido como Sul Global. Em 1987, Marrocos, país significativamente pró-Ocidente, candidatou-se à adesão à CEE. O pedido foi rejeitado sem rodeios, com a explicação de que Marrocos não fazia parte da Europa. Este raciocínio simples pode fazer algum sentido à primeira vista. No entanto, recordemos que o vizinho oriental de Marrocos, a Argélia, foi incluído no quadro do Tratado de Roma em 1957, não como um dos países e territórios ultramarinos acima mencionados, mas como um caso especial apontado pelo seu nome em todo o texto. É claro que isto não significou a adesão da Argélia à CEE, mas sim um estatuto sui generis para incluir esta jóia da coroa do império colonial francês – cujo estatuto jurídico também era diferente daquele de outras colónias – na CEE. Além da breve passagem da Argélia pela CEE, duas cidades costeiras de Marrocos, sob o domínio colonial do Estado espanhol, Melilla e Ceuta, fazem atualmente parte da União Europeia. Assim, tomar a CEE pelo seu valor nominal e aderir a uma definição de Europa cujas fronteiras meridionais se estendem de Gibraltar até à costa norte do Mediterrâneo criaria uma situação embaraçosa, dado que uma rápida olhada no mapa do Norte de África não deixaria dúvida de que nem Melilha e Ceuta nem a Argélia sejam mais europeias do que Marrocos. Como quadrar este círculo? A explicação clara e simples: o Terceiro Mundo poderia pertencer à Europa, mas como posse colonial, não como parceiro igual. A existência "pacífica" da União Europeia só é possível através de medidas económicas e violência direta contra o Terceiro Mundo.

Melilha e Ceuta servem como lembrete de que não só o passado da União Europeia é o da dominação colonial, mas que ainda é uma entidade colonial no presente, incluindo, mas não se limitando a elas, suas colônias existentes. As possessões coloniais pertencentes às nações da UE estendem-se por todo o globo; onde a França tem a duvidosa honra de deter a maior parte da Nova Caledónia na Oceânia, Guiana, Guadalupe e Martinica na América Latina e nas Caraíbas e Reunião no Pacífico. Em suma, a diferença com o passado colonial da Europa – quando as nações europeias mais pequenas dominavam populações coloniais muitas vezes superiores ao seu tamanho – é quantitativa, no sentido de que o império colonial europeu controla colónias administráveis e de menor dimensão, mas não qualitativa.

A UE não deixou de ser uma entidade colonial, o que só se tornará realidade quando a UE deixar de existir. A questão é se a União Europeia constitui uma alternativa internacionalista ao nacionalismo. Esta parece ser a suposição de muitos, de Negri a Žižek,[650] que mesmo tomando posição contra políticas pontuais da UE, consideram desagradável questionar os méritos da sua existência, para não serem tomados por provincianistas atrasados. O nosso argumento contra a UE é a ligação dialéctica entre a paz interna europeia e a competição imperialista no exterior. No entanto, deveríamos dar um passo adiante e desafiar da suposta contradição entre a União Europeia como forma e o nacionalismo chauvinista como conteúdo, ou seja, salientar a natureza espúria de uma ligação implícita entre política pró-UE e internacionalismo. Várias tendências na Europa na última década ilustraram incontestavelmente que a União Europeia poderia muito bem acomodar e até servir de base para várias formas de nacionalismo e fascismo europeu.

A crise da imigração na última década e meia, desencadeada principalmente pela guerra civil na Síria, proporcionou um caminho inicial para a reconciliação da política União Europeia com o fascismo. A ascensão de políticas anti-imigração em vários países da UE, lideradas por forças fascistas ou protofascistas, levou a que numerosos governos europeus tentassem cooptar estas tendências, adotando selectivamente partes do tradicional manual protofascista. Crucialmente, a expressão mais proeminente da política anti-imigração com medidas repressivas de imigração, é comummente (mas não oficialmente) chamada de "Fortaleza Europa", em referência à política nazi homônima de defesa das fronteiras europeias durante a Segunda Guerra Mundial. Para além dos detalhes e do impacto horrível destas políticas – que transformaram o Mediterrâneo numa grande vala comum – o que importa aqui é que, sob o impacto do fascismo crescente e da "Terceira Grande Depressão", a UE provou ser altamente compatível com políticas fronteiriças que dariam inveja a Donald Trump Trump.

Além disso, ao externalizar o trabalho sujo de manter os migrantes fora das fronteiras da Europa para países como a Turquia, a Tunísia e a Líbia, a UE está transformando a zona do Mediterrâneo num grande campo

650 Antonio Negri. From the end of national lefts to subversive movements for Europe, *Radical Philosophy*, nº 181, 2013; Slavoj Žižek on Brexit, the crisis of the left, and the future of Europe, OpenDemocracy, 11 de agosto de 2024.

de concentração. Estas políticas bárbaras, que alguns liberais magnânimos consideram só desagradáveis, não são um sinal de que a UE não está à altura dos seus ideais. Pelo contrário, é o outro lado, ou a contrapartida dialéctica, das políticas de Schengen, que garante viagens sem burocracia dentro da Europa à custa de dezenas de milhares de pessoas negras e pardas que jazem mortas perto da fronteira da "Fortaleza Europa". Estas políticas foram implementadas pelos chamados governos moderados nas principais nações da UE, governos onde os grupos fascistas e protofascistas não ocupavam nenhum cargo e apenas exerciam o que é conhecido como um ataque de flanco. Deve também recordar-se que a superação da crise da UE recorrendo ao manual dos fascistas é defendida por alguns proeminentes intelectuais públicos pró-UE como uma nova orientação estratégica.[651]

A segunda tendência que desmente o mito da UE inerentemente internacionalista é o fato de os proto-fascistas da Europa estarem cada vez mais se aproximando da UE. Embora seja uma tendência não uma viragem clara, 2017 permanece como uma conjuntura crucial no recém-descoberto apreço do fascismo europeu pela UE. Foi nesse ano que Marine Le Pen, líder do partido protofascista francês então conhecido como FN (Frente Nacional), enfrentou Emmanuel Macron na segunda volta das eleições presidenciais, apenas para obter uma pontuação desanimadora após um desastre no debate. A campanha eleitoral foi marcada por uma posição fortemente anti-UE por parte da FN, incluindo a eliminação do euro como moeda de França. Mas após a derrota eleitoral, possivelmente como resultado de problemas internos de longa data, o partido separou-se de Florian Philippot, então braço direito de Le Pen e principal porta-estandarte da orientação anti-UE da FN. Os anos seguintes assistiram à aceitação tácita das instituições da UE pela FN e ao arquivamento de quaisquer debates sobre um potencial Frexit. Giorgia Meloni e a sua FdI (Irmandade de Itália) seguiram rapidamente o exemplo, conquistando um espaço considerável nas instituições da UE, como o Parlamento Europeu, e cobiçando um papel influente na UE. Embora a ambição inicial de Meloni de servir como fazedor de reis tenha sido rejeitada pelo desempenho melhor do que o esperado do Partido Popular Europeu, ou seja, dos partidos tradicionais de direita, já está

651 Ivan Krastev, After Europe. Philadelphia, *University of Pennsylvania Press*, 2020.

criado um precedente. O fascismo europeu, que sofre atualmente de uma divisão das suas forças com três grupos diferentes no Parlamento Europeu, é o maior candidato à obtenção de novos assentos nas próximas eleições. A sua vontade de jogar negociando com pessoas como Ursula von der Leyen, é graciosamente retribuída pelos seus homólogos. Isto coloca ao alcance da mão a perspectiva de uma UE liderada pelos discípulos de Mussolini. A UE, esse poderoso farol da democracia liberal!

Durante a maior parte das suas primeiras três décadas de existência sob um novo nome, a União Europeia emergiu como um novo modelo cobiçado por muitos, aparentemente no caminho certo para um sucesso desenfreado. A formação da nova União em 1993, com o Tratado de Maastricht, serviria como contra-exemplo do colapso da União Soviética – alguns anos depois de esta ter sido desfeita, com vários Estados emergindo da sua cinzas, a Europa estava criando uma nova unidade a partir dos seus Estados-nação. Por outras palavras, a UE seria a encarnação do admirável mundo novo prometido pelo fim da história, após a implosão da União Soviética e de outros Estados operários burocraticamente degenerados. A UE, enquanto modelo espúriamente progressista, sem a bagagem do comunismo e os inconvenientes do anti-imperialismo, foi ainda mais cimentada pela vitória dos socialistas europeus em 1994, naquelas que foram as primeiras eleições europeias.

A aura de sucesso e a promessa de riqueza e democracia foram rapidamente mobilizadas para remodelar a geopolítica europeia. Após a admissão de países como a Áustria, a Suécia e a Finlândia no alargamento de 1995, o prestígio recém-adquirido da UE foi transformado em arma para absorver os sucessores dos Estados operários da Europa de Leste na órbita do imperialismo europeu. Os três alargamentos seguintes (2004, 2007 e 2013) centraram-se quase exclusivamente na integração dos antigos Estados operários – com excepção de Malta e Chipre em 2007. Assim, o crédito político da UE serviu, na maior parte, para descomunizar vastas áreas da Europa. Como parte deste esforço para remodelar a geopolítica europeia, até os antigos Balcãs foram rebatizados com o complicado nome de Sudeste da Europa para não deixar dúvidas quanto ao seu ponto de gravitação. O destino da UE, enquanto potência imperialista ascendente, era sofrer uma recessão drástica, embora inicialmente difícil de perceber, sob as condições da Terceira Grande Depressão após 2008/2009, com tendências crescentes para a guerra, o fascismo e as rebeliões populares que isso implicava. O impacto foi particularmente pronunciado nos países do Sul da Europa, normalmente abreviados como PIGS (Portugal, Itália, Grécia e Espanha) ou PIIGS, com a adição da Irlanda. A fragilidade da sua economia fez da UE um elo fraco na cadeia do imperialismo.

Sem dúvida, o ponto mais baixo da crise da União Europeia e o momento de maior incerteza em torno da sua viabilidade foi o referendo do Brexit em 2016. O voto de saída neste referendo foi esmagadoramente apoiado pelos círculos eleitorais da classe trabalhadora do país, depois de uma campanha liderada pelo partido protofascista britânico, ulteriormente nomeado UKIP, em coligação com uma facção do Partido Conservador – incluindo, entre outros, o futuro primeiro-ministro Boris Johnson. Esta foi, numa escala menor, a UE – cuja fundação oficial surgiu na sequência do modo dinâmico do imperialismo europeu devido à implosão da União Soviética – enfrentando o seu próprio momento "1989". Na verdade, a votação do Brexit desencadeou uma série de movimentos de "saída" por toda a Europa – o mais considerável foi o "Grexit", numa Grécia em meio de uma profunda crise económica – liderados principalmente por organizações fascistas ou de direita. Se a hemorragia interna da UE parou – ou talvez mais precisamente, houve um hiato – foi devido à mudança de orientação do fascismo europeu e não à resiliência da UE.

No entanto, mesmo que a UE tenha sobrevivido ao efeito cascata imediato da crise do Brexit, encontra-se agora atolada em múltiplos conflitos militares para preservar sua esfera de influência não oficial – e, como se torna cada vez mais claro, travando batalhas perdidas na maioria dessas frentes. Nos atuais teatros de conflito, numa ordem crescente de importância, o primeiro poderia ser resumido nas tendências anticoloniais diretas nas restantes colónias europeias no exterior, além das aspirações cada vez mais maiores de autodeterminação de regiões e minorias no continente europeu. Particularmente, as colónias francesas ultramarinas experimentaram várias ondas recentes de rebelião, particularmente a Guiana Francesa em 2017, a Martinica e Guadalupe em 2021-2022, e a Nova Caledónia em 2024. O conteúdo das exigências difere muito– na Guiana, mais investimento para a infraestrutura do país era o pomo da discórdia, enquanto na

Nova Caledónia os direitos dos colonos não-nativos estavam no centro; o mesmo acontece com o nível de militância: na Nova Caledónia, os protestos atingiram o nível de uma guerra civil de baixa escala, com formações de milícias entrando em cena. Mas, apesar das diferenças, o ponto principal é que, apesar de várias gerações passadas sob as novas formas refinadas do colonialismo francês, estes "territórios ultramarinos" mostram uma impressionante vibração anticolonial. As tendências separatistas no continente europeu, mais desenvolvidas na Catalunha, mas também presentes na Córsega e na região flamenga da Bélgica, poderão no futuro consolidar esta tendência centrífuga interna da UE - um potencial que esta realiza, transformando em arma a perda da adesão à UE contra as aspirações de independência da Catalunha.

Num segundo nível, a UE e seus Estados constituintes enfrentam um impulso anti-imperialista em algumas das antigas colónias que mantêm sob um jugo neocolonial. O principal exemplo a este respeito é a África Ocidental. A região tem sido dominada há muito tempo pelo imperialismo francês, nomeadamente através da moeda CFA, amplamente utilizada na região como remanescente da era colonial. As tendências anti-imperialistas que surgiram no período pós-colonial, nomeadamente o valente líder do Alto Volta que se tornou Burkina Faso, Thomas Sankara, foram reprimidas pelo imperialismo europeu, inclusive através de meios militares – abertos ou encobertos. A maré mudou em 2020, com golpes militares no Mali, na Guiné, no Burkina Faso e no Níger, com claras orientações anti-francesas (o Chade, normalmente situado no meio desses países, é um caso atípico onde outro golpe de Estado não trouxe uma orientação anti-francesa clara). A tendência foi ainda mais fortalecida no Senegal, onde Macky Sall – um lacaio francês por excelência – perdeu as eleições para uma oposição que parece bastante distanciada do imperialismo francês, se não abertamente antagónica.

Após o fracasso total dos projetos de intervenção militar da França e da Nigéria contra o Níger em 2023, esta aliança anti-francesa parece ter-se consolidado na região. Enquanto a Guiné se mantém um tanto afastada, os outros três países estão estabelecendo uma aliança sólida, apoiada pela Rússia, sempre impaciente por conquistar algum espaço. A criação de uma confederação frouxa entre o Mali, o Burkina Faso e o Níger foi o mais recente sinal de uma aliança cada vez mais profunda. O processo da primeira metade de 2020 foi algo semelhante à transformação da América Latina de quintal do imperialismo norte-americano num bastião do anti-imperialismo. O que está em curso é um processo incipiente de latino-americanização da África Ocidental – isto é, o quintal imperial de França se transformando no seu oposto. O processo está apenas no início, com um resultado incerto e a possibilidade de um processo abortivo. Mas se pudesse continuar no seu caminho, isso seria um mau presságio para os interesses do imperialismo europeu na região.

Através da sua política externa – incluindo visitas de Estado a Israel de quase todos os principais chefes de Estado europeus, além de Ursula von der Leyen, presidente da Comissão Europeia – e de apoio flagrante, a UE ficou claramente do lado de Israel na sua guerra genocida contra Palestina. O cheque em branco oferecido a Israel por países como a Alemanha e a França – dois países que estão no centro da UE enquanto projeto político – e a repressão brutal de qualquer forma de mobilização pró-palestina, foi uma contribuição decisiva para o desencanto de muitos com o projeto da EU: essa abjeção dos países mais importantes da União Europeia também contribuiu para o aprofundamento das fissuras internas dentro da organização. Enquanto a Alemanha lidera o ataque com uma defesa abrangente de Israel, desde contribuições militares para o exército israelense até sua defesa legal no Tribunal Internacional de Justiça, outras vertentes de países relativamente periféricos da UE expressaram uma desaprovação cada vez maior. A maior demonstração foi o recente reconhecimento de um Estado palestino por Espanha, Irlanda, Noruega e Eslovénia. A Bélgica e Malta também estariam perto de tomar uma decisão semelhante. Embora estas posições divergentes não se tenham transformado numa ruptura interna aberta dentro da União Europeia, elas certamente tornam uma política internacional conjunta da UE cada vez menos viável.

Por último, mas não menos importante, a principal linha de frente cujos resultados podem suscitar cisões profundas na UE encontra-se na Ucrânia. A guerra na Ucrânia deve ser vista como o último passo na expansão contínua empreendida conjuntamente pela UE e pela OTAN em direção às partes mais internas do antigo espaço soviético. Embora as apostas diretas fossem, em primeiro lugar, a adesão da Ucrânia à OTAN, não é coincidência que a UE também tenha respondido à guerra com uma *fuite en avant* iniciado as negociações para a admissão da Ucrânia na UE. No entanto, a guerra também sublinhou as divisões dentro da UE a vários níveis. A primeira diz respeito à dependência da UE dos EUA como meio de dissuasão militar, sobretudo devido à série de deficiências enquanto proto-Estado. Embora a UE tenha conseguido empreender reforço institucional mais ou menos bem-sucedido em determinados domínios – do Banco Central Europeu ao Parlamento Europeu – a sua vertente militar sempre foi uma exceção. O esquivo projeto de um exército europeu aparece e reaparece no horizonte de vez em quando, mas a própria OTAN tem sempre conseguido reagir com sucesso.

Enquanto potência militar secundária, a UE e os seus constituintes frequentemente ficam atrás dos EUA – em algumas ocasiões com menos entusiasmo do que outras. O fato de os países da UE, especialmente aqueles que estão geograficamente mais próximos da Rússia, terem suportado o fardo das repercussões económicas da guerra – desde o aumento dos preços da energia ao impacto desestabilizador dos cereais ucranianos nos países europeus vizinhos – as ordens dos EUA suscitaram algumas queixas. Além disso, e de forma igualmente crucial, os países da UE demonstram diferentes graus de empenho numa guerra prolongada com a Rússia e nos custos que ela acarreta. A oposição mais veemente é a Hungria de Viktor Orbán, que serviu de obstáculo a numerosas iniciativas europeias e recusou seguir a linha europeia em relação à Rússia. Embora Hungria permaneça em minoria, a perspectiva de uma paz negociada na Ucrânia – que se torna cada vez mais provável a cada dia que passa – irá provavelmente aprofundar as fissuras internas e desferir um duro golpe no prestígio europeu.

Os potenciais reveses em qualquer uma destas frentes provavelmente representarão um golpe para a já frágil estabilidade da UE e terão um efeito acelerador das tendências centrífugas. Dar uma nova vida ao projeto da UE e mantê-lo à tona após a crise desencadeada pelo Brexit em 2016 foi a base da mudança de opinião no proto-fascismo e no fascismo europeus – e, por implicação, numa fração da burguesia europeia – com a convicção de que a União Europeia e a Europa proporcionam uma plataforma adequada na sua aposta contra a ala globalista da burguesia europeia. Por outras palavras, um passo qualitativo no longo caminho de suplantar a Europa como objeto de um projeto nacional – em vez de Estados europeus singulares – manteve as forças da Eurexit afastadas por enquanto. No entanto, não seria improvável que os reveses nas principais iniciativas do imperialismo europeu, e mais particularmente a guerra na Ucrânia, tivessem um efeito de remodelação e dessem às forças mais dispostas a desafiar o quadro europeu um tiro no braço. De uma forma ou de outra, o epítome muito abobadado da democracia liberal, a União Europeia, tal como se encontra atualmente, emerge como uma potência imperialista que nunca se esquiva dos reflexos neocoloniais, cuja própria sobrevivência depende de um compromisso histórico com o fascismo ascendente. Aqueles que *pro bono* cantaram louvores pela esquerda a esta entidade estão sujeitos a um acerto de contas muito tardio.

AFRIQUE

Capítulo 26

Três versões do Ocidente

Daniel Gaido

No seu desenvolvimento histórico, o capitalismo acrescentou à sua determinação básica (produção de mercadorias em que a força de trabalho é também transformada em mercadoria) uma outra que, desde o final do século XIX, subsome todas: o *imperialismo*. Qualquer análise dos acontecimentos contemporâneos que não tome como ponto de partida os interesses do imperialismo, será inevitavelmente vítima de sua propaganda. O imperialismo implica a exploração e a opressão dos povos coloniais pelas potências imperialistas, pelo que é, à primeira vista, paradoxal: um imperialismo como o norte-americano, cujo grito de guerra ideológico é a exportação da democracia e a luta contra os regimes ditatoriais (uma "luta" seletiva, que não inclui as ditaduras aliadas aos EUA, como é o caso do regime do ditador militar egípcio Abdel Fattah El-Sisi). A propaganda "democrática" dos EUA representa uma mudança significativa na forma como o imperialismo impõe o seu domínio ideológico, pois não existia nos imperialismos europeus que o antecederam, que se limitavam a estabelecer colónias nos territórios conquistados e depois procediam ao extermínio da população local para a substituir por colonos (com maior ou menor grau de miscigenação), ou a transformar esses territórios em colónias com uma população subjugada para fins de exploração. Não havia a pretensão de exportar a democracia para as populações "bárbaras" das colónias; quando muito, a exploração era apresentada como uma etapa "educativa", de duração indefinida, durante a qual os nativos infantilizados seriam educados nos princípios da "civilização" europeia.

O imperialismo implica a opressão nacional, mas não deve ser confundido com ela. O Iraque de Saddam Hussein oprimiu e massacrou os curdos, mas isso não fez do Iraque um país imperialista, tal como a opressão e o massacre da população tamil no Sri Lanka não fez do Sri Lanka um país imperialista. Além disso, a opressão nacional em si não deve ser confundida com ocupação militar e massacres, mesmo que muitas vezes assuma essa forma. De fato, o imperialismo, em particular o imperialismo "democrático" dos EUA, pode por vezes assumir a forma de uma defesa espúria da autodeterminação nacional, como acontece atualmente na Ucrânia. Em 24 de abril de 2024, o Presidente Biden assinou um pacote de "ajuda" de 95,3 bilhões de dólares para a Ucrânia, Israel e Taiwan (61 bilhões de dólares para a Ucrânia, 26 bilhões de dólares para Israel e 8 bilhões de dólares para Taiwan), revelando assim as prioridades do imperialismo norte-americano no financiamento das guerras presentes e futuras. Tentaremos analisar as origens da noção de um "Ocidente democrático", bem como a sua utilização como expressão de propaganda para justificar as políticas do imperialismo norte-americano.

A ideia de um "Ocidente democrático" como cobertura ideológica para a política externa do capital financeiro dos EUA remonta ao discurso proferido pelo presidente Woodrow Wilson perante as duas câmaras do Congresso, a 2 de abril de 1917, que conduziu à declaração de guerra contra a Alemanha. Desde há mais de um século, o imperialismo norte-americano tem preferido oprimir e explorar outros países, sempre que possível, através de instituições democrático-burguesas. O fato de a burguesia norte-americana ter preferido, desde finais do século XVIII, governar através de um regime democrático-burguês e não através de regimes monárquicos, sufrágio censitário, regimes bonapartistas ou ditaduras militares, como governavam as burguesias europeias, contribuiu provavelmente para a adoção de tal política externa, mas a verdade é que ela não foi a primeira opção do imperialismo norte-americano, que chegou a tal política através de um processo de tentativa e erro. Depois de se lançarem na corrida imperialista na guerra hispano-americana de 1898, os EUA reprimiram brutalmente, durante mais de uma década, a Revolução Filipina, que eclodiu no ano seguinte. As Filipinas foram ocupadas segundo o velho modelo da política colonialista europeia e só se tornaram um Estado independente em 1946.

A inflexibilidade deveu-se, em grande parte, ao fato de as Filipinas serem um trampolim para a conquista do mercado chinês, como testemunhou a participação dos EUA na Aliança das Oito Nações que invadiu a China para esmagar a Revolta dos Boxers em 1900. Num ato de ironia involuntária, esta invasão, que resultou no saque de Pequim, é conhecida nos Estados Unidos como a "*China Relief Expedition*". As potências imperialistas europeias e o Japão tinham vencido na divisão da China e, por isso, os Estados Unidos não estavam dispostos a fazer qualquer experiência "democrática" nas Filipinas, preferindo o uso de uma política colonial antiquada. No Caribe e na América Central, por outro lado, após a ocupação de Cuba e de Porto Rico em 1898 (seguida pela separação do Panamá da Colômbia em 1903 e a proclamação do "corolário Roosevelt" da Doutrina Monroe no ano seguinte), o domínio dos Estados Unidos tornou-se rapidamente incontestado. Os EUA começaram a experimentar as formas de dominação indireta que caracterizam sua atual política neocolonialista. Em 1902, as tropas americanas se retiraram de Cuba (embora nunca de Guantánamo), e a política externa global dos EUA nas décadas seguintes caracterizou-se por uma sucessão de intervenções militares para manter o controle político de repúblicas, seguidas de retiradas e treino de forças repressivas locais, permitindo que os países da América Central mantivessem sua independência formal. Na historiografia norte-americana, este período é conhecido pelo nome depreciativo de "*Guerra das Bananas*".

O sistema neocolonial de respeito formal pela independência de outros povos, marcado por intervenções militares quando um país se torna resistente e se recusa a obedecer às ordens dos EUA, funciona com a ameaça latente de agressão militar se um país se recusar a aceitar os ditames do imperialismo norte-americano. Em 1935, Smedley Darlington Butler, o oficial da Marinha mais condecorado da história dos Estados Unidos, que combateu na guerra filipino-americana, na Rebelião dos Boxers, na Revolução Mexicana, na Primeira Guerra Mundial e na Guerra das Bananas, fez o seguinte relato dos seus 34 anos de carreira: *Passei 33 anos e 4 meses no serviço ativo na força militar mais ágil do nosso país - o Corpo de Fuzileiros Navais. Servi em todos os postos de oficial, desde segundo-tenente a major-general. E, durante este período, passei a maior parte do tempo a trabalhar como bandido de alta categoria para o grande capital, Wall Street e os banqueiros. Em suma, fui um gangster do capitalismo.... Ajudei a tornar o México, e particularmente Tampico, seguro para os interesses petrolíferos americanos em 1914. Ajudei a tornar o Haiti e Cuba lugares decentes para os rapazes do* National City Bank *ganharem dinheiro. Ajudei a violar meia dúzia de repúblicas da América Central para benefício de Wall Street. O registo do gangsterismo é longo. Ajudei a purificar a Nicarágua para a casa financeira internacional Brown Brothers durante 1909-1912. Trouxe a luz à República Dominicana em 1916 para os interesses do açúcar. Ajudei a transformar as Honduras, em 1903, num "bom" sítio para as empresas frutícolas americanas. Em 1927, ajudei a* Standard Oil *na China a seguir o seu caminho sem ser perturbada.*[652]

Após a Segunda Guerra Mundial, os Estados Unidos voltaram à política de "exportação da democracia" para prosseguir aquilo a que as tendências mais lúcidas do trotskismo norte-americano chamavam uma política de "contrarrevolução democrática" na Europa Ocidental - o resgate do capitalismo e do aparelho de Estado burguês sob a forma de uma república democrática. Sua expressão mais conhecida foi o Plano Marshall, anunciado pelo General George C. Marshall, então Secretário de Estado dos EUA, em junho de 1947, num discurso na Universidade de Harvard. Através do Plano Marshall, que vigorou durante quatro anos a partir de 1948, o imperialismo norte-americano ajudou a financiar a reconstrução da economia capitalista na Europa Ocidental em troca da exclusão dos ministros do Partido Comunista dos governos de Itália, França e Bélgica em maio de 1947. Este fato coincidiu com a proclamação da Doutrina Truman, em 12 de março de 1947, pelo então presidente Harry Truman, no seu discurso perante uma sessão conjunta do Congresso, que constituiu a declaração oficial da Guerra Fria. Na sua mensagem, Truman solicitou ao Congresso assistência militar e económica para a Turquia e a Grécia, afirmando que "a Grécia deve ser ajudada se quiser tornar-se uma democracia autossuficiente e que se respeite a si própria". Após a Se-

652 Hans Schmidt. *Maverick Marine: General Smedley D. Butler and the Contradictions of American Military History.* Lexington, University Press of Kentucky, 1998.

gunda Guerra Mundial, os EUA criaram também, nos acordos de Bretton Woods, um sistema financeiro para assegurar o seu domínio neocolonial do mundo, incluindo o Fundo Monetário Internacional e o Banco Mundial, ambos sediados em Washington, combinando assim o parasitismo financeiro com o neocolonialismo. Embora o sistema de taxas de câmbio fixas baseado no ouro estabelecido em Bretton Woods tenha sido desmantelado por Nixon, as instituições criadas em Bretton Woods continuam a funcionar até hoje como um mecanismo de exploração e parasitismo financeiro ancorado na função do dólar como moeda de reserva mundial. Foi este armamento financeiro do imperialismo norte-americano e dos seus aliados que lhe permitiu bloquear cerca de 300 bilhões de dólares de ativos soberanos russos no "Ocidente" em fevereiro de 2022.

Após a queda do Muro de Berlim, em 1989, e a dissolução da União Soviética, em 1991, a economia russa entrou em colapso: sua produção industrial caiu para metade e, entre 1990 e 1994, a esperança de vida masculina na Rússia baixou de 65,5 anos para 57,3 anos, inferior à da Índia, do Egito ou da Bolívia. Isto implicou não só o enriquecimento de alguns à custa do mergulho da grande maioria da população russa na miséria, mas também uma profunda humilhação nacional. A desintegração nacional da Rússia foi teorizada como um objetivo por figuras importantes da política externa dos EUA, como Zbigniew Brzezinski, que em 1997 fantasiou sobre o "alargamento da OTAN e da União Europeia" para incluir "entre 2005 e 2010, a Ucrânia", um "alargamento" acompanhado pela divisão da Rússia em três Estados fantoches: "uma Rússia europeia, uma república siberiana e uma república do Extremo Oriente". Este "sistema político descentralizado", juntamente com uma "economia de mercado livre", teria supostamente "libertado o potencial criativo do povo russo e os vastos recursos naturais da Rússia", abrindo-os assim às corporações americanas.[653] O regime bonapartista de Putin emergiu como resultado dessas contradições, como uma variante provocada pela restauração mafiosa da propriedade privada durante a era de Yeltsin - incluindo a colonização do país pelo capital imperialista - por um lado, e pela pressão militar e diplomática do imperialismo dos EUA, por outro. Uma das fontes duradouras de apoio popular ao regi-

653 Zbigniew Brzezinski. A geostrategy for Eurasia. *Foreign Affairs,* 76(5), Washington, 1997.

me de Putin é o fato de ele não só ter invertido o colapso económico, como também ter posto fim ao desmantelamento da Rússia através da centralização do poder estatal e do restabelecimento das suas principais fontes de divisas, em particular o petróleo e o gás através da Gazprom e da Rosneft, um processo que levou a um confronto com o oligarca Mikhail Khodorkovsky, que se tinha apropriado destes recursos em seu benefício pessoal e dos seus parceiros norte-americanos.

A 20ª Cimeira da OTAN, organizada em Bucareste, na Roménia, de 2 a 4 de abril de 2008, emitiu uma declaração que afirmava: "A OTAN congratula-se com as aspirações euro-atlânticas da Ucrânia e da Geórgia à adesão à OTAN. Acordamos hoje que estes países se tornarão membros da OTAN". Isto resultou na guerra russo-georgiana de agosto de 2008, na qual o presidente georgiano Mikheil Saakashvili, um protegido de Washington, lançou um súbito ataque militar ao protetorado russo da Ossétia do Sul, no interior da Geórgia. A Rússia interveio, vencendo aquela que foi a primeira *guerra por procuração* entre os EUA e a Rússia nas suas fronteiras e prefigurando a guerra na Ucrânia. Em fevereiro de 2014, teve lugar na Ucrânia a chamada "Revolução Maidan", pró-imperialista, na qual tanto a União Europeia como os Estados Unidos desempenharam um papel decisivo para provocar uma "mudança de regime" na Ucrânia e trazê-la para a esfera de influência do "Ocidente". Esta operação foi facilitada pela natureza corrupta do regime do oligarca alinhado com a Rússia, Viktor Yanukovych, e pelo descontentamento da população com o governo e a situação económica. A chamada "revolução " começou com uma medida da UE: o chamado "*Acordo de Comércio Livre Abrangente e Aprofundado*" (DCFTA) entre a Ucrânia e a UE. Viktor Yanukovych, presidente da Ucrânia de 25 de fevereiro de 2010 a 22 de fevereiro de 2014, ficou alarmado com as duras medidas de austeridade económica implícitas no acordo e com a perspectiva de cortar os laços da Ucrânia com a Rússia em favor do "Ocidente", e adiou a sua assinatura, na esperança de conseguir um melhor acordo colocando a UE e a Rússia uma contra a outra. Os opositores de Yanukovych, conscientes do seu descrédito junto à população, apoiados abertamente pela União Europeia e pelos EUA, aproveitaram a oportunidade para organizar a ocupação da Praça da Independência - Maidan, em Kiev.

Em dezembro de 2013, o senador republicano John McCain e o senador democrata Chris Murphy deslocaram-se a Kiev para se encontrarem com os líderes da oposição, e depois discursaram perante a multidão. Também em dezembro de 2013, num discurso à Fundação EUA-Ucrânia, uma agência não governamental para "promover a democracia", a subsecretária de Estado para os Assuntos Europeus e Eurasiáticos, Victoria Nuland, afirmou: "Desde a independência da Ucrânia em 1991, os Estados Unidos têm apoiado os ucranianos a desenvolver competências e a construir instituições democráticas, a promover a participação cívica e a boa governação, condições prévias para que a Ucrânia possa concretizar as suas aspirações europeias. Investimos mais de 5 bilhões de dólares para ajudar a Ucrânia nestes e noutros objectivos que garantirão uma Ucrânia segura, próspera e democrática". Victoria Nuland e o embaixador dos EUA na Ucrânia, Geoffrey Pyat, engendraram a nomeação de Arseni Yatseniuk como primeiro-ministro do governo interino ucraniano após o golpe de Maidan, como se pode ver na transcrição da conversa telefónica entre os dois,[654] que resultou na anexação da península da Crimeia pela Rússia e no início de uma guerra civil na região de Donbass.

Os fascistas do *Svoboda* - Freedom, e do *Pravy Sektor* - Setor da Direita- foram as tropas de choque da "Revolução de Maidan". O governo Yanukovych, sem uma base de apoio sólida na população, entrou em colapso em poucos dias. Os neonazistas entraram no primeiro governo "revolucionário". Demasiado visíveis, sobretudo após o massacre de pró-russos em Odessa, onde incendiaram sedes de sindicatos, foram excluídos do governo formado por Petro Poroshenko após as eleições presidenciais de 25 de maio de 2014. Ao mesmo tempo, o Batalhão Azov, neonazista, juntou-se à Guarda Nacional da Ucrânia em novembro de 2014.[655] Desde 2014, com a vitória do "Euromaidan", iniciou-se um processo de incorporação da Ucrânia na OTAN. John J. Mearsheimer argumentou que "os Estados Unidos e os seus aliados europeus partilham a maior parte da responsabilidade" pela crise ucraniana, porque "na raiz do problema está o alargamento da OTAN,

---

654 Grey Anderson (ed.). Nuland-Pyatt Transcript. *Natopolitanism: the Atlantic Alliance since the Cold War*. Londres, Verso, 2023.

655 Jean-Jacques Marie. L'Ukraine hier et aujourd'hui. *Cahiers du Mouvement Ouvrier*. Paris, 2022, 16 de março.

o elemento central de uma estratégia mais ampla para retirar a Ucrânia da órbita da Rússia e integrá-la no Ocidente. Ao mesmo tempo, a expansão da UE para Leste e o apoio do Ocidente ao movimento pró-democracia da Ucrânia, que começou com a Revolução Laranja em 2004, foram também elementos críticos. Desde meados da década de 1990, os líderes russos se opuseram firmemente ao alargamento da OTAN, e deixaram claro que não ficariam de braços cruzados quando seu vizinho estrategicamente importante se tornasse um bastião ocidental".[656] Os EUA tornaram gradualmente a Ucrânia um Estado membro *de fato* da OTAN, não só fornecendo armas e informações aos militares ucranianos, mas também realizando exercícios militares conjuntos anuais, tanto em terra como no mar.

O Comunicado da Cimeira de Bruxelas da OTAN, emitido em 14 de junho de 2021, afirmava: "Reiteramos a decisão tomada na Cimeira de Bucareste de 2008 de que a Ucrânia se tornará membro da Aliança com o Plano de Ação para a Adesão (MAP) como parte integrante do processo; reafirmamos todos os elementos dessa decisão, bem como as decisões subsequentes". A *Carta de Parceria Estratégica EUA-Ucrânia,* assinada cinco meses mais tarde, em 10 de novembro de 2021, repetiu a mesma declaração provocatória (*Departamento de Estado dos EUA,* 2021). Por último, uma "Folha Informativa dos EUA sobre a Cooperação em matéria de Segurança com a Ucrânia", emitida pelo Gabinete de Assuntos Político-Militares do Departamento de Estado em 15 de junho de 2022, afirmava publicamente que "desde 2014, os Estados Unidos forneceram mais de 8,3 bilhões de dólares em assistência à segurança para formação e equipamento, a fim de ajudar a Ucrânia a preservar a sua integridade territorial, proteger as suas fronteiras e melhorar a interoperabilidade com a OTAN" (*Departamento de Estado dos EUA,* 2022). O reforço das forças armadas da Ucrânia pelos EUA e pela OTAN transformou-as no segundo maior exército da Europa, em termos numéricos, depois da Rússia.

As provocações da OTAN, associadas a sinais de uma iminente ofensiva ucraniana contra Donbass - cujos habitantes russos tinham sofrido repressão às mãos do regime de Kiev pós-2104 -, acabaram por resultar na eclosão da guerra na Ucrânia, em 24 de fevereiro de 2022. Em 11 de março

656 John J. Mearsheimer. Why the Ukraine crisis is the West's fault: the liberal delusions that provoked Putin. *Foreign Affairs* 93(5), Washington, 2014.

de 2022, Stephen Kotkin vangloriava-se, no *Times Literary Supplement,* de que "a Ucrânia (ainda) não está na OTAN, nem a Geórgia, mas a OTAN está na Ucrânia". Seis semanas após o início da guerra, a 6 de abril de 2022, o Secretário-Geral da OTAN, Jens Stoltenberg, declarou: "A OTAN estava, de fato, muito bem preparada quando a Rússia invadiu a Ucrânia pela segunda vez e, no dia da invasão, ativamos os nossos planos de defesa, destacámos milhares de tropas adicionais para a parte oriental da Aliança. Existem agora 40.000 tropas sob o comando da OTAN na parte oriental da Aliança. E há mais tropas dos EUA na Europa, 100.000 no total, e outros aliados também aumentaram a sua presença".[657] De acordo com a propaganda dos EUA, "pelo princípio sagrado da autodeterminação nacional soberana, a Ucrânia tem todo o direito de escolher aderir à OTAN, ocupando o seu lugar numa aliança defensiva de democracias liberais. O fato de Putin discordar demonstra simplesmente o seu ódio autocrático à democracia". Esta propaganda deu origem ao "mito da OTAN como um clube político para as democracias, ao qual um país como a Ucrânia poderia escolher livremente aderir em nome da autodeterminação". Na verdade, "aderir à OTAN é precisamente ceder a autodeterminação soberana ao comando militar externo, a razão pela qual De Gaulle retirou a França da adesão à OTAN", e "aqueles que a propõem para a Ucrânia devem ser honestos sobre o que isso implica: não o exercício da autodeterminação soberana, mas a sua revogação, e uma vontade de ver o território ucraniano tornar-se uma linha de frente militarizada contra o seu vizinho gigante".[658]

Nem Obama nem Trump se interessaram pelos Acordos de Paz assinados em Minsk em 2015, e o mesmo aconteceu com os outros signatários aliados dos EUA: Alemanha e França. Numa entrevista ao jornal alemão *Die Zeit,* a então chanceler da Alemanha, Angela Merkel, disse sobre os protocolos de Minsk que "Era óbvio que o conflito ia congelar, que o problema não estava resolvido, mas deu à Ucrânia um tempo precioso". François Hollande, então presidente da França, acrescentou: "Sim, Angela Merkel tem razão neste ponto. Os acordos de Minsk pararam a ofensiva russa du-

657 Jens Stoltenberg. Doorstep statement by OTAN Secretary ahead of the Meeting of OTAN Ministers of Foreign Affairs on 6 and 7 April 2022. *North Atlantic Treaty Organization,* 2022, 6 de abril.

658 Susan Watkins. An avoidable war? In: Grey Anderson (ed.). *Natopolitanism: The Atlantic Alliance since the Cold War,* cit.

rante algum tempo. O que era muito importante era saber como é que o Ocidente iria utilizar esta pausa para impedir novas tentativas russas". E Petro Poroshenko, presidente da Ucrânia de junho de 2014 a maio de 2019, confirmou a desonestidade com que os acordos de Minsk foram assinados ao dizer que o acordo de paz de 2015 deu à Ucrânia "oito anos para criar [um] exército" e reconstruir a sua economia. "Ganhámos oito anos para continuar as reformas e avançar para a União Europeia", disse. O resultado final da política liderada pelos EUA de expansão da OTAN para a Europa Oriental foi que, na Ucrânia, como o antigo diretor da CIA de Obama, Leon Panetta, explicou candidamente, "os Estados Unidos estão a travar uma *guerra por procuração* com a Rússia". Um artigo do *Financial Times* observava corretamente que o flanco oriental da OTAN estava 1.100 quilómetros mais próximo do Kremlin do que a fronteira da Alemanha Ocidental estava em 1989 e que, no entanto, "a Europa está indiscutivelmente menos segura hoje do que em qualquer outro momento desde 1945".[659]

O objetivo do imperialismo norte-americano ao pressionar a adesão da Ucrânia à OTAN tem sido "obstruir a crescente parceria económica entre a antiga União Europeia, especialmente a Alemanha e a Rússia". Para isso, os EUA esperam usar a revolução do gás de xisto para enfraquecer a Rússia, substituindo pelo gás liquefeito dos EUA, obtido por *fracking*, as reservas de gás natural da Rússia, com enormes custos para as economias dos países europeus. A nova "cortina de ferro" era "concebida para atingir o objetivo enunciado em 1997 por Zbigniew Brzezinski em *The Grand Chessboard*: manter o continente euroasiático dividido para perpetuar a hegemonia global dos EUA. A velha Guerra Fria serviu esse objetivo, cimentando a presença militar e a influência política dos EUA na Europa Ocidental. Uma nova Guerra Fria pode impedir que a influência dos EUA seja diluída pelas boas relações entre a Europa Ocidental e a Rússia".[660] A subserviência europeia aos ditames do imperialismo norte-americano foi evidente "na aceitação estoica do bombardeamento do gasoduto *Nord Stream* em setembro de 2022, o mais grave ataque à infraestrutura civil de um Estado membro da

659 Henry Foy. OTAN's Eastern front: will the military build-up make Europe safer? The continent has more soldiers and weapons on high alert than in decades but without the Cold War Agreements that Provided Reassurance. *Financial Times*, Londres, 2022, 3 de mayo.

660 Diana Johnstone. Washington's Iron Curtain in Ukraine. *Counterpunch*, Nova York, 2014, 6 de junho.

OTAN desde a Segunda Guerra Mundial", que foi saudado por Radosław Sikorski, eurodeputado europeu e antigo ministro dos Negócios Estrangeiros polaco, com as palavras "Obrigado, América". Uma investigação conjunta do *The Washington Post* e do *Der Spiegel* revelou que o ataque ao gasoduto *Nord Stream* foi coordenado por Roman Chervinsky, um coronel das forças de operações especiais da Ucrânia.

Tudo isto não é nem uma negação da opressão nacional que o povo ucraniano (juntamente com os polacos, finlandeses, letões, etc.) tem sofrido historicamente às mãos do Estado russo, nem um apoio às políticas seguidas pelo governo de Putin. É apenas um sinal de que o imperialismo norte-americano está a usar o conflito ucraniano como desculpa para expandir a sua esfera de intervenção militar na Europa. Do ponto de vista do imperialismo norte-americano, a atual *guerra por procuração da OTAN* contra a Rússia é uma guerra ideal, com os EUA a fornecerem as armas e a Ucrânia a carne para canhão. A condição prévia indispensável para uma solução para o conflito na Ucrânia é o desmantelamento da OTAN enquanto esfera de influência militar do imperialismo norte-americano na Europa, bem como a retirada de todas as tropas e mísseis nucleares dos EUA do continente europeu. O mesmo se aplica à União Europeia, que é outro instrumento do imperialismo norte-americano: "A expansão para leste foi dirigida por Washington: em todos os casos, os antigos satélites soviéticos aderiram à OTAN, sob o comando dos EUA, antes de serem admitidos na União Europeia".[661] Só depois do desmantelamento das instituições militares e políticas que transformam os países europeus em Estados vassalos do imperialismo norte-americano seria possível falar de uma verdadeira autodeterminação nacional na Ucrânia, incluindo a possibilidade de criar uma federação continental para evitar a eclosão de novas guerras no futuro.

Os chineses descrevem como o "século da humilhação" o período da sua história durante o qual a nação sofreu a opressão do imperialismo e do colonialismo estrangeiros, começando com a Primeira Guerra do Ópio (1839-1842) e terminando em 1949 com a fundação da República da China. Mas a unificação nacional da China é um processo inacabado: prosseguiu com a reunificação com Hong Kong em 1997 e com Macau em

---

661 Perry Anderson. *The New Old World*. Londres, Verso, 2009.

1999, enquanto a reunificação com Taiwan (que foi tomada pelo Japão após a derrota da China na primeira guerra sino-japonesa de 1894-95) ainda está pendente. A continuação da separação de Taiwan do resto da China deve-se ao apoio dos EUA ao Kuomintang após a derrota de Chiang Kai-shek na guerra civil. Dado que tanto a Coreia como o Vietname fazem fronteira com a China, é natural que a China tenha encarado a intervenção militar dos EUA nas guerras da Coreia e do Vietname, bem como o seu apoio militar a Taiwan, como uma ameaça existencial. Em 11 de outubro de 2011, a então Secretária de Estado do Presidente Barack Obama, Hillary Clinton, publicou um artigo na revista *Foreign Policy* intitulado *America's pacific century*, no qual afirmava que "o futuro da política será decidido na Ásia, não no Afeganistão ou no Iraque, e os Estados Unidos estarão no centro da ação". Defendendo um "pivô para a Ásia", Clinton afirmava: "À medida que a guerra do Iraque se aproxima do fim e a América começa a retirar as suas forças do Afeganistão, os Estados Unidos encontram-se num ponto de viragem. Nos últimos dez anos, dedicámos imensos recursos a estes dois teatros (...) Uma das tarefas mais importantes da política americana na próxima década será, portanto, assegurar um investimento substancialmente maior - diplomático, económico, estratégico e outros - na região da Ásia-Pacífico". A nova estratégia de "contenção da China" foi continuada sob a administração republicana de Donald Trump e a subsequente administração democrata de Joe Biden e, entre outras coisas, levou à retirada dos EUA do Afeganistão em agosto de 2021.

O conflito EUA-China é inteiramente "*Made in USA*": não há mais razão para a expansão da OTAN para a Europa Oriental do que para as "patrulhas de liberdade de navegação" da Sétima Frota dos EUA no Estreito de Taiwan, sendo ambas apenas o resultado de uma política agressiva unilateral levada a cabo pelo imperialismo norte-americano. De fato, certos setores do establishment americano, como o professor Mearsheimer, condenaram a política provocatória de expansão da OTAN na Europa de Leste como uma loucura, porque conduziu à guerra na Ucrânia, que obriga os Estados Unidos a desviar recursos para uma guerra contra a Rússia, em vez de os concentrar na luta contra a China – "como os Estados Unidos deveriam fazer". Este setor da burguesia norte-americana considera que a política do "*pivote para a Ásia*" formulada pela administração democrata Obama, mas levada ao paroxismo pela administração republicana Trump, é o verdadeiro eixo em torno do qual gira agora a política externa do governo dos EUA. As razões para este raciocínio são óbvias: a China tinha um PIB de 14,72 biliões de dólares em 2020, equivalente a 70 % do PIB dos Estados Unidos e dez vezes o da Rússia. Além disso, as bases demográficas do crescimento futuro dos três países são muito diferentes. Em 2020, os Estados Unidos tinham uma população de 331 milhões de pessoas, enquanto a China tinha uma população de 1440 milhões de pessoas - 4,35 vezes mais - e a Rússia tinha uma população de 144 milhões, um décimo da chinesa. A China vai emergir cada vez mais como o maior concorrente dos Estados Unidos no mercado mundial e, portanto, potencialmente também na política internacional, deixando a Rússia muito para trás em ambos os aspectos. Daí a política dos EUA de "contenção da China", o abandono por Biden da política de "Uma só China", os esforços frenéticos dos EUA para negar à China o acesso a chips avançados e os preparativos para a guerra por causa de Taiwan, incluindo a criação de um "cordão sanitário" de bases militares à volta da China, onde estão atualmente estacionados 53.973 soldados americanos no Japão e 25.372 na Coreia do Sul.[662]

A subserviência europeia aos ditames do imperialismo norte-americano voltou a ser evidente numa cimeira da OTAN em Madrid, em junho de 2022, quando "a OTAN, pela primeira vez, colocou oficialmente a China (rotulada como um "desafio sistémico") na sua mira, no meio dos esforços dos EUA, nas palavras de diplomatas aliados, para "aproveitar a ação que tem vindo a desenvolver na Ucrânia e transformá-la... em apoio mais concreto às suas políticas na região do Indo-Pacífico", como lembrou Perry Anderson. A 1º de fevereiro de 2023, os Estados Unidos anunciaram planos para criar quatro novas bases militares nas Filipinas ao abrigo do *Acordo de Cooperação Reforçada no domínio da Defesa* (EDCA) entre as duas nações, que entrou em vigor. As quatro novas instalações são a Base Naval Camilo Osias em Santa Ana, Cagayan; o Campo Melchor Dela Cruz em Gamu, Isabela; a Ilha Balabac em Palawan; e o Aeroporto Lal-lo em Cagayan. De acordo com um relatório do *The Economist*, "os Estados Unidos garantiram o acesso a nove bases militares na sua antiga colónia asiática" das Filipinas,

662 Hope O'Dell. The US is sending more troops to the Middle East. Where in the world are US military deployed? *Chicago Council on Global Affairs*, 2024, 5 de abril.

acrescentando: "Significativamente, o novo pacto incluirá provavelmente duas bases costeiras na província setentrional de Cagayan, a menos de 400 quilómetros (250 milhas) da costa de Taiwan, o que as torna a rampa de lançamento mais próxima possível da ilha disputada para as forças americanas e aliadas, para além de uma ou duas bases em ilhas japonesas remotas, que seriam mais difíceis de defender e abastecer".

A ofensiva belicista e as crescentes pressões económicas do imperialismo norte-americano contra a China são justificadas (tal como o envolvimento *de fato dos EUA* na guerra na Ucrânia) em nome da necessidade de defender a "democracia" ocidental contra o "autoritarismo" chinês e russo. De fato, enquanto Taiwan se mantiver separada da China continental, a reunificação final da China continuará a ser uma tarefa por resolver da revolução democrática nesse país, independentemente do regime político de cada momento. Foi precisamente a ofensiva belicista e as crescentes pressões económicas do imperialismo norte-americano contra a China que reforçaram o carácter bonapartista e de poder pessoal do regime chinês e permitiram a Xi Jinping eliminar o limite de dois mandatos para o presidente da China, garantindo um terceiro mandato em outubro de 2022 no 20º Congresso do Partido Comunista da China. Não haveria qualquer obstáculo intransponível à implementação de um sistema "um país, dois sistemas" entre a China e Taiwan, como o que foi posto em prática em Hong Kong após a retirada do imperialismo britânico, se não fosse a presença da 7º Frota dos EUA no Estreito de Taiwan. Evidentemente, uma paz duradoura no Extremo Oriente implica também a retirada das tropas americanas estacionadas no Japão e na Coreia do Sul, porque as bases militares em que estão alojadas são, como as das tropas americanas estacionadas na Europa, produto das guerras travadas pelos EUA no século XX. Além disso, é hipócrita os EUA se apresentarem como defensores da democracia sendo o principal apoiante do regime sionista que está a levar a cabo um genocídio em Gaza e uma limpeza étnica em toda a Palestina.

Em novembro de 2023, a Câmara dos Representantes dos EUA aprovou um plano republicano prevendo uma ajuda militar de 14,5 bilhões de dólares a Israel, além dos 3,8 bilhões que os EUA lhe fornecem anualmente. Além disso, os EUA estacionaram flotilhas de porta-aviões, destroieres e submarinos nucleares ao largo da costa do Líbano e no Golfo Pérsico para ajudar militarmente o sionismo, ameaçando o Hezbollah e o Irão. Recentemente, a Câmara dos Representantes aprovou mais 26 bilhões de dólares em "ajuda" a Israel, elevando o montante total de dinheiro recentemente concedido para 44,3 bilhões de dólares. De acordo com o *Financial Times*, os EUA têm mais de 57.000 militares estacionados no Médio Oriente, dos quais 900 na Síria, 12.500 no Mediterrâneo Oriental, 3.500 na Jordânia, 500 no Egito, 2.500 na Arábia Saudita, 2.000 no Iraque, 10 000 no Kuwait, 4 500 no Bahrein, 10 000 no Qatar, 5 000 nos Emirados Árabes Unidos, 4 500 no Mar Vermelho e 1 200 no Mar Arábico e no Golfo Pérsico, segundo estimativas do Instituto Internacional de Estudos Estratégicos. Israel é, pelas razões acima referidas, o pivô em torno do qual gira toda a sua estratégia na região.

Numa entrevista concedida a 15 de outubro de 2023, o deputado do Knesset (parlamento israelense) Ofer Cassif, da *Hadash* (Frente Democrática para a Paz e a Igualdade, liderada pelo Partido Comunista, maioritariamente árabe, mas com membros judeus), acusou o governo liderado pelo primeiro-ministro Benjamin Netanyahu de explorar o ataque organizado pelo Hamas a 7 de outubro de 2023 para implementar uma "solução final" para a questão palestiniana. Cassif afirmou que o ministro das Finanças de Israel, Bezalel Smotrich, publicara em 2017 um "plano de subjugação" que apelava à anexação de todos os territórios disputados, à expulsão de todos os árabes que não aceitassem a sua posição como "súbditos" e à morte de todos os que resistissem. O Comité de Ética do Knesset suspendeu Cassif durante 45 dias e lhe cortou o salário durante duas semanas. Em 24 de outubro, o diário económico israelense *Calcalist noticiou* um plano do ministro dos serviços secretos israelenses, Gila Gamliel, para expulsar à força os habitantes de Gaza para a península do Sinai, que faz fronteira com Gaza, depois da guerra. Um documento do Ministério dos Serviços Secretos sugeria a recolonização de Gaza, 18 anos depois de as tropas israelenses e os colonos se terem retirado daí. O plano previa uma linha de ação "que produzirá resultados estratégicos positivos a longo prazo" e envolvia a transferência forçada de todos os habitantes de Gaza para o Egito, uma expulsão que seria levada a cabo em três fases. Primeiro, seriam construídas cidades-tenda no Sinai, a sudoeste de Gaza. Seguir-se-ia a criação de um "corredor humanitário" para ajudar os evacuados. Seriam construídas cidades no norte do Sinai para alojar permanentemente os refugiados de Gaza, e também a criação de uma "zona estéril" com vários quilómetros de largura para impedir o regresso dos palestinos a Gaza, bem como esforços para persuadir os países a atuarem como "cestos de absorção" para os deslocados. Países europeus como Espanha e Grécia, nações do Norte de África e o Canadá, foram mencionados como possíveis destinos de reinstalação.

Essa política foi apoiada pela imprensa imperialista: a revista *The Economist* publicou o artigo *Can Egypt be persuaded to accept refugees from Gaza?*, que especulava sobre se os EUA poderiam usar a falência do Egito para o forçar a aceitar uma transferência de palestinos. Duas semanas mais tarde, a 30 de outubro, o *Financial Times* noticiou que o Primeiro-Ministro Benjamin Netanyahu tentou convencer os líderes europeus a pressionar o Egito a aceitar refugiados de Gaza. Netanyahu tinha apresentado esse plano em reuniões com a República Checa e a Áustria, em discussões privadas que antecederam a cimeira da União Europeia. Os principais países europeus, a França, a Alemanha e o Reino Unido, rejeitaram a proposta por considerá-la irrealista, salientando a resistência dos egípcios à ideia de aceitar refugiados de Gaza, mesmo a título temporário. Quando o ministro do património de israel, Amichai Eliyahu, do partido *Otzma Yehudi*, foi questionado numa entrevista à rádio *Kol Berama* se estava a sugerir que poderia ser lançada uma bomba nuclear sobre a Faixa de Gaza, respondeu: "É uma maneira". Quando questionado sobre o destino da população palestiniana, disse: "Podem ir para a Irlanda ou para um deserto qualquer, os monstros de Gaza devem encontrar uma solução para eles próprios".

Em 11 de novembro, numa entrevista ao *Jadashot*, o Ministro da Agricultura do governo israelense, Avi Dichter, do Likud, foi questionado sobre a possibilidade de comparar as imagens da evacuação dos habitantes do norte da Faixa de Gaza para o sul com as da *Nakbah* (catástrofe em árabe, uma referência à limpeza étnica de 750.000 palestinos em 1948, conhecida em hebraico como a "guerra da independência"), tendo respondido: "Estamos agora basicamente a realizar a Nakbah de Gaza.Em seguida, respondeu: "Estamos agora basicamente a levar a cabo a *Nakbah* de Gaza. De um ponto de vista operacional, não é possível conduzir uma guerra como a que o exército quer conduzir nos territórios de Gaza quando as massas estão entre os tanques e os soldados". Questionado uma segunda vez sobre se se tratava efetivamente da "*Nakbah* de Gaza", Dichter, membro do gabinete político e de segurança, respondeu: "A *Nakbah* de Gaza 2023. É assim que vai acabar". O ministro foi então questionado se os residentes da Faixa de Gaza regressariam à Cidade de Gaza, e respondeu: "Não sei como é que isto vai acabar no final, porque a Cidade de Gaza está num terço da Faixa de Gaza, é metade da população, mas não é mais do que um terço da Faixa de Gaza". As declarações de altos funcionários de Israel poderiam ser prolongadas, elas bastam para provar que a declaração de Cassif descrevia os objetivos, não só do governo israelense, mas do sionismo: implementar uma "solução final" da questão palestina através do extermínio e expulsão da população árabe de todo o território da Palestina.

O sionismo é um movimento de colonização que foi promovido pelo imperialismo (inicialmente pelo imperialismo britânico, com a Declaração Balfour de 2 de novembro de 1917, que apelava à criação de um "lar nacional" para o povo judeu na Palestina) por duas razões. O primeiro objetivo, delineado por Winston Churchill no seu artigo *Sionismo versus Bolchevismo: Uma Luta pela Alma do Povo Judeu*, de fevereiro de 1920, era erradicar o povo judeu, historicamente oprimido e proeminente nos movimentos revolucionários na Europa, transformando-o numa população de colonialistas opressores, a fim de o afastar do marxismo, um objetivo que se tornou mais urgente para a burguesia após o triunfo da revolução bolchevique. O segundo objetivo era obter uma base sólida de apoio na Palestina, e no Médio Oriente em geral, encorajando o desenvolvimento do *Yshuv* (colonato) sionista na Palestina. Seu raciocínio era que a criação de uma ilha de colonos europeus no meio de um mar de população nativa hostil - uma versão sionista dos *pied-noirs* da Argélia - numa localização estratégica entre a África e a Ásia, reforçaria grandemente o domínio imperialista no Médio Oriente. Apesar do conflito entre o imperialismo britânico e o sionismo nas décadas de 1930 e 1940, o raciocínio revelou-se fundamentalmente correto. Foi o imperialismo americano que colheu os frutos desta política, através do bombardeamento por Israel do reator nuclear iraquiano em 7 de junho de 1981, o que permitiu aos EUA invadir o Iraque em 2003. Em 2022, as Forças de "Defesa" de Israel contavam com 169.500 efetivos, o que faz de Israel a maior base militar dos EUA no mundo, quase três vezes maior do que Fort Bragg, na Carolina do Norte, com 60.000 militares. Como resultado da pressão diplomática, económica e militar dos EUA, cinco países árabes estabeleceram relações diplomáticas com Israel: Egito, Jordânia, Marrocos, Emirados Árabes Unidos e Bahrein. O idílio diplomático teve lugar enquanto os palestinos eram sistematicamente despojados das suas terras, mesmo após a assinatura dos Acordos de Oslo em 1993. Este processo de reforço crescente do colonialismo sionista parece estar em contradição com a crescente fascistização da política israelense.

Por que razão, se o sionismo, com o apoio do imperialismo norte-americano, conseguiu impor repetidamente a sua vontade ao povo palestino ao longo de mais de um século, os sionistas se sentem ameaçados e desenvolvem planos operacionais para completar a limpeza étnica da Palestina? Apesar de um século de limpeza étnica, o território da Palestina histórica alberga *praticamente o mesmo número* de judeus e árabes: 6,8 milhões - sem contar com os refugiados palestinos que vivem nos países vizinhos, que são mais de 6 milhões, a maioria dos quais reside nos países árabes que fazem fronteira com Israel. Tudo isto conduziu àquilo a que os sionistas chamam um "equilíbrio demográfico" cada vez mais desfavorável, que põe em risco todo o processo de colonização da Palestina. Esta situação é vista como uma ameaça existencial pelo sionismo, cuja única alternativa, de acordo com a lógica colonialista, é intensificar a expulsão e o extermínio da população palestiniana. Este fato, associado à emergência de movimentos de resistência ao sionismo no sul do Líbano e na Faixa de Gaza, conduziu a uma crise do sionismo e à sua gradual fascistização através do crescimento do nacionalismo religioso messiânico.

O ataque organizado pelo Hamas em 7 de outubro de 2023 matou 1200 pessoas. Sete meses depois, mais de 34.000 palestinos e 1.410 israelenses foram mortos: um rácio de mais de 20 nativos por ocupante, típico de uma guerra colonial. A última análise demográfica efetuada pelas autoridades de Gaza, em 29 de fevereiro de 2024, indicava que mais de 70% dos mortos eram mulheres e crianças. Mas é provável que o número real de mortos pela ofensiva israelense fosse significativamente mais elevado, porque muitos hospitais, onde normalmente se registram as mortes, já não estavam operacionais. A analogia habitual entre o regime imposto pelo sionismo na Palestina e o regime do apartheid na África do Sul é enganadora, porque o sionismo não quer explorar os palestinos, mas sim livrar-se deles;

uma analogia mais precisa seria comparar o projeto sionista com o genocídio da população nativa no continente americano.[663] Por conseguinte, é hipócrita condenar ambas as partes pela morte de civis. A guerra não foi escolhida pelos palestinos; pelo contrário, foi-lhes imposta pelo sionismo, e as mortes foram totalmente desproporcionais: entre os palestinos que morreram em Gaza até 3 de fevereiro de 2024 contavam-se mais de 8.000 crianças e 6.200 mulheres, ou seja, pelo menos 14.200 civis mortos em três meses. Durante quase dois anos de guerra na Ucrânia, a ONU estimou 10.000 civis mortos, menos 50% do que na Palestina em três meses.

Por outras palavras, parafraseando o slogan histórico do movimento de libertação nacional palestino, hoje "do rio Jordão ao mar Mediterrâneo" existe apenas uma ditadura israelense. É uma questão em aberto saber se o sionismo conseguirá realizar as suas fantasias doentias de criar um "Grande Israel" expulsando os cerca de 7 milhões de palestinos que ainda vivem na Palestina. Para o historiador israelense Ilan Pappé, o genocídio em Gaza é um sinal de que "o colonialismo dos colonatos israelenses está a chegar ao fim".[664] Com o seu forte apoio bipartidário a Israel, o imperialismo norte-americano tira a sua máscara democrática e diz abertamente: "Este sou eu; estou disposto a torturar e assassinar, a matar civis e a cometer genocídio em defesa dos meus interesses políticos e económicos". Uma verdadeira solução para o conflito na Palestina exige o fim da existência do Estado sionista e a sua substituição por um Estado único, laico e democrático em todo o território da Palestina histórica, para o qual todos os refugiados palestinos tenham o direito de regressar. Uma tal solução não só poria fim à limpeza étnica em curso na Palestina e asseguraria ao povo palestino o direito à autodeterminação, como também privaria o imperialismo norte-americano da sua principal base militar no Médio Oriente, o que não é um fato de somenos importância, uma vez que o sistema neocolonial "democrático" do imperialismo norte-americano só pode funcionar através da existência de aproximadamente 800 bases militares fora do território dos EUA.

Através de duas guerras mundiais, da sua intervenção na guerra civil chinesa, da guerra da Coreia, do seu triunfo na guerra fria na Europa e de

663 Moshé Machover Is It Apartheid? *Jewish Voice for Peace*, 2004, 14 de novembro.

664 Ilan Pappé. It is dark before the dawn, but Israeli settler colonialism is at an end. *Islamic Human Rights Commission*, Londres, 2024, 20 de fevereiro.

toda uma série de outros conflitos bélicos, bem como de políticas de coerção económica, os EUA conseguiram impor a sua hegemonia sobre os outros Estados imperialistas, transformando os países da Europa Ocidental e Central, bem como o Canadá, a Austrália, o Japão, a Coreia do Sul, Taiwan e Israel em Estados vassalos de fato do imperialismo norte-americano. Isto permite aos EUA travar *guerras por procuração para* evitar repetir as experiências desastrosas da guerra do Vietname e as invasões do Afeganistão e do Iraque. É claro que os limites destas políticas são porosos e não eliminam o risco de os EUA serem arrastados para uma guerra direta com potências nucleares. Todas as medidas acima referidas, por si só (a retirada das tropas americanas da Europa através do desmantelamento da OTAN, a reunificação de Taiwan com a China e a criação de um Estado único, secular e democrático na Palestina, para o qual os refugiados palestinos tenham o direito de regressar), ou mesmo as três em conjunto, podem inverter alguns dos aspectos mais brutais e perigosos da política externa dos EUA, mas não pôr fim ao imperialismo americano propriamente dito - isto é, ao domínio das corporações e dos bancos sobre o Estado americano. Este último aspeto exigiria uma intervenção consciente da classe trabalhadora norte-americana na arena política. A palavra de ordem da democracia, que foi a bandeira de luta do setor mais radical dos revolucionários durante as revoluções burguesas, deve ser arrancada das mãos do imperialismo e redefinida, rejeitando o parlamentarismo burguês e estabelecendo como objetivo a democracia da comuna operária.

AFRIQUE

Capítulo 27

Imperialismo, guerra e revolução permanente

Savas Michael-Matsas[665]

Πόλεμος πάντων πατήρ – A guerra é a mãe de todas as coisas, enfatizou Heráclito, o antigo pai da dialética. A guerra está hoje remodelando novamente o mundo, levando a humanidade à beira do abismo. O imperialismo e sua pulsão de guerra ocupam novamente o centro da cena histórica. O imperialismo moderno esteve associado a toda uma época histórica de guerras e revoluções, segundo a famosa expressão de Vladimir I. Lenin. Mas no final do século XX e início do século XXI, o imperialismo conhece um destino paradoxal: desaparece do discurso público dominado pelo Ocidente para fazer mais tarde um regresso súbito e brutal. A partir da década de 1980 e particularmente de 1990, neste estranho *fin de siècle*, o imperialismo foi substituído por referências à "globalização", acompanhadas por várias qualificações, como "capitalismo pós-imperialista", "momento unipolar" da hegemonia mundial dos EUA, ou, segundo Antonio Negri e Michael Hardt, um "Império sem centro". Esta mudança esteve ligada à desintegração da URSS em 1991, prematuramente celebrada no Ocidente como o "Fim da História", e "a vitória completa e final do capitalismo liberal" – um mito bastante ridículo, negado muito cedo pelos desenvolvimentos históricos e ingloriamente morto e enterrado há muito tempo.

665 Médico oncologista, Doutor em Filosofia, dirigente do EEK (Εργατικό Επαναστατικό Κόμμα), Partido Operário Revolucionário, da Grécia.

Nas primeiras décadas do século XXI, o imperialismo voltou ao centro das atenções no discurso político e teórico, primeiro pela bárbara "guerra ao terror" lançada pelos EUA e pelos seus "aliados voluntários" contra o Afeganistão e o Iraque. Depois, o "Fim da História" desmoronou brutalmente no fim do "fim da Guerra Fria", com a escalada do impasse global entre o "Ocidente colectivo" liderado pelos EUA e a Rússia e a China pós-soviéticas. A guerra no coração da Europa, na Ucrânia, tornou-se aquilo que o chanceler alemão Olaf Scholz chamou, em 2022, de *Zeitenwende* – uma viragem na História. Os conflitos militares proliferam agora em todo o mundo: desde a guerra por procuração da OTAN na Ucrânia, no centro da Europa, até à guerra genocida sionista em Gaza e na Palestina, expandindo-se ainda mais no Médio Oriente árabe, envolvendo o Líbano e o Iémen, e tendo como alvo o Irã. Além disso, os conflitos militares e as tensões geopolíticas estendem-se desde África e América Latina até ao Indo-Pacífico e ao Mar da China Meridional. A humanidade vive o terrível prólogo de uma Terceira Guerra Mundial e de uma catástrofe nuclear.

O imperialismo, a guerra entre "blocos de Estados", rotulados indistintamente como "imperialistas", ocupam a agenda de todos os debates e ações estratégicas e políticas, geopolíticas e geoeconômicas. Apenas um tema permanece ausente desta agenda, mantido em silêncio, evitado ou marginalizado no discurso dominante e mesmo no discurso da esquerda radical: a *revolução*. Ou é ignorado ou é considerado, por uma grande maioria, como uma relíquia do passado, uma impossibilidade, em qualquer caso, fora da realidade. "A revolução parece sempre impossível", advertiu o grande revolucionário Leon Trotsky na sua *História da Revolução Russa*, "até que se torna inevitável". A revolução é constantemente reprimida pela ordem social dominante – e regressa permanentemente, no inesperado retorno dos reprimidos. Não se trata de uma ruptura arbitrária ou contingente. Ela é impulsionada por contradições materiais não resolvidas que levam a uma manifestação explosiva das necessidades mais profundas do próprio processo real da vida social: "É possível alcançar a libertação real", escreveu Marx, "apenas na palavra real e por meios reais [...] A 'libertação' é um ato histórico, não mental, e é provocada por condições históricas".[666]

666 Karl Marx e Friedrich Engels. *The German Ideology*, Moscou, Progress Publishers, 1976.

A questão central de hoje é colocada à queima-roupa: nas atuais condições históricas de prolongada crise capitalista global e de um impulso imperialista para a guerra global, obstruindo qualquer solução pacífica das contradições existentes, existe ou não, o potencial e a possibilidade de uma verdadeira libertação, de uma saída revolucionária do impasse histórico, detendo a iminente catástrofe global? Para o antigo dialético Heráclito "a guerra é o pai de todas as coisas". Para o dialético moderno Karl Marx "a revolução é a força motriz da história". Não será um erro procurar e descobrir uma relação dialética interna entre as duas afirmações. Uma não pode ser apreendida na sua natureza sem conhecer a natureza específica da outra, sob condições históricas mundiais específicas. Uma teoria da revolução para a libertação nas condições históricas atuais é impossível sem uma teoria atualizada do imperialismo e vice-versa. Ambas são impossíveis sem uma compreensão materialista dialética marxista e não dogmática das condições históricas reais, da natureza contraditória de nossa época de transição e do seu momento histórico específico no presente.

Em primeiro lugar, é necessário abordar o imperialismo e a globa-li-zação. Enquanto o imperialismo, antes eclipsado no discurso público, tornou-se agora onipresente; o oposto acontece com a globalização mal concebida, que anteriormente dominava. Tornou-se um enigma confuso, um campo de disputa entre as elites mais fortes do capital global, de grupos de reflexão burgueses e decisores políticos em instituições nacionais e internacionais, mas também entre marxistas e pensadores críticos radicais. A globalização acabou ou não? Começou uma nova era de "desglobalização" num mundo cada vez mais fragmentado e perigoso, onde a "dissociação", a "ancoragem doméstica" ou a "ancoragem de amigos" estão na agenda? É hora de cantar um Réquiem pela globalização [667] – ou a desglobalização é um mito? [668] As tendências de fragmentação ou integração prevalecem hoje na economia e na política mundiais? Uma separação mecânica entre tendências opostas ou abordagens impressionistas dos choques globais e às perturbações no comércio mundial só podem agravar a confusão pre-

667 Dev Patel, Justin Sanderfur, e Arving Subramanian. A requiem for hyperglobalization - why the world will miss history's greatest economic miracle. *Foreign Affairs*, Washington, 12 de junho de 2024.

668 Brad Setser. The dangerous myth of deglobalization- misperceptions of the global economy are driving bad poiicies *Foreign Affairs*, Washington, 4 de junho de 2024.

valecente. Revelam, antes, as deficiências, e até o fracasso, da economia burguesa dominante no meio de uma crise sistémica-estrutural global, sem precedentes e insolúvel, que produz choques sucessivos. Não consegue compreender a contradição de uma globalização capitalista em crise que aparece simultaneamente como final e interminável.

As tendências globais de fragmentação e integração não podem ser separadas arbitrariamente. Permitam-nos citar nossa recente apresentação no Congresso Económico de São Petersburgo de 2024, dedicada a esta importante questão: "A fragmentação colide com a realidade de uma integração já estabelecida da vida social económica internacional, a já avançada interligação dos processos sociais e económicos mundiais, que, ao mesmo tempo, na sua atual forma histórico-social, geram ainda mais fragmentação. Este duplo vínculo é o enigma não resolvido da Esfinge do presente. A confusão generalizada é agravada. Reina, da forma mais brutal num mundo perigoso pós-pós-Guerra Fria, o que o filósofo Alain Badiou chamou de "uma desorientação generalizada do mundo", integração e fragmentação de acordo com o que Trotsky descreveu como *a lei do desenvolvimento histórico combinado e desigual.* A tendência para a interligação dos processos socioeconómicos mundiais, bem como para a sua crescente desigualdade e fragmentação, estão ambas incorporadas na própria relação de capital". [669]

A força unificadora e universalizante é gerada pelo próprio capital, e ao mesmo tempo colide com seus limites internos: "A universalidade pela qual o capital luta incessantemente", escreve Marx nos *Grundrisse,* "encontra barreiras na própria natureza do capital, barreiras que, num determinado estágio do seu desenvolvimento, permitirão que ele seja reconhecido como sendo ele próprio a maior barreira no caminho desta tendência e, portanto, conduzirão à sua transcendência através de si mesmo". Este "certo estágio de desenvolvimento do capital", que Marx previu, quando a tendência à universalidade colide com os limites históricos e internos do capital, é precisamente o que Lênin chamou em seu famoso livreto escrito em 1915, durante a Primeira Guerra Mundial, de *imperialismo,* não de imperialismo como uma política, mas como a época do declínio capitalista. Deste ponto de vista, a globalização do capital – nem como uma ilusória ordem mundial

669 Savas Michael-Matsas. *Global Trends of Integration and Fragmentation.* SPEC-2024, 4 de abril de 2024.

neoliberal "pós-imperialista", onde "não há outra alternativa", nem reduzida a uma visão vulgar e a-histórica de um fluxo global livre de capital e comércio automaticamente regulados pela "mão invisível" do fetiche final, os "mercados" financeiros – a globalização do capital como um estágio de desenvolvimento histórico não é um substituto para o imperialismo, uma teoria leninista supostamente "antiquada". Coincide com as premissas básicas da concepção de Lênin do imperialismo como a fase mais elevada do capitalismo mundial.

Mais de um século depois dos escritos de Lênin e dos primeiros debates clássicos sobre o imperialismo protagonizados por Hobson, Hilfer-ding, Luxemburgo, Lênin, Bukhárin, Trotsky ou Grossman, o mundo conheceu certamente mudanças dramáticas. Mas o carácter mundial predo-minante das forças produtivas sociais, da divisão do trabalho, da economia e da política, estabelecido pela primeira vez no final do século XIX e início do século XX, não desapareceu. Ao contrário, se aprofundou imensamente, em ondas sucessivas. As suas colisões com os limites do Estado nacional e as barreiras internas das relações de capital, e todas as tentativas de restaurar a ordem anterior de um capitalismo liberal ascendente provaram ser fúteis, cada vez mais brutais e destrutivas. Três períodos podem ser distinguidos.[670]

Um primeiro período da globalização capitalista, do imperialismo da época analisada por Lênin, terminou com o massacre em massa da Primeira Guerra Mundial e "a ruptura do elo mais fraco da cadeia imperialista internacional" na Revolução de Outubro de 1917, iniciando uma primeira onda mundial de convulsões revolucionárias. A tentativa, após a Grande Guerra, de regressar ao padrão-ouro e ao capitalismo liberal de pré-guerra teve os resultados catastróficos da crise de 1929, da Grande Depressão, do nacionalismo económico, da ascensão do fascismo e do nazismo, a queda no abismo da Segunda Guerra Mundial. Uma segunda fase da globalização capitalista aconteceu no período pós-Segunda Guerra Mundial, durante os chamados "Trinta Anos Gloriosos" de expansão capitalista nos países capitalistas avançados sob a hegemonia dos EUA. Baseou-se nos recursos dos EUA e no padrão do dólar americano como sistema monetário, dentro do quadro keynesiano de Bretton Woods e sob as condições da Guerra Fria.

670 Savas Michael-Matsas. La mundialización como fantasma del comunismo, *Marx Ahora*, Havana, 1998.

Entrou em colapso no final dos anos 1960 e na década de 1970 devido à inflação descontrolada e à "estagflação", impulsionando a erupção de um levante revolucionário mundial. Uma terceira fase, oficial e artificialmente denominada "globalização", teve início na década de 1980, como resposta ao caos económico e político causado pelo colapso dos acordos de Bretton Woods, com a viragem para uma investida neoliberal e para a expansão global das finanças capitalistas. O ponto mais alto da globalização do capital financeiro na década de 1990 ocorreu após a desintegração da URSS e da abertura ao mercado da China pós-maoista e sua entrada na Organização Mundial do Comércio no início do século XXI.

O terceiro período de aparente triunfo do capital e de ilusões fetichistas terminou brutalmente com a crise financeira global em 2007-2008, a implosão da globalização do capital financeiro seguida por uma depressão do Terceiro Mundo e sucessivos choques globais. O verdadeiro *Zeitenwende,* a quebra de continuidade, o salto qualitativo, deveria situar-se nesse ponto de viragem, em 2008. Começou uma nova era de convulsões cada vez maiores: revoltas em massa e rebeliões no Sul Global e no Norte Global, crises de regime e desestabilização política, desintegração da ordem liberal burguesa e ascensão da extrema direita e das formações fascistas, guerra imperialista, escalada e expansão global. A globalização do capital dos últimos 40 anos globalizou as contradições do capital, que explodiram da forma mais violenta. Karl Polanyi, no seu clássico *A Grande Transformação,* insistiu em que a Grande Depressão da década de 1930, o fascismo e a Segunda Guerra Mundial, foram o produto do esgotamento e colapso da ordem liberal internacional estabelecida no século XIX, enfatizando a impossibilidade de um regresso aos velhos tempos do capitalismo de *laissez faire*. A arrogância de um novo regresso ao passado exausto pelo chamado neoliberalismo levou a um novo colapso no século XXI, gerando uma catástrofe ainda pior e contínua, uma *Nemesis* descrita por alguns autores como um "cenário Polanyi nº 2".[671]

671 Thomas Fazi. Karl Polanyi's failed revolution - The liberal world order is collapsing once again. *Defend Democracy Press*, slp, 27 de abril de 2024.

Na verdade, as duas estratégias económicas principais – e opostas – do keynesianismo e do neoliberalismo (juntamente com todas as suas variantes) desenvolvidas pelo capitalismo e pelos seus economistas para regenerar o sistema, evitando a repetição de um novo craque de 1929 e da Grande Depressão, com todos os desastres políticos que os acompanham, falharam irreversivelmente. O impasse estratégico é óbvio dezesseis anos após a crise financeira global de 2008 e é frequentemente reconhecido pelos principais expoentes e instituições do capital global. Todas as medidas emergenciais e "heterodoxas" tomadas sobre a política monetária e fiscal foram apenas de natureza tática, de curta duração e logo transformadas em bumerangues que produziram novas crises. Por outras palavras, todas as estratégias para reverter o declínio histórico do capitalismo mundial – e não apenas o declínio de uma grande potência hegemónica como os EUA que substituiram a Grã-Bretanha – falharam. A natureza da nossa época de transição – a tese central de Lênin na sua teoria do imperialismo e a linha orientadora da sua estratégia revolucionária contra a guerra imperialista – é reafirmada com força. Suas forças motrizes, suas contradições mundiais agudas, mas não resolvidas, manifestam-se numa nova onda devastadora de explosões. Não há e não pode haver uma análise histórica concreta do atual impulso imperialista em direcção a uma Terceira Guerra Mundial e a uma luta real contra ela sem uma teoria científica e marxista revolucionária do imperialismo, isto é, não dogmática, dialéctica e revolucionária, que se desenvolva nas linhas inicialmente traçadas por Lênin. Contra qualquer adaptação às pressões de classe por parte da propaganda belicista imperialista, Lênin insistiu, contra Plekhanov, que a abordagem marxista exige "analisar as características e tendências fundamentais do imperialismo como um sistema de relações econômicas do capitalismo moderno, altamente desenvolvido e maduro".[672]

A análise de Lênin foi objeto de muitos abusos, tanto por parte dos opositores como dos autoproclamados "leninistas", particularmente no caso da guerra na Ucrânia e, em geral, do impasse crescente do imperialismo liderado pelos EUA contra a Rússia, a China, e o que é denominado "o

672 V.I. Lenin. Introduction. In Nikolai I. *Bukharin Imperialism and World Economy*. Nova York, Monthly Review Press, 1973 [1915].

eixo da revolta".[673] A teoria leninista do imperialismo não pode ser separada de toda sua investigação teórica e sua ruptura filosófico-epistemológica com o "marxismo ortodoxo" mecânico da Segunda Internacional. *Imperialismo, Estágio Superior do Capitalismo* tem de ser cuidadosamente estudado em conexão e dentro de um quadro epistemológico mais amplo. Qualquer separação eclética de uma citação específica de todo o contexto da investigação e exposição materialista histórico-dialética tem implicações políticas desastrosas. Um exemplo típico, repetido *ad nauseam*, é o uso indevido da definição de imperialismo de Lênin por meio de cinco características econômicas básicas, mais frequentemente citadas do que compreendidas: (1) a concentração da produção e do capital atingiu um nível tão elevado que criou monopólios que desempenham um papel decisivo na vida económica; (2) a fusão do capital bancário com o capital industrial e a criação, com base neste "capital financeiro", de uma oligarquia financeira; (3) a exportação de capitais, distinta da exportação de mercadorias, adquire uma importância excepcional; (4) a formação de associações capitalistas monopolistas internacionais que partilham o mundo entre si e (5) a divisão territorial do mundo inteiro entre as maiores potências capitalistas está concluída. O imperialismo é o capitalismo no estágio de desenvolvimento em que o domínio dos monopólios e do capital financeiro é estabelecido; em que a exportação de capitais adquiriu pronunciada importância; em que concluiu a divisão do mundo entre os trustes internacionais, em que se completou a divisão de todos os territórios do globo entre as maiores potências capitalistas.

Essa definição é retirada do contexto e reduzida a uma fórmula abstrata e morta, a ser imposta artificialmente a toda formação social concreta, viva e específica, no desenvolvimento histórico mundial desigual e combinado. A dialética entre o universal, o particular e o singular desaparece. Nesta forma distorcida, as advertências do próprio Lênin são ignoradas. Pouco antes da definição em cinco traços básicos, ele alerta sobre "o valor condicional e relativo de todas as definições em geral, que nunca podem abarcar todas as concatenações de um fenômeno em seu pleno desenvolvimento". Imediatamente após a definição, Lênin salienta: "O imperialismo

673 Andrea Kendall-Taylor e Richard Fontaine. The axis of upheaval - How America's adversaries are uniting to overturn the global order. *Foreign Affairs*, Washington, maio-junho de 2024.

pode e deve ser definido de forma diferente se tivermos em mente não só os conceitos básicos e puramente económicos - aos quais a definição se limita - mas também o lugar histórico desta fase do capitalismo em relação ao capitalismo em geral, ou a relação entre o imperialismo e as duas principais tendências do movimento da classe trabalhadora" - nomeadamente a tendência oportunista e a revolucionária. A tendência oportunista dos nossos dias, por vezes afirmando ser até "leninista", aplica arbitrariamente a definição de cinco pontos para declarar a Rússia e a China como países imperialistas, legitimando a sua posição "equidistante" na guerra por procuração EUA/OTAN na Ucrânia ou o no antagonismo agressivo imperialista dos EUA contra a China.

Noutras versões, o mesmo método de justificação formal de uma política reacionária de "manter distâncias iguais", ao mesmo tempo que defende Lênin contra Lênin, utiliza o pseudoconceito de "subimperialismo" ou de "imperialismo periférico" ou de "capitalismo em transição para o imperialismo" para descrever os conflitos entre o Norte Global e o Sul Global. Estes pseudo-conceitos ignoram e/ou rejeitam totalmente a abordagem central de Lênin da natureza histórica do imperialismo: a sua análise e reconhecimento como uma época de transição de um capitalismo "decadente", "parasitário", "podre", "agonizante" - os adjetivos são de Lênin- ao socialismo". A transição não é uma evolução gradual e o seu resultado nunca é predeterminado. É uma contradição, uma unidade de contradições. Nos seus *Cadernos Filosóficos*, Lênin fez uma observação crucial: "O que distingue a transição dialética da transição não dialética? O salto. A contradição. A interrupção da gradualidade. A unidade (identidade) do Ser e do Não-Ser".[674] Uma época de transição está cheia de convulsões, ziguezagues, saltos e regressões, acontecimentos inesperados. Cada transição histórica de uma formação social para outra, especialmente em sociedades divididas em classes, tem sua especificidade nas condições objetivas e no agente subjetivo da transformação.

Há uma diferença qualitativa que distingue o capitalismo, como a última forma antagónica de sociedade de classes, de todas as formações sociais anteriores, pré-capitalistas, como Marx trouxe à luz. Consequente-

674 V. I. Lenin. Philosophical notebooks. *Collected Works*, Moscou, Progress Publishers, 1972, vol. 38.

mente, uma transição para além de um capitalismo em declínio, como uma época de transição para além da sociedade de classes como tal, é qualitativamente diferente e incomparavelmente mais convulsiva e tortuosa de todas as transições anteriores na história. Na verdade, é o fim da pré-história e o início de uma história real, o salto para o reino da liberdade. O declínio capitalista não é um pântano estagnado e imóvel. As tendências mais brutais, os meios mais bárbaros e também os mais sofisticados de toda a (pré) história de classe e da modernidade burguesa são mobilizados pelas classes dominantes contra o perigo de uma derrubada revolucionária da ordem social. O fascismo e a guerra surgem precisamente como tendências enraizadas e necessidades mais profundas de sobrevivência de um modo de produção em declínio de exploração, opressão e extrema alienação de todas as relações humanas, que são o meio mais implacável de atrasar e reverter sua decadência histórica.

Todas as contradições contemporâneas e "não contemporâneas", como Leon Trotsky e Ernst Bloch demonstraram, foram exacerbadas e exploradas pelo fascismo e pelo imperialismo belicista. "Que reservas inesgotáveis eles possuem de escuridão, ignorância e selvageria!" Trotsky escreveu em junho de 1933. "O desespero os levantou, o fascismo deu-lhes uma bandeira. Tudo o que deveria ter sido eliminado do organismo nacional sob a forma de excremento cultural no curso do desenvolvimento normal da sociedade saiu agora jorrando da garganta; a sociedade capitalista está vomitando a barbárie não digerida. Tal é a fisiologia do nacional-socialismo".[675] A "barbárie não digerida" do passado pré-capitalista é impulsionada na modernidade e usada no presente do capitalismo decadente: "O fascismo é uma destilação quimicamente pura da cultura do imperialismo moderno", escrevia Trotsky em 1940, no *Manifesto da Conferência de Emergência da Quarta Internacional.* Nos nossos dias de crise global, no século XXI, isso ganha uma realidade dramática com a ascensão das formações de direita fascista na Europa e na América de Trump, juntamente com o impulso mundial para a guerra imperialista. O fascismo e a guerra não podem ser compreendidos em todos os seus avatares, sem uma compreensão aprofundada da natureza contraditória da época imperialista.

675 Leon Trotsky. Qué es el nacional socialismo?. *El Fascismo,* Buenos Aires, Carlos Pérez, 1970.

Só deste ponto de vista, através desta compreensão da interligação da natureza da época, da guerra, do fascismo, da contrarrevolução e da revolução, o momento atual pode ser compreendido e uma base sólida para a ação revolucionária internacional ser estabelecida. A posição face às conflagrações de guerra que ocorrem na Europa e no Médio Oriente é o teste decisivo para todas as forças dos movimentos operários e de libertação, no meio da capitulação pró-imperialista ou de uma mudança equidistante do tipo "nem-ou" da maior parte da "esquerda" e "extrema esquerda". Não pode haver qualquer reorientação revolucionária, emancipatória e de libertação, contra a desorientação geral do mundo após o colapso da URSS em 1991, sem compreender que o impulso imperialista rumo a uma Terceira Guerra Mundial é uma tentativa desesperada e catastrófica de reverter o declínio histórico através da uma "guerra de reconquista" da hegemonia mundial dos EUA. Em novembro-dezembro de 2021, na altura em que os EUA e a NATO rejeitaram uma proposta russa de negociações para evitar uma guerra na Ucrânia, um ensaio de Michael Kofman e Andrea Kendall-Taylor foi publicado na *Foreign Affairs,* onde os autores insistiam: "Mesmo que a China prove ser a ameaça mais significativa a longo prazo, a Rússia também continuará a ser um desafiante no longo prazo". Uma questão importante e intrigante foi levantada pelos autores, que colocaram e enfatizaram a seguinte questão: "Porque é que os vencedores da Guerra Fria perderam a paz pós-soviética?". Para começar a responder, recorreram à abordagem introduzida pelo historiador ucraniano Serhii Plokhy, da Universidade de Harvard, um académico longe de qualquer suspeita de simpatias comunistas ou mesmo pró-Rússia: "O antigo espaço soviético continua a ser um barril de pólvora, mesmo depois da dissolução da União Soviética, que deveria ser pensada não como um evento, mas como um processo ". O "processo" desencadeado pela catástrofe de 1991 tinha que ser concluído.

Zbignew Brzezinski, no rescaldo do desaparecimento da URSS, desenvolveu uma doutrina geopolítica em *O Grande Tabuleiro de Xadrez,* de 1997, sublinhando que o desaparecimento da URSS não era suficiente para as necessidades estratégicas do imperialismo. Para eliminar para sempre a "ameaça", a Rússia e todo o antigo espaço soviético tiveram de ser fragmentados e subjugados. Os desenvolvimentos que se seguiram mostram que a doutrina paranóica de Brzezinski não morreu com ele, mas oficialmente é endossada e posta em prática por todas as administrações dos EUA e pela OTAN. Em 1929, Trotsky fez um aviso mais atual do que nunca: o processo de restauração capitalista na antiga União Soviética não podia ser um regresso às condições do capitalismo russo pré-1917, com ou sem um Czar.[676] Seria completado pela sua fragmentação, colonização pelo imperialismo ocidental e governo por um regime semi-fascista fantoche. Um aviso que se aplica não só à Ucrânia de Zelensky que celebra o colaborador nazista Stepan Bandera e os nazistas de hoje, não só a todo o antigo espaço soviético, mas também à China. O dilema histórico central colocado na guerra por procuração da OTAN na Ucrânia é: ou a conclusão do desastre de 1991 ou a sua reversão. A derrota do imperialismo necessita de um renascimento soviético revolucionário, assistido por um movimento internacional renovado dos trabalhadores contra o capitalismo, abrindo o caminho para uma União de Repúblicas Socialistas sem capitalistas, oligarcas ou burocratas, de Lisboa a Vladivostok.

A "guerra de reconquista" imperialista é travada não apenas para inverter o declínio dos EUA e evitar um novo herdeiro da hegemonia mundial, eventualmente a China. O capitalismo dos EUA representa o ponto mais alto do desenvolvimento histórico do capitalismo global, agora em declínio como modo de produção, como forma específica e ultrapassada de processo de vida social. A força motriz para uma Terceira Guerra Mundial imperialista liderada pelos EUA (bem como para uma catástrofe climática que ameaça a vida) é o declínio histórico do sistema capitalista global. A profundidade desse declínio já se manifestou com o impasse estratégico para sair da crise global de 2008. O capitalismo imperialista tenta quebrar o impasse sistêmico-estrutural *manu militari*, por meio de um impulso cada vez maior, interminável, mas crescente, para a guerra global. A barbárie já prevalece no retorno dos piores métodos genocidas do "velho" colonialismo: na Europa, com uma guerra de colonização do antigo espaço soviético, no Médio Oriente com a guerra genocida pelo colonialismo de colonos sionistas em Gaza e na Palestina ocupada, expandindo-se no Líbano, Iémen, Síria e tendo como alvo o Irã, no Ásia-Pacífico as crescentes tensões militares contra a China, na África com intervenções militares colonialistas dos

676 Leon Trotsky. Can bourgeois democracy replace the Soviets? *Writings*, 1929, Nova York, Pathfinder Press, 1975.

EUA, britânicos e franceses, na América Latina com sanções e ameaças de guerra (Cuba, Venezuela) e promoção de fascistas locais como Bolsonaro (Brasil) e Milei (Argentina).

Atualmente, os pontos mais quentes desta marcha de guerra global estão na Europa, na guerra por procuração da OTAN na Ucrânia/Donbass, e no Médio Oriente, na guerra genocida sionista em Gaza/Palestina. Apesar das suas diferenças, causas específicas e trajetórias, ambas as guerras estão interligadas na sua diversidade como momentos de um mesmo processo histórico mundial. Um verdadeiro movimento de massas anti-guerra não pode travar com sucesso uma guerra ignorando a outra. Não é por acaso que o regime sionista de extrema direita de Netanyahu, com os seus aliados fascistas baseados nos colonos, apoiados pelos imperialistas norte-americanos e europeus, necessita e desenvolveu uma forte aliança com as forças mais contrarrevolucionárias, antissemitas e fascistas da Europa, como o RN de Le Pen em França, o Vox em Espanha, o *Chega* em Portugal, até a AfD nazista na Alemanha. E vice-versa, a frente contrarrevolucionária de uma direita liberal cada vez menor com a extrema direita contra a radicalização de esquerda entre as gerações mais oprimidas e mais jovens nos bairros populares da Europa, particularmente em França, tenta usar como disfarce a "oposição ao antissemitismo"! Eles estão caluniando a LFI de Mélenchon, bem como os antissionistas de esquerda, incluindo os judeus, como... antissemitas, apelando para um apoio total ao regime genocida em Israel.

Do outro lado da barricada, a resistência ao genocídio em Gaza e na Palestina assumiu o papel que o horror em Mi Lai e a guerra no Vietnã desempenharam para a geração de Maio de 1968 e para a maré revolucionária internacional da "década vermelha". Em toda parte, apesar da repressão estatal, desde os *campi* e cidades da América até às ruas da Europa e, em todo o mundo árabe-muçulmano, apesar do papel reaccionário e traiçoeiro dos regimes locais, e entre todas as nações oprimidas do Sul Global, o a bandeira nacional de uma Palestina Livre é hasteada em solidariedade como a bandeira da nova onda de revolução mundial que se aproxima. Existe uma definição de imperialismo moderno formulada por Lênin que é rejeitada pelos antileninistas, os pós-leninistas ou os falsos "leninistas". Foi escrita pelo líder bolchevique em 6 de julho de 1920, no final do prefácio da edição francesa e inglesa de *Imperialismo, Fase Mais elevada do Capitalismo:*

"O imperialismo é o prelúdio da revolução social do proletariado. Isto é confirmado, depois de 1917, em escala mundial". Com o desaparecimento da União Soviética em 1991, fundada pela Revolução de Outubro de 1917, a *doxa* ideológica dominante é que todo o ciclo histórico de revoluções foi encerrado. Mas após a crise global de 2008, na nova onda de convulsões e de revoltas em massa no Sul da Europa, na derrubada revolucionária das ditaduras no Egipto, na Tunísia, no Sudão, nas mobilizações de massas e nos acontecimentos revolucionários na América Latina, o choque entre a revolução e a contrarrevolução irrompeu novamente na arena dos con-frontos históricos. Apesar dos limites, das traições políticas, dos golpes ditatoriais e das reviravoltas reacionárias, nestas experiências estratégicas as questões do poder político, do domínio imperialista tirânico e da dominação de classe voltaram a estar em primeiro plano, sem terem sido resolvidas. A sua origem na crise e no declínio capitalista global não desapareceu, pelo contrário, tornou-se mais evidente.

Guerra e revolução as são características essenciais opostas da nossa época de transição. É o primeiro, o cataclismo de guerra, que traz à tona o seu oposto, uma revolução para derrubar a decadente ordem social global que gerou o Apocalipse. O dilema torna-se: ou uma guerra imperialista permanente e crescente até uma catástrofe global ou uma Revolução Permanente mundial para mudar radicalmente o mundo, acabando com a guerra e a devastação capitalista da vida na Terra. A Revolução Permanente não é nem uma ilusão nem uma construção teórica arbitrária de Trotsky e do trotskismo. O conceito de Revolução Permanente reflete a modernidade burguesa, evoluindo e amadurecendo ao longo de seu desenvolvimento histórico. Da época da ascensão burguesa, quando, na Grande Revolução Francesa, a "luta mundial da burguesia pela dominação, pelo poder e pelo triunfo indiviso", [677] encontrou sua expressão clássica no apelo jacobino à revolução em permanência, ao apogeu e ponto de viragem do capitalismo, em meados do século XIX, com a revolução europeia de 1848 e a *Circular à Liga dos Comunistas* de Marx e Engels em 1850, até à época imperialista do declínio capitalista e à reformulação teórica de Trotsky - elaboração da Revolução Permanente na revolução russa de 1905, a sua reivindicação em

677 Leon Trotsky. The Permanent Revolution & Results and Prospects. Nova York, Red Letter Press, 2010 [1906].

1917 e os seus desenvolvimentos posteriores na luta contra a doutrina de Bukhárin e Stalin do "socialismo num único país", a Revolução Permanente torna-se o auto-reflexo dialético de nosa época.

Ela deveria ser o Norte teórico para a ação revolucionária internacional e a linha estratégica na nossa luta para derrotar a guerra imperialista. Não proíbe a flexibilidade táctica em relação aos movimentos de paz, fazendo a distinção entre o ódio genuíno à guerra por parte das massas populares e o hipócrita pacifismo burguês. O mesmo se aplica à solidariedade com a resistência anti-imperialista e os movimentos de libertação no Sul Global, incluindo o Eixo de Resistência no Médio Oriente. Estas táticas devem estar subordinadas e servir à estratégia da revolução socialista mundial, mantendo sempre nossa independência política e de classe e o direito à crítica. Sem as massas em ação nenhuma revolução é possível. Para aumentar a sua consciência e ação política, para responder aos desafios dos nossos tempos históricos, os destacamentos mais avançados da classe trabalhadora internacional e dos oprimidos têm de ser organizados e treinados em partidos revolucionários de uma Internacional revolucionária. Devemos permanecer fiéis às exigências da nossa época e cumprir as tarefas para levar adiante a Revolução Permanente até sua vitória em todo o mundo.

1ª. edição:	Setembro de 2024
Tiragem:	300 exemplares
Formato:	16x23 cm
Mancha:	12,3 x 19,9 cm
Tipografia:	Open sans condensed 14 Arno Pro 11/12/25 Roboto Condensed 8/10
Impressão:	Offset 75 g/m²
Gráfica:	Prime Graph